建筑给水排水工程设计实例

3

中国建筑设计研究院 编著

刘振印 赵 锂 主编

中国建筑工业出版社

前　　言

《建筑给水排水工程设计实例3》一书是在2000年建设部建筑设计院编著《建筑给水排水工程设计实例1》后的又一本工程实例,在5年的时间内,以原建设部建筑设计院、中国建筑技术研究院为母体,吸纳中国市政华北设计研究院、建设部城市建设研究院为所属单位,组建了大型科技型中央企业,中国建筑设计研究院,隶属于国务院国有资产监督管理委员会。中国建筑设计研究院是国家建筑行业中综合实力强、科技含量高、辐射范围广、具有全国影响力和国际竞争力的建筑设计与科研企业。本工程设计实例集是中国建筑设计研究院在机构重组后所完成的建筑项目。随着我国申办2008年奥运会的成功,全民健身活动的全面开展,体育设施的建设方兴未艾,2001年中国建筑设计研究院成功获得奥运会主会场国家体育场的设计工作,完成了具有世界先进水平的深圳游泳馆,北京市大型的公共建筑及地标性建筑如:西直门综合交通枢纽及配套服务用房(西环广场)、首都博物馆、富凯大厦、富华金宝中心、北京市人民检察院等,其他省市的大型公共建筑如:福建广播电视中心、山东广播电视中心、大庆大剧院等。

本工程设计实例集收录项目类型全面,包含了酒店、康乐中心、培训中心、办公、综合楼、医院、学校、公寓、住宅小区等,反映了国家产业政策的变化以及建筑给水排水专业的最新技术发展动态。建设资源节约型、环境友好型社会是我国经济建设的重心,大力发展节能省地型住宅、公共建筑,在工程建设中推行节能、节水、节材、节地的新技术、新设备、新材料,是设计人员都必须应对的,在本书中也有所体现。在所选的工程实例中,从以下几个方面反映了建筑给水排水行业的发展。

一、在变频调速泵的基础上,管道叠压(无负压)供水技术的应用

在建筑给水系统中,采用水池、变频调速泵组供水的方式是目前的主流,它解决了水池、水泵、屋顶水箱联合供水存在的弊病:屋顶水箱在建筑立面上不好处理、建筑物最高层的供水压力不足、屋顶水箱二次污染等。但水池的二次污染仍然存在,有压的市政水进入水池后,原有的压力得不到利用,在能量利用上浪费,水池的占地面积大,建筑用地得不到充分利用。为从根本上解决水池的污染问题、节省能源,在市政供水条件良好的地方,采用从市政管网上直接吸水的供水方式,即管道叠压(无负压)供水技术,在北京、青岛、福州、广州、深圳等城市得到了应用。管道叠压(无负压)供水设备由管道倒流防止器、稳流补偿罐、真空抑制器、变频加压泵组等组成,可避免对市政管网的倒流污染及过度抽吸,保证周边的其他用户正常用水。

二、管道直饮水技术的应用

目前国内传统净化工艺处理的自来水,可降低水源水中悬浮物、胶体、微生物等,但不能有效去除原水中微量有机污染物。出厂水经管道输送和水池、高位水箱后,均存在二次污染,居民饮用此水将会对健康造成一定影响,而这部分饮水量又只占供水量的2%~5%左右。因此目前不可能对现有的全部市政自来水进行深度处理和对市政供水管网进行大规模改造,而将饮水和生活用水分质供应,既避免了高质低用的浪费现象,又保证了饮水卫生安

全。近几年来我国管道直饮水行业有了较快的发展,多个管道直饮水工程已投入运行。相应的国家城镇行业标准《管道直饮水系统技术规程》(CJJ 110—2005)、《饮用净水水质标准》(CJ 94—2005)也颁布实施。

三、新型给水管材在工程中的全面应用

为保证给水的水质,满足居民健康用水的需求,降低输水过程中的能耗损失,各种新型管材在近几年的工程中得到了全面的应用。不同接口形式的薄壁不锈钢管、铜管、新型塑料管、钢塑复合管、金属复合管等,为工程师及业主提供了广泛的选择。

四、绿色、可再生能源的推广应用

为建设资源节约型、环境友好型社会,绿色、可再生能源的推广应用成为近几年政府行政主管部门的重要工作,太阳能、热泵(水源热泵、空气源热泵、地源热泵)在工程中得到了越来越多的应用。太阳能集热器与建筑一体化的技术得到发展,为太阳能在建筑物尤其是住宅建筑的应用提供了技术支持。热泵技术的发展与完善,使得利用地下水的水源热泵在采暖与生活热水供应,利用空调冷凝水的水源热泵在生活热水的制备,空气源热泵在游泳池池水加热与除湿等方面应用的实例增多。

五、住宅生活热水水温的保证

住宅中采用集中热水供应系统或户内自成系统热水供应者越来越普遍,为保证供水温度,不浪费水资源,集中热水供应系统采取支管循环的方式,为解决计量问题,在每户的回水管上增设水表一块。采用电子远传水表(或IC卡水表),将水表设置在户内的卫生间,减小支管的长度,在规定的时间内得到热水。户内自成系统热水供应采用在循环管道上设小热水循环泵,循环泵集成温度控制器、时间继电器等功能,自动控制水泵的运行。

六、虹吸式屋面雨水排水系统

体育场、馆,会展中心,大剧院等公共功能的建筑,屋面的集水面积均很大,采用重力式屋面雨水排水系统,需要的雨水斗多,水平悬吊管道敷设的坡度占用建筑物空间多,管径大。采用虹吸式屋面雨水排水系统,系统设计计算精度较高、能充分利用雨水的动能、具有用料省、水平悬吊管道不需要坡度、所需要安装空间小等优点,在大型公共建筑中得到了普遍的应用。

七、消防水炮、大空间智能型主动喷水灭火技术

体育场、馆,会展中心,大剧院等公共功能的建筑中存在超过《自动喷水灭火系统设计规范》规定的自动喷水灭火系统能扑救地面火灾的高度,根据高度的不同、采用自动控制消防水炮、大空间智能型主动喷水灭火系统替代自动喷水系统的功能,满足超大空间的消防要求,保证人身和财产的安全。

在工程实例中还包括了细水雾灭火系统、重复启闭式预作用自动喷水灭火系统、体育场足球场地的真空排水技术、体育设施赛时与赛后的转换、雨水的收集利用等,基本上反映了当前建筑给水排水工程的技术水平,可供从事建筑给水排水的工程师在设计中参考。

由于工程设计的复杂性、设计时应根据工程所在地的具体情况,工程性质、业主的要求、造价控制等合理的选用系统,本实例中的系统不是惟一的选择,行文中也可能有一些疏漏,请各位读者指正。

目　录

·医院·学校·其他大型公共建筑·

·住宅小区·公寓·

- 酒店
- 康乐中心
- 培训中心

珠海海洋温泉旅游度假村

刘　磊　唐祖银　姚冠钰　李仁兵

　　珠海海洋温泉旅游度假村位于珠海市平沙镇海滨，西面为珠海市的黄茅海海域，一期工程占地 89 万 m^2，总建筑面积约 18.2 万 m^2，人造湖水面积约 28.1 万 m^2。是一个集温泉戏水、酒店、会议、康体、影视及饮食等于一体的综合性旅游设施，工程项目包括：主酒店（441 间客房）、会议酒店（398 间客房）、温泉中心、渔人码头（包括体育酒吧、特色餐厅、水景风情影院）、康体中心、私人会所、别墅酒店（100 间客房）、行政管理中心以及大型游乐场等。区域外直线距离 3.8km 处有地热水资源，可采温泉水量 1500t/d，温度 83℃ 左右，水质略咸。温泉戏水是本项目的一大特色。

　　区内建筑物除酒店为 7 层外，其余建筑均为 1 至 4 层，建筑物分布较散。针对本工程用水点分散、用水温度要求不同、水质要求复杂等特点，在设计中专门针对各建筑物的用水要求及水量平衡进行了分析，并将其分质供水、按温度需求供水。

一、给水排水系统

（一）给水系统

1. 用水量：最高日用水量 3292.5m^3，最大小时用水量 368.0m^3。海水型温泉日开采量 1500m^3。内湖补水为海水及淡水混合型。

2. 水源及水压：水源为市政供水，由一条 DN400mm 的输水管接至本区，本工程从市政输水管上接入两条 DN300mm 的连接管与小区给水环网管相连；接管点供水压力为 0.20MPa。

3. 给水系统：给水设置两座泵房，1# 泵房设在主酒店一层，供水范围：主酒店、私人会所、康体中心、别墅酒店等，泵房内设 2 座容积为 180m^3 的生活水池，并设置恒压变频供水装置 1 套。2# 泵房设在会议酒店一层，供水范围：会议酒店、温泉中心、行政中心等，泵房内设 2 座容积为 240m^3 的生活水池，并设置恒压变频供水装置 1 套。给水系统均采用上行下给式，各用水点压力控制在 ≤0.35MPa，超压部分设支管减压阀。洗衣机房给水、冷却塔补水、渔人码头由市政水压直接供给。计量：在两路市政进水管的水表井内各有 1 个 DN350mm 的螺翼式水表计量，个别独立经营的建筑物进水管上设置水表计量。

4. 室外管道敷设：由于本区处于海边沉降区域，室外共有市政给水管、变频给水管、热水管、热水回水管、温泉供水管、绿化洒水管、消火栓管、自动喷洒管等诸多管线密集敷设，经过技术经济比较，最终采用管沟的形式，所有压力管道均在管沟内敷设。可有效防止因地基不均匀沉降对管道带来的不安全隐患。通行管沟设置有安装吊孔、照明、通风、排水等设施。

（二）热水系统

1. 热水量：本工程最高日生活热水用量为 959.8m^3/d；平均时用水量为 191.8m^3/h，

热水最大小时耗热量 11280kW。

2. 热水系统：热水系统与冷水系统分区一致，采用上行下给供水方式，并采用机械式循环，热水供回水管采用同程布置。冷水由变频泵加压进入换热器，制备成 60℃ 的生活热水，通过热水主管供应至各个用水单元。在管网末端设置温度传感器，当管内热水温度下降至 45℃ 时，启动循环泵，当温度升至 50℃ 时，关闭循环泵，循环泵的运行状态均有信号返回控制中心。

3. 热水制备：在两座生活泵房附近分别各设置一座换热站，供应范围同冷水。换热器热媒为 150℃ 的饱和蒸汽，由锅炉房统一制备。洗衣房供应 0.8MPa 的蒸汽，生活热水及厨房用蒸汽经减压至 0.4MPa 后进入换热器制备 60℃ 的生活热水。为节省换热站占地面积及减少热水的贮备总量，换热器特采用了高效导流浮动盘管半容积式换热器。

（三）排水系统

室内外污、废水采用分流制，雨水设回收处理与排放系统。因园区绿化洒水量很大，为节约自来水资源，将雨水收集贮存到景观池塘，用于旱季时绿化洒水。

1. 废水量：本工程最高日排污、废水量分别为 484.6m³、1736.2m³。

2. 污废水处理站：本工程位于黄茅海海滨，为保护环境，节约水资源，做到污、废水零排放。特设置了 1 座污、废水处理能力各为 600t/d、1800t/d 的污废水处理站，处理后的污、废水二次回用于绿化洒水、冷却塔补水等。最大每天可节约绿化洒水、冷却塔补水等较低质用水近 2200t。

污水处理工艺流程如下：

生活污水 → 格栅井 → 调节水解酸化池 → 接触氧化池 → 反应池 → 沉淀池 → 集水池 → 加压泵 → 过滤 →
二次回用（绿化洒水等）

（部分浓缩后处理外运、部分回流调节水解酸化池）← 污泥处理

废水处理工艺流程如下：

生活废水 → 格栅井 → 调节预曝气池 → 接触氧化池 → 中间水池 → 过滤砂缸 → 中水回用水池 → 加压泵 →
回用（冷却补充用水、绿化洒水补充内湖等）

3. 雨水排放及收集：园区内雨水分为污染雨水（道路及场地）、洁净雨水（屋面雨水）两部分，污染雨水通过沉砂隔油池就近排入内湖或直接排至区外河流或海面；洁净雨水直接进入内湖或池塘内，用于绿化及补充内湖蒸发损失等。

4. 污、废水提升站：在内湖的东侧康体中心附近集中设置污、废水提升站 1 座，将东部的污、废水提升过桥至集中污、废水处理站。泵站排污泵选用叶轮自带绞刀的潜污泵，由水位传感器自动控制运行。

室外埋地排水管材：采用 HDPE 缠绕波纹增强塑料管，承插电熔连接，有利于防止海边滩涂地的不均匀沉降，同时保证了污、废水的排水坡度。

（四）娱乐用水设施、泳池及水景

1. 温泉中心娱乐健身等用水工艺由日本设计（N.S.）专项方案设计。其余的室内、外水景，泳池等均采用循环补水工艺，其中会议酒店内的恒温泳池采用了节能型的三合一热泵机组进行池水加热、室内空调用制冷及空气除湿。循环过滤流程如下（流程均设置事故超越排放系统）：

泳池 → 毛发过滤器 → 循环泵 → 过滤砂缸 → 热泵机组 → 消毒 → 泳池

| 水景 |→| 循环泵 |→| 过滤砂缸 |→| 水景 |

2. 游乐场的各类游乐及戏水工艺由加拿大的 FORREC 专业公司进行专项设计。

3. 自动喷水绿化系统：区内设置自动洒水浇灌系统，用水取自污、废水处理站的调节水池，供水系统流程为：| 加压水泵 |→| 配水管网 |→| 区域控制阀 |→| 喷洒头 |

二、消防给水系统

本工程均为不超过 24m 的多层建筑物，最高建筑物为 7 层，同时火灾按 1 次计算。消防系统设有：室内外消火栓系统、自动喷洒灭火系统、水喷雾灭火系统、手提灭火器等。

（一）消火栓系统

1. 室外消火栓系统：用水量 30L/s，在室外小区环状给水管网（DN300mm）设置室外消火栓，每个消火栓出水量按 15L/s，间距不大于 120m。因市政供水管为一路供水，为保证室外消防用水，特在主酒店一层 1# 泵房内设有 2 座容积各为 265m³ 的消防水池（其中贮存室外消防用水 324m³），并设置 2 台室外消火栓加压泵（1 用 1 备），水泵启动由消防中心及泵房就地控制。

2. 室内消火栓系统：用水量 15L/s，室内消火栓系统竖向为 1 个区。在 1# 泵房内设 2 台室内消火栓加压泵，泵出口与消火栓环网（室外敷设）相连，各建筑单体底层的消火栓环网分别设不少于 2 根连接管至室外消火栓环网，在会议酒店最高层屋顶设 1 座 9m³ 消防水箱以提供火灾初期的用水，室外消防环道边在每个建筑单体附近设置水泵接合器给室内消火栓系统补水用。

（二）自动喷洒灭火系统

1. 自动喷洒灭火系统：按《自动喷水灭火系统设计规范》的中等危险 II 级要求设计，设计喷水强度为 8L/(min·m²)，作用面积 160m²。

2. 在主酒店消防泵房内 1# 泵房内设 2 台自动喷洒/喷雾泵（1 用 1 备），喷洒泵由压力开关自动启动或消防控制中心启动，水泵出口与室外自动喷洒环网相连，系统竖向为 1 个区，各建筑单体的喷洒管直接接至室外自动喷洒环网。系统的压力由稳压泵组维持，在各建筑单体室外附近设置水泵接合器。

3. 锅炉房及柴油发电机房均采用水喷雾灭火系统：设计灭火喷雾强度 20L/(min·m²)，持续喷雾时间 0.5h，系统压力 0.7MPa，喷雾泵与自动喷洒泵合用。

4. 室外油罐冷却水系统：设计灭火喷雾强度 6L/(min·m²)，持续喷雾时间 4h，系统压力 0.5MPa；单独设置 2 台冷却喷雾泵（1 用 1 备），系统的压力由稳压泵组维持。

（三）手提灭火器配置

按《建筑灭火器配置设计规范》进行配置，酒店按 A 类火灾，灭火剂采用磷酸铵盐干粉。灭火器设置按中危险级，停车库按 B 类火灾，每个配置点消火栓处设置 3 瓶 2kg 灭火剂的手提灭火器。其余按 A 类火灾，灭火器按轻危险级设置。

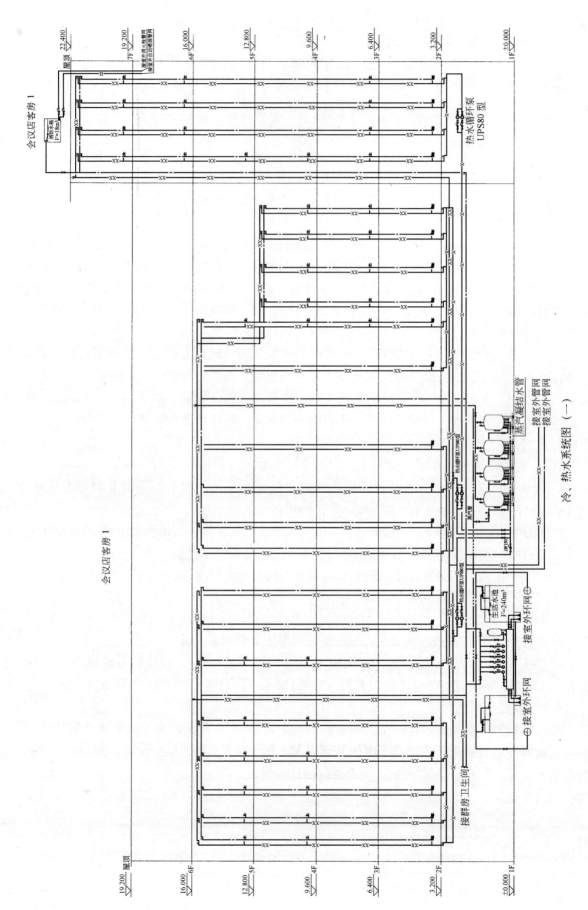

冷、热水系统图（一）

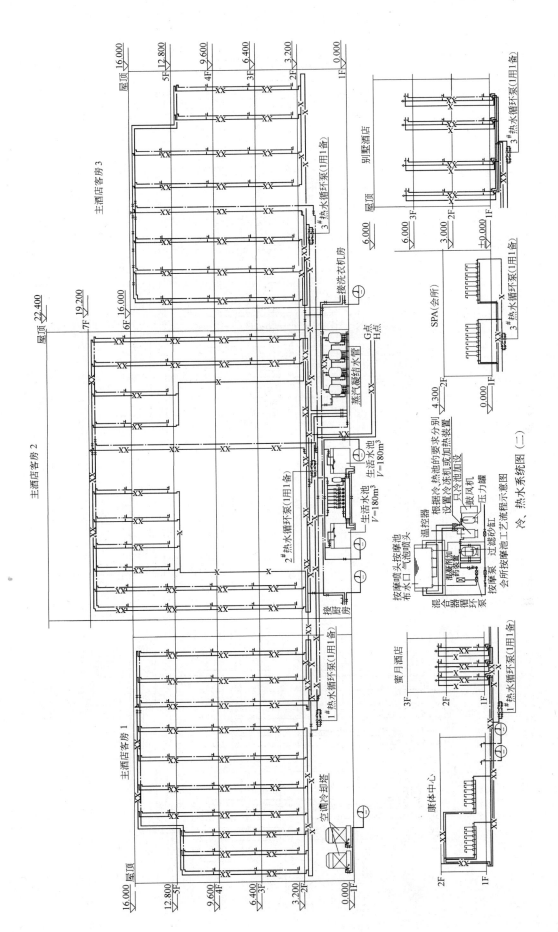

冷、热水系统图（二）

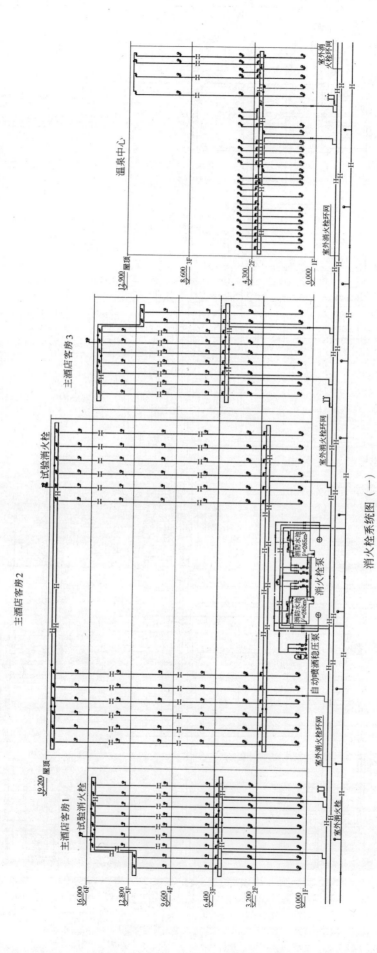

消火栓系统图（一）

8

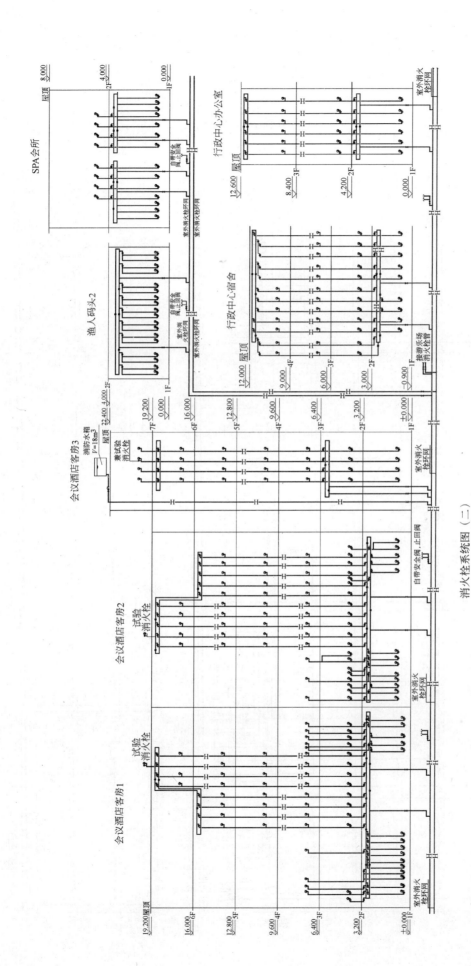

消火栓系统图（二）

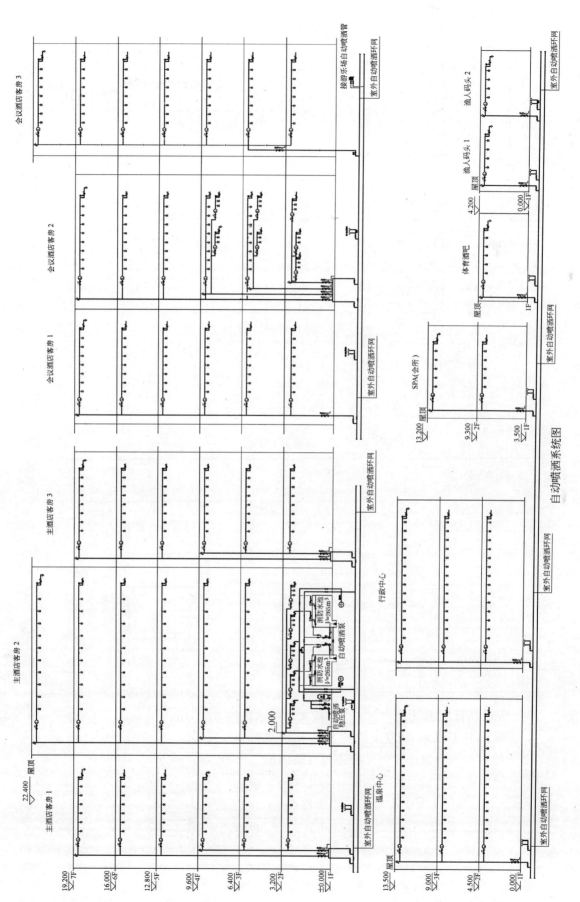

自动喷洒系统图

徐州国际商厦

史嵘梅

徐州国际商厦（现名为徐州金鹰国际购物中心）位于徐州市中心，彭城广场北侧。工程占地 1.40hm²，主体建筑东西长约 136m，南北宽约 65m，总建筑面积 13.43 万 m²，地上 44 层，地下 2 层。两座塔楼分别为四星级酒店和写字楼，二十九层为避难层兼设备用房，裙房为商品流通中心，展览中心和娱乐中心，地下部分为车库和配套用房。塔楼标准层层高3.4m，裙房标准层层高 4.5m，建筑总高度 170m。整座大楼是一个综合性的超高层公共建筑，也是古城徐州的一项标志性工程，2003 年投入使用。

一、给水排水系统

（一）给水系统

1. 冷水用水量见表 1。

冷水用水量表　　　　　　　　　　　　　　　　　　　　表 1

序号	用水项目	使用人数或单位数	单位	用水量标准 [L/(人·d)]	小时变化系数 K	使用时间(h)	用水量(m³) 最高日	平均时	最大时	备注
1	酒店客房	342	人	500	2.0	24	171	7.13	14.25	
2	办公	700	人	80	2.0	10	56	5.6	11.20	
3	商场	8000	人	3	2.0	10	24	2.4	4.80	
4	桑拿	150	人	300	2.0	10	45	4.5	9.00	
5	厨房餐厅	1000	人	20	2.0	12	20	1.67	3.33	
6	洗衣房	1000	kg 干衣/d	50L/kg 干衣	2.0	10	50	5.0	10	
7	空调补水			2%循环水量	1.0	12	320	26.7	26.7	
8	绿化浇洒	4500	m²	3L/m² 次	1.0	4	13.5	3.4	3.4	每日一次
	总计						700	56	83	

本工程最高日用水量约 700m³/d，最大时用水量约 83m³/h。

2. 水源：本工程水源为市政给水，分别从富庶街和河清路上的市政给水管上引入DN200 的给水管，各自经水表井在室外红线内形成环网。接管点供水压力为 0.20MPa。

3. 竖向分区：本工程竖向共分 6 个供水区

1 区：二层及其以下由市政管网直接供水。

2 区：三～八层由中间水池减压供水。

3 区：酒店九～十四层，写字楼九～十四层由中间水池减压供水。

4 区：酒店十六～二十二层由屋顶水箱减压供水，写字楼十六～二十五层由中间水池减压供水。

5区：酒店二十三～二十八层，写字楼二十六～三十一层由屋顶水箱减压供水。

6区：酒店、写字楼三十层及其以上由屋顶水箱供水。

4. 供水方式及给水加压设备

三层及其以上用水采用水泵一次和二次转输方法由地下二层水池取水提升至中间水池和屋顶水箱，再由中间水池和屋顶水箱重力流供给各用水点。地下二层生活消防水池700m³，其中消防用水量400m³，水池分两格。酒店、写字楼分别设置给水系统，二十九层设中间水池，屋顶设给水箱。中间水池两座，每座容积170m³，其中消防水量90m³，水池分两格，两座水池在二十九层设连通管连通。屋顶水箱设在四十四层水箱间，每个水箱间设两只水箱，水箱容70m³，其中消防用水量18m³。地下二层水泵房设生活用水加压泵，2用1备，单泵流量90m³/h，扬程150m，功率75kW，二十九层水泵房设转输水泵，1用1备，单泵流量50m³/h，扬程80m，功率22kW。生活水泵按最大小时用水量考虑。

5. 管材：给水干管和立管以及水泵出水管采用镀锌无缝钢管，给水支管采用薄壁紫铜管。

6. 酒店、办公、厨房、洗衣房等分别设水表计量，中间水池、屋顶水箱的生活出水管上均设紫外线消毒器消毒。

（二）热水系统

1. 热水用水量见表2。

热水用水量表 表2

序号	用水项目	使用人数或单位数	单位	用水量标准[L/(人·d)]	小时变化系数 K	使用时间(h)	用水量(m³)			备注
							最高日	平均时	最大时	
1	酒店客房	342	人	200	5.0	24	68.4	2.85	14.25	
2	桑拿	8	个	300L/个		10	24.0	2.4	2.40	按喷头数
3	食堂	1000	人	6	2	12	6.0	0.5	1.0	
4	洗衣房	1000	kg干衣/d	25L/kg干衣	2.5	10	25	2.5	6.25	
5	职工淋浴	12	淋浴器	300L/(个·h)		4	14.4	3.6	3.6	
	总计						137.8	11.85	27.5	

本工程热水最高日用水量37.8m³，最大时用水量27.5m³。

2. 热源：本工程热源为市政蒸汽，由动力专业减压至0.4MPa，送至热交换间，用汽设备均设疏水器，蒸汽凝结水回收。

3. 系统竖向分区：为保证冷、热水压力平衡，热水竖向分区与冷水相同。

4. 热交换设备：酒店二十九层热交换间设6台HRV-02-3型立式半容积式热交换器制备热水供客房生活用水和二十六层厨房用水。地下一层热交换间设1台HRV-02-3型立式半容积式热交换器制备热水供地下一层洗衣机房、职工厨房、地下二层职工浴室用水。设1台HRV-02-2型立式半容积式热交换器制备热水供七层、八层厨房，七层桑拿用水。游泳池机房设快速式换热器供室内游泳池池水加热。立式半容积式热交换器前设连续型自动软水器以保证水质。

5. 每个热交换器上要求安装压力表、温度计、温度调节阀和安全阀，热水出水温度55℃（采用分水器供水）。为解决热水系统膨胀问题，酒店热水管网中设闭式隔膜膨胀罐。为保证热水温度，客房和公共娱乐部分采用全日制机械循环系统，循环泵设在热交换间内，回水管上设温度传感器，当回水温度低于45℃，循环泵启动，待回水温度高于50℃时循环泵停止工作。热水分区供水考虑冷、热水的压力平衡，将热水系统的减压阀放在热交换器冷水供水管上，设置的高度同冷水系统，阀后压力值一致。

6. 管材：热水管采用紫铜管，钎焊连接。

（三）排水系统

1. 本工程采用了污、废水分流制，上部污水在转换层汇集后，靠重力流排至室外，地下室污水均经集水池后用排水泵加压排出，经化粪池处理后排入市政排水管。

2. 为保证排水通畅，改善卫生条件，客房卫生间设器具透气，公共卫生间设环形透气。

3. 厨房污水经厨房内部的器具隔油器后排至排水沟内，经室外隔油池后排至市政排水管。

4. 排水立管采用抗震柔性排水铸铁管，连接卫生器具的排水横管采用UPVC塑料排水管。

（四）雨水系统

1. 本工程屋面雨水采用暴雨设计重现期为2年，场地内雨水采用暴雨设计重现期为1年。

2. 屋面雨水采用内排水系统，在地下一层排出室外，接入市政雨水管。

3. 雨水管采用焊接钢管。

二、消防系统

本工程设有室内外消火栓系统，自动喷洒灭火系统，水喷雾灭火系统，手提灭火器。室外消防用水由建筑物周围的市政给水环管上的室外消火栓提供。

（一）消火栓系统

1. 用水量：室内消火栓用水量40L/s，室外消火栓用水量30L/s。

2. 系统分区：系统竖向分4个区

1区：地下二层～八层，由中间水池经比例式减压阀供水

2区：九～二十一层，由中间水池供水

3区：二十二～二十九层，由消火栓泵供水

4区：三十层及其以上，由消火栓泵供水

1区和2至4区分别设三套消防水泵接合器。

3. 系统为临时高压供水系统，室内消防用水由室内贮水池供给。消防水池与生活水池合用，分别设在地下2层和29层避难层。地下2层贮水池总容积700m³，其中消防用水量400m³，中间贮水池2个，分别设在两座塔楼的29层，总容积300m³，其中消火栓用水量72m³，自动喷水用水量108m³，两座塔楼的中间贮水池用DN200连通管连通。两座塔楼楼顶分别设生活消防合用水箱，贮存消防用水量18m³，地下2层设消火栓转输泵两台，一用一备，150TSWA×5型，流量144m³/h，扬程150m，功率110kW。在两座塔楼的29层避难层分别设双出口消火栓加压泵两台，一用一备，150DLX-25×2+25×4型，流量144m³/h，第一出口扬程50m，第二出口扬程100m，功率75kW。4区平时压力由一套稳压设备维持，型号为XQB-1.2/0.4-5型，流量18m³/h，扬程110m，功率4kW，1区至3区平均压力由屋顶水箱维持。为防止系统超压和水锤，系统设安装泄压阀和水锤消除器。

4. 消火栓管道采用无缝钢管，焊接连接。

（二）自动喷水灭火系统

1. 用水量：本工程按中危险 II 级设置，用水量为 30L/s。

2. 系统分区：除 40 层无围护避难层采用干式自动喷水灭火系统外其余均为湿式系统。系统竖向分 3 个区，1 区：8 层及其以下由中间水池经减压阀减压供水，湿式报警阀 10 组，设在一层报警阀室；2 区：九～十九层，由中间水池直接供水，湿式报警阀 4 组，设在十五层；3 区：二十层及其以上由二十九层自动喷洒加压泵供水，湿式报警阀 5 组，干式报警阀 2 组，设在二十九层水泵房。1 区和 2 区为常高压系统，3 区为临时高压系统，二十九层设自动喷水稳压设备维持平时管网压力，三层及其以下报警阀前设减压阀。3 个区分别设三套消防水泵接合器。

3. 中间贮水池共贮存自动喷洒用水量 108m^3，各塔楼二十九层分别设自动喷洒加压泵 2 台，一用一备，100DL-20×6 型，流量 108m^3/h，扬程 100m，功率 55kW。

4. 除面积小于 5.0m^2 的卫生间和不宜用水扑救的部位外，均设自动喷洒系统保护。除 40 层无围护避难层采用易熔合金喷头外，其余均用玻璃球喷头。室内有吊顶处设装饰型喷头，无吊顶处设直立型喷头，酒店客房采用扩展覆盖型侧墙喷头。在防火卷帘两侧设加密喷头保护，八层中庭金属屋架处设喷头保护。

（三）水喷雾系统

1. 设置范围：地下二层柴油发电机房。

2. 基本设计参数：设计喷雾强度为 20L/(min·m^2)，持续喷雾时间为 0.5h，水喷雾灭火系统响应时间不大于 45s。

3. 系统为常高压系统，由中间水池供水，系统在发电机房值班室设有一套雨淋控制阀。雨淋阀前设过滤器。

4. 水喷雾管道采用镀锌无缝钢管。

三、设计体会

1. 喷头布置应严格按规范进行，但在规范没有涉及到的特殊部位，应结合火灾发生的特点，从安全角度出发，在有条件的情况下尽量在更多的地方布置喷头。采用金属屋架的大空间，屋架的耐火等级达不到规定的要求时，应在屋架下设置喷头保护。无吊顶的酒店不适宜布置普通喷头，工程中采用了扩展覆盖面侧墙喷头。设计这种喷头时，应以其所需最大工作压力来校核消防水泵的扬程，以其喷水量来选择配水支管管径。

2. 在消火栓系统中采用了双出口给水泵，减少设备，节约泵房占地面积，是系统经济可靠的理想供水方式。

3. 在超高层建筑中，消防给水竖向分区的方式尤其重要，设计人员应结合建筑本身特点，考虑管理因素，比较多种方案，选择一种最合理、最经济的分区方式。

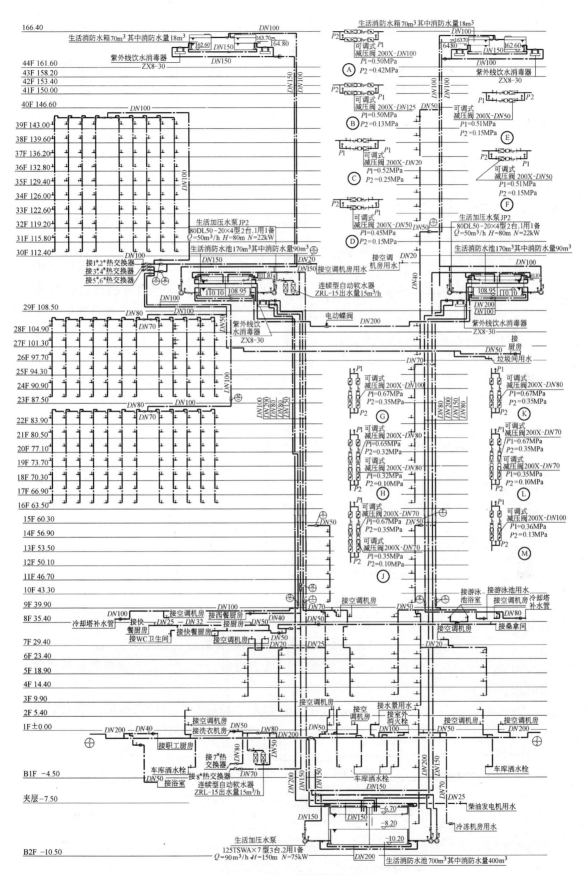

给水管道系统图

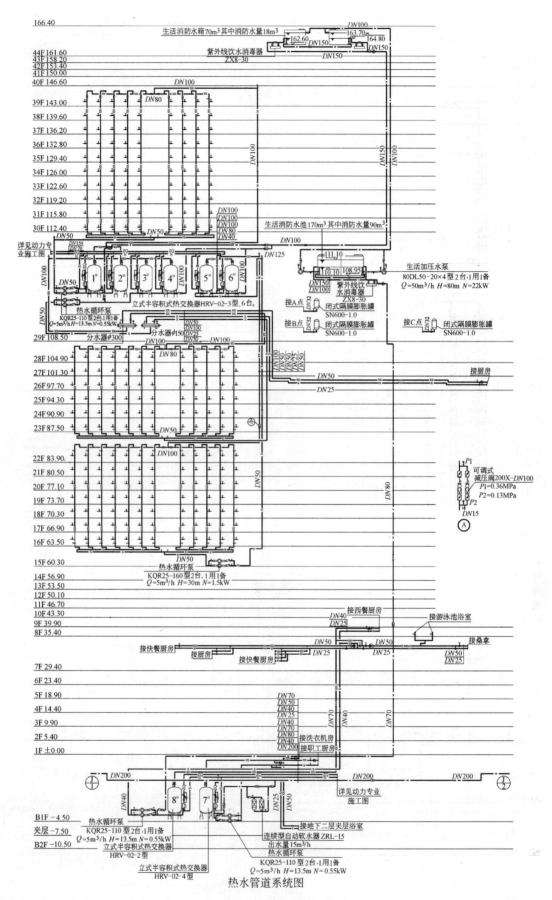

热水管道系统图

16

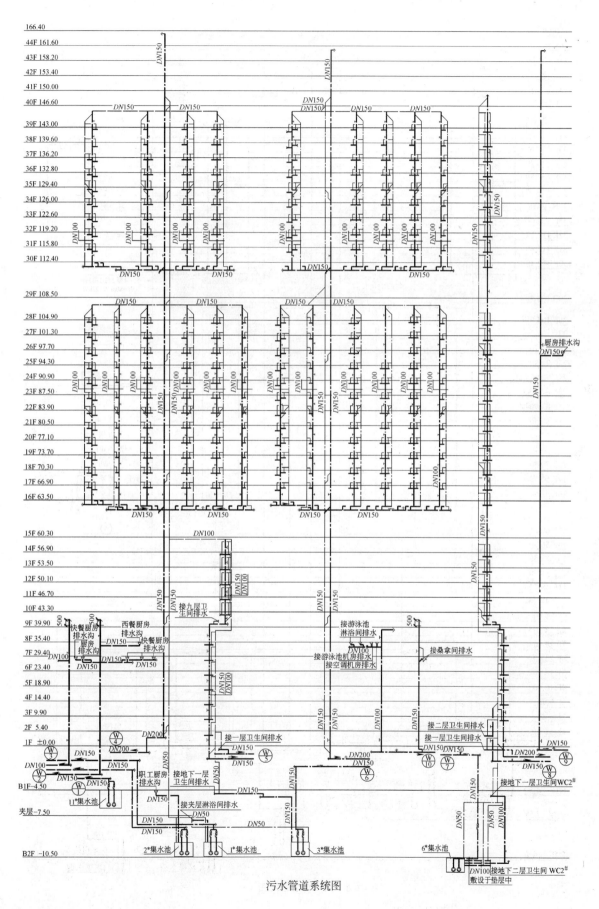

污水管道系统图

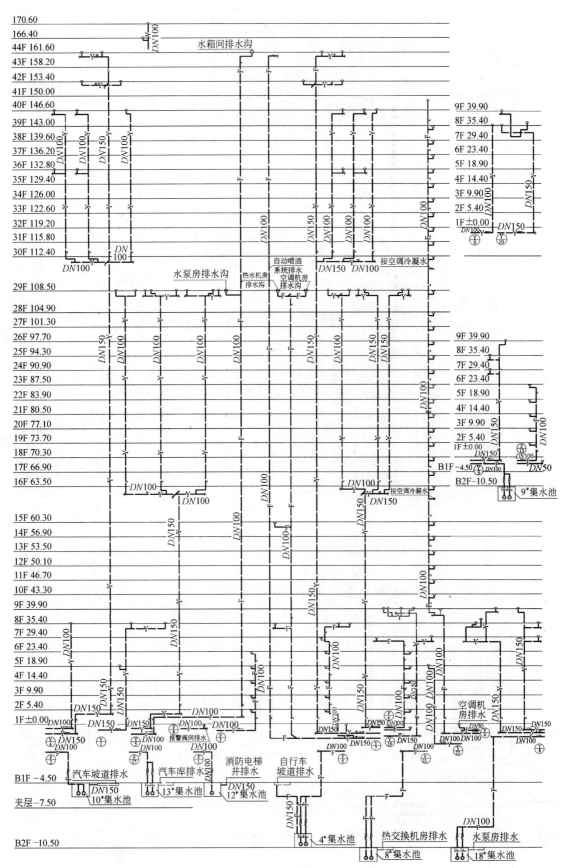

废水，雨水管道系统图（一）

18

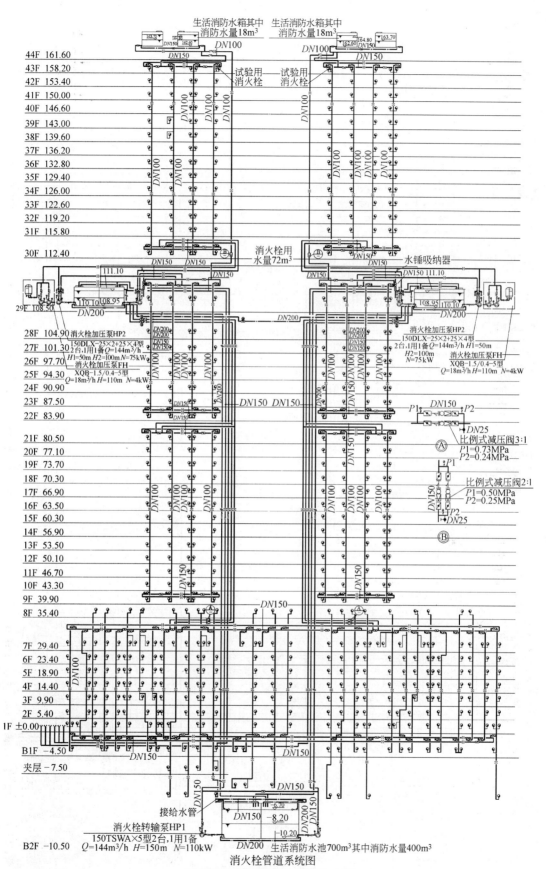

消火栓管道系统图

说明：地下2层～1层，9～14层，22～28层，
30～37层采用减压稳压消火栓。

19

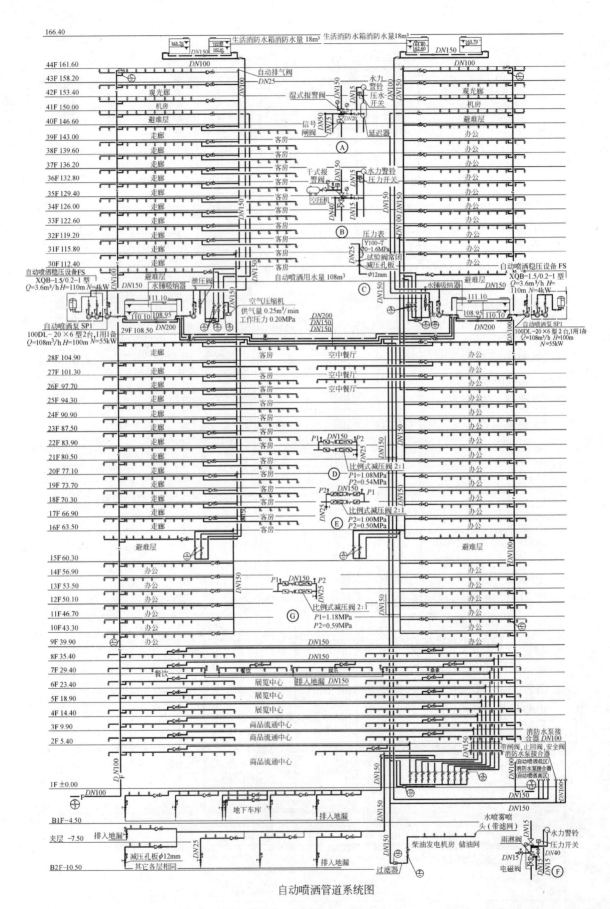

自动喷洒管道系统图

富华金宝中心

方雪松　靳晓红

本工程为大型综合性建筑，地上由办公楼、五星级酒店、商务酒店相对独立的三部分组成。地下一、二、三层设有停车库、商业、设备用房和五星级酒店的辅助用房。本楼位于北京金宝街西端北侧，西邻东四南大街，总建筑面积约为 17 万 m^2，建筑高度 68m。

一、给水排水系统

（一）给水系统

1. 水源为城市自来水。从市政给水干管上接入 2 根 $DN200$ 给水管，经总水表后在红线内成环，市政供水压力为 0.25MPa。

2. 用水量：最高日生活：1094.52m^3/d（包括中水回用水部分）；冷却补水量 657m^3/d。

3. 按建筑标准和使用水压的要求，给水系统竖向分区如下：

（1）办公楼、五星级酒店给水系统竖向分三个区：

低区：地下三层至地上三层，利用市政水压直接供水；

高一区：四层至十层由变频恒压供水设备经减压阀减压后供水；

高二区：十一至十七层由变频恒压供水设备供水。

（2）商务酒店给水系统竖向分三个区：

低区：地下三层至地上二层，利用市政水压直接供水；

高一区：三层至八层由变频恒压供水设备经减压阀减压后供水；

高二区：九至十三层由变频恒压供水设备供水。

（二）生活热水系统

1. 热源为城市热力，城市热力检修期采用自备燃气锅炉提供 95～70℃热水，经换热设备换热后，供应不低于 50℃生活热水。

2. 各楼各区热水量和耗热量见表1：

热水用水量表　　　　　　　　　　　　　　　　　　　　　　　表1

五星级酒店	高　二　区	高　一　区	低　　区
流量	19m^3/h	27.9m^3/h	11.5m^3/h
耗热量	900kW	1350kW	550kW
商务酒店			
流量	10.3m^3/h	10.3m^3/h	11.7m^3/h
耗热量	490kW	490kW	550kW
办公楼			
流量	7.05m^3/h	7.05m^3/h	13.5m^3/h
耗热量	330kW	330kW	640kW

3. 生活热水系统竖向分区同给水系统。

4. 生活热水系统为全日机械循环，供回水管按同程设计。

（三）中水系统

1. 源水为各楼卫生间盥洗废水和淋浴废水。

2. 源水水量：311m³/d。

3. 中水设备处理量 15m³/h。

4. 中水处理流程：

调节池——毛发过滤器——提升泵——一级接触氧化——二级接触氧化——中间水箱——加压泵——石英砂过滤——活性炭过滤——消毒——清水池。

5. 中水系统竖向分三个区：

低区：办公楼三层及三层以下，五星级酒店四层及四层以下，商务酒店二层及二层以下由高一区变频恒压供水设备经减压阀减压后供给。

高一区：办公楼、五星级酒店十层及十层以下，商务酒店八层及八层以下由高一区变频恒压供水设备供给，局部超压部分采用支管减压。

高二区：办公楼、五星级酒店十一层及十一层以上，商务酒店九层及九层以上由高二区变频恒压供水设备供给，局部超压部分采用支管减压。

6. 根据水量平衡，中水用于各楼卫生间冲厕及车库地面冲洗。

（四）饮水系统

1. 办公区采用电开水器供应开水，每层设饮水台，饮水台下设小型末端净水器。

2. 酒吧和厨房中的制冰机开水器冰淇淋机等供水按直饮水水质标准采用小型净水器分散供水。

（五）空调冷却水循环系统

1. 空调冷却用水由四台 950m³/h 和一台 480m³/h 超低噪声变频风机冷却塔冷却循环使用。

2. 冷却塔补水由专用恒压变频供水装置供水，并兼向屋顶消防水箱补水。

（六）生活排水系统

1. 生活污水（冲厕用水）排至室外污水管道，经化粪池处理后排至市政管网。生活废水排至中水处理站。

2. 厨房废水经油脂分离器处理后排入室外污水管道。

3. 地下室排水汇集至排水泵井，经潜水泵提升后排至室外污水管或雨水管。

4. 污水管道系统设环型通气，器具通气和专用通气管。

（七）雨水系统

1. 屋面雨水重现期为 10 年，溢流口按重现期 50 年设计。

2. 屋面雨水一部分采用重力流排水，一部分采用虹吸式排水系统。

二、消防系统

本工程设消火栓系统、自动喷水灭火系统、水喷雾灭火系统、气体灭火系统和手提式灭火器。

1. 消火栓灭火系统：

（1）消防水量：室内消火栓系统：40L/s 室外消火栓系统：30L/s，火灾延续时间 3h。

（2）室外消防用水由管外给水环管上的消火栓供给。

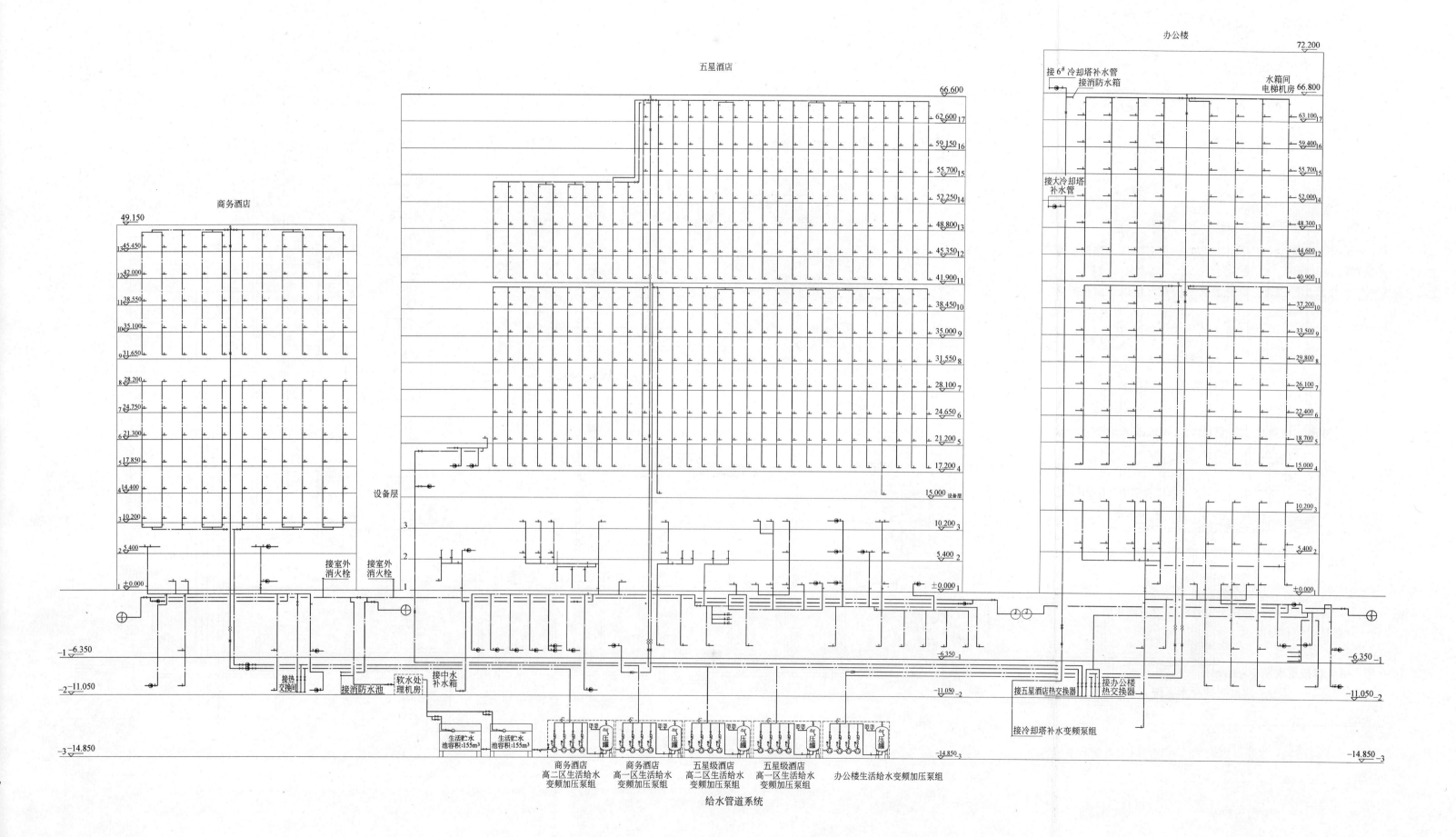

办公楼

五星酒店

72.200

接6#冷却塔补水管
接消防水箱

水箱间
电梯机房 66.800

66.600

63.100 17
62.600 17

商务酒店

接大冷却塔
补水管

59.400 16
59.150 16

55.700 15
55.700 15

49.150

52.000 14
52.250 14

135.450

48.300 13
48.800 13

124.200

44.600 12
45.350 12

116.38.550

40.900 11
41.900 11

105.35.100

37.200 10
38.450 10

9.31.650

33.500 9
35.000 9

8.28.200

29.800 8
31.550 8

7.24.750

26.100 7
28.100 7

6.21.300

22.400 6
24.650 6

5.17.850

18.700 5
21.200 5

设备层

15.000 4
17.200 4

4.14.400

15.000 设备层

3.10.200

10.200 3
10.200 3

接室外
消火栓

接室外
消火栓

5.400 2
5.400 2

2.5.400

±0.000 1
±0.000 1

1±0.000

-1 -6.350

-6.350 -1
-6.350 -1

-2 -11.050

接热
交换间

接消防水池

软水处
理机房

接中水
补水箱

-11.050 -2

接五星酒店热交换器

接办公楼
热交换器

-11.050 -2

接冷却塔补水变频泵组

-3 -14.850

生活贮水
池容积:155m³

生活贮水
池容积:155m³

-14.850 -3

-14.850 -3

商务酒店
高二区生活给水
变频加压泵组

商务酒店
高一区生活给水
变频加压泵组

五星级酒店
高二区生活给水
变频加压泵组

五星级酒店
高一区生活给水
变频加压泵组

办公楼生活给水变频加压泵组

给水管道系统

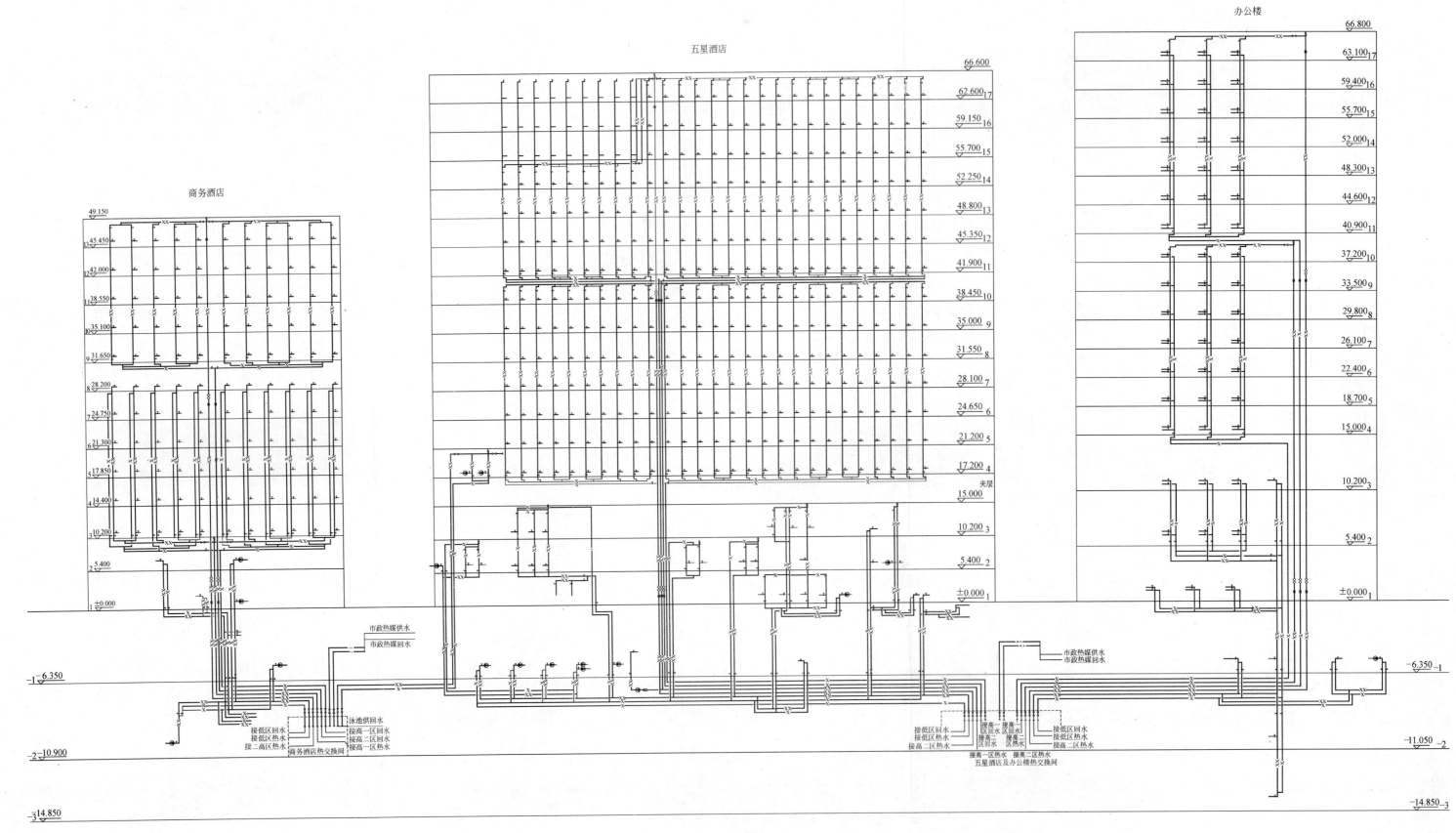

办公楼

五星酒店

商务酒店

市政热媒供水
市政热媒回水

市政热媒供水
市政热媒回水

热水管道系统

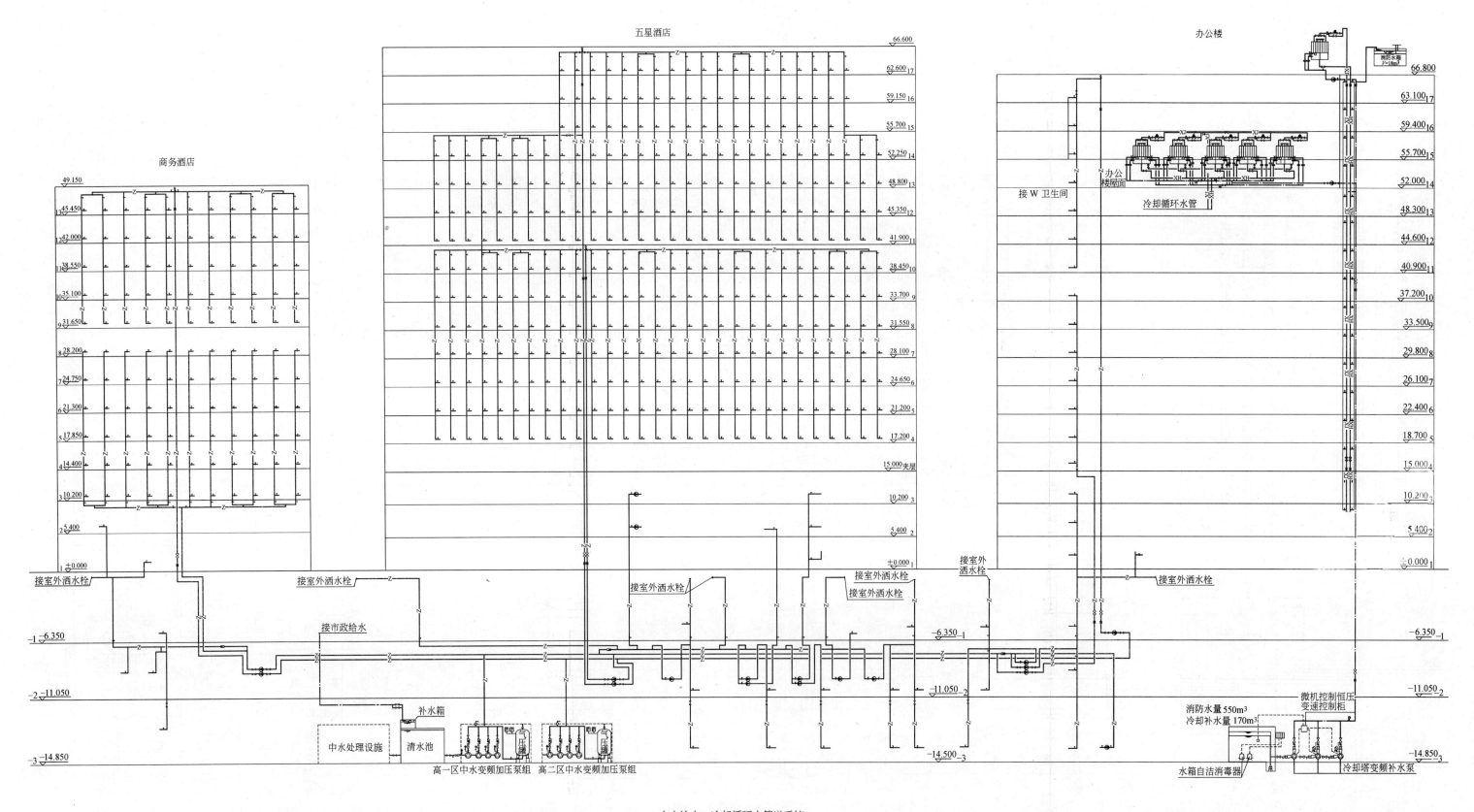

五星酒店

66.600

62.600 17

59.150 16

55.700 15

52.250 14

48.800 13

45.350 12

41.900 11

38.450 10

33.700 9

31.550 8

28.100 7

24.650 6

21.200 5

17.200 4

15.000 夹层

10.200 3

5.400 2

±0.000 1

商务酒店

49.150

45.450

42.000

38.550

35.100

31.650

28.200

24.750

21.300

17.850

14.400

10.200

5.400

±0.000

办公楼

消防水箱 V=18m³

66.800

63.100 17

59.400 16

55.700 15

52.000 14

48.300 13

44.600 12

40.900 11

37.200 10

33.500 9

29.800 8

26.100 7

22.400 6

18.700 5

15.000 4

10.200 3

5.400 2

±0.000 1

办公楼屋面

接 W 卫生间

冷却循环水管

接室外洒水栓

接市政给水

接室外洒水栓

接室外洒水栓

接室外洒水栓

接室外洒水栓

接室外洒水栓

−6.350 1

−6.350 1

−6.350 1

−11.050 2

−11.050 2

−11.050 2

补水箱

中水处理设施

清水池

高一区中水变频加压泵组　高二区中水变频加压泵组

微机控制恒压变速控制柜

消防水量 550m³
冷却补水量 170m³

−14.500 3

−14.850 3

−14.850 3

水箱自洁消毒器

冷却塔变频补水泵

中水给水、冷却循环水管道系统

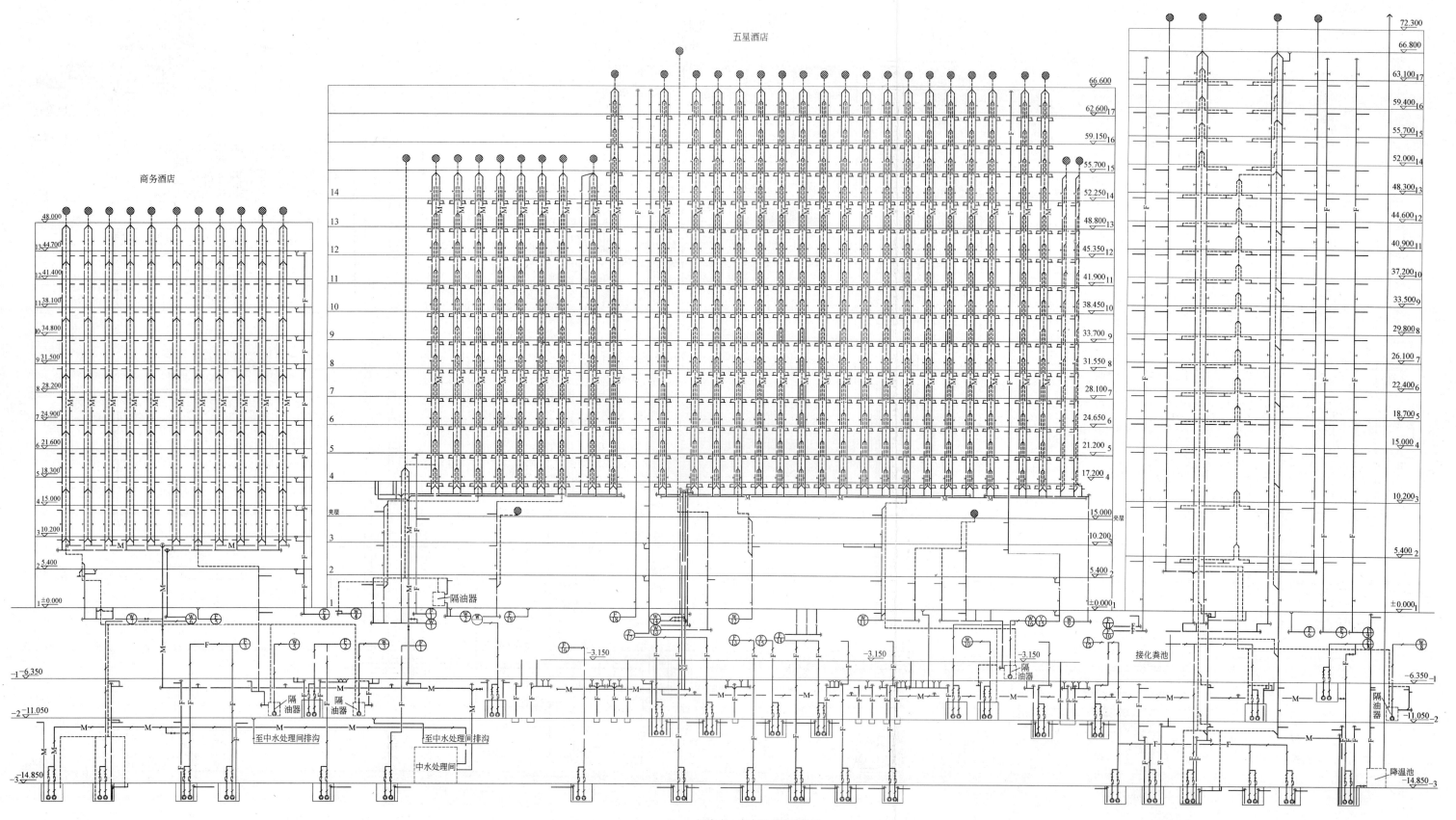

办公楼

五星酒店

商务酒店

隔油器

中水处理间

至中水处理间排沟

接化粪池

降温池

污废水、中水源水管道系统

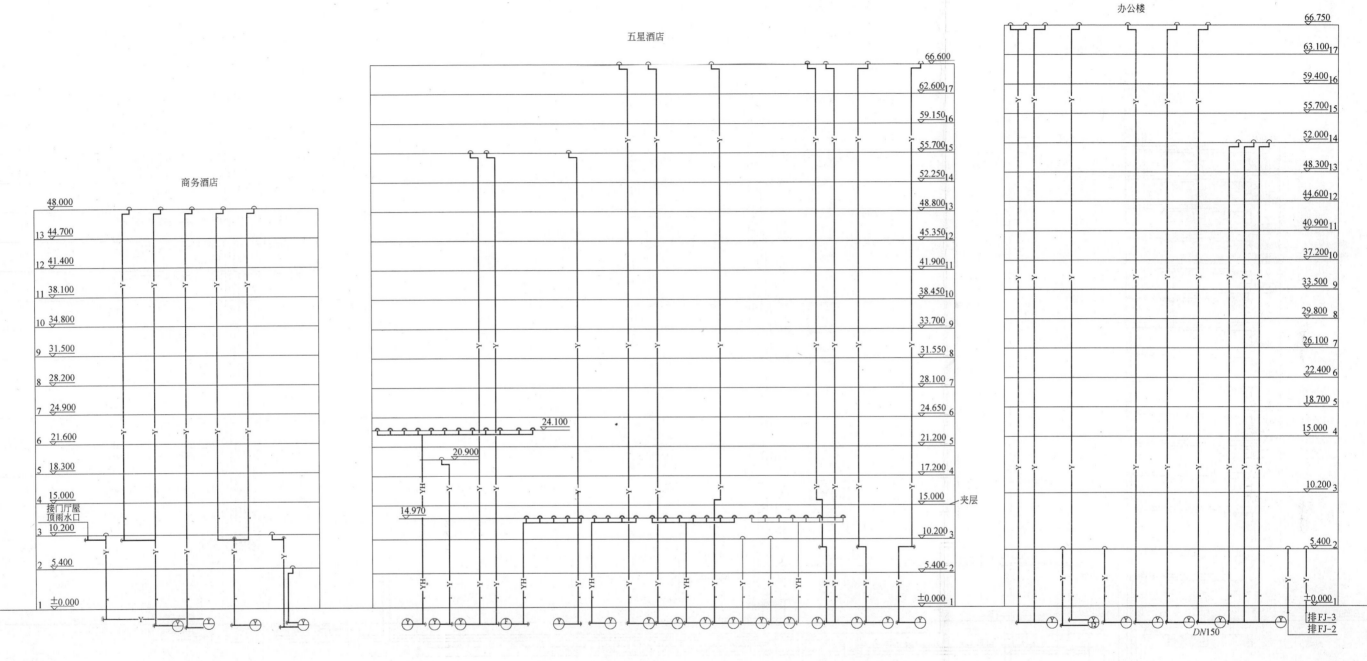

办公楼

五星酒店

商务酒店

雨水管道系统

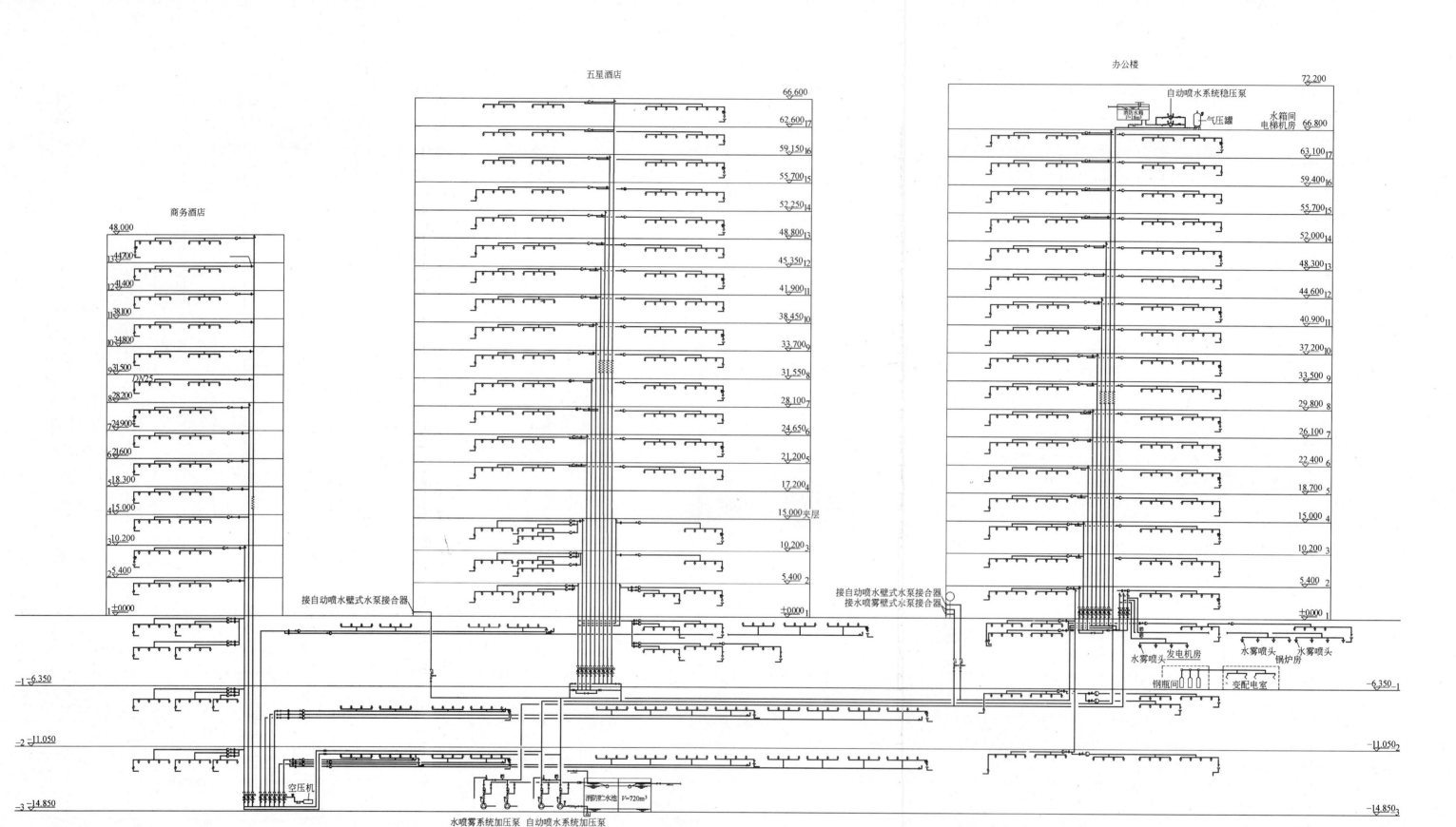

自动喷水、水喷雾管道系统

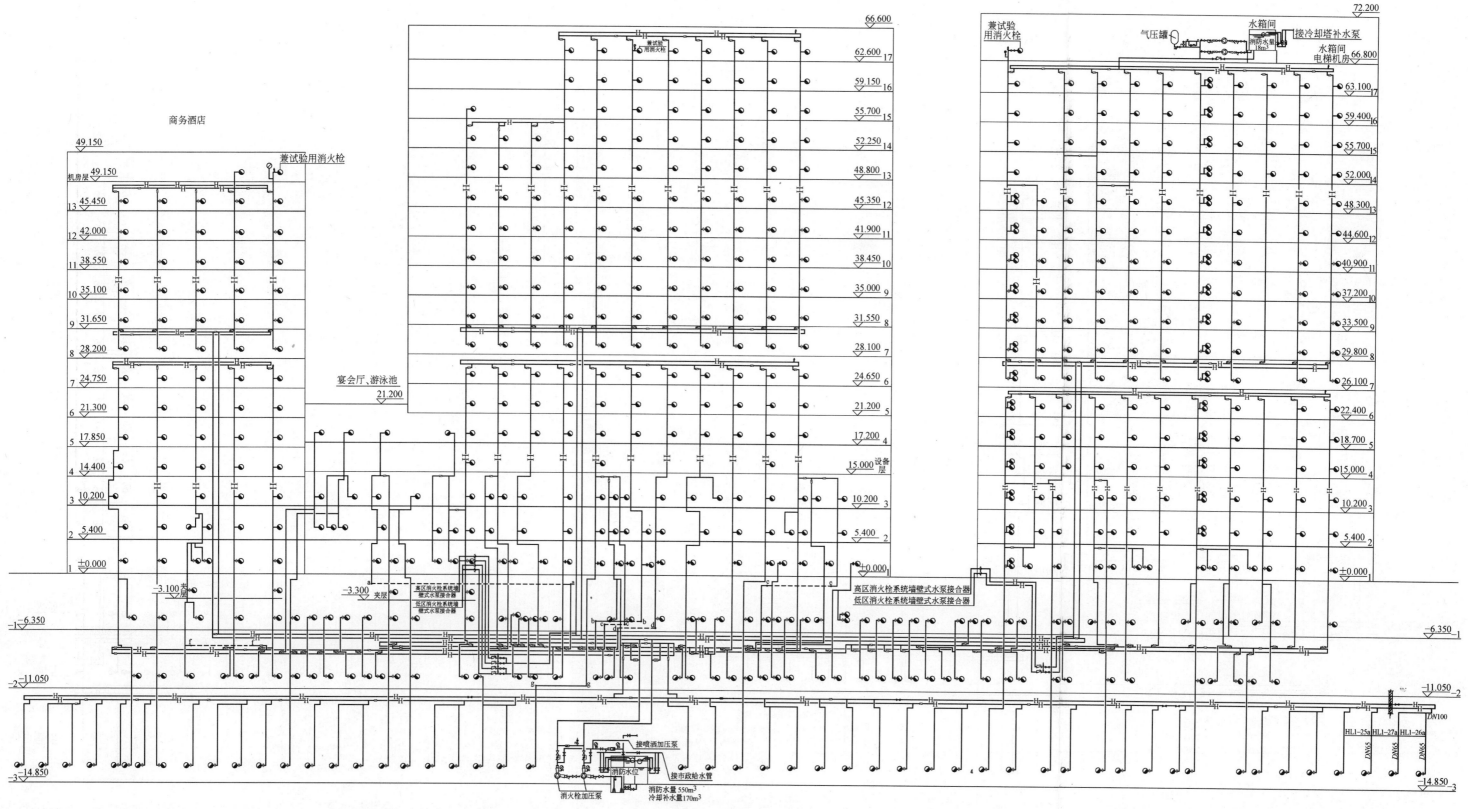

消火栓管道系统

（3）室内消火栓系统竖向分两个区：

办公楼和五星级酒店七层级七层以上为高区，六层及六层以下为低区；商务酒店八层及八层以上为高区，七层及七层以下为低区。高低区通过减压阀分区。

（4）系统由地下三层的与冷却塔补水合用的 720m³ 消防水池（其中消防水量为 550m³）、二台加压泵、18m³ 屋顶消防水箱和稳压装置及管网组成。系统压力平时由稳压泵和气压罐保持，超压部分采用减压稳压消火栓。

（5）高低区各设 DN150mm 壁式消防水泵接合器 3 套。

2. 自动喷水灭火系统：

（1）设置范围：除卫生间、设备用房、电梯机房及不能用水消防的部位外，其余均设自动喷水系统保护。车库采用预作用系统，其余部位采用湿式自动喷水系统。

（2）危险等级：地下车库和地下商场为中危险Ⅱ级，其它部位为中危险Ⅰ级。

（3）系统灭火水量为 28L/s。

（4）系统由消防水池、2 台加压泵、18m³ 屋顶消防水箱和稳压装置及管网组成。系统压力平时由稳压泵和气压罐保持，采用自动和手动的控制方式。

（5）设 DN150mm 壁式消防水泵接合器 2 套。

3. 水喷雾灭火系统

（1）设置范围：柴油发电机房和锅炉房。

（2）设计基本参数：

	喷雾强度	喷雾时间	喷头压力	响应时间
锅炉房	9L/(min·m²)	1h	0.2MPa	60s
发电机房	20L/(min·m²)	0.5h	0.35MPa	45s

（3）系统设加压泵二台，一用一备。系统压力平时由屋顶消防水箱保持，火灾时加压泵启动灭火。系统设自动、手动和应急操作三种控制方式。

（4）水喷雾系统设地下式水泵接合器 1 套。

4. 气体灭火系统：

（1）配电室设符合环保要求的洁净气体为气体灭火的介质。

（2）灭火浓度及其参数根据所采用的气体而定。

（3）系统采用自动控制、手动控制和应急操作三种方式。

5. 移动式灭火装置：

走廊和楼梯间等处设置磷酸铵盐型手提灭火器，电气房间设 CO_2 推车时和手提式灭火器。

三、管材

1. 生活给水管、热水管采用冷拉薄壁铜管，嵌墙部分采用复塑铜管。

2. 水景循环管、冷却塔补水管和中水管采用内劲嵌入式衬塑钢管。

3. 消火栓管采用无缝钢管，接消火栓栓口的支管采用热镀锌钢管。

4. 自动喷水管和水喷雾管采用热镀锌钢管，加压泵至立管的管道采用厚壁热镀锌钢管。

5. 冷却水管道采用螺旋焊接钢管。

6. 污水管、废水管、通气管采用抗震柔性接口排水铸铁管。

7. 雨水采用 87 型雨水斗，热镀锌钢管；虹吸雨水采用专用虹吸雨水斗，高密度聚乙烯钢管。

8. 与潜污泵连接的管道采用焊接钢管。

深圳市国土局培训中心及福田分局办公楼

赵　锂　王则慧

本工程位于深圳市福田区，由二座既相互独立、又相互关联的分局办公楼与市局培训中心组成。总用地面积为 8599m²，总建筑面积为 41083m²。为现代化的集管理办公、信息交流及配套设施于一体的多功能综合楼。办公楼地下二层，地上十层，为福田分局的中心机构；培训中心地下一层，地上十三层，是一座集各类会议、培训、商务、餐饮、娱乐于一体的四星级酒店。地下二层为设备机房，地下一层为汽车库。建筑高度为 56.25m。2001 年 10 月投入使用。本工程获 2005 年广东省优秀设计二等奖。

一、给水排水系统

（一）给水系统

1. 本工程的供水水源为城市自来水，分别从小区道路市政给水管及香蜜路市政给水管引入二根 DN150mm 的给水管。自来水公司负责将二路给水管分别接入红线内水表井。市政给水管的最低供水水压为 0.30MPa。

2. 本工程最高日用水量为：393m³/d，其中生活用水 177m³/d，空调补水 216m³/d。最大小时用水量：47.2m³/h。

3. 从节省能源和保证供水考虑，本工程给水竖向分两个区：地下一层至地上三层和室外绿化用水由市政给水管直接供给，为供水一区；室内三层以上采用由变频调速水泵、水池联合供水，为供水二区。

4. 地下生活消防贮水池容积为 719m³，设于地下二层水泵房内（其中生活贮水量为 179m³）。供二区用水的变频调速给水泵为三台（二用一备），并设有供夜间及低流量用水时的小泵及气压罐各一个。变频泵的控制由水泵出水管上的压力继电器自动控制启停。

5. 给水管管径 DN＞50mm 采用衬塑镀锌钢管，丝扣或法兰连接；管径 DN≤50mm 者采用铜管，管件连接或钎焊焊接连接。

（二）热水系统

1. 本工程客房、厨房及办公部分淋浴设热水供应系统。热水最高日用水量为：34.4m³/d，最大时用水量为：3.0m³/h。

2. 热水系统的竖向分区与冷水相同，热水机组冷水进水由水泵出水管单接一根给水管供给，在入口处设冷水表，以计量热水用水量。热水管道系统采用上行下给式供水方式，热水供水管干管设在十二层的吊顶，回水干管设在设备管道层。

3. 热水由设于培训中心屋顶锅炉房内的一台燃气中央热水机组制备，供水温度为 60℃，经一台 5m³ 热水贮水罐供客房及办公部分的热水用水。为解决热水系统的膨胀，在热水机组进水管上设一台闭式膨胀水箱。

4. 为保证供水水温，中央热水机组上设自动温度调节器控制出水水温，热水系统采用干管机械循环方式，循环泵设在锅炉房内，由电接点温度计控制，回水管温度下降到 45℃ 时，循环泵启动；回水管温度上升到 50℃ 时，循环泵停止。

5. 热水供水管、回水管道均采用铜管，采用钎焊焊接连接。

（三）开水供应

公共娱乐、客房、办公考虑开水供应，开水量标准为 2L/（人·班）。开水采用电开水器分散制备供给。

（四）排水系统

1. 本工程最高日排水量为：130.5m³/d，最大时排水量为：19.25m³/h。

2. 市政排水管道为雨、污分流制系统，小区道路上分别有 ϕ1200mm 的雨水管及 ϕ400mm 的污水管，本工程雨、污水分别接入上述雨、污水管道内。

3. 本工程污、废水采用合流制，培训中心客房污水在管道设备层汇集后排出室外，办公楼污水经排水立管收集后排出室外。二层、三层厨房污水经器具隔油器后汇集至地面排水沟内排出室外，经室外隔油池后排至市政污水管道。地下室卫生间的污水、各机房地面和地下车库冲洗地面的排水分别排至各自的集水坑，用潜水泵提升排出室外。每组潜水泵各两台，互为备用，潜水泵由集水坑水位自动控制启、停。

4. 培训中心客房卫生间排水设置环形和主通气立管，办公楼卫生间设伸顶通气立管。

5. 室内排水管、透气管采用柔性机制排水铸铁管，橡胶圈密封，不锈钢卡箍紧固。

（五）雨水系统

1. 屋面雨水采用内排水系统，由雨水斗收集经雨水立管排至室外雨水管道。屋面雨水设计重现期 P 取 2 年，屋面按设计重现期 10 年设置雨水溢流口。

2. 地下车库入口处设排水沟以截留进入车道的雨水并汇集至集水池，经排水泵加压后排入室外雨水管道。暴雨强度按重现期 10 年计。

3. 雨水管采用焊接钢管，焊接连接。雨水斗采用 87 型雨水斗。

（六）空调冷却水系统

空调用冷却水由超低噪声冷却塔冷却后循环使用。冷却塔补水由变频调速给水泵单设一根给水立管供给。

二、消防系统

（一）消火栓系统

1. 用水量：室内消火栓用水量：40L/s，一次用水量为 432m³（3h）；室外消火栓用水量：30L/s，一次用水量为 324m³（3h）

2. 消防水源为城市自来水，城市给水管道的水量、水压不能满足本工程全部的消防要求，为解决消防用水，在地下二层设生活消防水池一座，消防贮水量为 540m³（其中自动喷水及水喷雾贮水量为 108m³）。室外消防用水由城市给水管道通过室外消火栓直接供给。

3. 室内消火栓系统：本工程消火栓系统平时由培训中心屋顶高位水箱维持系统压力。消防时，由地下二层消火栓加压泵取自地下贮水池的水加压供水。屋顶消防水箱贮水量为 18m³。设二台消火栓加压泵，一用一备，消防泵可由消火栓箱、消防控制中心及水泵房处的按钮直接启停。消火栓管网上、下均成环管。除消防电梯前室和屋顶试验用的消火栓外，其它消火栓箱内配有自救卷盘小水喉。消火栓处用红色指示灯显示消火栓加压泵运转情况，消火栓加压泵的运转情况用灯光讯号显示在消防控制中心和泵房控制柜上。

4. 消火栓系统设室外地上式消防水泵接合器 3 套，供消防车向系统补水用。

5. 消火栓管道采用镀锌钢管、丝扣或法兰连接。

（二）自动喷水灭火系统

1. 本工程除地下水泵房、冷冻机房、空调机房、变配电间、电话机房、水箱间、厕所、淋浴间等不设自动喷水，其余房间均设有喷洒系统。本工程地下车库喷洒灭火系统按中危险 Ⅱ 级考虑，其它部位按中危险 Ⅰ 级考虑，设计用水量为 30L/s，火灾延续时间为 1h，一次灭火用水量为 108m³，全部贮存于地下一层的生活消防水池中。

2. 自动喷水灭火系统：地下二层泵房内设有自动喷水加压泵 2 台（1 用 1 备），屋顶水箱间设自动喷水补压泵 2 台（1 用 1 备）及气压罐一个。系统压力平时由稳压泵维持，当管网压力下降低于工作压力 0.07MPa 时，稳压泵启动，恢复工作压力后停泵。当管网压力继续下降低于工作压力 0.10MPa 时，加压泵启动，补压泵停止工作。

3. 本工程共设湿式报警阀 6 套（设于一层报警阀室内）。每套负担喷头数不超过 800 个。每层喷水主干管上均设水流指示器。水流指示器及报警阀前的控制阀门采用安全信号阀，其开、关均有信号反映到消防中心。

4. 喷头温级：厨房操作台高温区采用 93℃级玻璃球喷头，其余均为 68℃级玻璃球喷头。

5. 自动喷水系统设室外地上式消防水泵接合器 2 套，供消防车向系统补水。

6. 地下车库除设有消火栓和自动喷水系统外，在入口附近，还设有 2 个移动式泡沫灭火车。

7. 自动喷水灭火管道采用热镀锌钢管，丝扣或法兰连接。

（三）水喷雾灭火系统

1. 地下一层柴油发电机房内设有固定式水喷雾灭火系统，用水量为 17.2L/s，火灾延续时间为 0.5h，一次灭火用水量为 31m³，全部贮存于地下二层的生活消防水池中。

2. 水喷雾加压泵与自动喷水加压泵合用，1 套雨淋控制阀。水喷雾加压泵可自动控制，泵房内手动控制。水泵的运转情况用灯光讯号显示在消防控制中心和泵房控制柜上。雨淋阀前的控制阀门采用安全信号阀，其开、关均有信号反映到消防中心。

3. 发生火灾时，感温（或感光、感烟）等火灾探测器动作，向消防控制中心发出火灾信号，控制传动管网动作，打开雨淋阀，启动水喷雾加压泵，使所有水喷雾喷头喷水。雨淋阀也可手动控制。

4. 水喷雾灭火系统管道采用热镀锌钢管，丝扣或法兰连接。

三、设计及施工体会

1. 采用变频调速给水设备供生活给水，为避免用水量大的设备用水时对卫生设备的影响，本工程采用在水泵出水管上设分水缸，燃气热水机组的供水、冷却塔的补水、培训中心客房用水、办公楼用水分别设给水供水管，保证水压的稳定。

2. 为保证冷、热水的压力平衡，本工程在选用热水机组时，采用间接加热热水机组，机组的供热量按最大小时耗热量考虑，可减小热水机组的规模，但应考虑设贮热水罐，贮热水罐应为承压罐，储热时间按 30min 考虑。应引起注意的是采用间接加热热水机组，给水的硬度不能高，否则会造成水在盘管内结垢，难以清通，且阻力增大，不利于整个供水系统冷热水的压力平衡。因深圳的水质为偏酸性，水的硬度很低，不需要额外的水处理，不增加运行费用。

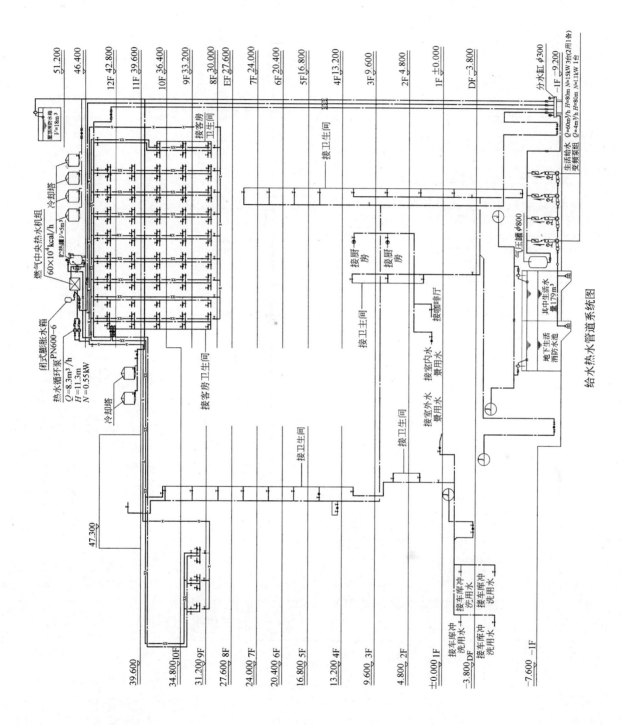

给水热水管道系统图

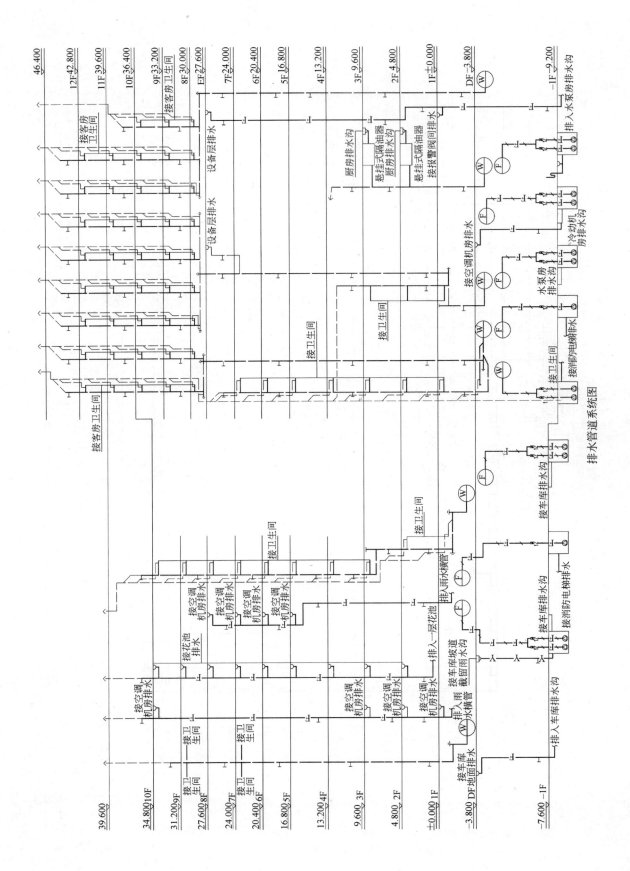

排水管道系统图

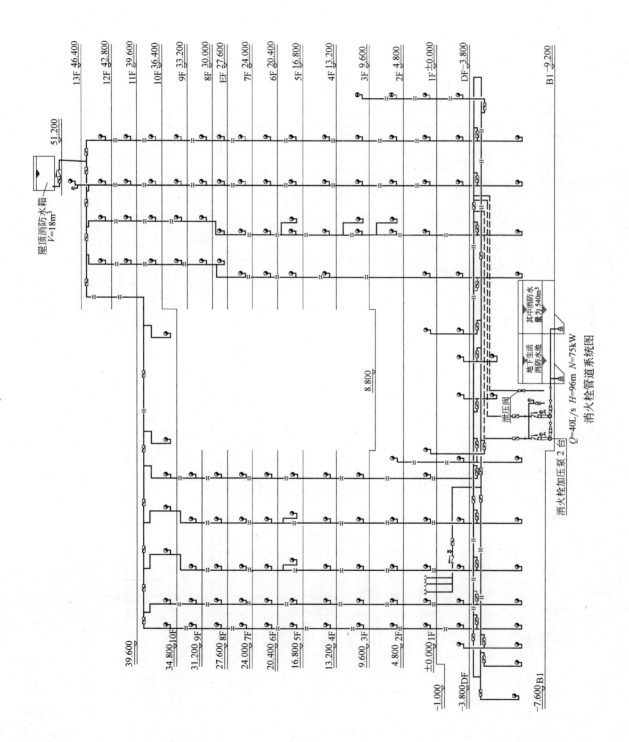

消火栓管道系统图

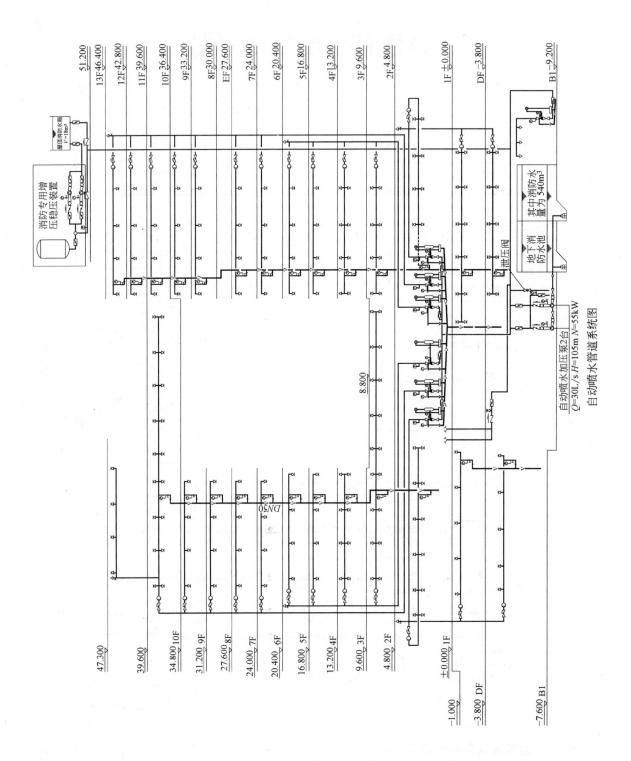

自动喷水管道系统图

外研社国际会议中心

周连祥

外研社国际会议中心是由北京外国语大学外语教学与研究出版社（外研社）投资兴建的，集会议、培训、餐饮、住宿、娱乐、休闲、生产为一体的大型综合园区，位于大兴芦城，占地约9万 m²，总建筑面积约10万 m²，投资约3亿元人民币，包括四星级宾馆、培训教学楼、职工及学员宿舍、生产车间、书库、纸库、餐厅、礼堂及游泳池等配套的休闲娱乐设施，该园区内最高建筑为酒店，地上6层，建筑高度约为25m，该工程已建成并投入使用，普遍反映良好。

一、给水排水系统

（一）给水系统

1. 冷水用水量表

本园区最高日用水量约 247.5m³，最大时用水量约 26.3m³。主要项目用水量标准和用水量计算见表1。

用水量统计表　　　　　　　　　　　　　　　　表1

用水项目	使用数量	单　位	用水量标准 (L)	小时变化系数	使用时间 (h)	用水量(m³)		
						平均时	最大时	最高日
客房	300人	每人每天	250	2.0	24	3.1	6.2	75.0
酒店职工	100人	每人每天	50	2.0	24	0.2	0.4	5.0
学员宿舍	1000人	每人每天	70	2.5	24	2.9	7.3	70.0
餐厅	2000人次	每人每天	15	1.5	12	2.5	3.8	30.0
生产职工	300人	每人每班	50	1.5	10	1.5	2.3	15.0
淋浴	500人次	每人每次	15	2.0	10	0.8	1.6	7.5
游泳池补水	750m³	每天补水按3%计		1.0	10	2.3	2.3	22.5
未预见水量	按上述用水的10%计					1.3	2.4	22.5
总　计						14.6	26.3	247.5

注：上述给水用水量标准中不含相应的热水用水量，热水由深井温泉水供给。

2. 给水水源

该园区位于大兴芦城，城市给水管网还没有敷设到该地区，只有附近集资兴建的一口地下水井提供该地区用水，供水可靠性差且园区位于管网末端，供水压力很低。

3. 给水系统竖向分区

园区内加压设施供水压力为 0.35MPa，各单体建筑的给水系统竖向采用一个系统，不再分区。

4. 供水方式及给水加压设备

根据该地区供水现状，本园区集中设置给水水箱及变频调速供水设备，满足本园区的生活供水要求。不锈钢生活水箱两个，总容积 150m³，园区外井水管网直接向生活水箱供水，然后由变频调速供水设备向园区内各个建筑供水。给水管网在园区内枝状布置。井水供水管上设总表计量。变频调速供水设备采用主泵三台（其中两用一备），每台参数：$Q=50m³/h$，$H=40m$，$N=11kW$，并配套稳压泵一台及稳压罐一个。

5. 管材

室内给水干管采用衬塑钢管，沟槽或管件连接；支管采用 PP-R 塑料管，热熔连接；室外给水管采用球墨铸铁给水管，橡胶圈柔性接口。

（二）热水系统

1. 热水用水量表

本园区最高日热水用水量约 203.50m³，最大时热水用水量约 32.3m³，主要项目热水用水量标准和用水量计算见表 2（按 60℃）。

热水用水量统计表　　　　　　　　　　　　　　　　表 2

用水项目	使用数量	单　位	用水量标准（L）	小时变化系数	使用时间（h）	用水量（m³）		
						最高日	平均时	最大时
客房	300 人	每人每天	150	5.61	24	45.0	1.9	10.5
酒店职工	100 人	每人每天	50	2.0	24	5.0	0.2	0.4
学员宿舍	1000 人	每人每天	50	2.86	24	50.0	2.1	7.3
餐厅	2000 人次	每人每天	25	1.5	12	50.0	4.2	6.3
淋浴	500 人次	每人每次	25	2.0	10	12.5	1.3	2.6
游泳池补水	750m³	每天补水按 3%计		1.0	10	22.5	2.3	2.3
未预见水量	按上述水量的 10%计					18.5	1.2	2.9
总　计						203.5	13.2	32.3

2. 热源

本工程热水水源为园区内的深井温泉水，出水温度为 55℃。同时，电热水锅炉作为辅助热源，用于保证热水需要的温度。

3. 热水系统竖向分区

为保证冷、热水压力平衡，园区内热水系统的竖向分区与给水系统一致。

4. 热水系统设计

温泉水经过除硫等局部处理后采用变频调速深井泵加压供给。

为保证冷、热水压力平衡，热水供水压力亦为 0.35MPa。

为保证生活热水的供水温度，采用电锅炉辅助加热，电锅炉采用微机控制，实现全自动运行。电锅炉的进水管上设置电子除垢器以防结垢。系统采用机械循环方式，设两台热水循环泵，一用一备，交替运行，循环泵由热水回水管上的温度传感器自动控制启停，当回水温度低于 45℃时启泵，当温度达到 50℃时停泵，热水循环泵也可就地手动启停。

5. 管材

室内热水干管采用衬塑钢管，管件或沟槽连接；支管采用 PP-R 塑料管，热熔连接。

（三）排水设计

1. 排水系统的形式

园区内每栋建筑的室内污、废水合流排出，室内±0.000m 以上者，采用重力流排出；室内±0.000m 以下者，采用污水泵提升排出，污水泵均设二台，一用一备，交替运行，当一台不能排出突然的涌流时，备用泵自动启动并报警。

2. 透气管的设置方式

污、废水排水管均设伸顶透气管；地下室污水集水坑均设伸顶透气管。

3. 局部污水处理措施

由于本地区没有敷设市政污水管网，所以污、废水必须经过处理才能排放。室内污、废水在室外经管道汇集，厨房污水经隔油池处理、粪便污水经化粪池处理后，集中排入地埋式污水处理站进行处理，处理后的中水达到《城市污水再生利用　城市杂用水水质》标准后，用于道路清洗、园区绿化及农田灌溉。

4. 管材

室内排水管采用 PVC-U 排水塑料管，粘接连接；室外排水管采用承插式混凝土管，水泥接口。

（四）雨水系统

1. 暴雨重现期的确定

屋面雨水设计重现期采用 5 年，降雨历时采用 5min；室外地面设计重现期采用 3 年，降雨历时按 15 分钟估算。

2. 雨水系统的形式

园区内建筑屋面雨水采用内、外落水相结合的方式排至室外地面上散水。由于本地区没有敷设市政雨水管网，室外地面雨水自然漫流至红线外道路上，经道路两边的排水沟汇集排至排洪沟。在园区布置了许多绿化区，采用渗排相结合的方式收集雨水。停车场、道路等也采用渗排相结合的设计方式尽量收集雨水。

3. 管材

室内雨水管采用承压式 UPVC 排水塑料管，粘接连接。

二、消防系统

（一）消防系统的确定及设计构想

该园区内建筑种类较多，不同性质的建筑对消防的要求不同。根据规范要求，该园区可按一处着火点考虑，为节省投资，可集中设置消防水池、水泵房，整个园区设置统一的消防系统，各个系统按园区内最不利建筑选择消防水量、水泵及管网，这样既满足了每栋建筑对消防的要求，又节省了投资。

据现行国家规范要求，结合园区内每栋建筑特点，该园区需设置下列消防系统：

1. 室外消火栓给水系统；

2. 室内消火栓给水系统；

3. 室内自动喷洒灭水系统；

4. 室内防护冷却水幕系统；

5. 干粉灭火器配置。

（二）消防水源及用水量

1. 该地区还没有敷设市政给水管网，只有集资建设的地下水井提供该地区用水，不能保证消防的安全用水，因此所有消防用水均贮存在地下消防水池内。

2. 该园区消防用水量标准及一次灭火用水量见下表：

用 水 名 称	用水量标准	火灾延续时间	一次灭火用水量
室外消火栓给水系统	30L/s	3h	324m³
室内消火栓给水系统	30L/s	3h	324m³
室内自动喷洒灭火系统	28L/s	1h	101m³
室内防护冷却水幕系统	14.4L/s	1h	52m³

（三）室外消火栓给水系统

1. 系统设计

室外消火栓系统按园区内最不利建筑四星级宾馆确定室外消火栓用水量为30L/s，火灾延续时间为3h，一次灭火用水量为324m³，全部贮存在室外地下消防水池内。由于该园区较大，超出了消防车从地下消防水池直接取水的保护范围（保护半径不应大于150m），所以在地下水泵房内设两台室外消火栓加压泵及稳压泵向室外消火栓环状管网供水，在环状管网上设置地下式室外消火栓以满足整个园区室外消防用水的要求，管网压力平时由稳压泵维持，稳压泵由设在管网上的压力开关控制启、停，当管网压力持续下降超过一定值时，启动消火栓加压泵，消防中心及地下水泵房内均能直接启、停室外消火栓加压泵及稳压泵。

2. 消防水池及加压泵设置

地下消防水池贮存全部室内、外消防用水，容积为750m³，为便于维护管理，分成独立的两个水池。室外消火栓系统加压泵参数为：$Q=30$L/s，$H=30$m，$N=22$kW，稳压泵参数为：$Q=1.2$L/s，$H=40$m，$N=2.2$kW。

3. 管材

室外消火栓管道采用焊接钢管，焊接或法兰连接，敷设在室外地下的管道按加强防腐层防腐。

（四）室内消火栓给水系统

1. 系统设计

园区内的室内消火栓系统为一个系统，竖向不分区。按园区内最不利建筑四星级宾馆确定室内消火栓用水量为30L/s，火灾延续时间为3h，一次灭火用水量为324m³，由室外地下消防水池、消火栓加压泵及屋顶水箱联合向室内消火栓管网供水，屋顶水箱设在园区内最高建筑宾馆的屋顶上，室内消火栓管网在园区内形成环状，每栋建筑均由环状管网上引两根管道向各自的室内消火栓管网供水，以满足消防双向供水的要求。在园区内环状管网上设三个消防水泵接合器，以满足消防车向室内消火栓供水的需要。

每栋建筑的室内消火栓管网均形成环状，并在最高处设置一个试验用消火栓，除不能用水灭火的房间外，均设消火栓保护，并保证任何一点均有二股水柱同时到达。每个消火栓箱内均配置DN65mm消火栓一个，DN65mm、$L=25$m的麻质衬胶水带一条，$DN65×19$mm的直流水枪一支，自救式卷盘一套。以上每个消火栓箱内均设启泵按钮和指示灯各一个，消火栓口处动压超过50m水柱时，采用减压稳压型室内消火栓。

每个消火栓箱处的按钮均可直接启动室外地下泵房内的消火栓加压泵，并用红色指示灯显示消火栓泵的运转情况，在消防控制中心和泵房内均能手动启、停消火栓加压泵，消火栓加压泵的运转情况用灯光讯号显示在消防中心和泵房内控制屏上。

消火栓加压泵设二台，一用一备，当一台发生故障时，另一台自动投入运行。

2. 屋顶水箱及加压泵参数

屋顶水箱容积为 18m³，加压泵参数为：$Q=30L/s$，$H=60m$，$N=37kW$。

3. 管材

室内消火栓管道采用焊接钢管，焊接或法兰连接，敷设在室外地下的管道按加强防腐层防腐。

（五）室内自动喷水灭火系统

1. 系统设计

园区内的自动喷水灭火系统为一个系统，竖向不分区。按园区内最不利建筑书库确定喷水系统灭火用水量，即按中危险级Ⅱ级考虑，喷水强度为 8L/(min·m²)，作用面积为 160m²，火灾延续时间为 1h，设计秒流量为 $1.3×8.0×160/60=28(L/s)$，一次灭火用水量为 101m³，按最高建筑宾馆确定喷洒泵的扬程。

系统由室外地下消防水池、喷洒加压泵、稳压泵和屋顶水箱联合向自动喷水灭火系统管网供水，屋顶水箱和室内消火栓系统共用，自动喷水灭火系统管网在园区内形成环状，以满足消防双向供水的要求，环管上设两个消防水泵接合器。从环管上分别引管道向每栋建筑的自动喷水灭火系统报警阀供水。管网压力平时由室外地下泵房内的喷洒稳压泵和宾馆的屋顶水箱维持，稳压泵由设在管网上的压力开关控制启、停，当管网压力持续下降超过一定值时，启动喷洒加压泵，从地下消防水池抽水灭火，喷洒加压泵和稳压泵均设二台，一用一备，稳压泵交替使用，当其中一台加压泵发生故障时，另一台自动投入运行，加压泵和稳压泵均能在消防控制中心和泵房内手动启、停，其运转情况用灯光讯号反映在消防控制中心和泵房内控制屏上。

每栋建筑内的报警阀所负担的喷头数均不超过 800 个，每层及每个防火分区均设水流指示器和带电讯号的阀门一个，当水流指示器动作时，向消防控制中心报警，并显示着火方位。电讯号阀开关状态亦在消防中心控制屏上显示。

厨房高温区喷头采用 93℃玻璃球喷头，其余采用 68℃玻璃球喷头。吊顶处采用吊顶型，其余采用普通型。

2. 报警阀及水泵参数

宾馆和游泳馆、会议厅及附属用房采用湿式报警阀，教材、音像带仓库由于未采暖，采用预作用阀，共 4 组。加压泵参数为：$Q=30L/s$，$H=80m$，$N=45kW$，稳压泵参数为：$Q=1L/s$，$H=90m$，$N=3kW$。

3. 管材

室内自动喷水灭火系统管道采用内外热镀锌钢管，丝扣或沟槽连接，敷设在室外地下的管道按加强防腐层防腐。

（六）室内防护冷却水幕系统

1. 系统设计

由于会堂的舞台口处设有防火幕，按照"建筑设计防火规范"要求，应在防火幕上部设置冷却用消防水幕系统。

舞台口高度为 7m，喷水强度为 $0.5+0.1×3=0.8L/(s·m)$，舞台口宽度为 18m，消防用水量为 $0.8×18=14.4(L/s)$，火灾延续时间为 1h，一次灭火用水量为 52m³。

由于本建筑的室内消火栓用水量为 15L/s，冷却水幕用水量为 14.4L/s，而园区内的室内消火栓用水量为 30L/s，故本建筑的冷却水幕系统与室内消火栓系统共用园区内的室内消火栓系统，并在雨淋阀前分开。着火时，火灾探测器发出信号，并确认火灾后防火幕落下的同时自动开启雨淋阀上的电磁阀，压力开关动作启动消火栓加压泵，系统通过水幕喷头喷水防护冷却水幕，水力警铃报警，同时雨淋阀上的电磁阀也可在消防控制中心启动和就地手动启动。

2. 管材

冷却水幕系统管道采用内外热镀锌钢管，丝扣或沟槽连接，雨淋阀前设过滤器。

（七）干粉灭火器配置

配电室等不宜用水灭火的房间均配置推车式干粉灭火器灭火。每栋建筑内均按规范要求配置手提式干粉灭火器。

三、设计及施工体会

本工程已经使用一年，甲方反映各系统运行正常，使用良好。由于本工程冷、热水不是同一水源，所以两系统的供水压力一致显得十分重要，如果压力不平衡，将造成混合龙头不能正常使用，并可能造成回流污染生活用水。

随着占地面积大的建筑小区的开发越来越多，集中设置泵站和相关系统显得十分重要，既满足了国家有关规范的要求，又便于管理和节省投资。

由于热水为深井温泉水，不能饮用，所以在各用水点设指示牌标明"热"，以免误饮。

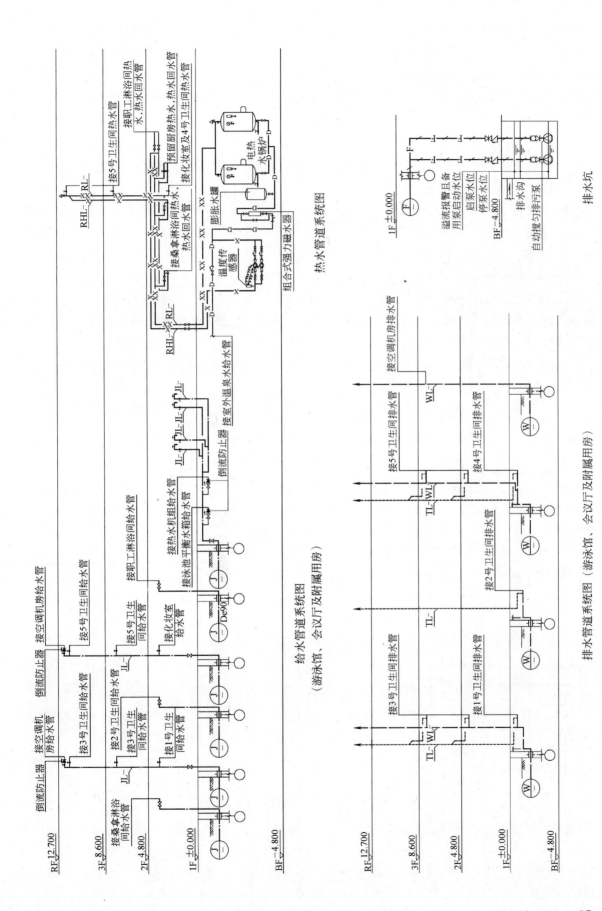

热水管道系统图

给水管道系统图
（游泳馆、会议厅及附属用房）

排水管道系统图（游泳馆、会议厅及附属用房）

排水坑

排水沟

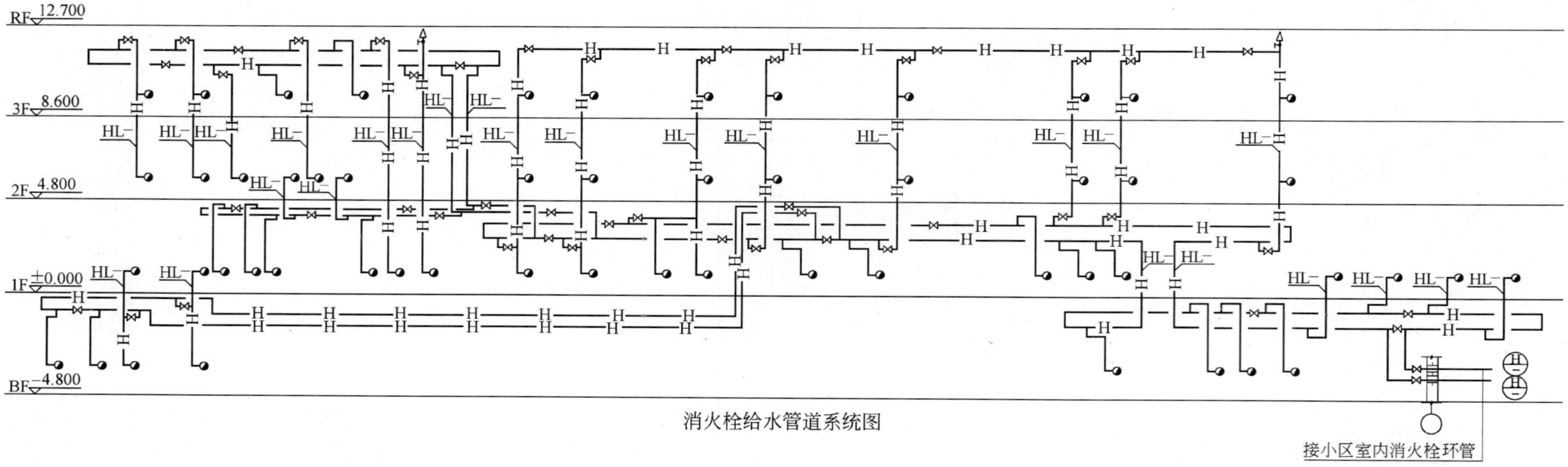

RF 12.700
3F 8.600
2F 4.800
1F ±0.000
BF -4.800
HL-
H
接小区室内消火栓环管

消火栓给水管道系统图

RF 12.700
3F 8.600
2F 4.800
1F ±0.000
BF -4.800
末端试水装置
试水阀
SL-
接小区自动喷洒管
接小区室内消火栓环管
1#
2#

自动喷洒给水管道系统图

水幕管道系统图

（游泳馆、会议厅及附属用房）

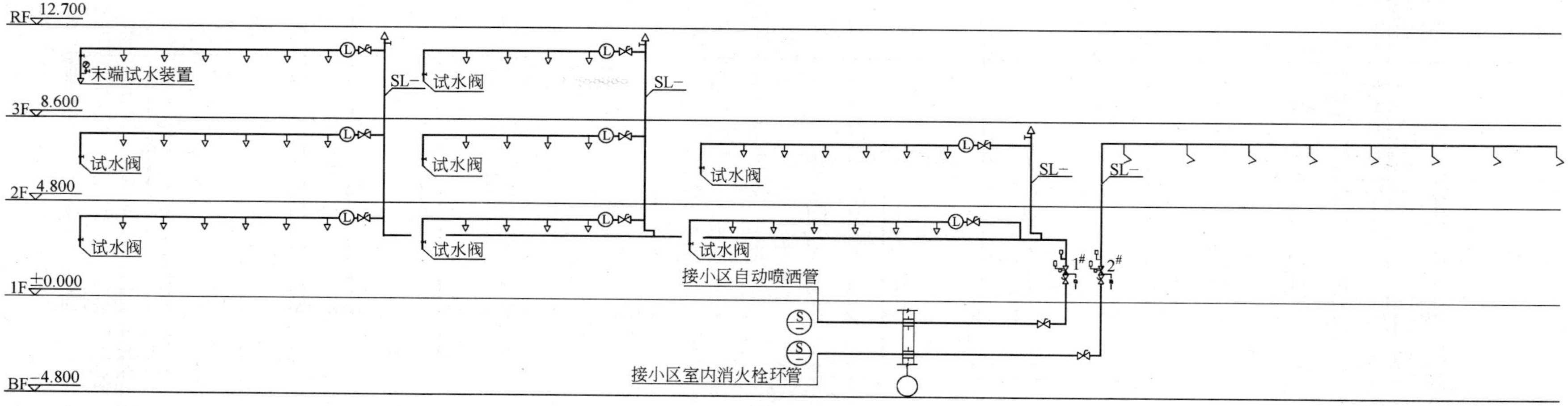

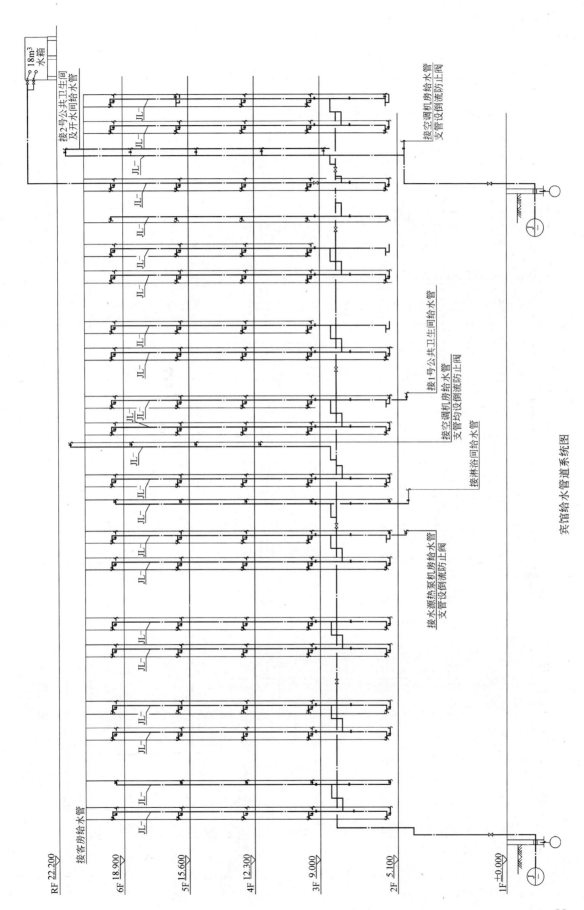

宾馆给水管道系统图

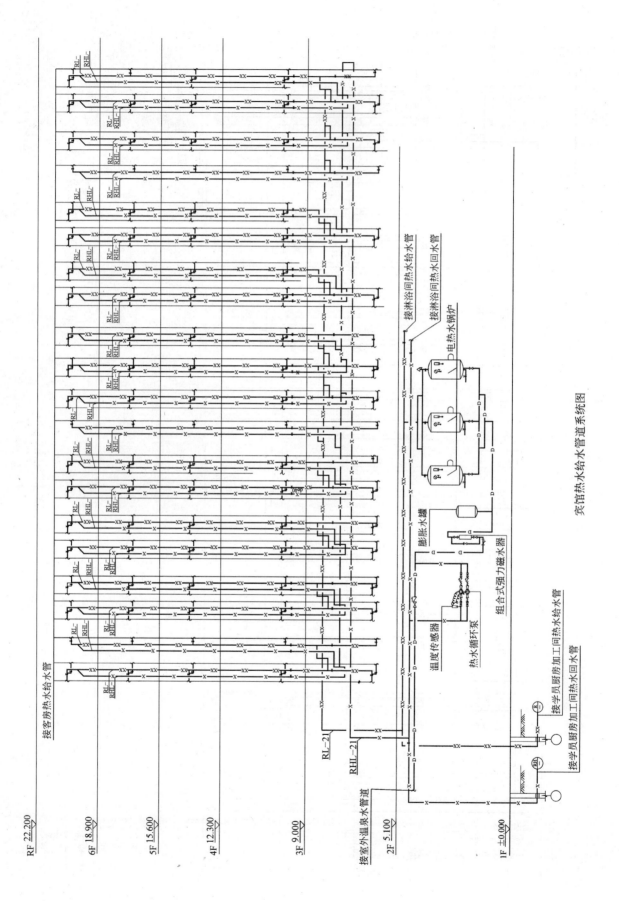

宾馆热水给水管道系统图

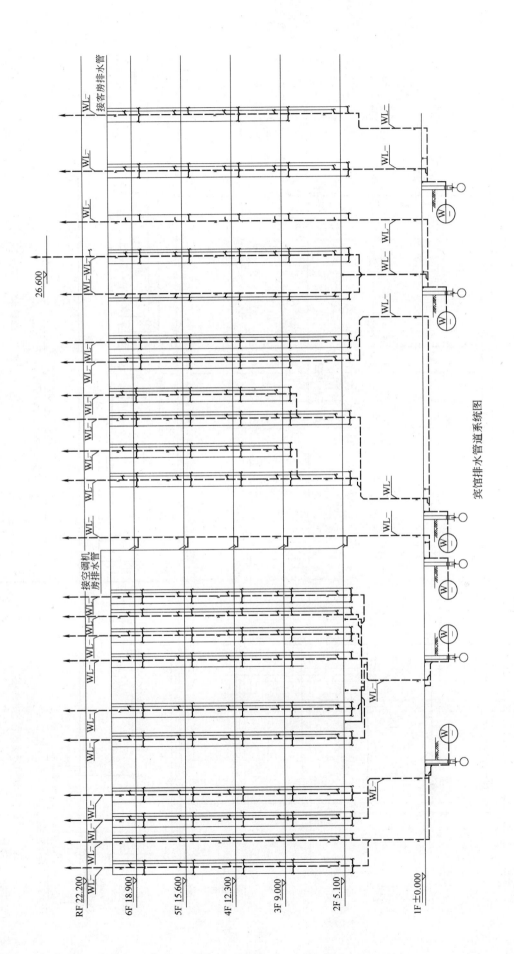

宾馆排水管道系统图

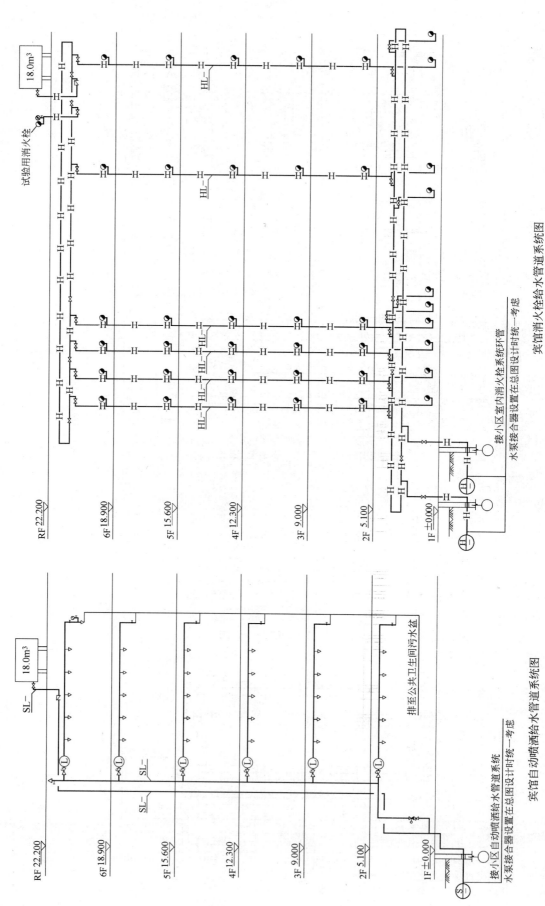

宾馆消火栓给水管道系统图

宾馆自动喷洒给水管道系统图

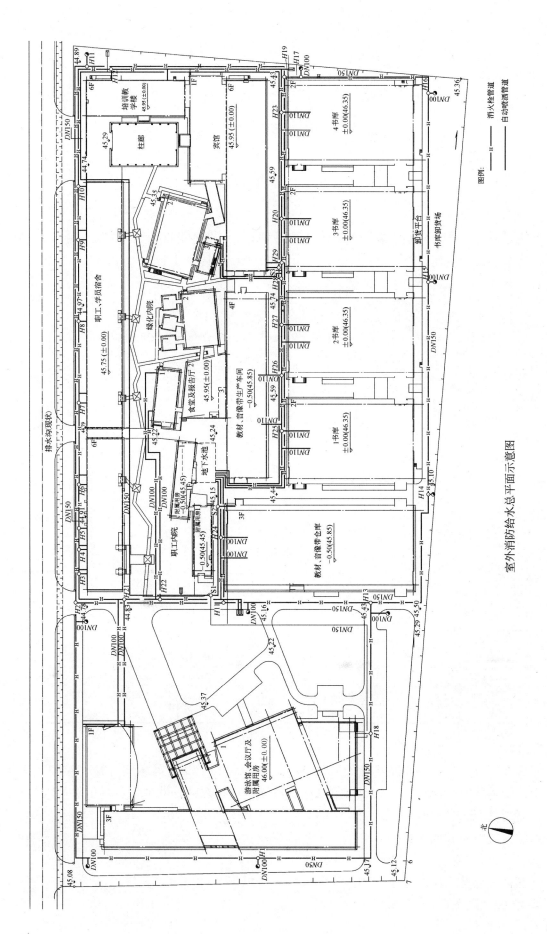

室外消防给水总平面示意图

图例：
—H— 消火栓管道
——— 自动喷酒管道

43

外 国 专 家 公 寓

袁乃荣

外国专家公寓是专供国外来华专家在京居住并兼有多功能类型的酒店式公寓,坐落于北京建翔桥东南角。用地面积5228m²,建筑面积30684m²,其中地上20874m²,地下9810m²,檐高58.90m,地上15层,地下2层,裙房3层。

一、给水排水系统

(一) 给水系统

1. 给水用水量

给水用水量表见表1。

给水用水量表 (不包括中水用量)　　　　　　　　表1

序号	名　称	单位	数量	用水标准	K值	最大日 (m³)	平均时 (m³)	最大时 (m³)	备　注
1	公寓	人	580	240L/(人·d)	2.5	139.20	5.80	14.50	24h
2	职工	人	200	100L/(人·d)	2.5	20.00	0.83	2.08	24h
3	桑拿	人	50	100L/(人·次)	2.0	5.00	0.62	1.24	8h
4	美容	人	50	15L/(人·d)	1.5	0.75	0.09	0.14	8h
5	对外餐厅	人	900	15L/(人·d)	1.5	13.50	1.35	2.03	10h
6	职工餐厅	人	300	10L/(人·d)	2.0	3.00	0.30	0.60	10h
7	会议	人	400	5L/(人·d)	2.0	2.00	0.20	0.40	8h
8	洗衣机房	kg	372	40L/d	1.5	14.88	1.49	2.24	8h
9	空调补水	m²				200.00	20.00	20.00	10h
10	泳池补水	m²				17.00	1.70	1.70	10h
11	小　计					415.33	32.38	44.93	
12	未预见水量			日用水量的10%		41.53	3.23	4.49	
13	合　计					454.83	35.61	49.42	

2. 水源:

采用城市自来水,从四环路直径DN400mm给水干管上及公寓东侧直径DN300mm给水管上各引入一根DN200mm给水干管在小区内连成环状管网。供水压力为0.30MPa。

3. 给水系统竖向分区:

给水系统竖向分低区和高区。

低区:地下二层~地上二层由市政管网直接供给。

高区:三层及三层以上为高区。

4. 给水方式及给水加压设备:

由设在地下二层的生活消防水池、生活加压泵、高位水箱及给水管网组成联合供水系统供水。九～十五层由高位水箱直接供水，三～八层由高位水箱出水管经减压后供水。

生活消防水池容积 700m³，分成二座，其中生活贮水量 160m³。

5. 给水管材

采用热镀锌钢管，管径≤100mm 采用丝扣连接，管径＞100mm 采用法兰连接。

（二）热水系统：

1. 热水用水量

热水用水量见表2。

热水用水量表 表2

序号	名　称	单位	数量	用水标准	K 值	最大日 (m³)	平均时 (m³)	最大时 (m³)	备　注
1	公寓	人	580	160L/（人·d）	4.57	92.80	3.87	17.69	24h
2	职工	人	200	50L/（人·d）	4.13	10.00	0.42	1.74	24h
3	桑拿	人	50	70L/（人·次）	2.0	3.50	0.44	0.88	8h
4	美容	人	50	15L/（人·d）	1.5	0.75	0.09	0.14	8h
5	对外餐厅	人	900	15L/（人·d）	1.5	13.50	1.35	2.03	10h
6	职工餐厅	人	300	7L/（人·d）	2.0	2.10	0.21	0.42	10h
8	洗衣机房	kg	372	15L/kg	1.5	5.58	0.70	1.05	8h
9	合计					128.23	7.08	23.95	

2. 热源：全日制集中供应生活热水。本工程地下二层直燃机房内设有二台燃气无压热水器提供 90～70℃热媒水。

3. 热水系统竖向分区同冷水系统。

4. 热交换设备：

地下二层设有热交换站，备制热水。热交换站设有3组（每组2台）立式半容积式热交换器，一组热交换器供给地下层及裙房的生活热水。另二组分别供给九～十五层及三～八层公寓的生活热水。

5. 热水系统供回水管道采用同程布置。

6. 热水系统管材同给水管。

（三）中水系统：

1. 中水原水及用水量：

（1）中水原水量见表3。

中水原水水量表 表3

序号	名　称	单位	数量	用水标准	K 值	最大日 (m³)	平均时 (m³)	最大时 (m³)	备　注
1	公寓	人	580	190L/（人·d）	2.5	110.20	4.59	11.48	24h
2	职工	人	200	100L/（人·d）	2.5	20.00	0.83	2.08	24h
3	桑拿	人	50	100L/（人·次）	2.0	2.50	0.31	0.62	8h
4	美容	人	50	15L/（人·d）	1.5	0.75	0.09	0.14	8h
5	洗衣机房	kg	372	40L/d	1.5	14.88	1.49	2.24	8h
6	合计					148.33	7.31	16.56	

中水原水量计算 $148.33 \times 0.75 \times 0.9 = 100.12\text{m}^3/\text{d}$。

（2）中水用水量见表4。

中水用水量表 表4

序号	名　称	单位	数量	用水标准	K值	最大日 (m³)	平均时 (m³)	最大时 (m³)	备 注
1	公寓	人	580	60L/（人·d）	2.5	34.80	1.45	3.63	24h
2	职工	人	200	50L/（人·d）	2.5	10.00	0.42	1.05	24h
3	桑拿	人	50	10L/（人·t）	2.0	0.50	0.06	0.12	8h
4	美容	人	50	10L/（人·d）	1.5	0.50	0.06	0.09	8h
5	对外餐厅	人	900	10L/（人·d）	1.5	9.00	0.90	1.35	10h
6	职工餐厅	人	300	10/（人·d）	2.0	3.00	0.30	0.60	10h
7	冲洗汽车库地面	m²	7164	2L/m²	1.0	14.33	1.43	1.43	10h
8	小计					72.13	4.62	8.27	
	未预计			用水量的10%		7.21	0.46	0.83	
9	合计					79.34	5.08	9.10	
	室外								
1	绿化用水	m²	6800	2L/m²	1.0	13.60	1.70	1.70	8h
2	道路用水	m²	3000	2L/m²	1.0	6.00	0.75	0.75	8h
	总计					98.94	17.53	11.55	

（3）水量平衡；中水原水量：$100.12\text{m}^3/\text{d}$。中水用水量：$98.94\text{m}^3/\text{d}$。

中水原水量略大于用水量，水量基本平衡。

2. 中水系统竖向分区同给水系统。

3. 本系统由设在地下二层的中水池、中水加压泵、中水高位水箱及中水管网组成联合供水系统供水。九～十五层由高位水箱直接供水，地下二层～八层由高位水箱出水管经减压后供水。

4. 中水处理采用膜处理流程如下：

原水→平衡调节池→砂滤罐→中间水箱→中空纤维过滤器→消毒→中水池

5. 中水系统管材同给水管

（四）排水系统：

1. 排水系统采用污、废水分流系统。

（1）公寓卫生间污水管道在设备层汇合后将污水排至室外化粪池处理后排至市政管网。

（2）公寓卫生间废水管道在设备层汇合后将废水排至中水处理站平衡调节池作为中水原水。

（3）裙房卫生间污水管道及其它污水管道经由地下一层将污水排至室外化粪池处理后排至市政管网。

（4）职工食堂、对外餐厅的厨房污水先经设备自带的隔油器隔油再经室外隔油池处理后排至市政管网。

（5）地下室排水汇集至排水泵井，经潜污泵提升后排出。

2. 公寓套房卫生间设洁具通气管，裙房卫生间设环形透气管。

地下室污水泵井设通气管。

3. 排水管材采用柔性接口的机制排水铸铁管，橡胶圈密封法兰接口，螺栓紧固。

（五）雨水系统

1. 暴雨重现期

建筑物屋面　　$P=2$ 年

室外场地　　　$P=1$ 年

2. 雨水系统的形式：采用内落水排水。

3. 雨水系统管材

采用热镀锌钢管，沟槽式连接。

二、消防系统

（一）消火栓系统

1. 消防用水量：室外消火栓系统：30L/s

　　　　　　　室内消火栓系统：40L/s

　　　　　　　火灾延续时间：　3h

2. 消火栓系统：

采用临时高压供水系统，压力由高位水箱保持，系统竖向不分区。

地下二层生活消防泵房内生活消防水池中，消防用水贮量为 540m³，分两座设置。贮有 3h 消火栓用水量，1h 自动喷水灭火用水量。

生活消防泵房内设有二台消火栓加压泵 $Q=40L/s$，$H=103m$，$N=75kW$。

消火栓加压泵除了供给外国专家公寓外还负责两座公务员住宅室内消火栓系统的供水。

在屋顶设有高位水箱总容积 72m³，其中消防水量贮水量 18m³。高位水箱设置高度与顶层消火栓的距离大于 7m，为此不设增压设施。本消火栓系统设有三组室外地下式水泵结合器。

3. 消火栓系统管材：

采用焊接钢管，焊接接口。接阀门处采用法兰接口。

（二）自动喷水灭火系统：

1. 自动喷水灭火用水量：30L/s

火灾延续时间：1h

2. 采用临时高压供水系统，压力由设于屋顶高位水箱间的增压稳压设施保持。

生活消防泵房内设有 2 台自动喷水灭火加压泵 $Q=30L/s$，$H=102m$，$N=55kW$。

屋顶高位水箱间设有增压稳压泵 2 台：$Q=0.6\sim1.31L/s$，$H=22\sim38m$，$N=2.2kW$。压力罐一台：$\phi600mm$，容积 150L。

3. 首层报警阀间设有四个报警阀组，一组为干湿两用报警阀供地下车库自动喷水系统用。其余三组为湿式报警阀供除了卫生间及不能用水灭火部位外的自动喷水系统用。

本系统设有二组室外地下式水泵结合器。

4. 喷头选用：

（1）厨房、洗衣房和车库选用易熔合金喷头、车库为直立型喷头。厨房、洗衣房为下垂型喷头。其它部位采用玻璃球下垂型喷头。

（2）喷头动作温度：厨房、洗衣房等高温作业区 102℃。车库为 74℃。其它部位为 68℃。

(3) 自动喷水灭火系统管材采用内外热镀锌钢管，丝扣或沟槽式连接。

（三）水喷雾系统：地下二层直燃机房消防采用水喷雾系统。

设计基本参数：

喷雾强度：13L/(min·m)。喷雾时间：0.5h。喷头压力：0.35MPa。响应时间：45s。

生活消防泵房内设有 2 台水喷雾加压泵 $Q=26.4$L/s，$H=57$m，$N=30$kW。

直燃机房内设有二组雨淋阀组。高位水箱设有传动管，采用闭式喷头及传动管作为火灾探测器。

水喷雾系统设有自动控制、手动控制及应急操作控制。

水喷雾系统管材采用内外热镀锌钢管，丝扣或沟槽式连接。

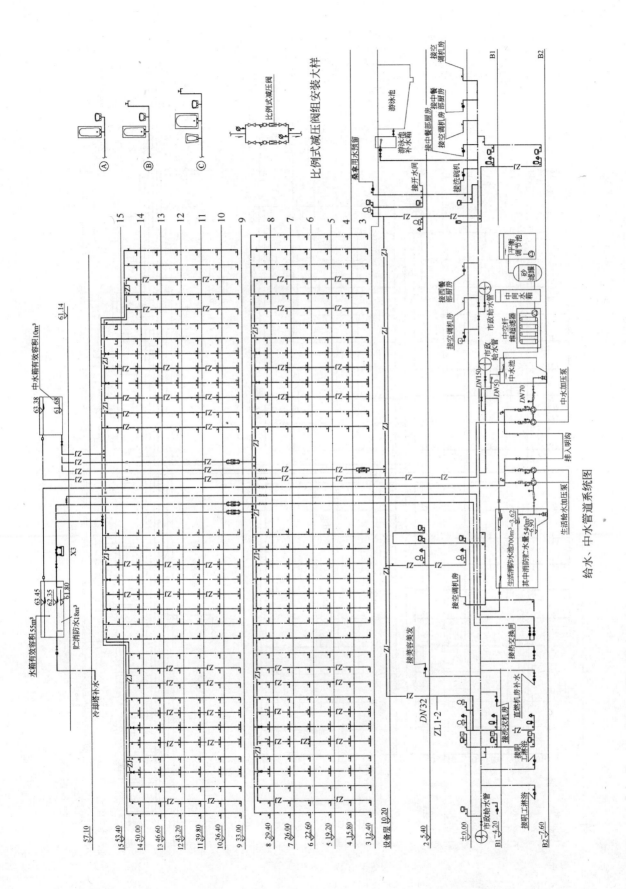

给水、中水管道系统图

比例式减压阀组安装大样

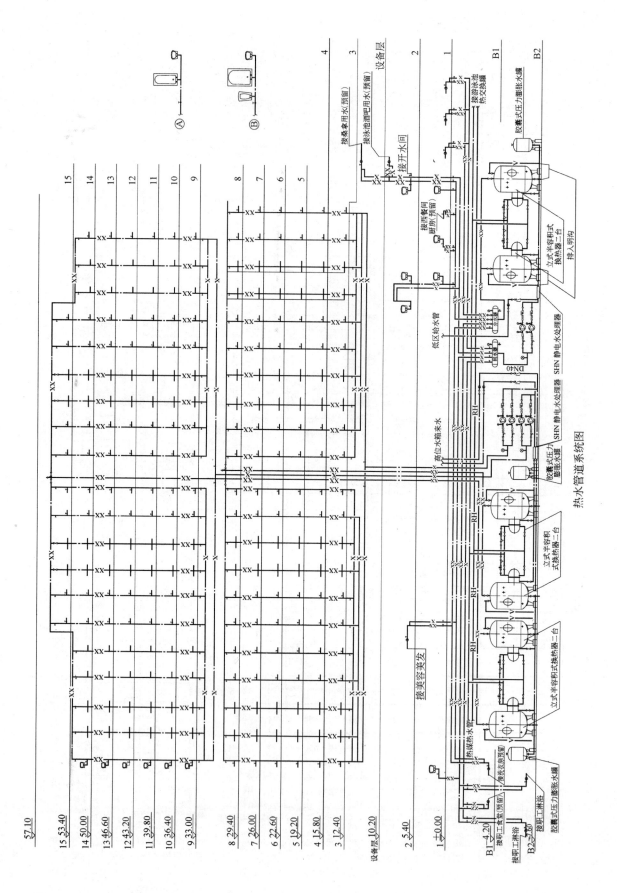

热水管道系统图

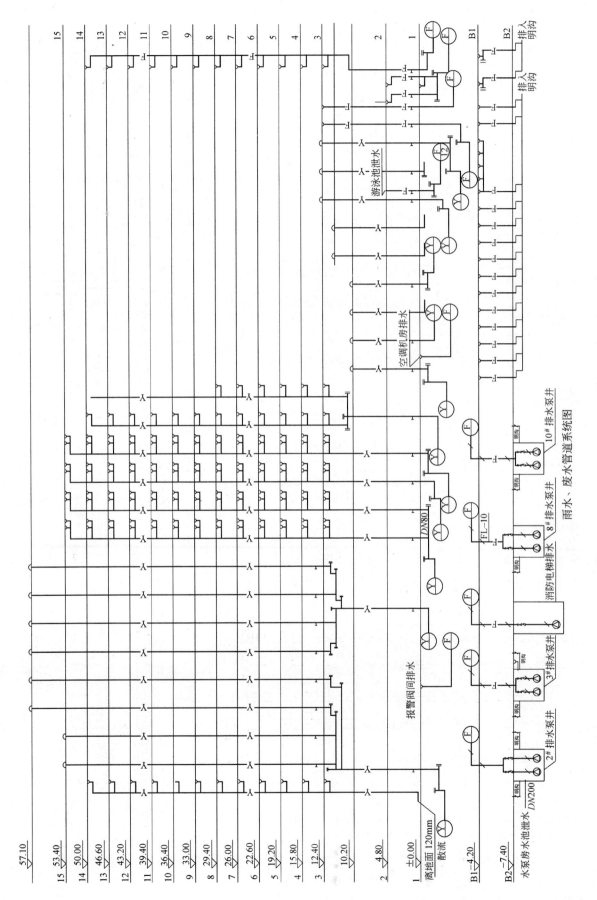

雨水、废水管道系统图

57.10

15 | 53.40
14 | 50.00
13 | 46.60
12 | 43.20
11 | 39.40
10 | 36.40
9 | 33.00
8 | 29.40
7 | 26.00
6 | 22.60
5 | 19.20
4 | 15.80
3 | 12.40
| 10.20
2 | 4.80
1 | ±0.00

离地面120mm
散流

报警阀间排水

空调机房排水

游泳池泄水

排入明沟
排入明沟
排入明沟

DN80

B1 | -4.20
B2 | -7.40

水泵房水池泄水 DN200

2# 排水泵井
3# 排水泵井
消防电梯排水
8# 排水泵井
10# 排水泵井

1FL-10

51

排水管道系统图

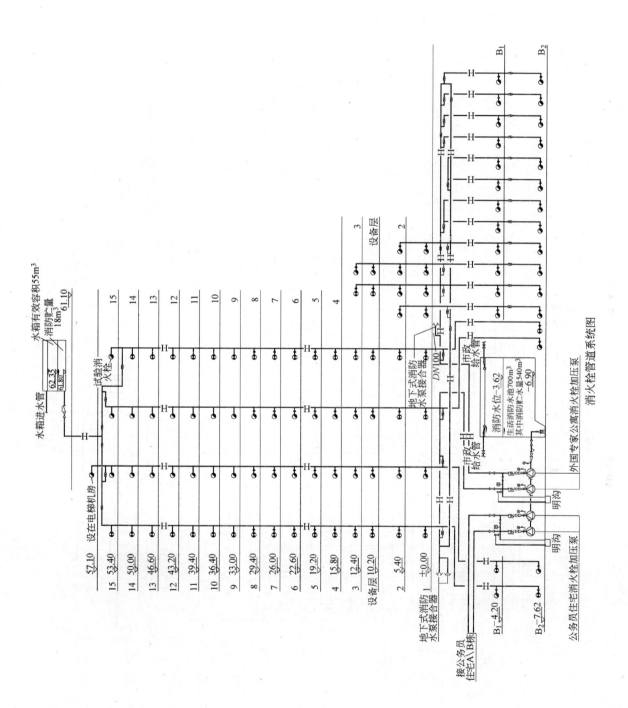

消火栓管道系统图

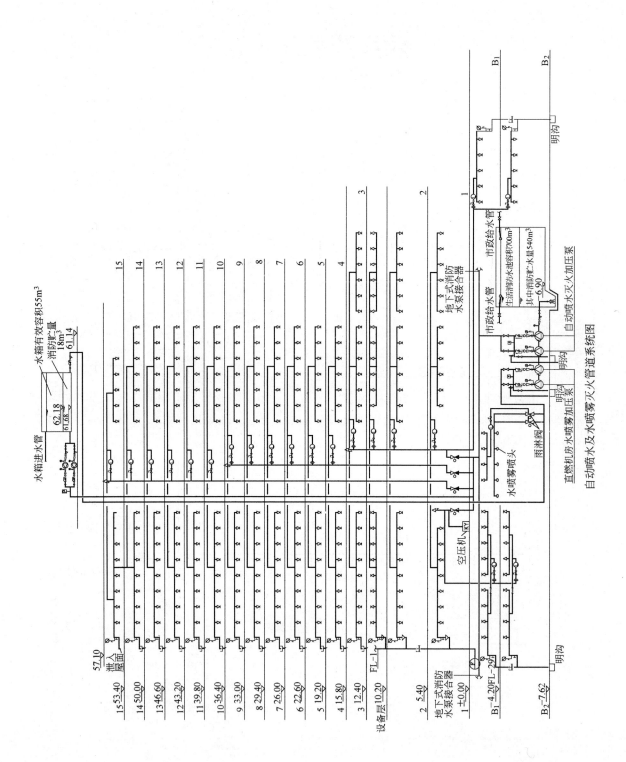

自动喷水及水喷雾灭火管道系统图

西藏政协文史馆

郑　毅

本工程位于西藏拉萨市巴尔库路东侧。建筑性质为招待所，总建筑面积 10000m²，地上 5 层包括餐饮、办公、住宿；地下 1 层设备机房、汽车库。

一、给水排水系统

（一）给水系统

1. 本工程给水水源为城市自来水，由市政一条给水管向本工程供水，管径为 DN150mm。进入用地红线后直接接入生活水池和消防水池，市政给水供水压力为 0.08MPa。

2. 给水用水量：

最高日总用水量 110m³/d，最大时用水量 11m³/h。

3. 系统设计：

由于市政管网水压过低，由变频调速泵装置负责全楼给水供应。生活水箱及变频调速泵装置设于地下一层，水箱为不锈钢材质其有效容积 40m³，为最高日用水量的 35%。水箱内设水箱自洁消毒器。

4. 洁具选择：

坐便器冲洗采用 6.0L 水箱。小便器采用感应式自动冲洗阀。洗脸盆采用自动感应式水龙头。淋浴器采用脚踏式开关。蹲便器采用脚踏式冲洗阀。

（二）热水系统设计

1. 热水供水范围：热水供水范围为：客房卫生间洗手盆、浴盆及淋浴。

2. 热水用水量：热水用水量明细表详见表 1。最高日总用水量 33m³/d，最大时用水量 7.87m³/h。

热水用水量计算表　　　　　　　　　　　　　　　　　表 1

序号	用水部位	使用数量	用水量标准	日用水时间(h)	时变化系数 K	用水量(m³)		
						最高日	平均时	最大时
1	客房	192 床	140L/(d·床)	24	6.5	26.9	1.12	7.3
2	餐饮	150 人	7L/(人·d)	10	1.5	1.1	0.1	0.15
	员工	100 人	50L/(人·d)	24	2.0	5.0	0.21	0.42
	合计					33.0	1.43	7.87

3. 最高日用热量为：165 万 kcal/d，最大时用热量为：39.4 万 kcal/h

4. 系统设计：

（1）由于西藏海拔高，日照充足，本工程热水的主要热源为太阳能。根据甲方要求及本工程楼顶条件。太阳能集热板面积为 630m²。平均每天集热量为 189 万 kcal 的热量。大于最大使用量。由于最佳集热时间与使用时间不同步，在本工程地下一层设有一个容积为 50m³ 的蓄热水池（其中部分为空调热水），将白天的太阳能储存在蓄热水池内待用。

（2）太阳能集热板的耐压性很差，因此集热板与蓄热池的循环系统为开式系统，即蓄热水池为开式，同时为保证太阳能集热板内充满水，在屋顶设 U 形管，顶部设放气阀。

热水系统形式同给水系统。为了保证在阴雨天热水供应，热水的补充热源为院内的热水锅炉，同时热水系统的供水干管串联一对容积式热水交换器，补充热能的不足。

（三）室内排水设计

污、废水系统设计：

室内±0.000 以上污、废水直接排出室外。室内±0.000 以下污、废水汇集至地下室集水坑，由潜水泵提升排出室外。每个集水坑设潜水泵两台。潜水泵由集水坑水位自动控制。污水经室外化粪池处理后排入市政污水管道。厨房污水经设于室外的隔油池处理后直接排入市政污水管道。

（四）屋面雨水设计

1. 设计参数：

屋面雨水按降雨历时为 $t=5\text{min}$ 和设计重现期 $P=5$ 年的降雨强度计算。

室外设计重现期采用 $P=1$ 年、降雨历时 $t=10\text{mm}$ 和径流系数 $\psi=0.65$。

2. 系统设计：

屋面雨水均采用内排水系统排至室外雨水管道。路面雨水汇集至雨水口排入雨水管或雨水沟，再排至市政雨水管。绿地雨水则经地下透水管排入雨水沟内。

二、消防系统

（一）室外消防系统：

消防水源为市政自来水。由于市政水压低于室外消防用水水压，室外消防用水由室内消火栓泵房供给，室内外消火栓共用环管。消防贮水池设在地下一层，储存室内外全部消防用水，贮水量为 396m³。

（二）室内消火栓系统：

室内消防水量 30L/s，从最低层至屋顶水箱内底几何高差 23m，管网系统竖向不分区。一层及地下一层栓口压力超过 0.5MPa，采用减压稳压消火栓。屋顶消防水箱贮存消防水量 18m³。

（三）湿式自动喷水灭火系统：

1. 设计参数：除地下车库外系统按中危险Ⅰ级设计。设计喷水强度 6L/（min·m²）。作用面积 160m²。地下车库按中危险Ⅱ级设计，设计喷水强度 8L/（min·m²），作用面积 160m²。系统设计流量约 30L/s。

2. 喷头：除各设备机房、卫生间、变配电室、电气机房、消防控制中心不设喷头外，其余均设喷头保护。

3. 供水系统：最高层与最低层喷头高差 23m，按照各报警阀前的设计水压不大于 1.2MPa 要求，管网竖向不分区。自动喷洒水泵设两台，一用一备。由于屋顶消防水箱与最不利喷头几何高差不能满足要求，在泵房内设置自动喷洒增压稳压设备一套。整个系统与

$18m^3$ 屋顶水箱间相连。

4. 报警阀组：设 1 套湿式报警阀组，设在地下一层消防水泵房内。

（四）预作用自动灭火系统

1. 供水系统：报警阀下游管网充有低压空气，监测管网的密闭性，空气压力 $0.03MPa \sim 0.05MPa$，在配水管网末端设电动阀及快速排气阀，水泵与湿式系统共用。

2. 报警阀组：设 1 套预作用报警阀组，设置在地下一层消防水泵房内。报警阀组配置有空气压缩机及控制装置。报警阀平时在阀前水压的作用下维持关闭状态。各报警阀控制的管网充水时间不大于 $2min$。

（五）移动式灭火器

在地下车库入口及地下一层的变配电室设手推车式 20kg 磷酸铵盐干粉灭火器。地下在每个消火栓箱、值班室、空调机房、风机房、电梯机房及各种机房处均设 3 个 2A 的 3kg 装手提式磷酸盐干粉灭火器。地上在每个消火栓箱及各种机房处设 2 个 2A 的 3kg 装手提式磷酸盐干粉灭火器。

三、管材及接口

1. 室外给水、中水管采用球墨给水铸铁管。室外污、雨水管采用高密度聚乙烯双壁波纹管，承插接口，橡胶圈密封。

2. 室内给水管采用环压式不锈钢管。排水采用离心浇铸机制柔性排水铸铁管，不锈钢卡箍连接。雨水管采用热浸镀锌钢管，丝扣连接或沟槽式挠性管接头连接。

3. 室内消防管采用热浸镀锌钢管，$DN < 100mm$ 者，丝扣连接；$DN \geqslant 100mm$ 者，沟槽式挠性管接头连接。阀门采用法兰连接。

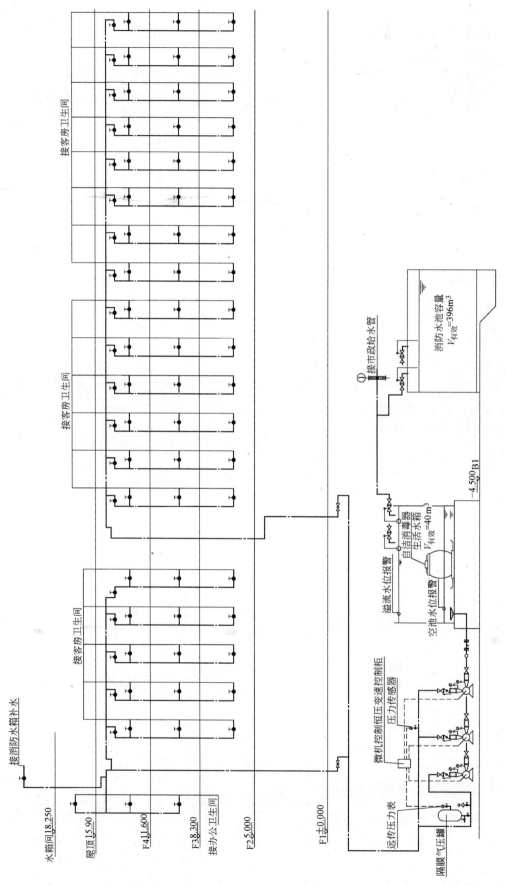

给水系统图

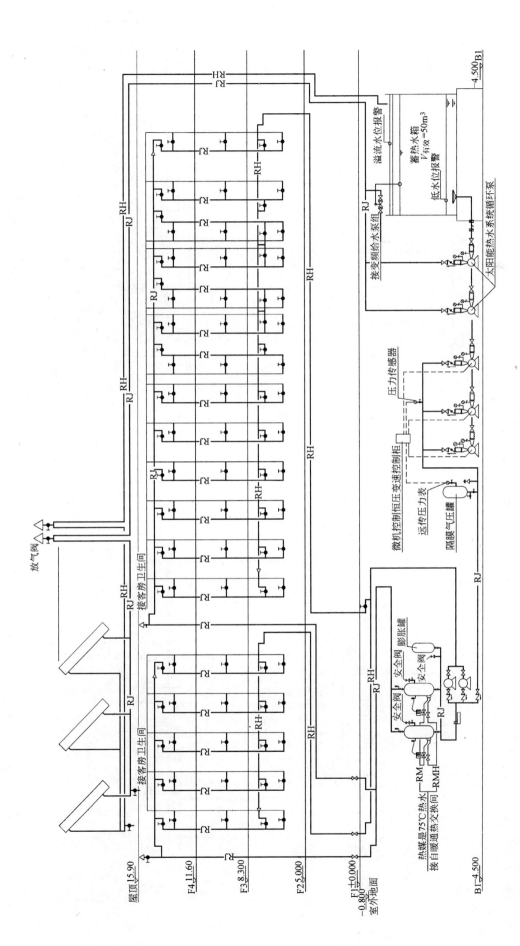

热水系统图

59

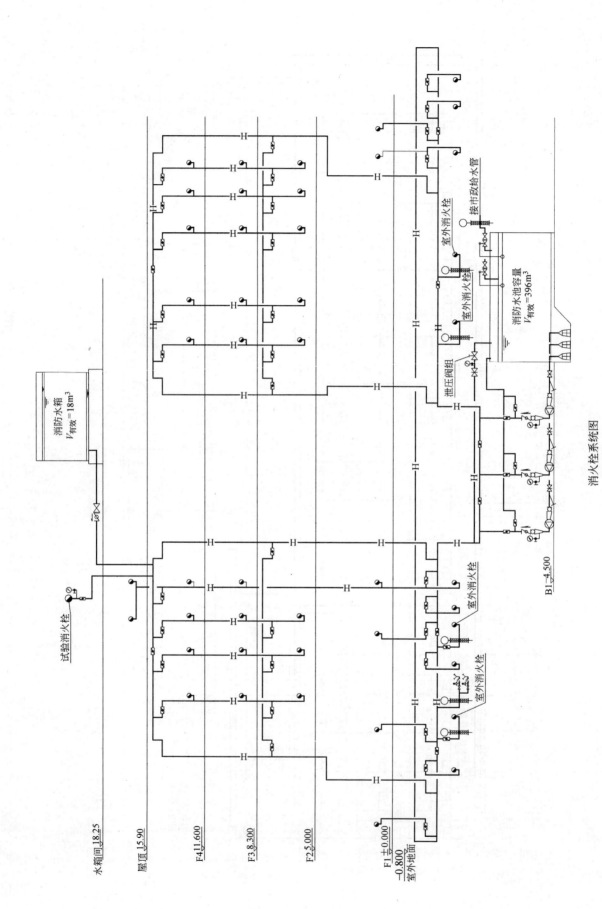

消火栓系统图

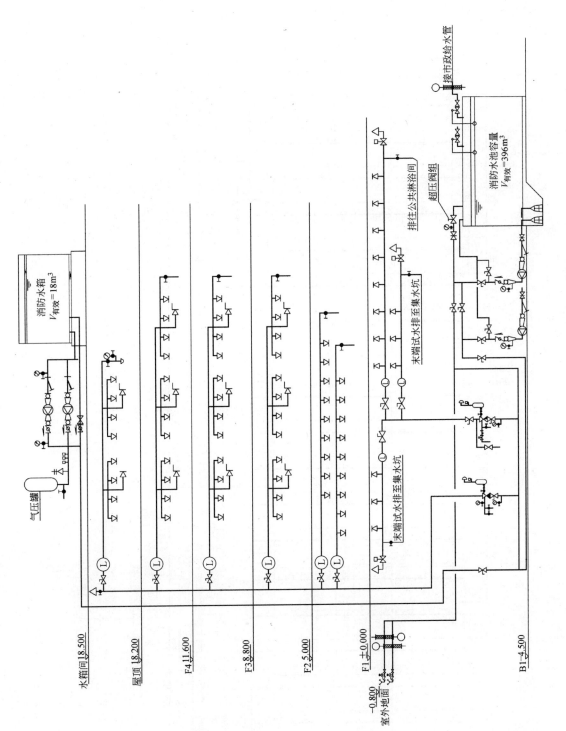

自动喷洒系统图

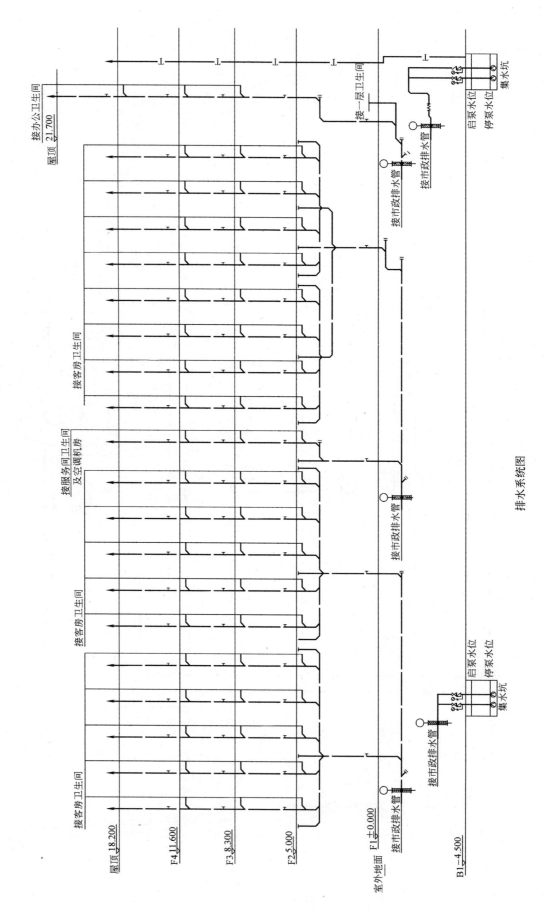

排水系统图

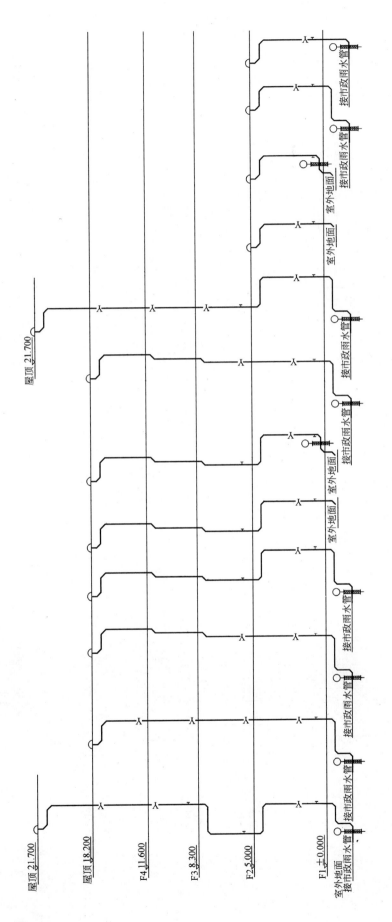

雨水系统图

● 办公楼

● 综合楼

华 融 大 厦

刘 晶 姚冠玉

深圳华融大厦由深圳时轩达实业有限公司负责开发建设，项目位于深圳市中心区商务区22-2号地块。本工程总用地面积为5652.8m²，总建筑面积73480.94m²，地上记入容积率的总建筑面积56078.05m²，容积率9.9。大厦建筑高度124.3m。整个大厦设三层可停放301辆的地下车库及设备机房地下室；地上共32层（不包括避难层），其中一～四层为商业办公区和餐厅，五～七层为酒店，八～三十二层为办公楼。

一、给水排水系统

（一）给水系统

1. 生活用水量：

最高日用水量：647m³/d，最高时用水量：72m³/h。

2. 水源和水压

本工程的供水水源为城市自来水，分别从一号路的市政给水管及民田路的市政给水管引入DN200mm的给水管，经水表后在室外红线内连成DN200mm环管。市政给水管的最低供水水压为0.30MPa。

3. 系统竖向分区：

给水竖向分两个区：地下三层至地上三层的用水由市政给水管直接供水，称为一区，室内三层以上采用由屋顶水箱、水泵、水池联合供水，称为二区。为保证二区办公部分的供水压力不超过0.40MPa、酒店部分的供水压力不超过0.35MPa，分别在二十三层、避难层、九层设减压阀减压。

4. 给水加压设备：地下生活贮水池容积为202m³，设于地下三层水泵房内。二区屋顶水箱设在130.80m的高度上，水箱容积为58m³。供二区水箱的给水泵为2台（1用1备），由屋顶水箱水位自动控制生活泵的启停。为保证二区生活水水质，在水箱出水管上设紫外线消毒器。

5. 管材：管径大于40mm者采用内筋嵌入式衬塑热镀锌钢管，管件或沟槽式管件连接。管径小于及等于40mm者采用聚丁烯管（PB），热熔连接。

（二）热水系统：

1. 热源：热源为一台燃气中央热水机组提供的高温热水，供回水温度为90℃和65℃，设于避难层锅炉房内。

2. 系统竖向分区：

本工程酒店客房设集中热水供应系统，与酒店给水分区相同，由屋顶水箱供水；办公部分热水采用分散制备。

3. 热交换器

热交换器设于避难层锅炉房内，采用 3.5m³ 浮动盘管半容积式热交换器，耗热量按最大小时用热量计，储热量按 15min 计。

4. 热水系统采用机械循环方式，热水给水立管顶部及底部均设有阀门，以便于调试维修。

5. 热水系统考虑冷、热水压力平衡，于 9 层用水点前的冷、热水供水干管上均设置减压阀，阀后压力均为 0.1MPa。

6. 热水管道、管件均采用铜管，接口采用钎焊焊接连接。

热水管及回水管根据不同的管径，采用不同厚度的保温材料保温。

（三）排水系统

1. 室内一层以上污、废水直接排出室外；在地下三层及地下二层分别设置集水坑，汇集地下三层及地下二层的污废水，然后用潜水泵提升排出室外。

2. 为保证排水通畅，客房卫生间排水设置主通气立管及器具通气管；办公卫生间排水设置主通气立管。

3. 厨房污水经隔油池处理后排出。粪便污水直接排入市政污水管道。

4. 室内排水管、透气管 $DN<50mm$ 者采用高密度聚乙烯管（HDPE），热熔连接；$DN\geq 50mm$ 者，采用离心铸造柔性抗震排水铸铁管，橡胶圈密闭不锈钢卡箍卡紧。

（四）雨水系统：

1. 屋面雨水采用内排水系统，经雨水斗收集后排至室外雨水检查井；道路雨水由雨水箅子收集后排入室外雨水管道。地下一层车库出入口处由雨水沟和集水坑截流雨水，用潜水泵提升排出。

2. 群房屋面及部分侧壁汇水面积较大的阳台采用屋面虹吸雨水系统，以减少立管数量。

3. 雨水管采用焊接钢管，虹吸雨水系统部分采用 HDPE 管。

二、消防系统

本工程设有室外消火栓系统，室内消火栓系统，自动喷水灭火系统，气体灭火系统，手提式灭火器。室外消防用水由城市给水管道通过室外消火栓直接供给；室内消火栓、自动喷水用水由地下室消防贮水池提供，贮水量 540m³。

（一）消火栓系统：

1. 室内消火栓用水量：40L/s，室外消火栓用水量：30L/s。

2. 消火栓系统分为高、低二个区，高区又分为二个分区，使每个分区的静水压力均不超过 0.8MPa。

第Ⅰ区为低区：地下三层～十层；第Ⅱ区、第Ⅲ区为高区：第Ⅱ区从十一层～二十层；第Ⅲ区从二十一层～三十二层。低区消火栓管网平时由屋顶高位水箱维持系统压力。消防时，由地下三层低区消火栓加压泵取自消防水池的水加压供水。第Ⅲ区消火栓管网平时由屋顶高位水箱及高区消防稳压设备维持系统压力。消防时，由地下三层高区消火栓加压泵取自消防水池的水加压供水。第Ⅱ区消火栓管网经第Ⅲ区管网减压后供给。高、低区消火栓管网上、下均成环管。屋顶水箱消防贮水量为 18m³。

3. 消火栓管道采用加厚热镀锌钢管、丝接或沟槽式管件连接。

（二）自动喷水灭火系统：

1. 本工程除地下变配电间、电话机房、水箱间、小于 5.00m² 的卫生间、淋浴间等外，其余房间均设有喷洒系统。本工程喷洒灭火系统按中危险 II 级考虑，设计喷水强度为 8L/(min·m²)，作用面积为 160m²，最不利喷头的工作压力为 0.1MPa。用水量为 30L/s，火灾延续时间为 1h，一次灭火用水量为 108m³，全部贮存于地下三层的消防水池中。

2. 自动喷水灭火系统：本工程自动喷洒系统分为二个区，系统工作压力均不超过 1.2MPa。低区为：地下三层~十四层；高区为：避难层~三十二层。地下三层泵房内设有高、低自动喷水加压泵各 2 台（1 用 1 备）。高区系统压力平时由屋顶水箱间内的高区稳压设备（包括稳压泵 2 台，气压罐 1 个）维持，低区系统压力平时由屋顶水箱维持。

3. 本工程低区设湿式报警阀 6 套（设于一层报警阀室内），其中 4 套采用减压阀减压；高区设湿式报警阀 3 套（设于避难层报警阀室内）。

4. 每个报警阀组控制的最不利点喷头处设末端试水装置，其他各层或防火分区的最不利点喷头处设试水阀。

5. 地下车库采用自动喷水-泡沫连用灭火系统。地下车库除设有消火栓和自动喷水系统外，在入口附近，还设有 2 个推车式泡沫灭火器。

6. 自动喷水灭火管道采用加厚热镀锌钢管，丝接或沟槽式管件连接。

（三）气体灭火系统：

地下一层柴油发电机房内设七氟丙烷灭火系统。

基本设计参数：七氟丙烷气体设计浓度：8.3%；气体灭火时的浸渍时间：3min；喷放时间：10s。

三、人防给水排水设计

1. 本工程按六级人防设计，为人员掩蔽所。总使用人数为 3200 人，分为 4 个防护单元：地下二层设一个防护单元；地下三层设 3 个防护单元。每个防护单元的使用人数为 800 人。仅考虑战时饮用水量、生活用水量及口部洗消冲洗用水量。

2. 每个防护单元分别设饮用水箱（$V=60m³$）及生活用水箱（$V=34m³$）各一个，其中 2m³ 的口部洗消用水储存在生活水箱内。生活用水的供给采用变频调速水泵供给，饮用水箱、生活用水水箱、变频调速水泵均在临战时安装，生活给水管安装至水箱处。在人防口部设集水坑，用于战后洗消冲洗水的收集。人防内部的排水用平时的集水坑收集，用潜水泵提升排出，但在隔绝防护时间内，人防地下室不得向外部排水。

3. 管材：给水管采用内筋嵌入式衬塑热镀锌钢管，管件或沟槽连接。排水管采用球墨给水铸铁管，承插柔性胶圈接口。

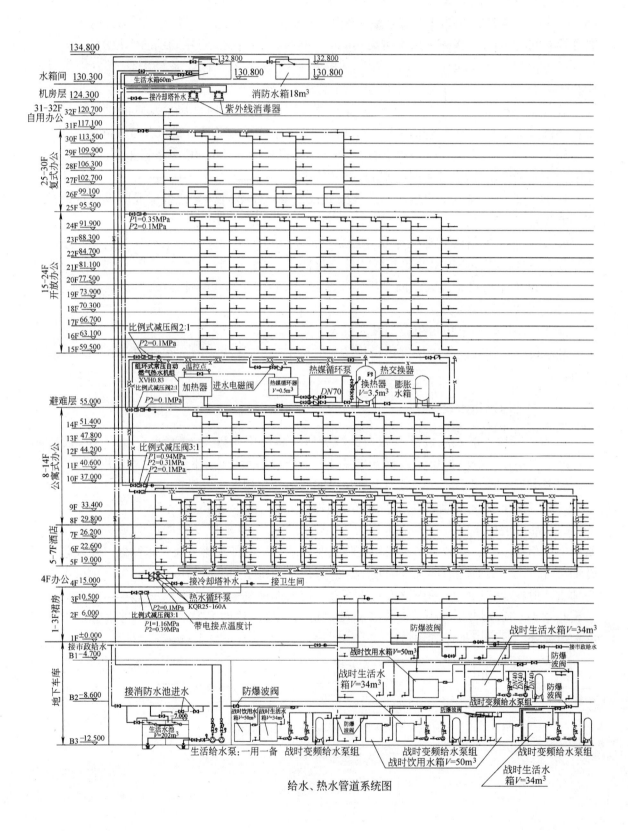

给水、热水管道系统图

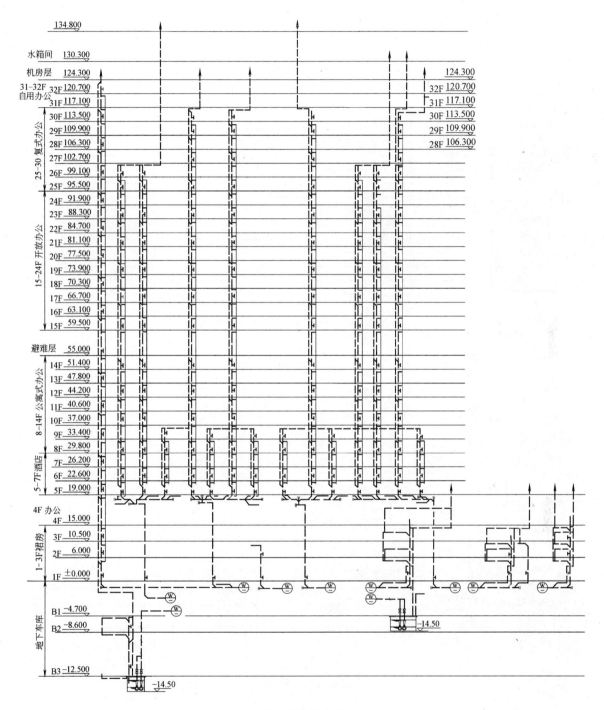

污水管道系统图

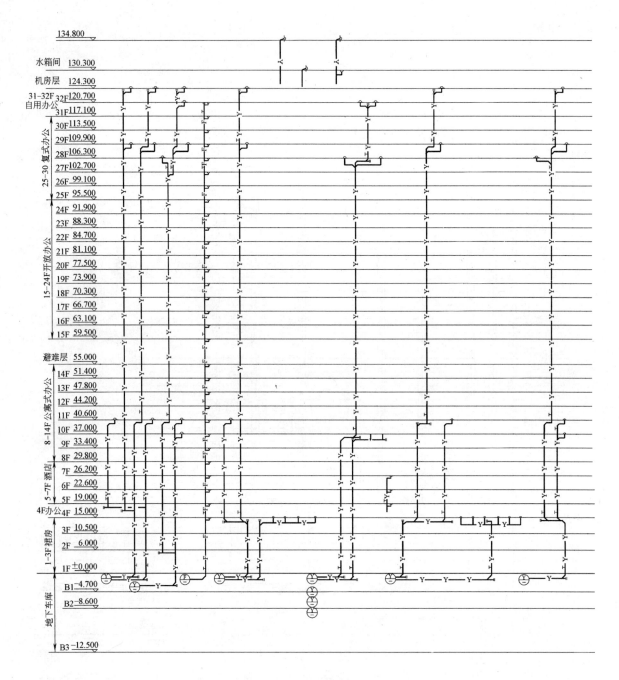

雨水、废水管道系统图 (一)

72

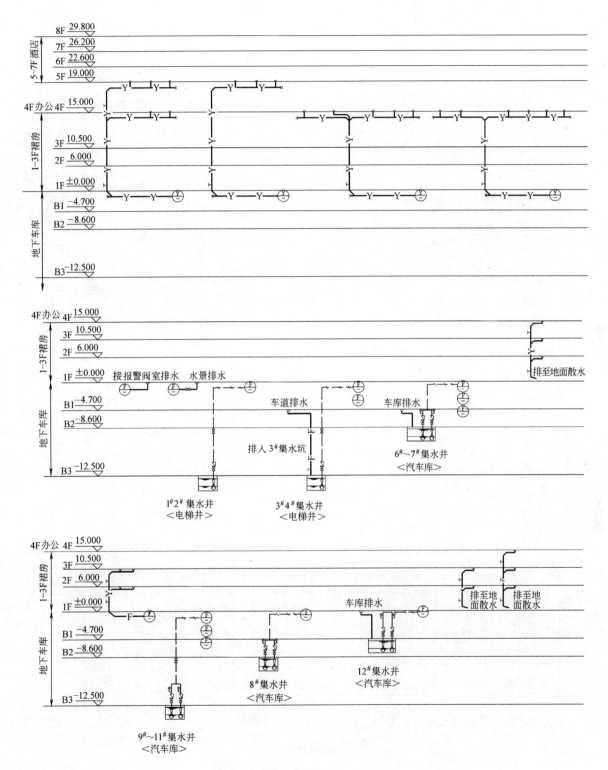

雨水、废水管道系统图（二）

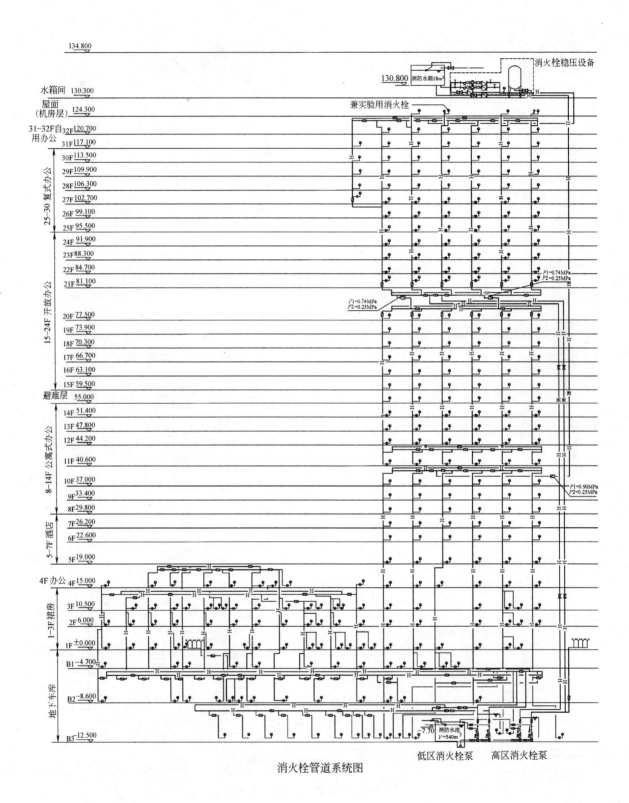

消火栓管道系统图

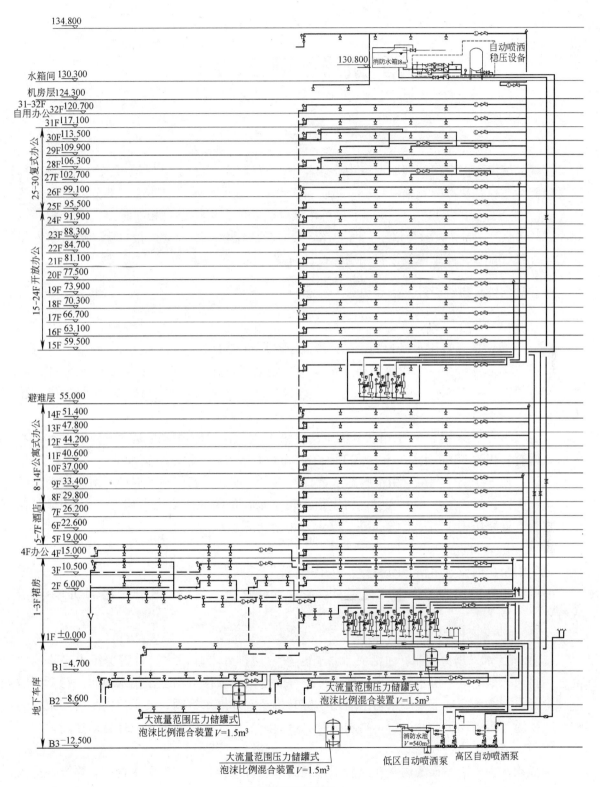

134.800

水箱间 130.300

130.800

消防水箱18m³

自动喷洒
稳压设备

机房层124.300

31-32F
自用办公
31F117.100
32F120.700

30F113.500
29F109.900
28F106.300
27F102.700
26F 99.100
25F 95.500
25-30F复式办公

24F 91.900
23F 88.300
22F 84.700
21F 81.100
20F 77.500
19F 73.900
18F 70.300
17F 66.700
16F 63.100
15F 59.500
15-24F开放办公

避难层 55.000

14F 51.400
13F 47.800
12F 44.200
11F 40.600
10F 37.000
9F 33.400
8F 29.800
8-14F公寓式办公

7F 26.200
6F 22.600
5F 19.000
5-7F酒店

4F办公 4F 15.000

3F 10.500
2F 6.000
1-3F裙房

1F ±0.000

B1 -4.700

B2 -8.600
地下车库

B3 -12.500

大流量范围压力储罐式
泡沫比例混合装置 V=1.5m³

大流量范围压力储罐式
泡沫比例混合装置 V=1.5m³

消防水池
V=540m³

大流量范围压力储罐式
泡沫比例混合装置 V=1.5m³

低区自动喷洒泵   高区自动喷洒泵

自动喷洒管道系统图

南京新城大厦

张永峰　李仁兵　黄智坤

新城大厦位于南京河西新城商务中心区，占地面积22000m²，总建筑面积约110000m²，主要功能为市级行政办公及辅助用房。地上部分为28层，地下2层。地上部分的总高度为130.5m，地下部分的深度为10.80m。两栋塔楼办公功能自成体系，相对独立；两个裙房内均设有政务大厅、150人的会议厅，两个300人的会议厅和一个500人报告厅。地下室安排展览厅、餐厅食堂、停车库及设备用房。设计时间：2003～2004年。

一、给水排水系统设计

（一）给水系统：

1. 用水量：最高日用水量为764m³；最大小时用水量为100m³。

2. 水源及水压：本工程水源为市政给水，分别从经四东路东侧及江东南路东侧的市政给水管各引入一条DN200mm的进水管，在建筑红线内形成环状给水管网。接管点供水压力为0.34～0.40MPa。

3. 给水系统：采用水泵-水箱联合供水的给水方式。在两栋塔楼的地下室分别设有给水泵房，内有容积为50m³生活水池。屋顶设有12m³生活水箱。给水分区如下：

低区：地下二层～四层，由市政给水管直接供水；中区：五层～十五层，由屋顶水箱减压供水；高区：十六层～二十八层，由屋顶水箱供水。每区的供水压力超过0.45MPa时在给水支管上设减压阀。屋顶消防水箱（18m³）由给水泵供水。

4. 设备、管材：

地下水泵房内设置生活水泵两台，一用一备。

室内给水管采用内筋嵌入式钢塑复合管，卡环连接。室外给水管采用HDPE100给水管。

（二）排水系统（包括污水、废水、雨水）：

1. 雨、污水采用分流制；生活污水经管道收集后排入市政污水管；厨房污水经隔油器处理后排出。地下室泵房水池泄水、地面冲洗等废水由地面排水沟汇至集水池内。每个消防电梯旁设有集水坑，地下室废水均由潜污泵提升排至室外雨水管网。集水池内的潜污泵均为二台，平时互为备用，交替运行，高水位时二台同时工作。水泵由电水位计自动控制。

2. 雨水系统：

屋面雨水由设于屋面的雨水斗收集后，经雨水立管直接排至室外雨水管网，再统一排入周围道路上的市政雨水管。

管材：室内污水管采用柔性接口的机制排水铸铁管，橡胶圈密封，不锈钢卡箍紧固，室外雨、污水管采用双壁波纹聚乙烯排水管，橡胶圈连接。室内雨水管采用钢塑给水管，丝扣或管件连接。

（三）热水系统：

所有热水用水点均采用电热水器制备热水，热水器设于各层卫生间内。热水管材均采用铜管，钎焊连接。

（四）直饮水系统：

本工程公共部分设直饮水系统。机房设在地下二层。用水量标准为 3L/（人·d）。为防管道超压，采用干管减压分区，分区如下：低区：三层～十层；中区：十一层～十九层；高区：二十层～二十七层。

二、消防系统设计

本工程共设有 5 个灭火系统。分别为室外消火栓给水系统，室内消火栓给水系统，室内自动喷水灭火系统，水喷雾灭火系统，手提式干粉灭火器。

（一）消火栓系统

1. 本工程室内消火栓用水量标准为：40L/s，室外消防用水量标准为：30L/s。

2. 本工程室外采用低压制消防给水系统，在室外给水环管上分别连接出 6 个地上式消火栓。室内消火栓给水系统和自动喷水灭火给水系统及水喷雾系统的用水均由建筑物内部贮水解决，地下消防水池贮存消防用水 660m³（分两格）。

3. 室内消火栓系统

1）消火栓系统竖向分为三区：

高区：十五层及以上，由地下二层消火栓加压泵供水，初期用水由屋顶水箱及消火栓稳压装置加压保证；中区：一层至十四层，由地下二层消火栓加压泵供水，初期用水由屋顶水箱减压保证；低区：地下一、二层，由地下二层消火栓加压泵供水，初期用水由屋顶水箱减压保证。

每区静水压力均不超过 800kPa。并在每区较低几层采用减压稳压消火栓，使消火栓口压力不超过 500kPa。

屋顶水箱容积为 18m³。

2）管材：采用加厚热镀锌钢管，丝接或沟槽式管件连接。

（二）自动喷水灭火系统

1. 本工程按中危险 II 级要求设计，设计喷水强度 8L/（min·m²），作用面积 160m²，最不利点喷头工作压力为 50kPa，地下车库最不利点喷头工作压力为 100kPa。

2. 系统设计

自动喷水灭火系统 1 小时的消防用水量贮存在地下二层消防水池内。本工程自动喷水灭火系统分为高、低二区。低区：地下二～十四层，由地下二层自喷加压泵供水，初期用水由屋顶水箱减压保证；高区：十五～二十八层，由地下二层自喷加压泵供水，初期用水由屋顶水箱及自动喷水稳压设备保证。

各区系统压力不超过 1200kPa。共设 22 组报警阀，分别设置在一层、十五层。每个报警阀所负担喷头数不超过 800 个。地下车库设自动喷水-泡沫联用灭火系统。系统喷泡沫的时间不小于 10min。

3. 喷头设置范围：除面积小于 5.00m² 的卫生间，厕所及不宜用水扑救的部位外均设洒水喷头保护。

4. 办公楼采用 68℃级玻璃球喷头，厨房高温区采用 93℃级玻璃球喷头。

5. 管材：采用加厚热镀锌钢管，丝扣连接，当管径为 DN150mm 时，采用热镀锌无缝钢管，沟槽式连接系统。

（三）水喷雾灭火系统

设置范围：燃气锅炉房和柴油发电机房。

1. 基本设计参数：设计喷雾强度为：20L/(min·m²)，持续喷雾时间为 0.5h，水喷雾系统响应时间不大于 45s。

2. 系统设有三种控制方式：自动控制、手动控制及应急控制。

3. 水喷雾雨淋阀前设有过滤器，以防止杂物破坏雨淋阀的严密型，以及堵塞电磁阀、水雾喷头内部水流通道。

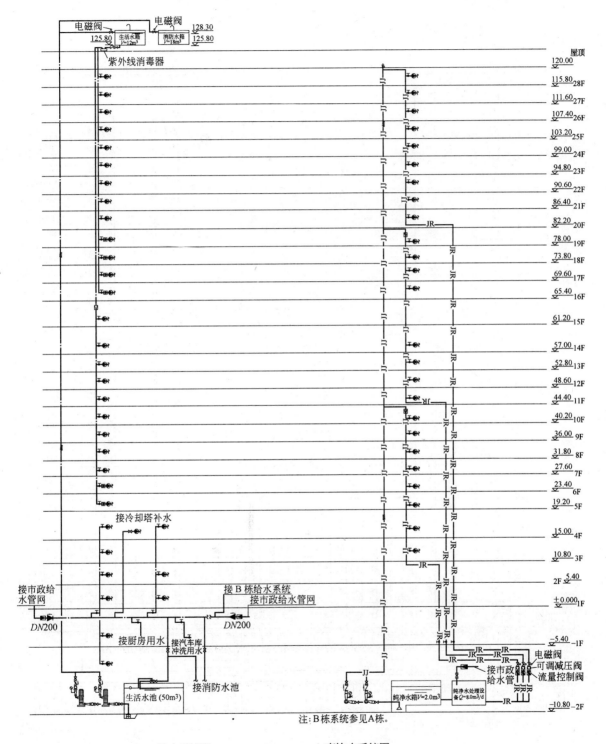

给水系统图

直饮水系统图

注：B栋系统参见A栋。

79

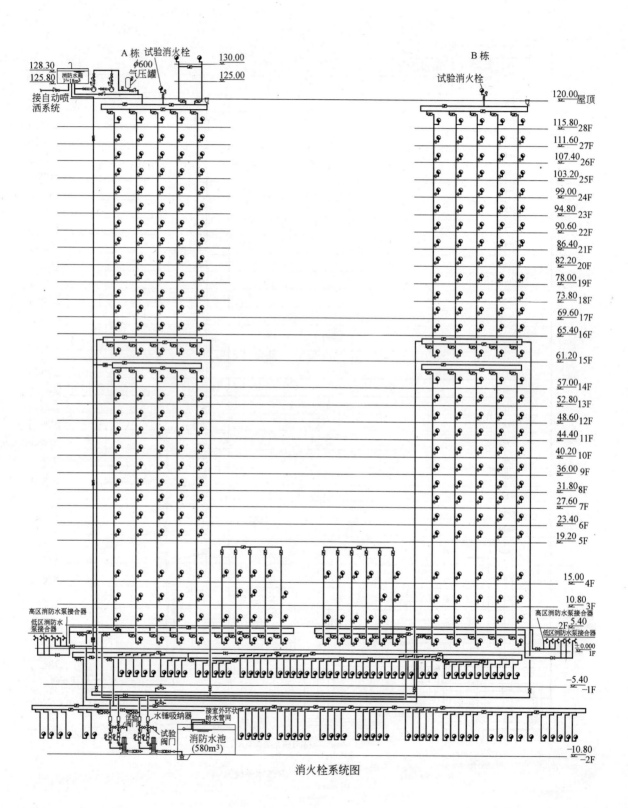

消火栓系统图

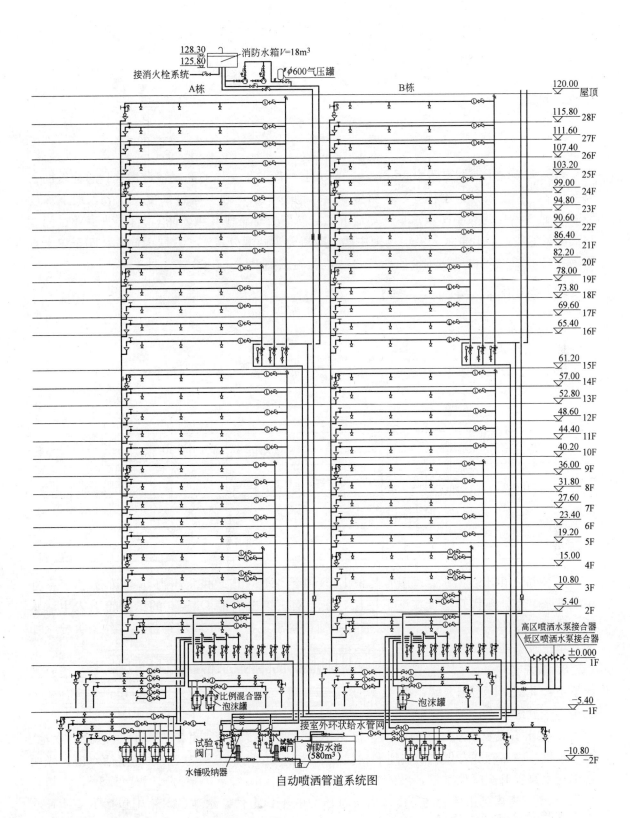

自动喷洒管道系统图

航 天 大 厦

刘玉娟

航天大厦位于深圳市新中心区，为一集办公与商业于一体的高层综合建筑。总建筑面积53865m²，主楼 25 层，附楼 5 层，裙楼 3 层，地下 2 层，地上建筑高度 99.9m，地下深度8.9m，地下两层为设备房及汽车库（地下二层局部战时兼作 6 级人防），首层为商业、门厅与消防控制中心，开放式公共广场把主楼与附楼分为两部分，二、三层为商业，四至二十五层为办公。2002 年进行初步设计，2003 年进行施工图设计，2005 年 3 月竣工。

一、给水排水系统

（一）给水系统

1. 冷水用水量

本工程最高日用水量为 429m³，其中空调补水 189m³，最大小时用水量为 60.63m³，各用水项目详见表 1。

用水量汇总表　　　　　　　　　　　　　　　表 1

序号	用水项目名称	使用数量	单位	用水量标准(L)	小时变化系数	使用时间(h)	用水量(m³)		
							最高日	平均时	最大时
1	办公	3793人	每人每日	50	2.0	10	189.65	1897	37.93
2	车库冲洗	9588m²	每平方米	3	1.0	6	28.76	4.79	4.79
3	商业	2697m²	每平方米每日	8	1.2	12	21.58	1.80	2.16
4	空调补水	1050m³/h		1.5%	1.0	12	189	15.75	15.75
总计							429	41.31	60.63

2. 水源：由市政给水管网引入两根 DN150 给水管，市政供水压力 0.3MPa。由于室外用地紧张，室外环状管网设在地下一层，在环网上接出一根 DN100 的给水管引入生活水池，接出一根 DN150 的给水管引入消防水池，接出三根 DN100 的管道接室外消火栓（加上一个市政室外消火栓共 4 个）。

3. 系统竖向分区：共分五个区，Ⅰ区：附楼（五层）和主楼商业部分（一至三层）及地下室；Ⅱ区：四层至九层；Ⅲ区：十层至十五层；Ⅳ区：十六层至二十一层；Ⅴ区：二十二至二十五层。

4. 供水方式及给水加压设备：Ⅰ区由市政水压直接供水；Ⅱ区至Ⅴ区由水泵、水池、屋顶水箱、减压阀联合供水。在地下二层设水泵房，设两个容积为 70m³ 的生活水池，经两台生活水泵提升至屋顶水箱，泵的型号为 DL100-16×8，$Q=100m³/h$，$H=128m$，水箱容积为 40m³。考虑到市政管网给冷却塔补水压力的不稳定性，水池、水箱中包括了空调补水的容积，以备压力不足时由水箱进行补水，各区用水由水箱出水管经减压阀减压后供给。

5. 管材：室内生活给水管道水表前采用铝塑复合管，水表后采用 PP-R 管，热熔连接。

（二）排水系统

1. 排水系统的形式：采用污废水合流的方式。

2. 透气管的设置方式：主楼设专用通气立管，附楼设伸顶通气管。

3. 污水处理：由于本建筑处于中心区，按深圳市国土局规定，位于中心区的污水可以直接排入市政管网，由市污水厂统一处理。

4. 管材：室内污水管采用加厚 UPVC 管。

（三）雨水系统

1 采用的暴雨重现期：屋面的设计重现期为 5 年。

2. 雨水系统的形式：采用重力流排水。

3. 管材：室内雨水管采用加厚 UPVC 管。

二、消防系统

（一）消火栓系统：

1. 用水量：室内：40L/s，室外：30L/s。

2. 系统分区：分两个区，地下二层至地上十层为低区，地上十一层至二十五层为高区。

3. 消火栓泵：在地下二层水泵房设双出口消火栓泵二台，型号为 DL150S-20×4/7，$Q=40L/s$，$H_1=100m$，$H_2=140m$，同时供高低区用水。

4. 水池、水箱：在地下二层设 540m³ 专用消防水池一个，在屋顶水箱间设 18m³ 消防水箱一个。

5. 水泵接合器：高低区系统分别设三套室外地上式消防水泵接合器。

6. 管材：采用加厚内外壁热镀锌钢管，$DN<100$ 时丝扣连接，$DN \geqslant 100$ 时沟槽式管母连接。

（二）自动喷水灭火系统：

1. 用水量：按中危险（Ⅱ）级设计，用水量为 28L/s。

2. 系统分区：分两个区，地下二层至地上十层为低区，地上十一层至二十五层为高区。

3. 自动喷水加压泵及稳压泵：在地下二层水泵房设双出口加压泵二台，型号为 DL100S-20×4/8，$Q=30L/s$，$H_1=100m$，$H_2=160m$，同时供高低区用水。在屋顶水箱间设二台稳压泵和一个气压罐，泵的型号为 25LGW3-10×4，$Q=0.83L/s$，$H=40m$。

4. 喷头及报警阀：车库采用易熔合金喷头，动作温度为 72℃，其它采用玻璃球闭式喷头，动作温度 68℃，向上安装时为直立型，向下安装时为下垂型。本系统共设七套报警阀，低区四套，设于地下二层的报警阀室，高区三套，分别设于十一层、十六层、二十一层的管道井中。

5. 水泵接合器：高低区系统分别设二套室外地上式消防水泵接合器。

6. 管材：采用加厚内外壁热镀锌钢管，$DN<100mm$ 时丝扣连接，$DN \geqslant 100mm$ 时沟槽式连接。

（三）气体灭火：发电机房及储油间采用七氟丙烷洁净气体灭火，由专业厂家进行设计安装，灭火设计浓度为 8.3%，储存压力 4.2MPa，浸渍时间不小于 10min，系统具有自动、手动、机械应急操作三种启动方式。

三、设计及施工体会

1. 设有给水减压阀的楼层，管井的设计长度不宜小于 1m，以便于施工及维护。

2. 建筑本体与用地红线距离太小，最小处仅有 1.1m，增加了室外管道在设计与施工上的难度，为保证管道间距，将给水环管设在地下一层。

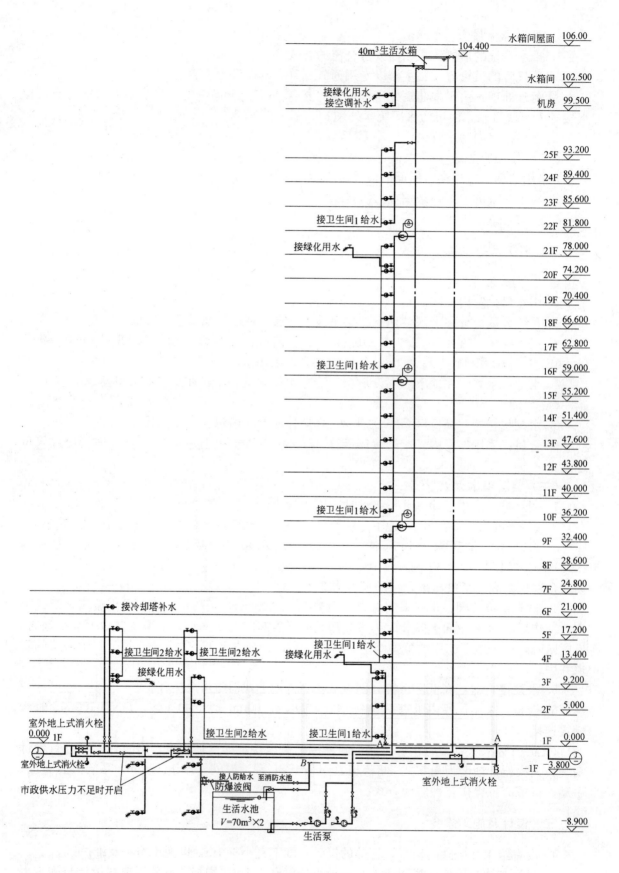

生活给水系统图

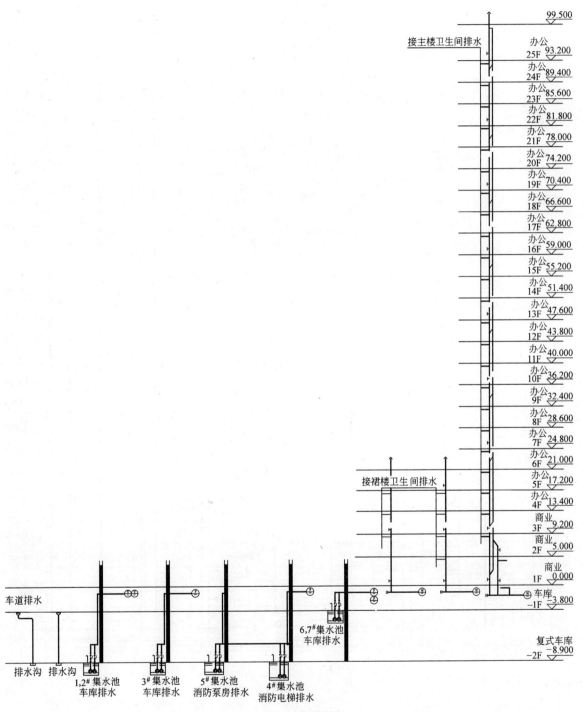

接主楼卫生间排水

	99.500
办公 25F	93.200
办公 24F	89.400
办公 23F	85.600
办公 22F	81.800
办公 21F	78.000
办公 20F	74.200
办公 19F	70.400
办公 18F	66.600
办公 17F	62.800
办公 16F	59.000
办公 15F	55.200
办公 14F	51.400
办公 13F	47.600
办公 12F	43.800
办公 11F	40.000
办公 10F	36.200
办公 9F	32.400
办公 8F	28.600
办公 7F	24.800
办公 6F	21.000
办公 5F	17.200
办公 4F	13.400
商业 3F	9.200
商业 2F	5.000
商业 1F	0.000
车库 −1F	−3.800
复式车库 −2F	−8.900

接裙楼卫生间排水

车道排水

6,7#集水池
车库排水

排水沟　排水沟

1,2#集水池
车库排水

3#集水池
车库排水

5#集水池
消防泵房排水

4#集水池
消防电梯排水

污水系统图

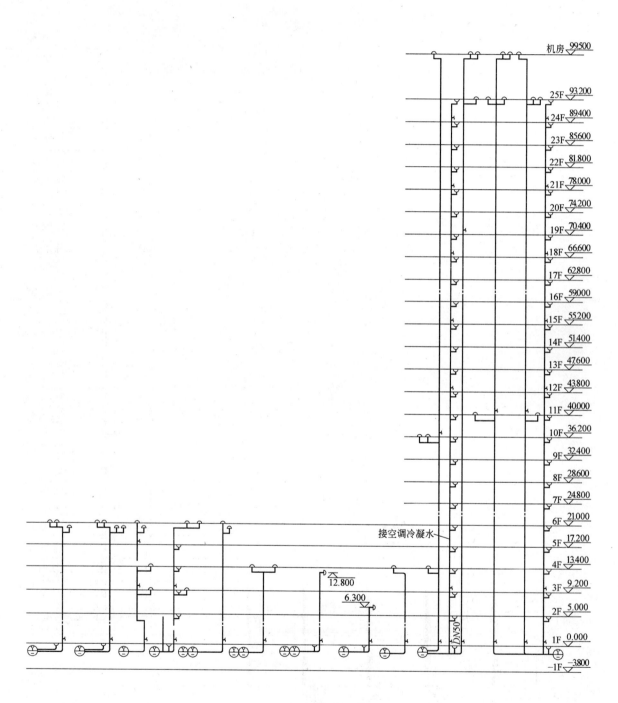

机房 99.500

25F 93.200
24F 89.400
23F 85.600
22F 81.800
21F 78.000
20F 74.200
19F 70.400
18F 66.600
17F 62.800
16F 59.000
15F 55.200
14F 51.400
13F 47.600
12F 43.800
11F 40.000
10F 36.200
9F 32.400
8F 28.600
7F 24.800
6F 21.000
5F 17.200
4F 13.400
3F 9.200
2F 5.000
1F 0.000
-1F -3.800

接空调冷凝水

DN50

12.800

6.300

雨水系统图

86

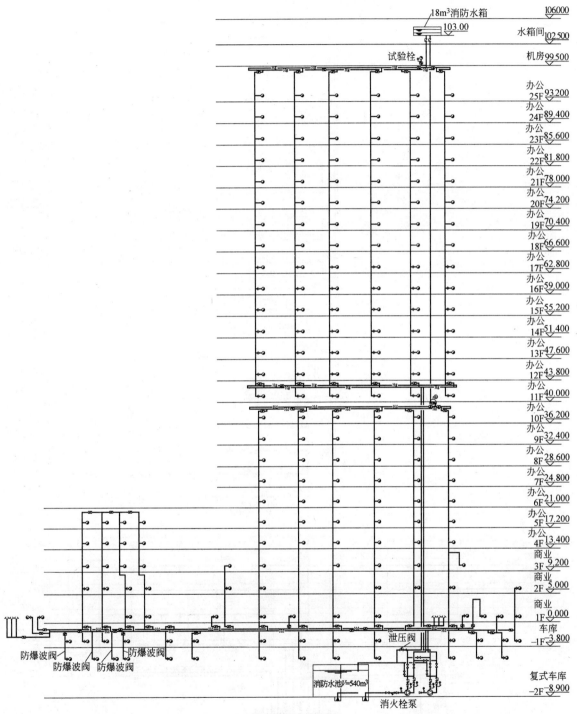

消火栓给水系统图

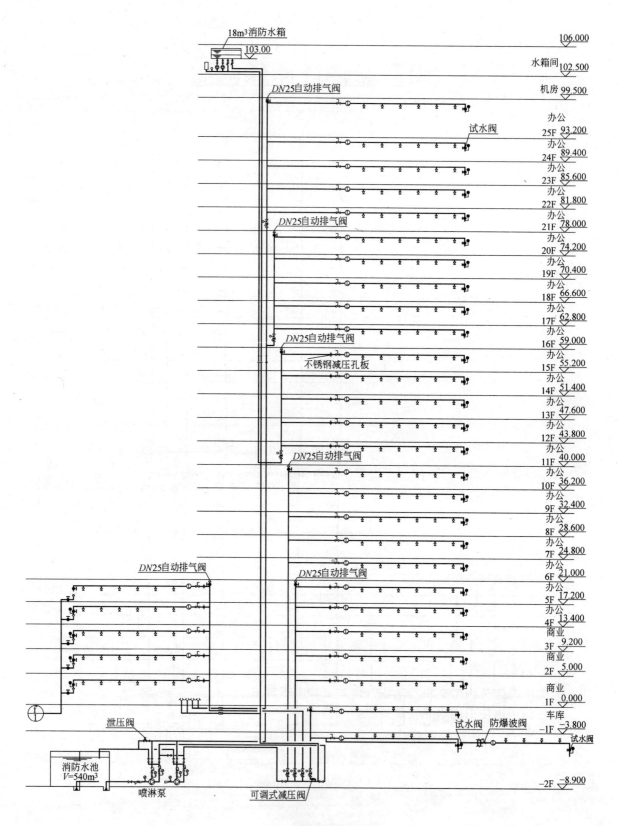

喷淋给水系统图

南京黑龙江路综合楼

张文建

黑龙江路 2 号、4 号 B 区综合楼位于南京市中央路与黑龙江路的交汇处。本工程建筑面积为 51861m²。地下室共 2 层，建筑面积 11488m²，平战结合，平时为设备用房及汽车库，战时为掩蔽人数 1600 人的六级二等人员掩蔽所；一至三层为商场，建筑面积 9893m²；四至十七层为小开间商住式办公（每一隔间内均设有卫生间），面积 30480m²，其中北侧从五层开始局部退层。

一、给水排水系统

（一）给水系统

1. 生活用水量：最高日用水量为 440m³/d，最大时用水量为 47m³/h。

2. 水源：从中央路和黑龙江路的市政给水管上各引一条 $DN200$ 的引入管，在室外红线内形成环状管网。市政供水压力 0.22MPa。

3. 系统竖向分区：室内给水系统分三个区，低区为三层以下，由市政管网直接供水；中区四～十层和高区十一～十七层由水泵房内变频调速水泵供水。其中四、五层及十一、十二层分户水表前设减压阀以使每区配水点前静水压力小于 0.4MPa。

4. 给水加压设备：本工程在地下二层水泵房内设水池及两组变频调速恒压供水设备，中区恒压供水值为 0.72MPa，高区为 1.12MPa。

5. 给水干管及立管采用涂塑加厚镀锌钢管，丝扣连接或沟槽式管件连接，水表后的给水管采用 PP-R 管，热熔连接。

（二）热水系统

采用分散式热水供应，每户设一台燃气热水器，$Q=8L/min$。

（三）排水系统

1. 所有生活污水均靠重力自流至室外污水管网，经化粪池处理后排入市政污水管。卫生间设专用通气立管。

2. 地下室废水由潜水排污泵提升排至室外雨水管道。

3. 屋面雨水均由雨水斗收集后靠重力排至室外雨水管道；在所有空调室外机附近均设有专用地漏，使空调冷凝水有组织排放至室外雨水管。

4. 污水管、雨水管采用加厚 UPVC 塑料管，转换层及以下和雨、污水出户管采用离心铸造排水铸铁管；空调冷凝水管采用 $DN50$ UPVC 塑料管。

二、消防系统

本工程设有室内、外消火栓系统；自动喷洒系统；手提灭火器。

（一）消火栓系统

1. 本工程室内消防用水量40L/s；室外消防用水量30L/s，火灾延续时间为3h。

2. 消火栓系统竖向分为两个区，八层以下为低区，九层以上为高区，每区管道均成环状。

3. 屋面设18m³消防水箱，提供火灾初期10min消防用水，地下消防水池贮存室内外消防用水量900m³。消防水池设于地下二层，埋深较深，水泵房内设两台消防车，取水转输泵连接2个DN100的室外消火栓供消防车取水用。

4. 为保证系统下部消火栓栓口压力不大于0.5MPa，高区的九～十三层及低区的地下二层～二层采用减压稳压消火栓。

5. 消火栓管道采用加厚热镀锌钢管，丝扣连接或沟槽式管件连接。

（二）自动喷洒系统

1. 本工程按中危险Ⅱ级设计，用水量为40L/s。

2. 自动喷洒系统竖向为一个区，一层报警阀间内设7组湿式报警阀。

3. 屋顶设18m³消防水箱和增压稳压设备，维持系统平时压力。

4. 湿式报警阀前的环状管道上设两组比例式减压阀，地下二层～四层湿式报警阀接自减压后的管道。

5. 自动喷洒管道采用加厚热镀锌钢管，丝扣连接或沟槽式管件连接。

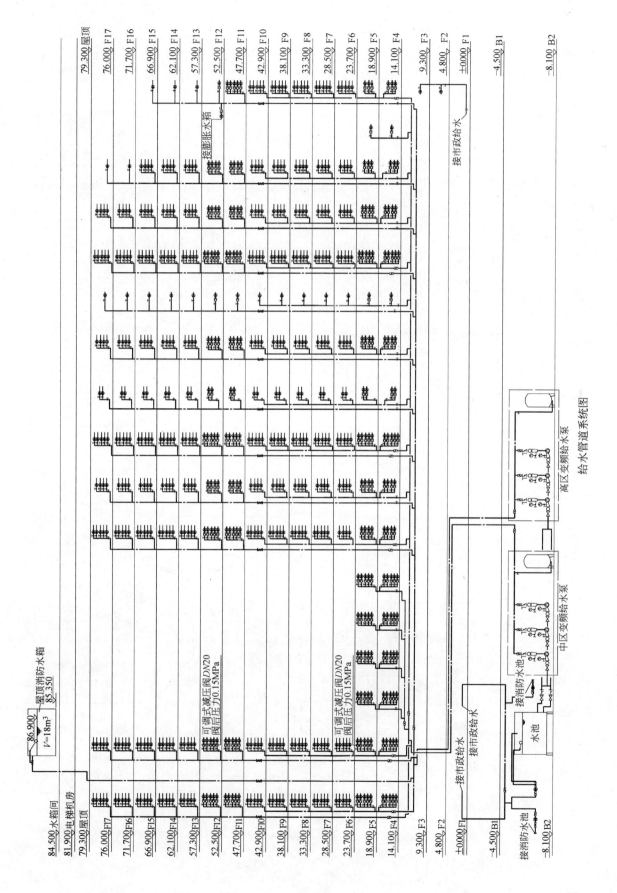

给水管道系统图

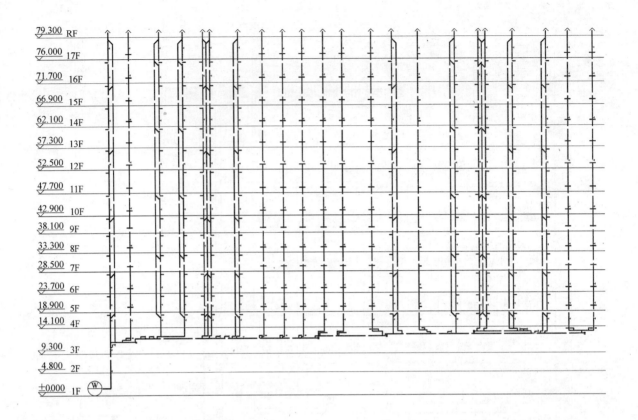

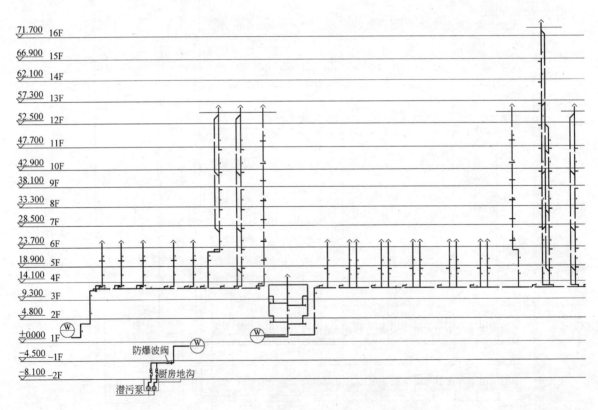

污水系统图

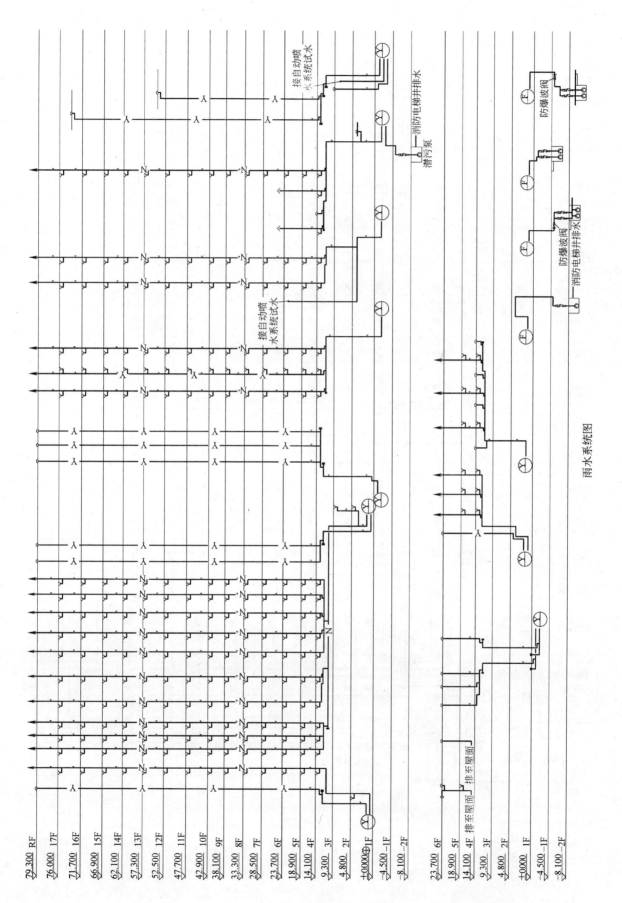

雨水系统图

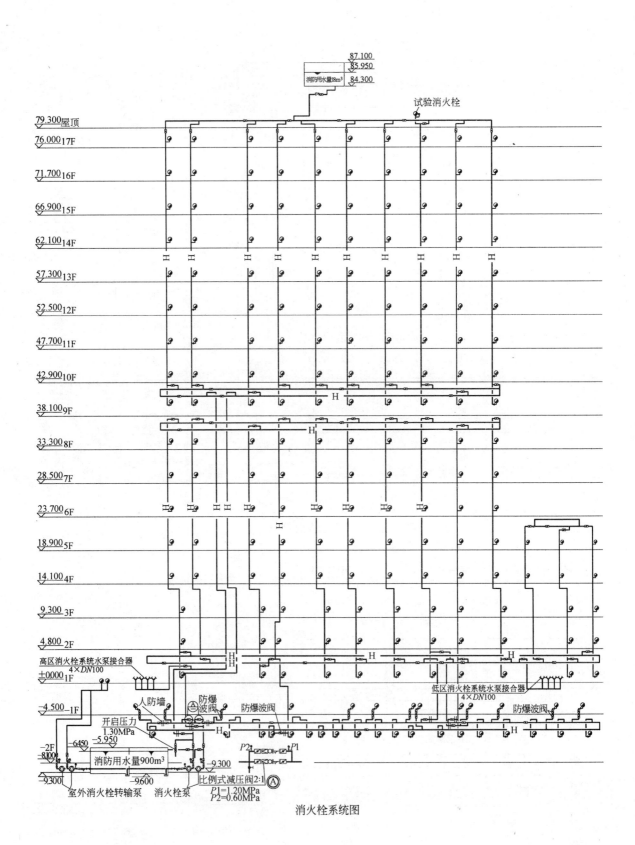

消火栓系统图

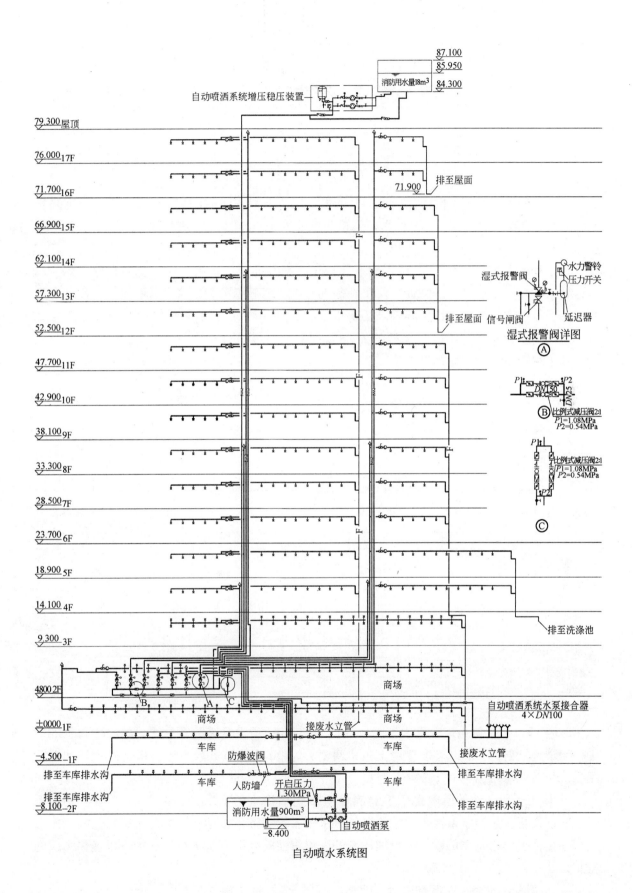

自动喷水系统图

西直门综合交通枢纽及配套服务用房（西环广场）

夏树威　杨兰兰　刘　海

本工程位于北京市西直门立交桥西北角，规划建设用地面积 4.52 万 m²，建筑高度 99.9m，总建筑面积约 26 万 m²，它是连接北京西直门火车站、城铁车站、地铁车站及公交总站的大型交通枢纽。

本工程地下 3 层，地上 23 层，地下部分包括换乘通道、换乘大厅、机动车停车场、超市、员工餐厅、人防（战备物资库）及设备机房等，地上裙房部分为交通枢纽、公交站房及娱乐、餐饮和大型百货购物中心等，裙房以上共有四个塔楼均为高档写字楼，4# 塔楼共 18 层，建筑高度为 60m，1#～3# 塔楼均为 23 层，建筑高度 99.9m。

本工程于 2005 年 10 月竣工。

一、给水排水系统

（一）给水系统

1. 给水量见表1。

给 水 量 表　　　　　　　　　　　　　　　　　　　　　　表1

房号	名称	使用数量	用水定额	时间(h)	K	用水量(m³)			备注
						最高日	平均时	最高时	
1	商场	21239 人次	3L/（人·次）	12	2.5	63.72	5.31	13.27	
2	餐厅	4396 人	3×40L/（人·次）	12	2.0	527.52	43.96	87.92	
3	办公	8977 人	60L/（人·d）	10	2.0	538.62	53.86	107.72	250d/a
4	车库	55000m²	3L/（m²·d）	2	2.0	165	82.5	165	60d/a
5	空调补水		1600L×3×2‰×12	12	1.0	1152	96	96	90d/a
			1600L×2×2‰×12	12	1.0	768	64	64	
			400L×2×1‰×24	24	2.0	192	8	16	
6	中水节水					−185.36	−17.96	−36.58	
7	1～6 合计					3221.5	335.67	513.33	
8	未预见水量	1～6 合计×10%				322.15	33.57	51.33	
9	合计	1～6 合计＋未预见水量				3543.67	369.24	564.66	

2. 生活给水系统由市政给水管网引两条 DN300 的给水管道进入红线，并在建筑物的周围敷设成环状管网，再从环状管网上引入两根 DN300 的管道进入大楼，供全楼生活和消防用水。市政供水压力为 0.20MPa。

3. 该工程所在地的市政水压不能满足全楼生活用水的要求，故在大楼 3# 塔楼的地下二、三层设置了生活水蓄水池及生活变频供水设备，保证大楼用水，为防止蓄水池的二次污染，在生活变频给水泵的吸水管上加设紫外线消毒器对生活用水进行二次消毒以确保水质的稳定。

4. 本工程给水系统在竖向分为三个区，其中 1#～3# 塔楼及其群房：低区为地下三层～

三层；中区为四层～十二层；高区为十三～二十三层。4#塔楼（层高低于1#～3#塔楼）给水系统也分为三个区：低区为地下二层～四层；中区为五层～十六层；高区为十七～十八层。给水系统低区由市政给水管网直接供水；高、中区供水方式为：将市政给水管网供水储于生活蓄水池中并经生活变频供水水泵提升后供各区用水点。在地下二层生活水泵房中，高区和中区各设一套变频供水设备分别供高、中区用水，各用水点供水水压不大于0.45MPa。

5. 由于本工程的使用功能包括高档写字楼及大型百货购物中心等，冷却塔补水在大楼总的生活用水中占了很大的比例，所以在3#塔楼的地下三层设置专为冷却塔补水的蓄水池及变频供水设备，蓄水池与消防蓄水池连通可避免消防水池贮水因长期闲置产生的污染，并设有消防用水不被动用的措施。

6. 本工程给水系统管材采用衬塑钢管。

（二）中水系统：

1. 水量表见表2、表3。

中水原水量表

表2

序号	名称	人数（人）	用水定额 [L/人·d（次）]	时间(h)	K	用水量（m³）			备注
						最高日	平均时	最高时	
1	商场	21239	3×25%	12	2.5	15.93	1.33	3.32	
2	办公	8977	60×35%	10	2.0	188.52	18.85	37.70	250d/a
3	餐厅	4396	40×5%×3	12	2.0	26.38	2.20	4.40	
4	合计					230.83	22.38	45.42	

中水用水量表

表3

序号	名称	人数（人）	用水定额 [L/人·d（次）]	时间(h)	K	用水量（m³）			备注
						最高日	平均时	最高时	
1	商场	7348	3×75%	12	2.5	16.53	1.38	3.44	
2	办公	3850	60×65%	10	2.0	18.68	15.02	30.03	
3	餐厅	3114	40×5%×3	12	2.0	18.68	1.56	3.2	
4	合计					185.36	17.96	36.58	

说明：1. 表中中水用水量未考虑水处理设备反冲洗水量。

2. 表中中水用水量仅为A区五～十六层及B、C、D区四～十二层冲厕用水。

2. 本工程中水系统的源水为全楼的洗浴废水，回收水量：$Q=230.83m^3/d$，由于本楼中水源水量总和经处理后小于全楼的冲厕用水量，所以中水源水在经处理后只供1#～3#塔楼的四～十二层及4#塔楼五～十六层冲厕用水，回用水量：$Q=185.36m^3/d$。其它部分冲厕及全楼洗车和浇洒道路绿地等用水均采用自来水供水。

3. 中水系统的处理流程为：中水原水→曝气调节池→接触氧化→过滤→消毒→中水清水池→变频供水泵→回用。处理能力为$Q=20m^3/h$，处理设施运行时间12h，中水处理站设于2#塔楼的地下三层。

4. 本工程中水给水系统管材采用衬塑钢管。

（三）冷却循环水系统

1. 空调专业提供的设置资料为五台1600m³/h冷水机组和两台400m³/h冷水机组，其中五台1600m³/h和两台400m³/h冬季运行，冷却塔选用CEF-800×2型低噪声不锈钢逆流式方型冷却塔五台，CEF-400型低噪声不锈钢逆流式方型冷却塔两台，冷却塔均置于3#塔楼和4#塔楼之间裙房五层的屋顶，每台冷却塔进水管均装有电动蝶阀，出水管装有普通蝶阀，冷却循环管道均设有泄水阀门，在停止使用时将冷却塔及循环管道泄空，泄水排至附近雨水斗。为保证冷却循环水的水质稳定，本工程在冷却循环水泵的出水口上，设置了综合水处理器以达到防腐除垢、杀菌灭藻的目的。

2. 本工程冷却循环水系统管材采用焊接钢管。

（四）排水系统

1. 本工程排水系统采用污、废分流的排水方式，污水均排入市政污水管网。

2. 排水透气管采用专用透气、环形透气及伸顶透气相结合的方式。

3. 污水排水系统：首层以上排水均采用重力流排入室外检查井，首层以下污水排至污水集水坑经潜污泵提升排出室外，汇集后经化粪池处理排入市政污水管网，厨房污水经隔油器（池）后排入市政污水管网。

4. 废水排水系统：地下一层以上洗浴废水均采用重力流经汇集后排入中水处理站的曝气调节池，经生化处理后回用，地下部分废水经废水集水坑中潜污泵提升排入室外污水管网。

5. 本工程排水系统管材采用柔性机制排水铸铁管。

（五）雨水系统

1. 屋面雨水设计重现期为 5 年，降雨历时 5min。溢流口排水能力按 50 年重现期设计。室外地面雨水设计重现期 p 取 3 年。基地排水面积 F 约 4.52 万 m^2。降雨历时 t 估算 5 分钟。降雨强度 $q_5 = 4.48L/(s \cdot 100m^2)$。平均径流系数 Ψ 取 0.9。

总雨水排水量：$Q = \Psi q F = 1822.46L/s$

2. 雨水排水系统：塔楼屋面雨水采用重力流排水的排水方式排至裙房屋顶，裙房屋顶雨水采用虹吸式雨水排水系统排入室外雨水检查井，汇集后排入雨水管网。

3. 本工程雨水排水系统管材采用给水塑料管。

二、消防系统

（一）消火栓系统

1. 室外消火栓给水系统

室外消防给水由建筑物周围的室外生活、消防合用管网供给，设室外地下式消火栓 12 个，设计流量 30L/s。

2. 室内消火栓给水系统

（1）室内消火栓系统由地下三层消防水池——消火栓泵——屋顶水箱及增压稳压装置联合供水。系统的设计流量 40L/s。竖向分为高、低两个区。低区：地下三层至十一层，设两台消火栓泵，一用一备，平时管网压力由屋顶水箱直接控制在设定范围内（屋顶水箱引出管上设减压阀使系统静水压小于 0.8MPa 压力），并提供消火栓系统前 10 分钟消防用水。高区：十二层至二十三层，设 3 台消火栓泵，两用一备。平时管网压力由屋顶水箱及增压稳压装置维持，并保持消火栓系统前 10 分钟消防用水。

（2）设于屋顶水箱间的增压稳压泵由连接隔膜式气压罐管道上的压力控制器控制，当系统压力上升至 0.4MPa 时，稳压泵停止；当系统压力下降至 0.35MPa 时，增压稳压泵启动；当压力再下降至 0.3MPa 时，启动消防泵，增压稳压泵停泵。

（3）消火栓泵的控制方式还有：1）由消火栓处启泵按钮启动，水泵运转信号反馈至消防中心及消火栓处，消火栓指示灯闪亮，该防火分区其他消火栓箱内的指示灯也亮；2）在消防中心和地下水泵房中手动控制启停。

（二）自动喷洒系统

1. 本工程自动喷水系统按中危险级Ⅱ级设计；喷水强度：8L/(min·m²)；作用面积：160m²。

除卫生间、楼梯间及不宜用水扑救的消防控制中心、网络中心、变配电室、消防水泵房及热交换间以外，均设有闭式喷洒头。

2. 本建筑自动喷水系统由消防水池——自动喷洒水泵——屋顶水箱（及增压稳压泵）联合供水。系统竖向分高低两个区，低区为地下三层～六层，设两台自动喷洒泵（互为备用），平时系统压力由设于二十三层的消防水箱（经减压阀减压）维持，低区设11组湿式报警阀，14组预作用报警阀，除11组预作用阀，2组湿式报警阀单独设置于靠近人防防护区处，其余均设在地下一层消防控制中心相邻的报警阀间内。高区为七层～二十四层，设两台自动喷洒泵（互为备用），高区共设13组湿式报警阀，除2组设于地下一层报警阀间之外，其余均设于六层报警阀间。水箱出水管或屋顶补压装置出水管分别与低区、高区水泵出水管在报警阀前连接。

3. 除地下车库外自动喷洒灭火系统均采用湿式系统。系统稳压补压泵由气压罐连接管道上的压力控制器控制。当管网压力达到 0.37MPa 时，补压泵停止；当压力下降至 0.32MPa，稳压泵启动；当管网压力继续下降至 0.28MPa 时，地下三层水泵房中的一台自动喷洒泵启动，稳压泵停泵。火灾时喷头喷水，水流指示器动作，反映到区域报警盘和总控制盘，同时相对应的报警阀动作，敲响水力警铃，压力开关报警，反映到消防中心，自动或手动启动一台自动喷洒泵。消防中心及泵房就地均可启动自动喷洒水泵，其运行状态反映到消防中心和泵房的控制盘上。

4. 地下车库设自动喷水预作用——泡沫联用系统：系统采用预作用报警阀，每个报警阀控制喷头数量不超过 800 个。配水管道设快速排气阀，充水时间不大于 2min，快速排气阀入口前设电动阀，此电动阀与自动喷洒泵联动。泡沫液选用水成膜泡沫液，供给强度 6.5L/(min·m²)，供给时间 10min，混合液浓度为 6%，作用面积 160m²，泡沫液储罐消防水压大于等于 0.6MPa。本系统平时报警阀后管网充满 0.05MPa 的压缩空气，阀前压力由屋顶水箱保证。阀后管道内气压由压力控制器和空气平衡器组成的连锁装置控制。当管网渗漏，气压降至 0.03MPa 时，供气管道上压力开关动作启动空压机，管网恢复压力后，空压机停机。火灾发生时，火灾探测器发出信号并通过电器控制部分开启预作用雨淋阀上的电磁阀放水，同时开启管网末端快速排气阀前的电动阀，迅速放气充水，同时空压机停止，系统转为湿式系统，着火处喷头爆破，报警阀处的压力开关动作，自动启动喷洒泵，泡沫液与自动喷洒消防用水混合后进入喷洒管网向系统供水灭火。

（三）七氟丙烷气体灭火系统

1. 本工程在地下二层变配电室、冷冻控制中心及地下三层电缆夹层设置七氟丙烷气体灭火系统，系统采用全淹没式组合分配系统，本工程防护区超过8个，灭火剂采用100%备用，主备系统能自动切换。

2. 喷射时间：机房为7s；变配电室为10s。

灭火剂浸渍时间：3min。

系统最大防护区480.8m²，需七氟丙烷灭火剂1551.1kg。

3. 本工程七氟丙烷气体灭火系统设自动、手动和机械应急三种启动方式：

(1) 自动控制：当火灾发生时，在烟、温感火灾探测器都发出火灾信号，通过火灾自动报警控制器，延迟 30s 后自动启动七氟丙烷气体灭火系统。

（2）手动控制：当值班人员发现火灾时，及时手动启动防护区外的紧急启动盒，紧急启动七氟丙烷气体灭火系统。

（3）当发生火灾而自动报警系统失灵时，值班人员可及时到储罐间直接压下启动电磁阀启动七氟丙烷气体灭火系统灭火。

（四）移动式灭火器

按规范配置手提式（推车式）磷酸铵盐干粉灭火器。

三、设计体会

1. 大型公共建筑的中水系统设计中，一般情况下，工程本身可收集中水原水量都少于中水用水量，因此在水量平衡计算中选择中水用水点的部位很重要，本工程选择中水用水点的部位为 13.200～52.800m 标高的公共卫生间冲厕，这样 13.200m 标高以下的低区用水点可以充分利用市政水压供水，达到节水节能的双重目的。

2. 大型公共建筑的冷却循环系统，一般冷却水量都十分巨大（本工程为 8800m³/h），因此在干管制的冷却循环系统设计中，如果采用常规的干管—供—回的循环系统则系统的供回水管管径也十分巨大（本工程为 1200mm），如此巨大的管径和荷载对建筑物的设备施工安装及土建承载力的要求都非常高。本工程在冷却循环系统设计中，管道敷设采用环状管网（参见冷却循环系统图）设计，使管道直径减小为 800mm，管道流速控制在 2.5m/s 以内，这样减少了管道的集中荷载及在吊顶中的安装高度，降低了土建投资并使施工安装方便。

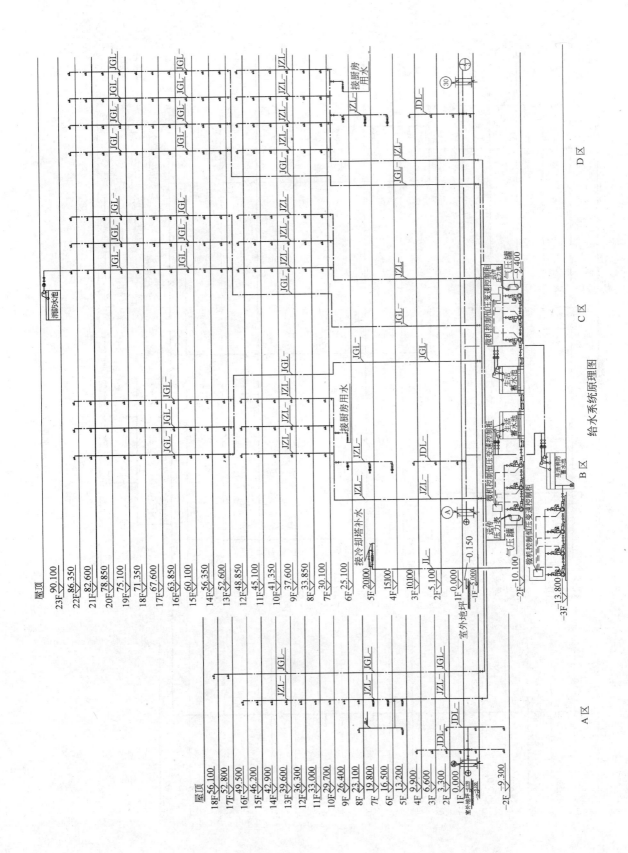

给水系统原理图

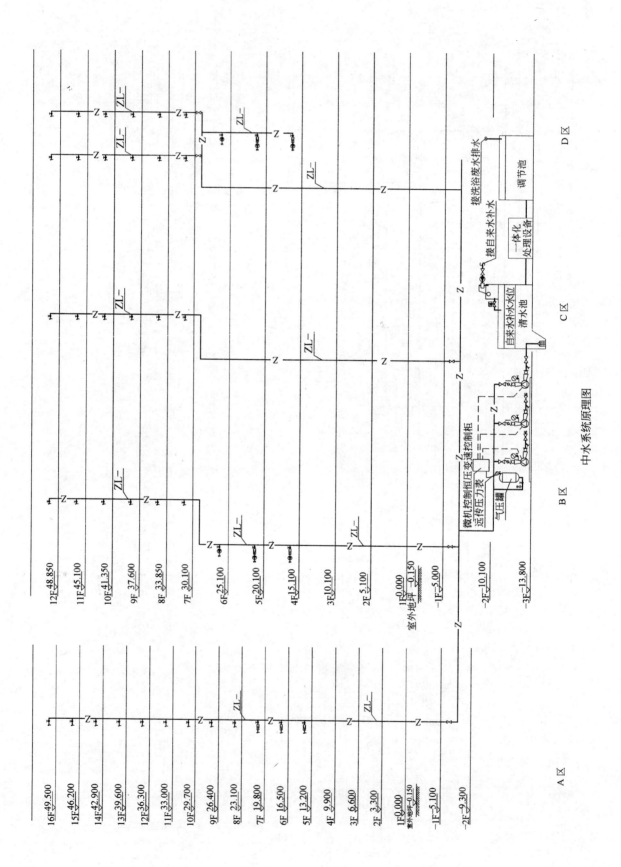

中水系统原理图

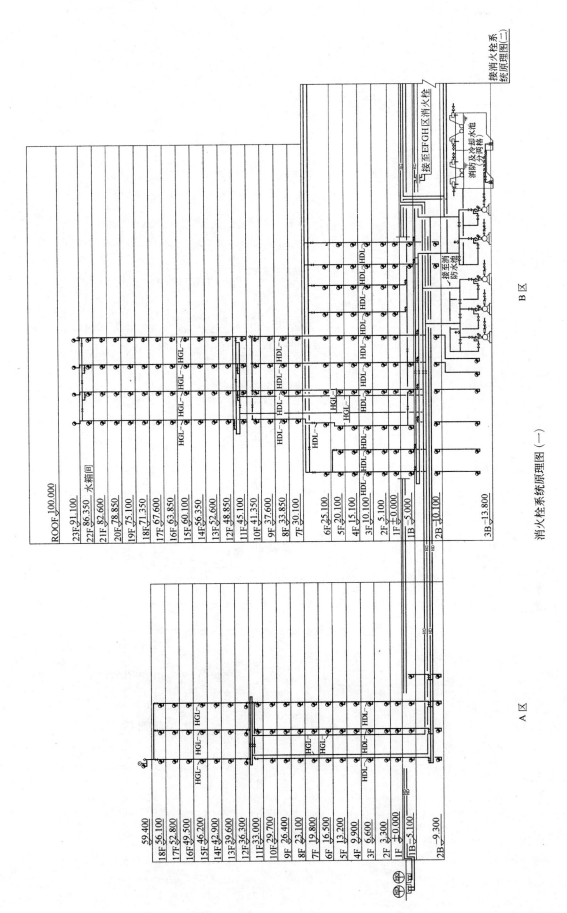

消火栓系统原理图（一）

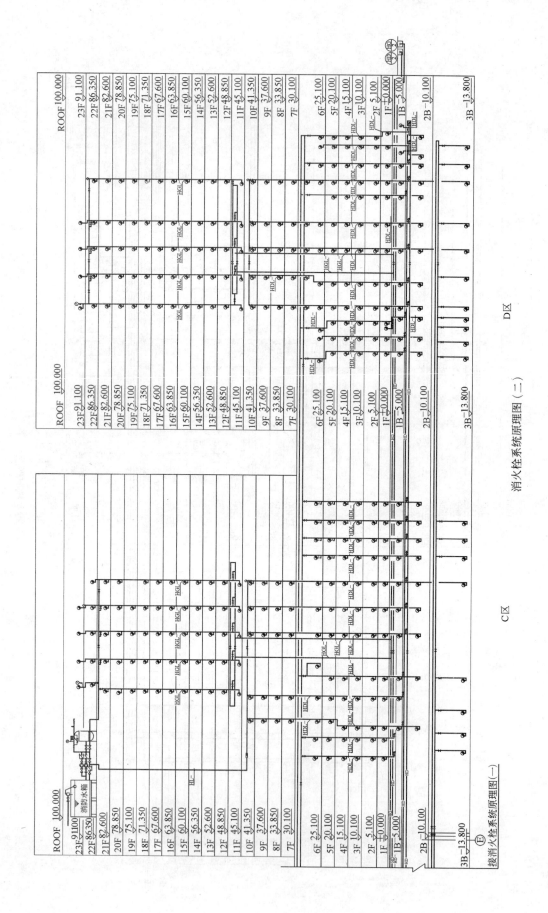

消火栓系统原理图（二）

消火栓系统原理图（一）

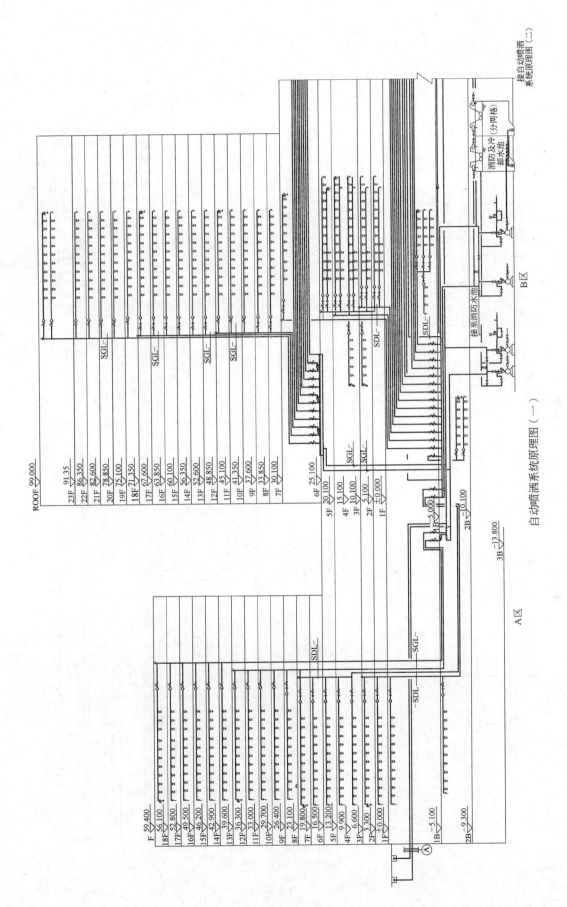

自动喷洒系统原理图（一）

自动喷洒系统原理图（二）

冷却循环系统图

北京市人民检察院

王则慧 周 蔚

本项目为北京市人民检察院办公业务用房，位于建国门立交桥西北角，占地面积 13594m²，建筑面积 57866m²，建筑高度 59.3m。地下 2 层，为设备机房及停车库；地上 12 层，为办公及部分客房。

2006 年 4 月竣工。

一、给水排水系统

（一）给水系统

1. 冷水用水量见表 1。

冷水用水量表 表 1

序号	用水部位	使用数量	用水量标准	日用水时间(h)	时变化系数	用水量(m³)		
						最高日	最高时	平均时
1	客房	69×2	400L/(床·d)	24	2.0	55.2	4.6	2.3
2	首长办公	18	300L/(人·d)	12	1.5	5.4	0.7	0.5
3	办公	600	50L/(人·班)	12	1.2	30.0	3.0	2.5
4	会议厅	600+300	6L/(座·次)	4	1.5	5.4	2.1	1.4
5	食堂	600	20L/(人·次)	10	1.5	12.0	1.8	1.2
6	室外水面补水	150m³	10%	12	1.0	15.0	1.3	1.3
7	冷却塔补水	1200m³/h	2%	12	1.0	288.0	24.0	24.0
8	屋顶绿化	100	2.0L/(m²·次)	2	1.0	0.2	0.1	0.1
9	餐厅	200×2+200×1.5×2	40L/(人·次)	12	1.5	40.0	5.0	3.3
10	健身淋浴	50	100L/(人·次)	12	1.5	5.0	0.6	0.4
11	未预见水量		10%			45.6	4.3	3.7
12	总计					501.8	47.5	40.7

2. 水源：供水水源为城市自来水。从用地西侧市政给水管接出一根 DN150 给水管；从用地南侧市政给水管接出一根 DN150 给水管，进入用地红线，经总水表及倒流防止器后围绕本建筑形成给水环网，环管管径 DN150。

3. 系统竖向分区：市政供水最低压力为 0.18MPa。管网竖向分为两个压力区。地下二层～一层为低区，生活用水由城市自来水直接供给；二～十二层为高区，在地下二层水泵房中设置生活水箱，由变频调速供水装置加压供给，其中二～六层供水支管上设减压阀减压。变频调速泵组由三台主泵（两用一备）和一台小气压罐组成。

4. 管材：供水干管采用内筋嵌入式衬塑钢管，法兰或卡环式管件连接；卫生间内支管采用 PPR 管，热熔连接。

（二）热水系统

1. 热水用水量表见表 2。

热水用水量表

表 2

序号	用水部位	使用数量	用水量标准（60℃）	日用时间(h)	时变化系数	用水量（m³）		
						最高日	最高时	平均时
1	首长办公	18	100L/人	12	1.5	1.8	0.3	0.2
2	客房	69×2	160L/(床・d)	24	6.84	22.1	6.3	0.9
3	餐厅	200×2+200×1.5×2	20L/(人・次)	12	1.2	20.0	2.0	1.7
4	食堂	600	10L/(人・次)	10	1.5	6.0	0.9	0.6
5	健身淋浴	50	60L/(人・次)	12	1.5	3.0	0.4	0.3
6	办公	600	10L/(人・班)	12	1.2	6.0	0.6	0.5
7	总计					58.9	10.5	4.2

2. 热源：热源为城市热网水，供水温度夏季为 70℃，冬季为 120℃；回水温度夏季为 55℃，冬季为 65℃。城市热力检修期由自备电热水锅炉供应热媒。

3. 系统竖向分区：为保证冷、热水压力平衡，系统竖向分区同给水系统。地下二层～一层为低区，在卫生间内设置电热水器，局部供应热水；二～十二层为高区，采用管网集中供应热水，在地下二层热力站中设置两台波节管立式半容积式热交换器。

4. 集中热水供应系统采用干、立管全日制机械循环。为保证系统循环效果，供回水管道同程布置。循环系统保持配水管网温度在 50℃以上。温控点设在热交换器回水入口处，热水循环泵设置两台，一用一备。当温度低于 50℃，循环泵开启，当温度上升至 55℃，循环泵停止。电热水锅炉出口处设置两台热媒水循环泵，一用一备，当任意一台热交换器的温度低于 55℃时启泵，当两台热交换器的温度都达到 60℃时停泵。

5. 管材：同冷水系统。

（三）中水系统

1. 中水原水量见表 3，回用水量见表 4。

中水原水量表

表 3

序号	用水部位	使用数量	洗浴用水量标准	日变化系数	排水量系数	原水量（m³）		备注
						最高日	平均日	
1	客房	69×2	400×64%	0.8	0.8	28.2	22.6	
2	办公	600	50×40%	0.8	0.8	9.6	7.7	
3	健身淋浴	50	100×98%	0.8	0.8	3.9	3.1	
4	总计					41.7	33.4	

中水回用水量表

表 4

用水部位	使用数量	用水量标准	日用水时间(h)	时变化系数	用水量（m³）		
					最高日	最高时	平均时
办公便器冲洗	600	50×60%	12	1.2	18.0	1.8	1.5
车库地面冲洗	8000	2.0	6	1.0	16.0	2.7	2.7
客房便器冲洗	69×2	400×10%	24.0	2.0	5.5	0.4	0.2
总计					39.5	4.9	4.4

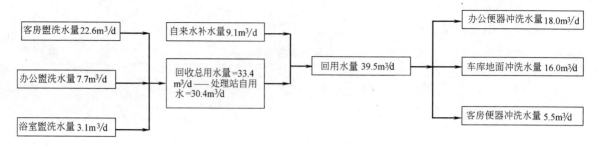

客房盥洗水量22.6m³/d → 自来水补水量9.1m³/d → 回用水量39.5m³/d → 办公便器冲洗水量18.0m³/d

办公盥洗水量7.7m³/d → 回收总用水量=33.4m³/d——处理站自用水=30.4m³/d → 车库地面冲洗水量16.0m³/d

浴室盥洗水量3.1m³/d → 客房便器冲洗水量5.5m³/d

水量平衡图

2. 系统竖向分区：管网竖向分为二个压力区。地下二层～六层为低区，七～十二层为高区，均由一组变频调速供水装置加压供水，在向低区输水的干管上设减压阀减压。变频调速泵组由三台主泵（两用一备）和一台小气压罐组成。

3. 水处理工艺流程图：

源水 → 格栅 → 调节池 → 一次提升泵 → 膜处理反应池 →（消毒）→ 二次提升泵 → 中水清水池 → 用户

4. 管材：同冷水系统。

（四）排水系统

1. 本工程室内污废水分流排出，粪便污水排入室外化粪池，处理后排入室外污水管网。厨房污水经器具隔油器处理后，排入室外隔油池，处理后排入室外污水管网。洗浴废水回收至中水机房，经膜工艺处理后，作为中水回用。

2. 卫生间污废水共用一根通气立管，地下室污水泵坑内设通气立管通气。

3. 一层以上为重力流排水，其中一层排水单独排出，地下室污废水汇集至集水坑，经潜水泵提升后排出室外。

4. 管材：室内管道采用柔性接口的机制排水铸铁管，橡胶圈密封，不锈钢带卡箍接口。

（五）雨水系统

1. 屋面雨水利用重力排除，采用内排水方式，排至室外雨水管道。屋面雨水设计重现期为5年。地下车库坡道拦截的雨水，用管道收集到地下室集水坑，经潜污泵提升后排除，雨水量按10年重现期计。

2. 管材采用热浸镀锌钢管，沟槽连接。

二、消防系统

（一）消火栓系统：

1. 室外消火栓系统

室外供水水源为城市自来水。从用地西侧市政给水管接出一根DN150给水管；从用地南侧市政给水管接出一根DN150给水管，进入用地红线，经总水表及倒流防止器后围绕本建筑形成给水环网，环管管径DN150。

室外消防水量30L/s，本设计在建筑物四周的DN150mm环管上设4个DN100mm室外地下式消火栓。

2. 室内消火栓系统

全楼均设消火栓保护，室内消火栓用水量为40L/s。室内消防用水由地下二层消防水池供给，贮水量为540m³，分为大小相等的两格。管网系统竖向不分区。消防泵房设于地下二层，消火栓泵设2台，1用1备。消火栓设计出口压力控制在0.19～0.5MPa，地下一层～七层栓口压力超过0.5MPa，采用减压消火栓。屋顶设消防水箱，贮存消防水量18m³，采用消防专用稳压装置稳压。室外共设3个DN150墙壁式水泵接合器，管材采用内外热镀锌钢管，沟槽式卡箍连接。

（二）自动喷水灭火系统：

1. 设计参数：地下车库按中危险Ⅱ级设计，其余部位按中危险级Ⅰ级要求设计。设计喷水强度8L/(min·m²)，作用面积160m²。系统最不利点喷头工作压力取0.1MPa。系统设计流量约30L/s。

2. 喷头：除各设备机房、卫生间、变配电室、电话总机房、消防控制中心、电梯机房、水箱间等部位外，其余均设喷头保护。地下车库采用易熔合金直立喷头。其余采用玻璃球喷头，吊顶下为吊顶型喷头，吊顶内喷头为直立型，无吊顶的客房、办公室为边墙型。公称动作温度：厨房高温区为93℃级，地下车库72℃级，其余均为68℃级。

3. 按照各报警阀前的设计水压不大于1.2MPa要求，管网竖向不分区，自动喷洒水泵设2台，1用1备。屋顶水箱间设消防专用稳压装置稳压。

4. 报警阀组：在地下二层，共设6套报警阀组。各报警阀处的最大水压均不超过1.2MPa，负担喷头数不超过800个（不计吊顶内喷头）。水力警铃设于报警阀处的通道墙上。报警阀前的管道布置成环状，室外设2个DN150墙壁式水泵接合器。

5. 管材：采用加厚内外热镀锌钢管，丝扣和沟槽式卡箍连接。

（三）预作用自动灭火系统

1. 设计参数同湿式系统。系统充水时间不大于2min。

2. 喷头：设于地下汽车库，采用易熔合金直立喷头，公称动作温度：72℃级。

3. 供水系统：报警阀下游管网充有低压空气，监测管网的密闭性，空气压力0.03～0.05MPa。水泵与湿式系统共用。

4. 报警阀组：在地下二层，共设两套报警阀组。平时阀前最低静水压0.84MPa。各报警阀负担喷头数不超过800个。每套报警阀组配置有空气压缩机及控制装置。报警阀平时在阀前水压的作用下维持关闭状态。当管网有泄露，则气压不能维持，发出泄露报警。

5. 预作用报警阀的开启由电气自动报警线路控制，当两路火灾探测器都发出火灾报警后，报警阀的控制腔泄水管上的电磁阀打开，腔内水压下降，阀瓣在阀前水压的作用下被打开，阀上的压力开关自动启动消防水泵和电动快速排气阀，向管网充水，系统转变为湿式，同时水力警铃声响报警。洒水喷头可自动确认火灾是否发生：若有火灾，则喷头开启，喷水灭火；若为误报，则喷头不动作不喷水，待人工确认为误报后关闭水泵，排空管网，恢复为预作用状态。

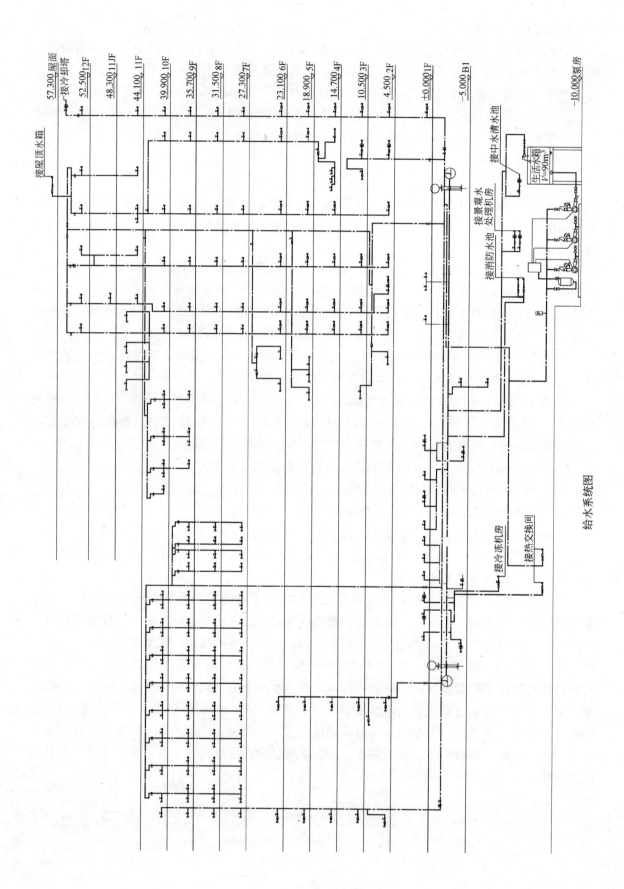

给水系统图

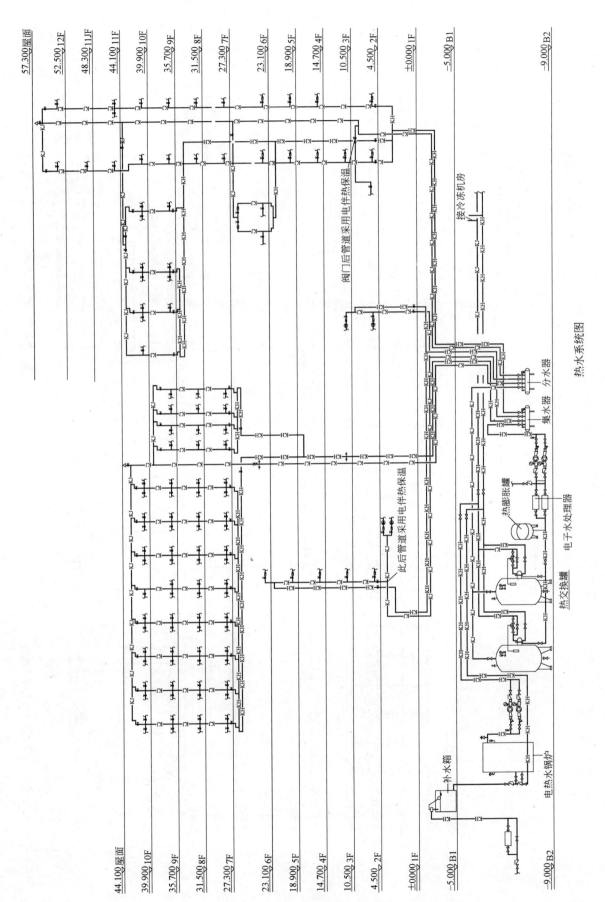

热水系统图

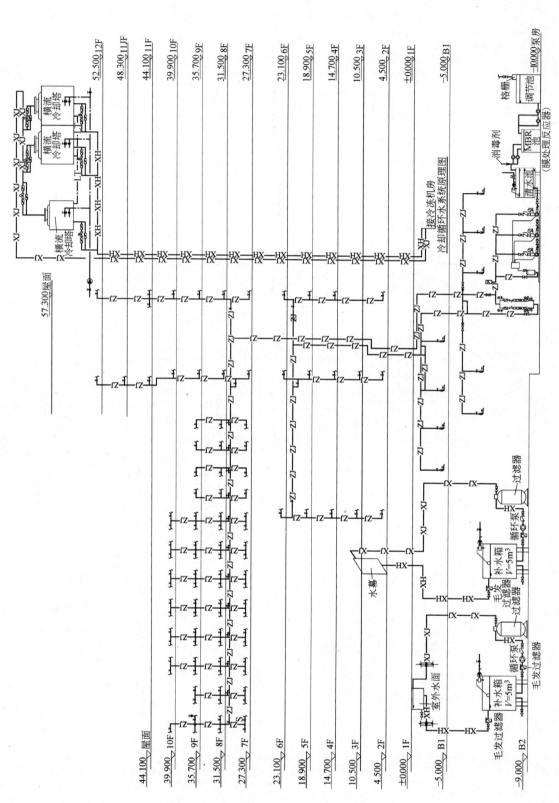

中水系统及循环水系统图

冷却循环水系统原理图

景观循环水系统原理图

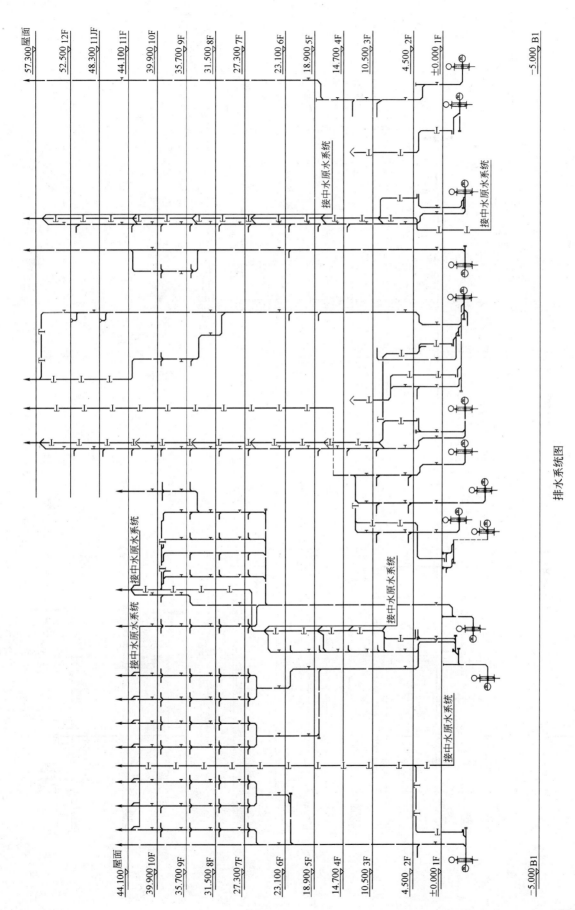

排水系统图

115

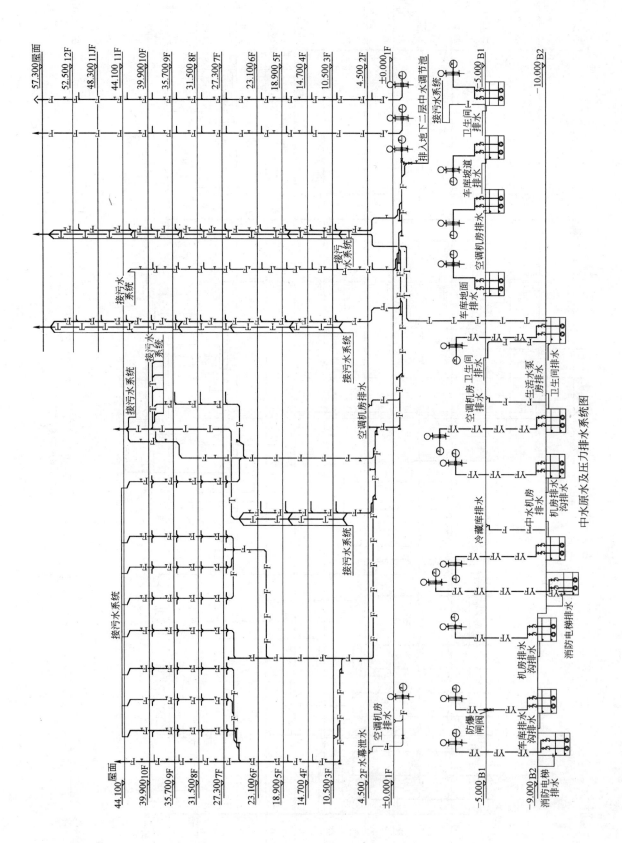

中水原水及压力排水系统图

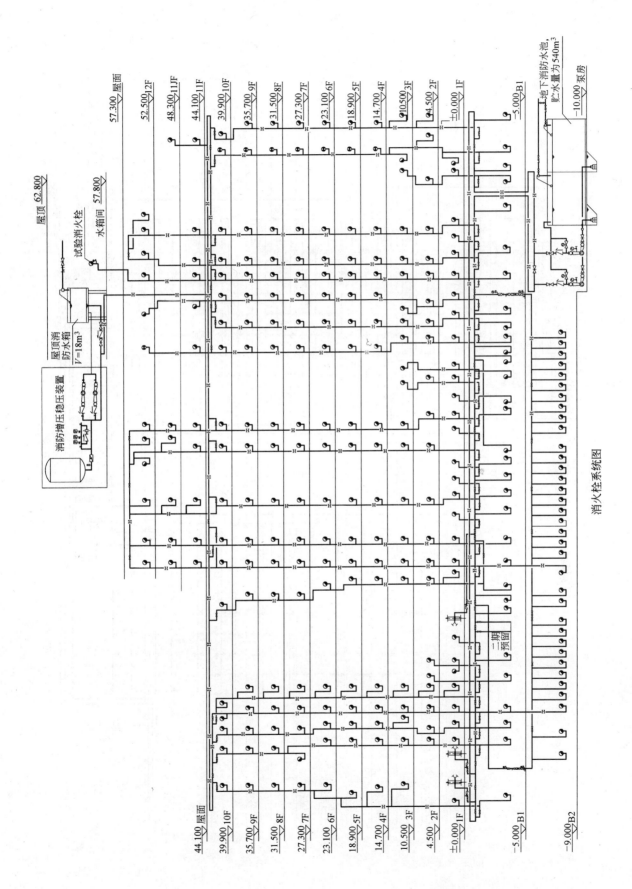

消火栓系统图

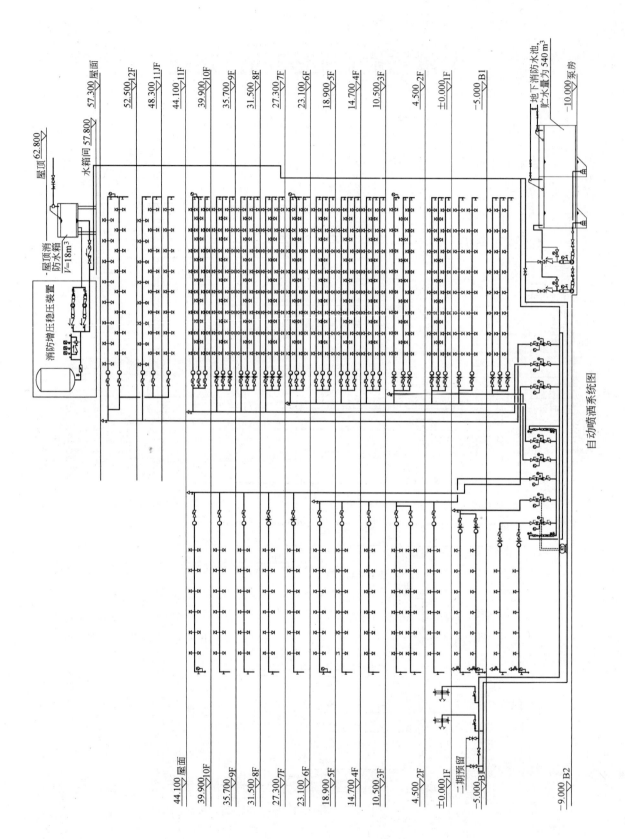

自动喷洒系统图

内蒙古党政机关办公大楼

郑 毅

本项目为内蒙古呼和浩特市政府办公大楼，位于呼和浩特市正南 15km 处，占地面积 21hm²，建筑面积 70000m²，建筑高度 77m。地下 2 层为设备机房及人防；地上 18 层为办公用房，其附属楼由主席楼、书记楼、会议中心等组成，目前主要建筑已建成。

一、给水排水系统

（一）给水系统

1. 生活用水量详见表 1。

生活用水量计算表   表 1

序号	用水部位	使用数量	用水量标准	日用水时间(h)	时变化系数(K)	用水量(m³)		
						最高日	最大时	平均时
1	办公楼	1000 人	50L/(人·d)	10	1.5	50.0	7.50	5.00
2	冷却塔补水		1.62L/s	10	1	58.2	5.82	5.82
3	空调加湿		0.26L/s	10	1	9.5	0.95	0.95
4	道路							
4	合计					117.7	14.27	11.77

2. 供水水源为城市自来水。根据甲方提供的本建筑物周围的给水管网现状，拟从用地西南侧及东南侧各接出一根 DN150 给水管进入用地红线，经总水表后围绕本楼形成室外给水环网，环管管径 DN150。各单体建筑的入户管从室外给水环管上接出。

3. 系统竖向分区：市政供水最低压力为 0.1MPa，管网竖向分为三个压力区。地下一层和地下二层为低区，由城市自来水水压直接供水，一层以上分中区和高区，由变频调速泵装置供水，中区和高区各有一套变频调速泵装置供水，每区底部三层设集中减压阀减压。

4. 供水干管采用内衬塑热浸镀锌钢管，法兰及丝扣连接；卫生间内支管采用 PP-R 塑料管，热熔连接。

（二）排水系统

1. 本工程室内污废水分流排出，粪便污水排入室外化粪池，处理后排入室外污水管网。

2. 卫生间污废水共用一根通气立管，地下室污水泵坑内设通气立管通气。

3. 一层以上为重力流排水，其中一层排水单独排出，地下室污废水汇集至集水坑，经潜水泵提升后排出室外。

4. 管材：室内管道采用柔性接口的机制排水铸铁管，橡胶圈密封，不锈钢带卡箍接口。

（三）雨水系统

1. 屋面雨水利用重力排除，采用内排水方式，排至室外雨水管道。屋面雨水设计重现期为 5 年。地下车库坡道拦截的雨水，用管道收集到地下室集水坑，用潜污泵提升后排除，雨水量按 10 年重现期计。

2. 管材采用热浸镀锌钢管，焊接连接。

二、消防系统

（一）消火栓系统

1. 全楼均设消火栓保护，室内消火栓用水量为 40L/s。室内消防用水由地下二层消防水池供给，贮水量为 540m³，分为大小相等的两格。从最低层至屋顶水箱内底几何高差 82m，管网系统竖向分两个压力区。其中低区地下二～八层，消火栓口设计水压最小者 0.25MPa，最大者 0.7MPa；高区九～十八层，消火栓口设计水压最小者 0.25MPa，最大者 0.7MPa。栓口压力超过 0.5MPa，采用减压消火栓。

2. 消防泵房设于地下二层，消火栓泵设高低区两组，每组三台，二用一备。屋顶设消防水箱，贮存消防水量 18m³，采用消防专用稳压装置稳压。室外高低区各设 3 个 DN100 地下式水泵接合器。

3. 管材：采用焊接钢管，焊接连接。

（二）自动喷水灭火系统

1. 设计参数：系统按中危险级 I 级要求设计。设计喷水强度 6L/(min·m²)。作用面积 160m²。系统最不利点喷头工作压力取 0.1MPa。系统设计流量约 30L/s。

2. 喷头：除各设备机房、厕所、卫生间、变配电室、电话总机房、消防控制中心、电梯机房、水箱间等外，其余均设喷头保护，采用玻璃球喷头，吊顶下为吊顶型喷头。公称动作温度为 68℃级。

3. 按照各报警阀前的设计水压不大于 1.2MPa 要求，管网竖向不分区，自动喷洒水泵设两台，一用一备。屋顶水箱间设消防专用稳压装置稳压。报警阀组：共设 8 套报警阀组，设置在地下二层，每个报警阀负担喷头数不超过 800 个（不计吊顶内喷头）。水力警铃设于报警阀处的通道墙上。报警阀前的管道布置成环状。室外设两个 DN100 地下式水泵接合器。

4. 管材：采用加厚内外热镀锌钢管，丝扣和沟槽式卡箍连接。

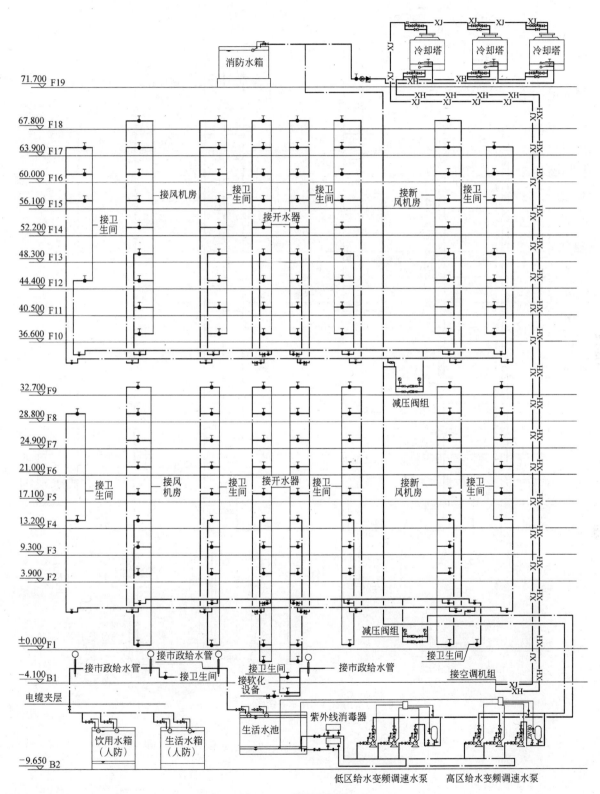

给水系统图

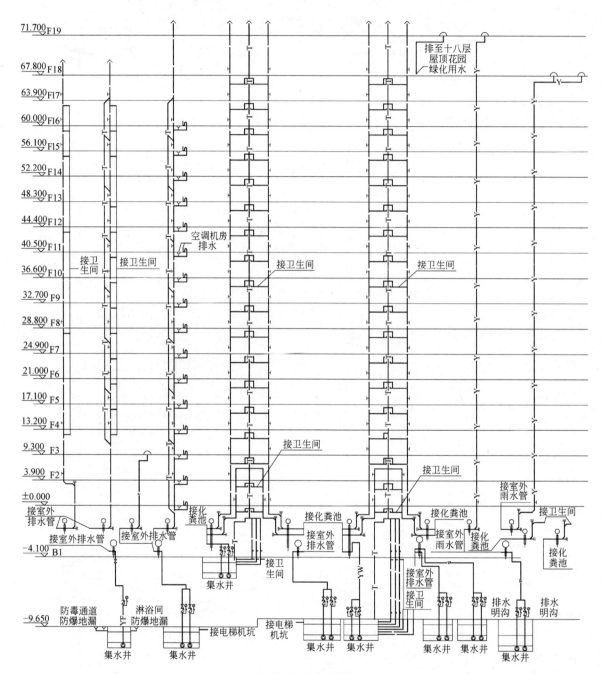

污水废水雨水系统图

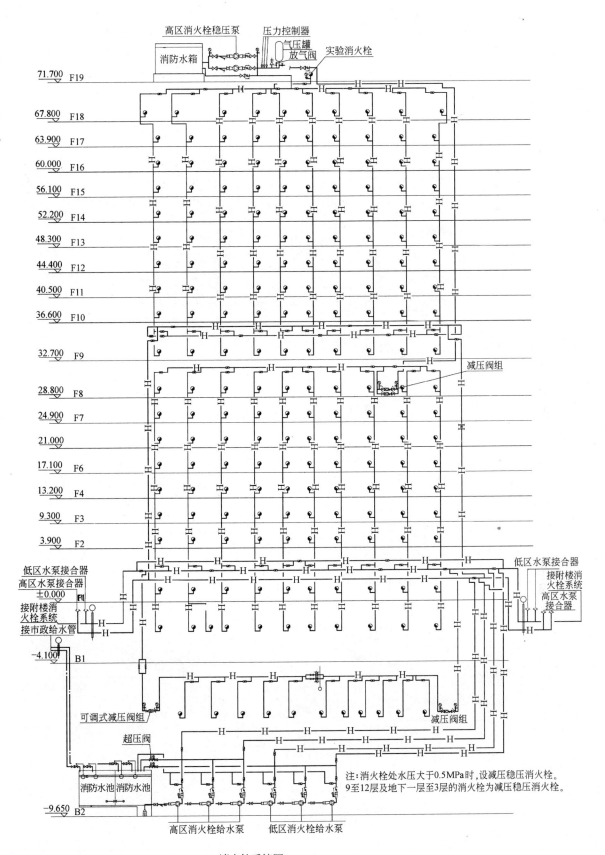

消火栓系统图

注：消火栓处水压大于0.5MPa时，设减压稳压消火栓。
9至12层及地下一层至3层的消火栓为减压稳压消火栓。

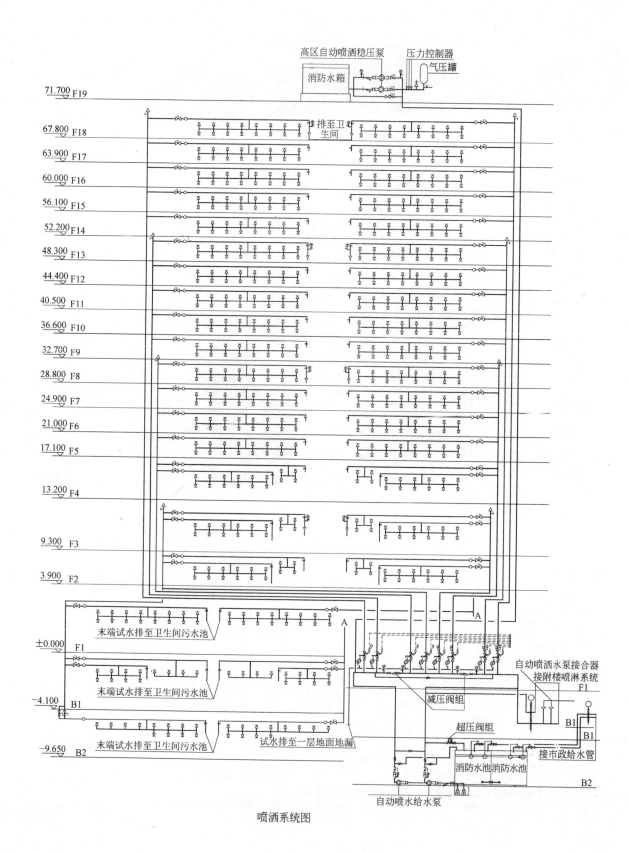

喷洒系统图

124

中关村金融中心

李万华　杨东辉　宋国清

工程位于中关村西区核心地带，东南临中关村西区 24♯ 地楔形绿地，整个西区由地下管廊综合空间相互连通。方案由美国 KPF 建筑师事务所设计。工程由塔楼、连廊、配楼三个部分组成，是一组高科技、智能化的办公大厦群体，为中关村西区的标志性建筑。塔楼：地上 35 层、地下 4 层，（地上全部为办公用房及与之配套的服务用房，地下为停车库和设备用房），地上高度 150m，属超高层建筑。连廊：连接塔楼和配楼，由四组弧形交通结构核托起，以展览或商业服务为主的弧形空中廊桥。配楼：呼应主体建筑，延续连廊桥的形态。是一座地下 3 层、地上 9 层的高档办公楼，地下功能为停车库及设备用房，地上为甲级办公楼及其配套用房。地下三层平战结合，平时为停车库，战时为六级人防物资库。

一、给水排水系统设计

（一）给水系统

1. 给水水源由中关村西区市政管廊中给水管提供，供水压力为 0.2MPa。由给水管分别向主楼及配楼各接一根 DN150mm 引入管。主楼地下设生活水池（贮水 94m³）、消防水池（贮水 540m³）、配楼设地下生活水池（贮水 25m³）。

2. 主楼给水系统采用分区串联供水方式。主楼竖向分为五个区：地下四层至地上二层为 1 区，由市政管网直接供水。地上三层至十二层为 2 区，由设于二十四层高区给水箱（不锈钢）经减压阀减压供给。地上十三层至二十层为 3 区，由设于二十四层高区给水箱直接供给，地上二十一层至二十七层为 4 区，由设于二十四层的高区变频供水装置经减压阀减压后供给，地上二十八层至三十五层为 5 区，由设于二十四层的高区变频供水装置直接供给。主楼二十四层给水水箱由设于地下四层的低区给水泵供给。连廊由主楼 2 区供给。配楼地下三层至地上二层为 1 区，由市政管网直接供水。地上三层至地上九层为 2 区，由设于配楼地下三层的变频供水装置供给。整个给水系统分区压力不超过 0.45MPa。给水管采用钢塑复合管，丝扣连接，DN>100mm，沟槽连接。

（二）饮用净水设计

主楼及配楼饮用水系统分开设置，主楼在地下四层饮用水机房内设 $Q=3.0\text{m}^3/\text{h}$ 的饮用水处理机组一套。整个主楼饮用水分为 3 区，采用并联供水方式。地上三层至十一层为 1 区，地上十三层至二十三层为 2 区，地上二十五层至三十五层为 3 区，均由设于地下四层的不锈钢变频泵分别供给。每区在供水压力超过 0.30MPa 处的供水管上设减压阀减压，每区回水均单独回到直饮水水箱。配楼在地下二层饮用水机房内设 $Q=1.0\text{m}^3/\text{h}$ 的饮用水处理机组一套。由设于地下二层的不锈钢变频泵供给。为避免饮用水回水在进水箱时压力过大，在回水进水箱前设减压阀。并在减压阀后设定流量阀，以控制管网中 $Q=0.5\text{m}^3/\text{h}$ 的回水流量。在办公区每个楼层均设有1～2个饮水点。每个饮水点均设一个冷水饮水用水嘴及电开水器。管材：采用优质不锈钢管，管件连接。

（三）中水系统设计

系统设计：根据中关村西区整体规划，西区中水统一集中处理，集中供水，供水压力为0.3MPa。本工程只作废水回收，排入西区市政废水收集管。节水办根据中关村西区整体中水水量平衡，规定回收后处理的中水只回用西区几个楼，中关村金融中心即为中水回用楼。考虑本工程为超高层建筑，如果为全楼都供应中水，在主楼二十四层以上需增设中水水箱及中水二次接力加压设施，这样不仅需占用很大的建筑面积，而且加大了中水的使用成本及运行管理。经与节水办协商，本工程中水只供到二十四层以下的便器冲洗用水、地下车库冲洗用水及室外绿化用水。

主楼系统分为四个区：地下四层至地上二层为1区，由市政中水管网直接供水；地上四层至十层为2区（包括连廊），十一层至十六层为3区，2、3区由设于地下四层的变频供水装置经减压阀减压供给；十七层至二十三层由设于地下四层的变频供水装置供给。配楼地下三层至地上四层由市政中水管网直接供给。

（四）排水及雨水系统设计

1. 污、废水系统设计：

污、废水分流。管材：采用离心浇铸抗震柔性排水铸铁管，不锈钢卡箍连接。

2. 雨水设计

屋面雨水采用内排水，屋面设计参数为降雨历时 $t=5min$ 和设计重现期 $P=10$ 年，并在屋面留有溢流口，满足排出 $P=50$ 年雨水量的要求。室外设计重现期采用 $P=2$ 年、降雨历时 $t=10mm$ 和径流系数 $\psi=0.65$ 设计。管材：采用热镀锌钢管，沟槽或卡箍连接。

3. 园林绿化：

绿地用水为中水，采用微喷节水灌溉方式。地下室顶板绿地排水采用新型土工合成渗水材料。

二、消防系统设计

本工程建筑高度150m，属一类超高层建筑。设有室内外消火栓系统、自动喷洒系统、水喷雾灭火系统及手提灭火器。

（一）室外消防系统

由于整个中关村西区室外均是地下空间综合管廊，西区管廊设计在本工程室外周边已设有可供消防车取水的市政消火栓8个。经与消防局协商，本工程不再设室外消防环管，只在室外消火栓不足部分再补设2个。

（二）室内消火栓系统

主楼在地下四层水泵房设有 540m³ 的消防水池。消防贮水包括 3h 40L/s 的室内消火栓用水 432m³ 及 1h 30L/s 自动喷洒用水 108m³。二十四层设有 135m³ 消防转输水箱，三十五层设有 18m³ 高位消防水箱。

1. 消火栓系统采用串联分区供水方式，为保证室内消火栓栓口静压不超过 0.8MPa，主楼消火栓系统共分区4个（连廊及配楼由1区供给）：1区为地下四层至七层，2区为八层至十六层，3区为十七层至二十四层，4区为二十五层至三十五层。火灾时由设于主楼地下四层水泵房内的三台消火栓转输泵（两用一备）向设于二十四层消防转输水箱供水。高区消防时由设于二十四层消防水泵房内的两台高区消火栓加压泵（一用一备）向高区消火栓系统（3、4区）加压供水。低区消防时由二十四层消防转输水箱重力流向低区消火栓系统（1，2区）直接供水。为避免3区及1区消火栓压力过高，在高、低区消火栓供水管与该区消火栓管网相连处设减压阀减压。平时及火灾初期，高、低区消火栓系统分别由设于三十五层消防水箱间的消防水箱（贮水量18m³）及二十四层转输水箱（贮水量135m³）供给。由于高位消防水箱设置高度不能保证4区最不利消火栓静压要求，在三十五层消防水箱间设高区消火栓稳压装置。

2. 低区在主楼及配楼均各设三套DN150消防水泵接合器，消防车通过管网可直接供给1、2区消火栓系统。高区在主楼设三套DN150消防水泵接合器，消防车可供水至二十四层消防转输水箱。再由高区消火栓加压泵加压至高区消火栓系统。

（三）闭式自动喷水灭火系统

主楼除面积小于5.00m²的卫生间和不宜用水扑救的部位外，均设自动喷水头保护。除连廊高度超过8米处及地下车库按中危险级Ⅱ级设计外，其余部位均按中危险级Ⅰ级设计。

1. 自动喷洒系统采用串联分区供水方式。竖向分高、低两大区，为使自动喷洒系统水压均匀，高、低两大区由减压阀再各分两区，主楼自动喷洒系统共分区4个（连廊及配楼由低区供给）：1区为地下四层至二层，2区为三层至十四层，3区为十五层至二十三层，4区为二十四层至三十五层。火灾时由设于主楼地下四层消防水泵房内的两台自动喷洒转输泵（一用一备）向设于二十四层消防转输水箱供水。高区消防时由设于二十四层水泵房内的两台高区自动喷洒加压泵（一用一备）向高区自动喷洒系统（3、4区）加压供水。低区消防时由二十四层消防转输水箱重力流向低区自动喷洒系统（1、2区）直接供水。为避免3区及1区自动喷水系统静压过高，在高、低区自动喷洒供水干管与该区域自动喷洒管网相连处设减压阀减压。平时及火灾初期，高、低区自动喷洒系统分别由设于三十五层消防水箱（贮水量18m³）及二十四层转输水箱（贮水量135m³）供水。由于高位消防水箱设置高度不能保证4区自动喷洒最不利点静压要求，在消防水箱间设高区自动喷洒稳压装置。各区自动喷洒报警阀前管网均成环。

2. 低区在主楼及配楼均各设两套DN150消防水泵接合器，消防车可直接供给自动喷洒系统低区（1、2区）。高区自动喷洒系统在主楼设两套DN150消防水泵接合器，消防车可直接供水至二十四层消防转输水箱。再由高区自动喷洒加压泵加压至自动喷洒高区系统（3、4区）。也可经二十四层转输水箱供给低区自动喷洒系统。为保证喷洒供水均匀，在每个水流指示器后管网作成环状。

（四）水喷雾灭火系统

柴油发电机房及储油间采用水喷雾立体保护，设计喷雾强度：20L/(min·m²)，持续喷雾时间：30min。系统供水由二十四层消防转输水箱经减压阀减压后供给。雨淋阀设于柴油发电机房附近。系统采用高速水雾喷头，其工作压力不小于0.35MPa。

三、设计中遇到的问题及解决的方法

1. 层高超过8m的大空间喷洒设计

根据《自动喷水灭火系统设计规范》第4.2.5.2规定"室内净空高度超过本规范6.1.1条的规定，且必须迅速扑救的初期火灾；"应采用雨淋系统。由于规范对"必须迅速扑救的初期火灾"的场所没有较详细的条文规定。而现在工程中层高超过8m的空间的地方越来多，如果层高超过8m就设雨淋系统是不现实也是不经济的。特别是本工程连廊部分，它的造型是由四面都是曲拱面的钢结构弧形空中廊桥，曲面是low-e双层隔热涂料的玻璃；层高从2.5～11.2m，超过8m的只是局部。在层高变化如此大的场所采用雨淋系统是不合适的。根据《自动喷水灭火系统设计手册》3.3.1.1（3）的解释，"一般当高于8m空间时，为节省投资不采用雨淋系统，仍可采用闭式系统，但其作用面积必须加大，系统应根据空间高度确定其作用面积，系统作用面积宜是规范规定值的1.5～4倍或更大"。本工程连廊部分自动喷洒按中危险级Ⅰ级，喷水强度6L/(min·m²)，作用面积160m²，连廊层高局部超过8m的高度最大面积约为500m²，是作用面积160m²规定值的3.1倍。因此500m²最大作用面积计算自动喷洒最大设计流量为：$1.3 \times 500 \times 6/60 = 65$L/s。本工程自动喷洒系统为30L/s，自动喷洒贮水1h（108m³），储于地下四层消防水池，由加压泵供给。另外增加作用面积的35L/s自动喷洒水（1h为126m³）提前储于二十四层消防转输水箱（135m³）内。两处喷洒贮水共234m³。由于连廊均为玻璃及铝板构成，有的喷头只能布置在纵向及横向的钢梁下。而钢梁的布置不能满足喷头间距的要求（梁间距4.5～5m），为满足喷洒强度要求喷头采用了大口径快速响应喷头（$K=115$、口径20mm温级68℃）。由于喷头是布置在钢梁下，阳光不会直接照射到喷头上。且曲面是low-e双层隔热涂料的玻璃，室内设有集中空调。为了阻挡室外阳光的照射，在幕墙上还采用了自动百叶系统，该系统由感应器发出指令而使百叶闭合，限定了太阳热量。因而喷头不会受阳光影响而误喷。

2. 二十四层消防转输水箱设计

本工程建筑总高150m，自动喷洒及消火栓系统均采用重力水箱与转输水箱的接力给水方式。在二十四层设中间转输水箱。转输水箱容积由高区自动喷洒及消火栓系统所需的调节容积、层高超过8m的自动喷洒增大作用面积所需的贮水容积、地下一层水喷雾贮水容积及低区消防18m³贮水构成。由于上述贮水在消防时不会同时作用，故水箱容积取其最大即可。高区自动喷洒及消火栓系统调节容积计算，水箱调节时间按30min设计，高区消火栓系统设计流量40L/s，高区自动喷洒系统设计流量30L/s，$V = 30 \times 60 \times 40 + 30 \times 60 \times 30 = 126$m³。自动喷洒增加作用面积的35L/s自动喷洒贮水1h 126m³（详问题1）。地下一层柴油机房水喷雾贮水计算，设计喷雾强度：20L/(min·m²)、持续喷雾时间：30min、保护面积：65m²、$V = 1.3 \times 20 \times 65 \times 30 = 50.7$m³。根据上述计算结果，高区消防的126m³贮水为最大贮水，实际水箱设计容积为135m³。在设计中我们没有将自动喷洒增大作用面积所需的水量加到地下消防水池，也没有加大自动喷洒转输泵的流量，而是利用已有的高区消防调节水箱贮水的不同时作用，节约了投资，优化了系统。由于部分消防水提前加压到高位，增加了消防的安全度。水喷雾系统设计也如此。

3. 变流量消防泵在本工程中的使用

本工程在消防系统中均采用了陕西航天动力的XBD变流量恒压泵，该泵最大特点是变流量稳压，扬程曲线很平坦，即泵从零到所需最大流量范围内变化时，其扬程变化在5%以内，且小流量时不超压，但在零流量时该泵不能长时间运行。在设计的高区自动喷洒、消火栓加压系统中为使系统在小流量时不超压采用了该泵，需要重点介绍的是低区的自动喷洒、消火栓转输泵也采用了该泵，目的是解决二十四层消防转输水箱在高区消防时，高区消火栓及自动喷洒加压泵相应启动，同时低区消火栓转输泵和低区自动喷洒转输泵相应也同时启动向二十四层消防水箱供水，由于低区消火栓和自动喷洒总的转输流量达70L/s，当高区可能只有几个喷头或一、两个消火栓动作，大量的水将溢流回到地下四层消防水池，为了满足溢水要求，溢水管管径将很大，如果溢水管设计不合理，大量的水溢出水箱将造成很大的经济损失，并损失消防贮水量。为此在设计上我们采用了在消防水箱的消防进水管上加设液压式浮球阀，利用 XBD 泵的恒压变流量的特性，限制进入水箱的水量。当高区消防泵用水，水箱水位下降，液压式浮球阀打开补水。根据规范要求，消防泵一旦启动在消防期间不能再停泵，使系统一直处于加压供水状态。为避免 XBD 泵有可能在零流量时超时运行，发生泵被损坏。经与厂家咨询，XBD 泵只要有不小于 0.2L/s 出水流量，泵就可以长时间安全运行。为此我们在设计时在液压式浮球阀前设 DN20 的超越管，使 XBD 泵在消防时总能有不小于 0.2L/s 流量直接进入水箱，此小部分水在水箱已满时可通过水箱的 DN150 溢水管回到地下四层消防水池。这样就解决了在消防时高低区消防泵流量与消防实际用水量不匹配的问题。

4. 给排水在钢结构设计中应注意的问题

本工程三层以下为钢结构外包混凝土结构，三层以上为钢结构。由于是第一次作钢结构工程的给排水设计，故在设计的后期有些问题才显现出来。1）管井位置的选择：在设计时我们一般将管井设在靠柱边的角里，而在钢结构中此位置正好是梁、柱、斜撑的连结处（钢结构节点），此处梁上不能穿洞，而梁下又是钢结构节点作法，管井中的管道不能直接穿出，管道只能横向走一段才能穿出；如果管井边上是电梯或给排水不能穿越的房间，管道就会憋死在里边。因此在扩初设计阶段就应和结构专业配合，搞清梁、柱特别是斜撑的位置。选择好管井位置。2）防火涂料：根据消防要求钢结构均应涂防火涂料，但由于防火涂料价格的不同，厚度也不一样，有的厚度达 50mm，但有的进口防火涂料厚度只有几毫米。因此在设计管道贴梁底敷设时，应考虑此部分高度，在空间紧张时可建议采用较薄的进口涂料，特别是在钢梁留洞时，洞的直径应考虑防火涂料厚度。3）钢结构的斜撑：在钢结构中柱与柱之间有着各种形式的斜撑，这给我们消火栓暗装带来了很多困难，本工程斜撑外面与墙的装饰面只有 120mm 厚，在设计中我们选用了北京普惠机电公司生产的旋转式（栓口）薄型消火栓，该消火栓箱最薄为 140mm 厚，但下部只能装 2kg 的手提灭火器，不能满足手提灭火器的设置要求。最后本工程采用 160mm 厚消火栓箱，下部可装 3kg 的手提灭火器，箱体外突 40mm 也基本满足了装修的要求。斜撑对管道的布置影响也很大，在普通的钢筋混凝土结构中，梁下管道基本可随便敷设。但在钢结构的梁下还有斜撑，斜撑形式又很多。因此在管道穿越梁下时应注意斜梁的位置。特别是在地下室型钢混凝土结构时（即钢柱、钢梁及斜撑外包混凝土结构形式）。管道在剪力墙上留洞时更应搞清楚混凝土墙中钢梁、斜撑位置。

5. 走道 2.7m 吊顶高度设计

本工程标准层层高为 4m，业主要求办公室和走道吊顶标高均为 2.7m，这样除结构板厚（150mm）、主钢梁（700mm）、建筑做法（70mm）、防火涂料厚（50mm）及吊顶厚（50mm），总共 1020mm，吊顶内只剩 280mm 高度敷设各专业管道，而此空间走空调专业的风管高度都不够。根据和结构专业协商，结构在走道处的钢梁上采用切梁的做法，钢梁切下300mm 高度，用于敷设空调主风道及喷洒管。消火栓环管及自动喷洒干管穿主梁，喷洒支管敷设于 400mm 的次梁下。由于走道高度给喷洒管的标高只有 150mm，喷洒每个喷头只能由办公区引支管到走道。

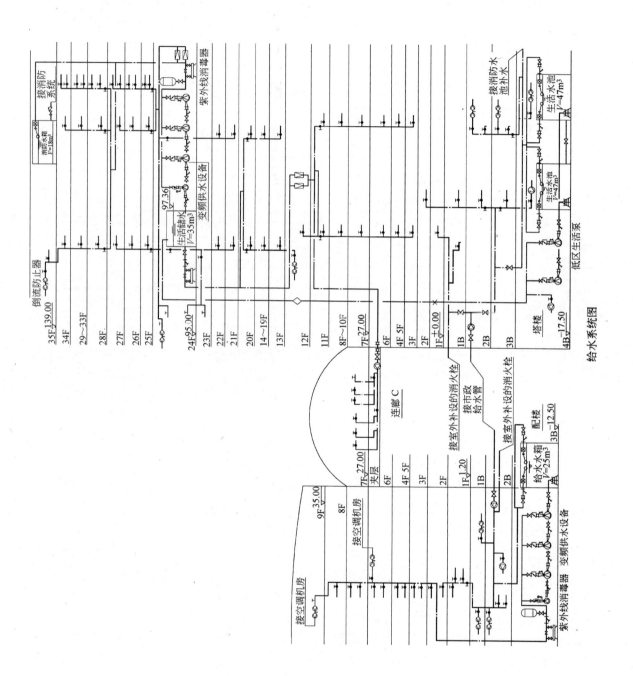

给水系统图

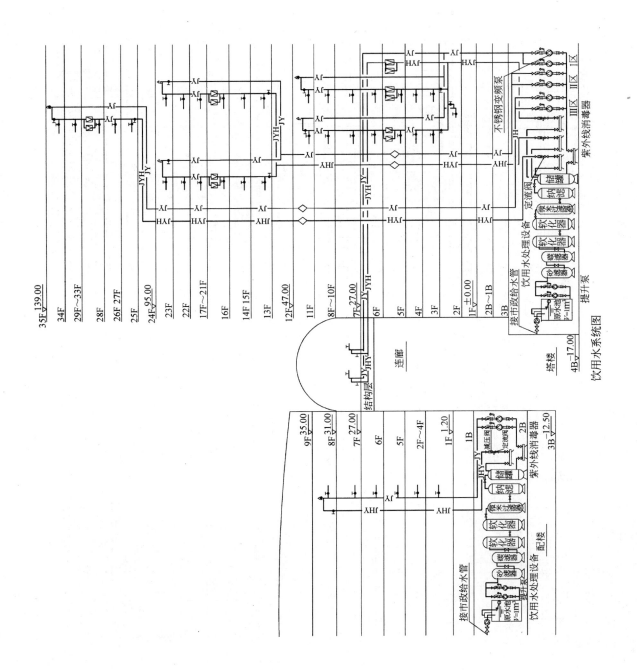

饮用水系统图

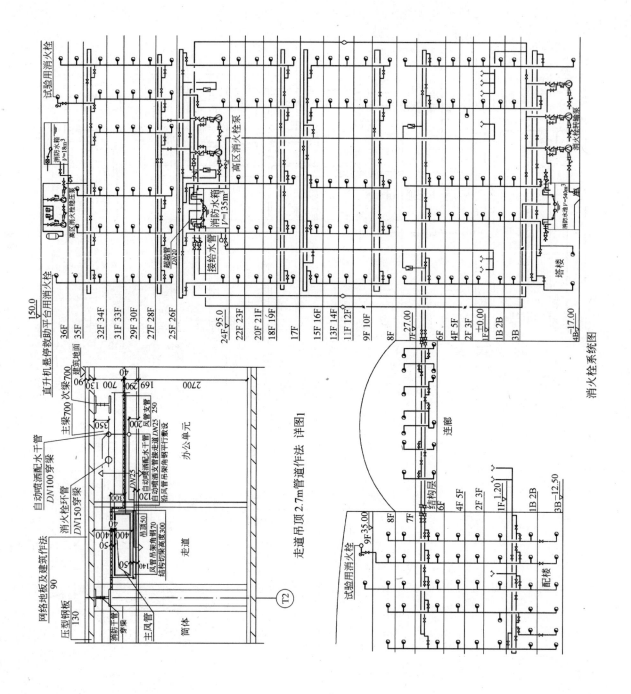

走道吊顶2.7m管道作法 详图1

消火栓系统图

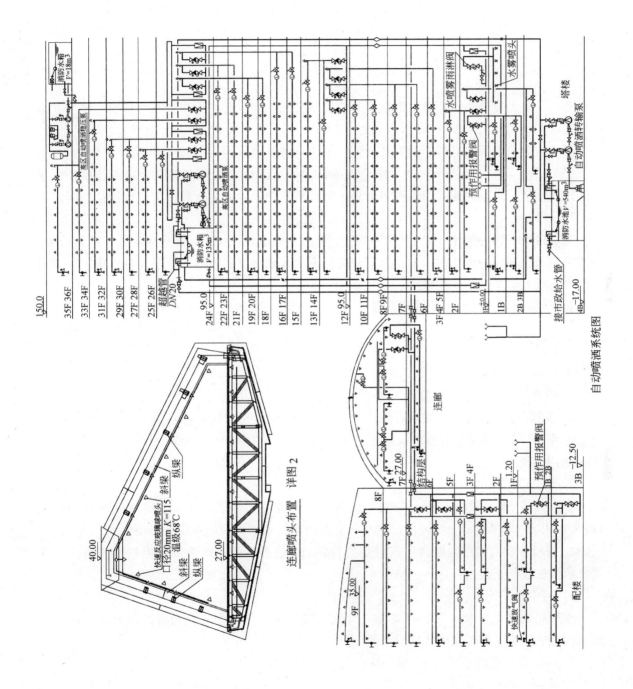

连廊喷头布置 详图 2

自动喷洒系统图

德 胜 科 技 大 厦

邢燕丽

德胜科技大厦是由北京金融街建设开发有限责任公司承建的中高档写字楼群，位于北京德胜门西北。南北长约210m，东西长约100m。

用地内为7座5～6层写字楼及一座四合院式建筑，从西南起按顺时针方向分别为A，B，C，D，E，F，G及四合院。每座建筑各自组成小型独立区块，并围合出内庭院，写字楼间形成街道，以朝向德胜门城楼斜街为主轴，相互连通，成为极具传统城市特征的街区式多层写字楼群。

写字楼地下成为整体，地下一层主要为餐厅及汽车库，由于地块北高南低，降幅较大，因此南侧餐厅多在沿街地面以上，与室外高差不大；地下二层为汽车库及设备机房，车库局部作为6级人防平战结合物资库。

总建筑面积：71662m²。建筑高度：18.35m（5层檐口），21.70m（6层檐口）。

一、给水排水系统

（一）给水系统

1. 用水量：生活总用水量为198m³/d。

2. 水源：本工程水源由城市管网供水，从教场口西路及安康东路各引入一根 DN150mm 的给水管，围绕本建筑物连成环状，为确保生活用水，在本栋建筑地下二层泵房内设置一个50m³ 的生活贮水池。

3. 系统设计：

竖向分两个区，地下二层～二层为低区，三～六层为高区。低区由城市管网直接供水（城市水压为0.20MPa），高区由设在水泵房内的变频调速生活给水供水设备供水。

4. 管材：室内采用内筋嵌入式衬塑镀锌钢管，管件连接；室外采用带衬里的给水铸铁管，承插橡胶圈密封接口。

（二）中水系统

本工程根据北京市三委2001年第2号文《关于加强中水设施建设管理的通知》规定及节水办批文，本工程仅做中水回用系统。

1. 用水量：总用水量为145m³/d。

2. 水源：为城市中水。

3. 系统设计：本工程竖向不分区。均由地下二层中水泵房内的恒压变频供水设备供给。

4. 管材：室内采用内筋嵌入式衬塑镀锌钢管，管件连接。

（三）排水系统

1. 排水量：设计最高日排水量：143m³/d。

2. 一～六层为污、废水合流，直接排入室外污水管，±0.00m以下污、废水合流后排至地下二层的污水池，经潜水泵提升排出室外。

3. 为保证排水畅通，卫生间内均设置环形通气管。

4. 本栋大厦屋面雨水采用内落水系统，雨水在一层排至室外散水后再流入草地。道路雨水收集后排入教场口西路及安康东路市政雨水管。

二、消防系统

（一）消火栓系统

1. 用水量：室内消火栓用水量为20L/s，火灾延续时间2h；室外消火栓用水量为30L/s，火灾延续时间1h。

2. 水源为城市自来水，城市给水管道的水量不能满足本工程的室内消防要求，为解决本工程消防用水，其室内消防水量全部储存于地下二层水泵房消防蓄水池中，消防贮水量为252m^3（其中自动喷洒用水量为108m^3）。

3. 整个建筑为一个系统，该系统为一个区（水平垂直成环），在地下二层消防泵房内设二台消火栓加压泵，消火栓系统由A座屋顶水箱间的消防水箱（贮水12m^3）及消火栓补压泵保持最不利点消火栓静水压力，消防加压泵的启动可由消火栓箱内启泵按钮控制启动，也能由消防中心和水泵房内手动启动。水泵启动后，在消火栓处用红色信号灯显示。

4. 系统在室外设三套DN150mm地下式水泵接合器，供消防车用。

（二）自动喷水灭火系统

1. 自动喷水灭火装置的保护部位：本工程除电梯机房、配电室、送风机房、排烟机房、卫生间、楼梯间、网络机房、电话机房及不能用水消防的房间外，其余均设置自动喷洒头。

2. 用水量：地下车库按中危险级Ⅱ级要求设计，地面以上办公部分按中危险级Ⅰ级要求设计。系统的设计水量为30L/s，按火灾时间延续1h计，水量全部储存在地下2层消防水池内。

3. 系统说明：本工程整栋建筑为一个区，系统在地下二层水泵房设喷洒加压泵2台，一用一备；2台补压泵，一用一备。平时管网压力由补压泵维持，着火时，一个喷头动作由补压泵提供流量和压力，随着动作的喷头数增加，管网压力下降达一定值时，补压泵停止，加压泵自动启动向管网供水，该泵也可在消防中心和水泵房内手动控制。另从A座屋顶水箱间的消防水箱引出一根DN80mm的管道与自动喷水灭火系统相接。

4. 本工程共设湿式报警阀8套。每个报警阀负担喷头数不超过800个，系统每个防火分区设水流指示器，水流指示器前设带电触点，关闭信号检修阀门，其开关均有信号反映到消防控制中心。

5. 本工程地下一层为机械停车库，其喷头布置除顶喷喷头外还增加带集热板的侧喷喷头，以保证地下车库的安全。

6. 地下车库采用72℃温级的易熔合金喷头，厨房高温区采用93℃喷头，其余采用直立式喷头，喷头温级：68℃。双层车库侧喷采用快速反应喷头。

7. 在室外设有3套地下式消防水泵接合器，仅供消防车用。

（三）水喷雾系统

1. 保护部位：

F座（北京电信）地下一层柴油发电机房及储油箱。

2. 设计参数：

设计喷雾强度：20L/（min·m²）。持续喷雾时间：30min。保护面积：柴油发电机房内一台表面积为50m²的柴油发电机，设一组雨淋阀保护，系统响应时间不超过45s，系统设计用水量为17L/s。

3. 系统设计：

水喷雾系统与自动喷水灭火系统共用一组水泵，在地下一层柴油发电机房旁设水喷雾雨淋阀一套，雨淋阀前管网压力由A座屋顶水箱维持。系统采用水喷雾喷头，其工作压力不小于0.35MPa。

4. 系统控制：系统设自动、手动，并可应急操作。

（四）IG-541洁净气体灭火系统

1. 保护部位：

F座（北京电信）的安防监控室、交换及传输机房、电力电池室、数据机房、进线室、测量室、发展机房及高低压配电室。

2. 设计参数：

设计灭火浓度：37.5%～52%，经常有人停留的保护区的设计灭火浓度不应大于43%。

气体喷射时间：≤60s。

喷头最小工作压力：2.2MPa，系统最小工作压力：15MPa。

系统最大管长：<300m。

3. 系统设计：

采用全淹没组合分配系统。地下一层设一个钢瓶间，钢瓶间内设两组钢瓶，每组均为60瓶，其中一组为备用。保护11个防护区，每组钢瓶按最大的一个防护区计算用量。每只钢瓶的重量为118kg。

4. 系统控制：系统设三种控制方式：自动控制、手动控制和机械应急操作。

5. 管材：采用热浸镀锌无缝钢管，螺纹或法兰连接。钢瓶至选择阀之间的管道管材和接口要求承压22.5MPa。选择阀至喷头之间的管道管材和接口要求承压10.5MPa。

6. 安全措施：设置IG-541洁净气体灭火系统的防护区均设泄压装置。

（五）手提式灭火器

在各楼梯间、变配电间、电话机房、网络机房、值班室及消火栓处均设置手提式灭火器，便于一般人员救火之用。

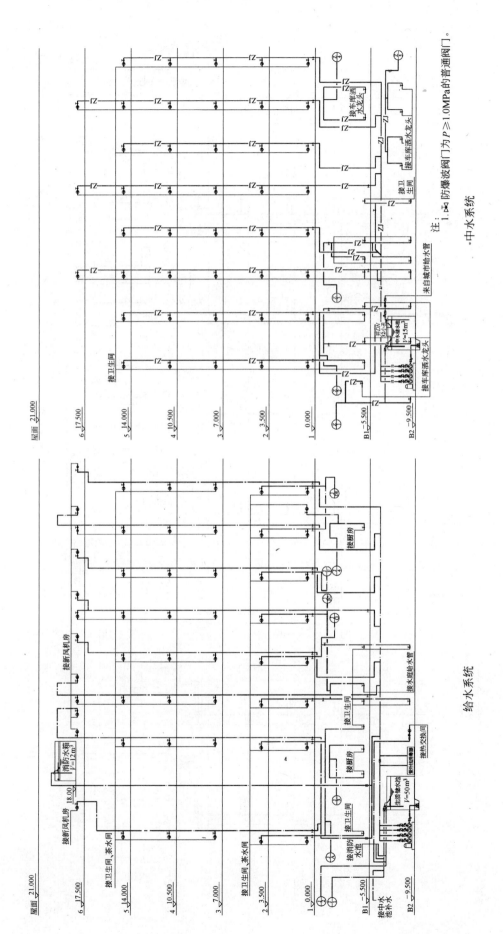

给水系统

中水系统

注:
1. ⋈ 防爆波阀门为 $P \geqslant 1.0$ MPa 的普通阀门。

137

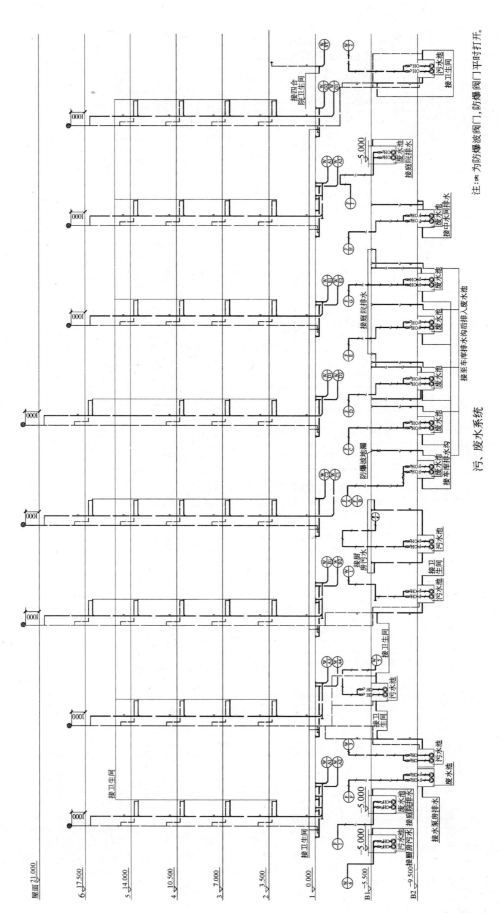

污、废水系统

注：⋈为防爆波阀门，防爆阀门平时打开。

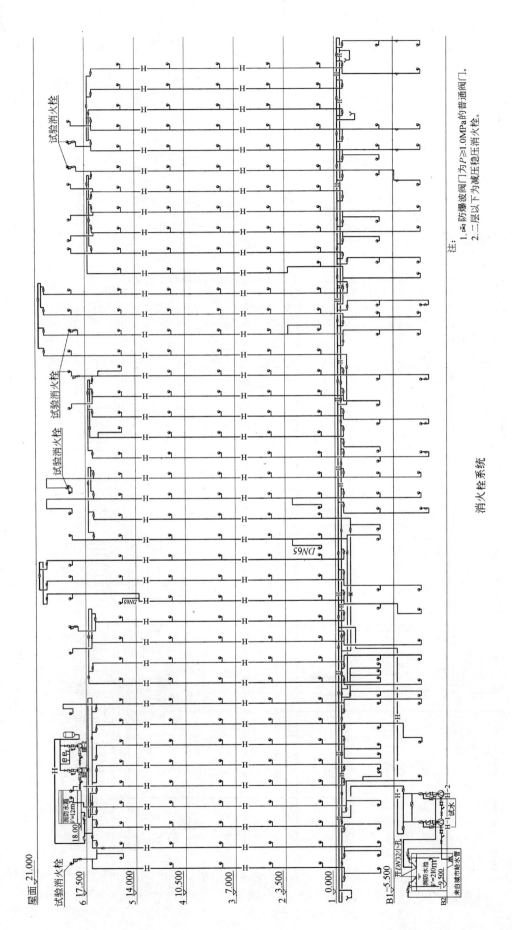

消火栓系统

注:
1. ⊠ 防爆波阀门为 P≥1.0MPa 的普通阀门。
2. 二层以下为减压稳压消火栓。

139

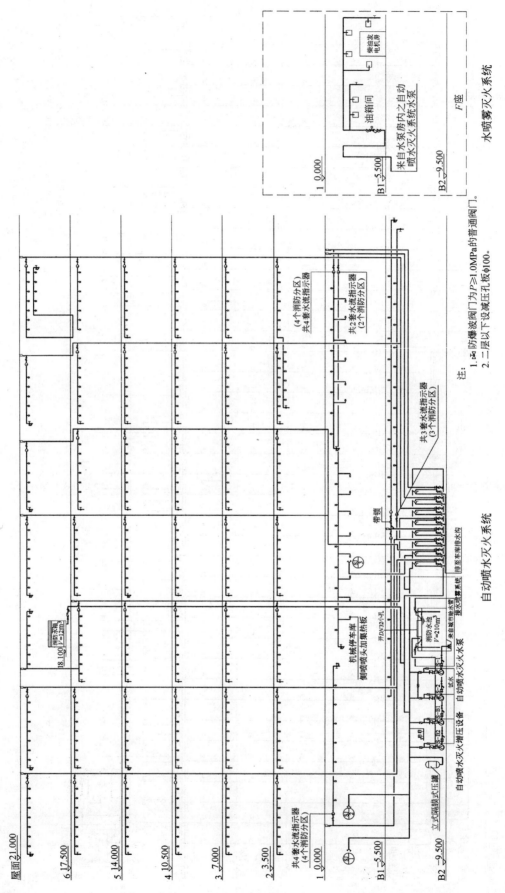

自动喷水灭火系统

水喷雾灭火系统

注:1. 防爆波阀门为P≥1.0MPa的普通阀门。
2. 二层以下设减压孔板φ100。

140

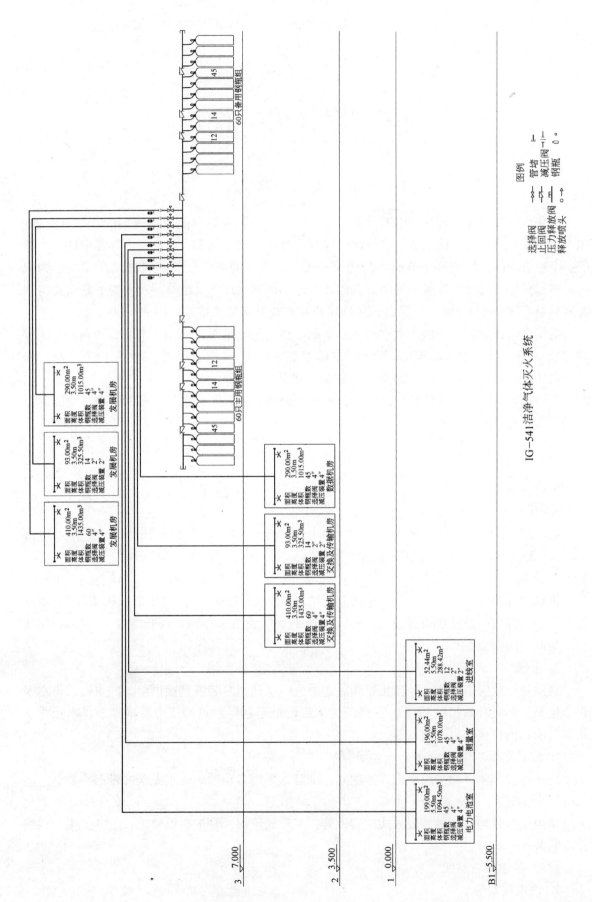

IG—541洁净气体灭火系统

图例

选择阀　　—▷◁—
止回阀　　—▷—
压力释放阀　　□
释放喷头　　○·—▷

管塔　　—
减压阀　　—||—
钢瓶　　○

面积	290.00m²	
高度	3.50m	
体积	1015.00m³	
钢瓶数	45	
选择阀	4"	
减压装置	4"	
	发展机房	

面积	93.00m²	
高度	3.50m	
体积	325.50m³	
钢瓶数	14	
选择阀	2"	
减压装置	2"	
	发展机房	

面积	410.00m²	
高度	3.50m	
体积	1435.00m³	
钢瓶数	60	
选择阀	4"	
减压装置	4"	
	发展机房	

面积	290.00m²	
高度	3.50m	
体积	1015.00m³	
钢瓶数	45	
选择阀	4"	
减压装置	4"	
	数据机房	

面积	93.00m²	
高度	3.50m	
体积	325.50m³	
钢瓶数	14	
选择阀	2"	
减压装置	2"	
	交换及传输机房	

面积	410.00m²	
高度	3.50m	
体积	1435.00m³	
钢瓶数	60	
选择阀	4"	
减压装置	4"	
	交换及传输机房	

面积	52.44m²	
高度	5.50m	
体积	288.42m³	
钢瓶数	12	
选择阀	2"	
减压装置	2"	
	进线室	

面积	196.00m²	
高度	5.50m	
体积	1078.00m³	
钢瓶数	45	
选择阀	4"	
减压装置	4"	
	测量室	

面积	199.00m²	
高度	5.50m	
体积	1094.50m³	
钢瓶数	45	
选择阀	4"	
减压装置	4"	
	电力电池室	

60只备用钢瓶组

60只主用钢瓶组

3　7.000

2　3.500

1　0.000

B1—5.500

清华大学环境能源楼

申 静 李 磊

清华大学环境能源楼（SIEEB）是一座智能化、生态环保和能源高效型的新型办公楼。作为一项示范性工程，该项目的建设通过建材选择、设计、施工、运行管理等各个环节，提供一个适合中国国情的环保节能办公建筑的技术方案。同时以欧洲的先进设计和技术为依托，展示传统与现代建筑风格的结合。此外，作为根据《京都议定书》设立的中意双边清洁发展机制 CDM 项目基地，它还将为中国城市建筑物温室气体排放的削减提供示范。

清华大学环境楼位于清华大学校区东南侧，整个用地东西宽 62m，南北长约 68m，工程总占地 4014m²，总建筑面积 20268m²。主体建筑为地上 10 层（高度 40m），地下 2 层。场地内自然标高在 50.35～50.61m 之间，地势较平整。

环境楼主要为清华大学环境系的办公和教学科研服务，同时也为中意两国在环境能源方面进行合作提供交流场所。

一、给水排水系统

（一）给水系统

1. 用水量

本建筑最高日总用水量 144m³/d。其中城市自来水用量 111.5m³/d，中水回用量 32.5m³/d。中水用量约占日总用水量的 22.6%。

2. 水源

供水水源为城市自来水。从用地西侧路给水管和东侧路给水管各接出一根 DN100 给水管进入用地红线，经总水表后进入本楼，在地下室形成给水环网，环管管径 DN100。供水水压为 0.18～0.20MPa。

3. 系统

管网系统竖向不分区。经软化处理后，由变频调速水泵装置直接供给。贮水箱及供水泵设于地下二层，有效容积 12m³。变频调速水泵由最不利用水点的压力自动控制，水箱为不锈钢材质，内设水箱自洁消毒器。

4. 洁具选择

蹲便器及小便器均采用感应式冲洗阀。洗脸盆采用自动感应式水龙头并带起泡器。

5. 管材选用

室内供水管均采用内筋嵌入式衬塑钢管，卡环式连接。管道敷设要求：公共卫生间内管道均暗装。

（二）热水供应系统

1. 热水用水量

最高日用水量为 9.5m³/d，最大时用水量为 1.3m³/h。

2. 热水供应范围和热源

（1）热水供应部位：建筑内卫生间洗手池。

（2）采用集中热水供应，集中热水系统的热源为燃气发电机余热产生的高温热水，经半容积式水加热器换热后供给热水。

热源供水温度为 77.5℃，热源回水温度 67.5℃。

冷水计算水温取 10℃。热水系统换热器出水温度 50℃。

3. 加热设备设于地下二层水泵房内。为保证供水水温，热媒管道上设自力温度调节阀控制出水水温，热水系统采用干管机械循环方式，循环泵由回水管路上的电接点温度计控制。

（三）排水系统

1. 本大厦建筑内污废水量约 42.6m³/d，其中用于中水回水用量约 15.5m³/d。实际日排放量为 27.3m³/d。冷却塔补水、绿化和浇洒道路等用水不排入污水系统。

2. 室内污、废水分流排除。卫生间废水回收至中水机房，用做中水原水。其他污废水合流排至室外，经钢筋混凝土化粪池后进入校园污水管道。

3. 室内地面±0.00m 以上采用重力自流排除。地下室污废水均汇至地下一层的潜水泵坑，用污水潜水泵提升排除。各集水坑中设带自动耦合装置的潜污泵两台，1 用 1 备。水泵受集水坑水位自动控制交替运行。备用泵在报警水位时可自动投入运行。

（四）雨水系统

1. 屋面雨水设计重现期为 3 年，降雨历时 5min。屋面考虑雨水溢流。

2. 屋面雨水采用内排水系统，利用重力排水，接入地下二层雨水集水池，与废水混合，经处理后回用于冲洗便器，车库地面冲洗及场地绿化用水。

3. 水量平衡：

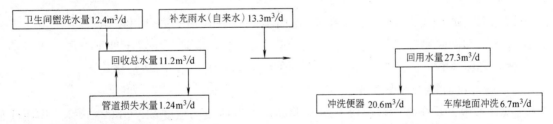

（五）中水系统

1. 中水原水量及回用量

中水原水量为 15.5m³/d，回用量为 32.5m³/d。中水回用系统的平均日用水量为 27.3m³/d，最高日用水量为 32.5m³/d。

2. 原水收集与回用部位

中水原水为本楼内的全部生活废水。与雨水混合，经处理后的中水用于全部的卫生间大、小便器冲洗、车库地面冲洗等。

3. 中水供应系统

中水系统竖向分区同给水。由变频调速泵装置供水，水泵位于地下二层的中水机房内。中水系统均采用衬塑钢管。

（六）冷却塔循环水系统

1. 设计参数

湿球温度取 27℃，冷却塔进水温度 37℃，出水温度 32℃。循环水量 700m³/h。

2. 系统设计

空调用冷却水经冷却塔冷却后循环利用。十层屋顶设低噪声节能型冷却塔 4 台，每台 175m³/h。补水为变频调速恒压供水。冷却塔补水贮水池与消防水池合用。在夏季，消防水池的水可由此获得更新。循环冷却水出水设置水质稳定处理装置。

（七）水景设计

1. 设计参数：

水池循环周期：$T=12h$　　循环水量：$Q=16L/s$。

2. 系统设计：

采用循环供水系统。

3. 供水流程：

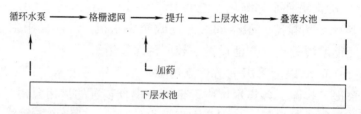

4. 管材：采用不锈钢管道。

二、消防系统

消防水源为市政自来水。室外消防用水由校园内给水管道直接供给。室内消防用水由内部贮水池供给。贮水池设在室外地下，消防贮水约 378m³。

（一）消火栓系统

室内消火栓用水量 25L/s，从最低层地面至水箱底几何高差为 44.2m，系统竖向不分区。由消火栓加压泵直接供给，低层设减压稳压消火栓。消防泵房设于地下二层，内设消防水泵 2 台，稳压装置 1 套，贮水池设于室外地下。顶层设 18m³ 消防水箱。

（二）湿式自动喷水灭火系统

1. 设计参数：系统按中危险级 Ⅱ 级要求设计。设计喷水强度 8L/(min·m²)。作用面积 160m²，系统最不利点喷头工作压力取 0.1MPa。系统设计流量约 30L/s。

2. 喷头：除各设备机房、卫生间、变配电室、消防控制中心、电梯机房、水箱间等外，其余均设喷头保护。

3. 供水系统：最高层与最低层喷头高差约 46.5m，按照各报警阀前的设计水压不大于 1.2MPa 要求，管网竖向不分区。在地下二层消防泵房内设自动喷洒水泵 2 台，1 用 1 备，互为备用，自动巡检。地下二层水泵房内设一套稳压装置稳压。整个系统与屋顶水箱相连。

（三）预作用自动灭火系统

1. 供水系统：报警阀下游管网充有低压空气，监测管网的密闭性，空气压力 0.03～0.05MPa，水泵与湿式系统共用。

2. 报警阀组：设一套预作用报警阀组，设置在地下二层消防水泵房内。报警阀负担喷头数不超过 800 个。报警阀组配置有空气压缩机及控制装置。报警阀平时在阀前水压的作用下维持关闭状态。系统充水时间不大于 2min。

（四）细水雾灭火系统

细水雾保护对象为地下一层的三台燃气发电机，采用中压组合分配系统。系统采用纯水。喷水强度 $3L/(min \cdot m^2)$，作用面积 $260m^2$，持续喷雾时间 0.5h，灭火系统的响应时间不大于 45s。控制方式分自动控制、手动控制、应急操作三种。

（五）移动式灭火装置

地下一层的变配电室及一层的消防控制室、网络设备间设手提式灭火器。设计参数：危险等级：中危险级；灭火级别：5A，设置 2 个手提式磷酸铵盐干粉灭火器。

其余部位每个消火栓处均设 5A 级 2 个手提式磷酸铵盐干粉灭火器。

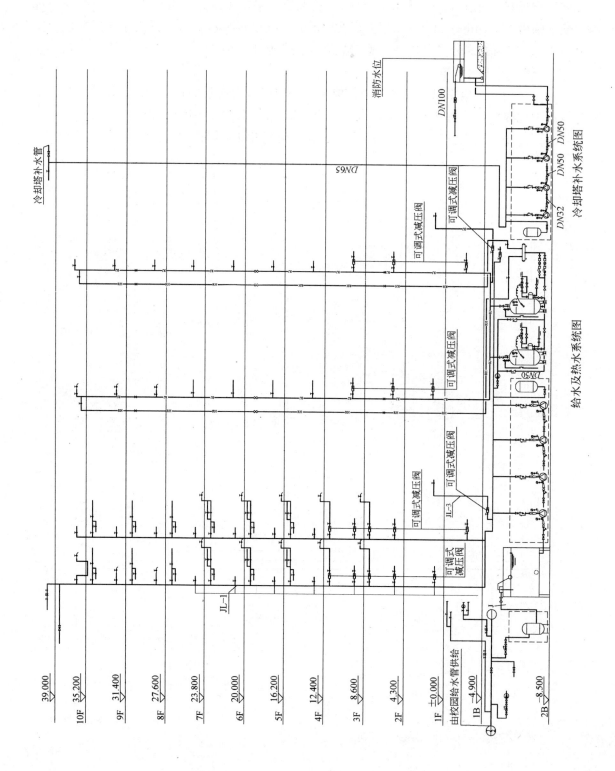

冷却塔补水系统图

给水及热水系统图

自动喷洒系统图

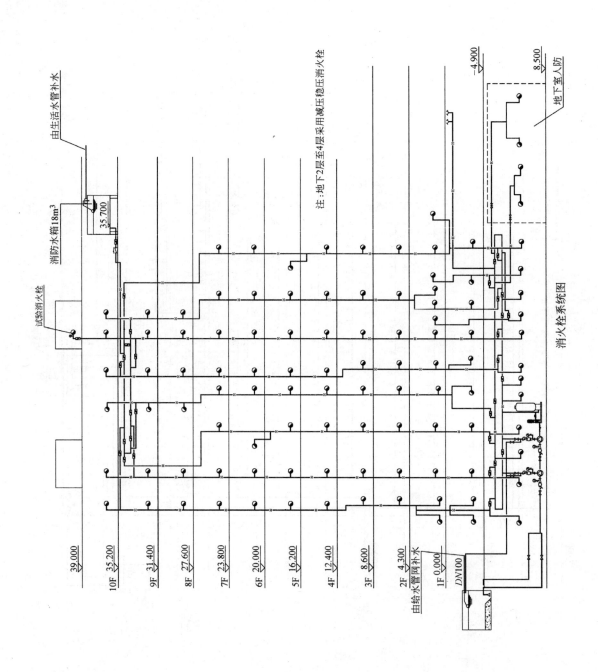

消火栓系统图

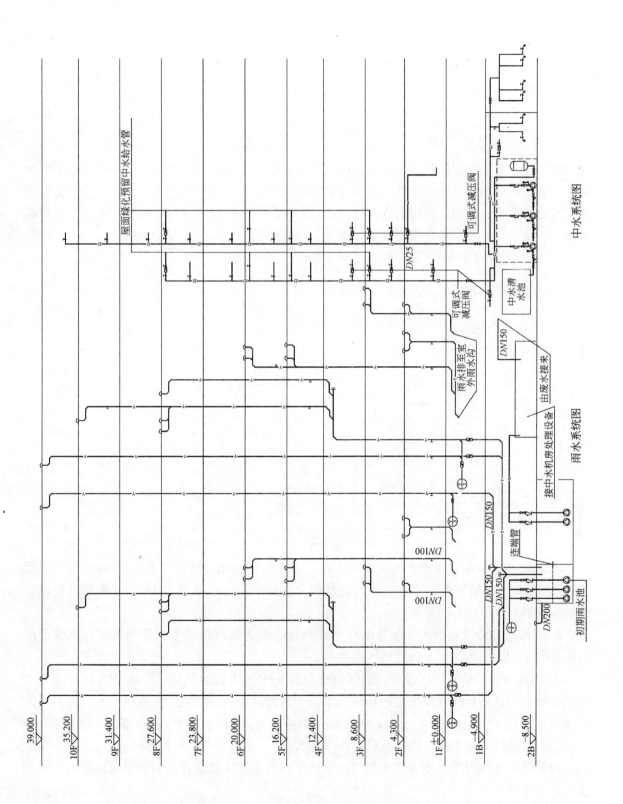

中水系统图

雨水系统图

屋面绿化预留中水给水管

可调式减压阀

可调式减压阀

DN25

中水清水池

雨水排至室外雨水沟

DN150

由废水接来

接中水机房处理设备

连端管

DN150

DN100

DN150

DN100

DN150

DN200

初期雨水池

39.000	
35.200	10F
31.400	9F
27.600	8F
23.800	7F
20.000	6F
16.200	5F
12.400	4F
8.600	3F
4.300	2F
±0.000	1F
−4.900	1B
−8.500	2B

金 殿 大 厦

杨　澎　苏兆征

本工程位于北京市西城区金融街 F10（3）地块，占地面积约 5000m²，钢筋混凝土框架结构，建筑面积约 50000m²，建筑高度 64.8m，层数：地上 16 层、地下 5 层，其中首层为大堂及企业展示，四层、五层电网运行控制机房，其余为办公用房及会议室，地下一层为职工餐厅、厨房、自行车库及变配电室，地下二层至地下五层为车库及设备用房。

本工程于 2003 年 12 月底完成施工图设计，2004 年初开始施工，2005 年 5 月底竣工。

一、给水排水系统

（一）给水系统

1. 冷水用水量见表 1。

冷 水 用 水 量 表　　　　　　　　表 1

序号	用水项目	使用数量	用水量标准	使用时间（h/d）	小时变化系数	用水量（m³）		
						最高日	最大时	平均时
1	办公	600 人	50L/(人·d)	10	2	30	6	3
2	特殊人员卫生间洗浴	12 人	300L/(人·d)	10	2	3.6	0.72	0.36
3	职工餐厅	600 人	25L/(人·d)	4	2	15	7.5	3.75
4	洗车	50 辆	30L/辆·次	10		1.5	0.15	0.15
5	空调补水	循环水量 900m³/h	取循环水量的 2%	10		180	18	18
6	绿化	850m²	2L/m²·d	8		1.7	0.425	0.425
7	小　计					231.8	32.8	25.69
8	合　计	不可预见水量取 1~6 项总和的 5%				243.4	34.43	26.97

2. 水源：为城市自来水，水压 0.18MPa。从建筑用地南侧的广宁伯街 DN600 的给水管上接出 DN200 的给水管两根，进入用地红线，在红线内经总水表以 DN200 的管道构成环状供水管网。

3. 系统竖向分区：给水系统竖向分为三个区，地下五层至地上二层为低区，三至十层为中区，十层以上为高区，详见给水系统图。

4. 供水方式及给水加压设备：低区由市政自来水压力直接供给，中区及高区由地下二层给水泵房内的变频调速供水泵组加压供水，中区通过十一层的减压阀减压供水。变频调速供水泵组包括 4 台主泵、1 台小泵、气压罐及电控装置。4 台主泵为 3 用 1 备，1 台变频 2 台工频运行，晚间小流量时，由小泵带气压罐运行。

冷却塔补水单设变频调速供水泵组由消防水池吸水加压供水，当空调系统停用时，该套设备停止工作。

5. 管材：室内给水管采用薄壁不锈钢管、卡压连接，冷却塔补水管采用钢塑复合管，沟槽连接，室外给水管采用带内衬给水铸铁管、承插接口、橡胶圈密封。

（二）热水系统

1. 热水用水量见表2。

热水用水量 表2

序号	用水项目	使用数量（人）	用水量标准 [L/(人·d)]	使用时间（h/d）	小时变化系数	用水量(m³)		
						最高日	最大时	平均时
1	办公	600	10	10	2	6	1.2	0.6
2	特殊人员卫生间洗浴	12	100	10	2	1.2	0.24	0.12
2	合计	不可预见水量取1～2项之和的5%				7.56	1.512	0.756

2. 热源：采用电热水器现场制备生活热水。

3. 管材：热水管采用薄壁不锈钢管、卡压连接。

（三）中水系统

1. 中水源水量表、中水回水量表、水量平衡见表3、表4。

中水源水量表 表3

序号	用水项目	使用数量（人）	用水量标准 [L/(人·d)]	α	β	b (%)	最高日用水量 (m³)	日中水源水量 (m³)
1	办公盥洗	600	50	0.67	0.8	37	30	5.95
2	特殊人员卫生间洗浴	12	300	0.67	0.8	38	3.6	0.73
3	合计							6.68

中水回用水量表 表4

序号	用水项目	使用数量	用水量标准	b (%)	最高日用水量 (m³)	日中水用水量 (m³)
1	一、二层办公冲厕	80人	50L/(人·d)	63	4	2.52
2	厨房卫生间冲厕	40人	40L/(人·d)	6.7	1.6	0.11
3	绿化	850m²	2L/(m²·d)	100	1.7	1.7
4	洗车	50辆	30 L/(辆·次)	100	1.5	1.5
5	小计					5.83
6	合计	不可预见水量取1～4项之和的5%				6.12

中水源水量为中水回水量的109%。

2. 系统竖向分区：因中水源水量仅为6.68m³/d，回用范围为二层及以下卫生间冲厕、绿化及洗车。

3. 供水方式及中水给水加压设备：采用变频调速供水泵组加压供水，中水处理设备及加压设备设在F10（2）地块内，本建筑设计提出回用水量及水压要求，待F10（2）地块建筑设计时统一设计该系统。

4. 中水处理工艺流程：源水—格栅—调节池—接触氧化—沉淀—消毒—清水池—回用

（四）排水系统

1. 该系统采用污、废水分流形式，±0.000m以上污水直接排至室外、废水收集排至F10（2）地块，±0.000m以下污水排至集水坑，用潜水泵提升排出室外，详见污废水系统图。

2. 卫生间排水管设置专用通气立管，同时设置环形通气管，以保证排水通畅，详见污废水系统图。

3. 卫生间排水经化粪池处理后与厨房操作间排水经油脂分离器处理后合并，排至市政污水管。

4. 管材：室内污水管均采用离心机制排水铸铁管、承插法兰连接、橡胶圈密封；压力排水管采用热浸镀锌钢管，丝扣或法兰连接。室外污水管采用聚氯乙烯（UPVC）加筋管，承插接口，橡胶圈密封。

（五）雨水系统

1. 暴雨强度公式：
$$q=\frac{2001(1+0.811\lg p)}{(t+8)^{0.711}}$$

雨水量 $Q=\Psi qF$

重现期：屋面 $P=10$ 年，室外 $P=1$ 年。

2. 屋面雨水采用内排水系统排至室外散水。

3. 雨水利用：屋面雨水通过绿地或透水路面回渗地下，补充地下水。

4. 管材：室内雨水管采用热浸镀锌钢管，丝扣或沟槽连接；屋面雨水斗采用钢制87型。

二、消防系统

（一）消防用水量及水源

1. 用水量标准及一次灭火用水量见表5。

表5

消防系统	用水量标准(L/s)	火灾延续时间(h)	一次灭火用水量(m³)
室外消火栓系统	30	2	216
室内消火栓系统	40	2	288
自动喷洒系统	40	1	144

2. 消防水源：

本工程的供水水源为城市自来水，室外消防水与生活用水合用室外 $DN200$ 环管。

（二）消火栓系统

1. 室外消火栓系统：由市政给水管直接供给。

2. 室内消防栓系统采用临时高压系统。市政给水管道能满足室外消防的水量水压要求，为解决建筑内的消防用水要求，在地下三层设 $432m^3$ 消防水池一座，其中贮室内消火栓一次灭火用水量 $288m^3$，自动喷洒用水量 $144m^3$。消防泵房内设两台消火栓加压泵（一用一备，$Q=0\sim40L/s$，$H=120m$，$N=90kW$）。在屋顶设 $18m^3$ 的消防水箱一座。整栋楼为一个消火栓供水系统，竖向通过 3：1 比例减压阀分为高、低区，高区：七～十七层，低区：地下五层～六层。平时消火栓管网由屋顶水箱及增压稳压装置（$Q=5L/s$，$H=40m$，$N=5.5kW$）保证系统压力，系统最大静压不大于 0.8MPa，详见消火栓系统图。

3. 本建筑除屋顶电梯机房、水箱间外各层均设消火栓保护，室内消火栓设在明显和易于取用处，其布置保证任何一点均有两股水柱（10m 充实水柱）同时到达。每个消火栓箱内均配 $DN65mm$ 消火栓一个，$DN65mm$、$L25m$ 的麻质衬胶水带一条，$DN65\times19mm$ 直流水枪一支，自救卷盘一套，手提磷酸铵盐干粉灭火器二具，启泵按钮和指示灯各一个。七至十层、地下一层至地下四层消火栓采用减压稳压型消火栓，保证每个消火栓栓口压力不大于 0.5MPa。

4. 消火栓系统分区各设三套 $DN150$ 室外地下式消防水泵接合器，供消防车向室内消火栓系统补水用。

5. 管材：采用无缝钢管，焊接连接。除地下二层车库内和屋顶水箱间的消火栓管道保温外，其他均不保温。地下二层车库入口附近管道采用电伴热保温，其他地方采用超细玻璃棉保温。

（三）自动喷水湿式灭火系统

1. 本建筑除水泵房、水箱间、卫生间、热交换间、制冷机房、风机房、消防控制室、BAS室、信息通信机房、变配电室、自行车库、楼梯间、空间高度超过 9m 的共享空间及不能用水扑救的场所外均设有自动喷洒头保护，地下车库按中危险Ⅱ级设计，其余按中危险Ⅰ级设计。

2. 在地下三层的消防泵房内设两台自动喷洒加压泵（$Q=0\sim40L/s$，$H=130m$，$N=90kW$）。平时自动喷洒管网由屋顶水箱及增压稳压装置（$Q=1L/s$，$H=40m$，$N=1.5kW$）保证系统压力。消防时，由加压泵直接加压供水，详见自动喷水灭火系统图。

3. 本建筑共设湿式报警阀 5 套（设在首层报警阀间内）。每套报警阀负担的喷头数不超过 800 个。在每层每个防火分区内设水流指示器和带电信号阀门及末端排水装置，在每个报警阀最高层设末端试水装置。

4. 汽车库喷头采用 74℃ 温级的易熔合金直立型喷头，其他均采用玻璃球喷头，吊顶下为装饰型，其他为直立型。温级：厨房内灶台上部为 93℃，厨房内其他地方为 79℃，其余均为 68℃。

5. 自动喷洒系统设 3 套 $DN150$ 室外地下室消防水泵接合器，供消防车向室内自动喷洒系统补水用。

6. 室内自动喷洒管采用热浸镀锌钢管，$DN<100mm$ 者丝扣连接，$DN\geqslant100mm$ 以上者沟槽连接。除屋顶水箱间及地下二层至地下四层喷洒泵出水管做防冻保温外，其余均不保温。

（四）自动喷水预作用灭火系统

1. 该系统设在有车道出入口的地下二层车库，按中危险Ⅱ级设计。

2. 设预作用报警阀组 1 套（设在首层报警阀间内）。每套报警阀负担的喷头数不超过 800 个。在防火分区内设水流指示器和带电信号阀门及末端试水装置。

3. 该系统与自动喷水湿式灭火系统共用加压泵，管材及连接方式同自动喷水湿式灭火系统。

（五）气体灭火系统

1. 四层、五层电网运行控制机房设烟烙尽气体灭火系统。

2. 设计参数：最小设计浓度为 37.5%（16℃时），最大设计浓度为 52%（32℃时），喷射时间不超过 60s。

3. 系统控制应包括自动、手动、应急操作三种方式。每一保护区门外明显位置，应装一绿色指示灯，采用手动时灯亮。并装一告示牌，注明"入内时关闭自动，开启手动"，此时绿灯亮。施放灭火剂前防护区的通风机和通风管道上的防火阀自动关闭。火灾扑灭后，应开窗或打开排风机将残余有害气体排除。

三、设计及施工体会

1. 冷却塔补水与生活给水加压设备分开设置,虽然增加设备投资,但避免了当冷却塔停用期间,生活给水变频调速泵组的供水量大于实际用水量,使变频调速泵组处于低效工作区运行的不利工况。

2. 冷却塔补水取自消防水池,并采取了不动用消防贮水的有效措施,延长了消防水池贮水的更新周期,达到节水的目的。

3. 施工图设计时屋面设置了超设计重现期雨水的溢流口,施工时因外墙装修,雨水溢流口无法设置,应建设单位要求设计院对该系统进行修改设计,取消溢流口,将雨水排水系统的设计重现期提高到 50 年。

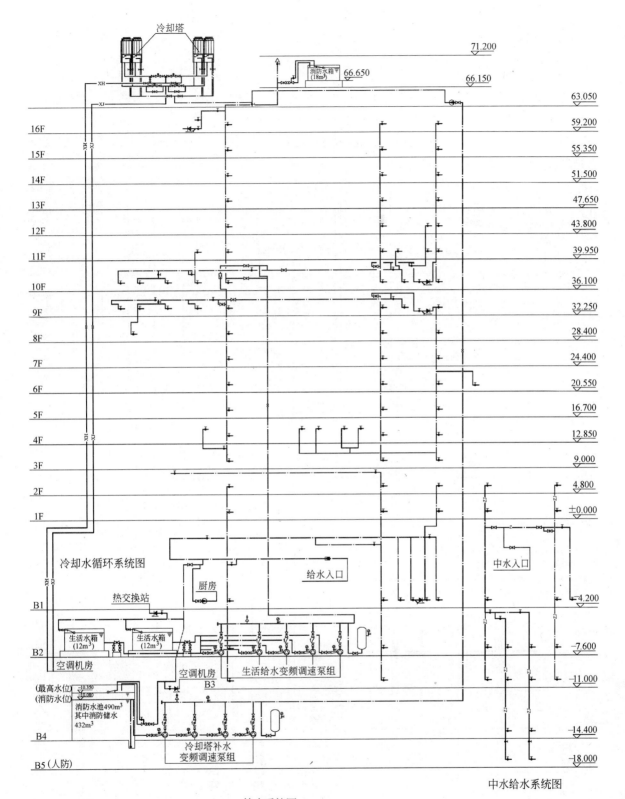

冷却塔

71.200

消防水箱
(18m³) 66.650

66.150

63.050

16F 59.200

15F 55.350

14F 51.500

13F 47.650

12F 43.800

11F 39.950

10F 36.100

9F 32.250

8F 28.400

7F 24.400

6F 20.550

5F 16.700

4F 12.850

3F 9.000

2F 4.800

1F ±0.000

冷却水循环系统图

给水入口

中水入口

厨房

热交换站

B1 -4.200

生活水箱
(12m³)

生活水箱
(12m³)

B2 -7.600

空调机房

空调机房

生活给水变频调速泵组

B3

(最高水位) -10.350
(消防水位) -10.080

消防水池490m³
其中消防储水
432m³

-11.000

B4 -14.400

冷却塔补水
变频调速泵组

B5 (人防) -18.000

中水给水系统图

给水系统图

155

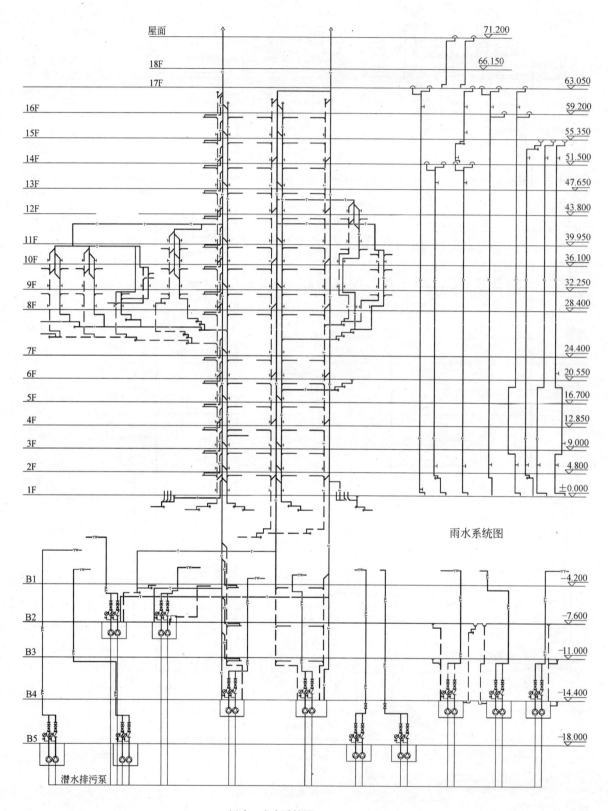

屋面

18F

17F

16F

15F

14F

13F

12F

11F

10F

9F

8F

7F

6F

5F

4F

3F

2F

1F

71.200

66.150

63.050

59.200

55.350

51.500

47.650

43.800

39.950

36.100

32.250

28.400

24.400

20.550

16.700

12.850

9.000

4.800

±0.000

雨水系统图

B1 −4.200

B2 −7.600

B3 −11.000

B4 −14.400

B5 −18.000

潜水排污泵

污水、废水系统图

156

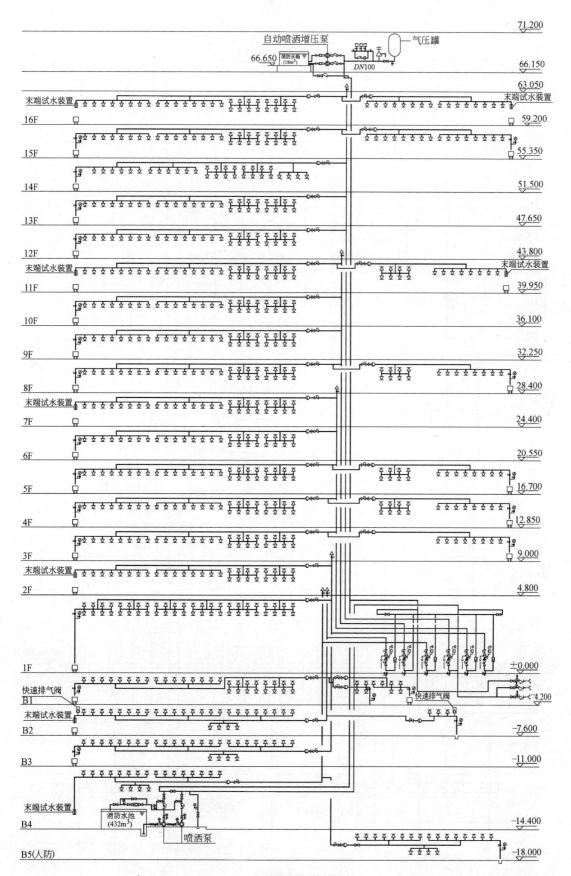

自动喷水灭火系统图

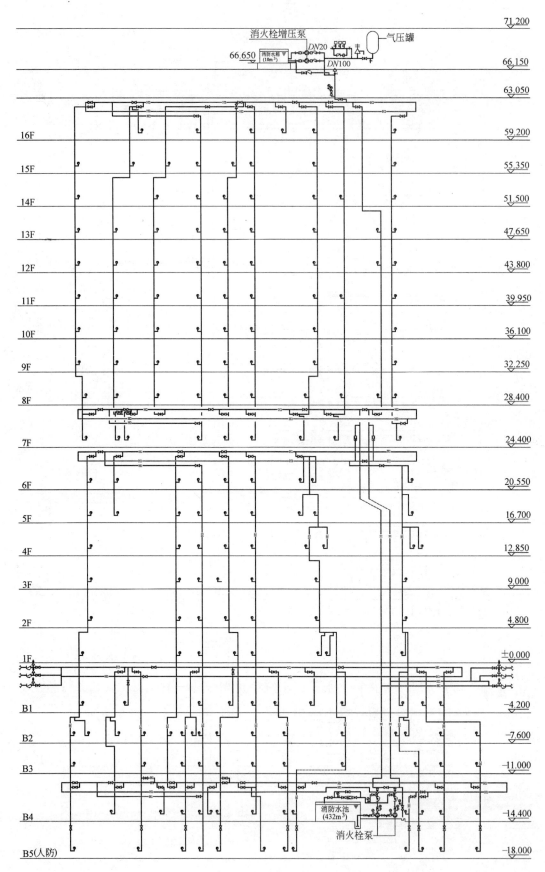

消火栓系统图

158

金融街 F10（1）金成大厦

付永彬　吴连荣

金融街 F10（1）金成大厦（以下简称 F10 西楼）位于北京金融街 F10（1）地块内，用地三面临街，呈矩形，规划建设用地面积为 3856m²。

F10 西楼为地下 5 层、地上 17 层，限高 74m 的单体建筑。总建筑面积约 42161m²。建筑主体高度：74m。工程性质为北京大唐发电股份有限公司 400 人的高档办公楼。地下二～五层为汽车库及设备用房（地下四、五层战时为六级人防物资库），地下一层为职工餐厅，厨房，自行车库及变配电间；地上为大小空间相结合的办公写字楼。该工程 2004 年 7 月完成初步设计，2005 年 1 月完成施工图设计。

一、给水排水系统

（一）给水系统

1. 用水量：最高日 215.8m³/d，其中空调补水量 150m³/d。最高时 26.5m³/h。给水用水量明细表详见表 1。

生活用水量明细表　　　　　　　　　　　　　　　　　　表 1

序号	用水部位	使用数量	用水量标准	日用水时间(h)	时变化系数	用水量 最高日 m³/d	用水量 最大时 m³/h	用水量 平均时 m³/h
1	办公	400 人	50L/人·班	10	1.5	20	3.0	2.0
2	餐厅	400 人	25L/人·次	12	1.5	10	1.2	0.8
3	冷却塔补水	循环水量750m³/h	按循环水量的2%	10	1.0	150	15.0	15.0
4	未预见水量	1～3 合计×15%				27	2.88	2.67
5	小计					207	22.1	20.5
6	绿化	1340m²	2L/(m²·d)	2	1.0	5.4	2.7	2.7
7	浇洒道路	840m²	2L/(m²·d)	2	1.0	3.4	1.7	1.7
8	总用水量					215.8	26.5	24.9

2. 水源：供水水源为城市自来水，从建筑物北侧金城坊东街及 F10 东办公楼的北侧各接入 DN200mm 的给水管一根，进入用地红线，在红线内经总水表后构成 DN200mm 环状供水管网。单体建筑的入户管从室外给水环管上接出。每个进入红线的给水引入管上设倒流防止器。市政供水压力为 0.18MPa。

3. 给水系统

本工程采用市政给水管网与变频调速泵组加压相结合的供水方式。供水系统如下：

（1）管网系统竖向分区的压力控制参数为：各区用水点的出水压力不小于 0.1MPa，最大静水压力不大于 0.45MPa。

（2）管网竖向分为三个压力区。低区：地下五层至二层，由城市自来水管网直接供水；中区：三层至十层，由高区变频调速泵装置经减压阀减压后供水；高区：十一层至十七层，由高区变频调速泵装置供水。给水点处压力大于 0.35MPa 时，给水支管设可调式减压阀，阀后压力 0.15MPa。

（3）贮水箱及供水泵设于地下五层，贮水箱有效容积 12m³。高区变频泵组设 3 台，二用一备。泵组最大小时供水量为 20m³，设计恒压值为 1.05MPa。变频泵组的运行由设在干管上的电节点压力开关控制。水箱为不锈钢材质，水箱内设自洁消毒器。

4. 管材选用

水泵出水管及高区管道采用工作压力为 1.6MPa 的环压式不锈钢管，其余采用工作压力为 1.0MPa 的环压式不锈钢管。接口：$DN \leqslant 100$ 采用环压连接，$DN > 100$ 采用卡箍连接。机房内管道及与 $DN \geqslant 50$ 阀门相接的管段采用法兰连接。埋地入户管：$DN \geqslant 110$ 采用钢丝网骨架塑料（聚乙烯）复合管，电熔连接，管道工作压力为 1.0MPa。$50 \leqslant DN < 110$ 采用孔网钢带骨架增强钢丝网骨复合塑料管。

（二）热水系统

1. 热水用水量：最高日 6.8m³/d，最大时 0.95m³/h（60℃），热水用水量标准和用水量详见表 2。

热 水 量 明 细 表　　表 2

序号	用水部位	使用数量	用水量标准（60℃）	日用水时间（h）	时变化系数	用 水 量		
						最高日（m³/d）	最高时（m³/h）	平均时（m³/h）
1	办公	400 人	10(L/人·班)	10	1.5	4.0	0.6	0.4
2	餐厅	400 人	7(L/人·次)	12	1.5	2.8	0.35	0.23
3	未预见水量	1~3 合计×15%				1.0	0.05	0.03
3	总用水量					7.8	1.0	0.66

2. 地下一层厨房及厨房用卫生间，十五、十六层独立卫生间内洗手盆、淋浴，采用局部热水供应方式。卫生间采用壁挂式电热水器，厨房采用落地式电热水器，热水器出水温度为 40℃。

3. 管材：采用工作压力为 1.0MPa 的环压式不锈钢管，环压连接。

（三）中水系统

1. 中水原水量及回用量

回收的中水原水量明细表详见表 3，中水回用系统用水量明细表详见表 4。中水原水量为 7.2m³/d，回用量为 7.0m³/d。

中 水 原 水 量 明 细 表　　表 3

序号	用水部位	使用数量	盥洗用水量标准	日变化系数	排水量系数	原水量（m³）		备注
						最高日	平均日	
1	一~十七层卫生间	400 人	20(L/人·d)	1.5	0.9	8.0	7.2	α 取 0.9

中 水 回 用 系 统 水 量 明 细 表　　表 4

序号	用水部位	使用数量	用水量标准[L/(m²·次)]	日用水时间(h)	时变化系数	用 水 量		
						最高日（m³/d）	最高时（m³/h）	平均时（m³/h）
1	地下车库冲洗	2000m²	2	1	1	4	4	4
2	地下五~二层便器冲洗	100 人	30	10	1.5	3.0	0.45	0.3
3	合计					7	4.45	4.3

2. 原水收集与回用部位

中水原水为一至十七层卫生间内的脸盆排水、拖布池排水。经处理后的中水用于地下五层至二层的卫生间大小便器冲洗及车库地面冲洗。

3. 水量平衡

中水原水平均日回收量为 7.2m³（见中水原水量计算表 3），地下五层至二层卫生间及车库冲洗用水日用水量为 7.0m³/d（见表 4），两水量基本平衡，中水不足部分由自来水补给。

4. 中水供应系统

供水范围：地下五层至二层卫生间及车库地面冲洗。

中水系统竖向不分区，采用变频调速供水装置从中水贮水池提升供水。最不利点供水压力 0.15MPa，最低处用水点静水压力 0.37MPa。由二期中水处理站内供水设备供给。

5. 管材：中水管采用公称压力不低于 1.0MPa 的内筋嵌入式冷水型衬塑钢管，卡环式连接。

（四）冷却塔循环水系统

1. 设计参数

系统冷却

空调用水经冷却塔冷却后循环利用。湿球温度取 27℃，冷却塔进水温度 37℃，出水温度 32℃。循环水量 750m³/h，补水量 150m³/d。循环利用率为 98%。

2. 冷却塔及补水

由 3 台单风机逆流式冷却塔组合为 1 台三风机冷却塔，为超低噪声和节能型，与一台冷冻机相对应。冷却塔设在机房层屋顶，补水专设水泵从地下室消防贮水池提升供给，给水泵采用变频调速水泵，供水恒压值为 1.05MPa。

冷却塔补水贮水池与消防水池合用。在夏季，消防水池的水可由此获得更新。

冷却塔进、出水管上均设电动蝶阀，冷却循环管道均设有泄水阀门，在冬季停止使用时将冷却塔泄空，泄水排至附近雨水斗或雨水管道；屋顶冷却塔循环水补水管泄水排至卫生间地漏；循环冷却水管道泄空至冷冻机房集水坑。

3. 循环冷却水管道系统

各单风机冷却塔集水盘间的水位平衡通过放大回水集水管管径保持。循环水补水管道采用公称压力不低于 1.6MPa 的冷水型内筋嵌入式衬塑钢管，卡环式连接。机房内管道及与 DN≥50 阀门相接的管段采用法兰连接。循环水管道采用公称压力不低于 1.6MPa 的无缝钢管，焊接连接。机房内管道及与阀门相接的管段采用法兰连接。

（五）排水系统

1. 污废水排放量

本大厦建筑内污废水量约 27m³/d，按供水量的 90% 计。其中用作中水原水水量约 7.2m³/d。实际日排放量为 19.8m³/d。冷却塔泄水、绿化和浇洒道路等用水不排入污水系统，此部分耗水量为 158.8m³/d。

2. 系统

室内污、废水分流排除。一至十七层卫生间洗涤废水回收至中水机房，用做中水原水。其它污废水合流排至室外污水管道系统。

卫生间生活污、废水采用专用通气立管排水系统。空调机房废水采用单立管系统。

一层卫生间排水单独排出室外，通气管接至专用通气立管上。

3. 排水方式

室内地面 ±0.00m 以上采用重力自流排除。地下室污废水均汇至地下二至地下五层的潜水泵坑，用污水潜水泵提升排除。各集水坑中设带自动耦合装置的潜污泵两台。水泵受集水坑水位自动控制交替运行。备用泵在报警水位时可自动投入运行。

公共厨房污水采用明沟收集，明沟设在楼板上的垫层内，污水排至室外管道前设油脂分离器进行处理，再由污水提升泵排至室外污水管网（室外无需再设隔油池）。

4. 管材：室内管道采用柔性接口的机制排水铸铁管，法兰连接或平口对接，橡胶圈密封，不锈钢卡箍卡紧。车库地面冲洗重力流排水管采用排水 UPVC 管材，粘接连接。

（六）雨水系统

1. 雨水排水量

雨水量按北京市暴雨强度公式计算，北京市暴雨强度公式

$$q=\frac{2001(1+0.811\lg p)}{(t+8)^{0.711}}$$

屋面雨水设计重现期为 10 年，降雨历时 5min。溢流口排水能力按 50 年重现期设计。

$$q=506.1L/(s \cdot hm^2)$$

2. 雨水系统

屋面雨水利用重力排除。地下车库坡道的拦截雨水用管道收集到地下室集水坑，用潜污泵提升后排除。地下车库坡道雨水设计重现期按 10 年计算。

屋面雨水采用 87 型斗雨水系统，排至室外散水面或室外雨水系统。超设计重现期雨水通过溢流口排除。

3. 管材：屋面雨水管采用热浸镀锌钢管，焊接连接。

二、消防系统

本工程设有消火栓系统、自动喷洒系统，FM200 气体灭火系统，推车式及手提式灭火器。

室外消防灭火系统用水由市政供水管以两根 DN200 管引入，并在室外成环。室内消防灭火系统用水由地下五层 456m³ 消防水池供给，满足 1h 自动喷水用水和 2h 室内消火栓用水。

（一）消火栓系统

1. 本工程室内消防用水量标准为 40L/s，室外消防用水量标准为 30L/s。火灾延续时间 2h。

2. 本工程室内消火栓为临时高压系统，管网压力由屋顶水箱及消火栓增压稳压装置维持。室内消火栓系统分两个区，共用一组消火栓泵；高区：七层至十七层，由消火栓泵直接供水；低区：地下五层至六层，经减压阀减压后供水。屋顶消防水箱贮存消防水量 18m³，灭火初期 10 分钟的消防用水由高位消防水箱及增压稳压装置保证。

3. 消火栓泵设 2 台，互为备用（每台泵流量 40L/s，扬程 120m）。高、低区室外均设地下式消防水泵接合器三套，供消防车向室内系统加压补水。

4. 火灾时按动消火栓箱内的消防按钮，启动消防泵并向控制中心发出信号。稳压泵装置的压力开关可自动启动消火栓泵。消火栓泵在消防控制中心和消防泵房内也可手动控制，消防结束后，手动停泵。

5. 管材：采用焊接钢管，焊接或沟槽连接，管道工作压力为 1.6MPa。机房内管道及阀门相接的管段采用法兰连接。

（二）自动喷水灭火系统

1. 本工程地下车库按中危险级Ⅱ级设计，其余均按中危险级Ⅰ级设计。消防水量为35L/s，火灾延续时间为1h。

2. 本工程除下列部位外，其余均设自动喷洒头保护：各设备机房、卫生间、变配电室、自行车库、消防控制室、生产调度指挥中心、电梯机房、水箱间、电缆夹层等。

3. 地下二层车库采用预作用自动喷水灭火系统，其余部位采用湿式自动喷水灭火系统。

4. 本系统分两个区，共用一组自动喷水泵，高区：三层至十七层；低区：地下五层至二层。平时系统压力由屋顶水箱和自动喷水增压稳压装置维持。

5. 自动喷水泵设2台，互为备用（每台泵流量40L/s，扬程130m）。

6. 每个防火分区及每层均设水流指示器及信号阀，其动作均向消防中心发出声光信号。并在靠近管网末端设试水装置或试水阀。

7. 本工程共设7套报警阀组，低区3套（其中1套为预作用报警阀组）报警阀设置在地下五层消防泵房内，高区4套报警阀设置在一层报警阀室内。地下四层各报警阀前的最大水压超过1.2MPa，报警阀前环管上设减压阀，阀后压力0.7MPa。每个报警阀负担喷头数不超过800个（不计吊顶内喷头）。水力警铃设于报警阀处的通道墙上。报警阀前的管道布置成环状。

8. 地下车库采用易熔合金直立喷头。其余采用玻璃球喷头，吊顶下为吊顶型喷头，吊顶内喷头为直立型。公称动作温度：厨房高温作业区为93℃级，地下车库72℃级，其余均为68℃级。

9. 室外设三组地下式自动喷水水泵接合器，供消防车向室内系统加压补水。

10. 稳压泵装置和报警阀组的压力开关均可自动启动喷洒水泵。水泵也可在控制中心和泵房内手动启、停。喷洒泵开启后只能手动停泵。

11. 管材：采用内外热浸镀锌钢管或镀锌无缝钢管，$DN \leqslant 80$，丝扣连接。$DN \geqslant 100$，沟槽连接。机房内管道及与阀门相接的管段采用法兰连接。喷头与管道采用锥形管螺纹连接。管道工作压力为1.6MPa。

（三）FM200气体灭火系统

1. 设置范围：四层生产调度指挥中心

2. 主要技术参数：灭火剂浓度为8%，喷头最小工作压力为0.8MPa，系统最大工作压力为2.5MPa，防护区环境设计温度0～54℃，喷放时间不超过8s。

3. 控制：系统设三种控制方式，自动控制、手动控制和机械应急操作。

（四）灭火器配置设计

变配电室等处按中危险级B类火灾设置，设推车式干粉（磷酸铵盐）灭火器，其余地方按中危险级A类火灾设置，设手提式干粉（磷酸铵盐）灭火器。

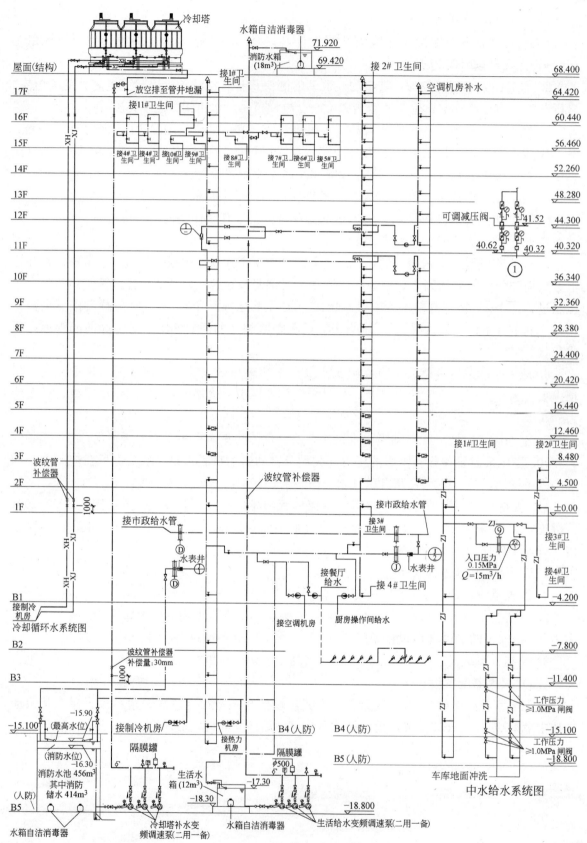

给水系统图

注:水表井选用按91SB-给第11页"水表井安装图(三)(无旁通管有止回阀)"设计。

164

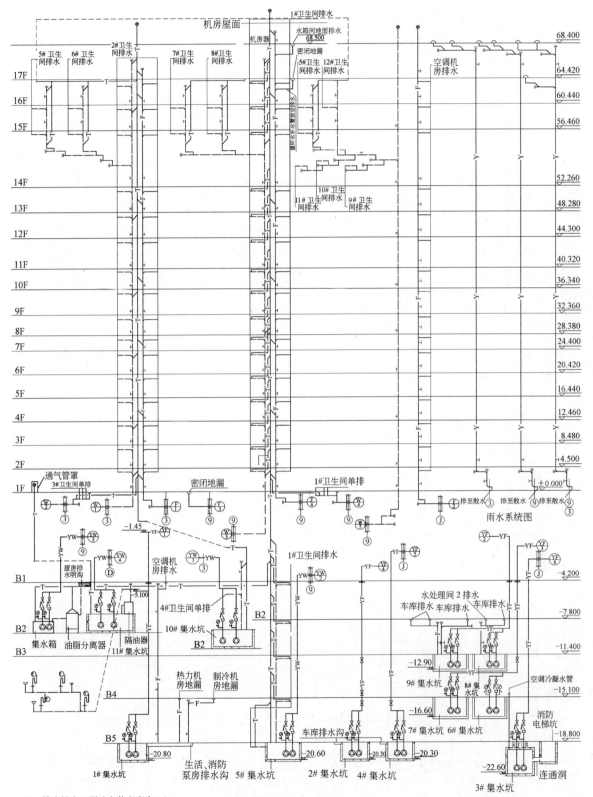

污水、废水系统图

注：排水检查口距地安装高度为1.0m。

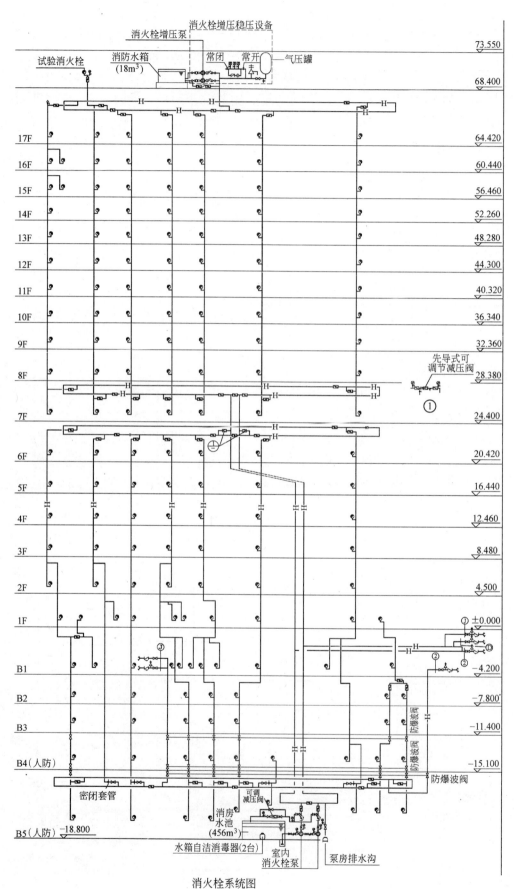

消火栓系统图

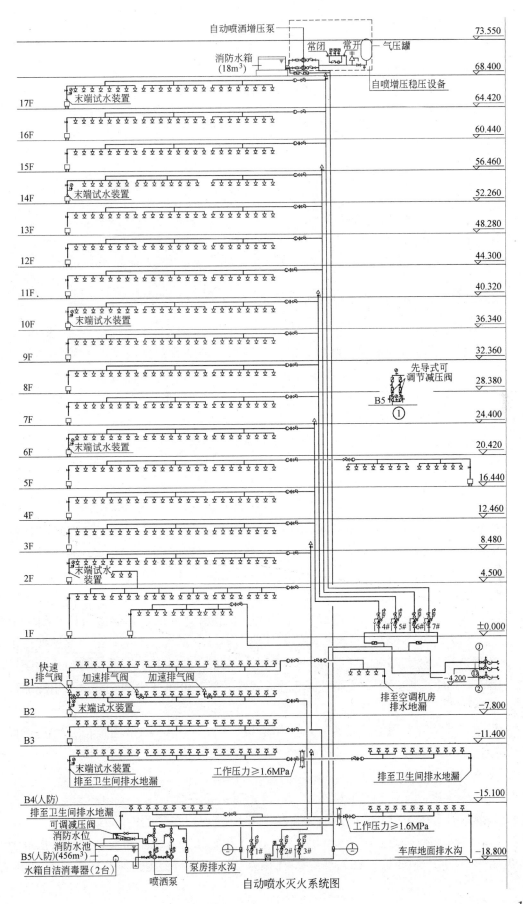

自动喷水灭火系统图

中关村软件园软件出口服务中心

杨东辉

本工程位于北京海淀区中关村软件园 B-R17、B-R18a、B-18b 地块内,是中关村软件园出口服务中心办公楼及公寓楼。建设用地 3.69 万 m²,总建筑面积 7.2 万 m²。地上为公寓、办公楼,高 12.25m,局部高 16.05m;地下 2 层车库。本工程 2004 年 7 月完成施工图设计。

一、给水排水

（一）室外给水排水设计

1. 给水水源由城市自来水管直接提供。从规划六号路预留的两个给水管接口上各引一根 DN150 给水管分别经水表后引进地下室。市政生活给水供水压力为 0.18MPa。

2. 中水水源由市政中水管直接提供。从规划六号路预留的中水接口上引一根 DN100 中水管经水表后引入加工基地的地下室。市政中水供水压力为 0.18MPa。

3. 室内污水在室外汇集,经 2 座化粪池处理后排至规划六号路和规划五号路上两个市政污水预留检查井,出红线污水管管径为 DN300。厨房污水经隔油池处理后排至污水管道。

4. 雨水就近排至规划六号路和规划五号路上两个预留的市政雨水检查井。

5. 管材:给水、中水管采用给水铸铁管。室外污、雨水管采用高密度聚乙烯双壁波纹管,承插接口,橡胶圈密封。

（二）室内给水设计

1. 设计用水量:最高日:864.98m³/d;最大时:75.86m³/h。

2. 系统设计:地上一层及一层以下层均由市政给水管直供,其他层由设在园中园地下二层的生活给水机房设不锈钢给水水箱、紫外线消毒器、生活给水变频给水设施加压供水。

3. 洁具选择:公寓部分的便器冲洗采用 6.0L 水箱。公共卫生间采用脚踏式蹲便器,小便器采用感应式冲洗阀,洗脸盆采用自动感应式水龙头。公寓卫生间洗脸盆采用冷热水混合龙头。

4. 管材:给水管采用钢塑复合管,丝扣连接,DN>100,沟槽连接。卫生间支管采用 PP-R 管。

（三）中水系统设计

1. 设计中水量:最高日:205.07m³/d;最大时:45.77m³/h。

2. 系统设计:中关村软件园内的中水统一集中处理。本工程的污水排入园区的市政污水收集管,由园区统一处理后中水回供本楼。本工程只做中水供水系统,中水供水范围:整个建筑的大便器、小便器、地下车库冲洗用水及室外绿化用水。供水系统分区同给水系统。

3. 管材：中水管采用钢塑复合管，丝扣连接。

（四）热水系统设计

1. 设计热水量：最高日：95.04m³/d；最大时：9.9m³/h。

2. 热源由锅炉房内的燃气锅炉供给。

3. 系统设计：

在软件工程师公寓的地下一层设热交换间制备热水，系统不分区，热水仅供应软件工程师公寓使用。

本系统为全日供应热水，采用机械循环。为保证系统循环效果，节水节能，供回水管道同程布置。

4. 管材：热水管采用热水型钢塑复合管，丝扣连接。

（五）室内排水设计

1. 设计排水量：最高日：602.39m³/d；最大时：84.33m³/h。

2. 废水系统设计：室内±0.000m以上污、废水直接排出室外。室内±0.000m以下污、废水汇集至地下室集水坑，由潜水泵提升排出室外。每个集水坑设潜水泵两台。潜水泵由集水坑水位自动控制。污水经室外化粪池处理后排入市政污水管道。厨房污水经设于室外的隔油池处理后直接排入市政污水管道。

3. 管材：采用离心浇铸机制柔性排水铸铁管，不锈钢卡箍连接。

（六）屋面雨水设计

设计参数：屋面雨水采用建筑外排水。室外雨水设计重现期采用 $P=2$ 年、降雨历时 $t=10min$ 和径流系数 $\psi=0.65$ 设计，路面雨水汇集至雨水口排入雨水管或雨水沟，再排至市政雨水管。

（七）空调冷却水系统设计

1. 设计参数：循环水量：950m³/h；热水温度：37℃；冷水温度：32℃；湿球温度：26.4℃

2. 系统设计：空调用冷却水由超低噪声冷却塔冷却后循环使用。本工程共设3台冷却塔，其中两台400m³/h，一台300m³/h，设于出口加工基地屋顶上。冷却塔补水由园中园下地下二层给水机房内的给水变频水泵供给。循环冷却水设置水质稳定处理装置。

3. 管材：采用无缝钢管，焊接连接，需拆卸处采用法兰连接。

二、消防系统

消防水源为市政自来水。室外消防用水由市政管道直接供给。室内消防用水由内部贮水池供给。贮水池设在地下一层，消防贮水约216m³。

（一）室外消火栓系统

设两路市政水引入管向此项目供水，两路均从东侧规划六号路接入，管径 $DN150mm$。进入用地红线后围绕本建筑形成室外给水环网，环管管径 $DN150$。

室外消防水量30L/s。本设计在建筑物四周的 $DN150mm$ 环管上设 $DN100mm$ 室外地下式消火栓10个。

（二）室内消火栓系统

1. 供水系统：从最低层至屋顶水箱内底几何高差22m，管网系统竖向不分区。消防水池、消防泵房设于地下一层，消火栓泵设2台，1用1备。屋顶消防水箱贮存消防水量 18m³。

2. 水泵接合器：本系统共设 2 个地下式接合器，分设两处，并在其附近设室外消火栓。

3. 管材：采用热镀锌钢管，$DN<100$mm 者，螺纹连接；$DN\geqslant100$mm，沟槽式管接头连接。

（三）湿式自动喷水灭火系统：

1. 设计参数：除地下车库外系统按中危险 I 级要求设计。设计喷水强度 6L/(min·m²)。作用面积 160m²。系统最不利点喷头工作压力取 0.1MPa。系统设计流量约 28L/s。

2. 喷头：除设备机房、卫生间、变配电室、电气机房、消防控制中心等外其余均设喷头保护。

3. 供水系统：最高层与最低层喷头高差 22m，管网竖向不分区，自动喷洒水泵设 2 台，1 用 1 备。由于屋顶消防水箱与最不利喷头几何高差不能满足水压要求，在泵房内设置自动喷洒增压稳压设备一套。

4. 报警阀组：共设 10 套湿式报警阀组，均设在地下一、二层的报警阀室内。各报警阀处的最大水压均不超过 1.2MPa，负担喷头数不超过 800 个。报警阀前的管道布置成环状。

5. 水流指示器：每个防火分区均设水流指示器，并在靠近管网末端设试水装置。

6. 水泵接合器：室外设 2 个 $DN100$ 水泵接合器。

7. 管材：自动喷水系统采用热浸镀锌钢管，$DN<100$mm 者，螺纹连接；$DN\geqslant100$mm 者，沟槽式管接头连接。阀门采用法兰连接。自动喷水系统管材和接口要求承压 1.40MPa。

（四）预作用自动灭火系统

1. 设计参数：地下车库为中危险 II 级，设计喷水强度 8L/(min·m²)，作用面积 160m²。系统最不利点喷头工作压力取 0.1MPa。系统设计流量约 28L/s。系统充水时间不大于 2min。

2. 供水系统：本系统做替代干式系统使用，报警阀下游管网不充压缩空气。水泵与湿式系统共用。

3. 报警阀组：共设 3 套报警阀组，设置在地下一层消防水泵房内。平时阀前最低水压 0.5MPa。各报警阀负担喷头数不超过 800 个。报警阀平时在阀前水压的作用下维持关闭状态。各报警阀控制的管网充水时间不大于 2min。

（五）移动式灭火器

1. 在地下车库入口设移动式泡沫灭火车，在地下一层的变配电室及消防中心设移动式磷酸氨盐气体灭火器。

2. 地下在每个消火栓箱、值班室、空调机房、风机房、电梯机房及各种机房处均设 3 个 5A 的 2kg 装手提式磷酸铵盐干粉灭火器。地上在每个消火栓箱及各种机房处设 2 个 5A 的 2KG 装手提式磷酸铵盐干粉灭火器

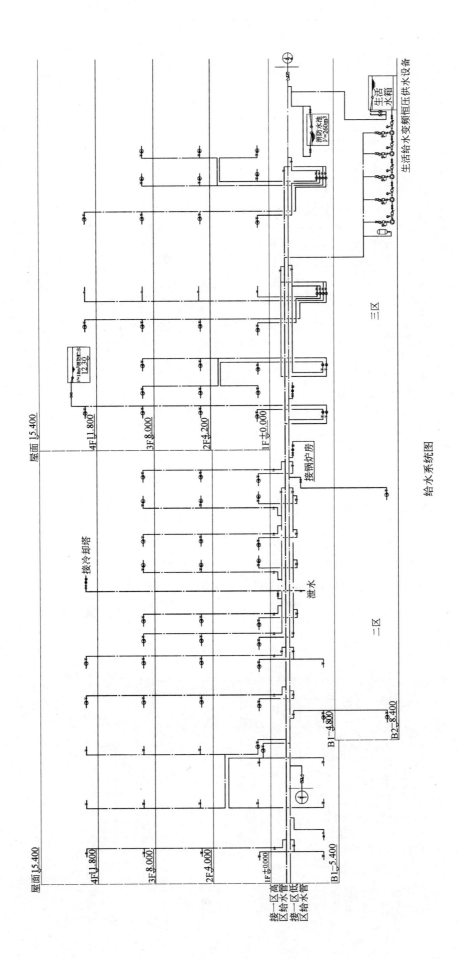

给水系统图

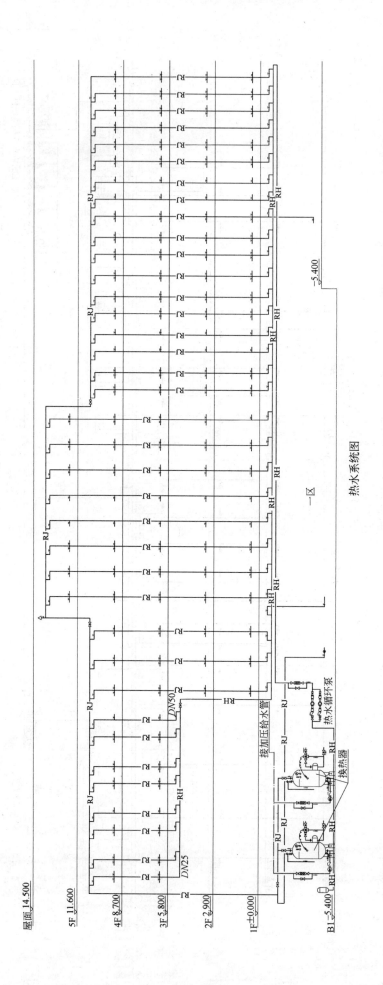

热水系统图

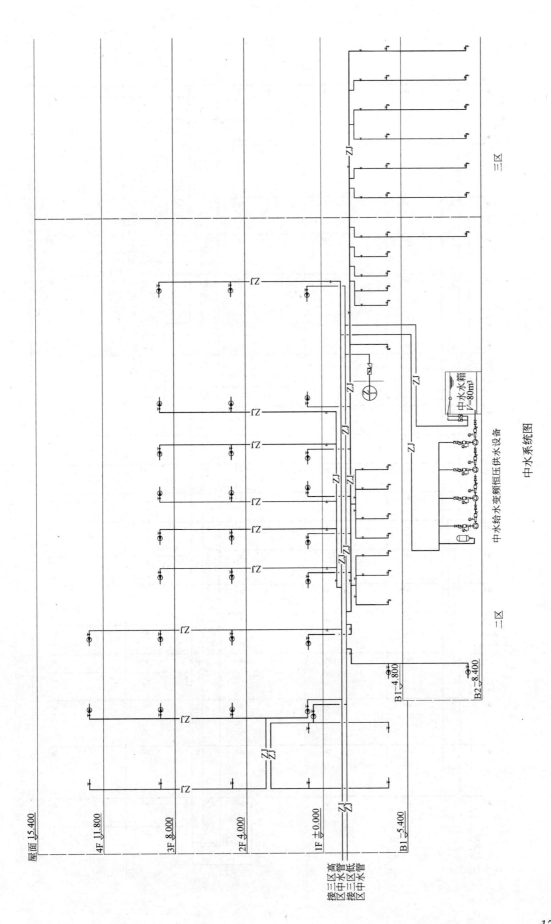

中水系统图

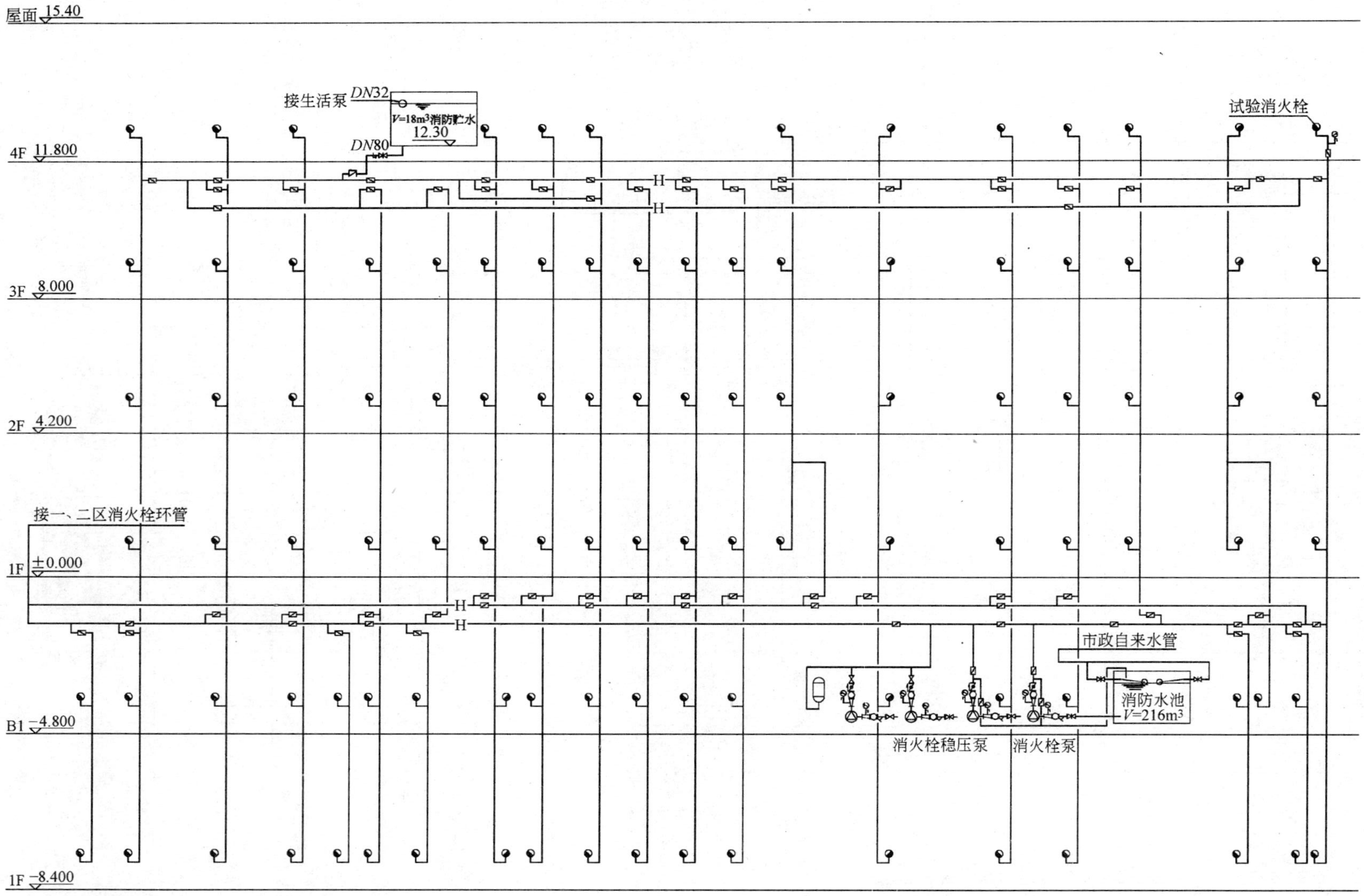

消火栓系统图

注：地下一层、地下二层消火栓采用减压稳压消火栓。

试验消火栓

市政自来水管

消防水池 V=216m³

消火栓泵

消火栓稳压泵

三区

接生活泵 DN32

V=18m³消防之水 12.30

DN80

接一、二区消火栓环管

屋面 15.40

4F 11.800

3F 8.000

2F 4.200

1F ±0.000

B1 -4.800

1F -8.400

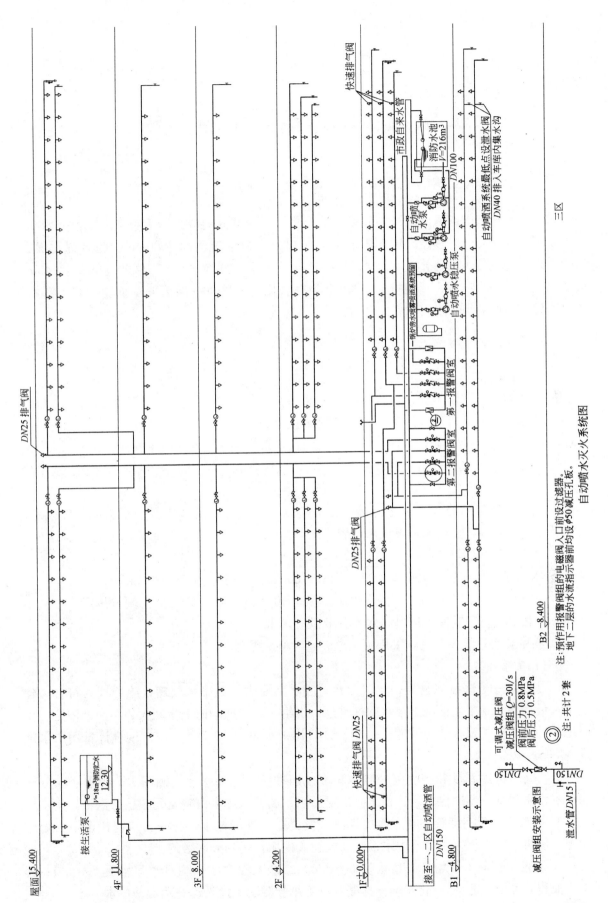

自动喷水灭火系统图

屋面 15.400

接生活泵

4F 11.800

3F 8.000

2F 4.200

1F±0.000

B1 -4.800

接至一、二区自动喷洒管 DN150

快速排气阀 DN25

快速排气阀

DN25排气阀

DN25 排气阀

DN25 排气阀

市政自来水管

消防水池 V=216m³

自动喷淋水泵

自动喷洒水稳压泵

预作用水喷雾预作用装置

第一报警阀室

第二报警阀至

第一报警泵

DN100

自动喷洒系统最低点设泄水阀
DN40 排入车库内集水沟

三区

注:预作用报警阀组的电磁阀入口前设过滤器。
地下二层的水流指示器前均设 φ50 减压孔板。

B2 -8.400

可调式减压阀
减压阀组 Q=30l/s
阀前压力 0.8MPa
阀后压力 0.5MPa

②

注:共计2套

DN150   DN150

泄水管 DN15

减压阀组安装示意图

北京数字出版信息中心一期

匡　杰　黎　松　苏兆征

本工程为北京市新闻出版局办公楼，位于北京市东城区朝内大街后石道。工程分两期，一次规划，分期设计、建设。建设用地10454.14m²，总建筑面积49000m²，室外绿化面积3160.3m²，总高度48m，地上12层，地下2层。其中一期建筑面积19000m²，高度45m，地上12层，地下2层。一期建筑一层以上为办公用房，地下一层为职工食堂、职工浴室，地下二层为各种机房和附属用房。

一、给水排水系统

（一）给水系统

1. 本工程供水水源为城市自来水，供水压力为0.18MPa。从建筑用地东侧东二环西辅路DN300给水管接出一根DN150给水管进入用地红线，经总水表后围绕本楼形成室外给水环网，环管管径DN150。一期、二期建筑的入户管从室外给水环管上接出。

2. 一期本建筑最高日总用水量100.8m³/d，其中空调系统补水量63m³/d。中水回用量12.5m³/d。

3. 管网系统竖向分为二个压力区。二层及以下为低区，由城市自来水水压直接供水，三层及以上为高区，由变频调速供水装置供水。

（二）热水供应系统

1. 本工程最高日热水用水量（60℃）9m³/d，设计小时耗热量为89.9kW。

2. 职工食堂、职工浴室采用集中热水供应，集中热水系统的热源为城市热网。公共卫生间、局长办公室卫生间采用电热水器分散供应热水。

3. 集中热水系统不分区，采用干、立管定时机械循环。

（三）中水系统

1. 本工程中水系统以收集一、二期污、废水为原水，经中水处理设施处理为符合《建筑中水设计规范》中生活杂用水水质标准后，供给一、二期楼内卫生间大、小便器冲洗、车库地面冲洗、室外绿地浇洒使用。一期设计日用中水量为12.5m³/d，二期设计日用中水量为60.6m³/d。

2. 中水供应系统供给卫生间冲厕、车库地面冲洗、室外绿地浇洒用水。中水竖向分区同给水。采用变频调速供水装置供水，二层及以下的低区用水由减压阀减压后供给。

3. 本工程采用毛细管渗滤土地处理法，设置在室外绿地下。分一、二期建设中水处理设施，使得一期工程完工时，中水系统就能投入使用，达到节水目的。

4. 一期工程原水平均日收集水量30m³/d，二期工程原水平均日收集水量50m³/d。其工艺流程：原水（污水）→化粪池→格栅井→毛细管渗滤土地处理→消毒→中水

（四）排水系统

1．污废水合流排至室外污水管道系统。室内地面±0.00m以上采用重力自流排除。地下室污废水均汇至地下二层的集水坑，用污水潜水泵提升排除。

2．厨房污水进集水坑之前设隔油器处理。污水经室外化粪池处理后排入中水处理设施。

二、灭火系统设计

本建筑属一类高层建筑。消防用水标准和用水量见表1。

消防用水标准和用水量表 表1

用水名称	用水量标准(L/s)	一次灭火时间(h)	一次灭火用水量(m³)
室外消火栓系统	25	2	180
室内消火栓系统	25	2	180
湿式自动喷水灭火系统	30	1	108
总设计用水量			468

消防水源为市政自来水。室外消防用水存贮在室外消防水池，室外消防水池设在室外绿地下，有效容积为180m³。室内消防用水存贮在室内消防水池，设在地下二层，有效容积为290m³。

1．室外消火栓系统

室外消火栓系统采用低压给水系统。本工程室外消防给水与生活给水合用室外给水环网。在建筑物四周的DN150mm环管上设5个φ100mm室外地下式消火栓。室外消防水池设人孔，供消防车从室外消防水池中直接吸水，消防水池水位距地面在6m以内。

2．室内消火栓系统

（1）室内消火栓系统为临时高压制。消火栓布置使室内任一着火点有2股充实水柱到达，各消防电梯前室均设消火栓。

（2）室内消火栓系统管网竖向不分区。地下二层至八层采用减压稳压消火栓。消防泵设于地下二层泵房内，消火栓泵设2台，1用1备，定期巡检。

（3）屋顶消防水箱贮存消防水量18m³，在地下二层水泵房设消火栓系统增压稳压装置。

3．自动喷水灭火系统

（1）一期、二期办公楼按中危险级Ⅰ级要求设计。设计喷水强度6L/(min·m²)。作用面积160m²，系统最不利点喷头工作压力取0.1MPa。系统设计流量约23L/s。二期地下车库按中危险级Ⅱ级要求设计。设计喷水强度8L/(min·m²)。作用面积160m²，系统最不利点喷头工作压力取0.1MPa。系统设计流量约30L/s。

（2）采用玻璃球喷头，吊顶处为吊顶型喷头，无吊顶处为直立型。公称动作温度：厨房高温区为93℃级，其余均为68℃级。

（3）自动喷水灭火系统管网竖向不分区，共设2套报警阀组，报警阀前的管道布置成环状。自动喷洒水泵设2台，1用1备。地下二层泵房内设稳压泵稳压。

4．灭火器配置

按A类火灾、中危险级设计。地下二层的变配电室配备手提式和推车式磷酸铵盐干粉灭火器，其余每层配备手提式磷酸铵盐干粉灭火器。

除试验消火栓和消防电梯前室内的消火栓外，每个消火栓处均设 2 个 5A 级手提式磷酸铵盐干粉灭火器。

5. 消防排水

消防电梯底坑设集水坑，有效容积 $2m^3$，设流量不小于 $10L/s$ 的潜水泵排水。

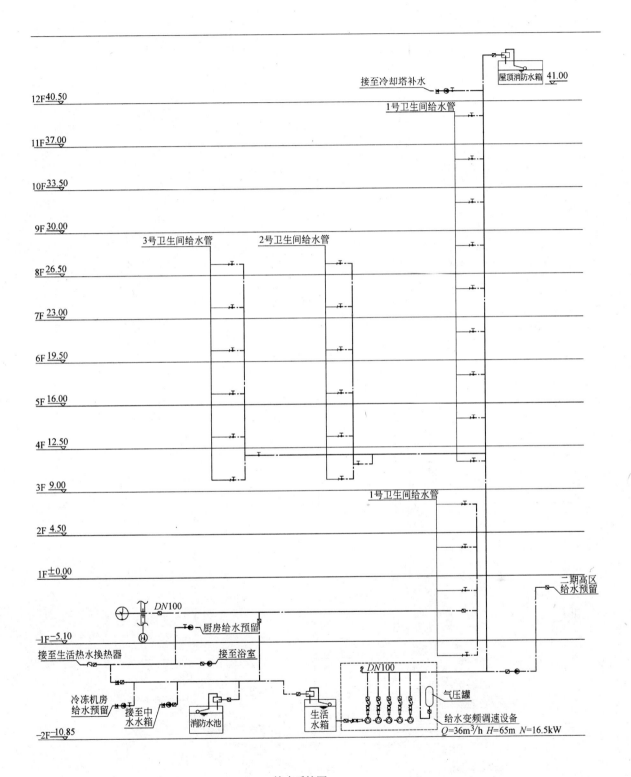

给水系统图

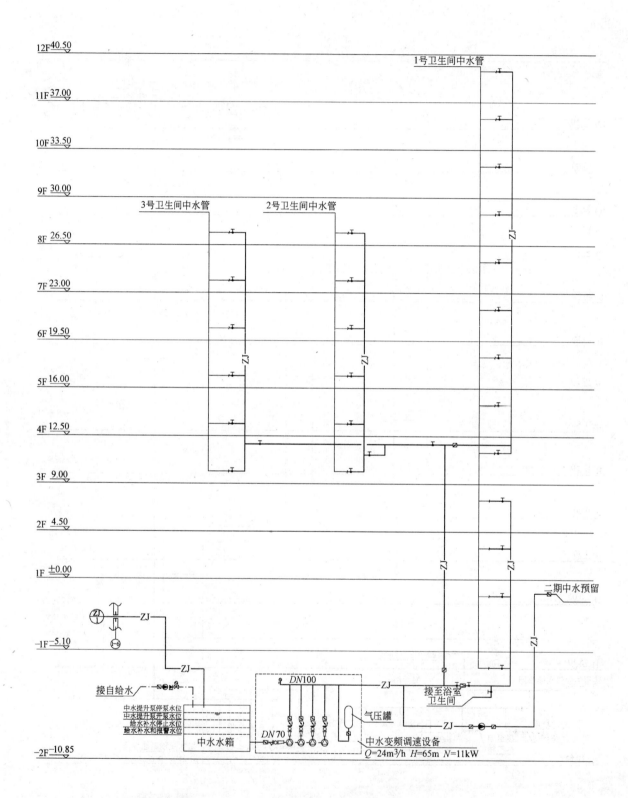

中水系统图

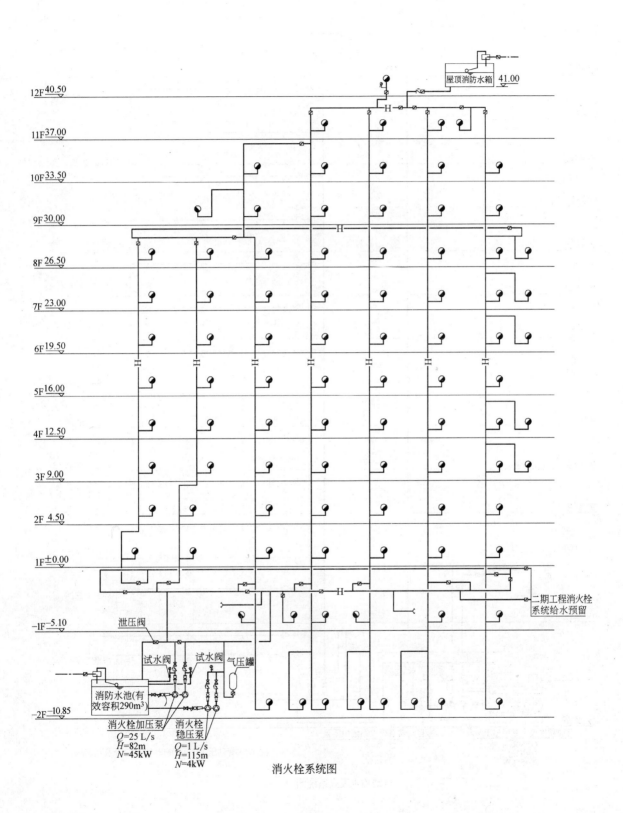

消火栓系统图

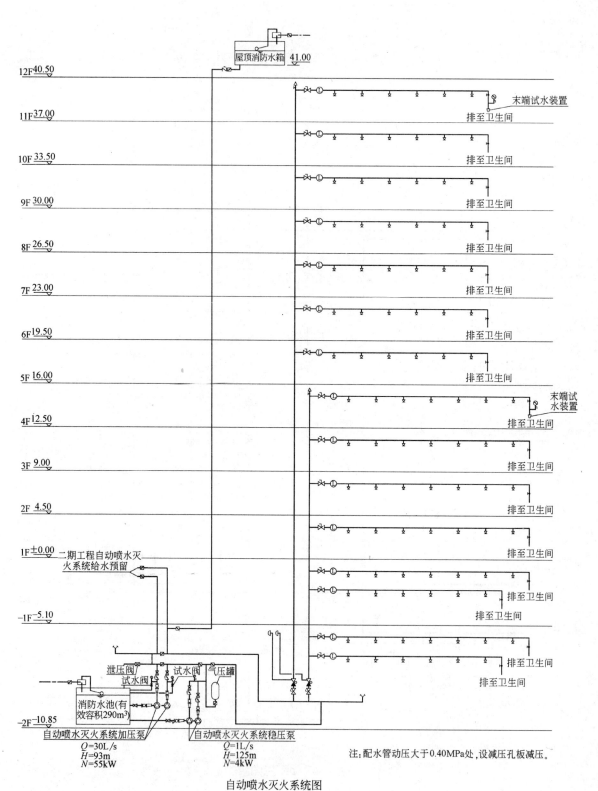

屋顶消防水箱 41.00

12F 40.50

11F 37.00 末端试水装置
排至卫生间

10F 33.50 排至卫生间

9F 30.00 排至卫生间

8F 26.50 排至卫生间

7F 23.00 排至卫生间

6F 19.50 排至卫生间

5F 16.00 排至卫生间

末端试
水装置
4F 12.50 排至卫生间

3F 9.00 排至卫生间

2F 4.50 排至卫生间

1F ±0.00 二期工程自动喷水灭 排至卫生间
火系统给水预留
排至卫生间

-1F -5.10 排至卫生间

泄压阀 试水阀 气压罐 排至卫生间
试水阀 排至卫生间

消防水池(有
效容积290m³)

-2F -10.85

自动喷水灭火系统加压泵 自动喷水灭火系统稳压泵
Q=30L/s Q=1L/s
H=93m H=125m
N=55kW N=4kW

注:配水管动压大于0.40MPa处,设减压孔板减压。

自动喷水灭火系统图

轻汽西厂区改造项目

王涤平　蒋春艳　黎　松　苏兆征

本工程位于北京市海淀区。由一条南北走向的内部路分为东西两个部分，西部为住宅区，东部为公建区。总占地面积 7.39hm²，其中住宅区占地 3.91hm²，公建区占地 3.48hm²。

本工程总建筑面积 419860m²，其中住宅区 175332m²，公建区 244528m²。

公建区地上分为南北区，南区包括：酒店式公寓（CS5），商业，办公（CS1～CS4）；北区包括：会所（CN3），商业，办公（CN2～CN5），消防中队（CN1）。地下三层：地下一层为商业，机房；地下二层为汽车库；地下三层为六级人防物资库，平时为汽车库。建筑高度：北区：80m（19 层），南区：99m（24 层）。

本工程住宅部分由北京市建筑设计研究院负责设计，公建部分由中国建筑设计研究院负责设计。

工程目前正在施工阶段。

一、给水排水系统

（一）给水系统

1. 地下三层～一层由市政自来水管网直接供水，供水水压为 0.18MPa，其他由变频调速供水装置供水。

2. 冷水用水量见表 1、表 2

公建北区生活用水量计算表　　　　　　　　　　　　　　　　　　表 1

序号	用水项目名称	使用数量	用水量标准	日用水时间(h)	小时变化系数	用水量(m³)		
						最高日	最高时	平均时
1	办公	3900人	50L/(人·d)	10	1.2	195	23.4	19.5
2	商业	10400m²	5L/(m²·d)	12	1.5	52	6.5	4.3
3	餐饮	3100人	40L/(人·次)	10	1.5	124	18.6	12.4
4	消防中队住宿	50人	130L/(人·d)	24	2.5	6.5	0.7	0.3
	办公	50人	50L/(人·d)	10	1.2	2.5	0.3	0.25
	餐饮	50人	25×3L/(人·次)	16	1.2	3.75	0.3	0.24
5	健身中心	200人	30L/(人·次)	8	1.5	6.0	1.125	0.75
6	淋浴桑拿	60人	150L/(人·次)	12	2.0	9.0	1.5	0.75
7	车库冲洗	28000m²	2L/(m²·d)	8	1.0	56	7.0	7.0
8	游泳池补水	350m³	5%池容积	10	1.0	17.5	1.75	1.75
9	绿化	1869m²	1.5L/(m²·d)	4	2.0	2.8	1.4	0.7
	小计					475.05	62.575	47.94
	未预见水量	10%计				47.5	6.3	4.8
10	冷却塔补水	2460m³/h	2%循环水量	10	1.0	492	49.2	49.2
	总计					1015	118.1	102

序号	用水项目名称	使用数量	用水量标准	日用水时间 (h)	小时变化系数	用水量(m³)		
						最高日	最高时	平均时
1	办公	5800人	50L/(人·d)	10	1.2	290	24.2	29
2	酒店式公寓	300人	250L/(人·d)	24	2.5	75	7.8	3.125
3	商业	9450m²	5L/(m²·d)	12	1.5	47.25	5.91	3.94
4	餐饮	2000人	40L/(人·次)	10	1.5	80	12	8
5	娱乐	100人	5L/(人·次)	8	1.5	0.5	0.1	0.625
6	健身	60人	30L/(人·次)	8	1.5	1.8	0.34	0.225
7	美容美发	30人	70L/(人·次)	12	1.5	2.1	0.263	0.175
8	车库冲洗	26500m²	2L/(m²·d)	8	1.0	53	6.625	6.625
9	绿化	2115m²	1.5L/(m²·d)	4	2.0	3.173	1.6	0.8
	小计					552.823	58.838	52.515
	未预见水量	10%计				55.3	5.9	5.25
10	冷却塔补水	3160m³/h	2%循环水量	10	1.0	632	63.2	63.2
	总计					1240	128	121

3. 给水系统

北区竖向分为三个区:一区:地下三层~一层,二区:二层~十层,三区:十一层~十九层;南区竖向分为四个区:一区:地下三层~一层,二区:二层~十层,三区:十一层~十九层,四区:二十层~二十四层,公寓(CS5)分为二个区:一区:四层~十二层,二区:十三层~十八层。

4. 北区、南区一区由市政自来水管网直接供水;北区二区至三区,南区二区至四区及公寓一、二区由变频调速供水装置供水。

5. 管材:采用衬塑钢管,公寓水表后采用PP-R管材。

(二)热水系统

1. 热水供应范围

酒店式公寓,会所,消防中队,办公。其中酒店式公寓,会所,消防中队采用集中热水供应;办公采用电热水器分散供应热水。

2. 热源为城市热网。公建区分南北区各设一个热交换机房,由热力公司负责设计,我院提供热水需水量,耗热量及设计要求。

3. 热水系统采用机械循环,每个系统设二台热水循环泵,一用一备,互为备用,当系统水温低于50℃时,热水循环泵自动开启运行,系统水温达55℃时,热水循环泵自动关闭停止运行。公寓(CS5)入户支管采用电伴热保温。

4. 热水系统分区同生活给水系统分区。

5. 热水用水量见表3。

6. 管材:采用热水用衬塑钢管,公寓水表后采用热水用PP-R管材。

(三)中水系统

1. 回收住宅区淋浴废水,公建区酒店式公寓废水、消防中队及会所的淋浴废水、公建卫生间洗手盆废水,经设于住宅区会所地下二层中水处理机房处理后,回用于住宅区住宅冲厕及公建区CN2、CN4、CS2楼卫生间冲厕。

2. 中水源水量见表4,中水回用水量见表5,源水量为回用水量的110%。

公建区热水量计算表　　　　　　　　　　　　　　　　　　　　　表3

序号	用水项目名称		使用数量	用水量标准（60℃）	日用时间（h）	小时变化系数 K	用水量（m³）			耗热量（kW）
							最高日	最高时	平均时	
1	北区	消防中队	50人	60L/（人·d）	24	6.84	3	0.855	0.125	152
2	北区	游泳池补水	250m²							215
3	北区	淋浴桑拿	60	100L/（人·d）	12	6.84	6	3.42	0.5	256
4	南区	酒店式公寓	300人	160L/（人·d）	24	5.61	48	11.22	2.0	840
	小计						57	15.5	2.625	1463
	未预见水量		10%计				5.7	1.6	0.3	146.3
	总计						62.7	17.1	3.0	1610

中水原水量表　　　　　　　　　　　　　　　　　　　　　表4

序号	名称		人数（人）	用水定额×0.7×0.8	时间（h）	K	用水量（m³）			备注
							最高日	最高时	平均时	
1	住宅		1620	250L/（人·d）×59%×0.7×0.8	24	2.5	134	14	5.6	住宅区
2	办公		9700	50L/（人·d）×34%×0.7×0.8	10	1.2	92	11	9.2	公建区
3	消防中队		50	130L/（人·d）×95%×0.7×0.8	24	2.5	3.5	0.4	0.15	公建区
4	酒店式公寓		300	250L/（人·d）×40%×0.7×0.8	24	2.5	16.8	1.75	0.7	公建区
4	会所	泳池淋浴	720	100L/（人·d）×95%×0.7×0.8	12	2.0	38	6.4	3.2	公建区
5		淋浴桑拿	30	150L/（人·d）×95%×0.7×0.8	12	2.0	2.4	0.4	0.2	公建区
	合计						286.7	34	19	

中水回用水量表　　　　　　　　　　　　　　　　　　　　　表5

序号	名称	人数（人）	用水定额［L/（人·d）］	时间（h）	K	用水量（m³）			备注
						最高日	最高时	平均时	
1	住宅	1548	250×21%	24	2	81.3	6.8	3.4	住宅区
2	会所	50	50×66%	10	1.5	1.65	0.255	0.17	住宅区
3	商业	36	50×66%	12	1.5	1.2	0.15	0.1	住宅区
4	办公（CN2）	1100	50×66%	10	1.2	36.3	4.4	3.63	公建区
5	办公（CN4）	2100	50×66%	10	1.2	69.3	8.4	7	公建区
6	办公（CS2）	2100	50×66%	10	1.2	69.3	8.4	7	公建区
7	商业（CN2）	2215m²	5×5%	12	1.5	0.75	0.1	0.06	公建区
8	商业（CN4）	2750m²	5×5%	12	1.5	0.92	0.12	0.08	公建区
9	商业（CS2）	2750m²	5×5%	12	1.5	0.92	0.12	0.08	公建区
	合计					261.6	28.75	21.5	

3. 中水系统

竖向分为二个区：一区：地下三层～十层，二区：十一层～十九层。一、二区由变频调速供水装置供水。

4. 中水处理工艺流程：

优质杂排水→格栅→调节池→生物处理（氧化曝气）→沉淀→过滤→消毒→中水

5. 管材：采用衬塑钢管。

（四）排水系统

1. 公建区污、废水分流。公建区酒店式公寓、消防中队及会所的淋浴废水、公建卫生间洗手盆废水为中水源水，生活污水经室外化粪池处理后排入市政污水管道。

2. 地下室内的污、废水汇集至集水坑经潜水泵提升后排至室外污水管道。

3. 办公楼的公共卫生间设专用通气立管，每隔2层设结合通气管与污、废水立管相连；CS5公寓卫生间设专用通气立管，厨房不设专用通气立管，仅设伸顶通气管。

4. 厨房工艺由专业公司负责，内设隔油器。

5. 管材：采用柔性抗震机制排水铸铁管及管件。

（五）雨水系统

1. 暴雨重现期：$P=10$ 年。暴雨强度公式：$q=2001(1+0.811\lg P)/(t+8)^{0.711}$

2. 公建区建筑屋面雨水采用内排水的排水方式，单斗系统。

地下车库出入口处设雨水截水沟和集水坑，截流至集水坑内的雨水由潜水排污泵提升后排入室外雨水管道。

3. 管材：立管采用镀锌钢管，水平出户管采用给水铸铁管。

（六）冷却循环水系统

1. 设计参数：湿球温度28℃；冷却塔进水温度37℃，出水温度32℃。公建北区循环水量2460m³/h，补水量49.2m³/h；公建南区循环水量3160m³/h，补水量63.2m³/h，循环水利用率为98％。

2. 冷却塔及补水：横流式超低噪音玻璃钢冷却塔17台，与冷冻机对应配套使用。冷却塔设于CN2，CN4，CS2，CS4，CS5建筑屋面上。冷却塔补水由变频调速供水装置供给。

二、消防系统

（一）消防用水量

1. 水量见表6。

消防用水量 表6

序　号	系统名称	用水量标准（L/s）	火灾持续时间（h）	一次灭火用水量（m³）
1	室外消火栓	30	3	324
2	室内消火栓	40	3	432
3	自动喷水灭火	30	1	108

2. 消防灭火系统：本工程设室内消火栓系统、自动喷水灭火系统。

3. 消防水源为市政自来水。室外消防用水由市政管道直接供给。室内消防用水由地下消防贮水池供给。贮水池设在住宅区会所地下二层，消防贮水540m³。

（二）消火栓系统

1. 室外消火栓系统：两路市政水引入管向本工程供水，一路从首体南路接入，管径DN200mm，一路从车公庄西路接入，管径DN200mm。进入用地红线后形成室外给水环网，环管管径DN200mm。

本小区在建筑物四周的DN200mm环管上设13个DN100mm室外地下式消火栓。

2. 公建区室内消火栓系统：

（1）消火栓系统分高低区，低区：地下三层～十一层，高区：十二层以上。高低区消火栓给水管分别成环，人防层单独成环。低区平时由屋顶水箱维持管网压力，高区由增压稳压装置维持管网压力。

（2）考虑到小区一次火灾，消防泵房集中设于住宅区会所地下二层，并为公建区设低区消火栓泵 2 台，互为备用；高区消火栓泵 2 台，互为备用。

（3）公建区在 CS4 屋顶设消防水箱一座，贮存消防水量 18m³，水箱底标高与最不利消火栓几何高差小于 7m，设消火栓增压稳压装置一套，稳压泵供水能力为 5L/s。

（4）消火栓箱内配 $DN65mm$ 消火栓 1 个，$DN65mm$、$l=25m$ 麻质衬胶水带 1 条，$DN65×19mm$ 直流水枪 1 支，消防卷盘一套（汽车库、消防电梯前室消火栓不带水喉）。所有消火栓处均配带指示灯和常开触点的起泵按钮一个。

（5）水泵接合器：设 6 组地下式室外消防水泵接合器。

（6）管材：采用涂塑无缝钢管，沟槽和法兰连接。未采暖的地下车库的消火栓管道做电伴热保温。

（三）自动喷水灭火系统：

1. 危险等级：办公、会所等用房按中危险级Ⅰ级设计；地下停车库、商场按中危险级Ⅱ级设计。

2. 设计参数：中危险级Ⅰ级，设计喷水强度 6L/(min·m²)，作用面积 160m²；中危险级Ⅱ级，设计喷水强度 8L/(min·m²)，作用面积 160m²。地下车库采用预作用系统，系统充水时间不大于 2min。

3. 小区按一次火灾考虑，消防泵房集中设于住宅区会所地下二层，并为公建区设自动喷水泵 2 台，互为备用。

4. CS4 屋顶水箱间设稳压泵稳压。稳压泵供水能力为 1L/s。

5. 喷头：

（1）除厕所、卫生间、变配电室、电话总机房、消防控制中心、电梯机房、水箱间不设喷头外，其余均设喷头保护。因地下一层防火分区面积超出规范规定，在水暖机房也设置喷头。

（2）地下一、三层采用大口径玻璃球喷头，其余采用普通玻璃球喷头，吊顶下为吊顶型喷头，吊顶内喷头为直立型，无吊顶的客房、办公室为边墙型。公称动作温度：厨房炉灶上部为 93℃级，厨房其余部位为 79℃级，其它部分均为 68℃级。

6. 报警阀组：地下停车库采用预作用湿式自动喷水灭火系统，共设 10 组预作用阀组，地面以上有采暖设施的用房采用湿式自动喷水灭火系统，共设 22 组报警阀组，分别设置在地下一、二层，十一层及十六层，各报警阀负担喷头数不超过 800 个。报警阀前的管道布置成环状。

7. 水流指示器：每个防火分区均设水流指示器，并在靠近管网末端设试水装置。

8. 水泵接合器：室外设 2 组水泵接合器。

9. 管材：采用加厚热浸镀锌钢管，丝扣和沟槽式卡箍连接。

（四）移动式灭火器：

1. 地下一层的变配电间，电话机房设推车式磷酸铵盐干粉灭火器。

2. 办公建筑，酒店式公寓，商业建筑，会所均设手提式磷酸铵盐干粉灭火器。

三、设计及施工体会

1. 本工程属于大型综合性建筑，建筑方案为加拿大 JAMES KM CHENG ARCHI-

TECTS INC 负责设计，初步设计及施工图设计由中国建筑设计研究院与北京市建筑设计研究院共同完成，由此相互间的配合尤为重要，尤其是整个小区的外管线设计。本工程由中国建筑设计研究院负责设计小区外管线，而建筑主体距红线距离过近，故提前进行了小区管线的综合工作，把给水管线尽可能的走在室内，对污、废水管线也规定了出户方向，这样有利于设计工期顺利进行，减少返工现象。

2. 在本工程消防设计中，经过计算，感觉到对于大底盘的建筑物（287.2m×85.6m），消火栓系统在地下一层成环，仅成一个大环，以最不利点计算沿程损失过大，导致消火栓泵扬程的选取也过大，因此，我们在一个大环中间加了一个通路，使一个大环变成二个环，这样再以最不利点计算沿程损失就大大的减小了，消火栓泵扬程的选取也较为合适。

3. 在本工程中水设计中，应甲方"中水不上住宅区的住宅楼"的要求，进行中水平衡：住宅区洗涤废水，公建区公寓、会所淋浴废水，均作为中水原水回收，处理后用于住宅区及公建区车库地面冲洗和绿化用水。以计算表面看中水是平衡的，但实际上，冬天绿化及车库地面冲洗用水量明显减少，达不到计算值，中水实际上是不平衡的。因此，建议甲方在住宅区的住宅楼中回用中水，这不仅可以达到节水目的，而且在水资源紧张，水费日益高涨的今天也符合普通居民的需要。这样一来中水达到真正的平衡，顺利通过北京市城市节水管理中心的审批。

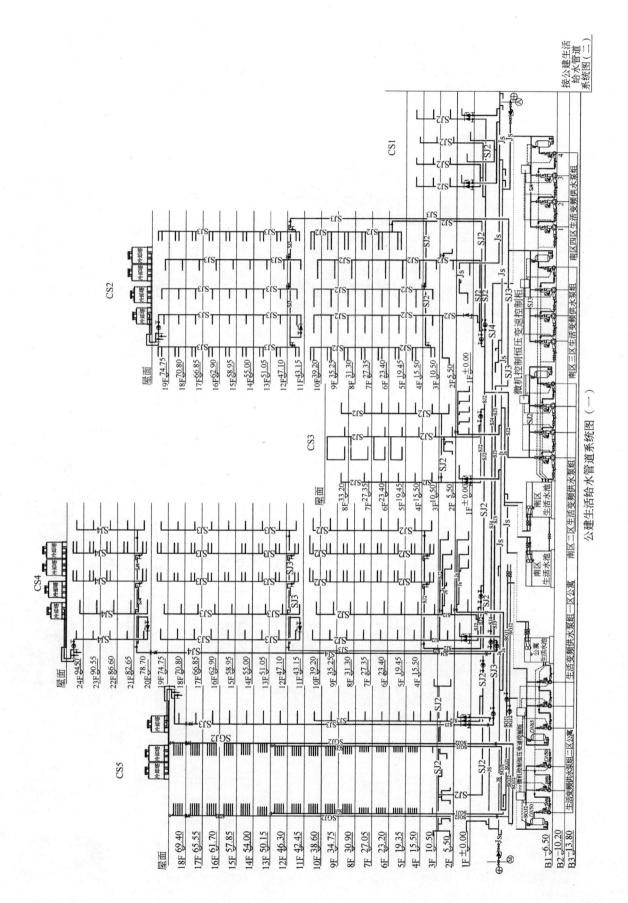

公建生活给水管道系统图（一）

接公建生活
给水管道
系统图（二）

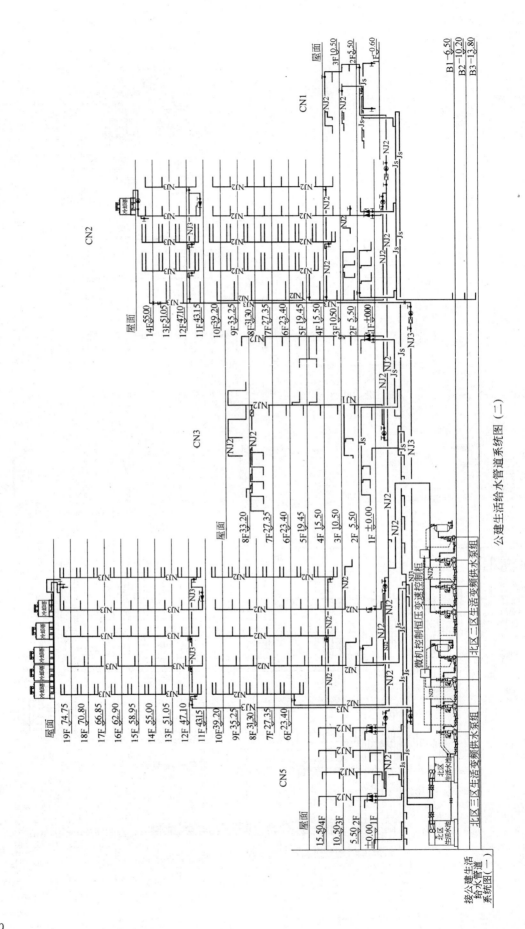

公建生活给水管道系统图（二）

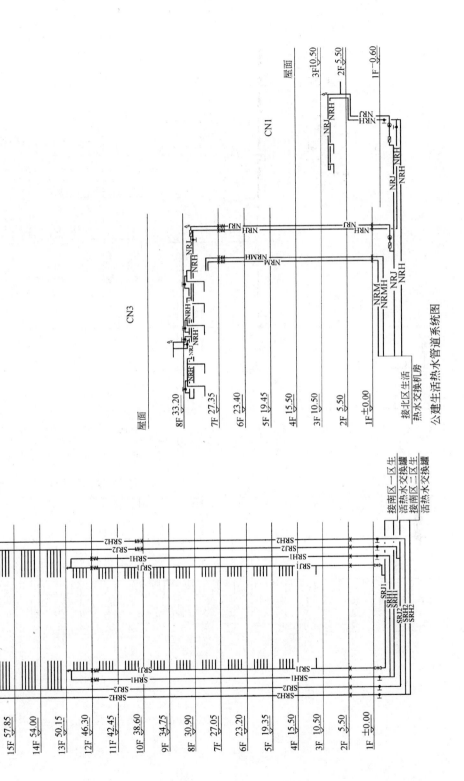

公建生活热水管道系统图

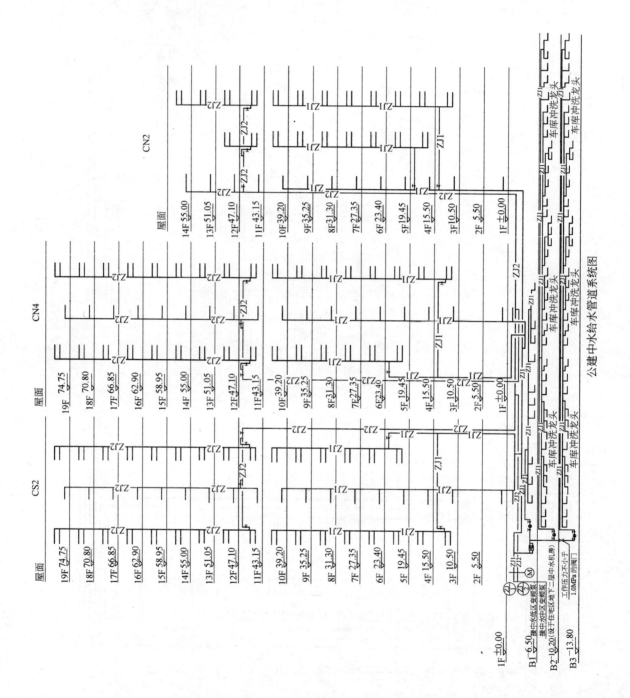

公建中水给水管道系统图

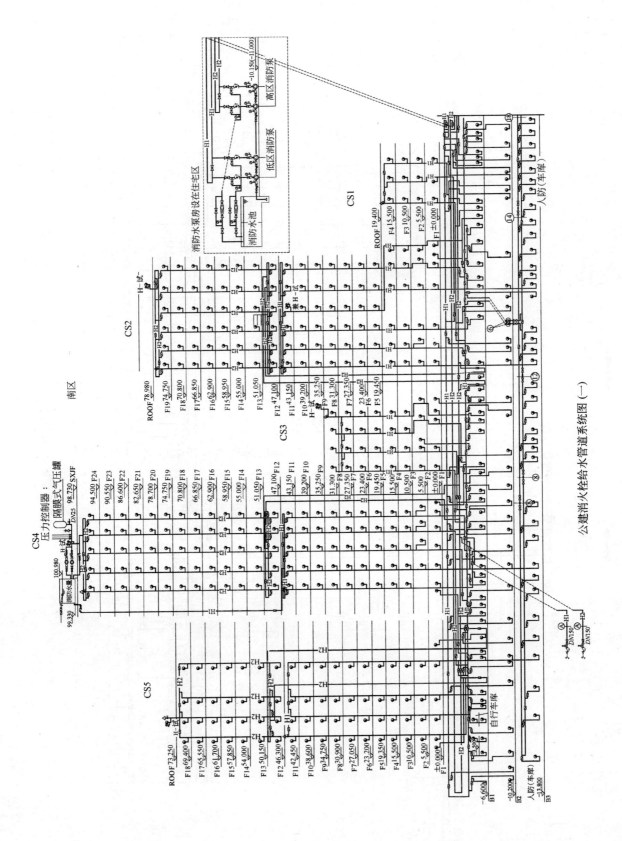

公建消火栓给水管道系统图（一）

公建消火栓给水管道系统图（二）

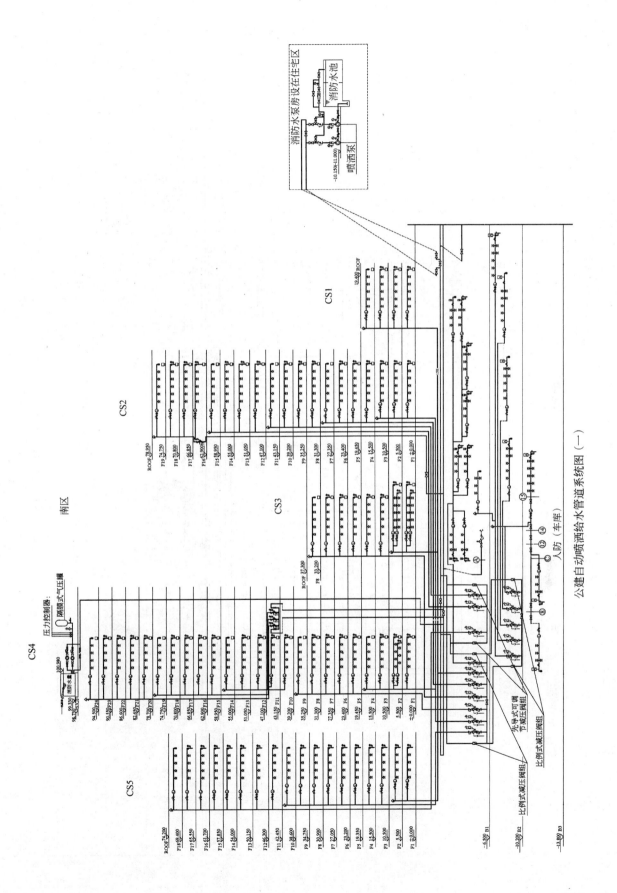

公建自动喷洒给水管道系统图（一）

公建自动喷洒给水管道系统图 (二)

海淀温泉生态办公区（EOD）A座办公楼

杨 澎

本工程属市重点工程之一，位于北京市海淀区温泉镇中关村科技园区海淀园发展区内，占地面积47500m²，办公区内用地划分成四部分，三块作为办公园区，另外以一个生态湿地"公园"作为园区的绿色核心。A座办公楼采用钢结构形式，建筑面积3225m²，屋面绿化面积850m²，建筑高度9m，使用人数145人。其中地下建筑面积293m²，为设备机房及管理用房，地上建筑面积2932m²，一层为员工办公区、厨房、职工餐厅及健身房，二层为高管办公区、休息区及员工办公区。

本工程依据国家现行规范及《中关村科技园海淀园发展区生态规划》及《绿色建筑评估体系（第二版）》（LEED Green Building Rating System™ Version²·⁰）进行设计。

本工程于2003年9月底完成施工图设计，2003年10月开始施工，次年5月底竣工。

一、给水排水系统

（一）给水系统

1. 冷水用水量见表1。

冷水用水量表 表1

序号	用水项目	使用数量	用水量标准	使用时间(h/d)	小时变化系数	用 水 量		
						最高日(m³/d)	最大时(m³/h)	平均时(m³/h)
1	办公	145人	50L/(人·d)	10	2	7.25	1.45	0.725
2	居住	6人	180L/(人·d)	24	2.5	1.08	0.113	0.045
3	职工餐厅	145人	20L/(人·d)	4	2	2.9	1.45	0.725
4	屋面绿化	850m²	2L/(m²·d)	8	2	1.7	0.425	0.21
5	小 计					12.95	3.438	1.705
6	合 计	不可预见水量取1～4项总和的5%				13.58	3.61	1.79

2. 水源：为城市自来水，水压0.18MPa。从建筑用地西侧的春阳路DN1000的给水管上接出DN200的给水管两根，进入用地红线，在红线内经总水表后以DN200的管道构成环状供水管网。

3. 系统竖向分区及供水方式：因建筑高度为9m，在市政供水压力范围内，因此采用由市政给水管直接供给本建筑生活用水，详见给水系统图。

4. 管材：室内给水管采用薄壁不锈钢管、卡压连接；室外给水管采用带内衬给水铸铁管，承插接口、橡胶圈密封。

（二）热水系统

1. 热水用水量见表2。

序号	用水项目	使用数量	用水量标准	使用时间(h/d)	小时变化系数	用水量(m³)		
						最高日(m³/d)	最大时(m³/h)	平均时(m³/h)
1	居住	6人	90L/(人·d)	24	5.12	0.54	0.12	0.023
2	办公	145人	10L/(人·d)	10	2	1.45	0.29	0.145
3	小计					1.99	0.41	0.168
4	合计	不可预见水量取1～2项总和的5%				2.09	0.43	0.18

2. 热源：因建设用地无市政热力管线，所以采用太阳能制备生活热水。

3. 系统竖向分区：同给水系统，详见热水系统图。

4. 加热设备及热水温度的保证措施：

居住部分设4台太阳能热水器（150L），带智能化电辅助加热装置，因季节或气候原因出水温度较低时，利用电加热方式保证出水温度为50～55℃。办公部分设8台太阳能热水器（200L），管道采用电伴热保温，用于冬季保持夜间热水器中水温维持在5℃，防止结冰造成对热水器的损坏。

太阳能热水器采用1.5m全玻璃真空管太阳集热管，氧化轧花铝漫反射板，45mm保温层采用聚氨酯整体发泡技术。

5. 冷、热水压力平衡措施：在办公区卫生间洗手盆处设冷热水平衡阀以保证用水点的压力平衡；居住区在屋顶设置两台热水管道泵增压，以保证卫生间浴盆及淋浴器的工作压力，同时在卫生间设冷热水平衡阀，保证用水点的压力平衡。

6. 管材：热水管采用薄壁不锈钢管、卡压连接。热水管均作保温，保温材料采用超细玻璃棉。

（三）排水系统

1. 该系统采用污、废水合流形式，±0.000m以上污水直接排至室外，±0.000m以下污水排至集水坑，用潜水泵提升排出室外，详见污废水系统图。

2. 居住区卫生间排水管采用伸顶透气的方式，办公区卫生间排水管设置专用通气立管，同时设置环形通气管，以保证排水通畅，详见污废水系统图。

3. 卫生间排水经化粪池处理后与厨房操作间排水经隔油池处理后合并，通过毛管渗滤技术处理达到景观用水的水质标准，用于室外景观池的补水。

4. 管材：室内污水管均采用离心机制排水铸铁管、承插法兰连接、橡胶圈密封；压力排水管采用热浸镀锌钢管，丝扣或法兰连接。室外污水管采用氯乙烯（UPVC）加筋管，承插接口，橡胶圈密封。

（四）雨水系统

1. 暴雨强度公式：

$$q = \frac{2001(1+0.811\lg p)}{(t+8)^{0.711}}$$

雨水量

$$Q = \Psi q F$$

重现期：屋面$P=2$年，室外$P=1$年。

2. 屋面雨水采用内排水系统排至室外人造水景或散水。

3. 雨水利用：屋面雨水通过绿地或透水路面回渗地下，补充地下水。场地雨水通过地面径流至园区中央池塘，既作为景观补水，同时通过土壤入渗补充地下水。

4. 管材：室内雨水管采用热浸镀锌钢管，丝扣或法兰连接；屋面雨水斗采用钢制

87 型。

二、消防系统

（一）消防用水量及水源

1. 用水量标准及一次灭火用水量见表 3。

表 3

消防系统	用水量标准	火灾延续时间	一次灭火用水量
室外消火栓系统	20L/s	2h	144m³
室内消火栓系统	15L/s	2h	108m³
自动喷洒系统	20L/s	1h	72m³

2. 消防水源

本工程的供水水源为城市自来水，室外消防给水与生活给水合用 $DN200$ 环状供水管网。

（二）消火栓系统

1. 室外消火栓系统：由市政给水管直接供给。

2. 室内消火栓系统采用临时高压系统。市政给水管道能满足室外消防的水量水压要求，为解决建筑内的消防用水要求，在室外地下设 180m³ 消防水池一座，其中贮存室内消火栓一次灭火用水量108m³，自动喷洒用水量72m³。室外地下消防泵房内设两台消火栓加压泵（一用一备，$Q=0\sim15L/s$，$H=60m$，$N=15kW$）。在屋顶设 9m³ 的消防水箱一座。本建筑为一个消火栓供水系统。平时消火栓管网由屋顶水箱保证系统压力，详见消火栓系统图。

3. 本建筑除屋顶水箱间外各层均设消火栓保护，室内消火栓设在明显和易于取用处，其布置保证任何一点均有两股水柱（10m 充实水柱）同时到达。每个消火栓箱内均配 $DN65mm$ 消火栓一个，$DN65mm$，$L25m$ 的麻质衬胶水带一条，$DN65\times19mm$ 直流水枪一支，自救卷盘一套，手提磷酸铵盐干粉灭火器二具，启泵按钮和指示灯各一个。

4. 管材：采用无缝钢管，焊接连接。地下一层入口附近管道采用电伴热保温。

（三）自动喷水灭火系统

1. 本建筑除水箱间、卫生间、空调机房、风机房、消防控制室、变配电室、楼梯间及不能用水扑救的场所外均设有自动喷洒头保护，按轻危险级设计。

2. 在室外地下消防泵房内设两台自动喷洒加压泵（$Q=0\sim20L/s$，$H=70m$，$N=22kW$）及增压稳压装置一套（$Q=0\sim1L/s$，$H=80m$，$N=4kW$）。平时自动喷洒管网由屋顶水箱及增压稳压装置保证系统压力。消防时，由加压泵直接加压供水，详见自动喷水灭火系统图。

3. 本建筑共设湿式报警阀 1 套（设在室外地下消防泵房内）。每套报警阀负担的喷头数不超过 800 个。在每层每个防火分区内设水流指示器和带电讯号阀门及末端排水装置，在二层设末端试水装置。

4. 厨房操作间内喷头采用 93℃温级的易熔合金直立型喷头，其它均采用 68℃温级的直立型玻璃球喷头。

5. 自动喷洒系统设 2 套 $DN100$ 室外地下室消防水泵接合器，供消防车向室内自动喷洒系统补水用。

6. 室内自动喷洒管采用热浸镀锌钢管，$DN<100mm$ 者丝扣连接，$DN\geqslant100mm$ 以上者沟槽式管件连接。地下一层入口附近及车库内管道采用电伴热保温。

三、设计体会

生态建筑的设计除符合其自身特点及要求外，还应考虑其经济性，结合国内现有的技术与设备水平。本专业的生态概念主要体现在节水、太阳能的利用、生活污水的处理与回用、雨水利用及可回收管材的应用，达到减少水资源的消耗、减少对环境造成破坏的能源的使用、减少对环境的污染等目的。

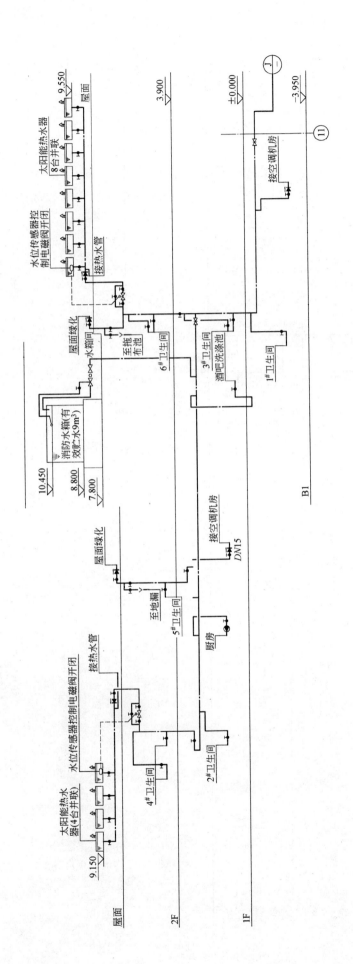

给水系统图

热水系统图

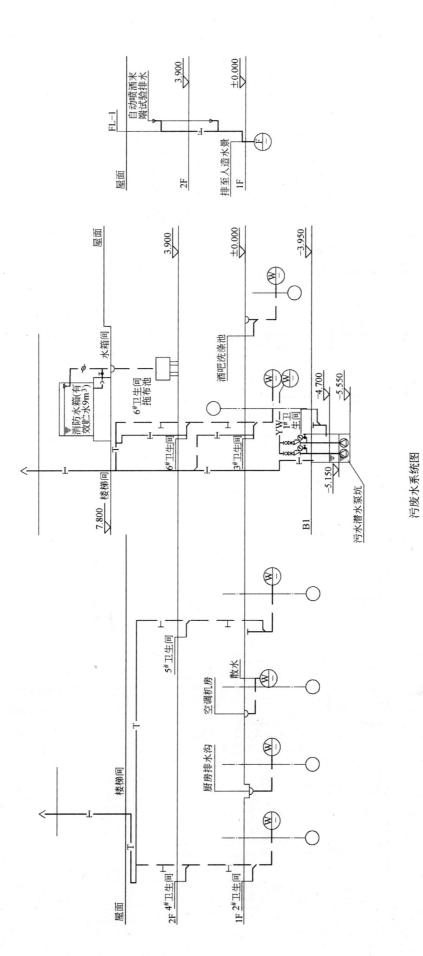

污废水系统图

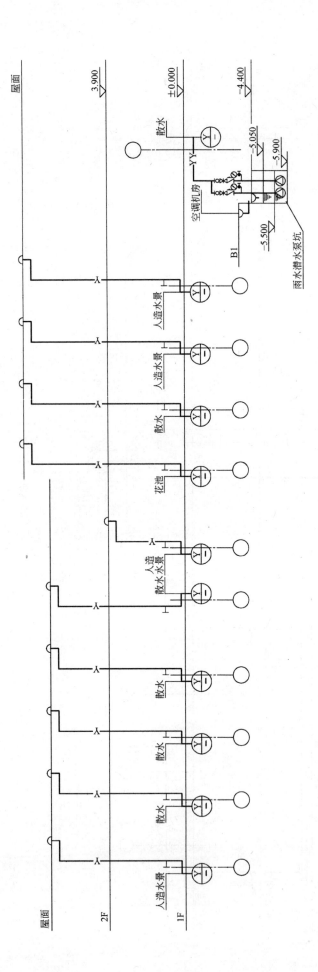

雨水系统图

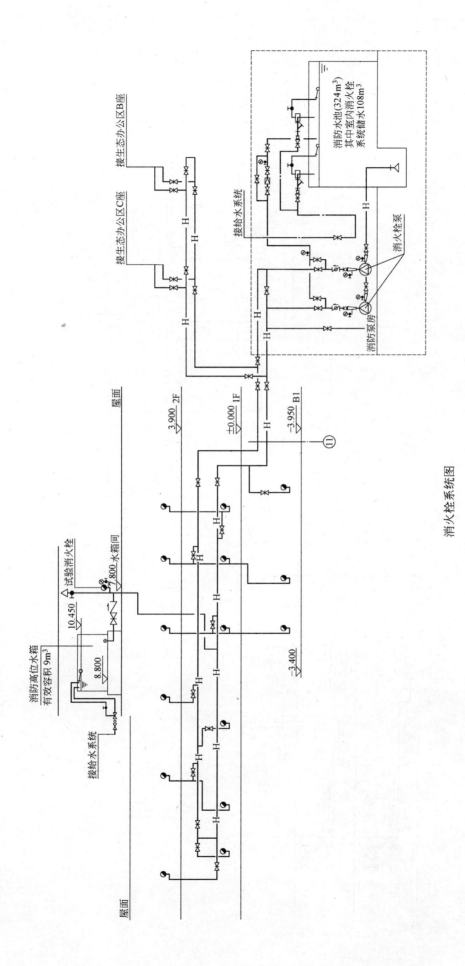

消火栓系统图

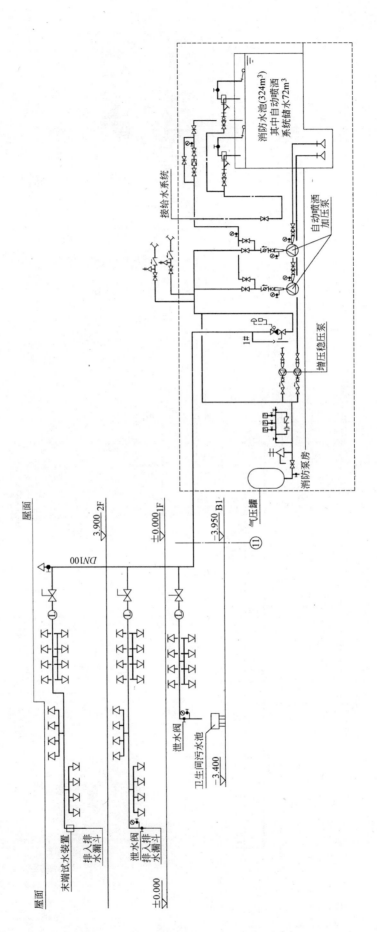

自动喷水灭火系统图

国 典 大 厦

黎 松 李万华

本工程位于北京市朝阳区安定路。项目建设用地紧邻北侧元大都遗址公园,交通便利,环境优越。建筑性质为商务写字楼,地上有 2 组建筑,包括:南北两栋商务办公楼。工程建设用地 1.09 万 m^2,总建筑面积 7.01 万 m^2。建筑物高度为 60m,地上为 15 层,地下为 4 层。

一、给水排水系统

(一)给水系统

1. 本工程给水水源由城市自来水管直接提供,由市政引两路给水管向本工程供水,一路从土城南路接入,一路由国典西路接入,管径均为 DN150mm。进入用地红线后围绕本建筑形成室外给水环网,环管管径 DN150mm,市政给水供水压力为 0.18MPa。

2. 给水用水量:给水用水量明细表详见表 1。本建筑最高日总用水量 572.0m^3/d。其中城市自来水用量 469.0m^3/d,中水回用量 103.6m^3/d。

生活用水量计算表 表 1

序号	用水部位	使用数量	用水量标准	日用水时间 (h)	时变化系数	用水量(m^3)		
						最高日	平均时	最高时
1	办公	2400 人	40L/(人·d)	12	1.5	96.00	8.00	12.00
2	淋浴	250 人	80L/(人·d)	12	3.0	20.00	1.66	5.00
3	餐厅	800 人	40L/(人·次)	10	1.5	32.00	3.20	4.80
4	职工餐厅	500 人	20L/(人·次)	12	1.5	10.00	0.833	1.25
6	车库	15700	2L/(m^2·次)	2	1.0	31.4	15.7	15.7
7	绿化	3300m^2	2L/(m^2·d)	2	1.0	6.60	3.300	3.30
8	冷却塔补水	按循环水量 1800m^3/h 的 1.5%		12	1.0	324.00	27.00	27.00
	小计					520.00	59.70	69.05
9	未预见水量	按总水量的 10%				52.00	5.97	6.90
	合计					572.00	65.67	75.95
10	中水回用水量					102.9	25.24	27.88
	实际给水用水量					469.1	40.43	48.07

3. 系统设计:管网竖向分为三个区。二层及以下为一区,由城市自来水直接供给;三层至九层为二区,由变频调速泵装置经减压后供水,十至十五层为三区由变频调速泵装置加

压供水。储水箱及变频调速泵装置设于地下四层，储水箱为不锈钢材质其有效容积 60m³，占水泵供水系统最高日用水量的 20%。为方便清洗，分成两格。水箱内设水箱自洁消毒器。

4. 洁具选择：坐便器冲洗采用 6.0L 水箱。小便器采用感应式自动冲洗阀。洗脸盆采用自动感应式水龙头。淋浴器采用脚踏式开关。蹲便器采用脚踏式冲洗阀。

5. 开水：开水量标准 2L/（人·d）。开水采用全自动净化电开水器分散制备供给。

（二）中水系统设计

1. 水源：本工程的污水排入市政污水管，由市政统一处理集中供水。从国典路引入 DN80mm 中水管一根，并设水表计量。本工程中水供水范围：整个建筑的大便器、小便器、地下车库冲洗用水及室外绿化用水。市政中水供水压力为 0.18MPa。

2. 系统设计：根据建筑高度、水源条件，管网竖向分为三个区。二层及以下为一区，由市政中水直接供给；三层至九层为二区，由变频调速泵装置经减压后供水，十至十五层为三区由变频调速泵装置加压供水。储水箱及变频调速泵装置设于地下四层。储水箱为镀锌钢板，其有效容积 30m³，水箱内设水箱自洁消毒器，车库地面冲洗龙头处注明非饮用水标识。

（三）热水系统设计

1. 热水供水范围：办公楼卫生间洗手盆及二层健身淋浴。

2. 采用容积式电热水器就地供给的局部热水供应方式。

（四）室内排水设计

污、废水系统设计：室内 ±0.000m 以上污、废水直接排出室外。室内 ±0.000m 以下污、废水汇集至地下室集水坑，由潜水泵提升排出室外。每个集水坑设潜水泵两台。潜水泵由集水坑水位自动控制。污水经室外化粪池处理后排入市政污水管道。厨房污水经设于室外的隔油池处理后直接排入市政污水管道。

（五）屋面雨水设计

1. 设计参数：屋面雨水采用内排水，屋面雨水设计参数为：降雨历时为 $t=5$min、重现期 $P=5$ 年，室外雨水设计参数为：重现期 $P=1$ 年、降雨历时 $t=10$min 和径流系数 $\psi=0.65$。屋面设有排出 $P=50$ 年降雨量的溢流口。

2. 系统设计：屋面雨水均采用内排水系统排至室外雨水管道。路面雨水汇集至雨水口排入雨水管或雨水沟，再排至市政雨水管。绿地雨水则经地下透水管排入雨水沟内。

（六）空调冷却水系统设计

1. 设计参数：循环水量：2300m³/h，进水温度：37.5℃　出水温度：32℃　湿球温度：27℃

2. 系统设计：空调用冷却水由超低噪声冷却塔冷却后循环使用。本工程共设 3 台冷却塔，其中每台 766m³/h，设于南楼屋顶上。冷却塔补水水源由设于地下四层消防泵房内的消防水池供给，储水 50m³。供水由变频水泵供给。循环冷却水出水设置水质稳定处理装置。

二、消防系统

消防水源为市政自来水。室外消防用水由市政管道双路供给。室内消防用水由内部贮水池供给。贮水池设在地下四层，消防贮水约 540m³。

（一）室内消火栓系统：

1. 室内消防水量 40L/s，从最低层地面至屋顶水箱内底几何高差 76m，管网系统竖向分两个压力区。其中低区地下四层至九层，高区十层至十五层，高、低区共用消火栓加压泵，高区由消火栓加压泵直接加压供给。低区由高区经减压阀减压后供给。

2. 屋顶设消防水箱贮存消防水量18m³。低区消火栓系统火灾初期用水由屋顶水箱直接供给。高区顶部几层的静水压力不能满足要求，故在屋顶水箱间设增压稳压装置。地下四层～一层、十层～十一层栓口压力超过0.5MPa，采用减压稳压消火栓。

（二）湿式自动喷水灭火系统

1. 设计参数：除地下车库外系统按中危险Ⅰ级要求设计。设计喷水强度6L/min·m²。作用面积160m²。地下车库按中危险Ⅱ级设计，设计喷水强度8L/min·m²，作用面积160m²。系统设计流量约30L/s。

2. 喷头：除各设备机房、卫生间、变配电室、电气机房、消防控制中心等外，其余均设喷头保护。

3. 供水系统：按照报警阀前的设计水压不大于1.2MPa要求，管网竖向不分区。为避免管网压力过高，五层以下报警阀前设减压阀减压。自动喷洒水泵设两台，一用一备。由于屋顶消防水箱与最不利喷头几何高差不能满足要求，在泵房内设置自动喷洒增压稳压设备一套。整个系统与18m³屋顶水箱间相连。

4. 报警阀组：共设8套湿式报警阀组，均设在地下四层消防水泵房内。

（三）预作用自动灭火系统

1. 供水系统：报警阀下游管网充有低压空气，监测管网的密闭性，空气压力0.03～0.05MPa，在配水管网末端设电动阀及快速排气阀，水泵与湿式系统共用。

2. 报警阀组：共设2套预作用报警阀组，设置在地下四层消防水泵房内。每套报警阀组配置有空气压缩机及控制装置。报警阀平时在阀前水压的作用下维持关闭状态。各报警阀控制的管网充水时间不大于2min。

（四）细水雾灭火系统

1. 设计参数：保护对象为地下二层三台燃气直燃机，保护方式为立体保护，中压组合分配系统。设计喷设强度≥1.3L/(min·m²)，保护面积3×100m²。系统设计流量约6.5L/s。系统作用时间24min。

2. 控制：灭火系统设自动控制、手动控制、应急操作三种控制方式。有人工作或值班时，采用电气手动控制；无人值班的情况下，采用自动控制方式。自动、手动控制方式的转换，可在灭火控制器上实现（在防护区的门外设置手动控制盒，手动控制盒内设有紧急停止和紧急启动按钮）。

（五）移动式灭火器

在地下车库入口及地下一层的变配电室设手推车式磷酸铵盐干粉灭火器。设计参数：20kg。地下在每个消火栓箱、值班室、空调机房、风机房、电梯机房及各种机房处均设3个5A的2kg装手提式磷酸盐干粉灭火器。地上在每个消火栓箱及各种机房处设2个5A的2kg装手提式磷酸盐干粉灭火器。

三、管材及接口

1. 室外给水、中水管采用球墨给水铸铁管。室外污、雨水管采用高密度聚乙烯双壁波纹管，承插接口，橡胶圈密封。室内给水管采用环压式不锈钢管，管件连接。室内中水管采用钢塑复合管，丝扣连接。

2. 排水采用离心浇铸机制柔性排水铸铁管，不锈钢卡箍连接。雨水管采用热浸镀锌钢管，丝扣连接或沟槽式挠性管接头连接。

3. 消火栓及自动喷水系统采用热浸镀锌钢管，$DN<100mm$ 者，螺纹连接；$DN\geqslant100mm$ 者，沟槽式挠性管接头连接。阀门采用法兰连接。

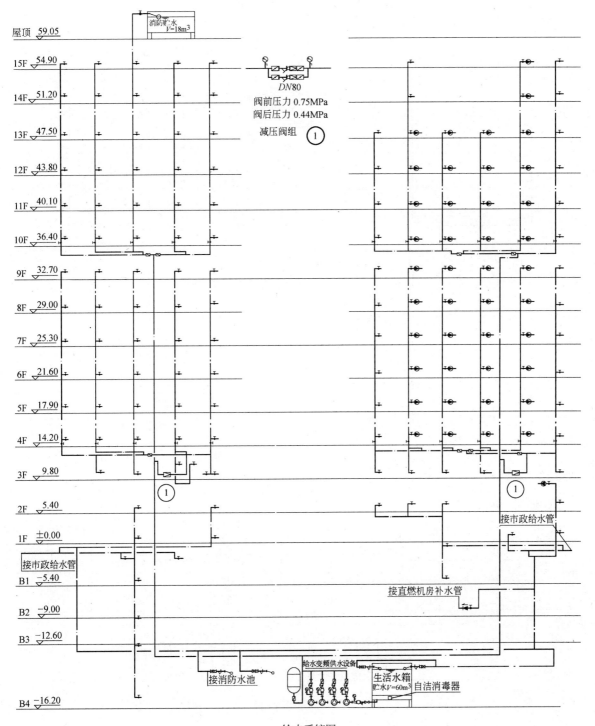

屋顶 ▽ 59.05

15F ▽ 54.90

14F ▽ 51.20

*DN*80
阀前压力 0.75MPa
阀后压力 0.44MPa

13F ▽ 47.50

减压阀组 ①

12F ▽ 43.80

11F ▽ 40.10

10F ▽ 36.40

9F ▽ 32.70

8F ▽ 29.00

7F ▽ 25.30

6F ▽ 21.60

5F ▽ 17.90

4F ▽ 14.20

3F ▽ 9.80

①

①

2F ▽ 5.40

接市政给水管

1F ▽ ±0.00

接市政给水管

B1 ▽ -5.40

接直燃机房补水管

B2 ▽ -9.00

B3 ▽ -12.60

接消防水池   给水变频供水设备

生活水箱
贮水V=60m³ 自洁消毒器

B4 ▽ -16.20

消防贮水
V=18m³

给水系统图

211

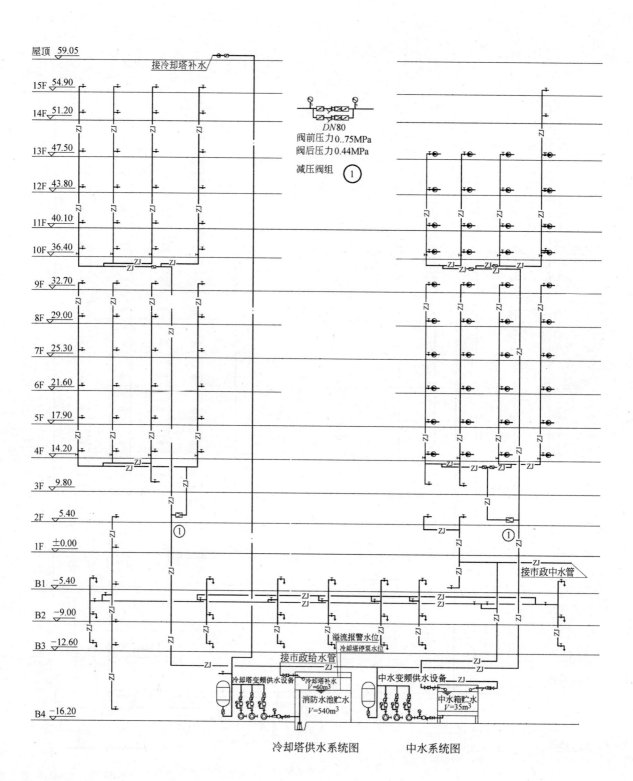

屋顶 59.05

接冷却塔补水

15F 54.90

14F 51.20

DN80
阀前压力 0..75MPa
阀后压力 0.44MPa

减压阀组 ①

13F 47.50

12F 43.80

11F 40.10

10F 36.40

9F 32.70

8F 29.00

7F 25.30

6F 21.60

5F 17.90

4F 14.20

3F 9.80

2F 5.40

①   ①

1F ±0.00

接市政中水管

B1 -5.40

B2 -9.00

溢流报警水位
冷却塔停泵水位

B3 -12.60

接市政给水管

冷却塔变频供水设备   冷却塔补水
V=60m³
消防水池贮水
V=540m³

中水变频供水设备
中水箱贮水
V=35m³

B4 -16.20

冷却塔供水系统图   中水系统图

212

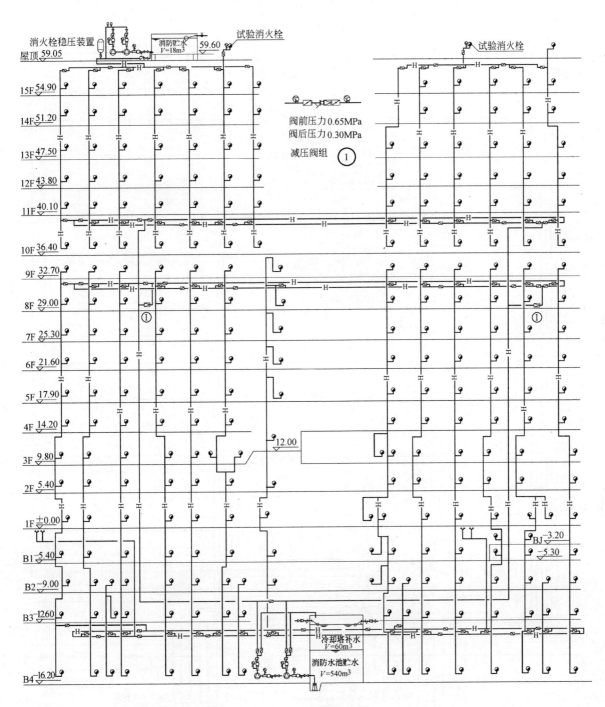

消火栓系统图

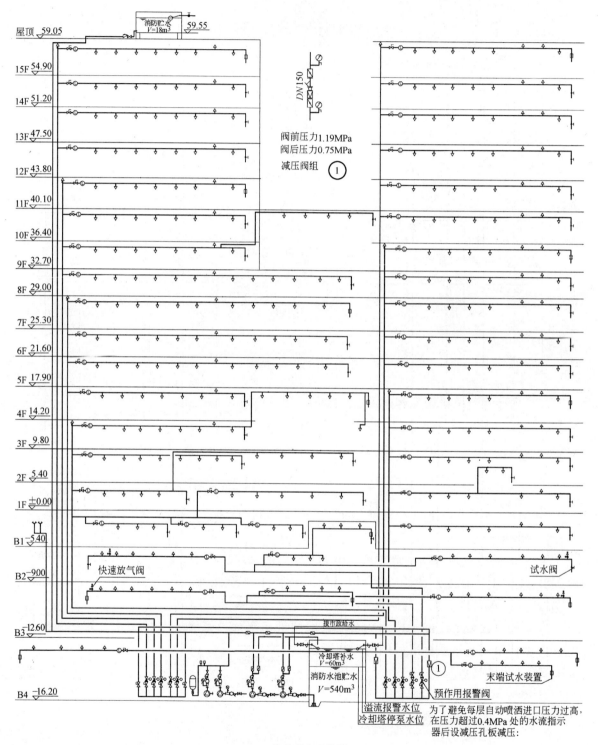

大连软件园 9#楼

张燕平

大连软件园位于大连市西北部，处于大连理工大学和东北财经学院之间的一片丘陵地带。地形呈不规则多边形。

工程性质为 IT 办公楼，地下一层为车库、设备用房及中西式厨房，一、二层为餐厅、会议、展览、健身等配套用房，三层～十层为办公用房。总建筑面积 41525m²，建筑高度为 44.2m。本工程已在 2004 年 10 月交付使用。

一、给水排水系统设计

（一）给水系统

1. 本工程最高日用水量：390m³/d，最大小时用水量为 51.8m³/h，其中最高日的空调补水量为 160m³/d。

2. 水源：采用城市自来水，市政供水压力为 0.2MPa。

3. 给水系统竖向分两个区，二层及二层以下低区，由市政管网直接供给。三层及三层以上由生活变频泵组供水。各用水点的静水压力不超过 0.35MPa。

4. 地下一层设一生活调节水箱，容积为 100m³，水泵房内设变频调速泵组，泵组由 4 台主泵、气压罐及变频器、控制部分组成。4 台主泵为三用一备，水泵出水管上安装紫外线消毒器。

5. 据大连市自来水公司的规定，给水管均采用无规共聚聚丙烯（PP-R）管及管件，连接方式热熔。机房内管道采用法兰连接。

（二）热水系统

1. 淋浴间设电热水器供给热水。每层卫生间的每组洗手盆下设一台电热水器供给热水。

2. 热水管采用热水型聚丙烯（PP-R）管及管件，热熔连接。

（三）中水系统

本系统以收集卫生间污废水为源水，经室外中水处理站处理为符合《建筑中水设计规范》中生活杂用水水质标准后供给冲厕用。

（四）污、废水系统

1. 本系统污、废水合流，经室外化粪池后排入中水处理站作为中水原水，厨房污水经隔油池处理后，排入市政污水管网。

2. 卫生间采用专用透气管。

3. 污水、废水管、通气管均采用柔性接口的机制排水铸铁管法兰连接或平口对接，橡胶圈密封，不锈钢卡箍卡紧。

（五）雨水系统

屋面雨水采用内排水，经汇集后排至室外雨水干管。

二、消防系统设计

消防水量：室内消火栓系统：30L/s　火灾延续时间：3h

室外消火栓系统：30L/s　火灾延续时间：3h

自动喷水灭火系统：30L/s　火灾延续时间：1h

（一）消火栓灭火系统

1. 地下一层设有消防水池（分为二格），消防水池总容积为780m³，可供3h室内外消火栓系统用水与1h自动喷水系统用水。水泵房内设有两台消火栓加压泵，一用一备。屋顶设有高位消防水箱，容积为18m³，保证灭火初期的消防用水。火灾时，按动任一处消火栓按钮或消防中心、水泵房处启泵按钮均可启动该泵并报警。

2. 为保证消火栓系统下部的消火栓栓口压力不大于0.5MPa，五层及五层以下的消火栓均采用减压稳压消火栓。

3. 该系统设有二套水泵接合器，供消防车向室内管网供水。

4. 消火栓管道均采用热镀锌管道，沟槽式连接。

（二）自动喷水灭火系统

1. 本工程地下车库按中危险Ⅱ级，其他部位按中危险Ⅰ级设计。灭火水量为30L/s。

2. 本系统竖向为一个区，采用临时高压制供水方式。地下一层水泵房设有两台自动喷水加压泵，一用一备，轮换启动。屋顶水箱间设有两台自动喷水稳压泵，一用一备，轮换启动。平时管网压力由稳压泵保持。还设有二套水泵接合器，以供消防车向室内管网供水。系统采用自动、控制室、泵房内手动等控制方式。

3. 自动喷水管采用热镀锌钢管，$DN \leqslant 70mm$者丝扣连接，$DN \geqslant 80mm$者沟槽式连接。

（三）水喷雾系统

1. 本工程地下一层柴油发电机房设水喷雾系统，喷雾强度为20L/(min·m²)，喷水流量为20L/s，持续时间0.5h。本系统单独设置水喷雾供水泵。

2. 在柴油发电机房的入口处设一套雨淋阀。喷头围绕发电机四周立体布置。系统采用自动、手动与应急操作三种控制方式。

3. 系统亦设二套水泵接合器，供消防车向室内管网供水。

（四）灭火器系统

变配电间设置推车式干粉磷酸铵盐灭火器。在每个消火栓柜内设置两具5kg装的手提式干粉磷酸铵盐灭火器。

三、施工体会

本项目为外地工程，现场施工配合较困难，因此在交底时比较细，加之建设单位专业人员经验较丰富，使得该工程的施工进展较为顺利。

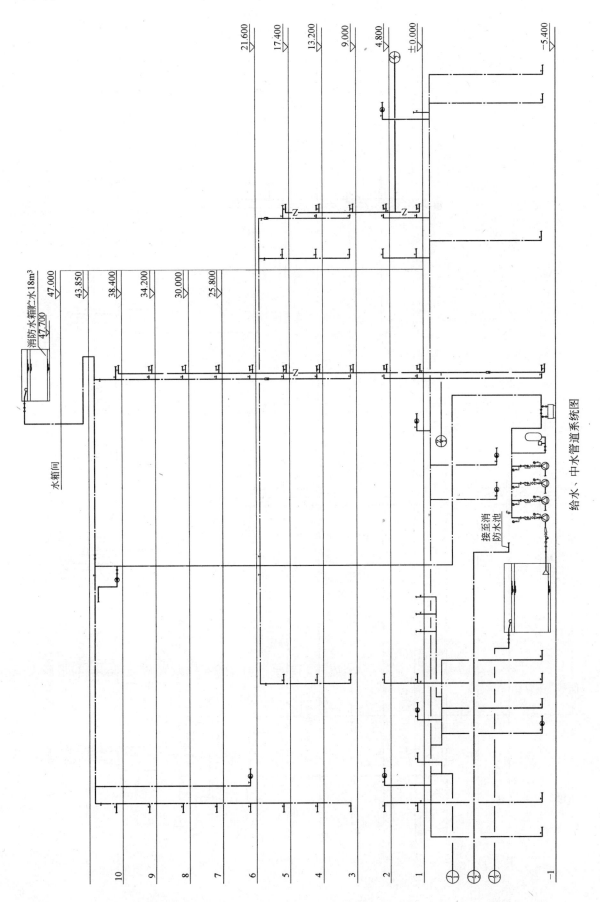

给水、中水管道系统图

21.600
17.400
13.200
9.000
4.800
±0.000
−5.400

消防水箱贮水18m³
47.700
47.000
43.850
38.400
34.200
30.000
25.800

水箱间

接至消防水池

10
9
8
7
6
5
4
3
2
1
−1

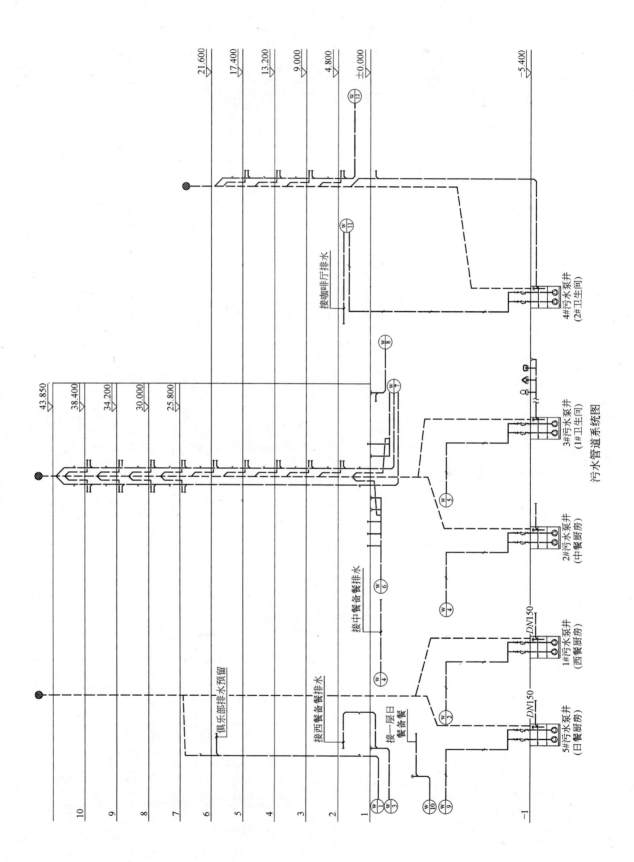

污水管道系统图

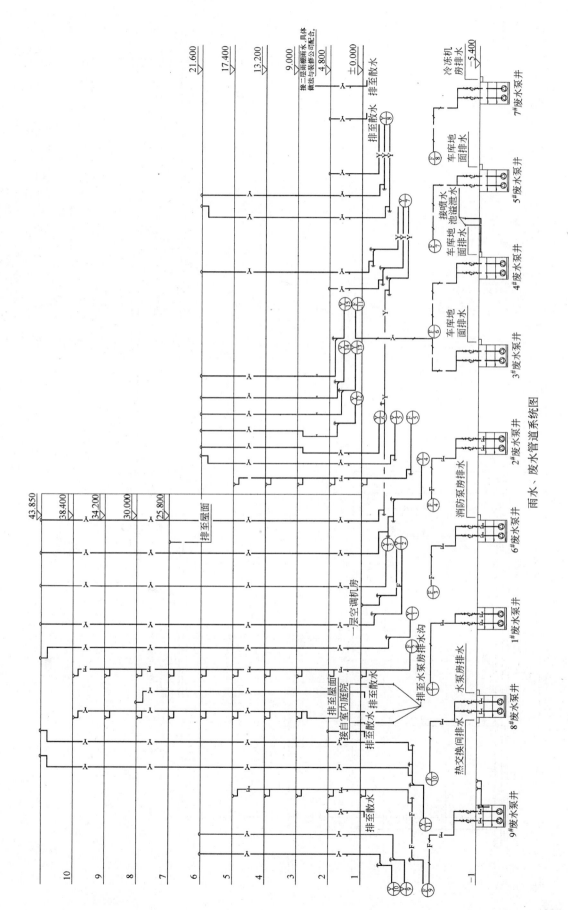

雨水、废水管道系统图

219

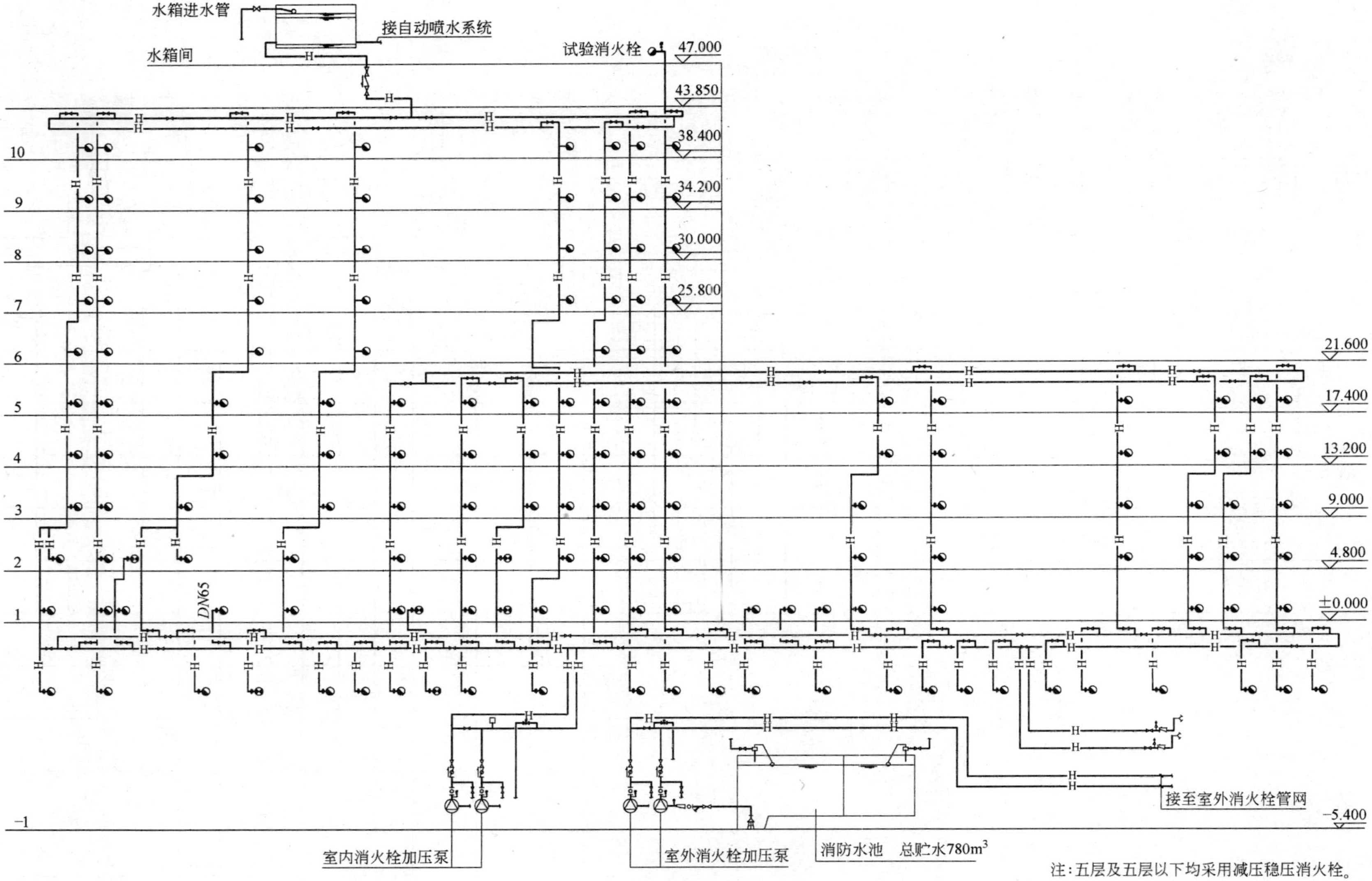

消火栓管道系统图

注:五层及五层以下均采用减压稳压消火栓。

接至室外消火栓管网

消防水池 总贮水780m³

室外消火栓加压泵

室内消火栓加压泵

试验消火栓

接自动喷水系统

水箱进水管

水箱间

DN65

21.600
17.400
13.200
9.000
4.800
±0.000
-5.400

47.000
43.850
38.400
34.200
30.000
25.800

10
9
8
7
6
5
4
3
2
1
-1

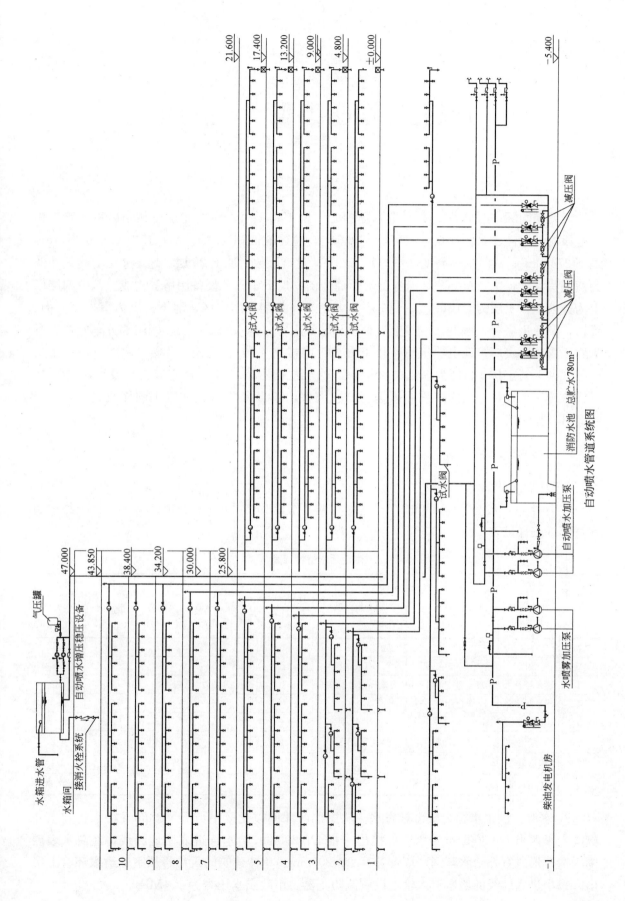

自动喷水管道系统图

天元港国际中心（A区）

付永彬　吴连荣

天元港国际中心A区为天元港国际中心一期工程项目，地处北京市朝阳区霄云路，为该地段的地标性建筑。规划建设用地14026m²，总建筑面积110580m²，其中地上83090m²，地下27490m²；建筑主体高度（檐口）99.9m；建筑层数：地上26层，地下4层。建筑功能为商务写字楼，主要由办公、商务配套、商业街、地下车库及设备用房等构成。其中四层以上为办公区，三层为会议区，一～二层为大堂及商务配套用房区，地下一层为室外商业街、餐饮、商业用房等，地下二～四层为车库及设备用房。其中地下三层、四层部分车库在战时为六级人防物资库。地上建筑写字楼部分分为南楼（A楼）、北楼（B楼）两部分，A楼为开敞式商务写字楼，B楼为单元式商务办公楼。该工程2004年5月完成初步设计，同年10月完成施工图设计；后因甲方原因进行方案调整，2005年4月完成施工图修改设计，2005年2月开始施工。

一、给水排水系统

（一）给水系统

1. 用水量：最高日958.6m³/d；其中空调补水量272m³/d。最高时128.4m³/h。给水用水量明细表详见表1。

生活用水量计算表　　　　　表1

序号	用水部位	使用数量	用水量标准	日用水时间(h)	时变化系数	用水量(m³)		
						最高日(m³/d)	最高时(m³/h)	平均时(m³/h)
1	办公	8400人	50L/(人·班)	10	1.5	420	63	42
2	餐厅	8400人	20L/(人·次)	12	1.5	168	21	14
3	冷却塔补水	循环水量1361m³/h	按循环水量的2%	10	1.0	272	27	27
4	未预见水量	1～3合计×10%				86	11.1	8.3
5	小计					946	122.1	91.3
6	绿化	4224m²	2.0L/(m²·d)	2	1.0	8.4	4.2	4.2
7	浇洒道路	2100m²	2.0L/(m²·d)	2	1.0	4.2	2.1	2.1
8	总用水量					958.6	128.4	97.6

2. 水源：供水水源为城市自来水。从用地西北侧霞光里中街DN400mm给水管和东北侧霞光里西街DN300mm给水管各接出一根DN200mm给水管进入用地红线，经总水表后围绕本楼形成室外给水环网，环管管径DN200mm。单体建筑的入户管从室外给水环管上接出。每个进入红线的给水引入管上设倒流防止器。市政供水压力为0.4MPa。

3. 给水系统

本工程采用市政给水管网与变频调速泵组加压相结合的供水方式。供水系统如下：

（1）系统竖向分区的压力控制参数为：各区用水点的出水压力不小于 0.1MPa，最大静水压力不大于 0.55MPa。

（2）管网竖向分为三个压力区：低区：地下四层至三层，由城市自来水管网直接供水；中区：四层至十四层，由中区变频调速泵装置供水；高区：十五层至二十六层，由高区变频调速泵装置供水。给水点处压力大于 0.35MPa 时，给水支管设可调式减压阀，阀后压力 0.15MPa。

（3）贮水箱及供水泵设于地下四层，贮水箱有效容积 51m³。各组水泵均设三台，二用一备。中区变频泵组最大小时供水量为 25.2m³，设计恒压值为 0.9MPa。高区变频泵组最大小时供水量为 28.8m³，设计恒压值为 1.3MPa，变频泵组的运行由设在干管上的电节点压力开关控制，水箱为不锈钢材质。

（4）水箱内设自洁消毒器。

4. 管材选用

水泵出水管及高区管道采用工作压力为 1.6MPa 的热浸镀锌钢管，其余采用工作压力为 1.0MPa 的热浸镀锌钢管。卫生间支管采用 S5 级，即工作压力为 1.0MPa 的冷水型 PP-R 管。接口：镀锌钢管 $DN \geqslant 100$ 采用法兰连接，$DN < 100$ 采用丝扣连接。机房内管道及与 $DN \geqslant 50$ 阀门相接的管段采用法兰连接。PP-R 管采用热熔连接。埋地入户管：$DN \geqslant 110$ 采用钢丝网骨架塑料（聚乙烯）复合管，电熔连接；管道工作压力为 1.0MPa。$50 \leqslant DN < 110$ 采用孔网钢带骨架增强钢丝网骨加复合塑料管。

（二）热水系统

1. 热水用水量：最高日 67.2m³/d，最大时 8.6m³/h（60℃），设计最大小时耗热量 551.4kW。热水用水量标准和用水量详见表 2。

热水量计算表　　　　　　　　　　　　　　　　表 2

序号	用水部位	使用数量	用水量标准（60℃）	日用水时间（h）	时变化系数	用水量（m³）		
						最高日	最高时	平均时
1	办公	840 人	10L/（人·班）	10	1.5	8.4	1.26	0.84
2	餐厅	8400 人	7L/（人·次）	12	1.5	58.8	7.35	4.9
3	总用水量					67.2	8.61	5.74

2. 热水供应范围和热源

（1）热水供应部位：地下一层至二十六层卫生间内洗手盆，地下一层厨房、餐厅。

（2）地下一层至三层卫生间内洗手盆及地下一层厨房、餐厅采用集中热水供应，四至二十六层采用电热水器局部供应热水。

（3）集中热水系统的热源为城市热网，热媒为高温热水，供、回温度分别为 120℃、60℃。城市热力检修期不考虑自备热水机组。

3. 冷水计算温度取 4℃。集中热水系统换热器出水温度 60℃，局部供水电热水器的设计出水温度 40℃。

4. 集中热水供应系统竖向不分区，同冷水系统低区。

（1）加热设备设置在地下二层热交换站内，由热力公司设计。

（2）集中热水系统采用全日制机械循环。热水循环泵的启、闭由设在热水回水管上的温度传感器自动控制：启泵温度50℃，停泵温度55℃。为保证系统循环效果，节水节能，采取的措施为：供回水管道同程布置。循环泵每组2台，一用一备，设于加热设备间内。

5. 管材：干管采用工作压力不低于1.0MPa（60℃水）的热水型内筋嵌入式衬塑钢管，卡环式连接。与 $DN \geqslant 50$ 阀门相接的管段采用法兰连接。卫生间支管采用S3.2级，即工作压力不小于2.0MPa的热水型PP-R管，热熔连接。

（三）中水系统

1. 中水原水量及回用量

回收的中水原水量明细表详见表3，中水回用系统用水量明细表详见表4。中水原水量为101m³/d，回用量为91.8m³/d。

2. 原水收集与回用部位

中水原水为一至二十六层卫生间内的脸盆排水、拖布池排水。经处理后的中水用于地下四层至七层的卫生间大小便器冲洗。

3. 水量平衡

中水原水平均日回收量为101m³/d（见表3），地下四层至七层的卫生间最高日中水用水量91.8m³/d（见表4），原水量为供水量的1.1倍，两水量基本平衡。

中水原水量计算表　　　　　　　　　　　　　　　　表3

序号	用水部位	使用数量	洗浴用水量标准	日变化系数	排水量系数	原水量(m³)		备注
						最高日	平均日	
1	1~26层卫生间	8400人	20L/(人·d)	1.5	0.9	151	101	α取0.67

中水回用系统水量计算表　　　　　　　　　　　　　　表4

用水部位	使用数量	用水量标准	日用水时间	时变化系数	用水量(m³)		
					最高日	最高时	平均时
地下四~七层便器冲洗	3060人	30	10	1.5	91.8	13.72	9.15

4. 中水供应系统

中水系统竖向不分区，采用变频调速供水装置从中水贮水池提升供水。最不利点供水压力0.15MPa。给水点处压力大于0.35MPa时，给水支管设可调式减压阀，阀后压力0.15MPa。变频调速泵供水装置包括主泵3台，二用一备，定压罐一个。水泵由出水管上电节点压力开关控制，设定恒压值为0.62MPa。

5. 管材：干管采用工作压力为1.0MPa的热浸镀锌钢管，丝扣连接。卫生间支管采用工作压力为1.0MPa的冷水型PP-R管。

6. 中水处理站

（1）处理水量：中水原水平均日收集水量101m³/d，中水设备日处理时间取16h/d，处理水量为6.3m³/h。取设备处理规模为7.5m³/h。

（2）中水水质标准：采用城市杂用水水质标准（GB/T 18920—2002），其中浊度、溶解性总固体、BOD₅、氨氮按严标准取值。

（3）工艺流程（一体化处理设备）：

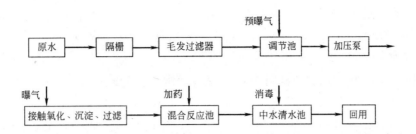

调节池容积 60m³，为日中水处理量的 50％。中水池容积 40m³，为中水供应系统最高日用水量的 43％。

（四）冷却塔循环水系统

1. 设计参数

空调用水经冷却塔冷却后循环利用。湿球温度取 28℃，冷却塔进水温度 37℃，出水温度 32℃。循环水量 1361m³/h，补水量 272m³/d。循环利用率为 98％。

2. 冷却塔及补水

横流式冷却塔 3 台，为超低噪声和节能型，每台冷却塔与一台冷冻机相对应。冷却塔设在机房层屋顶，补水专设变频泵组泵从地下室消防贮水池提升供给，泵组的运行由设在泵组出水干管上的压力开关控制。

冷却塔补水贮水池与消防水池合用。在夏季，消防水池的水可由此获得更新。

每台冷却塔进出水管上均设电动蝶阀，冷却循环管道均设有泄水阀门，在停止使用时将冷却塔及循环管道泄空，泄水排至附近雨水斗或雨水道。

3. 循环冷却水管道系统

各冷却塔集水盘间的水位平衡通过放大回水集水管管径保持。循环水管道管材为焊接钢管，焊接连接。管道工作压力为 1.6MPa。

（五）排水系统

1. 污废水排放量

本大厦建筑内污废水量约 529m³/d，按供水量的 90％计。其中用作中水源水水量约 151m³/d。实际日排放量为 378m³/d。冷却塔补水、绿化和浇洒道路等用水不排入污水系统，此部分排水量为 284.6m³/d。

2. 系统

室内污水与洗涤废水分流排除。地下一层及以上卫生间的洗涤废水收集作为中水原水，至地下四层中水处理站。生活污水经化粪池处理后排入市政污水管网。

卫生间生活污废水采用专用通气立管排水系统。一、二层卫生间排水单独排出室外，通气管接至专用通气立管上。

3. 排水方式

室内地面±0.00m 以上采用重力自流排除。地下室污废水均汇至地下二、三、四层的潜水泵坑，用污水潜水泵提升排除。各集水坑中设带自动耦合装置的潜污泵两台，1 用 1 备，自动控制交替运行。备用泵在报警水位时可自动投入运行。

公共厨房污水采用明沟收集，明沟设在楼板上的垫层内，污水排至室外管道前设隔油器进行处理，再由污水提升泵排至室外污水管网（室外无需再设隔油池）。

4. 管材：室内管道采用柔性接口的机制排水铸铁管，法兰连接或平口对接，橡胶圈密封，不锈钢卡箍卡紧。

（六）雨水系统

1. 雨水排水量

雨水量按北京市暴雨强度公式计算，北京市暴雨强度公式：

$$q=\frac{2001(1+0.811\lg p)}{(t+8)^{0.711}}$$

屋面雨水设计重现期为 10 年，降雨历时 5 分钟。溢流口排水能力按 50 年重现期设计。

$$q=585L/(s \cdot 100m^2)$$

2. 雨水系统

地下车库坡道的拦截雨水用管道收集到地下室雨水坑，用潜污泵排除，地下一层商业街设雨水明沟，收集后用潜污泵排除，雨水量按 10 年重现期计。

屋面雨水采用重力流排水系统排除，超设计重现期雨水通过溢流口排除。

3. 管材：屋面雨水管采用热浸镀锌钢管，焊接连接。

二、消防系统

本工程设有消火栓系统、自动喷洒系统，推车式及手提式灭火器。

室外消防灭火系统用水由市政供水管以两路 DN200 管引入，并在室外成环。室内消防灭火系统用水由地下四层 604m³ 消防水池供给，满足 1h 自动喷水用水和 3h 室内消火栓用水。

（一）消火栓系统

1. 本工程室内消防用水量标准为 40L/s，室外消防用水量标准为 30L/s。火灾延续时间 3 小时。

2. 室内消火栓系统分两个区，共用一组消火栓泵；高区：十一层至二十六层，由消火栓泵直接供水；低区：地下四层至十层，经减压阀减压后供水。屋顶消防水箱贮存消防水量 18m³，水箱底与最不利消火栓几何高差 7.5m＞0.07MPa。不设增压设施，灭火初期 10min 的消防用水由高位消防水箱保证。

3. 消火栓泵设 2 台，互为备用（每台泵流量 40L/s，扬程 160m）。高、低区室外均设地下式消防水泵接合器三套，供消防车向室内系统加压补水。

4. 火灾时按动消火栓箱内的消防按钮，启动消防泵并向控制中心发出信号。消火栓泵在消防控制中心和消防泵房内可手动控制，消防结束后，手动停泵。

5. 管材：采用加厚焊接钢管，焊接连接，管道工作压力为 2.5MPa。机房内管道及与阀门相接的管段采用法兰连接。

（二）自动喷水灭火系统

1. 本工程除地下车库按中危险级 II 级设计，其余均按中危险级 I 级设计。消防水量为 39.15L/s，火灾延续时间为 1h。

2. 本工程除下列部位外，其余均设自动喷洒头保护：各设备机房、卫生间、变配电室、电话总机房、消防控制中心、电梯机房、水箱间、电缆夹层等。

3. 地下 2 层车库采用预作用自动喷水灭火系统，其余部位采用湿式自动喷水灭火系统。

4. 本系统分两个区，共用一组自动喷水泵；高区：九层至二十六层，低区：地下四层至八层。平时系统压力由屋顶水箱和加压稳压装置维持。

5. 自动喷水泵设 2 台，互为备用（每台泵流量 40L/s，扬程 170m）。

6. 每个防火分区及每层均设水流指示器及信号阀，其动作均向消防中心发出声光讯号。并在靠近管网末端设试水装置或试水阀。

7. 本工程共设 16 套报警阀组，低区 8 套（其中两套为预作用报警阀组）报警阀设置在地下四层消防泵房内，高区 8 套报警阀设置九层管井内。地下四层各报警阀前的最大水压超过 1.2MPa，环管上设减压阀，阀后压力 1.0MPa。负担九～十八层喷头的报警阀前环管上设减压阀，阀后压力 0.8MPa。每个报警阀负担喷头数不超过 800 个（不计吊顶内喷头）。水力警铃设于报警阀处的通道墙上。

8. 地下车库采用易熔合金直立喷头。其余采用玻璃球喷头，吊顶下为吊顶型喷头，吊顶内喷头为直立型。公称动作温度：厨房高温区为 93℃级，地下车库 72℃级，其余均为 68℃级。

9. 室外设三组地下式自动喷水水泵接合器，供消防车向室内系统加压补水。

10. 稳压泵装置和报警阀组的压力开关均可自动启动喷洒水泵。水泵也可在控制中心和泵房内手动启、停。喷洒泵开启后只能手动停泵。

11. 管材：采用内外热浸镀锌钢管或镀锌无缝钢管，$DN \leqslant 80$，丝扣连接。$DN \geqslant 100$，法兰连接。机房内管道及与阀门相接的管段采用法兰连接。喷头与管道采用锥形管螺纹连接。管道工作压力为 2.5MPa。

（三）灭火器配置设计

变配电室等处按中危险级 B 类火灾设置，设推车式干粉（磷酸铵盐）灭火器，其余地方按中危险级 A 类火灾设置，手提式干粉（磷酸铵盐）灭火器。

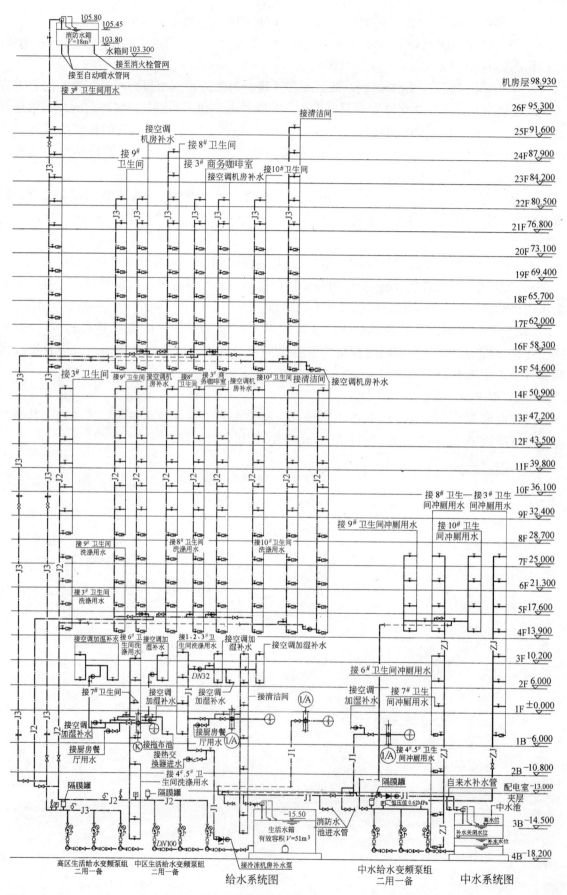

给水系统图

中水系统图

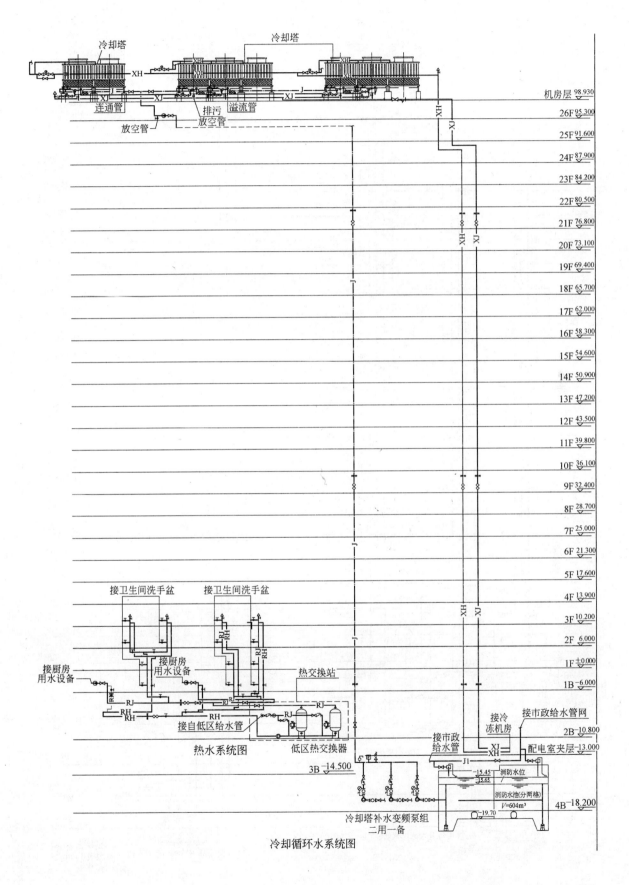

冷却循环水系统图

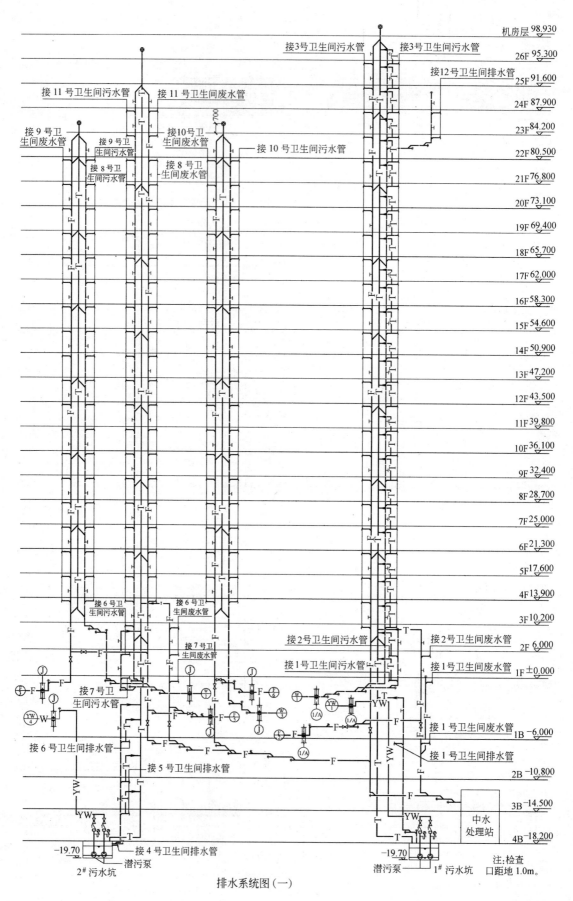

接11号卫生间污水管　　接11号卫生间废水管

接3号卫生间污水管　　接3号卫生间污水管

接12号卫生间排水管

接9号卫生间废水管　　接9号卫生间污水管

接10号卫生间废水管

接10号卫生间污水管

接8号卫生间污水管

接8号卫生间废水管

机房层 98.930

26F 95.300

25F 91.600

24F 87.900

23F 84.200

22F 80.500

21F 76.800

20F 73.100

19F 69.400

18F 65.700

17F 62.000

16F 58.300

15F 54.600

14F 50.900

13F 47.200

12F 43.500

11F 39.800

10F 36.100

9F 32.400

8F 28.700

7F 25.000

6F 21.300

5F 17.600

4F 13.900

接6号卫生间污水管

接6号卫生间废水管

3F 10.200

接2号卫生间污水管　　接2号卫生间废水管

接7号卫生间废水管

接1号卫生间污水管　　接1号卫生间废水管

2F 6.000

1F ±0.000

接7号卫生间污水管

接1号卫生间废水管

接6号卫生间排水管

接5号卫生间排水管

接1号卫生间排水管

1B -6.000

2B -10.800

3B -14.500

中水处理站

4B -18.200

-19.70

接4号卫生间排水管

潜污泵

2# 污水坑

-19.70

潜污泵　　1# 污水坑

注:检查口距地1.0m。

排水系统图（一）

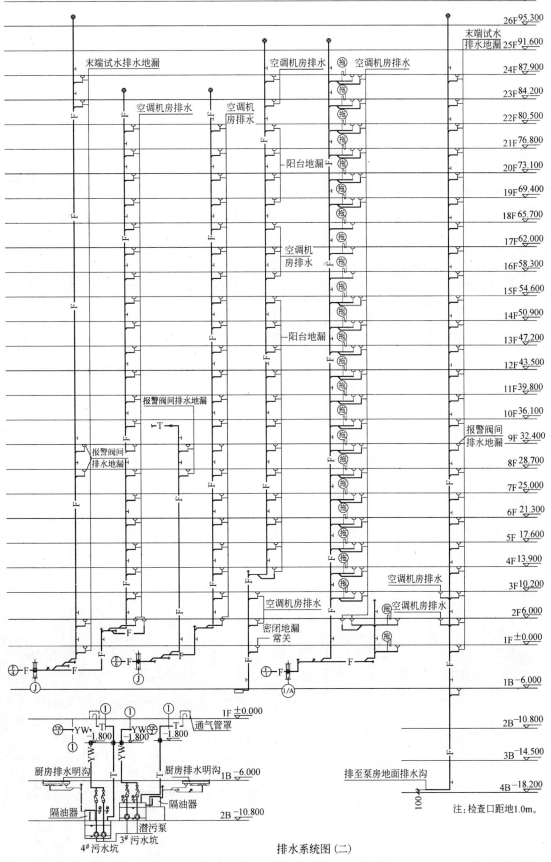

排水系统图（二）

注：检查口距地1.0m。

231

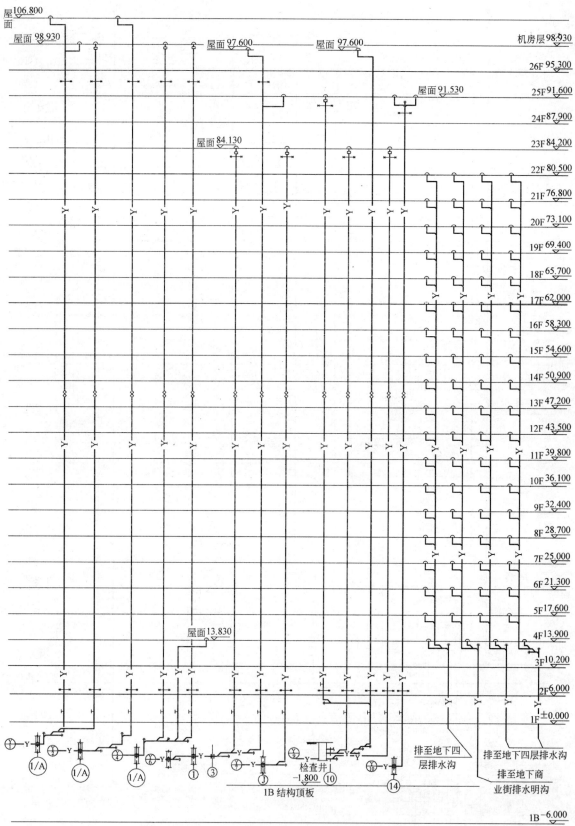

雨水系统图

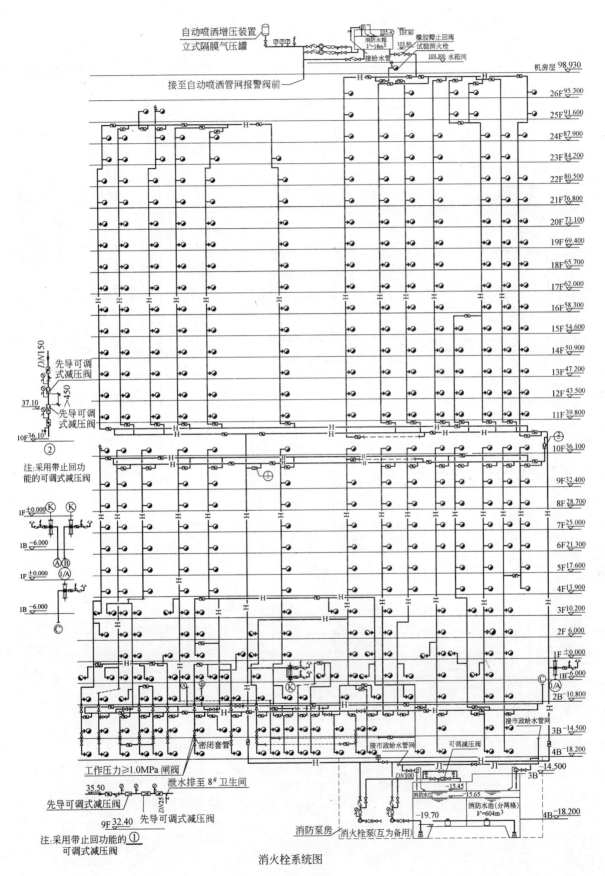

自动喷洒增压装置
立式隔膜气压罐

消防水箱
V=18m³

橡胶瓣止回阀
试验消火栓

105.45
105.80
103.80

接给水管

103.300 水箱间

接至自动喷洒管网报警阀前

机房层 98.930

26F 95.300
25F 91.600
24F 87.900
23F 84.200
22F 80.500
21F 76.800
20F 73.100
19F 69.400
18F 65.700
17F 62.000
16F 58.300
15F 54.600
14F 50.900
13F 47.200
12F 43.500
11F 39.800
10F 36.100

DN150
先导可调式减压阀

先导可调式减压阀

37.10

10F 36.10

②

注:采用带止回功能的可调式减压阀

10F 36.100

9F 32.400
8F 28.700

1F ±0.000

K K

1B -6.000

A B

1F ±0.000

I/A

1B -6.000

C

7F 25.000
6F 21.300
5F 17.600
4F 13.900
3F 10.200
2F 6.000
1F ±0.000
1B -6.000
2B -10.800

接市政给水管网

C
I/A

工作压力≥1.0MPa闸阀

密闭套管

泄水排至 8# 卫生间

3B -14.500
4B -18.200

J1 J1

-14.500

3B

接市政给水管网

DN100

35.50

先导可调式减压阀

DN25

9F 32.40

先导可调式减压阀

可调减压阀

-15.45
-15.65

消防水位

消防水池(分两格)
V=604m³

4B -18.200

消防泵房 消火栓泵(互为备用)

-19.70

注:采用带止回功能的 ①
可调式减压阀

消火栓系统图

233

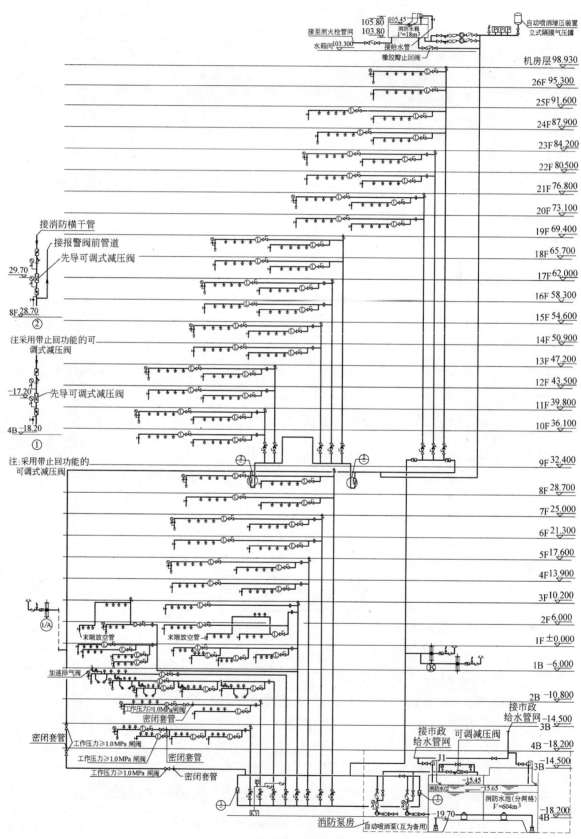

自动喷水灭火系统图

234

蓝 星 科 技 大 厦

方雪松

本工程为办公楼。位于中关村 1♯ 地，建筑面积 3.7 万 m²，地上 12 层；地下 3 层，地上为办公用房，地下为停车库和设备用房。工程已使用。

一、给水排水系统

1. 给水系统：

用水量：最高日：$100m^3/d$　最大时：$25m^3/h$。

水源为市政自来水，市政水压为 0.20MPa。本工程从室外市政干管分别引入两条 $DN150mm$ 给水管，经水表后，与室外 $DN150mm$ 环管连接。给水系统竖向分高低两区，低区为二层以下，由市政管网直接供水，高区为二至十一层，由生活水池、提升泵、高位水箱联合供水。

2. 热水系统：

采用电热水器分散制备。

3. 排水系统：

1）生活污水（冲厕用水）排至室外污水管道，经化粪池处理后排至市政管网。

2）地下室排水汇集至排水泵井，经潜水泵提升后排至室外污水管或雨水管。

3）污水管道系统设专用通气管。

4. 中水系统：

源水为盥洗废水，水量约为 $35m^3/d$，集中后接入区内中水原水干管，经开发区内中水处理厂处理后统一供浇洒绿地、道路和公共区用。

二、消防系统

为临时高压消防灭火系统。分为消火栓系统、自动喷水灭火系统和移动式灭火装置。

1. 消火栓灭火系统：

1）消防水量：室内消火栓系统：25L/s　室外消火栓系统：25L/s

2）室外消防用水由室外给水环管上的消火栓供给。

3）室内消火栓系统由消防水池、消防泵、屋顶水箱、增压设施组成。系统竖向不分区，系统工作压力为 0.70MPa。五层及五层以下为减压稳压消火栓。

4）地下消防水池容积为 $230m^3$，屋顶水箱间设 $18m^3$ 消防水箱一座，二台补压泵和一个气压罐，保证最不利点消火栓出水流量和压力。

5）消火栓系统设 $DN150mm$ 室外地下室消防水泵接合器 2 套。

2. 自动喷水灭火系统：

1）系统按中危险等级考虑，灭火水量为 26L/s。

2）本工程自动喷水系统竖向为一个区。系统组成同室内消火栓系统。

3）自动喷水灭火系统的压力由稳压泵维持。

4）设 DN150mm 室外地下式消防水泵接合器 2 套。

3. 移动式灭火装置：

走廊和楼梯间等处设手提式灭火器。

三、管材

给水管采用 ABS 管；自动喷水管和雨水管采用热镀锌钢管；消火栓管采用焊接钢管；污水和废水管采用抗震柔性排水铸铁管。

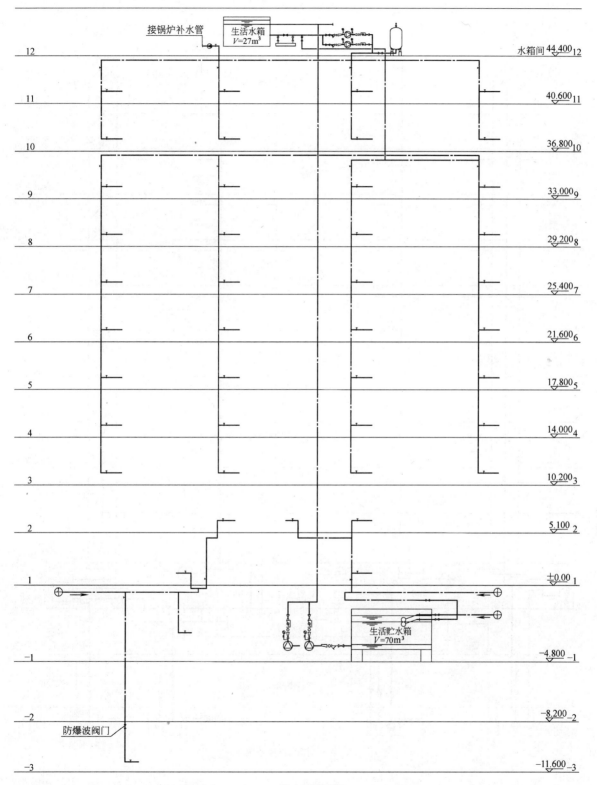

接锅炉补水管

生活水箱
V=27m³

防爆波阀门

给水管道系统

237

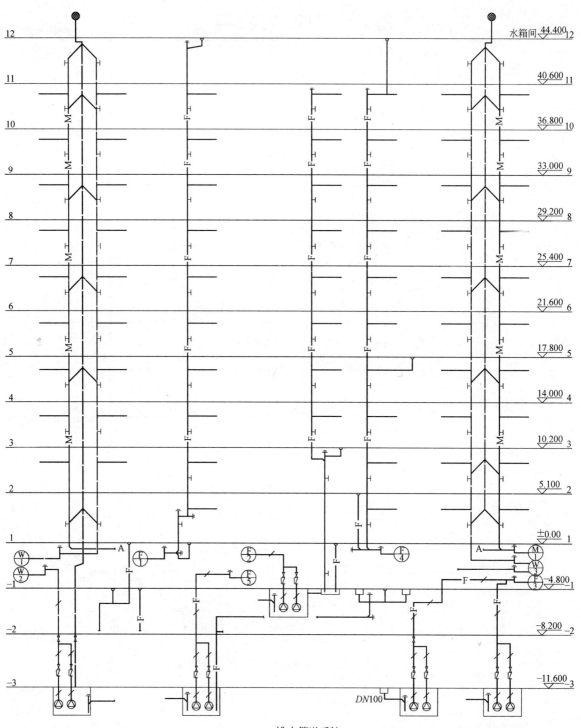

排水管道系统

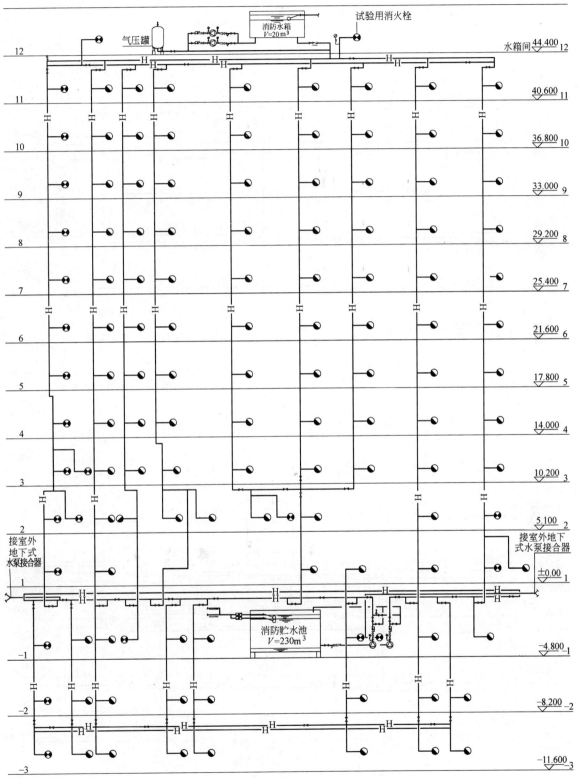

消火栓管道系统

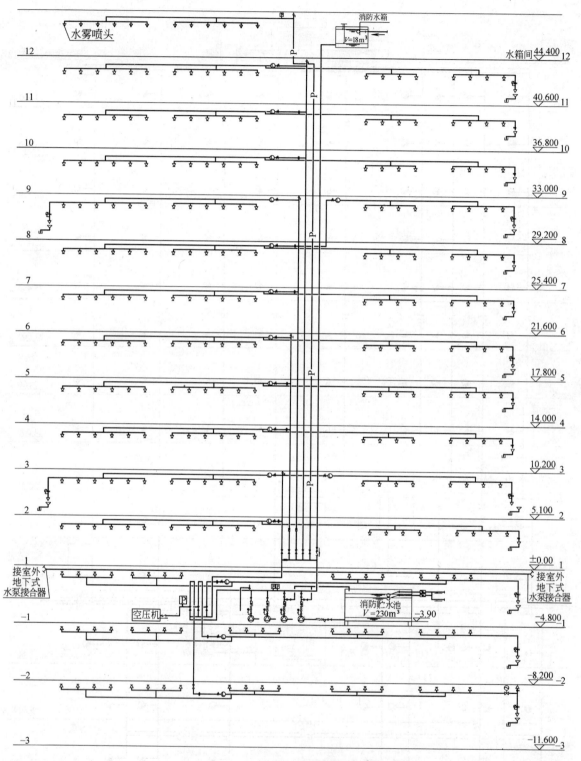

水雾喷头

消防水箱
$V=18m^3$

水箱间 44.400 12
40.600 11
36.800 10
33.000 9
29.200 8
25.400 7
21.600 6
17.800 5
14.000 4
10.200 3
5.100 2
±0.00 1

接室外
地下式
水泵接合器

接室外
地下式
水泵接合器

空压机

消防贮水池
$V=230m^3$ -3.90

-4.800 -1

-8.200 -2

-11.600 -3

自动喷水管道系统

金融街 B7 大厦

郭汝艳　靳晓红　赵　昕

本工程位于北京市西城区金融街中心地段，用地西侧为金融街 b4 区规划城市绿地。规划建设用地面积 24002m²，总建筑面积 21.9173 万 m²，建筑高度 99.29m。包括两座 24 层的双塔 A 和 B、一座 3 层的会议中心 C，一座 4 层的办公楼 D。建筑之间围成一个四季花园。地下一层设有贵宾停车区和乘客下车区、自行车库、零售商业、职工食堂；地下二层至地下四层为车库、银行金库和设备用房。2003 年 6 月完成施工图设计，2005 年 10 月竣工。

一、给水排水系统

（一）给水系统

1. 用水量：

	A、C、D 座生活水量	A、C、D 座冷却补水量
最高日用水量：	447.42m³/d	336.00m³/d
最大时用水量：	105.98m³/h	42.00m³/h
	B 座生活水量	B 座冷却补水量
最高日用水量：	303.18m³/d	282.00m³/d
最大时用水量：	70.16m³/h	35.25m³/h

此用水量不包括中水回用水部分

2. 水源：本工程的供水水源为城市自来水，从用地北侧的金城坊北街 $DN300mm$ 市政给水管和用地南侧的金城坊南街 $DN300mm$ 的市政给水管上分别接出 $DN250mm$ 的给水管，经总水表后接入用地红线，在红线内以 $DN250mm$ 的管道构成环状供水管网（东侧和南侧给水管走在地下一层）。供水水压 0.18MPa～0.2MPa。

3. 系统竖向分区：一层及一层以下由市政给水管直接供水（为低区），二层以上为内部加压供水系统，采用水池-变频调速泵组供水方式。大厦设两套加压供水系统，A、C、D 座一套，B 座一套。加压供水部分分为高、中区，分设变频泵组，高区又通过可调减压阀分为高一区、高二区。高一区：八层至十七层；高二区：十八层至二十四层；中区：二层至七层；低区：一层以下。

系统分区保证最大静水压不超过 0.45MPa。

4. 加压给水设备：A、C、D 座地下四层设 250m³ 生活水箱（包括冷却塔补水量），B 座地下四层设 70m³ 生活水箱。水箱材质均为不锈钢。各区泵组由三台或二台（B 座中区）主泵，一台小泵配小型气压罐及变频器，控制部分组成。三台主泵为二用一备，一台变频，一台工频运行（B 座为一用一备，变频工作）。晚间低峰用水时，由小泵和气压罐供给；高峰用水时，启动大泵，根据用水量变频或工频工作。生活水池水位至最低时停泵，水位升高恢复正常工作，其自动控制由厂家负责调试。

5. 管材：采用薄壁铜管，钎焊连接。

（二）热水系统

1. 热水用水量见表1：各区热水量（50℃）和耗热量

热水用水量表　　　　　　　　　　　　　　　　表 1

A、C、D座	秒流量（m³/h）	耗热量（kW）	B座	秒流量（m³/h）	耗热量（kW）
高区	10.5	490	高区	10.5	490
中区	9.5	442	中区	5.6	260
低区	18.0	837	低区	10.5	490

2. 热水供应部位：职工淋浴间、厨房、办公楼和会议中心卫生间洗手盆。

3. 热源及生活热水的制备：热源为城市热力，城市热力检修期由自备燃气锅炉提供的0.4MPa的饱和蒸汽，经换热器换热后（要求换热器适合于高温热水和蒸汽两种热媒），供应不低于50℃的生活热水。

4. 系统竖向分区：热水系统竖向分区同给水系统。除一层以外每个分区与给水系统为同一压力源，各区换热器由各区的变频泵组供水。高区水源压力为1.4MPa；中区水源压力为0.7MPa；低区水源压力为0.20～0.18MPa。一层各用水点处装支管减压阀，阀后压力调整为同给水压力。

5. 热交换设备：热交换站设在地下二层，换热器均按半即热式换热器考虑，按设计秒流量供热。A、C、D座和B座的高、中、低区独立设置换热器，热交换站由业主委托热力公司设计。

6. 冷、热水压力平衡措施，热水温度保证措施：

（1）冷、热水为同一压力源。

（2）为节约用水，保证用水点随时出热水，热水系统采用机械循环方式，高、中、低区分设循环泵，循环泵由回水管路上的温度传感器控制，温度下降到45℃时，循环泵启动；温度上升到50℃时，循环泵停止。

（3）为减少水垢，在进热交换器的冷水管上安装静电除垢器。

7. 管材：采用薄壁铜管，钎焊连接。

（三）中水系统

1. 原水水源、原水量、水量平衡：

写字楼盥洗废水、职工淋浴废水和直饮水处理废水、空调冷凝水、屋顶水箱泄水及冷却塔的排污水一并回收至中水处理站，经处理达到生活杂用水水质标准后供A、B楼一～二十三层办公冲厕用水。原水量为233.00m³/h。A、C、D、B座各设一套中水处理设施。

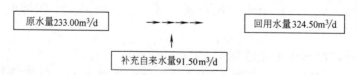

中水处理设备一天运行16h，处理能力15m³/h。

2. 供水方式及系统分区：大厦设两套加压供水系统，A、C、D座一套，B座一套。采用水池-水泵-高位水箱联合供水方式。加压供水部分由分区减压阀分为四个供水区，一区：二层至七层；二区：八层至十四层；三区：十五层至二十三层。每个区的最大静压不大于

0.45MPa。由于二十四层中水供水压力不足，由给水系统供水。

3. 供水加压设备：A座和B座各设8m³屋顶中水水箱（冲压钢板材质），屋顶水箱供水泵各设二台，一用一备，其启停由屋顶中水水箱的水位控制，低水位启泵，高水位停泵。二台泵交替运行，互为备用。

4. 处理工艺流程

调节池—毛发过滤器—提升泵—接触氧化池—沉淀池—中间水箱—加压泵—石英砂过滤—活性炭吸附器消毒—中水池

5. 管材：采用热浸镀锌钢管，丝扣连接。

（四）排水系统

1. 排水系统形式：本大厦采用污废水分流制，一层以上污水自流排至室外（一、二层污水单独排出），经化粪池排入市政管网。盥洗废水和淋浴废水排至地下中水处理站，经处理后回用，处理设备故障情况下，废水经事故排出口排至室外，不经化粪池直接排至市政污水管道。±0.00m以下污废水汇集至集水坑，用潜水泵提升排出。每一集水坑设两台潜水泵，一用一备，交替运行，潜水泵由集水坑水位自动控制。

2. 卫生间排水管设专用通气立管，每隔2～8层设结合通气管与污水立管相连。

3. A、C座生活污水在室外经北侧一座80m³和一座40m³的化粪池，B、D座生活污水在室外经南侧一座80m³和一座40m³的化粪池处理后排至市政污水管道；厨房污水经室内隔油器处理后直接排入市政污水管道。锅炉排污在室内经降温池（A、C、D座和B座分别设一个1号钢筋混凝土降温池）后，由潜水泵提升排至室外污水管道。降温池的二次蒸发筒引至屋面高空排放。

4. 管材：室内污水、废水、通气管采用抗震柔性接口机制排水铸铁管及管件，平口对接。橡胶圈密封不锈钢卡箍卡紧。地下室垫层内的排水管采用承插连接。与潜水泵连接的管道采用焊接钢管，焊接或法兰连接。

（五）雨水系统

1. 暴雨强度公式：$q=2001\times(1+0.811\lg P)/(T+8)^{0.711}$

雨水量 $Q=\Psi qF$

重现期：屋面 $P=10$ 年，室外 $P=2$ 年。

屋面雨水设计降雨历时 $T=5\min$；室外雨水管道设计降雨历时 $T=10\min$。

室外综合径流系数 $\Psi=0.6$

2. 屋面雨水均采用内排水系统排至室外雨水管道。汽车库的坡道处设雨水沟截流，排至雨水泵坑，用潜水泵提升排至室外雨水管道。雨水泵设两台，一用一备，交替运行。室外道路雨水经雨水口收集，排至市政雨水管道。

3. 管材：室内雨水管、悬吊管采用热浸镀锌钢管，沟槽柔性连接。

二、消防系统

（一）消火栓系统

1. 用水量见表2。

消火栓系统用水量表   表2

	用水量标准（L/s）	火灾延续时间（h）	一次灭火用水量（m³）
室外消火栓系统	30	3	324
室内消火栓系统	40	3	432

2. 系统分区及加压设备：室内消火栓系统采用稳高压系统。在地下四层设 640m³ 消防水池一座，其中室内消火栓用水量 432m³，自动喷洒用水量 100.8m³。泵房内设两台高区消火栓加压泵和两台低区加压泵，系统分为高、低两区。高区 20 层以上由屋顶水箱和增压稳压装置稳压；高区 20 层以下由屋顶水箱稳压；十层及十层以下为低区，由屋顶水箱通过比例减压阀稳压。屋顶设 18m³ 的消防水箱（A、B 座各 9m³），A、B 座各设一套消火栓系统增压稳压设备，仅为二十层以上的消火栓系统增压。系统最大静压不大于 0.8MPa。地下四层至四层、十一层至十八层均采用减压稳压消火栓，保证消火栓出口压力不大于 0.5MPa。消火栓系统高、低区各设三套室外地下式消防水泵接合器。供消防车向室内消火栓系统补水用。

3. 管材：采用无缝钢管，焊接连接。

（二）自动喷水灭火系统

1. 用水量见表 3。

自动喷水灭火系统用水量表　　　　　　　　　　表 3

部位	火灾危险等级	喷水强度(L/min·m²)	用水量(L/s)	火灾延续时间(h)	一次灭火用水量(m³)
		作用面积(m²)			
车库地下商场	中Ⅱ级	8 / 160	28	1	100.8
办公等其它区域	中Ⅰ级	6 / 160	21	1	75.6

2. 设置范围：本工程按中危险Ⅱ级设置自动喷水灭火系统。地下车库、库房、走道、办公区、电梯厅、厨房、餐饮等公共部分均设自动喷洒头保护。车库和贵重物品库房设预作用式自动喷水系统，其余部位设置湿式自动喷水系统。

3. 系统说明：在地下四层泵房内设两台高区自动喷洒加压泵和两台低区自动喷洒加压泵，A 座屋顶水箱间设一套自动喷水系统稳压设备，为整个高区自动喷水系统补压。系统分为高、低区，高区：十一至二十四层，低区：十层至地下四层。高区由屋顶水箱和增压稳压装置稳压；低区由屋顶水箱通过比例减压阀稳压。

A、B、C、D 座的高低区分别设报警阀组，分别设在各座的报警阀间内。每套报警阀负担的喷头数不超过 800 个。在每层每个防火分区均设水流指示器和安全信号阀，每个报警阀所带的最不利喷头处，设末端试水装置，其它每个水流指示器所带的最不利喷头处，均设 DN25 的试水阀。

自动喷洒系统高、低区各设两套室外地下式消防水泵接合器，供消防车向室内自动喷洒系统补水用。

4. 喷头形式：车库内采用 74℃ 温级的易熔合金直立型喷头（$K=80$），四季花园，地下商业采用快速反应闭式玻璃球喷头，自动扶梯下采用装饰隐蔽型喷头（$K=80$），其它均采用玻璃球标准喷头（$K=80$），吊顶下为装饰型，吊顶上和无吊顶的房间为直立型。温级：四季花园网架内，厨房内灶台上 93℃，厨房内其它地方 79℃，其余均为 68℃。

5. 管材：采用热浸镀锌钢管，$DN<100mm$ 者丝扣连接，$DN≥100$ 以上者沟槽连接。

（三）水喷雾灭火系统

1. 设置部位：锅炉房和柴油发电机房。

2. 设计基本参数见表 4。

设计基本参数   表 4

	喷雾强度 9L/(min·m)	喷雾时间 h	设计流量(L/s)	水量 m³	喷头压力 MPa	响应时间(s)
锅炉房	9	1	9	32.4	0.2	60
柴油发电机	20	0.5	30	54.0	0.35	45

3. 泵房内设专用水喷雾灭火系统加压泵二台（一用一备），雨淋阀组分别就近设于锅炉房和发电机房内。水喷雾管道按体积保护法均匀布置，平时雨淋阀前的管道压力由屋顶消防水箱保证。灭火时，加压泵启动供水，水雾喷头均匀向锅炉和发电机表面喷射水雾。

4. 喷头选用：选用适合于可燃气体和闪点大于 60℃ 的可燃液体的高速水雾喷头，雾化角度 120°，工作压力 0.2～0.5MPa。型号及流量系数待锅炉和发电机定货后，根据喷头布置数量而定，锅炉的燃烧器和防爆膜处的喷头采用 ZSTW/Me 型中速水雾喷头，雾化角 125°，流量系数 $K=80$。

5. 水喷雾系统设两套地下式消防水泵接合器。

6. 系统控制：水喷雾灭火系统设自动控制、手动控制、应急操作三种控制方式。

（1）自动控制：着火部位的双路火灾探测器接到火灾信号后，自动打开相对应的雨淋阀上的电磁阀（常闭状态）。阀前压力水进入管网，雨淋阀上的压力开关报警，并启动水喷雾系统加压泵。

（2）手动控制：消防中心同时接到着火部位的双路火灾探测器信号，并确认火灾无误后由值班人员在消防中心手动打开相对应的电磁阀并启动水喷雾系统加压泵。

（3）应急操作：值班人员发现火灾后，在现场手动打开雨淋阀上的放水阀，使雨淋阀迅速打开，同时雨淋阀处的压力开关动作，启动水喷雾系统加压泵或值班人员在泵房内直接启动水喷雾加压泵。

（四）气体灭火系统

1. 设置部位：地下四层金库，电脑主机房。

2. 系统形式：采用组合分配系统。

3. 气体种类：采用符合环保要求的洁净气体作为气体消防的介质。防护区为独立系统，分别设置瓶站。

4. 灭火浓度：灭火浓度及其它参数根据所采用的气体种类而定。

5. 系统控制：气体灭火系统设自动控制、手动控制、应急操作三种控制方式。有人工作或值班时，采用电气手动控制，无人值班的情况下，采用自动控制方式。自动、手动控制方式的转换，可在灭火控制器上实现（在防护区的门外设置手动控制盒，手动控制盒内设有紧急停止和紧急启动按钮）。

三、设计及施工体会

1. 根据业主方的意向和 5A 级高档智能写字楼特点，采用了集中热水供水系统，在管道布置上特别加以考虑，将热水立管靠近洗手盆布置，使不循环的热水支管最短。

2. 由于本工程建筑红线内建筑密度较大，室外管线设计难度很大，在室内管线设计时充分考虑这个不利因素，将部分室外给水管线敷设在室内地下一层。在建筑压红线一侧，利用建筑凹陷处设置化粪池，排水管合并出户，直接排入化粪池，化粪池设专用通气管直通屋面。

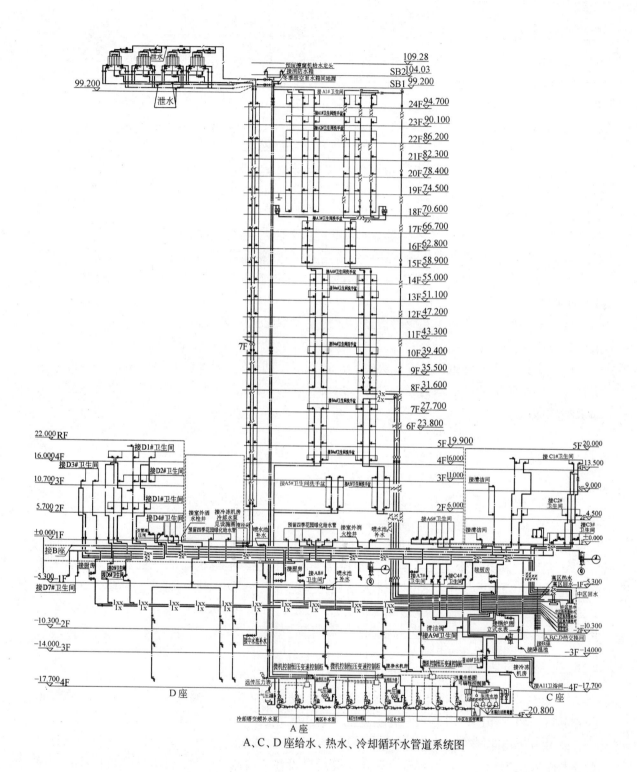

A、C、D座给水、热水、冷却循环水管道系统图

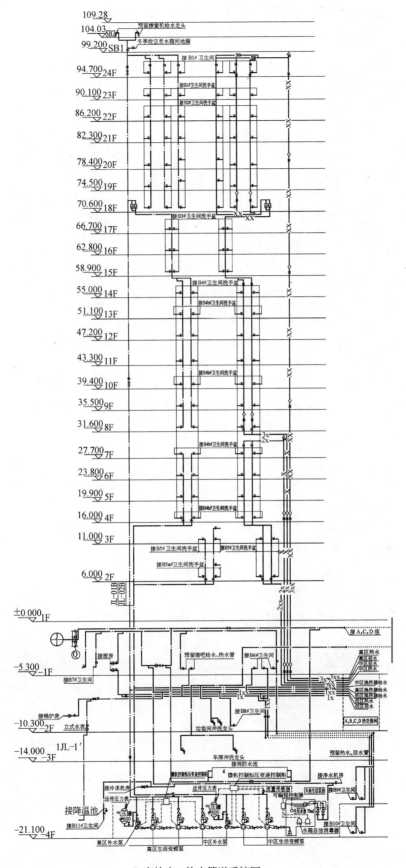

B座给水、热水管道系统图

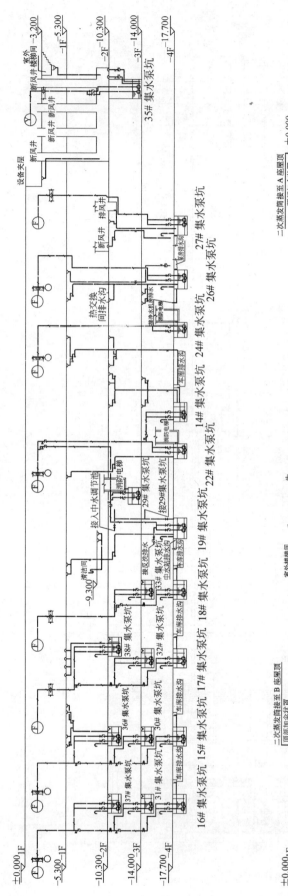

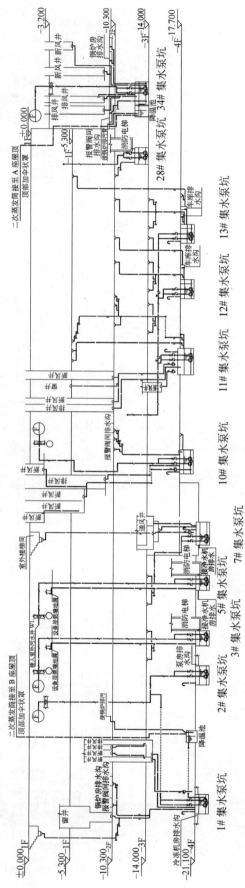

±0.000 以下雨水、废水管道系统图

248

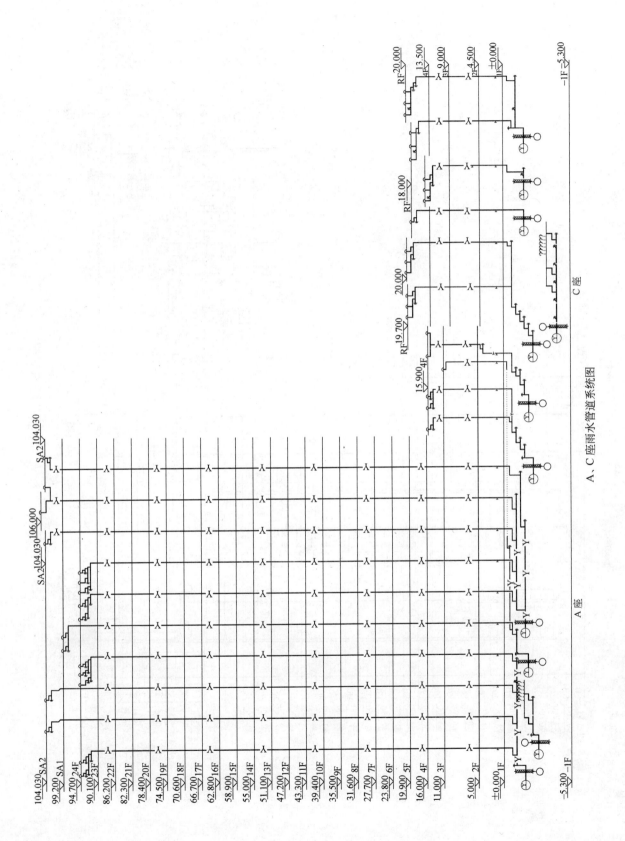

A、C座雨水管道系统图

A 座

C 座

104.030 SA2
99.200 SA1
94.700 24F
90.100 23F
86.200 22F
82.300 21F
78.400 20F
74.500 19F
70.600 18F
66.700 17F
62.800 16F
58.900 15F
55.000 14F
51.100 13F
47.200 12F
43.300 11F
39.400 10F
35.500 9F
31.600 8F
27.700 7F
23.800 6F
19.900 5F
16.000 4F
11.000 3F
5.000 2F
±0.000 1F
-5.300 -1F

SA2 104.030
106.000
SA2 104.030

RF 20.000
13.500
4F 9.000
3F -4.500
2F ±0.000
1F
-1F -5.300

RF 18.000

20.000

RF 19.700

15.900 4F

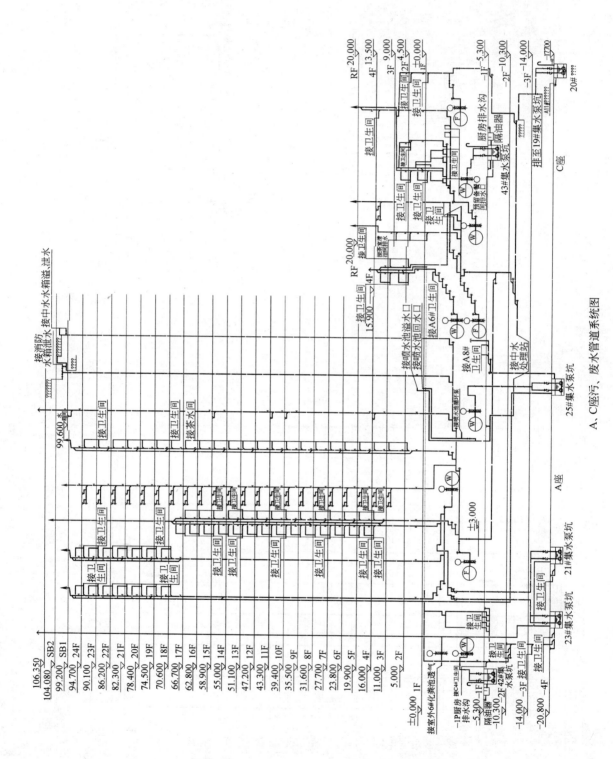

A、C座污、废水管道系统图

250

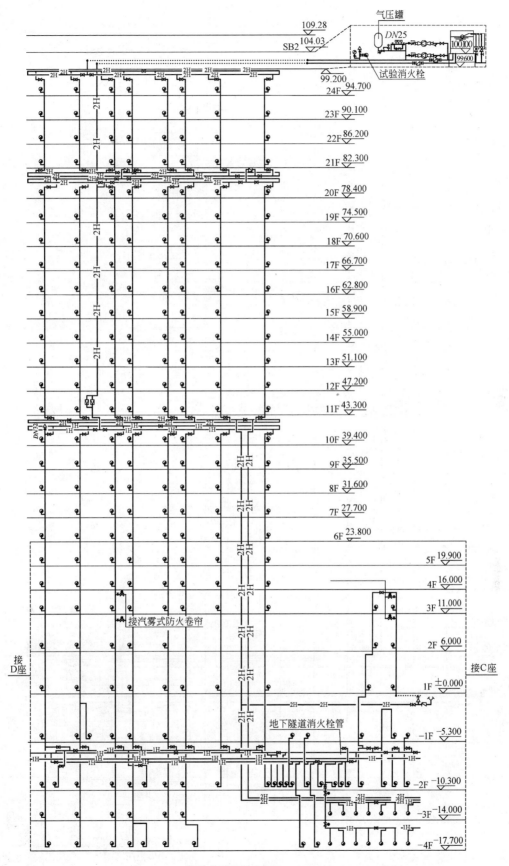

A座消火栓管道系统图

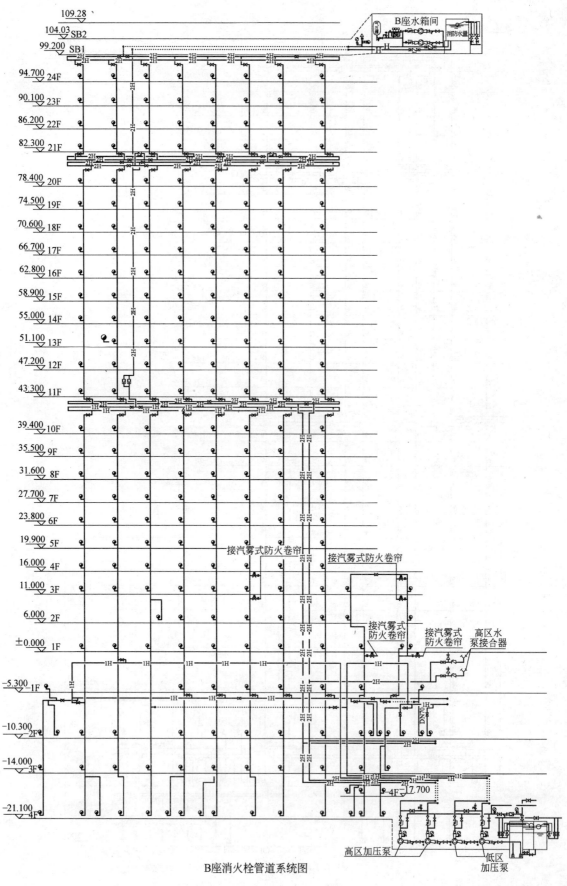

B座消火栓管道系统图

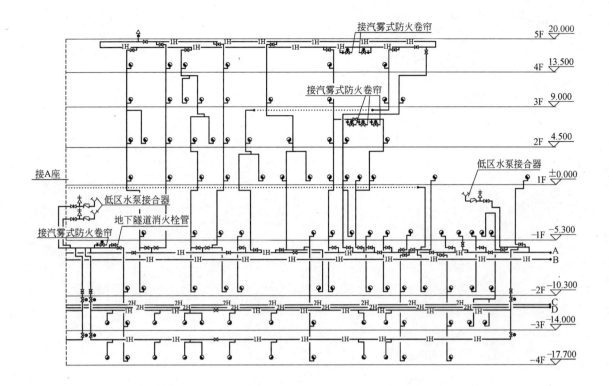

C 座消火栓管道系统图

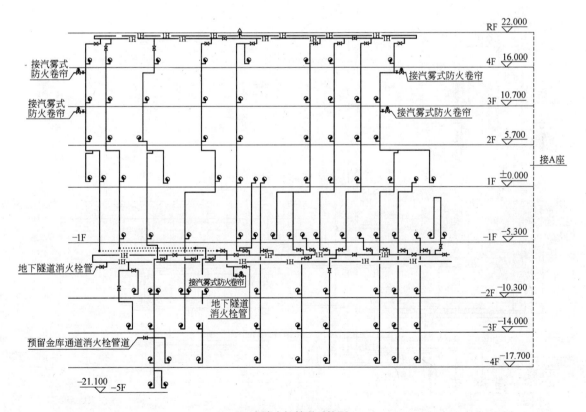

D 座消火栓管道系统图

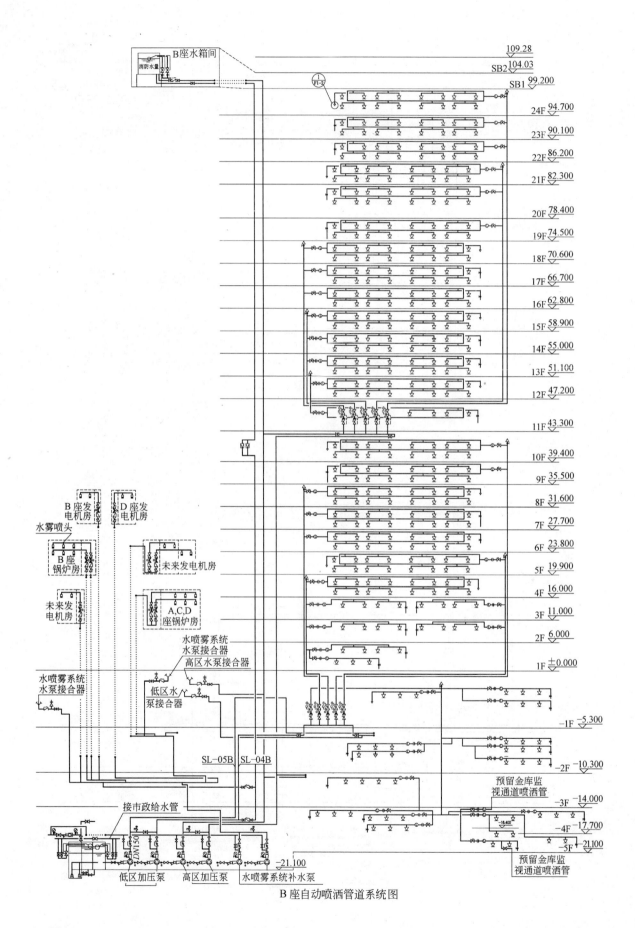

B座自动喷洒管道系统图

254

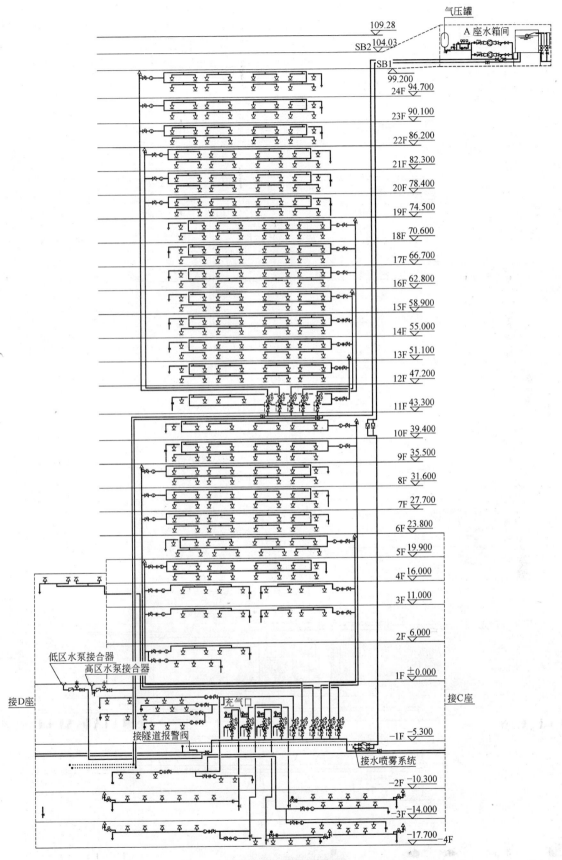

A座自动喷洒管道系统图

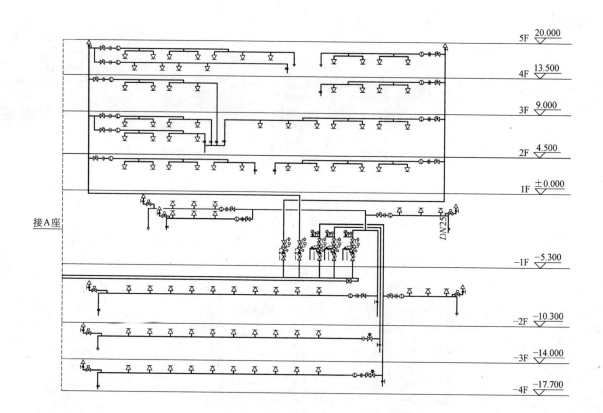

C座自动喷洒管道系统图

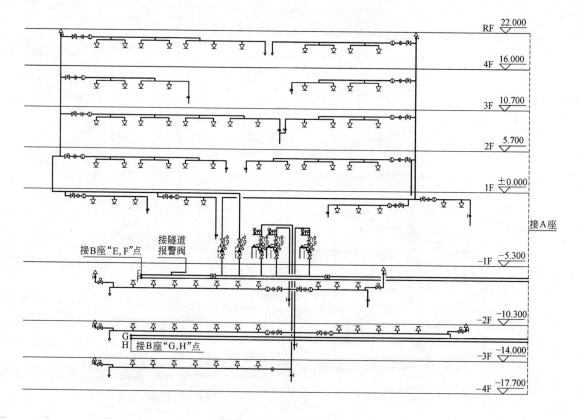

D座自动喷洒管道系统图

富 凯 大 厦

郭汝艳　赵　昕

富凯大厦位于北京金融街 B 区 5 号地，是未来金融街标志性建筑。规划建设用地面积
11054m²。工程性质为办公及配套项目，包括金融营业、办公及商业、餐饮、停车、后勤设
备用房等。是一栋智能型 5A 综合写字楼。总建筑面积 12.3 万 m²（其中：地上 9.9 万 m²，
地下 2.4 万 m²）。地上 22 层，地下 3 层，建筑高度（檐口）：83.30m。2001 年 6 月底完成
设计，2003 年底投入使用。

一、给水排水系统

（一）给水系统

1. 用水量见表 1。

主要项目用水量标准和用水量计算表　　　　　表 1

序号	用水项目	使用数量	用水量标准	使用时间 (h/d)	小时变化系数	用水量（m³）		
						最高日	最大时	平均时
1	办公人员	5000 人	50L/（人·d）	8	2.0	250.00	62.50	31.25
2	职工淋浴	120 人次	80L/（人·d）	4	1.5	9.60	3.60	2.40
3	内部厨房	2500 人次	15L/（人·d）	4	2.0	37.50	18.75	9.38
4	对外厨房	400 人次	20L/（人·d）	8	2.0	8.00	2.00	1.00
5	客房	8 床	400L/（床·d）	24	2.0	3.20	0.27	0.13
6	桑拿	50 人次	100L/（人·d）	5	2.0	5.00	1.66	0.83
7	商场	800 人次	3L/（人·d）	12	2.0	2.40	0.40	0.20
8	水景补水	循环水量 150m³/h	2%补水量	4	1	12.00	3.00	3.00
9	冷却塔补水	冷却水量 2200m³/h	1.5%补水量	8	1	264.0	33.0	33.0
	合计					591.70	125.18	81.19
	不可预见	1~7 项总和的 10%				31.57	8.92	4.52
		合计				623.27	134.10	85.71

本工程用水量见表 2。

表 2

	生 活 水 量	冷 却 补 水 量
最高日用水量（m³/d）	350.25	264.00
最大时用水量（m³/h）	98.98	33.00

此用水量不包括中水回用水部分

2. 水源：大厦的供水水源为城市自来水，从用地南侧的广宁伯街 DN600 的给水管和用地东侧的金融大街 DN400 的给水管上分别接出 DN200 的给水管，经总水表后接入用地红线，在红线内以 DN200 的管道构成环状供水管网。市政供水条件较好，水压 0.18～0.2MPa。

3. 系统竖向分区及供水方式：本工程竖向分为三个供水区。一区：二层以下由市政给水管直接供水；三层以上由变频加压供水设备供水，变频加压供水部分由可调式减压阀分为上下二个供水区，保证最大静水压不超过 0.45MPa，二区：三至十四层；三区：十五至二十二层。

4. 加压给水设备：

（1）地下三层泵房内设 300m³ 生活水池，一套恒压（恒压值 1.10MPa）变频供水装置（包括一台小泵 $Q=3m^3/h$，$H=110m$，一台隔膜气压罐，三台大泵，两用一备，每台 $Q=13.89～20.28L/s$，$H=129～96m$，及变频控制柜、流量、压力、液位传感器）供全楼三层以上生活用水，晚间低峰用水时，由小泵和气压罐供给；高峰用水时，启动大泵，根据用水量变频或工频工作。生活水池水位至最低时供水装置停止，水位升高恢复正常工作，其自动控制由厂家负责调试。

（2）屋顶消防水箱由生活变频供水装置补水，浮球阀控制进水。水箱和地下（生活和消防）水池溢流信号报警至消防中心。

5. 管材：采用薄壁铜管，钎焊连接。

（二）热水系统

1. 热水用水量：

	水量（50℃）	耗热量
高区：	9.6m³/h	395kW
低区：	8.05m³/h	350kW

2. 热水供应部位：高区：三层以上洗手盆；低区：地下一层淋浴间、厨房和地上一、二层卫生间洗手盆。

3. 热源及生活热水的制备：热源为城市热力，一次水供回水温度为70℃，40℃，供水压力 1.6MPa。城市热力检修期，采用分散设置或集中设置的电热水器制备淋浴热水。本次设计预留集中设置大容积电热水器的电容量，并在每个淋浴小间预留电热水器的用电插座，为分散设置电淋浴器提供条件。

4. 系统竖向分区：热水系统竖向分区同给水系统。高区水源压力为 1.1MPa，低区水源压力为 0.18～0.2MPa。

5. 热交换设备：在地下三层热交换站设立式半容积式热交换器制备二次生活热水，由一次水管上的温度调节器控制热交换器的二次热水出水温度不小于 50℃。高区热交换器由生活变频供水装置供水，低区热交换器由市政给水管网供水。热交换站另委托热力公司设计。

6. 冷、热水压力平衡措施，热水温度保证措施：

（1）冷、热水为同一压力源，热交换设备采用被加热水水头损失可忽略不计的半容积式换热器。

（2）为节约用水，保证用水点随时出热水，热水系统采用机械循环方式，高、低区分设循环泵，循环泵由回水管路上的温度传感器控制，温度下降到40℃时，循环泵启动；温度上升到45℃时，循环泵停止。

（3）为减少水垢，在进热交换器的冷水管上安装静电除垢器。

7. 管材：采用薄壁铜管，铅焊连接。

（三）中水系统

1. 中水原水量见表3、中水用水量见表4。

中水原水量表 表3

序号	用水项目	使用数量	用水量标准	使用时间	小时变化系数	用水量（m³）		
						最高日	最大时	平均时
1	办公人员	5000人	50L/（人·d）×35%	8	2.0	87.50	21.88	10.94
2	淋浴	120人次	80L/（人·d）×100%	4	1.5	9.60	3.60	2.40
3	15%的损失量					14.57	3.82	2.00
	合计（1项＋2项－3项）					82.53	21.66	11.34

中水回用水量表 表4

序号	用水项目	使用数量	用水量标准	使用时间	小时变化系数	用水量（m³）		
						最高日	最大时	平均时
1	洗车	100辆/d	400L/（辆）	16	1.5	40.00	3.75	2.50
2	汽车库地面冲洗	18000m²	2L/（m²·d）	4	1.5	36.00	13.50	9.00
3	绿化	3150m²	2L/（m²·d）	8	1.5	6.30	1.18	0.78
4	冲洗道路	2000m²	2L/（m²·d）	8	1.5	4.0	0.75	0.50
	合计					86.30	19.18	

注：洗车用水量按一个洗车台，每辆洗车时间为10min，每天工作16h计。

2. 水量平衡

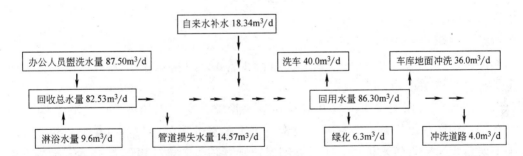

中水处理设备一天运行16h，处理能力5m³/h。

3. 系统分区：写字楼盥洗废水和职工淋浴废水回收至中水处理站，经处理达到生活杂用水水质标准后供洗车、地面冲洗、绿化用水。竖向分为一个供水区。

4. 供水方式及供水加压设备：中水系统为水池——变频恒压设备供水方式。恒压（恒压值0.45MPa）变频供水装置（包括一台小泵 $Q=3m^3/h$，$H=50m$，一台隔膜气压罐，二台大泵，一用一备，每台 $Q=6.11\sim11.67L/s$，$H=48\sim36m$，及变频控制柜，流量、压力、液位传感器）供全楼一层以下的中水用水，晚间低峰用水时，由小泵和气压罐供给；高峰用水时，启动大泵，根据用水量变频或工频工作。其自动控制由厂家负责编程调试。

5. 处理工艺流程

原水→格栅→曝气调节池→毛发过滤器→一次提升泵→接触氧化池→中间水箱→二次提升泵→过滤→消毒→清水池→回用。

6. 管材：采用热浸镀锌钢管，丝扣连接。

（四）排水系统

1. 生活排水量：

最高日排水量：241.38m³/d

最大时排水量：63.66m³/h

2. 排水系统形式：本大厦采用污废水分流制，一层以上污水自流排至室外，经化粪池排入市政管网。盥洗废水和淋浴废水至地下中水处理站，经处理后回用，处理设备故障情况下，废水经事故排出口排至室外，不经化粪池直接排至市政污水管道。±0.00 以下污废水（地下一层淋浴废水除外）汇集至集水坑，用潜水泵提升排出。每一集水坑设两台潜水泵，一用一备，交替运行，潜水泵由集水坑水位自动控制，当一台泵来不及排水达到报警水位时，两台泵同时工作并报警。

3. 卫生间排水管设专用通气立管，每隔二层设结合通气管与污水立管相连。

4. 生活污水在室外经南北两座 60m³ 的化粪池处理后排至市政污水管道；洗车废水经室内洗车污水隔油沉砂池处理后排入室外污水管道；厨房污水经室内隔油器处理后直接排入市政污水管道。

5. 管材：室内污、废水管，通气管采用白色硬聚氯乙烯（UPVC）塑料管，粘接连接。出屋面通气管采用柔性接口机制排水铸铁管。立管底部的弯头和横管采用日标承压排水 UP-VC 管。与潜水泵连接的管道采用焊接钢管，焊接或法兰连接。地下室外墙以外的埋地管采用给水铸铁管，水泥捻口（转换接头在室内）。

（五）雨水系统

1. 暴雨强度公式：$q=2001\times(1+0.811\lg P)/(T+8)^{0.711}$

雨水量　$Q=\Psi qF$

重现期：屋面 $P=5$ 年，室外 $P=1$ 年。

屋面雨水设计降雨历时 $T=5$ 分钟；室外雨水管道设计降雨历时 $T=10$ 分钟。

室外综合径流系数 $\Psi=0.6$

2. 屋面雨水均采用内排水系统排至室外雨水管道。汽车库的坡道处设雨水沟截流，排至雨水泵坑，用潜水泵提升排至室外雨水管道。雨水泵设两台，一用一备，交替运行，当一台泵来不及排水达到报警水位时，两台泵同时启动并报警。室外道路雨水经雨水口收集至管道，排至市政雨水管道。

3. 管材：室内雨水管、悬吊管采用热浸镀锌钢管，沟槽柔性连接。地下室外墙以外的埋地管采用给水铸铁管，水泥捻口（转换接头在室内）。

二、消防系统

（一）消火栓系统

1. 用水量见表5。

消火栓系统用水量表　　　　　　　　表5

	用水量标准	火灾延续时间	一次灭火用水量
室外消火栓系统	30L/s	3h	324m³
室内消火栓系统	40L/s	3h	432m³

2. 系统分区及加压设备：室内消火栓系统采用稳高压系统。在地下三层设 532.8m³ 消防水池一座，其中室内消火栓用水量 432m³，自动喷洒用水量 100.8m³。泵房内设两台消火栓加压泵（$Q=40L/s$，$H=140m$，$N=90kW$）。南楼屋顶设 18m³ 的消防水箱和一套消火栓系统增压稳压设备（$Q=0.67\sim1.31L/s$，$H=52\sim38.5m$，$N=1.5kW$ 增压泵二台，$V=300L$ 气压罐一台）。整栋楼为一个消火栓供水系统，竖向通过 1.5：1 比例减压阀分为高、低区，高区：九层至二十一层，低区：八层至地下三层。平时消火栓管网由屋顶水箱和增压稳压设备保证系统压力，系统最大静压不大于 0.8MPa。地上三层至五层；九层至十七层均采用减压稳压消火栓，保证消火栓出口压力不大于 0.5MPa。

3. 系统高、低区各设三套室外地下式消防水泵接合器。供消防车向室内消火栓系统补水用。

4. 管材：采用无缝钢管，焊接连接。

（二）自动喷水灭火系统

1. 用水量见表 6。

表 6

部 位	火灾危险等级	喷水强度[L/(min·m²)] 作用面积(m²)	用水量(L/s)	火灾延续时间(h)	一次灭火用水量 (m³)
车库	中Ⅱ级	8 / 160	28	1	100.8
办公等其它区域	中Ⅰ级	6 / 160	21	1	75.6

2. 设置范围：本工程按中危险Ⅱ级设置自动喷水灭火系统。地下车库、库房、走道、地下一层至地上二层的办公室、商场、厨房、餐饮等公共部分，三层以上办公区、电梯厅均设自动喷洒头保护。地下三层汽车库设预作用式自动喷洒系统，其余部位设置湿式自动喷洒系统。

3. 系统说明：在地下三层泵房内设两台自动喷洒加压泵（$Q=30L/s$，$H=140m$，$N=75kW$）和一套自动喷洒系统稳压设备（$Q=0.67\sim1.31L/s$，$H=52\sim38.5m$，$N=1.5kW$ 稳压泵二台，$V=150L$ 气压罐一台）。整栋楼为一个自动喷洒供水系统，竖向通过 1.5：1 比例减压阀分为高、低区，高区：五层至二十一层，低区：四屋至地下三层。平时自动喷洒管网由屋顶水箱和稳压设备保证系统压力。消防时，高区灭火用水由加压泵直接加压供水，低区灭火用水由加压泵经报警阀前的减压阀减压后供水。

本大厦共设湿式报警阀 18 套，预作用报警阀 1 套（设在二层报警阀内），每套报警阀负担的喷头数不超过 800 个。每层南、北楼分设水流指示器和带电讯号阀门及末端试水装置。

大厦高、低区各设两套室外地下式消防水泵接合器，供消防车向室内自动喷洒系统补水用。

4. 喷头形式：车库内采用 74℃ 温级的易熔合金直立型喷头，机械停车位的托板下采用易熔合金快速反应边墙型喷头，温级 74℃，并加集热板。其它均采用玻璃球喷头，吊顶下为装饰型，吊顶上为直立型，一层大堂及八、九、十九层绿化平台侧墙采用快速反应水平侧墙式喷头。温级：厨房内灶台上 93℃，厨房内其它地方 79℃，其余均为 68℃。

5. 管材：采用热浸镀锌钢管，$DN<100mm$ 者丝扣连接，$DN\geq100$ 以上者沟槽连接。

三、设计及施工体会

1. 热水供水方式的比较

办公楼的洗手盆设集中热水系统或分散设置电热水器各有利弊。由于洗手是个短暂的用水过程，集中热水系统如管网布置不当，支管过长，就会导致放冷水时间长，有可能是洗手过程结束，热水还未出流，热水系统就形同虚设。而分散在成排洗手台盆下设置小型电热水器，就能避免这种情况。但电热水器分散，不利于集中管理。在设计过程中经过分析比较，考虑到 5A 级高档智能写字楼特点，业主方又把写字楼的集中热水系统作为增加卖点的宣传广告。所以我们采用了集中热水供水系统，在管道布置上特别加以考虑，将热水立管靠近洗手盆布置，使不循环的热水支管最短。但是电热水器在办公楼洗手这种短时间断使用性质的建筑中仍具有广阔的应用前景。

2. 水泵接合器的设置

消火栓系统和自动喷洒系统的竖向是由比例减压阀分区的，竖向两个分区来自同一压力源。据此，从原理上来讲，通过外部消防车加压的水泵接合器也可以同一压力。即高、低区合设水泵接合器。但城市消防车的压力一般是 0.8MPa，北京市最大到 1.6MPa。如果来的是 0.8MPa 的消防车，不但高区达不到压力要求，低区经过比例减压阀后也达不到压力要求。为了使消防车的供水压力最大范围的满足室内消防的压力要求，高、低区分设水泵接合器。如果来的是 1.6MPa 的消防车，向低区系统加压就会严重超压，可通过设定安全阀的泄压值来解决。

3. 报警阀的设置

《自动喷水灭火系统设计规范》（GBJ 84—85）（本工程是在 2001 版新《自动喷水灭火系统设计规范》实施以前设计的）第 5.4.5 条"自动喷水系统管网的压力不应大于 1.2MPa"（新规范也有此规定），第 5.2.2 条又有"报警阀应设在明显地方……"的规定。大厦一层大堂是最明显的地方，但报警阀压力大于 1.2MPa，如果放在中间某层，报警阀压力满足了要求，但位置较隐蔽。权衡以后，将报警阀间放在二层，此位置与一层大堂相通。水力警铃又引到一层消防中心附近。既满足了系统压力不大于 1.2MPa 的规定，报警阀间又易于到达。

4. 减压稳压消火栓的采用

采用减压稳压消火栓，算不算系统静压不大于 0.8MPa 的要求呢？《高层建筑设计防火规范》（GB 50045—95）2001 年版第 7.4.6.5 条规定"消火栓栓口的静压不应大于 0.8MPa……"。"条文说明"解释为控制消火栓的静压是为了保证在加压主泵未启动前的消防初期，消防水箱的水不在短时间内用完。而栓口出口的压力是影响其出流量的决定因素，与栓口进口的压力无关。据此，可以理解，如果一个分区的最大静压（补压泵扬程＋高差）大于 0.8MPa，小于 1.6MPa，只要在底部几层压力大于 0.8MPa 的消火栓采用减压稳压消火栓，完全可以满足要求，而不必再分区。因减压稳压消火栓的入口压力小于等于 1.6MPa，出口压力不大于 0.5MPa。

5. 精确的施工预留洞

本工程由于层高的限制，消防管道均穿梁敷设，有效地利用了梁间空间。设计中准确地向结构专业提出预留洞的定位和标高，每个穿梁洞均在结构图表示，加之施工中的精密配合，使得所留洞口均为有效，而且管道的偏差率很小，为打造优质工程提供了良好的施工图纸。

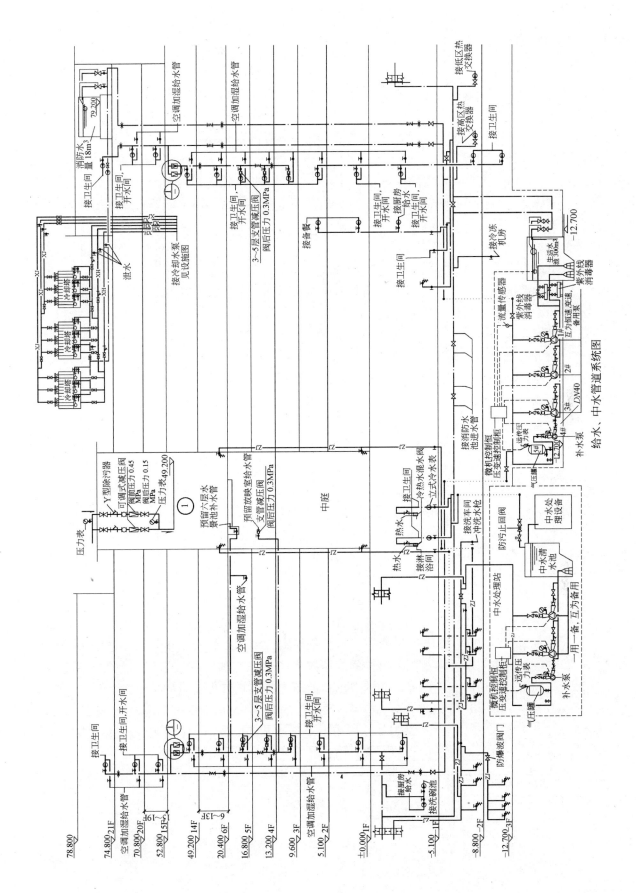

给水、中水管道系统图

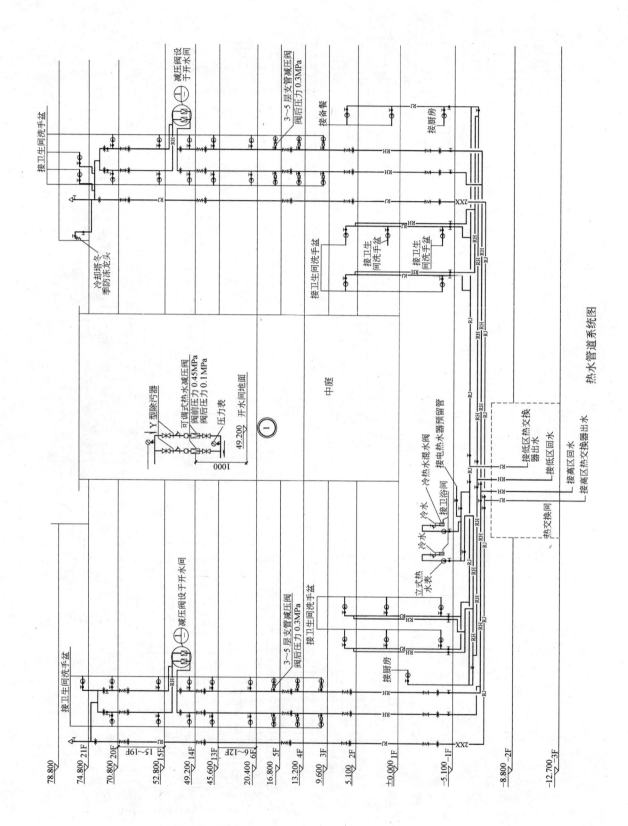

热水管道系统图

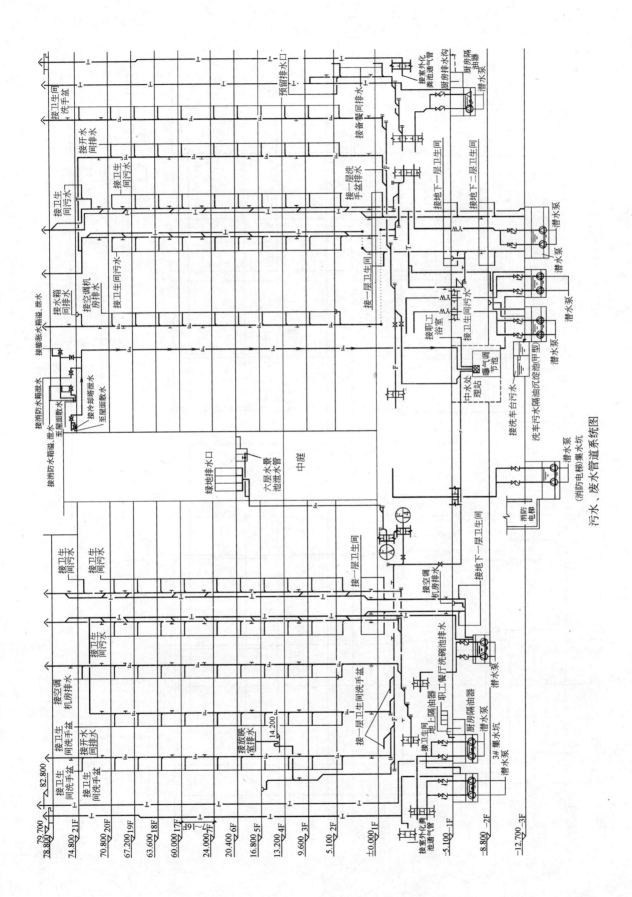

污水、废水管道系统图

265

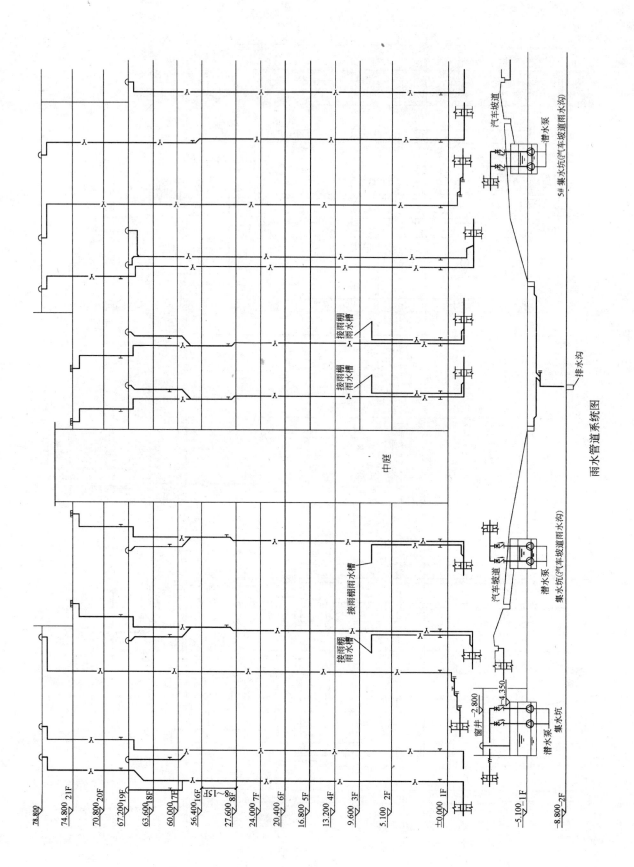

雨水管道系统图

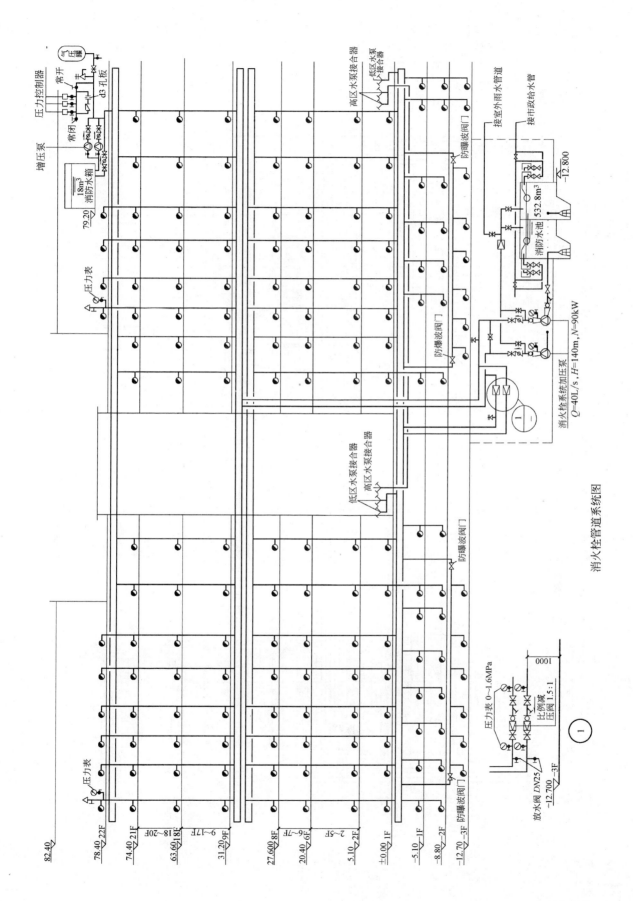

消火栓管道系统图

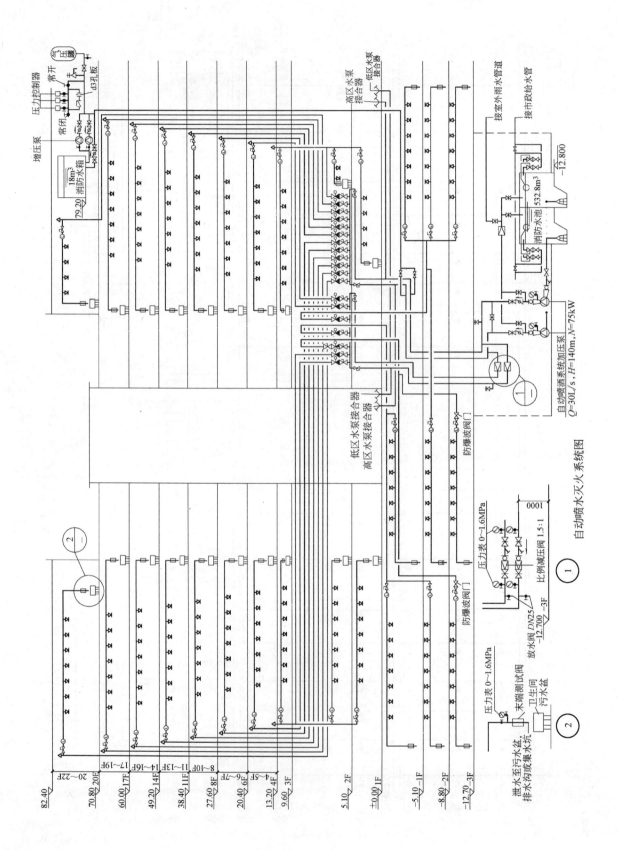

自动喷水灭火系统图

三里河三区 12# 地办公楼

董 昕 司 政

本工程位于北京市西城区三里河三区 12# 地块，地处三里河中央行政区中心位置。由中央国家机关三里河联建办公室牵头，由国家发展和改革委员会等七家单位联合出资兴建，是功能集机关办公、商务写字楼、国家地震台网中心、国家抗震救灾指挥中心、机关招待所为一体的智能化综合体。

本工程采用隔震新技术，在一层与地下一层之间设置隔震层。本工程建设用地为 14787.703m²，代征道路面积为 2526.644m²，总建筑积为 90992.0m²。地上 8 层，地下 3 层。

本工程共分两个子项工程：01 子项 "1# 楼" 及 02 子项 "2#、3#、4# 楼"。以下介绍的是 02 子项。

一、给水排水系统

（一）给水系统

1. 冷水用水量见表 1。

冷水用水量表

表 1

用 水 部 位			标准	使用单位	使用时间(h)	最大日用水量(m³/d)
办公	普通办公部分		50L/(人·班)	2250 人	8	112.5
	公寓式办公部分		250L/(人·d)	88 人	12	22.0
	办公部分内部餐厅	顾客	25L/(人·次)	1150 人	12	57.5
		员工	60L/(人·d)	100 人	12	6.0
内部招待所	招待所	顾客	350L/(床位·d)	286 床位	24	100.1
		员工	80L/(人·d)	50 人	24	4.0
	招待所内部餐厅		50L/(人·次)	115 人	12	14.4
未预见水量			5%			15.8
总计						326.3
其中中水用水量						67.15
去除中水后用水量						259.15

2. 水源：本工程供水水源为城市自来水，据甲方提供的设计资料，从三里河中街与三里河南四巷分别接出 DN200 的给水管，经总水表后接入用地红线，在红线内以 DN200 的管道构成环状供水管网。水压 0.18～0.2MPa。

3. 系统竖向分区：给水系统分为两个区，地下三层至地上二层为低区（1 区）；三层至八层为高区（2 区）。

4. 供水方式及给水加压设备：低区（1区）由市政给水管直接供水；高区（2区）由变频调速供水机组供水。三、四层的配水横支管设支管定压阀。

5. 管材：卫生间支管阀门后的给水管采用 PP-R（共聚聚丙烯）管；人防、车库内给水管道采用热浸镀锌钢管；其它明设管道采用给水用衬塑钢管。机房内管道采用不锈钢管。

（二）热水系统

1. 热水用水量见表2。

热水用水量表   表2

用 水 部 位		标准	使用单位	使用时数(h)	小时变化系数	设计小时用水量(m³/h)	设计日用水量(m³/d)
办 公	普通办公部分	10L/(人·班)	2250人	8	1.2	3.34	22.5
	公寓式办公部分	120L/(人·d)	88人	12	6.84	6.02	10.56
	办公部分内部餐厅 顾客	10L/(人·次)	1150人	12	1.2	1.15	11.5
	办公部分内部餐厅 员工	40L/(人·d)	100人	12	1.2	0.4	4.0
内部招待所	招待所 顾客	150L/(床位·d)	286床位	24	5.77	10.3	42.9
	招待所 员工	45L/(人·d)	50人	24	5.77	0.55	2.25
	招待所内部餐厅	18L/(人·次)	115人	12	1.32	0.23	2.07
总计						21.99	95.78

2. 热源：热源由市政热力管网提供，热网供水温度为85℃，回水温度为60℃。

3. 系统分区：热水系统分为两个区，地下三层至地上二层为低区（1区）；三层至八层为高区（2区）。

4. 热交换设备：由于本工程热源由市政热力管网提供，故热交换设备由热力公司负责设计。

5. 冷热水压力平衡措施：给水、热水系统竖向分区一致；选用压力损失小的容积式热交换设备。

6. 热水温度的保证措施：在水加热器热煤管道上安装温度控制阀自动调节控制；热水循环采用全日机械循环，循环泵启停采用自动控制。

7. 管材：卫生间支管阀门后的给水管采用 PP-R（共聚聚丙烯）管；其它明设管道采用热水用衬塑钢管。

（三）中水系统

中水原水为01及02子项的盥洗、淋浴水，中水回用水仅供02子项冲厕用水。

1. 中水原水量见表3。

中 水 原 水 量   表3

用 水 部 位	用水标准	使用单位(人)	使用时间(h)	最大日原水量(m³/d)
1#楼办公	20L/(人·班)	500	8	10.0
1#楼公寓式办公	135L/(人·d)	24	12	3.24
2#、3#、4#楼办公	20L/(人·班)	1750	8	35.0
2#、3#、4#楼招待所	190L/(人·d)	286	24	54.34
2#、3#、4#楼公寓式办公	135L/(人·d)	88	12h	11.88
总　计				114.46

2. 中水回用水量见表4。

中水回用水量

表4

用 水 部 位	用水标准	使用单位(人)	使用时间(h)	最大日用水量(m³/d)
2#、3#、4#楼办公	30L/(人·班)	1750	8	52.5
2#、3#、4#楼招待所	42L/(人·d)	286	24	12.01
2#、3#、4#楼公寓式办公	30L/(人·d)	88	12	2.64
总　计				67.15

3. 水量平衡见表5。

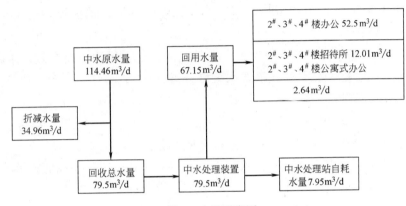

图1　水量平衡图

4. 系统竖向分区：本系统共分一个区。

5. 供水方式及给水加压设备：本系统采用变频调速供水方式。四层以下的配水横支管设支管定压阀。

6. 处理工艺流程图，见图2。

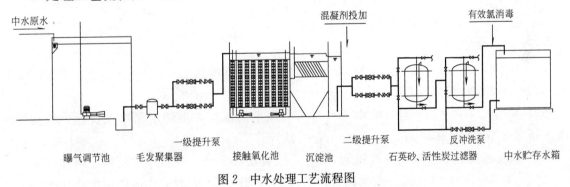

图2　中水处理工艺流程图

7. 管材：卫生间支管阀门后的给水管采用PP-R（共聚聚丙烯）管；其它明设管道采用镀锌钢管。

（四）排水系统

1. 排水系统的形式：采用污、废水分流的方式。

2. 透气管的设置方式：公共卫生间排水管道采用专用透气管，客房及办公室内的卫生间排水管道采用伸顶透气方式。

3. 本系统以收集子项01及本子项的盥洗、淋浴水为源水，在地下三层设中水处理机房，处理为符合《建筑中水设计规范》中生活杂用水水质标准后供给本子项的冲厕用水。

4. 管材：采用柔性接口的机制排水铸铁管，平口对接，橡胶圈密封不锈钢卡箍卡紧。

（五）雨水系统

1. 本工程为重要建筑，暴雨重现期为 10 年。

2. 雨水系统采用重力流排水形式。

3. 管材：热镀锌钢管。

二、消防系统

（一）消火栓系统

1. 室外消火栓系统用水量 30L/s，室内消火栓系统用水量 30L/s，系统竖向不分区。

2. 消火栓加压泵参数：$Q=30L/s$，$H=85m$，$N=45kW$；消火栓系统及自动喷水灭火系统共用一套稳压装置。

3. 在地下三层设有有效贮水容积为 360m³ 的消防水池，屋顶设有有效贮水容积 18m³ 的消防水箱。本系统共设有 3 套室外地下式水泵接合器。

4. 管材：采用焊接钢管。

（二）自动喷水灭火系统

1. 自动喷水灭火系统用水量 35L/s，系统竖向不分区。

2. 自动喷水灭火系统加压泵参数：$Q=35L/s$，$H=90m$，$N=55kW$；消火栓系统及自动喷水灭火系统共用一套稳压装置。

3. 地下停车库采用直立型喷头，其余部分采用下垂型喷头，设有吊顶处为吊顶装饰型喷头。地下停车库、无吊顶的走廊、厨房等处采用易熔合金喷头，其余部分采用玻璃球喷头。喷头温级为：厨房高温区：易熔合金喷头 98℃，其余部分玻璃球喷头 68℃，易熔合金喷头 72℃。

4. 在地下一层报警阀室设 7 组湿式报警阀，2 组预作用报警阀及 1 组雨淋阀。

5. 本系统共设有 3 套室外地下式水泵接合器。

6. 管材：采用热浸镀锌钢管。

（三）水喷雾系统

1. 本子项柴油发电机房设水喷雾灭火系统，喷雾强度为 20L/(min·m²)，喷雾水流量为 10L/s，持续时间为 0.5h。

2. 本系统与消火栓、自动喷水灭火系统共用消防水池，消防水泵单独设置。水喷雾系统加压泵参数：$Q=10L/s$，$H=60m$，$N=11kW$。

3. 系统控制：本系统响应时间为 45s，采用自动、手动与应急操作三种控制方式。

（1）自动控制：设在柴油发电机房内的温感、烟感探头同时动作向消防中心发出信号并通过电器控制部分开启雨淋阀，并开启水喷雾消防泵供水。

（2）手动控制：消防控制中心同时收到温、烟感探头的火灾信号，并确认火灾无误后，由值班人员在消防控制中心启动消防水泵。

（3）应急操作，值班人员接到火灾报警信号，并确认火灾无误后，手动打开雨淋阀上的防水阀，使雨淋阀迅速打开，同时雨淋阀处压力开关动作，启动消防水泵或值班人员在泵房内直接启动消防泵。

4. 管材：采用热浸镀锌钢管。

（四）气体灭火系统

1. 本子项地下三层的通讯室、指挥大厅屏幕后，地下二层的指挥技术系统机房、控制室，地下一层的 UPS 室、核心机房，四层的总监控室，八层的卫星通讯机房等处设七氟丙烷气体灭火系统。

2. 机房的设计灭火浓度为 7.5%，喷射时间为 7s，浸渍时间为 3min。

3. 灭火系统的控制方式：自动、手动、机械应急手动三种方式。

（1）自动控制：即火灾探测系统探测到火警信号后，发出声、光报警，延时 30s 后，启动灭火装置进行灭火，并打开气体释放门灯。

（2）手动控制：即火灾探测系统探测到火警信号后，由人工手动启动灭火装置进行灭火。本控制在灭火控制盘上进行，不论灭火控制按钮处于哪一位置时，只要发出火警，都可以使用该保护区的手动控制按钮进行灭火。

（3）机械应急手动：即当火灾探测系统探测到火警信号后，电气部分及控制系统都出现故障时，使用的灭火控制方式。机械应急启动必须在钢瓶间进行，打击应急手柄，听到气动响声后，灭火系统工作。应注意关闭好门窗和风口并确认所有人员已撤离后方可实施。

4. 管材：采用 GB 8163—87 流体无缝钢管。

三、设计及施工体会

本工程考虑到该地区为历史地震高烈度异常区，并考虑到建筑物受地震破坏后可能造成的人员伤亡、社会影响和经济损失及其在抗震救灾中的作用。结构设计采用抗震新技术，隔震层以上上部结构在罕遇地震作用下的位移为 24～26cm，根据《叠层橡胶支座隔震技术规程》（CECS 126126：2001）及《建筑抗震设计规范》（GB 50011—2001）的要求，穿过隔震层的竖向管线在隔震层处应采用柔性接头，其变形值不应小于隔震层在罕遇地震作用下最大水平位移的 1.2 倍，即不小于 260×1.2＝312mm，本工程管道柔性连接按水平位移 400mm 的要求进行设计。因此要求本专业的各种管线垂直穿越隔震层时，必须采取相应的措施：

1. 尽量减少穿越隔震层管线的数量，隔震层上下的系统尽量分别设置，小管线汇集成干管后再穿。

2. 根据标准图《建筑结构隔震构造详图（03SG610-1）》的做法要求，管道穿越时采用柔性连接。其最大水平位移应大于 400mm。热镀锌钢管、机制排水铸铁管和薄壁不锈钢管均采用不锈钢波纹金属软管连接。

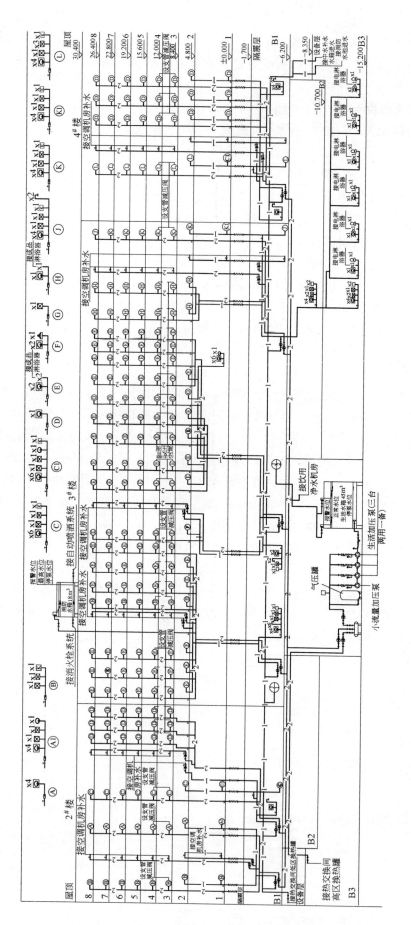

给水系统图

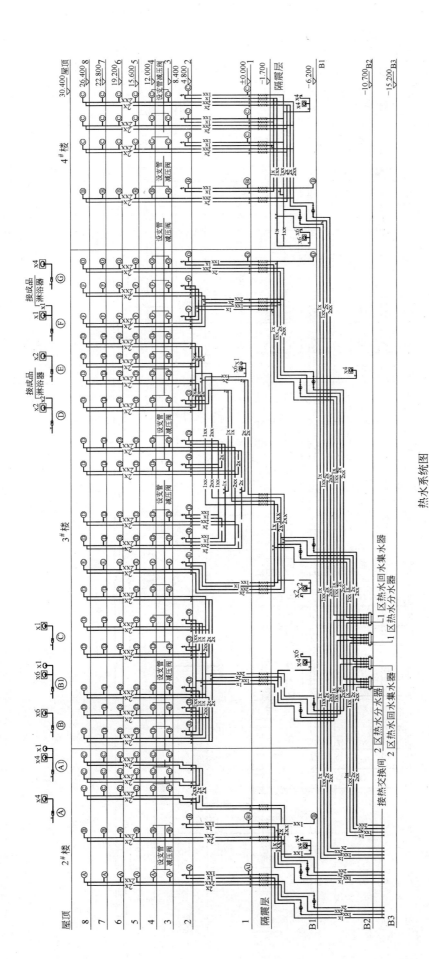

热水系统图

275

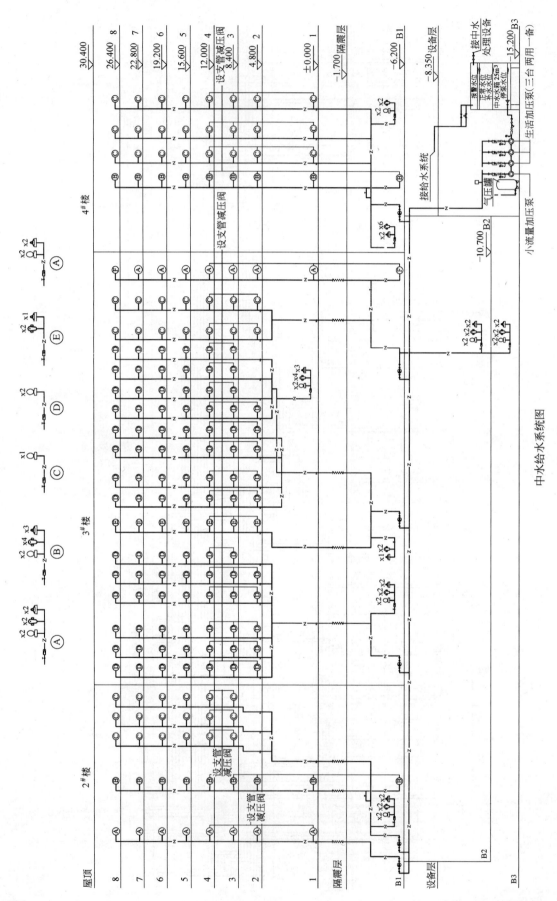

中水给水系统图

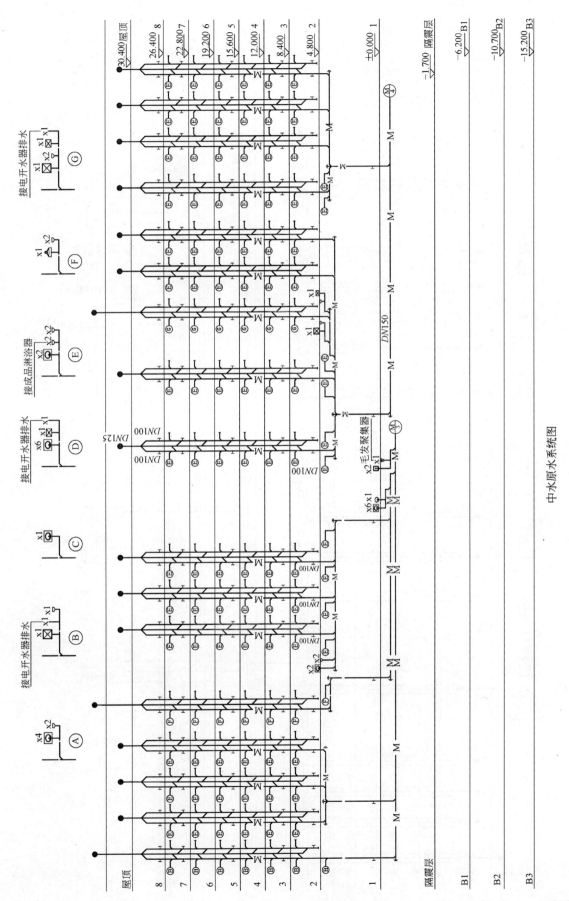

中水原水系统图

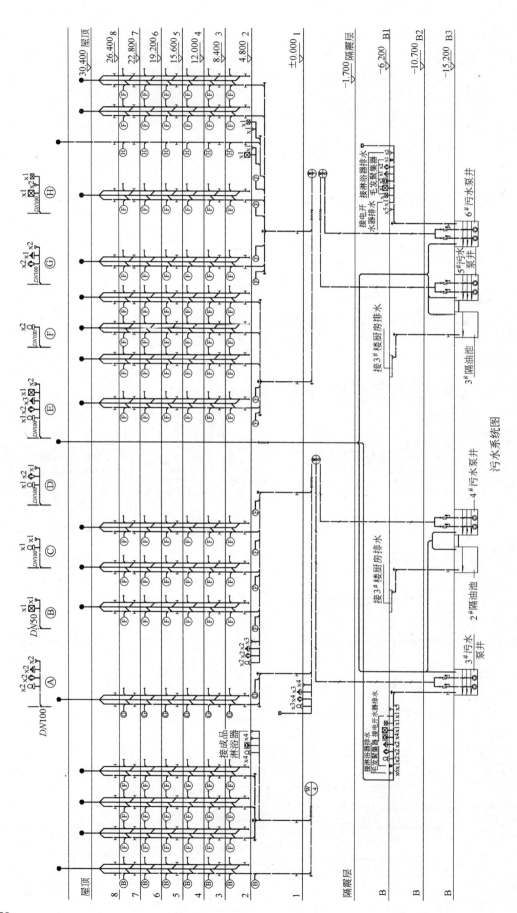

污水系统图

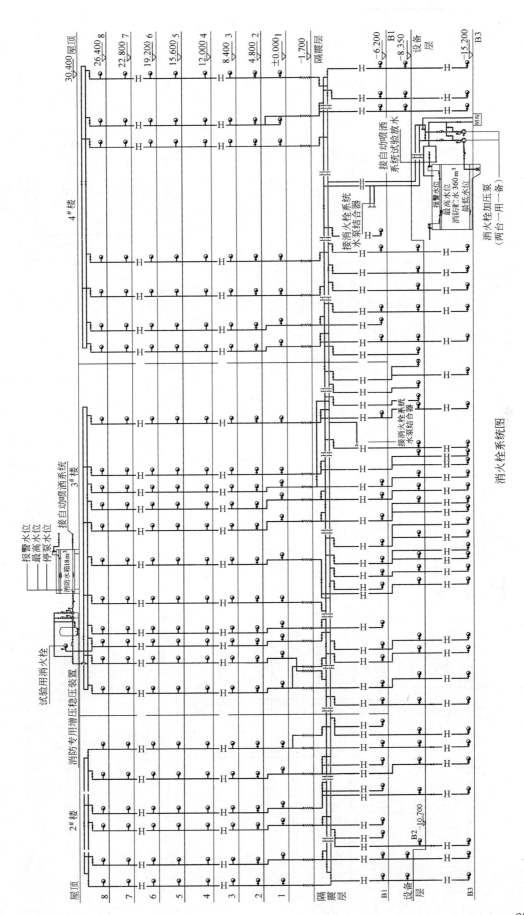

消火栓系统图

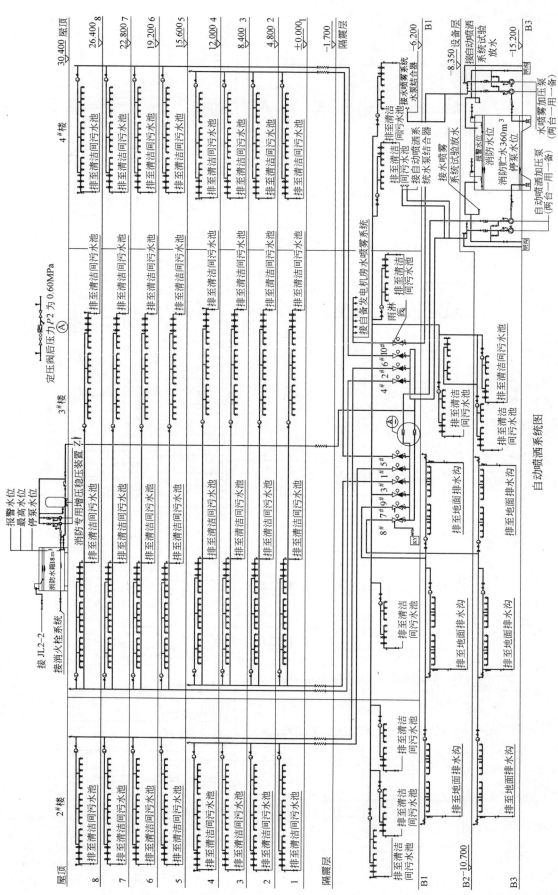

自动喷洒系统图

安 德 大 厦

李晓峰

工程概况：

该工程建于北京市西城区，位于北二环路北侧，中轴路西侧，占地约 0.7178hm²。

该建筑地下 3 层，地下三层为人防（平时车库，战时物资库）及设备用房；地下二层为车库，地下一层为娱乐及部分设备用房。地上 20 层，一至四层为大堂、餐厅、宴会厅等；五至十九层为酒店客房，二十层为餐厅。建筑面积约 6.13 万 m²，建筑高度 74m，采用现浇混凝土框剪结构。2005 年 10 月完工。

一、给水排水系统

（一）给水系统

1. 用水量见表1。

给水用水量表　　　　　　　　　　　　　　　　　　　　　　表1

用水类别	最大日给水定额	数量	单位	最大日给水量（m³/d）	用水时间（h）	时变化系数 K_h	最大时给水量（m³/h）	备注
酒店客房	245L/（床·d）	820	床	200.9	24	2.0	16.74	
桑拿	150L/（人·次）	300	人次	45	10	2.0	9	
餐饮	20L/（人·餐）	2400	人	48	4	2.0	24	
洗衣房	60L/kg 干衣	3280	kg	196.8	8	1.5	36.9	
循环冷却水补水	1.5%循环量			432			18	
合计				922.7			106.64	包括冷却水补水

未预见用水系数取 1.1，最大日给水量为 971.77m³/d，最大小时给水量为 113.30m³/h。

2. 由红线南侧的市政给水管上引入 2 根 DN150mm 的接管作为本工程水源，供水压力为 0.20MPa。水源水质应符合国家现行生活饮用水水质标准。

3. 本工程竖向分三区供水。地下三层至地上三层为低区，由市政给水管网直接供水。四层至十三层为中区；十四层至二十层为高区，中、高区均分别由变频调速恒压供水装置供水。

4. 生活水箱和变频调速供水装置设于地下三层水泵房，生活水箱有效容积 50m³；高区变频调速供水装置由四台水泵组成，可单独运行也可并联运行。日常最大供水量为20L/s，恒定供水压力 1.0MPa。中区变频调速供水装置由三台水泵组成。设计流量为20L/s，恒定供水压力 0.65MPa。在高中区变频设备吸水管上设四台紫外线消毒器进行二次消毒。

5. 室内给水干管采用涂塑镀锌钢管，$DN<80mm$ 丝扣连接；$DN\geqslant80mm$ 卡箍连接。支管采用 PP-R 管，热熔连接。

（二）热水系统

1. 热水用水量见表2。

热水用水量表 表2

用水类别	最大日热水定额	数量	单位	最大日热水量 (m³/d)	用水时间(h)	时变化系数 K_h	最大时热水量 (m³/h)	备 注
酒店客房	200L/(床·d)	820	床	164	24	4.25	28.7	
桑拿	70升/(人·次)	300	人次	21	10	2.0	4.2	
餐饮	6L/(人·餐)	2400	人	14.4	4	2.0	7.2	
洗衣房	20升/公斤干衣	3280	公斤	65.6	8	1.5	12.3	
洗浴	40升/(人·d)	200	人	8	12	2	1.33	
合 计				273			53.73	

2. 热水由设于地下一层的换热间提供。热源为 0.2MPa 的蒸汽，由锅炉房提供。设计最大小时供热量为 2700kW。

3. 热水系统分区同给水系统。

4. 换热间内采用半容积式水加热器制备热水。冷水在进入水加热器前经电子水处理仪处理。

5. 管网采用同程式上行下给、立管循环的供水方式。系统各分区设循环泵两台，循环泵的启停由回水管的水温控制，低于 50℃ 启泵；高于 55℃ 停泵。

6. 室内热水及回水干管采用热水型涂塑镀锌钢管，$DN<80mm$ 丝扣连接；$DN\geqslant80mm$ 卡箍连接。支管采用 PP-R 管，热熔连接。

（三）中水系统

1. 本工程将客房洗浴废水及洗衣房排水收集后作为中水原水，经设在地下三层中水处理站处理后作为冲厕、车库冲洗地面、绿地及道路浇洒用水。

2. 中水系统水量平衡

取最高日给水量折算成平均日给水量的折减系数 $\alpha=0.8$；取建筑物按给水量计算排水量的折减系数 $\beta=0.85$。

建筑物的分项给水百分率按表3选取。

分项用水百分率表 表3

分类 \ 项目	冲 厕	沐 浴	盥 洗	备 注
宾馆客房	21%	66%	13%	

中水原水量统计表（平均日），见表4。

中水用水量统计（最大日），见表5。

中水原水量表 表4

源水类别	平均日排水定额	数量	单位	平均日排水量 Q_y(m³/d)	备 注
客房沐浴及盥洗	214L/(床·d)	820	床	175.48	

中小用水量表

表 5

用水类别	最大日给水定额	数量	单位	最大日给水量（m³/d）	用水时间（h）	时变化系数 K_h	最大时给水量（m³/h）	备注
客房冲厕	84L/(床·d)	820	床	68.88	24	2.0	5.74	
四层以下冲厕				58.31	24	2.0	4.86	
车库地面冲洗	2L/m²	10000	m²	20	4	2.0	10	
浇洒绿地道路	4L/(m²·d)	4000	m²	16	4	2.0	8	
合计				163.19		28.6		

当取 $\alpha=0.8$ 时，平均日中水用水量 Q_z 为 131.12m³/d。

中水处理站每日工作 16h，处理构筑物规模为 10m³/h。中水处理站出水水质按符合《城市污水再生利用城市杂用水水质》标准要求。中水源水调节池的容积按日处理水量 Q_c 的 40% 计算；中水贮水池的容积按日处理水量 Q_c 的 30% 计算。当中水处理站不能正常运行或排水量较大时，废水经溢流井排至南侧市政污水管道。

3. 中水供水竖向分三区，地下三层至地上三层为低区；四层至十层为中区；十一层至二十层为高区。

4. 低、中、高区均由变频调速恒压供水装置供水；设三组变频调速恒压供水装置。变频调速恒压供水装置设于中水处理站内。变频调速供水装置由三台水泵组成。设计流量为 12L/s；恒定供水压力 0.4MPa。中区日常最大供水量为 10L/s；恒定供水压力 0.7MPa。高区设计流量为 10L/s；恒定供水压力 0.9MPa。

5. 中水处理工艺流程框图

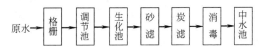

6. 室内中水管采用涂塑镀锌钢管，丝扣连接。

（四）排水系统

1. 本工程采用污、废分流的排水系统。

2. 卫生间污废水管均设专用通气立管，其余为单立管系统，伸顶通气。首层排水单独排出。

3. 部分建筑废水经废水管排至中水处理站，中水处理站排水及溢流废水等排至室外污水管道。建筑污水经化粪池处理，公共厨房污水经隔油池处理。然后经室外排水管汇流后排至红线南侧市政污水井。

4. 室内污、废水管采用机制排水铸铁管，柔性接口。

（五）雨水系统

1. 室外雨水管网设计重现期取 2 年；平均径流系数取 0.7。建筑屋面设计重现期取 5 年，并按 50 年设置溢流口。

采用如下暴雨公式：$q=2001(1+0.811\lg P)/(t+8)^{0.711}$

2. 建筑采用重力流（87 型斗）内落水系统，排至小区室外雨水管道。管网采用单斗系统。阳台采用无水封地漏，管网按建筑排水管设计。地下车库坡道雨水采用机械加压排水。

3. 室内雨水管采用热镀锌钢管，丝扣连接。

二、消防系统

（一）消火栓系统

1. 本工程按一类高层建筑设计消火栓系统。室外消火栓用水量 30L/s，室内消火栓用水量 40L/s，火灾延续时间 3h。室内消火栓立管水量不小于 15L/s，每支水枪水量不小于 5L/s，充实水柱长度不小于 10m。

2. 室内消火栓系统采用独立环状管网。分两个区，地下三层至地下一层为低区；一层至二十层为高区。每个区设三套 DN100 地下式水泵结合器。

3. 由红线东、西两侧各引入一根 DN150mm 市政给水管作为本工程水源。按同时火灾次数 1 次设计消防设施。消防水池及泵房设于地下三层。水池中消防贮水量 530m³，补水时间不大于 48h。泵房中设室内消火栓系统加压泵一组。

4. 室内消火栓系统供水采用临时高压制。在屋顶设一座消防专用水箱，贮水容积 18m³；在水箱间内设消防增压稳压装置一套，以保证最不利点消火栓的出水水头。在消防泵房内设一组消火栓专用加压泵，每组两台，一用一备，设备参数为：$Q=40L/s$，$H=120m$，$N=90kW$。

5. 一层至十层在消火栓栓口处设减压孔板。室内消火栓间距不大于 30m，并保证同层两个消火栓充实水柱同时到达任何部位。

6. 消火栓加压泵可由启泵按钮启动，也可以在消防控制中心或泵房内手动启、停。当主泵发生故障时，备用泵自动投入；并同时向消防控制中心报警。加压泵日常定期自动巡检。室内消火栓系统日常由屋顶消防水箱及稳压装置稳压。火灾初期由屋顶消防水箱供水。按启泵按钮后启动加压泵，并同时向消防控制中心报警。当有关消火栓加压泵启动后，该消防分区内所有消火栓箱内指示灯亮，稳压泵停。这时由消火栓加压泵供水。火灾后手动停泵，或当消防水池降到最低水位时自动停泵。

7. 室内消火栓管采用焊接钢管，焊接。

（二）自动喷水灭火系统

1. 本工程除卫生间、设备房及其它不宜用水消防的部位外均设置自动喷水灭火设施。地下车库按中危险 Ⅱ 级，其余按中危险 Ⅰ 级设计自动喷水灭火系统。系统按中危险 Ⅱ 级喷水强度 8L/(min·m²)；作用面积 160m²，流量 26L/s；火灾延续时间 1h 设计加压泵和水池。

2. 湿式自动喷水灭火系统采用独立枝状管网，不分区，设两套 DN100 地下式水泵结合器。在地下一层报警阀室设九套湿式报警阀，两套预作用阀（地下车库为预作用系统）、一套雨淋阀（水喷雾系统）。每套报警阀所控制的喷头数不超过 800 只。

3. 本工程地下车库采用 72℃ 易熔合金喷头，其余均采用 68℃ 玻璃球喷头。

4. 湿式自动喷水灭火系统供水采用临时高压制。该系统与室内消火栓系统共用设在屋顶的消防专用水箱及增压稳压装置。在消防泵房内设一组自动喷水灭火系统专用加压泵，每组两台，一用一备。设备参数为：$Q=30L/s$，$H=120m$，$N=75kW$。

5. 自动喷水灭火系统加压泵可由湿式报警阀压力开关启动，也可以在消防控制中心或泵房内手动启、停。当主泵发生故障时，备用泵自动投入；并同时向消防控制中心报警。加压泵日常定期自动巡检。

6. 湿式自动喷水灭火系统日常由增压稳压设备稳压。火灾初期由屋顶水箱供水。水流指示器动作后向消防控制中心报警。报警阀压力开关动作后启动加压泵，并同时向消防控制中心报警。加压泵启动后供水，停稳压设备。加压泵手动停泵。

7. 湿式自动喷水灭火系统、预作用系统均采用热镀锌钢管，$DN \geqslant 100$mm 时采用沟槽连接；$DN < 100$mm 时，采用丝扣连接。

（三）水喷雾灭火系统

1. 锅炉房设置水喷雾系统，设计喷雾强度为 9L/$(min \cdot m^2)$，流量 26L/s；火灾延续时间 1h。

2. 在地下一层报警阀室设一套雨淋阀，在消防泵房内设一组水喷雾灭火系统专用加压泵，每组两台，一用一备。设备参数为：$Q = 30$L/s，$H = 60$m，$N = 37$kW。该系统与室内消火栓系统共用设在屋顶的消防专用水箱及增压稳压装置。

3. 本系统在火灾报警系统报警后，向配水管道供水，并同时具备自动控制、消防控制室远程手控及水泵房现场应急操作三种控制方式。当主泵发生故障时，备用泵自动投入；并同时向消防控制中心报警。加压泵日常定期自动巡检。

4. 本系统采用热镀锌钢管，$DN \geqslant 100$mm 时采用沟槽连接；$DN < 100$mm 时，采用丝扣连接。

三、设计及施工体会

本工程为五星级酒店，对给排水系统各方面的要求均较高，因此应该按照较高的标准进行设计，对于管道流速、用水点出水水头、冷热水压力平衡等影响使用效果的因素应充分考虑。对于生活热水系统，则应确保系统的同程并使热水支管的长度尽量缩短以达到理想的供水效果。另外由于五星级酒店装修标准较高，在布置各种管线时应考虑到装修要求，使管道布置既不影响美观，又能满足检修需要。

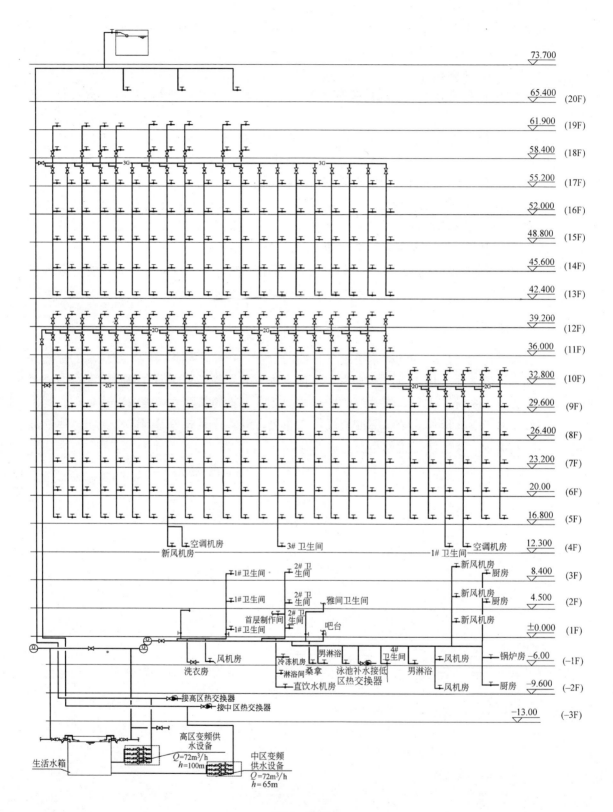

给水系统图

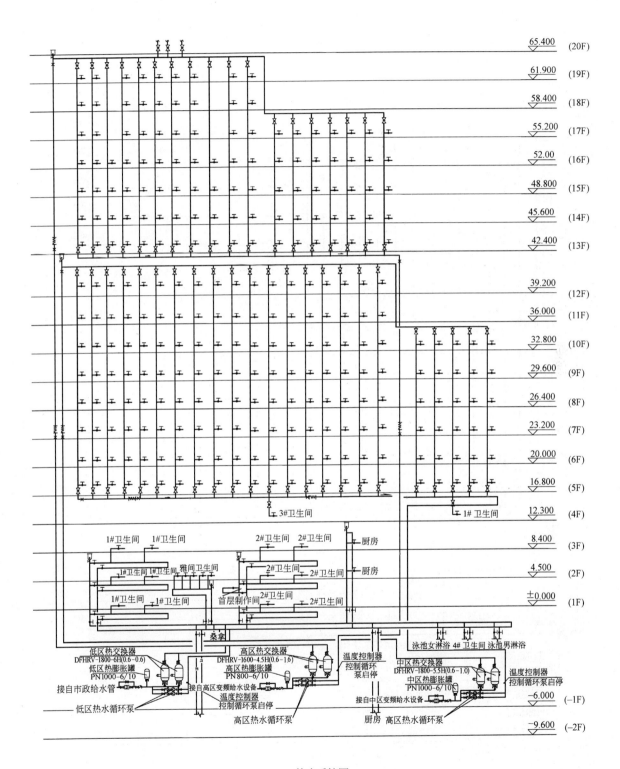

热水系统图

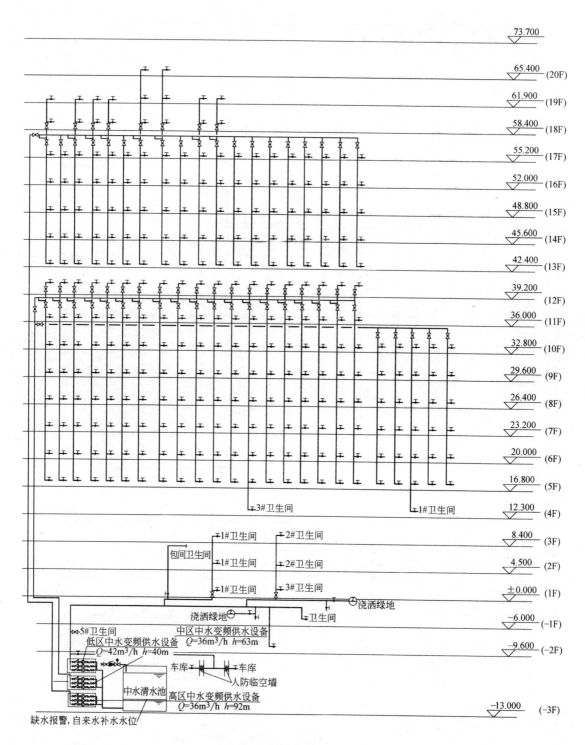

中水系统图

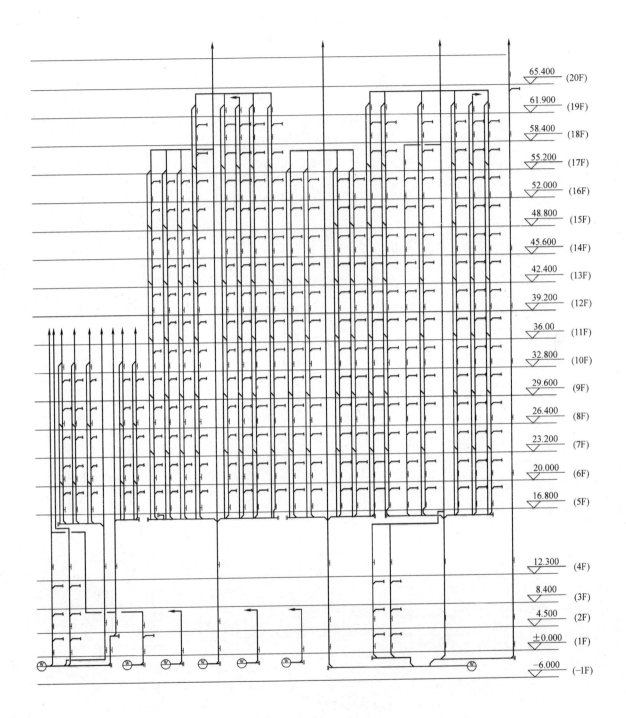

65.400	(20F)
61.900	(19F)
58.400	(18F)
55.200	(17F)
52.000	(16F)
48.800	(15F)
45.600	(14F)
42.400	(13F)
39.200	(12F)
36.00	(11F)
32.800	(10F)
29.600	(9F)
26.400	(8F)
23.200	(7F)
20.000	(6F)
16.800	(5F)
12.300	(4F)
8.400	(3F)
4.500	(2F)
±0.000	(1F)
−6.000	(−1F)

污水系统图

289

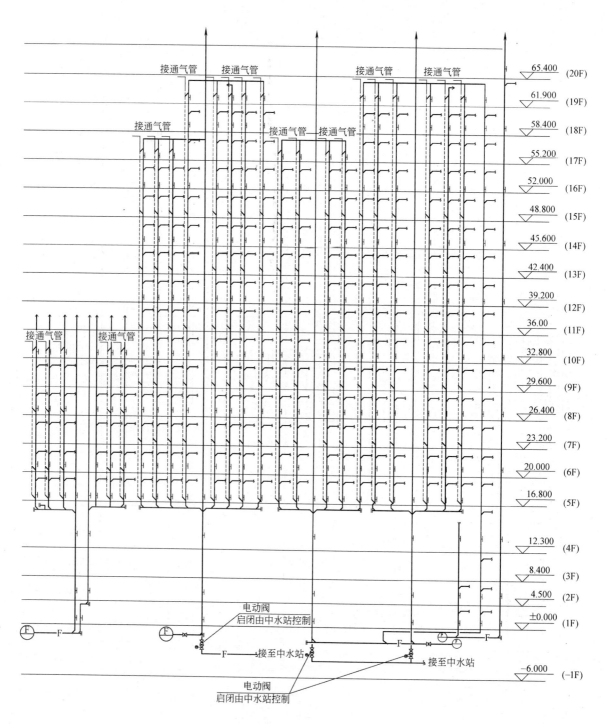

废水系统图

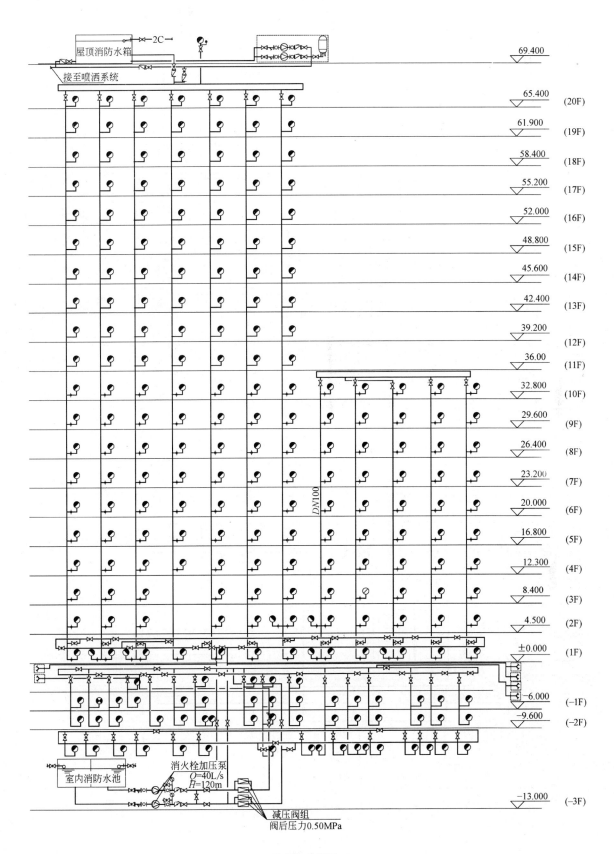

消火栓系统图

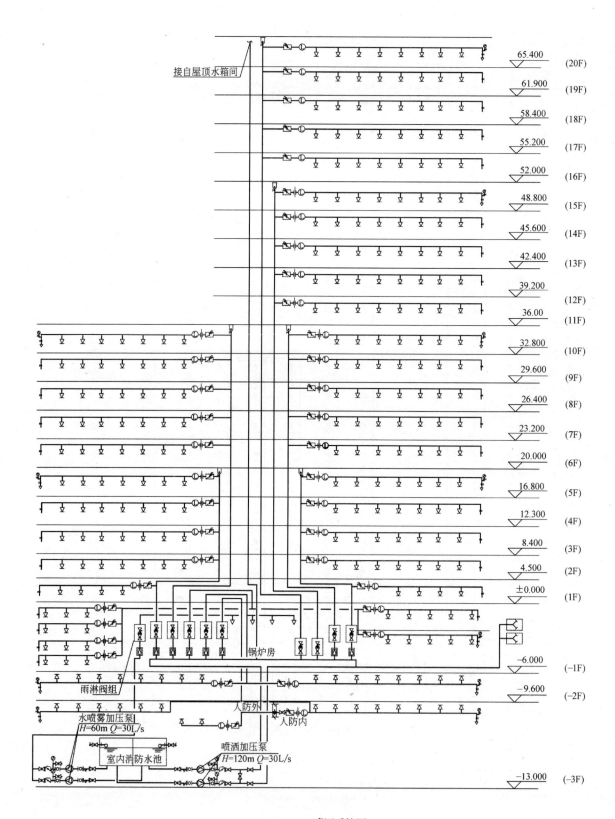

接自屋顶水箱间

65.400 (20F)
61.900 (19F)
58.400 (18F)
55.200 (17F)
52.000 (16F)
48.800 (15F)
45.600 (14F)
42.400 (13F)
39.200 (12F)
36.00 (11F)
32.800 (10F)
29.600 (9F)
26.400 (8F)
23.200 (7F)
20.000 (6F)
16.800 (5F)
12.300 (4F)
8.400 (3F)
4.500 (2F)
±0.000 (1F)
-6.000 (-1F)
-9.600 (-2F)
-13.000 (-3F)

锅炉房

雨淋阀组

人防外
人防内

水喷雾加压泵
H=60m Q=30L/s

室内消防水池

喷洒加压泵
H=120m Q=30L/s

喷洒系统图

中国海洋石油办公楼

古 晏　车爱晶

本工程为中国海洋石油总公司办公楼,建设用地 1.3 万 m²,总建筑面积 9.6 万 m²,室外绿化面积 0.389 万 m²。东侧面临东二环路,南侧面临朝内大街。地下 3 层,为车库、厨房、设备用房等;地上 18 层,为办公楼。工程于 2003 年 12 月开工,2006 年 1 月竣工,目前主体已封顶、设备已基本安装完毕。

一、给水排水系统

(一)给水系统

1. 给水用水量详见表 1。本建筑最高日总用水量 727m³/d。其中城市自来水用量 687m³/d。

生活用水量计算表　　　　　　　　　　表 1

序号	用水部位	使用数量（人）	用水量标准（L/d）	日用时间（h）	时变化系数	用水量（m³）		
						最高日	最高时	平均时
1	办公	2500	50	10	2	125	25	12.5
2	职工餐厅	4200 人次	10	10	2	63	12.6	6.3
3	冷却塔补水	Q=2400t/h	1.5%	10	1	360	36	36
4	空调补水			10	1	100	10	10
5	领导卫生间	6	200	10	2	1.2	0.24	0.12
6	绿化冲地	6000m²	2	10	1	12	1.2	1.2
7	小 计					661.2	85.04	66.12
8	未预见	10%				66.12	8.5	6.6
9	合计					727.3	93.5	72.7

2. 供水水源为城市自来水。接户管一根 DN200,供水压力为 0.18MPa。

3. 管网竖向分为三个压力区。三层及以下为低区,生活水利用城市自来水水压直接供给;三层以上由变频调速装置供水。

4. 给水管采用衬塑钢管。

(二)热水系统

热水用水量标准和用水量详见表 2。日用水量为 92.6m³/d,最大时用水量为 18.52 m³/h,设计最大小时耗热量 1077kW。

热水热源为城市热网水。

集中热水供应系统的竖向分区同给水系统。

序号	用水部位	使用数量（人）	用水量标准（60℃）(L/d)	日用时间（h）	时变化系数	用水量(m³)		
						最高日	最高时	平均时
1	办公	2500	20	10	2	50	10	5
2	领导卫生间	6	100	10	2	0.6	0.12	0.06
3	餐厅	4200	10	10	2	42	8.4	4.2
4	合计					92.6	18.52	9.26

热水系统采用机械循环。循环泵每组两台，一备一用。各压力区供回水管道同程布置，保证循环效果。

热水管采用热水型衬塑钢管。

（三）中水系统

中水原水为卫生间内脸盆排水，经处理后的中水用于卫生间便器冲洗。

中水原水平均日回收量为 40m³（见表 3），中水回用系统平均日用水量为 42m³（见表4），两水量基本持平，不够部分由自来水补给。

中 水 原 水 量 计 算 表 表 3

用水部位	使用数量(人)	洗浴用水量标准(L/d)	时变化系数	排水量(m³)	原水量(m³/d)	备 注
办公	2500	20	2	50	40	

中 水 回 用 系 统 水 量 计 算 表 表 4

用水部位	使用数量（人）	用水量标准（L/d）	日用时间（h）	时变化系数	用水量(m³)		
					最高时	平均时	平均日
便器冲洗	1400	30	10	2	8.4	4.2	42

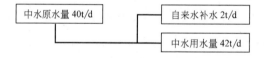

水量平衡图

中水系统竖向分为高、低两区。三层及以下为低区，四层至十一层为高区。采用变频调速供水装置供水。其用水量，水泵参数见表5。

中 水 系 统 用 水 量、水 泵 参 数 表 5

供水方式	用水量(m³)		水 泵 参 数
	日	最大时	
变频调速泵	50	10	中水泵三台两用一备，每台 $Q=11m^3/h$，$H=70m$，$N=5.5kW$

注：最不利点供水压力＞0.1MPa，变频调速泵供水装置包括主泵三台，二用一备。

水泵位于地下三层的中水机房内。

中水设备日处理时间取 10h，平均时处理水量为 5m³/h。取设备处理规模为 10m³/h。

工艺流程：原水——调节池——气浮——过滤——消毒——清水池——加压中水。

中水管采用衬塑钢管。

（四）排水系统

1. 室内污、废水分流排除。卫生间洗手盆废水回收至中水机房，用作中水原水。其它污废水合流排至室外污水管道系统。卫生间生活污废水采用专用通气立管排水系统（污、废分流立管共用一根通气立管）。

2. 室内地面±0.000m以上采用重力自流排除。地下室污废水均汇至地下层集水坑，用污水潜水泵提升排除。各集水坑中设潜污泵两台，1用1备。水泵受集水坑水位自动控制交替运行。备用泵在报警水位时可自动投入运行，当一台泵排水不足以排除突然涌水时，两台泵可同时工作。

3. 污水集水坑均设通气管，厨房污水进集水坑之前设隔油器处理。

4. 室内管道采用柔性接口的机制排水铸铁管，不锈钢带卡箍接口。

（五）雨水系统

1. 雨水量按北京市暴雨强度公式计算：

$$q=\frac{2001(1+0.811\lg p)}{(t+8)}$$

屋面雨水设计重现期为10年，降雨历时5min。屋面设溢流口，其总排水能力按50年重现期雨水量设计。

2. 群房屋顶花园雨水采用虹吸式压力流排水，采用高密度聚乙烯管；其它屋面为重力流排水，采用热镀锌钢管。

二、消防系统

（一）消火栓系统

1. 消防用水标准、用水量见表6

消防用水标准和用水量   表6

用 水 名 称	用水量标准(L/s)	一次灭火时间(h)	一次火用水量(m³)
室外消火栓系统	30	3	324
室内消火栓系统	40	3	432
湿式自动灭火系统	30	1	108
水喷雾自动灭火系统	30	0.5	54
预作用自动灭火系统	30	1	108
室内消防用水量	70L/s		

2. 室外消火栓系统

市政给水管为一路供水，管径DN200。地下三层设有室外消防专用水池，贮存室外一次消防用水量324m³；室外消防用水由水泵加压供给，系统设加压泵和稳压泵各两台，一用一备。室外消防水量30L/s，在建筑物四周的DN150环管上设5个DN100地下式消火栓。室外消火栓内设启泵按钮直接启动室外消防加压泵，室外消火栓泵也可在消防控制中心及泵房直接启动。

3. 室内消火栓系统

（1）室内消火栓系统为临时高压系统，地下三层设有室内消防水池，贮存全部室内消防用水量540m³；屋顶消防水箱贮存消防水量18m³。系统由消防水池—消火栓加压泵—屋顶水箱联合供水。泵房内设两台消火栓加压泵（互为备用），屋顶水箱间设有消火栓系统增压稳压装置一套，保证最不利点消火栓的供水压力。

（2）供水系统：室内消火栓系统为独立环状管网，为保证消火栓各分区静水压不大于 0.8MPa，系统竖向分为两个区：低区为地下三层至四层，高区为五至十八层。高低两区之间采用减压阀减压，减压阀设于消防泵房内。

（3）消火栓：每个消火栓箱内配 DN65mm 消火栓、消防水龙头、指示灯和两个常开触点的起泵按钮。消火栓的布置使任一着火点有 2 股充实水柱到达，各消防电梯前室均设消火栓。消火栓设计出口压力＞0.5MPa 时，均采用减压稳压式消火栓。

（4）水泵接合器：室内消火栓用水量 40L/s。本系统高低区各设 3 套地下式水泵接合器，分设两处，并在其附近设室外消火栓。

（5）水泵控制和讯号

1）室内消火栓系统日常压力由屋顶消防水箱及稳压装置维持。火灾初期由屋顶消防水箱供水。按消火栓处的水泵启泵按钮后启动加压泵，并同时向消防控制中心报警。当有关消火栓加压泵启动后，该消防分区内所有消火栓箱内指示灯亮，稳压泵停。这时由消火栓加压泵供水。火灾后手动停泵，或当消防水池降到最低水位时自动停泵。

2）屋顶稳压泵装置的压力开关可自动启动消火栓泵。

3）消火栓泵在消防控制中心和消防泵房内可手动启、停。

4）水泵的运行情况将用红绿讯号灯显示于消防控制中心和泵房内控制屏上。

5）当主泵发生故障时，备用泵自动投入。

（6）管材：采用焊接钢管，焊接和法兰连接。屋顶水箱间的消火栓管道做电伴热防冻保温。

（二）湿式自动喷水灭火系统

1. 本工程地下车库按中危险Ⅱ级设计湿式自动喷水灭火系统；其余按中危险Ⅰ级设计湿式自动喷水灭火系统。柴油发电机房设置水喷雾系统。喷洒系统用水量为 30L/s，火灾延续时间为 1 小时。

2. 本系统由消防水池—喷洒加压泵—屋顶水箱联合供水。泵房内设两台喷洒加压泵（互为备用），屋顶水箱间设有喷洒系统增压稳压装置一套，保证最不利点喷头的供水压力。

3. 室内喷洒系统为独立枝状管网，为保证各系统压力不大于 1.2MPa。系统分为两个区：高区为五层至十八层；低区为地下三层至四层。通过减压阀分区，减压阀设于消防泵房内。低区二层以下、高区十六层以下采用减压孔板减压。

4. 喷头：除下列部位不设喷头，其余均设喷头保护：各机房、厕所、卫生间、楼梯间、变配电室、柴油发电机房、电话总机房、消防控制中心、电梯机房、水箱间。自动扶梯下设喷头保护。

地下车库采用直立型喷头。其余采用下垂型喷头，吊顶下为吊顶型喷头。公称动作温度：厨房高温作业区为 93℃级，地下车库为 74℃级，其余均为 68℃级。中庭环廊采用快速响应喷头。

5. 地下夹层设有报警阀室，内设 11 套湿式报警阀组和一套预作用报警阀组。各报警阀处的最大水压均不超过 1.2MPa，负担喷头数不超过 800 个。水力警铃设于报警阀室外的通道墙上。

6. 水流指示器：每层每个防火分区均设水流指示器，并在管网末端设试水装置或放水阀。

7. 水泵结合器：系统在室外设 2 套地下式水泵接合器。分设两处，并在其附近设室外消火栓。

8. 系统控制：湿式自动喷水灭火系统供水采用临时高压制。日常由增压稳压设备稳压。火灾时喷头喷水，该区水流指示器动作并向消防控制中心发出信号。报警阀压力开关动作后启动加压泵，同时向消防控制中心报警。加压泵启动后供水，停稳压设备，火灾后加压泵手动停泵。

自动喷水灭火系统加压泵也可以在消防控制中心或泵房内手动启、停。

9. 管材：采用热镀锌钢管，丝扣和沟槽式卡箍连接。

（三）预作用自动灭火系统

1. 自行车库和一层展厅按中危险Ⅰ级设计预作用喷水灭火系统。

2. 喷头：自行车库及一层展厅，展区采用直立形喷头。

3. 供水系统：报警阀下游管网充压缩空气，监测管网的密闭性，水泵与湿式系统共用。

4. 一套预作用报警阀组设置在地下夹层报警阀室内。报警阀组配置有空气压缩机及控制装置。报警阀平时在供水压力的作用下维持关闭状态。

5. 系统控制：报警阀下游管网内充装 0.05MPa 的压缩空气，当管网有泄露气压降至 0.03MPa 时便自动报警。平时气压由空压机自动维持。报警阀的开启由探测器控制，当两路火灾探测器都发出火灾报警后，预作用阀上的电磁阀和快速排气阀前的电磁阀打开，使阀前压力水进入管路，同时阀上的压力开关动作自动启动消防水泵，使系统转为湿式系统。报警阀为单连锁控制，喷头爆破不控制启动报警阀和水泵。

报警阀也可在消防控制中心和就地手动开启。报警阀组动作讯号将显示于消防控制中心。

6. 管材：采用热镀锌钢管，丝扣和沟槽式卡箍连接。

（四）水喷雾自动灭火系统

1. 喷头：在柴油发电机房、贮油间设置水雾喷头，喷头在房间围绕设备立体布置，采用高速水雾喷头。

2. 设计参数：按扑灭液体火灾设计，设计喷雾强度 $20L/(min \cdot m^2)$，持续喷雾时间 0.5h，最不利点喷头工作压力取 0.35MPa。系统设计流量约 30L/s，灭火响应时间不大于 60s。

3. 供水系统：雨淋阀下游为空管，水喷雾系统与湿式自动喷水系统共用水泵和水泵接合器。

4. 报警阀组：在机房防护区附近设一套雨淋阀组。雨淋阀控制腔的入口管上设止回阀。雨淋阀在供水压力的作用下维持关闭状态。

5. 控制：雨淋阀的开启由探测器控制。当两路火灾探测器都发出火灾报警后，相对应报警阀的控制腔泄水管上的电磁阀打开泄水，腔内水压下降，阀瓣在供水压力的作用下被打开，阀上的压力开关自动启动消防水泵。

雨淋阀也可在防护现场、消防控制中心和就地手动开启。报警阀组动作讯号将显示于消防控制中心。

6. 管材：采用热镀锌钢管，丝扣和沟槽式卡箍连接。

（五）气体消防自动灭火系统

本工程在地下室变配电站及五层的 UPS 室、通讯网络中心、数据机房等处设 FM200 气体灭火系统。

1. 五层的 UPS 室、通讯网络中心、数据机房共用一套组合分配系统，设计灭火浓度 7.5%，灭火剂量 480kg，喷射时间 7s；地下室高低压变配电站共用一套组合分配系统，设计灭火浓度 8.6%，灭火剂量 960kg，喷射时间 10s。

2. 本系统由消防专业公司承担设计安装和调试。系统控制应包括自动、手动、应急操作三种方式。

3. 防护区内的每个房间都应设置自动消防泄压阀。泄压阀动作压力为 1.2kPa。

4. 释放灭火剂前防护区的通风机和通风管道上的防火阀应自动关闭，火灾扑灭后应开窗或打开排风机将残余有害气体排除。

三、设计及施工体会

在设计之初，与各工种配合设备机房及用水点的位置时，不仅要考虑室内布局的合理性，也要考虑室外管线的走向合理，以减少检查井数量、管线长度、避免交叉。

设计中，各种管道的合理分区、冷热水压力平衡、节能等问题至关重要，怎样把这些相互矛盾的问题合理解决，是我们设计者不断探索的过程。

施工图设计过程中，要与各工种密切协调配合，搞好管道综合，避免不必要的返工，保证出图质量。

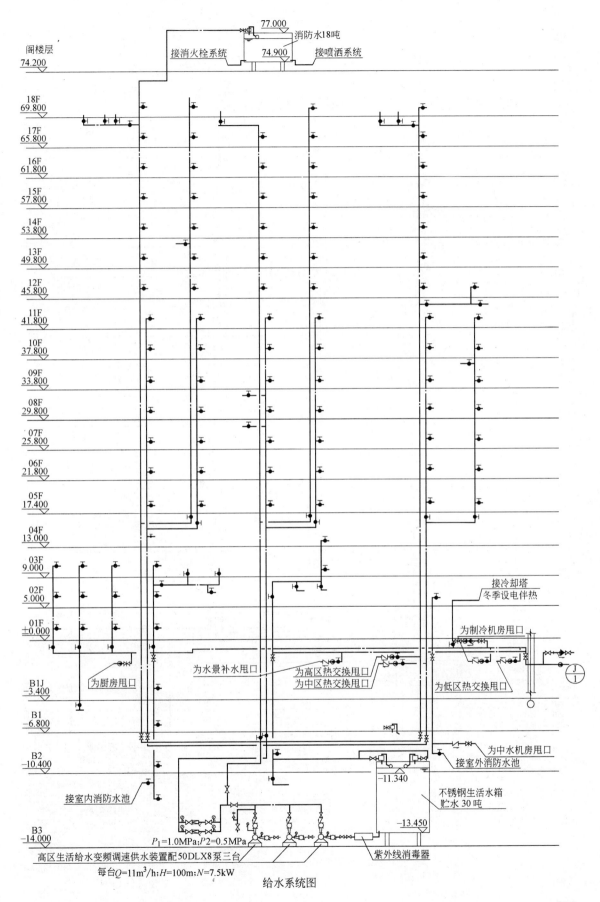

给水系统图

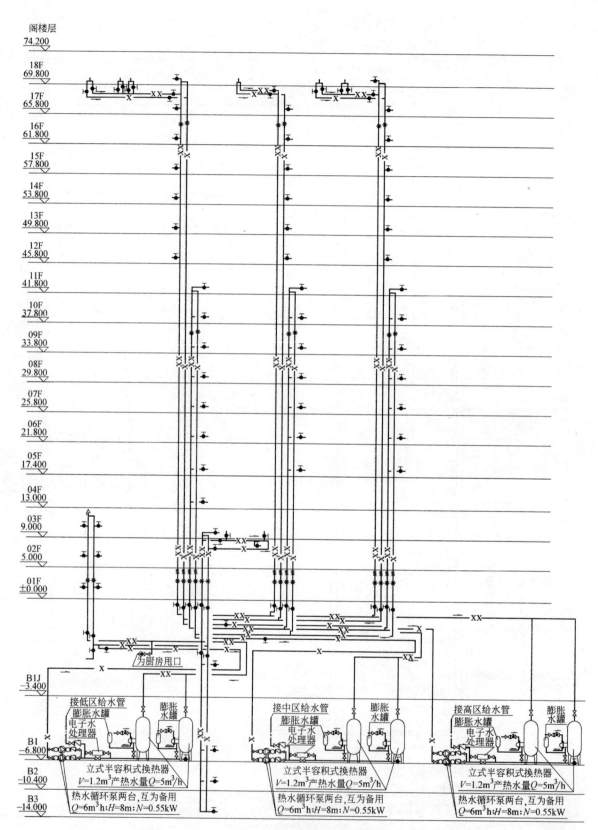

阁楼层
74.200

18F
69.800

17F
65.800

16F
61.800

15F
57.800

14F
53.800

13F
49.800

12F
45.800

11F
41.800

10F
37.800

09F
33.800

08F
29.800

07F
25.800

06F
21.800

05F
17.400

04F
13.000

03F
9.000

02F
5.000

01F
±0.000

B1J
-3.400

接低区给水管
膨胀水罐
电子水
处理器
膨胀
水罐

接中区给水管
膨胀水罐
电子水
处理器
膨胀
水罐

接高区给水管
膨胀水罐
电子水
处理器
膨胀
水罐

为厨房甩口

B1
-6.800

B2
-10.400

立式半容积式换热器
$V=1.2m^3$产热水量$Q=5m^3/h$

立式半容积式换热器
$V=1.2m^3$产热水量$Q=5m^3/h$

立式半容积式换热器
$V=1.2m^3$产热水量$Q=5m^3/h$

B3
-14.000

热水循环泵两台,互为备用
$Q=6m^3/h$:$H=8m$:$N=0.55kW$

热水循环泵两台,互为备用
$Q=6m^3/h$:$H=8m$:$N=0.55kW$

热水循环泵两台,互为备用
$Q=6m^3/h$:$H=8m$:$N=0.55kW$

热水系统图
注:水平横管伸缩节及固定支架详见各层平面图

300

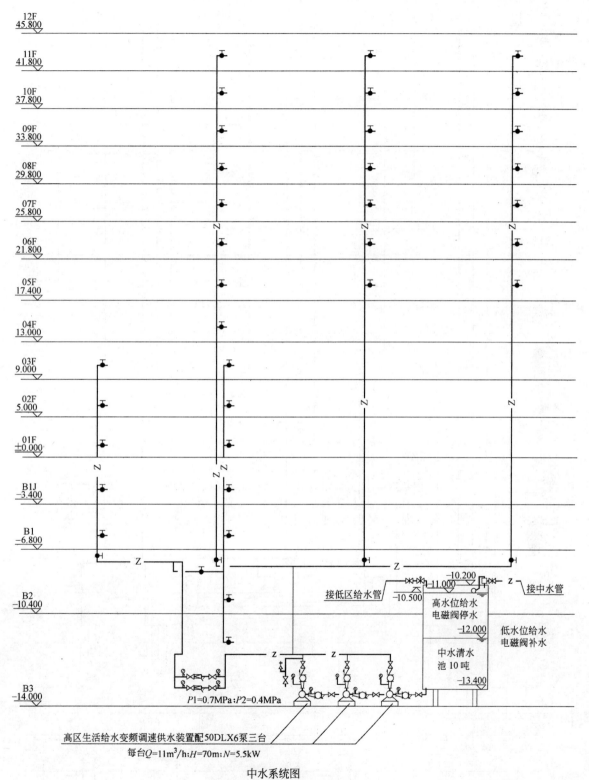

| 12F | |
| 45.800 | |

| 11F |
| 41.800 |

| 10F |
| 37.800 |

| 09F |
| 33.800 |

| 08F |
| 29.800 |

| 07F |
| 25.800 |

| 06F |
| 21.800 |

| 05F |
| 17.400 |

| 04F |
| 13.000 |

| 03F |
| 9.000 |

| 02F |
| 5.000 |

| 01F |
| ±0.000 |

| B1J |
| −3.400 |

| B1 |
| −6.800 |

| B2 |
| −10.400 |

| B3 |
| −14.000 |

接低区给水管　−10.500　−11.000　−10.200　接中水管

高水位给水
电磁阀停水

−12.000

低水位给水
电磁阀补水

中水清水
池 10 吨

−13.400

$P1=0.7MPa$；$P2=0.4MPa$

高区生活给水变频调速供水装置配50DLX6泵三台

每台$Q=11m^3/h$；$H=70m$；$N=5.5kW$

中水系统图

注：1.六至十一层中水管设水表计量。
　　2.事故时废水排入集水坑。

301

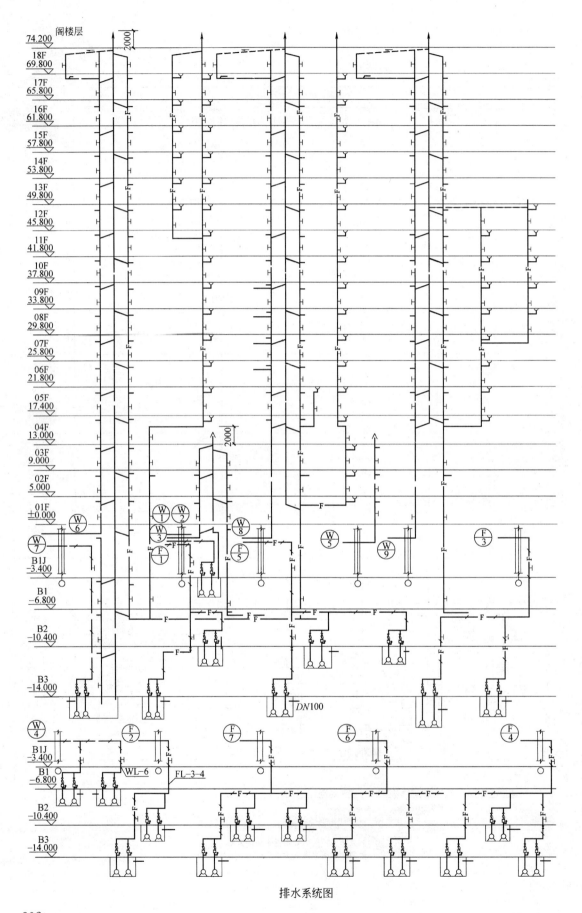

排水系统图

302

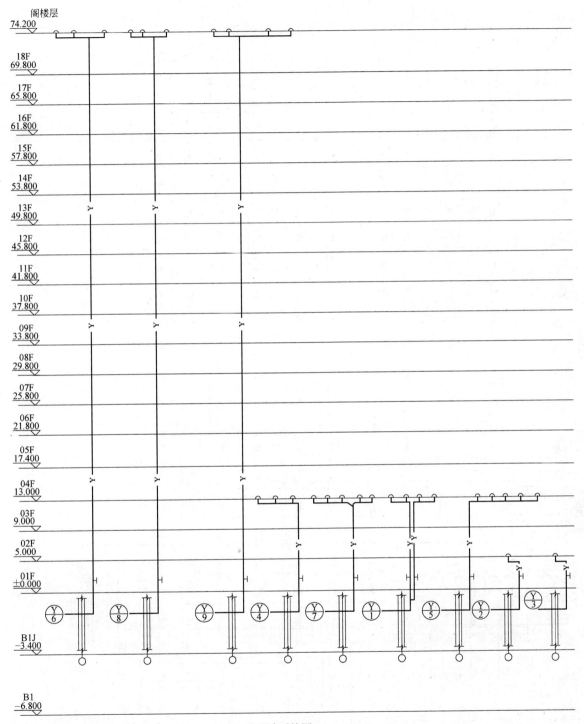

雨水系统图

注：四层屋面雨水采用虹吸式压力排水,具体设计待配合设备承包商

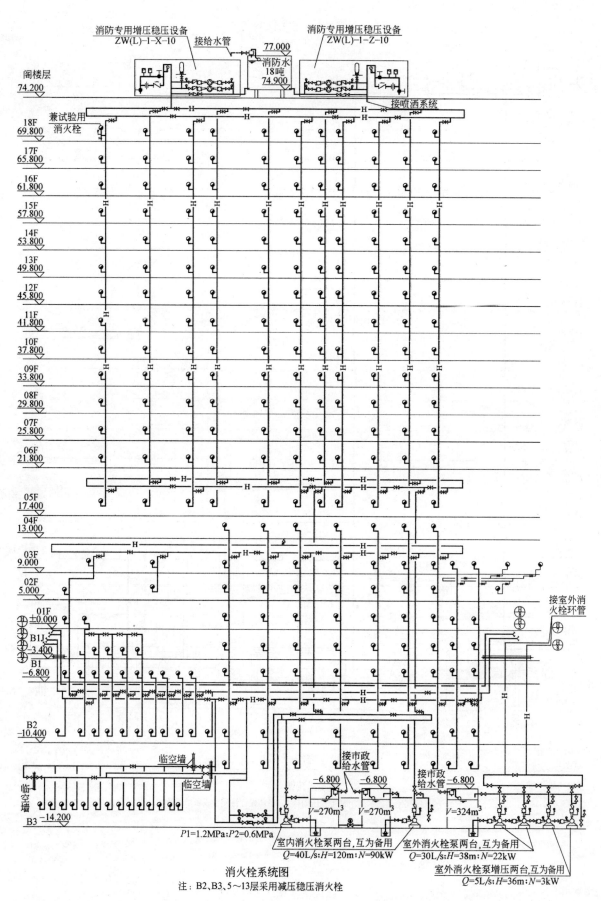

消火栓系统图

注：B2、B3、5～13层采用减压稳压消火栓

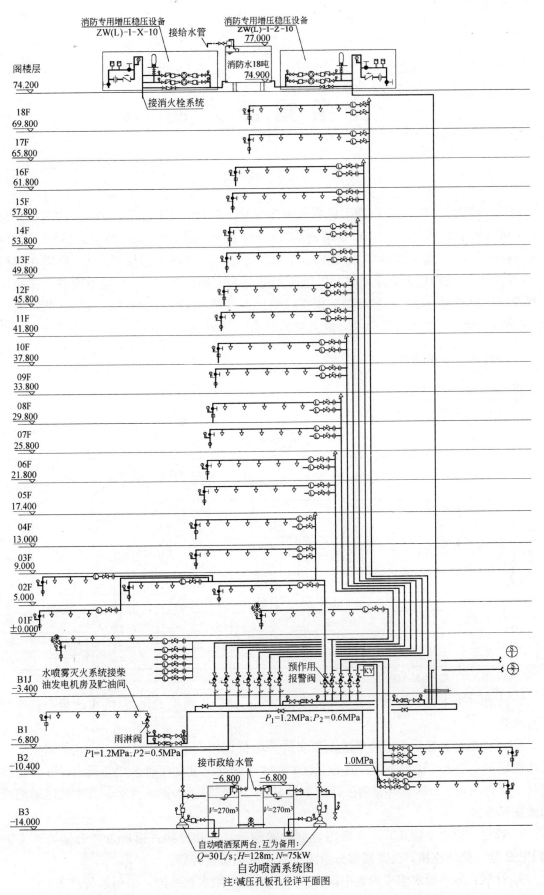

自动喷洒系统图

注:减压孔板孔径详平面图

北 京 星 城 大 厦

曾涌涛　师前进

北京星城大厦位于北京市朝阳区酒仙桥路与万红路交叉口东南角，隶属于中关村高科技园区。本工程占地 2.11hm²，总建筑面积 14.89 万 m²。功能分区：地下共 3 层（面积为 3.65 万 m²），为车库、设备房及人防用房（主要设备机房均为两层层高）；裙房（面积为 4.13 万 m²）一至四层为商业用房（以电子产品展示、展销为主），五层为架空、转换层及屋顶花园、屋顶游泳池、网球场等；架空转换层上设两座 21 层高塔式公寓（女儿墙檐口高 88.85m），一座 14 层 L 型办公楼（女儿墙檐口高 76.85m）。

一、给水排水系统

（一）生活给水系统

1. 生活用水量见表1。

生 活 用 水 量 表　　　　　　　　　　　　　表 1

序号	用水部位	用水量标准	使用数量	小时变化系数	用水时间(h)	用水量(m³)		
						最高日	平均时	最高时
1	公寓楼用水	300L/人	1200 人	2.4	24	360	15	36
2	办公楼用水	17L/人	2500 人	1.5	10	43	4	6
3	商场(顾客)	3L/d	7000 人	1.5	10	23	2	3
4	商场(职工)	10L/d	2000 人	1.5	10	20	2	3
5	公共浴室	150L/(人·次)	600 人	1.5	6	90	15	23
6	游泳池补水	10%池容积	300m³	1.0	10	30	3	3
7	冷却循环补水	1.5%时循环量	3000m³/h	1.0	10	450	45	45
8	∑(1—7)					1016	42	74
	110%∑(1—7)					1117	46	82

注：以上用水均不含中水用水量。

2. 水源：由本楼北侧酒仙桥厂中路及南侧 1 号路引入两根 DN200 的市政接户管作为本工程水源。

3. 本楼采用分区供水：地下层及裙房部分为低区由市政直接提供；公寓楼部分生活给水按楼层每 7 层为一给水分区，共分三区，由 1 号泵房三套变频供水设备供给；办公楼按楼层每 7 层为一给水分区，共设两区，由 2 号泵房一套变频供水设备供水，其中低区采用减压阀减压供水。

4. 管材：给水立管及其干管采用热镀镀锌钢管，丝扣连接；裙房及办公楼给水支管采用 PP-R 管，热熔连接；公寓楼部分给水支管采用铝塑复合管。

5. 计量：分户给水水表均集中设在公共走道的专用水表井内，采用远传水表。

（二）热水及回水系统

1. 热水用水量见表2。

热水用水量表 表2

序号	用水部位	用水量标准	使用数量（人）	小时变化系数	用水时间（h）	用水量（m³）		
						最高日	平均时	最高时
1	公寓楼用水	100L/人	1200	2.85	24	120.0	5.0	14.3
2	办公楼用水	6L/人	2500	1.50	10	15.0	1.5	2.3
3	商场（顾客）	1L/d	7000	1.50	10	7.0	0.7	1.1
4	商场（职工）	5L/d	2000	1.50	10	10.0	1.0	1.5
5	公共浴室	60L/（人·次）	600	1.50	6	36.0	6.0	9.0
6	$\sum$（1—5）					188.0	14.2	28.1
	110%$\sum$（1—5）					206.8	15.6	30.9

注：水温以60℃。

2. 热源：由本楼西侧锅炉房提供0.4MPa蒸汽。

3. 热交换设备：1号泵房内设四组热交换器，负担地下三层至裙房及公寓楼三个分区的热水供应；2号泵房设二组热交换器，负担办公楼两个分区的热水供应。每组热交换器设两台HRV半容积式换热器。

4. 热水分区同给水分区，采用上供下回式。

5. 管材：热水及回水干管采用铜管；裙房及办公楼给水支管采用PP-R管，热熔连接；公寓楼部分给水支管采用铝塑复合管。

（三）中水系统

1. 中水原水、回用水量见表3、表4。

中水源水量表 表3

序号	用水部位	用水量标准	使用数量	小时变化系数	用水时间（h）	用水量（m³）
						最高日
1	公寓楼用水	175L/人	1200人	1.50	24	210.0
2	公共浴室	150L/（人·次）	600人	1.50	6	90.0
3	游泳池补水	10%池容积	300m³	1.00	10	30.0
4	总计	$\sum$（1—3）				330.0
		排水量取给水量的85%				280.5

中水回用水量表 表4

序号	用水部位	用水量标准	使用数量	小时变化系数	用水时间（h）	用水量（m³）		
						最高日	平均时	最高时
1	办公楼用水	33L/人	2500人	2.00	10	82.5	8.3	16.5
2	商场（顾客）	6.6L/人	7000人	2.00	10	46.2	4.6	9.2
3	商场（职工）	20L/人	2000人	2.00	10	40.0	4.0	8.0
4	车库冲洗	2L/（m²·d）	18000m²	1.50	6	36.0	6.0	9.0
5	屋顶绿化	2L/（m²·d）	8000m³	1.00	10	16.0	1.6	1.6
6	$\sum$（1—5）					220.7	24.5	44.3
	110%$\sum$（1—5）					242.8	26.9	48.8

由上表统计中水源水量大于中水回用水量的1.1倍，满足要求。

2. 系统分区：中水均由中水处理间内中水供水系统加压泵组供给，地下车库、裙房卫生间、五层架空层及办公楼低区均经减压阀减压后供给。

3. 水处理工艺流程图：中水原水→格网→曝气调节池→一级提升泵→接触氧化池→中间水箱→二级提升泵→石英砂过滤器→活性炭吸附器→中水回用池（投药消毒）。

4. 管材：中水管道均采用热镀镀锌钢管。

（四）排水系统

1. A、B座公寓楼采用污、废水分流排水；办公楼、商场及地下层公共卫生间采用污、废合流排水。

2. 排水系统设专用通气立管。A、B座公寓楼卫生间采用三立管；办公楼、商场及地下层公共卫生间采用双立管。

3. 公共厨房排水经室外隔油池处理后排入市政排水管道；卫生间经室外化粪池处理后排入市政排水管道。

4. 管材：重力流排水立管、出户管及埋地管采用柔性接头的机制排水铸铁管，法兰连接，橡胶圈密封；排水横支管采用排水 UPVC 塑料管，粘接；有压排水管采用焊接钢管，焊接，与阀门连接处采用法兰连接。

5. 底层污水单独排放。

（五）雨水系统

1. 设计参数：暴雨强度 q_5＝5.06L/s·100m^2；雨水设计重现期取五年。

2. 采用内落水排水系统，单斗雨水经室内雨水管收集排至室外雨水管。

3. 办公楼及 A、B座公寓楼屋面均选用 $DN100$ 的雨水斗；裙楼屋面均选用 $DN150$ 的雨水斗。

4. 管材：采用热镀锌钢管。

二、消防系统

（一）消火栓系统

1. 由市政引入两根 $DN200mm$ 的管道作为本工程水源，并在室外成环状布置。室外消防用水由市政提供。室外消防用水为 30L/s。

2. 室内消火栓用水量为 40L/s，火灾延续时间为 3h。

3. 地下三层消防、空调补充水贮水池（有效容积 660m^3）中储存室内消火栓系统用水 342m^3，自动喷水灭火系统用水 108m^3，消防时不考虑补水。

4. 根据建筑高度及使用功能，本楼室内消火栓系统分为两区：低区为地下三层至裙房五层；高区为 A、B座公寓楼及 C座办公楼。

5. 本楼室内消火栓系统采用临时高压制。A、B座公寓楼屋顶水箱内各储存 18m^3 消防水量。低区消火栓系统合用此水箱，在四层设减压阀减压。

6. 地下三层 1 号水泵房内设室内消火栓系统加压泵两台，一用一备：水泵型号为 XBD8.16/40-150D/8（多出口消防水泵）。室内消防水量达到 40L/s 时，高出口供水压力为 1.6MPa；低出口供水压力为 0.8MPa。

7. 为使消火栓栓口压力不大于 500kPa 且使各层出水量接近均衡，系统中采用减压稳压消火栓。

8. A、B座公寓楼、办公楼及裙房商场部分室内消火栓均增设消防卷盘。

9. 在室外地下设有六套 SQB150 地下式消防水泵结合器，每区三套。

10. 管材：采用焊接钢管，焊接；与阀门连接处采用法兰连接。

（二）自动喷水灭火系统

1. 本楼按照中危险Ⅱ级布置自动喷水灭火系统。自动喷水灭火系统用水量为30L/s，火灾延续时间为1h。

2. 自动喷洒系统设置部位：地下车库及餐厅、库房；裙房商场；办公楼；A、B座公寓楼公共部分。

3. 根据建筑高度及使用功能本楼自动喷洒系统分为两区：低区为地下三层至裙房五层；高区为A、B座公寓楼及办公楼。

4. 地下三层1号水泵房内设自动喷洒系统加压泵两台，一用一备；水泵型号为XBD10.16/30-125D/8（多出口消防水泵）。自动喷洒水量为30L/s，高出口供水压力为1.6MPa；低出口供水压力为1.0MPa。

5. 自动喷水灭火系统采用临时高压制。由A座公寓楼屋顶水箱稳压。

6. 在1号报警阀室设九套湿式报警阀（其中两套为A、B公寓楼用）；2号报警阀室设七套湿式报警阀；3号报警阀室设五套湿式报警阀（办公楼）。

7. 地下车库（设采暖）及无吊顶房间采用直立型喷头；商场、办公楼及有吊顶房间采用下垂型喷头。除厨房高温区采用97℃喷头外，其余均采用68℃。

8. 在室外地下设有六套SQB150地下式消防水泵结合器，每区三套。

9. 管材：采用镀锌钢管，卡箍连接或丝扣连接。

（三）手提式灭火器配置

1. 本楼按照中危险级全方位配置手提式灭火器。

2. 除地下车库及变配电室，厨房采用灭火等级为4B/具；A、B座公寓楼采用灭火等级为3A/具外；其余地方均采用灭火等级为5A/具。灭火剂为磷酸铵盐干粉。

三、设计体会

1. 为防止消防水池长期不用，水质恶化（特别是夏季），设计把消防水池、高位消防水箱和循环冷却水补水水池、高位水箱合建，并设有保证消防用水不被动用的措施。

2. 结合本楼建筑布局及分区，消防系统分成高、低两个区，两区合用多出口消防专用水泵，既满足了消防的要求，又减少了机房面积。

3. 在扩初设计时考虑公寓楼部分按住宅设计，未设置自动喷水灭火系统。消防局在扩初审查时提出本工程属于一类综合楼，建筑功能比较复杂，火灾危险性及危害性较大，公寓楼部分应增设自动喷水灭火系统。但考虑公寓内设置喷洒难度较大，且公寓楼人员较少，防火分区面积不大，与裙房有较好的防火分隔（设有管道转换层及架空层），火灾发生时蔓延受到一定限制。经过征询消防部门的意见，公寓楼仅在公共走道、公共活动用房、电梯前室设置了自动喷水灭火系统。

4. 在考虑中水水源时，设计考虑主要收集用水量大、设置比较集中的住宅洗浴废水、裙房公共浴室及游泳池排水，这样既减少了处理难度，提高了废水处理效果，又大大地简化了管道布置。

5. 分户水表均集中设在公共走道的专用水表井内，采用远传水表。使水表出户，抄表方便，也便于以后管理。但这样支管管线较长，水头损失大，特别是热水系统还存在使用时放掉大量冷水的缺点。

6. 为保证中水机房故障或中水设备检修时中水源水的排放，室外设有超越井，中水源水通过其自流排放到市政污水井内。

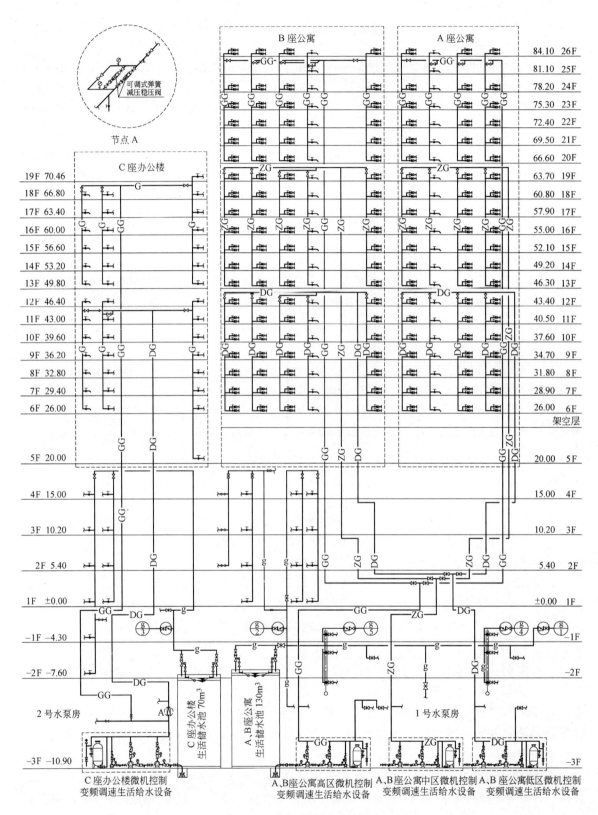

给水系统管道系统图

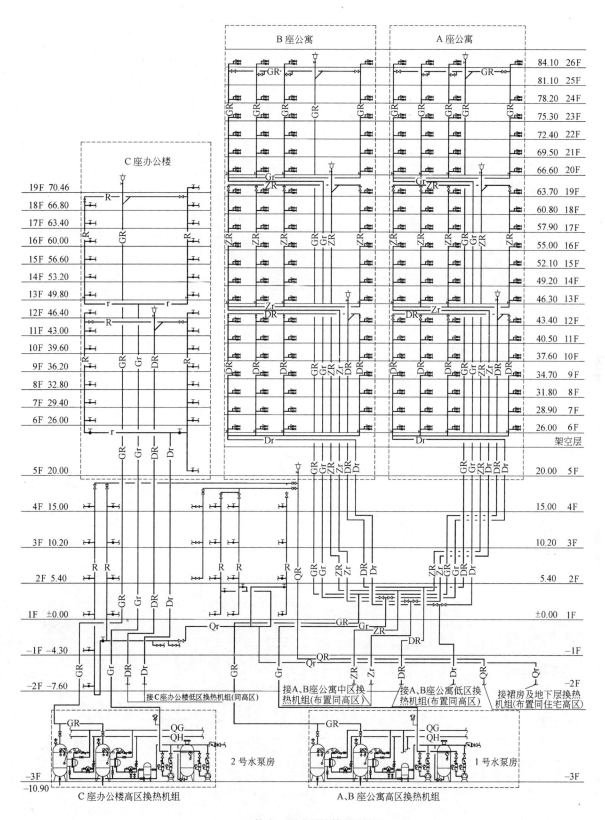

热水、回水系统管道系统图

311

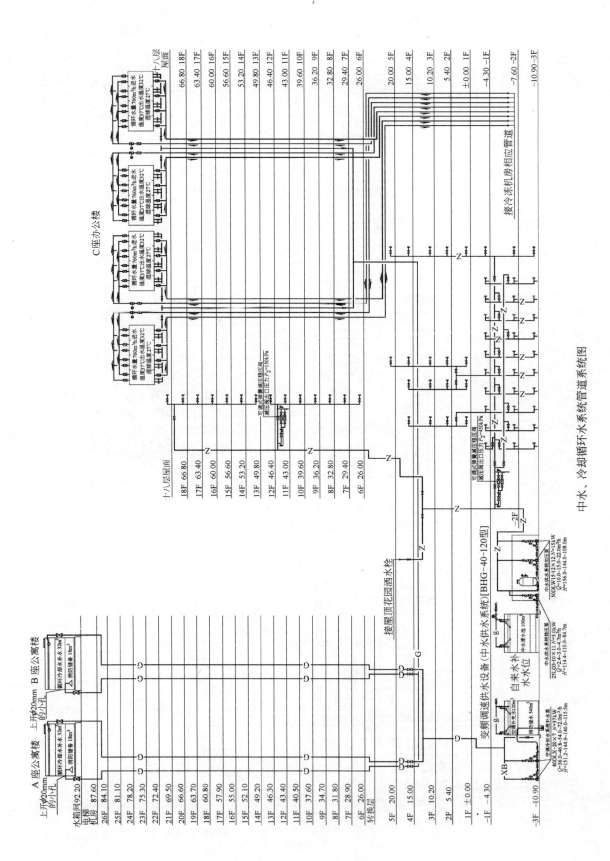

中水、冷却循环水系统管道系统图

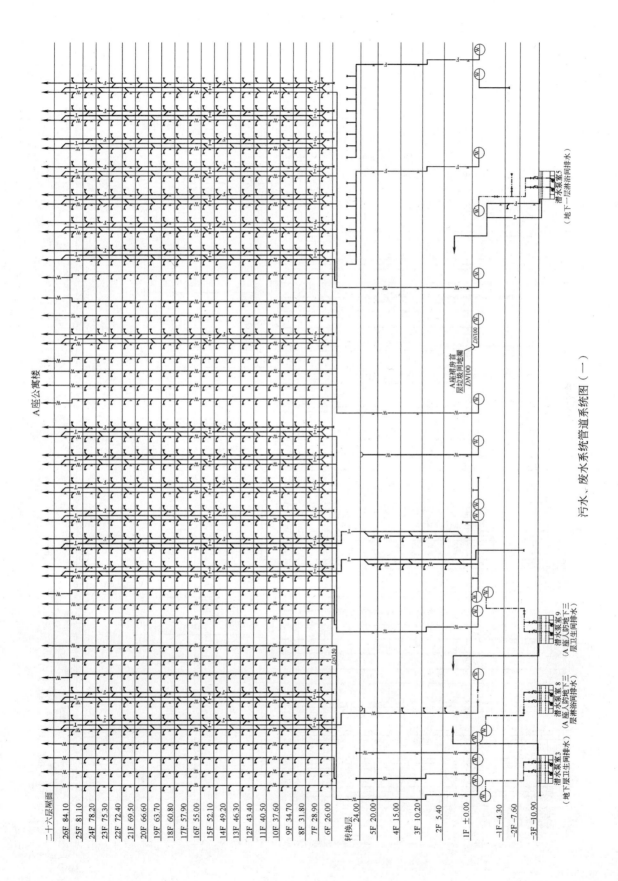

A座公寓楼

二十六层屋面

楼层	标高
26F	84.10
25F	81.10
24F	78.20
23F	75.30
22F	72.40
21F	69.50
20F	66.60
19F	63.70
18F	60.80
17F	57.90
16F	55.00
15F	52.10
14F	49.20
13F	46.30
12F	43.40
11F	40.50
10F	37.60
9F	34.70
8F	31.80
7F	28.90
6F	26.00

转换层

楼层	标高
5F	20.00
4F	15.00
3F	10.20
2F	5.40
1F	±0.00
-1F	-4.30
-2F	-7.60
-3F	-10.90

污水、废水系统管道系统图（一）

313

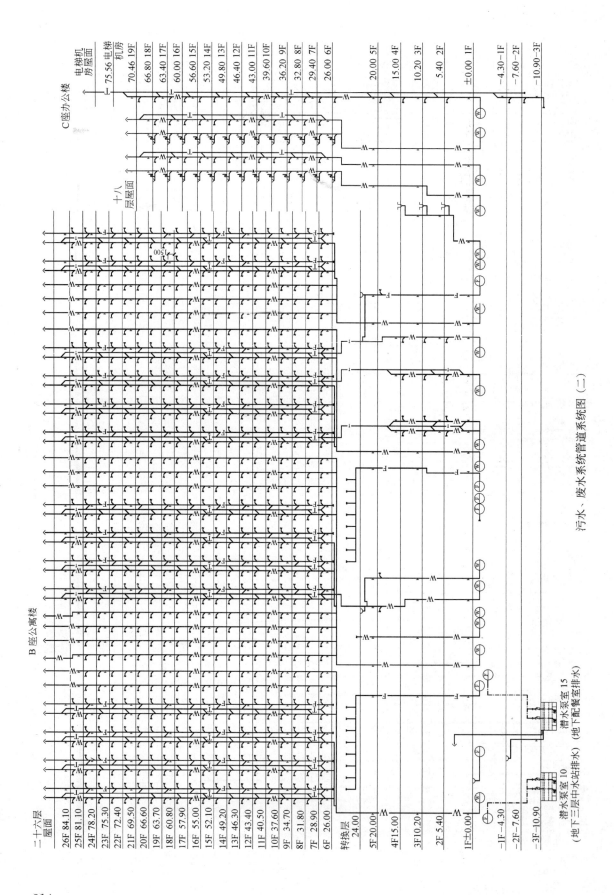

污水、废水系统管道系统图 (二)

314

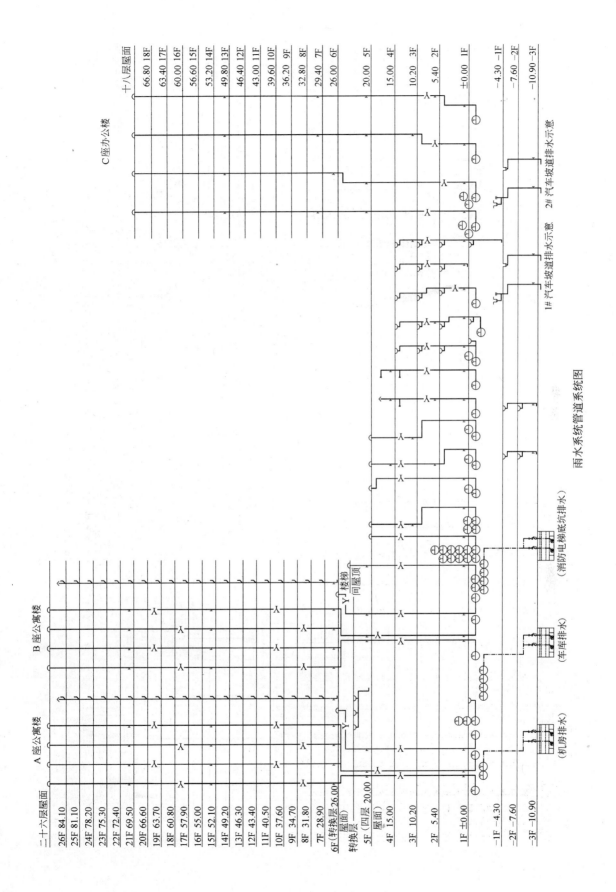

雨水系统管道系统图

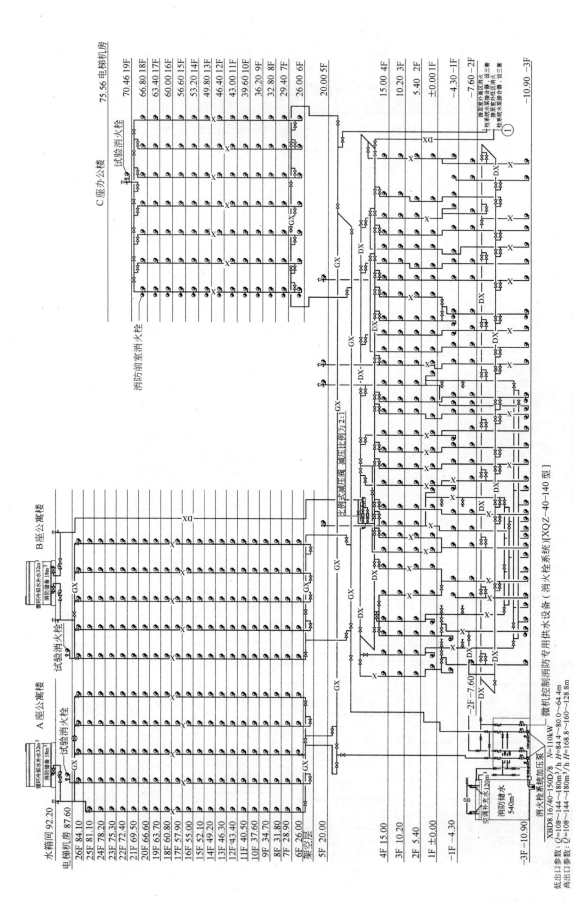

消火栓系统管道系统图

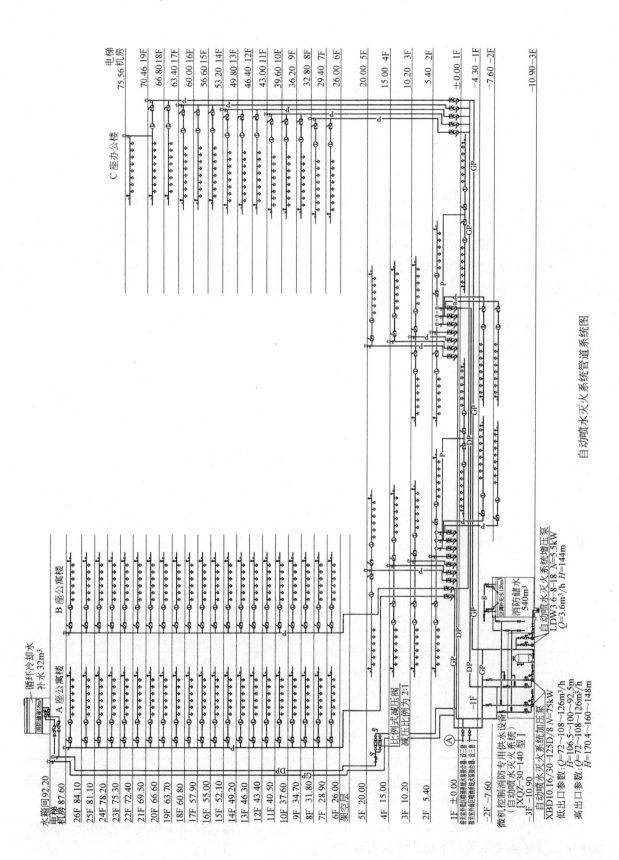

自动喷水灭火系统管道系统图

317

北京成中大厦

师前进　梁万军　朱红卫

　　北京成中大厦（现更名新华保险大厦）是新华保险公司投资建设的甲级高档写字楼，坐落于北京市朝阳区东长安街建国门桥东。该写字楼总建筑面积7.67万 m²，其功能以办公为主，配套银行，员工食堂。该楼地上21层，地下3层（战时人防物质库），建筑高度74.7m，该工程2003年完成施工图设计，2002年9月30日开始施工，2004年12月1日竣工，现已投入使用。

一、给水排水系统

（一）给水系统

1. 用水量：最高日：531.55m³/d，最大时：67.34m³/d。生活用水量见表1。

生活用水量表　　　　　　　　　　　　　　　　　表1

区号	序号	用水部位	用水量标准 [L/(人·d)]	使用数量		小时变化系数	用水时间 (h)	用水量(m³)			备注
				面积	人数			最高日	平均时	最高时	
高区	1	办公	50	17285	1152	1.20	8	57.62	7.20	8.64	12层~21层
中区	2	办公	50	18262	1217	1.20	8	60.87	7.61	9.13	2层~11层
低区	3	办公	50	2027	135	1.20	8	6.76	0.84	1.01	1层
	4	厨房	60	3255	2504	1.50	12	150.23	12.52	18.78	B1层
	5	淋浴	100		32	2.00	2	3.20	1.60	3.20	B2层
	6	总量						278.68	29.78	40.77	
	7	未预见水量	总量×10%					27.87	2.98	4.08	
	8	冷却塔补水	1.50%	1500m³/h			10	225.00	22.50	22.50	
	9	合计						531.55	55.25	67.34	
	10	室外消火栓	30L/s				3	324.00	108.00	108.00	
	11	室内消火栓	40L/s				3	432.00	144.00	144.00	
	12	自动喷洒	26.6L/s				1	95.76	95.76	95.76	
	13	生活供水时						531.55	55.25	67.34	
	14	消防供水时						1914.85	458.27	482.44	

　　2. 水源：大楼的供水水源为城市自来水。从东长安街引入红线内二根 DN200mm 的给水管，在红线内形成环状供水，水压为 0.18~0.20MPa。

　　3. 系统：竖向分为高、中、低三个供水区，每个区的最大静压不超过 0.45MPa。高区、中区、低区均采用上行下给式的供水方式供水。

　　低区：地下三层至首层，全部由市政压力直接供水，由两条引入管接至地下一层连接成室内环管,供各用水点,并接入地下三层生活水池、消防水池。

中区:二层至十一层,全部由中区变频调速恒压供水设备供水。

高区:十二层至二十一层,全部由高区变频调速恒压供水设备供水。

地下三层内设置生活调节水池及水泵房;生活调节水池容积为100m³,材质为玻璃钢。

4. 水泵选型:中、高区变频调速恒压供水设备加压泵组由三台主泵、一台小泵、一台小气压罐及变频器,控制部分组成;三台主泵为两用一备,一台变频,一台工频运行;小流量时,由小泵带气压罐运行;变频泵组的运行由设在供水干管上的压力传感器及压力开关控制。

5. 泵组的全套设备及控制部分均由厂商配套提供,厂商还应负责设备调试。试运行及合同年限内的维护事宜。

(二)热水系统

1. 为了使冷热水压力均衡,便于调试,生活热水分区及供水方式同生活给水系统;

2. 生活热水供水温度为55℃,由安装在水加热器热媒管道上的温度控制阀自动调节控制;冷水计算温度为4℃。

3. 本建筑生活热水系统设计小时耗热量:高区为471.710kW;中区为526.680kW;低区为437.750kW。见表2。

生活热水系统设计小时耗热量计算表　　　　表2

分区	用水部位	序号	器具	额定水温(℃)	数量	用水定额 q_h(L/h)	q_h(L/h) 55℃用水定额	设计小时热水量 Q_{hmax}(L/h)	设计小时耗热量(kW)
高区	卫生间	1	洗手盆	35	113	80	49	5495	326.95
		2	淋浴	37	17	200	129	2200	130.90
	操作间	3	洗涤盆	50	2	180	116	233	13.86
	小计	4						7928	471.71
中区	卫生间	5	洗手盆	35	126	80	52	6522	388.08
		6	淋浴	37	18	200	129	2329	138.60
	小计	7						8852	526.68
低区	卫生间	8	洗手盆	35	32	80	52	1656	98.56
	淋浴间	9	淋浴	37	11	200	129	1424	84.70
	操作间	10	洗涤盆	50	2	180	116	233	138.60
	厨房	11	洗涤池	50	25	250	162	4044	240.63
	小计	12						7357	437.75
	合计	13						24137	1436.13

注:设计小时耗热量(W)的计算中,冷水温度按4℃计算。

4. 热源及加热设备的选择:热源由城市热力管网供给,热水温度冬季为120℃,夏季为80℃;回水温度冬季为70℃,夏季为40℃;地下二层设置热交换站;热交换站的设计由甲方另行委托热力公司设计院设计(热力公司设计院进行热交换站设计时应考虑市政热力管网定期检修时的备用热源)。

5. 供水范围:生活热水只供应洗手盆、淋浴器、厨房洗涤盆等。

6. 水质控制:热水水源由相对应的各区冷水变频调速恒压供水设备(市政给水管)提

供，水源采用归丽晶加药罐加药处理。

7. 水温保证：

（1）每个水加热器罐体上装设温度计、压力表、安全阀等，热媒入口管上装设温度自动控制阀；热水系统采用机械全循环系统，本建筑高区、中区、低区各设置一组热水循环水泵（由热力公司设计院设计），每组两台，一用一备，由设在循环泵进水管上的电接点温度计自动控制其开、停。

（2）热水循环泵控制要求：

1）当温度降到45℃时开循环泵，温度升至50℃时停循环泵；

2）热水循环水泵房可开、停泵；

3）总值班室有水泵运行信号。

8. 安全保证：

（1）为了使热水系统运行安全，热水系统各区均应在热交换器进水管上设置一个密闭式膨胀水罐及两个安全阀，各区安全阀应设定泄水压力。

（2）热水、回水系统横管及立管均需加设金属波纹管以便补偿管道因温度而伸缩的要求，每个金属波纹管的伸缩长度不小于40mm，支管采用PP-R管材时，同时要根据其特殊要求采取相应的补偿措施。

9. 计量：室内设总水表进行计量。

（三）开水供应

1. 办公楼每层均设开水间，由电开水器制备开水：每个开水间均设置SRZ90型全自动电开水器两台，每台水容量60L，每台额定功率9kW。

2. 地下一层厨房设置SRZ90型全自动电开水器两台，每台水容量60L，每台额定功率9kW。

（四）中水系统

1. 可用作中水水源水的废水量为 $34.79m^3/d$（小于 $50m^3/d$），根据北京市有关规定，可以不设置中水处理设施，但设计了中水管道系统。

2. 供水范围：中水供给大便器、小便器用水、冲洗地下汽车库、浇洒绿化及道路等用水。

3. 用水量：最高日：$127.57m^3/d$，最大时：$33.97m^3/d$。中水水量平衡表见表3。

4. 水源：中水供水水源由市政中水供给（根据甲方提供的资料）。

5. 系统：竖向分为高、中、低三区，每区的最大静压不超过0.45MPa。高区、中区、低区均采用上行下给式的供水方式供水。低区：地下三层至首层，由市政压力直接供水。中区：二层至十一层，由中区变频调速恒压供水设备供水。高区：十二层至二十一层，由高区变频调速恒压供水设备供水。地下三层中水预留设备房内设置中水贮水池及水泵房；中水贮水池容积为 $50.00m^3$，材质为玻璃钢。

6. 水泵选型：中、高区变频调速恒压供水设备加压泵组由三台主泵、一台小泵、一台小气压罐及变频器，控制部分组成；三台主泵为两用一备，一台变频，一台工频运行；小流量时，由小泵带气压罐运行；变频泵组的运行由设在供水干管上的压力传感器及压力开关控制。

7. 计量：室外设总水表进行计量。

（五）循环冷却补充水系统

1. 冷却补水系统：系统由变频调速恒压供水设备供给，补水量为 $225m^3/d$；变频泵组的运行由设在供水干管上的压力传感器及压力开关控制；

(1)废水排水量表

区号	序号	用水部位	用水量标准 [L/(人·d)]	使用数量 面积(m²)	使用数量 人数	小时变化系数	用水时间	用水量(m³) 最高日	用水量(m³) 平均时	用水量(m³) 最高时	备注
中、高区	1	办公	17	35547	2370	1.20	8	40.29	5.04	6.04	2层及以上层
低区	2	淋浴	100		32	2.00	2	3.20	1.60	3.20	B2层

区号	序号	排水部位	排水量标准	面积	人数	小时变化系数	用水时间	收集废水量(m³) 最高日	收集废水量(m³) 平均时	收集废水量(m³) 最高时	备注
中、高区	1	办公	80%	35547	2370	1.20	8	32.23	4.03	4.83	2层及以上层
低区	2	淋浴	80%		32	2.00	2	2.56	1.28	2.56	B2层
	3	实际废水总量						34.79	5.31	7.39	

(2)中水用水量表

区号	序号	用水部位	用水量标准 [L/(人·d)]	使用数量 面积(m²)	使用数量 人数	小时变化系数	用水时间	用水量(m³) 最高日	用水量(m³) 平均时	用水量(m³) 最高时	备注
高区	1	办公	33	17285	1152	1.20	8	38.03	4.75	5.70	12层~21层
中区	2	办公	33	18262	1217	1.20	8	40.18	5.02	6.03	2层~11层
低区	1	办公	33	2027	68	1.20	8	2.23	0.28	0.33	1层及地下
	2	绿化	2	1658			4	6.63	1.66	1.66	室外
	3	道路及车库	3	13500			2	40.50	20.25	20.25	室外及地下
平衡	4	中水用量合计						127.57	31.96	33.97	
	5	所需废水总量	115%					146.70	36.76	39.07	
	6	所需差额						(111.91)			自来水补充

注:1. 办公楼用水量标准50L/(人·d),其中洗漱用水34% [17L/(人·班)],冲厕用水66% [33l/(人·班)];

2. 绿化用水量标准2L/(m²·次),每日两次,每次两小时;道路及汽车库地面冲洗用水标准3L/(m²·次),每日一次,每次两小时;

3. 废水排水标准为给水量的80%;

4. 污水排水标准为给水量的90%;

5. 所需废水总量为实际中水用量的115%。

2. 地下三层消防,空调补充水贮水池内储存100.000m³空调冷却补充水。

3. 水质保证:为了稳定水质,地下三层空调补充水、消防水池(两座)均采用设置二氧化氯发生器进行处理。

(六)污水排水系统

1. 本建筑采用污水、废水合流排水系统。

2. 本建筑最大日排水量约为250.820m³/d。污水排水量见表4。

3. 室内±0.000m及其以上层排水采用重力流排水,±0.000m以下卫生间、公共厨房排水均由潜水排污泵提升排至室外污水管道。

4. 潜水泵室均设置两台潜水排污泵(两用),潜水排污泵均采用固定式自动耦合装置安装。

5. 二十一层及三层操作间排水须经隔油器处理后方可排入排水管道。

6. 地下一层公共厨房排水须经隔油器及室外隔油池处理后方可排入市政排水管道。

7. 空调机房凝结水经立管收集排至室外市政排水管道。

8. 污水排水经室外化粪池处理后排入市政排水管道。

区号	序号	用水部位	用水量标准 [L/(人·d)]	使用数量		小时变化系数	用水时间 (h)	用水量(m³)			备注
				面积(m²)	人数			最高日	平均时	最高时	
中、高区	1	办公	50	35547	2370	1.20	8	118.49	14.81	17.77	2层及以上层
低区	2	办公	50	2027	135	1.20	8	6.76	0.84	1.01	1层
	3	厨房	60	3255	2504	1.50	12	150.24	12.52	18.78	B2层
	4	淋浴	100		32	2.00	2	3.20	1.60	3.20	B2层
	5	用水量合计						278.69	29.78	40.77	
	6	排水量标准						排水量(m³)			备注
								最高日	平均时	最高时	
	7	排水量合计	90%					250.82	26.80	36.69	B3层以上

9. 室内首层排水单独排出。

10. 室内排水管道除垃圾间、开水间、空调机房采用单立管伸顶通气外，其余卫生间排水管道均采用设置专用通气立管。

11. 污水潜水泵井采用与卫生间共用专用通气立管。

（七）雨水系统

1. 暴雨强度：$q_5=5.06L/(s·100m^2)$（$h=182mm/h$）；设计重现期 $P=5a$；设计雨水系统排水能力满足按 10 年重现期雨水排水量。

2. 屋面雨水采用内排水系统。

3. 地下室汽车库冲洗地面排水经潜水排水泵提升排出。

4. 消防电梯排水集水坑均设两台潜水排水泵排出。

二、消防系统

（一）消火栓系统

1. 本建筑按《高层民用建筑设计防火规范》一类高层建筑，属于综合办公楼。室内消防用水量 40L/s，室外消防用水量为 30L/s，火灾延续时间按 3h 计。

2. 消防水源为城市自来水，城市给水管道的水量水压不能满足大楼的消防要求，其室内外消防水量全部存于地下蓄水池中，消防、空调补充水贮水池 640m³（有效容积）；其中储存室内消火栓系统用水 432m³，室内自动喷水灭火系统用水 108m³，空调补充水系统用水 100m³，水池分两格。

3. 室内消火栓系统：竖向分高、低两区：低区为地下三层至八层；高区为九层至二十一层；屋顶设置消防专用水箱，储存消防用水 18m³，水箱架空高度为 8.800m＞7.000m 水柱。

4. 高、低区分别设置二台消火栓加压泵，采用微机控制。

（1）各层消火栓箱内的"破碎按钮"直接开泵；

（2）消防控制中心可直接开、停泵且有水泵运行信号；

（3）水泵房控制室可直接开、停加压泵；

（4）主备泵自动切换，互为备用；

（5）每月对消火栓加压泵定时自动巡检。

5. 室外地下设六套 SQX100-A 型地下式消防水泵结合器，高区、低区每区各设三套供系统补水用。

（二）自动喷水灭火系统

1. 设置范围：本建筑除配电室、设备用房以及卫生间外均设自动喷水灭火系统保护，本系统采用湿式自动喷水灭火系统，汽车库采暖温度≥5℃。

2. 设计喷水强度：办公区等按中危险级Ⅰ级要求设计；地下汽车库按中危险级Ⅱ级要求设计，设计喷水强度为8L/(min·m²)，作用面积160m²，系统设计秒流量26.60L/s；自动喷水灭火用水量按中危险级Ⅱ级要求设计。

3. 竖向分区：本系统竖向分为高、低两区：低区为地下三层至五层；高区为六层至二十一层；采用设置比例式减压稳压阀（减压比例2：1）进行分区；减压阀设置于地下一层；高区、低区供水干管均设置成环状管网。

4. 本系统与消火栓系统共用高位水箱。

5. 系统设计火灾延续时间1h。

6. 喷头选用：

（1）地下停车库采用直立型喷头，其余部分采用下垂型喷头，装修标准高的房间及走道等采用吊顶型喷头；

（2）喷头除地下停车库，无吊顶的走廊采用易熔合金喷头外，其余喷头均采用玻璃球喷头，喷头温级为：厨房等高温作业区玻璃球喷头93℃，其余部位采用玻璃球喷头68℃；

（三）建筑灭火器配置

本建筑按照规范全方位配置手提式灭火器保护，地下汽车库、变配电室、弱电室以及厨房等按B类火灾中危险级设计，其部位按A类火灾中危险级配置灭火器。

三、管材

1. 室内给水、热水、中水干管、立管均采用涂塑复合钢管，支管均PP-R管（冷、热水）。

2. 室内污水、废水立管及干管均采用柔性排水铸铁管，平口对接，橡胶圈密封不锈钢管卡箍卡紧；排水支管均采用UPVC塑料管粘接。

3. 室内雨水管采用热镀锌钢管，焊接；焊接时焊接口处内外表面做防锈处理。

4. 消火栓、自动喷水管道采用热镀锌钢管，丝接或沟槽式管件连接。

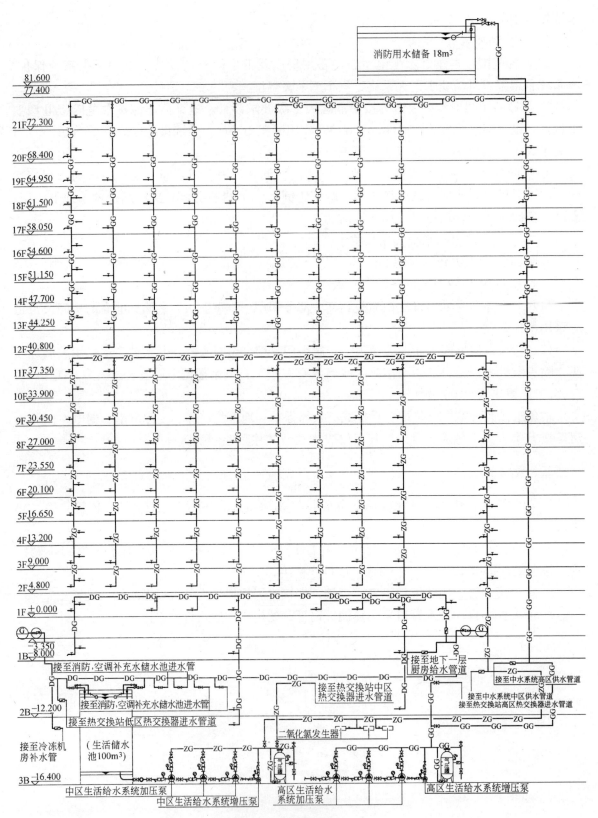

给水系统管道原理图

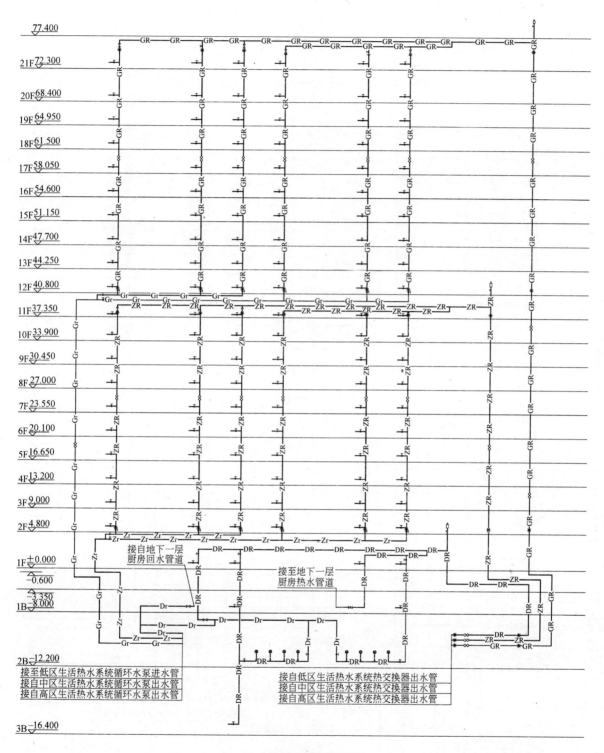

接自地下一层
厨房回水管道

接至地下一层
厨房热水管道

接至低区生活热水系统循环水泵进水管
接自中区生活热水系统循环水泵出水管
接自高区生活热水系统循环水泵出水管

接自低区生活热水系统热交换器出水管
接自中区生活热水系统热交换器出水管
接自高区生活热水系统热交换器出水管

热水系统管道原理图

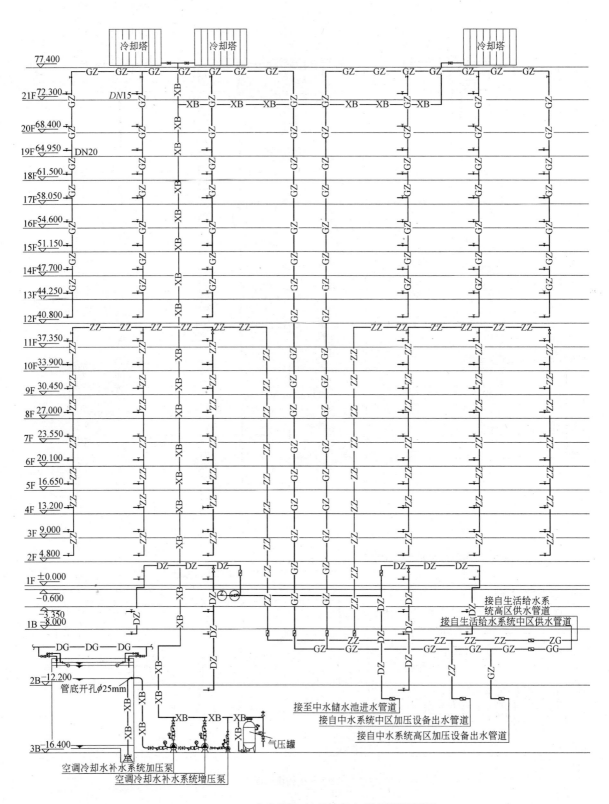

中水系统、冷却补充水系统管道原理图

326

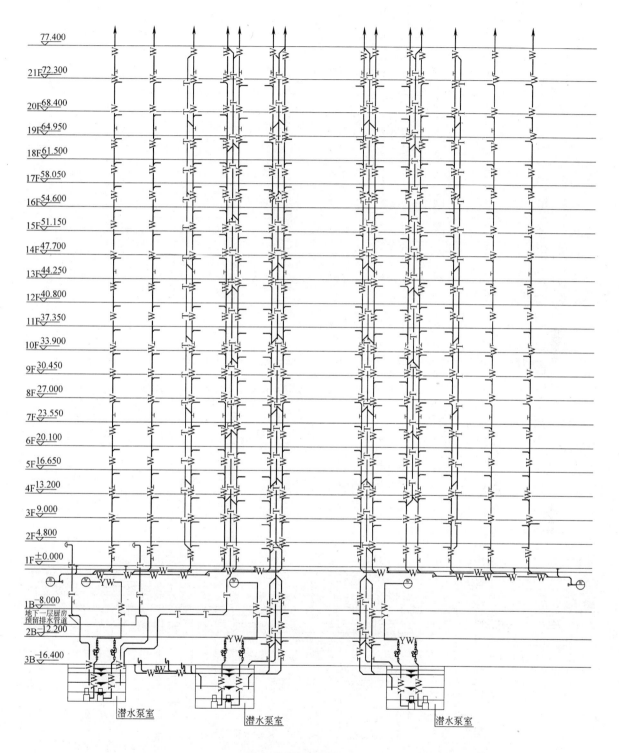

排水系流管道原理图

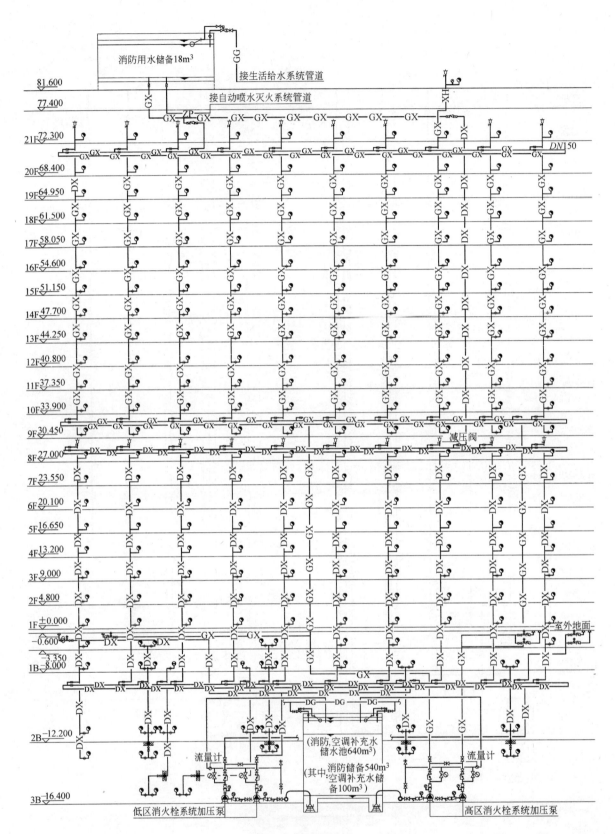

消火栓系统管道原理图

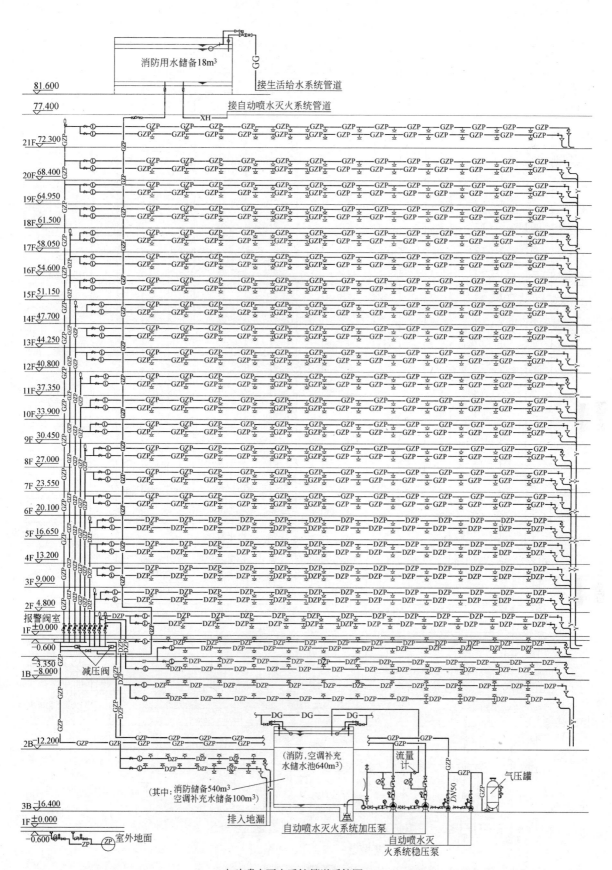

自动喷水灭火系统管道系统图

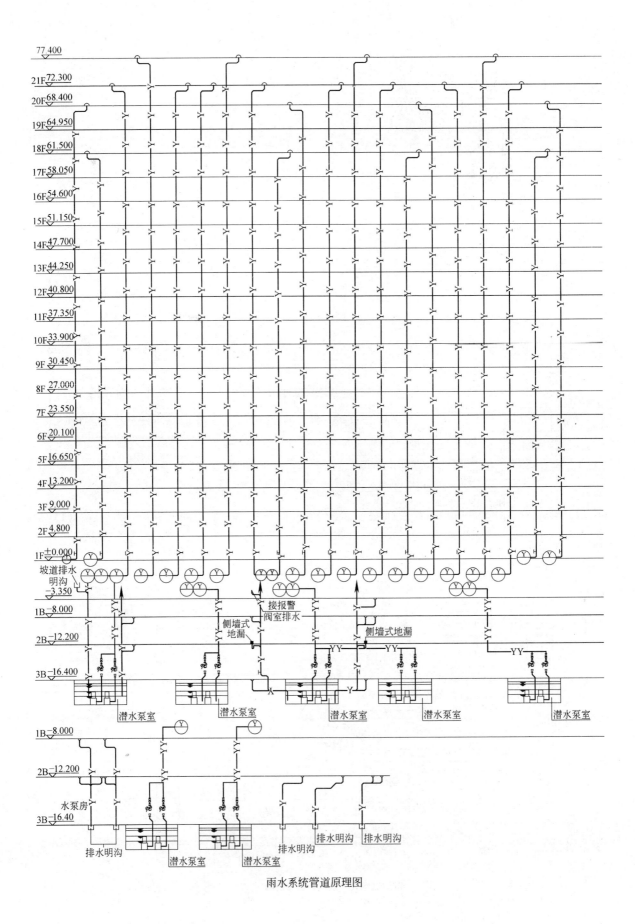

雨水系统管道原理图

北丰 BCD 项目 C1、C2 楼工程

古　晏　李安达

本工程位于北京市西城区。C1、C2 楼工程位于 BCD 项目西北侧，主要使用功能为办公楼。总占地面积为 4.203hm²，本工程总建筑面积为 114323m²，其中地下 28696m²，地上 85627m²。地下 5 层，地上 16 层，建筑高度为 65m。工程 B 段已竣工，C 段尚未开工。

一、给水排水系统

（一）给水系统

1. 用水量统计见表 1 表 2。

C2 楼给水用水量统计表　　　　表 1

序号		用水部位	用水量标准	使用数量	小时变化系数	用水时间	用水量（m³）			备注
							最高日	平均时	最高时	
加压区	1	办公用房	20L/（人·d）	3640 人	1.5	10	73	7.28	10.9	
	2	健身中心	47.5L/（人·d）	400 人	1.5	12	19	1.58	2.4	
	3	冷却循环水	1900m³/h	1.50%	1.0	10	285	28.5	28.5	
		∑（1−3）					377	37.4	41.8	
市政区	4	办公用房	20L/（人·d）	560 人	1.5	10	11	1.12	1.7	
	5	地下餐厅	23.5L/（人·d）	2000 人	1.5	6	47	7.83	11.8	
		∑（4−5）					58	8.95	13.5	
汇总		∑（1−5）					435	46.4	55.3	
		110%∑（1−5）					478.5	51.0	60.8	

C1 楼给水用水量统计表　　　　表 2

序号		用水部位	用水量标准	使用数量	小时变化系数	用水时间	用水量（m³）			备注
							最高日	平均时	最高时	
加压区	1	办公用房	20L/（人·d）	1400 人	1.5	10	28	2.8	4.2	
	2	健身中心	47.5L/（人·d）	200 人	1.5	12	9.5	0.79	1.2	
	3	冷却循环水	700m³/h	1.5%	1.0	10	105	10.5	10.5	
		∑（1−3）					142.5	14.09	15.9	
低区	4	办公用房	20L/（人·d）	200 人	1.5	10	4	0.4	0.6	
	5	员工浴室	95L/（人·d）	200 人	2.0	12	19	1.58	3.2	
汇总		∑（1−5）					165.5	16.1	19.7	
		110%∑（1−5）					182.1	17.7	21.7	

注：1. 水源为城市自来水。
　　2. 以上用水量均不含中水用水量。

本工程最高日用水量为 660.6m³/d，最大时为 82.5m³/d。

2. 本工程设两根 DN200mm 市政给水引入管，并在室外成环状管网。市政水压为 0.18MPa。

3. 本工程采用分区供水方式：地下三层至地上二层为低区，由市政给水管直接供水；三层及三层以上部分为加压供水区，均由地下生活水泵房内生活无负压变频调速供水设备加压供水。为保证加压区各用水点水压不超过 0.30MPa，在生活水泵房内设减压阀组将加压供水区再分成两个供水区：三层至九层为中区；十至十六层为高区。

4. 加压区生活变频调速泵组由三台主泵、气压罐、变频器、控制部分组成。三台主泵为两用一备，一台变频，一台工频运行。

5. 本楼办公区开水由电开水器提供，每一开水间设两台 6kW 电开水器。

6. 给水管采用衬塑钢管。

（二）热水系统

1. 用水量统计见表 3、表 4。

C1 楼热水用水量统计表（水温以 60℃计）　　　表 3

序号		用水部位	用水量标准 [L/(人·d)]	使用数量	小时变化系数	用水时间 (h)	用水量 (m³)		备注
							最高日	平均时	
高区	1	健身中心	25	200 人	1.5	12	5	0.42	
低区	2	员工浴室	50	200 人	2.0	12	10	0.83	
		∑(1—2)					15	1.25	

C2 楼热水用水量统计表（水温以 60℃计）　　　表 4

序号		用水部位	用水量标准 [L/(人·d)]	使用数量 (人)	小时变化系数	用水时间 (h)	用水量 (m³)		备注
							最高日	平均时	
高区	1	健身中心	25	400	1.5	12	10	0.83	
	2	地下餐厅	10	2000	1.5	12	20	1.67	
		∑(1—2)					30	2.5	

注：办公部分设局部热水供应，热水用量包含在冷水量中。

2. 本工程卫生间洗手盆用热水由电热水器提供，每个洗手盆下配一个 1.6kW 电热水器。厨房及浴室采用定时热水供应，其热水由设于地下二层的换热间提供。换热间内拟采用 HRV 系列导流型半容积式水加热器制备热水，热媒由市政热力管网提供。热水分区同给水系统，供、回水管采用同程布置。热水管网采用干管机械循环。高低区各设热水循环泵两台，一用一备，交替运行。循环泵启停由回水管上的水温控制，低于 45℃启泵，高于 50℃停泵。热水循环泵设于地下层的换热间内。

C1 楼高区设计小时耗热量为 166kW，设计小时热水量为 4.8m³/h；低区设计小时耗热量为 335kW，设计小时热水量为 9.6m³/h；C2 楼高区设计小时耗热量为 124kW，设计小时热水量为 2.4m³/h（55℃热水）；低区设计小时耗热量为 200kW，设计小时热水量为 3.8m³/h（55℃热水）。

市政热力检修期不单设备用热源，分设电热水器临时提供洗浴热水，每一浴室设 3kW 100L 贮水式电热水器二台。

3. 热水管采用热水型衬塑钢管。

（三）中水系统

1. 中水水源：本工程中水处理站集中设于本地块 B2 楼座（本楼南侧）地下二层。

2. 中水原水回收水量统计见表 5。

中水原水回收统计表　　　　表 5

序号	用水部位	用水量标准 [L/(人·d)]	使用数量 （人）	分项给水百分比 （%）	日变化系数	用水量（m³）		备注
						最高日	平均日	
1	办公用房	50	5800	40	0.85	116	98.6	
2	健身中心	50	600	95	0.85	28.5	24.2	
3	职工浴室	100	200	95	0.85	19	16.2	
4	10%损失量					16.3	14	
合计	1 项＋2 项＋3 项－4 项					147.1	125.1	

注：中水用水部位：所有冲厕用水、绿化浇洒用水。

中水用水水量统计见表 6、表 7。

C2 楼中水用水量统计表　　　　表 6

序号	用水部位	用水量标准 [L/(人·d)]	使用数量 （人）	小时变化系数	用水时间 （h）	用水量（m³）			备注
						最高日	平均时	最高时	
1	办公用房	30	4200	1.5	10	126	12.6	18.9	
2	健身中心	2.5	400	1.5	12	1	0.08	0.1	
3	地下餐厅	1.5	2000	1.5	6	3	0.50	0.8	
	∑(1－3)					130	13.2	19.8	
	110%∑(1－3)					143	14.5	21.8	

C1 楼中水用水量统计表　　　　表 7

序号	用水部位	用水量标准 [L/(人·d)]	使用数量 （人）	小时变化系数	用水时间 （h）	用水量（m³）			备注
						最高日	平均时	最高时	
1	办公用房	30	1600	1.5	10	48	4.80	7.2	
2	员工浴室	5	200	2.0	12	1	0.08	0.2	
3	健身中心	2.5	200	1.5	12	0.5	0.04	0.05	
	∑(1－3)					49.5	4.92	7.45	
	110%∑(1－3)					54.4	5.4	8.2	

最高日中水用水量为 197.4m³/d，最大时为 30m³/d。

3. 中水采用分区供水方式：地下五层至地上六层为低区，由低区中水管提供；七层至十六层为高区，由高区中水管提供。中水高、低区加压变频调速泵组设于 B2 楼地下中水站内。低区进口处所需水压为 0.4MPa；高区进口处所需水压为 0.80MPa。

4. 中水管采用钢塑管。

（四）排水系统

1. 本工程采用污、废分流制。最大日污水排水量取给水量的 90%，为 594.5m³；最大日废水排水量（即中水原水回收水量）为 147.1m³。

2. ±0.00m 以上排水采用重力流排水，±0.00m 以下排水采用潜污泵提升排水。厨房污水采用明沟收集，厨具排水须经隔油器初步隔油处理后再排至明沟。其它生活污水须经化粪池处理后排入市政排水管；废水排水经室外废水管收集排至 B2 楼地下中水站。

3. 排水管采用柔性接口的机制排水铸铁管。

（五）雨水排水系统

1. 暴雨强度公式：

$$q=\frac{2001\times(1+0.811\lg P)}{(T+8)^{0.711}}\text{L}/(\text{s}\cdot\text{hm}^2)$$

屋面雨水设计重现期取 10 年。

2. 屋面雨水采用内排水，经汇集后排至室外雨水干管，超过重现期的雨水通过溢流口排除。±0.00m 以上采用重力流排水，±0.00m 以下排水采用潜污泵提升排水。

3. 雨水利用：室外采用就地入渗的方式。绿地低于道路 10cm，道路广场采用透水型面砖，利于雨水的下渗。

4. 雨水管采用热镀锌钢管。

二、消防系统

（一）消防用水标准、用水量

消防用水标准和用水量

用 水 名 称	用水量标准(L/s)	一次灭火时间(h)	一次灭火用水量(m³)
室外消火栓系统	30	3	324
室内消火栓系统	40	3	432
湿式自动灭火系统	22	1	80
预作用自动灭火系统	30	1	108
室内一次灭火用水量	70L/s		

（二）水源

室外消防与生活给水采用同一市政供水环管。

（三）室外消火栓系统

室外消防水量 30L/s，在建筑物四周的 DN200mm 环管上设 DN100mm 室外地下式消火栓，间距不大于 120m。

（四）室内消火栓系统

1. 室内消火栓及喷洒用水由市政管接入 B2 楼地下消防水池（贮水 540t），室内消火栓用水由 B2 楼消防泵房加压后，分别在整个建筑物外成环，在 B2 楼屋顶设消防水箱，贮水 18t，并设增压稳压设施，分别供整个系统使用。本楼室内消火栓及喷洒用水分别从室外环网接入两根 DN150 管，在建筑物内成环状供水。

2. 为便于管理，C1、C2 楼分设室内消火栓系统。

3. 从最低层至 B 段屋顶水箱底几何高差 85m，管网系统竖向不分区。本系统设 3 个地下式接合器，分设两处，并在其附近设室外消火栓。

4. 水泵控制和讯号：室内各消火栓处设水泵启泵按钮，使用消火栓时操作启泵。稳压泵装置的压力开关可自动启动消火栓泵。消火栓泵在消防控制中心和消防泵房内可手动启、停。消防泵启动后，在消火栓处设红色讯号显示。水泵的运行情况将用红绿讯号灯显示于消防控制中心和泵房内控制屏上。消防水泵启动后，只设手动停泵。

5. 室内消火栓采用焊接钢管，焊接和法兰连接。地下车库、自行车库的消火栓管道做电伴热防冻保温。

（五）湿式自动喷水灭火系统

1. 设置范围：地下一层以上采暖区除下列部位外，其余均设湿式自动喷水喷头：楼梯间、变配电室、电话总机房、消防控制中心，电梯机房。喷头采用标准型玻璃球喷头，吊顶下为吊顶型喷头。公称动作温度：厨房高温作业区为93℃级，其余均为68℃级。

2. 所有防火卷帘采用耐火时间≥3h（以背火面温升判定）的复合式防火卷帘，因此在其两侧不设喷头保护。

3. 系统按中危险级要求设计，设计喷水强度6L/(min·m²)，作用面积160m²。

4. B2楼地下室消防泵房设自动喷洒泵2台，互为备用。屋顶水箱间设稳压泵稳压。稳压泵供水能力为1L/s。

5. 报警阀组：共设12套报警阀组，分别设置在首层。C1、C2楼自动喷水灭火系统各设2个D100地下式水泵接合器。

6. 控制：稳压泵装置和报警阀组的压力开关均可自动启动喷洒水泵，水泵也可在消防控制中心和泵房内的手动启、停。喷洒泵开启后，只能手动停泵。

7. 管材：采用内外壁热镀锌钢管，丝扣和沟槽式卡箍连接。

（六）预作用自动灭火系统

1. 设置范围：地下车库及自行车库。

2. 喷头：采用标准型玻璃球喷头。公称动作温度：68℃级。地下车库喷头布置在梁空挡内，喷头间距约2.6m，大于2.4m。

3. 设计参数：地下车库按中危险Ⅱ级，设计喷水强度8L/min·m²，作用面积160m²，系统充水时间不大于2min。

4. 供水系统：报警阀下游管网充压缩空气，监测管网的密闭性，水泵与湿式系统共用。

5. 报警阀组：共设6套报警阀组，设置在首层。平时阀前最低静水压小于1.2MPa。每套报警阀组配置有空气压缩机及控制装置。报警阀平时在供水压力的作用下维持关闭状态。

6. 控制：报警阀下游管网内充装0.05MPa压缩空气，当有泄露气压降到0.03MPa时，启动空压机，管网恢复压力后，空压机停机。平时气压由空压机自动维持。报警阀的开启由电气自动报警线路控制，当两路火灾探测器都发出火灾报警后，报警阀的控制腔泄水管上的电磁阀打开，腔内水压下降，阀瓣在供水压力的作用下被打开，阀上的压力开关自动启动消防水泵，空压机停止工作，同时开启管网末端快速排气阀前的电动阀，迅速排气充水。报警阀为单连锁控制，喷头爆破不控制启动报警阀和水泵。

报警阀也可在消防控制中心和就地手动开启，报警阀组动作讯号将显示于消防控制中心，喷洒泵可由消防中心及泵房手动控制。

（七）气体消防自动灭火系统

1. 在四层的计算机机房设FM200气体自动灭火系统，计算机机房体积C1为660m³，C2为916m³。灭火剂浓度7.5%，灭火剂量C1为380kg，C2为530kg。采用自动、手动和应急操作控制。

2. 防护区内的每个房间都应设置自动消防泄压阀。泄压阀动作压力为1.2kPa。释放灭火剂前防护区的通风机和通风管道上的防火阀应自动关闭，火灾扑灭后应开窗或打开排风机将残余有害气体排除。

三、设计体会

1. 本工程由中国建筑设计研究院与其他院合作设计，其他院设计 B 段住宅，在系统上有许多相互渗透关连之处，需要及时互提资料，一旦某个环节出错或脱节，将会影响整个设计，所以设计中应保持密切联系，并保存好相互提供的数据。

2. 设计中正值《高层建筑防火设计规范》修订的 2005 年版发布，设计进行了及时调整，使之符合新规范。

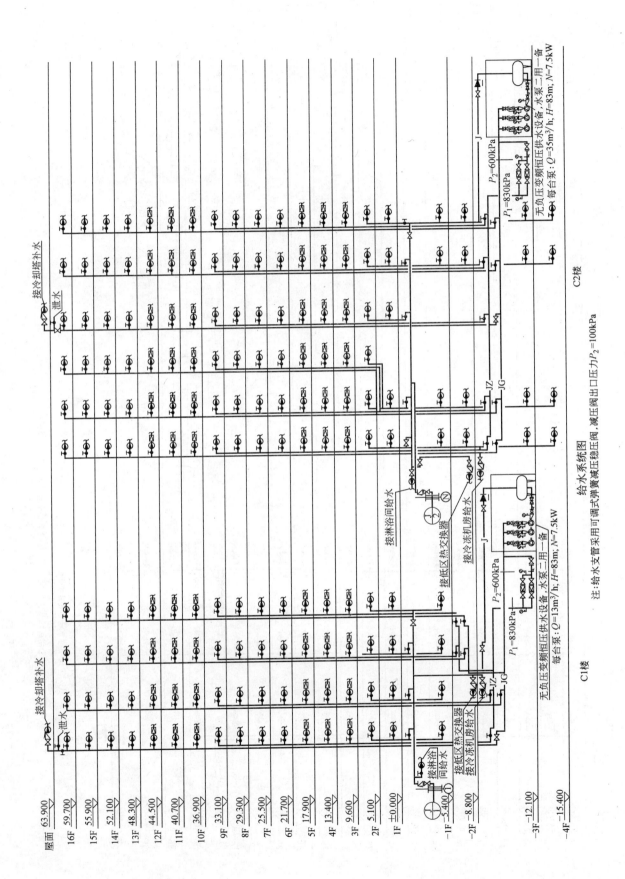

给水系统图

注:给水支管采用可调式弹簧减压稳压阀,减压阀出口压力P_2=100kPa

337

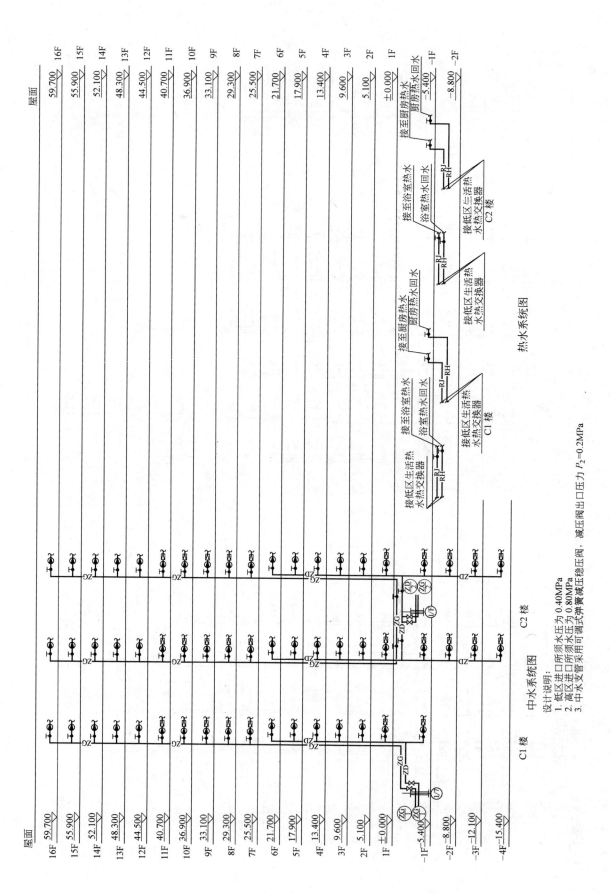

热水系统图

C1 楼　　中水系统图　　C2 楼

设计说明：
1. 低区进口所须水压为 0.40MPa
2. 高区进口所须水压为 0.80MPa
3. 中水支管采用可调弹簧式稳压阀，减压阀出口压力 P_2=0.2MPa

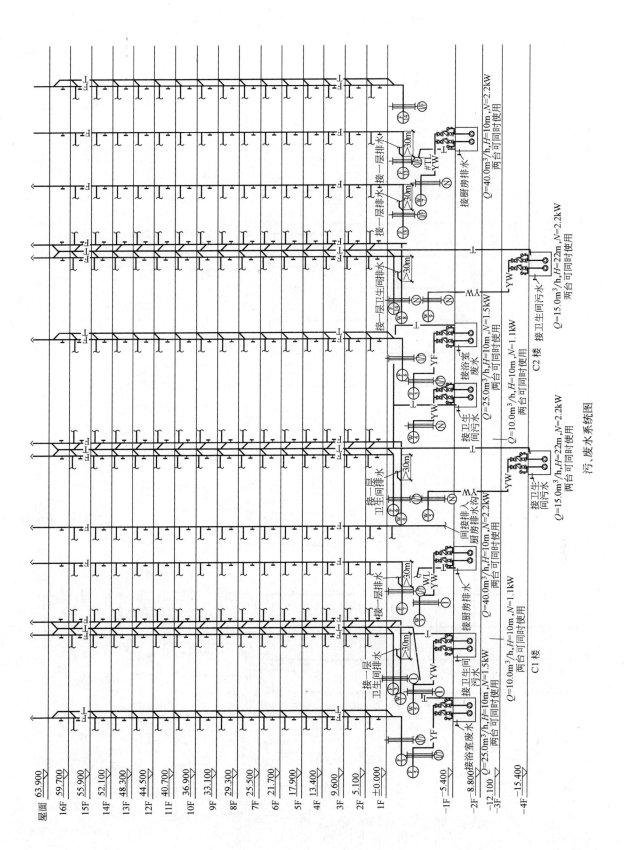

污、废水系统图

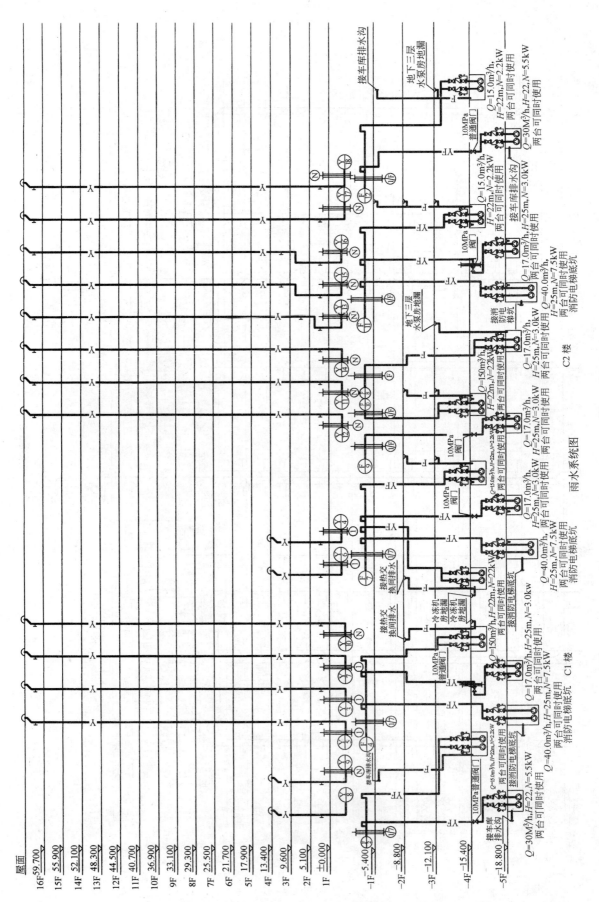

雨水系统图

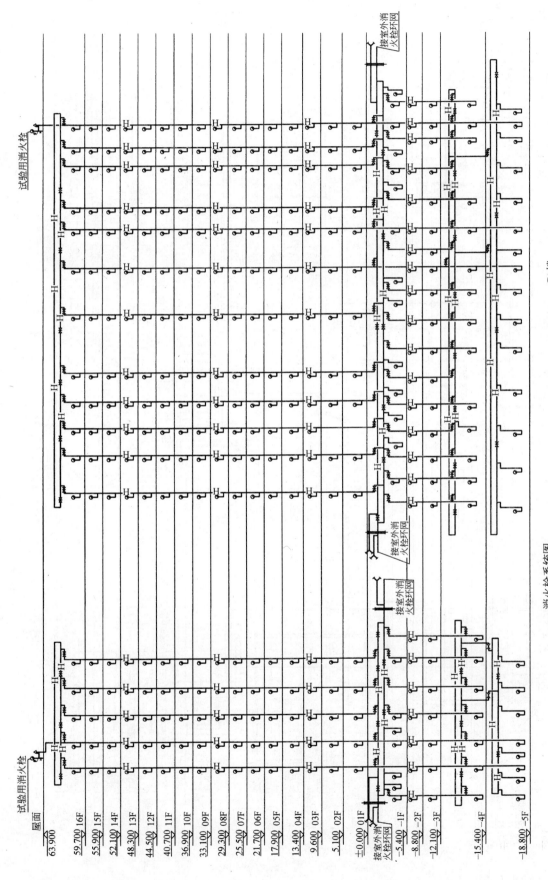

消火栓系统图

注：1.室内消火栓系统所需贮存消防用水量432m³。消防用水量40s/L，水压(以引入口处压力计)1.0MPa。消防泵一用一备；
2.-5～10层采用减压稳压消火栓，采用消火栓，采用承压≥1.2MPa的减压稳压消火栓

C1楼

C2楼

试验用消火栓

屋面

试验用消火栓

341

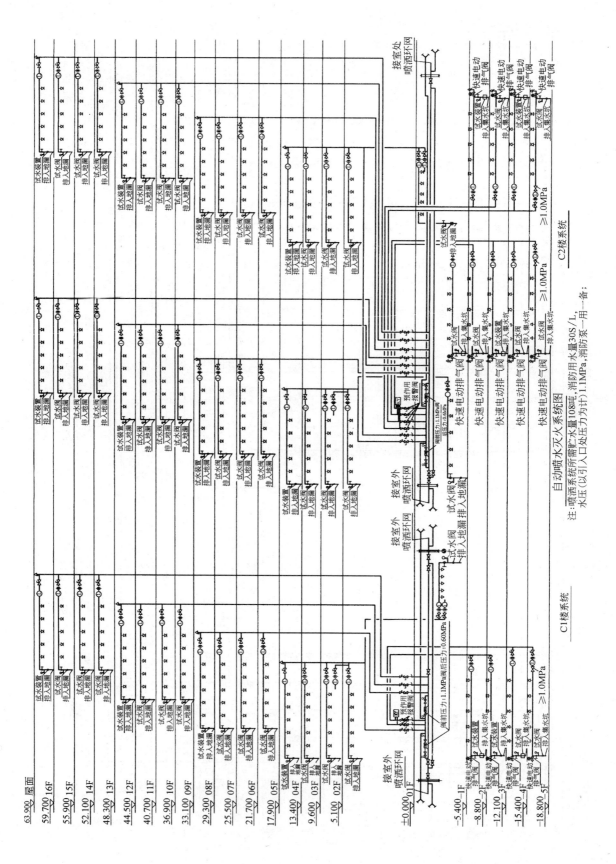

自动喷水灭火系统图

注：喷洒系统所需贮水量108吨，消防用水量30S/L，消防用水压1.1MPa，消防泵一用一备；
水压（以引入口处入口处压力为计）1.1MPa

- 医院
- 学校
- 其他大型公共建筑

深圳清华实验学校

刘　磊　张永峰

"深圳清华实验学校"位于深圳宝安区前进路和航城大道交汇处,占地 16.3 万 m^2,总建筑面积约 12.36 万 m^2,是一所集中小学于一体的学校,校区分为小学部、中学部、生活区等三个部分,建筑层数为 6 层,园区内有艺术楼、体育馆、体育场、游泳池等设施。

一、给水排水系统

(一) 给水系统

1. 用水量:本工程最高日用水量 1336m^3,平均小时用水量 109.6m^3。水源为市政供水,由一条 DN200mm 的输水管接至本区,接管点供水压力为 0.10MPa。

2. 给水系统:校区给水集中设置一座水池和泵房,泵房设在先期开工的小学部,供整个校区用水。生活水池的容积 230m^3,恒压变频供水装置 1 套,各用水点压力控制在 0.35MPa,超压部分设支管减压阀。

3. 直饮水及开水供应:本工程采用美国沃尔肯(Vulcan)全自动水净化系统供应直饮水。在办公楼每层的茶水间集中设置全自动电开水器供应开水。

4. 室外埋地给水管材:采用钢丝网骨架 HDPE 管,电熔连接,有利于防止山坡地的不均匀沉降。

(二) 排水系统

雨、污水采用分流制。

1. 污水系统:本工程最高日排污水量为 1068m^3。

2. 雨水系统:屋面雨水由设于屋顶的雨水斗收集后,经雨水立管重力排至室外雨水井。室外道路雨水由雨水口收集排至雨水井,雨水统一排入校园雨水管网。

3. 废水系统:生活/消防泵房的泄水及地下室地面冲洗废水等由排水沟汇至集水池内,由潜污泵提升排至室外雨水管网。集水池内的潜污泵均为二台,平时互为备用,交替运行,报警水位时二台同时工作。水泵由水位传感器自动控制。泵站排污泵选用叶轮自带绞刀的潜污泵。

二、消防给水系统

本工程均为不超过 24m 的多层建筑物,同时火灾次数按 1 次计算。消防系统设有:室内外消火栓系统、自动喷洒灭火系统、手提灭火器等。

(一) 室外消火栓系统

1. 用水量 30L/s,在室外小区环状给水管网(DN200mm)设置室外消火栓,每个消火栓出水量为 15L/s,间距不大于 120m。

2. 因市政供水管为一路供水，为保证室外消防用水，特在泵房内设有 1 座容积为 432m³ 的消防水池（其中贮存室外消防用水 216m³），并设置 2 台室外消火栓加压泵（1 用 1 备），水泵启动由消防中心及泵房就地控制。

（二）室内消火栓系统

1. 用水量 15L/s，室内消火栓系统竖向为 1 个区。在泵房内设置 2 台室内消火栓加压泵，泵出口与消火栓环网（室外敷设）相连，各建筑单体底层的消火栓环网分别设不少于 2 根连接管至室外消火栓环网，在小学部最高层屋顶设 1 座 18m³ 消防水箱以提供火灾初期的用水，室外消防环道边在每个建筑单体附近设置水泵接合器给室内消火栓系统补水用。

2. 消火栓设置：在小学部、中学部、生活区等建筑物的各部位均设置消火栓箱，箱内配有口径 DN65 的消火栓 1 个、DN65 长 25m 的麻质衬胶水龙带 1 条，ϕ19mm 直流水枪 1 支，并带指示灯和启动按钮各 1 个，室内任一点均有两支消火栓水柱同时到达。

（三）自动喷洒灭火系统

1. 按《自动喷水灭火系统设计规范》的中危险I级要求设防，设计喷水强度为 6L/(min·m²)，作用面积 160m²。

2. 系统竖向为 1 个区。在消防泵房内设 2 台自动喷洒泵（1 用 1 备），喷洒泵由压力开关自动启动或消防控制中心启动，水泵出口与室外自动喷洒环网相连，各建筑单体的喷洒管直接接至室外自动喷洒环网。系统的压力由稳压泵组维持，在各建筑单体室外附近设置水泵接合器给系统补水用。

（四）手提灭火器配置

按《建筑灭火器配置设计规范》进行配置，本工程按 A 类火灾，灭火剂采用磷酸铵盐干粉。灭火器按轻危险级设置，在各层消火栓处设置 2 瓶 2kg 灭火剂的手提灭火器。

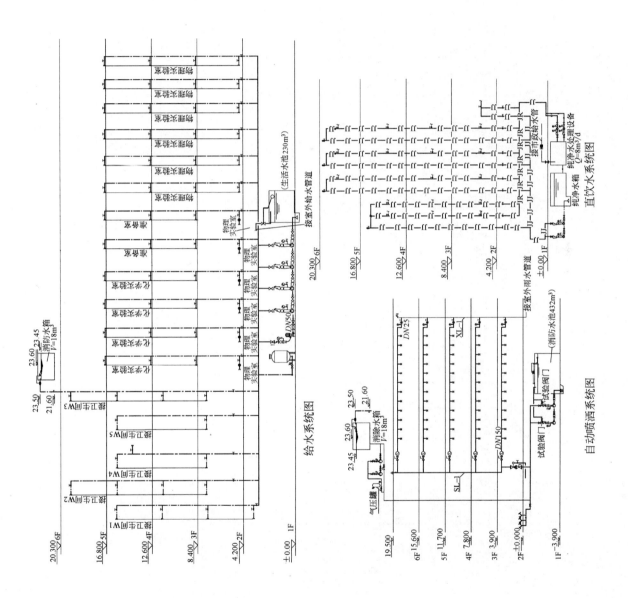

给水系统图

自动喷洒系统图

直饮水系统图

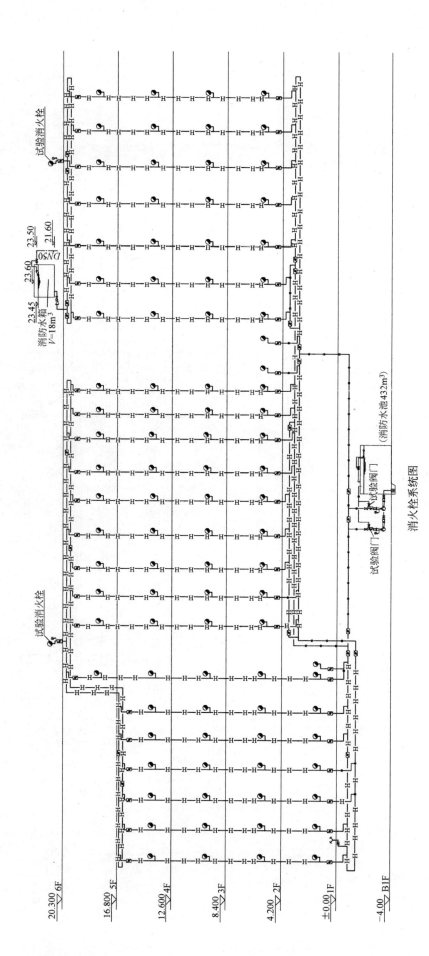

消火栓系统图

唐山学院北校区主教学楼

吴连荣

本工程位于唐山市高新技术开发区，为唐山学院北校区先期开发的单体工程。除了负担大量教学任务之外，还兼作临时图书馆及四个系办公室的功能。建筑面积35329m²。主楼分为A座、B座。A座位于南侧，主体6层，局部8层，建筑高度38.70m，以教室为主。B座位于北侧，主体9层，局部10层，建筑高度43.80m。首层为临时图书馆及图书检索部分，二层至九层为教室及实验室，十层为系办公室。A、B座之间在二、四、六层由室外连廊连接。同时在东西两侧各有一个400人的阶梯教室。

本工程属二级耐久年限（50～100年）；地下一级耐火等级，地上二级耐火等级；抗震设防烈度为8度；不设防空地下室。

本工程于2005年10月投入使用。

一、给水排水系统

（一）给水系统

1. 给水用水量见表1

给水用水量表 表1

序号	用水项目	使用数量	用水量标准	小时变化系数	每日使用时间（h）	最高日用水量（m³/d）	最大时用水量（m³/h）	备注
1	员工	200人	40L/(人·d)	2.5	8	8.0	2.5	
2	学生	8000人	20L/(人·d)	1.5	8	160.0	30.0	
3	区域用水小计					168.0	32.5	
4	未预计用水		小计的10%			16.8	3.25	
5	总计					184.8	36.75	

2. 水源：本项目用水由唐山学院北校区公寓村DN200的生活给水环管接入，供水压力为0.20MPa，水量可以满足本项目的生活用水的需要，水质符合现行的国家标准《生活饮用水卫生标准》。

3. 系统竖向分区：本建筑室内给水系统分为高区给水系统和低区给水系统，地下一层至三层的生活给水直接由室外给水管网供给。四至十层的生活用水由生活给水加压系统供给。

4. 供水方式及给水加压设备：高区生活给水加压系统由生活水箱、变频水泵、消毒设备组成。地下一层水泵房设容积为31m³的搪瓷钢板水箱一座，水泵房内设变频水泵。水泵流量为40m³/h，压力为0.65MPa。为保证生活用水水池的良好水质，水箱内设一套水箱自洁消毒设备。

5. 管材：室内给水管 $De \leqslant 32mm$ 者采用给水 PP-R 管，热熔连接；$De > 32mm$ 者采用给水内筋嵌入式钢塑复合管，卡环式连接。

（二）排水系统

1. 排水系统的形式：本工程生活污水量为 $166.3m^3/d$。排水采用污、废合流制。卫生间污水排至区域内室外生活污水管，经化粪池处理后排至市政污水管。

2. 透气管的设置方式：卫生间排水按规范要求设置环形通气管和副通气立管。

3. 管材：室内生活污水、废水管采用排水 UPVC 管，立管采用排水空壁螺旋 UPVC 管，排水支管及通气管采用普通排水 UPVC 管，承插口粘接。

与污、废水泵连接的管道采用内外壁热镀锌钢管，丝扣或法兰连接。

（三）雨水系统

1. 屋面雨水设计重现期为 2 年，降雨历时 5min。溢流口排水能力按 10 年重现期设计。

2. 屋面雨水采用雨水斗收集经内排水管排至室外雨水管道，室内雨水管采用内外壁热镀锌钢管。

二、消防系统

本工程设室内外消火栓系统、自动喷水灭火系统和移动式灭火装置。

（一）消防水量

消防用水量见表 2。

消防用水量表 表 2

系　　　统	消防水量(L/s)	火灾延续时间(h)	一次灭火用水量(m³)
室内消火栓	20	2	144.0
自动喷水	35.4	1	127.4
室内总用水量(m³)			271.4

（二）消火栓系统

1. 室外消防水量及水压由公寓村环状管网保证，室内消火栓灭火系统由消防贮水池、消火栓泵、消防水箱、增压稳压设备、水泵接合器及室内消火栓组成。水泵房内设消火栓泵二台，$Q = 20L/s$，$H = 80m$，$N = 37kW$，一用一备。

2. 室内消火栓灭火系统采用临时高压灭火系统，屋顶消防水箱贮存消防前期室内消防水量，容积为 $18m^3$，与增压稳压设备配套，提供室内消火栓系统消防前期用水量及水压。室外设二套地下式水泵接合器，供消防车向室内管网供水。

3. 建筑物各层均设消火栓，消火栓箱内配备 $D = 65mm$，$L = 25m$ 麻质衬胶水龙带一条，$D = 19mm$ 直流水枪一支，消防按钮和消防卷盘。地下层至五层消火栓采用减压稳压消火栓。

4. 室内消火栓给水系统采用内外壁热镀锌钢管，沟槽式连接或丝扣连接，与阀门等处连接采用法兰连接。

5. 系统的控制：

（1）自动控制：稳压泵由设在稳压泵压水管上的压力继电器控制，平时管网中的压力由稳压泵和气压罐保持。当压力为 0.26MPa 时，稳压泵启动，压力为 0.31MPa 时，稳压泵停泵；当压力为 0.23MPa 时，消火栓泵启动，稳压泵停泵；灭火后手动停消火栓泵。

（2）手动控制：火灾时按动消火栓箱内的消防按钮，启动消火栓泵并向消防控制中心发出信号。当消火栓泵启动后，则指示灯亮，该防火分区内其它消火栓箱内的指示灯也亮。

（3）泵房内可直接启闭消火栓泵。

（4）两台消火栓泵轮换启动，互为备用，一台发生故障，另一台立即启动；消火栓泵设自动巡检装置。

（三）自动喷水灭火系统

1. 在每层走道、会议室、办公室、休息厅、图书馆及每层走道等处设置湿式自动喷水喷头。

2. 湿式自动喷水灭火系统由消防贮水池、自动喷水泵、湿式报警阀、高位水箱、增压稳压设备、水泵接合器、水流指示器、自动放气阀及闭式喷头组成。消防水泵房内设自动喷水泵二台，$Q=40L/s$，$H=85m$，$N=75kW$，一用一备，互为备用，一台发生故障，另一台立即启动。

3. A、B 楼座地下层各设一套湿式报警阀，水力警铃设在值班室附近。消防水箱贮存消防前期自动喷水灭火用水量，容积为 18.0m³（与消火栓系统共用）。与增压稳压设备配套，提供自动喷水灭火系统消防前期用水量及水压。室外设三套地下式水泵接合器，供消防车向室内管网供水。湿式自动喷水灭火系统的闭式喷头采用动作温度为 68℃ 的玻璃泡喷头。

4. 管网管材采用热浸镀锌钢管，丝扣或沟槽连接。

5. 系统的控制：

（1）自动控制：火灾发生时，喷头喷水，该区水流指示器向消防控制室报警并显示失火区域，同时在水力压差作用下打开该系统的报警阀，敲响水力警铃，延迟器上的压力开关把信号送至消防控制中心，直接启动自动喷水泵或经火灾确认后由消防控制中心或泵房内手动启动自动喷水泵，此时稳压泵自动停泵。

（2）自动喷水泵可由消防控制室和泵房内手动控制。

（3）自动喷水泵设自动巡检装置。

（四）灭火器配置

在变配电机房内采用推车式气体灭火器。在走廊和楼梯间等处设手提式干粉型灭火器。

（五）消防排水

本工程每个消防电梯井底均设有专用的排水坑及潜污泵，排水坑容积为 2m³，潜污泵流量为 10L/s。

三、设计及施工体会

施工过程中，建设方将消火栓箱内的消防卷盘取消，虽符合《高层民用建筑设计防火规范》（GB 50045—95）（2001 年版）要求，但笔者认为，本工程应该配置消防卷盘。理由是：教学楼内人多，室内可燃物（如木材、纸张）多，火灾危险性大。消防卷盘属于室内消防装置，适用于扑灭碳水化合物引起的初起火灾；它构造简单、操作方便，未经专门训练的非专业消防人员也能使用，是消火栓给水系统中一种重要的辅助灭火设备。

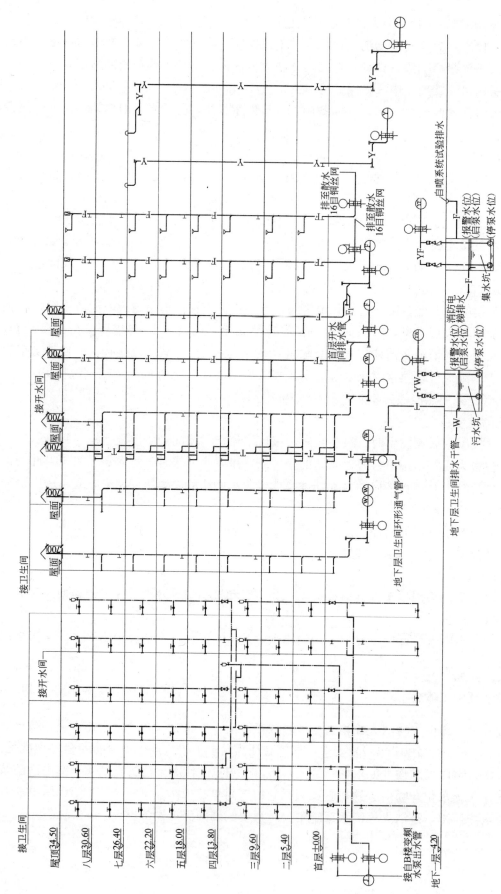

A楼给水排水系统图

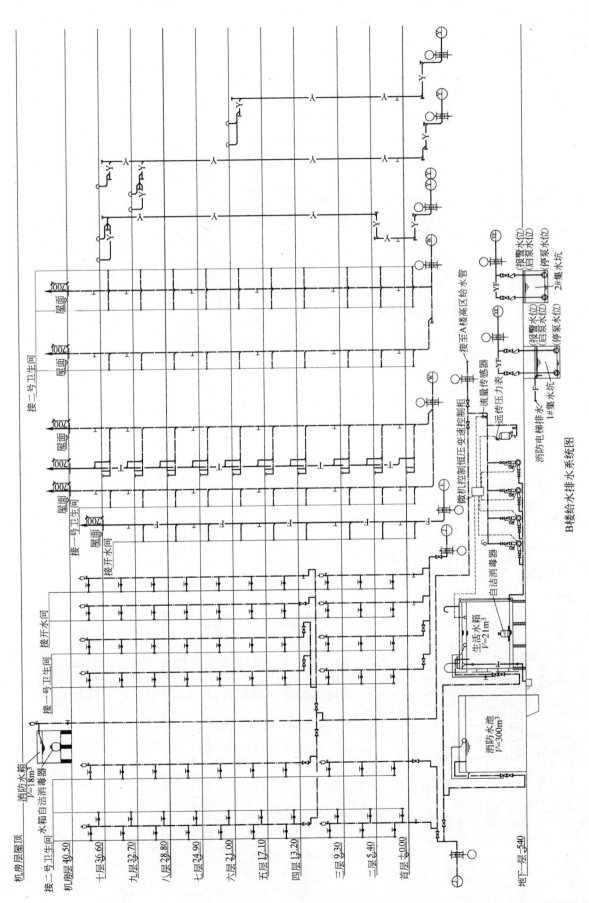

B楼给水排水系统图

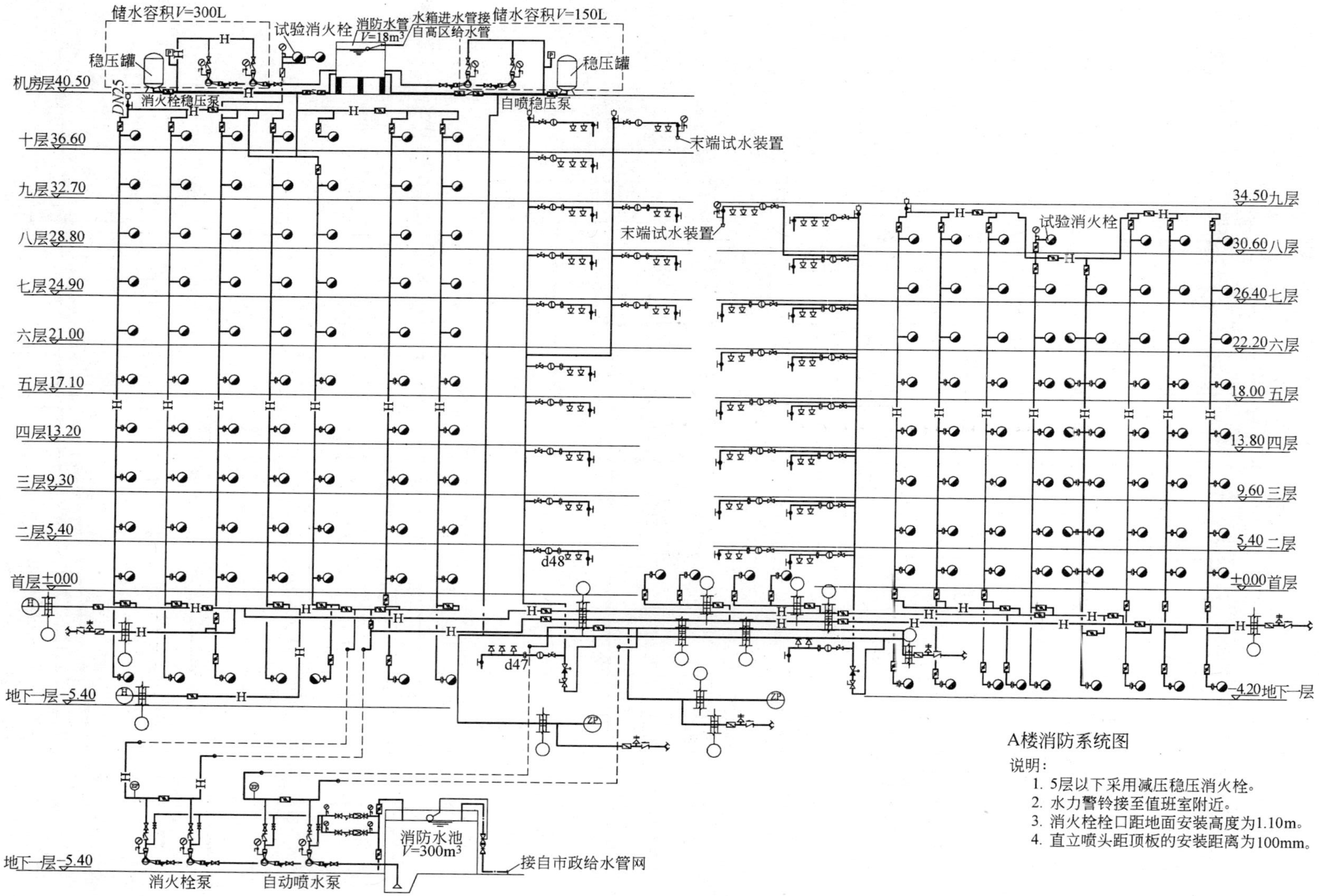

A楼消防系统图

说明：
1. 5层以下采用减压稳压消火栓。
2. 水力警铃接至值班室附近。
3. 消火栓栓口距地面安装高度为1.10m。
4. 直立喷头距顶板的安装距离为100mm。

B楼消防系统图

354

四川省人民医院门诊、医技、住院综合大楼

李晓峰

本工程位于四川省人民医院内，总建筑面积 83000m²，建筑高度 89.9m，主楼部分 23 层，地下 2 层；裙房部分 4～8 层，地下 1 层。主楼部分五层以上为住院病房；裙房部分 A 段一至四层为各门诊科室，B 段为各医技科室，地下层为中心供应室、车库及设备用房。本建筑于 2004 年建成并投入使用。

一、系统说明

（一）给水系统

1. 用水量表见表 1。

给水用水量表 表 1

项　目		用水定额 [L/(人·d)]	用水人数 （人）	用水时间(h)	时变化系数	最高日用水量(m³/d)		最大小时用水量(m³/h)	
住院部	病人	600	887	24	2.0	532.2	664.2	44.35	59.98
	医护人员	180	700	24	2.5	126		13.13	
	陪住	120	200	24	2.5	24		2.5	
门诊	病人	20	5000	10	2.5	100	256	2.5	64
	医护人员	120	1300	10	2.5	156		39	
食堂	病人	20	1500	10	2.5	95.3	134.3	23.83	33.58
	医护人员	20	1300	10	2.5	39		9.75	
车库		3L/(m²·次)	4500m²	2	2	27		27	
医技部分		15%总用水量		10	2	221		44.2	
中心供应室		10%总用水量		10	2	147.5		29.5	
循环冷却水补水		1.5%循环量	2000m³/h	16	1	480		30	
未预见用水量		1.1							
总用水量						42.8		317.09	

2. 本建筑给水水源为医院内 DN200 市政给水管一路。

3. 本建筑生活供水分为高、中、低三个区，低区为地下二层至三层，中区为门诊、医技四至八层，住院部分四层，高区为住院部分五至二十三层。其中高区通过减压阀又分为两区，低区为市政直接供水，中区为变频调速供水设备供水，设变频调速供水设备一套。高区为屋顶生活水箱供水，各给水立管在十五层处设减压阀以保证楼内各用水点供水压力均不超过 0.35MPa。

4. 在地下二层贮水池及屋顶水箱间生活水箱出水管上设紫外线饮水消毒器，保证供水

水质。

5. 计量：

a）在各市政引入管处设水表计量；

b）门诊、医技各科室分科计量，每科设水表一至二块；

c）各住院病房卫生间给水均设水表计量；

d）车库给水单独设水表计量。

6. 室内给水干管及立管采用薄壁不锈钢管，机械连接；卫生间内暗装支管采用PP-R管，热熔连接。

（二）热水系统

1. 用水量见表2。

热 水 用 水 量 表   表2

用水部位		用水定额[L/(人·日)]·60℃	用水人数	用水时间(h)	时变化系数 K_n	最高日用水量(m³/d)		最大小时用水量(m³/h)	
一区	病人	200	337	24	2	67.4	96.66	5.62	8.67
	医护人员	110	266	24	2.5	29.26		3.05	
二区	病人	200	483	24	2	96.6	144.34	8.05	13.02
	医护人员	110	434	24	2.5	47.74		4.97	
三区	病人	200	10	24	2	2	32	0.16	7.66
	医护人员	60	500	10	2.5	30		7.5	
	医技部分系数	1.2				38.4		9.46	
四区	病人	200	41	24	2	8.2	56.2	0.68	12.68
	医护人员	60	800	10	2.5	48		12	
	医技部分系数	1.2				67.44		15.22	
食堂	病人	7L/(人·餐)	1500×3餐	8	2.5	31.5	45.15	9.84	14.11
	医护人员	7L/(人·餐)	1300×1.5餐	8	2.5	13.65		4.27	
总用水量						391.99		60.48	

2. 本建筑及食堂均设集中生活热水供应，采用不带滞水区的容积式热交换器间接加热方式，热媒为医院锅炉房提供的饱和蒸汽。

3. 本建筑生活热水分区与冷水相同，各区均由相应的冷水系统供水，经设在地下二层的换热间换热后供给生活热水。

4. 主楼一、二、四区均采用上供下回的同程式循环方式，三区采用下供下回的同程循环方式。

5. 病房部分每层开水间内共设三台电开水器，负责本层病房的开水供应。门诊、医技部分按科室预留电量，以便安装开水器或饮水机。

6. 室内热水及回水干管、立管采用不锈钢管，机械连接；卫生间内暗装支管采用PP-R管，热熔连接。

（三）排水系统

1. 本工程采用污、废合流的排水系统。

2. 卫生间排水管均采设专用通气立管，首层排水单独排出。

3. 采用分类排水：门诊、医技、住院各功能分区的排水均自成系统单独排出；传染科排水为一个单独的系统；含放射性物质的排水为一个单独的系统。

4. 局部污水处理设施：粪便污水均经过化粪池处理后排入院内污水管道。传染科排水在室外单独设化粪池及消毒池。含放射性物质的排水先经衰变池后排入院内排水管道。所有排水均排至医院污水处理中心，经处理水质合格后排入市政排水管网。

5. 室内排水管采用机制排水铸铁管，柔性接口。

（四）雨水系统

1. 室外雨水管网设计重现期取 2 年；平均径流系数取 0.7。建筑屋面设计重现期取 5 年，并按 50 年设置溢流口。

采用如下暴雨公式：$q=2806(1+0.803\lg P)/(t+12.8P^{0.231})^{0.711}$

2. 建筑采用重力流（87 型斗）内落水系统，排至室外雨水管道。管网采用单斗系统。阳台采用无水封地漏，管网按建筑排水管设计。地下车库坡道雨水采用压力排水。

3. 室内雨水管采用给水铸铁管，橡胶圈接口。

二、消防系统

（一）消火栓系统

1. 本工程综合楼为建筑高度大于 50m 的医院建筑，室内消火栓用水量为 30L/s，室外消火栓用水量为 20L/s，火灾延续时间为 3h。由于医院院内已建的外科住院大楼的消防等级与本建筑相同，故可利用原有的消防水池及消防泵供给本建筑的室内外消防用水量，并根据本建筑的消防水压要求调整原有消防泵的扬程，以保证最不利点消火栓处达到 10m 充实水柱。

2. 由于主楼高度达到 90m，故室内消火栓系统采用减压阀分区，以保证消火栓栓口处静水压不大于 0.8MPa。室内消火栓系统通过减压阀分为两个区，高区为住院部分二十三至五层，低区为住院部分四层至地下二层及门诊、医技部分八层至地下一层，住院部分十三层至五层消火栓加减压孔板。

3. 在住院部分屋顶水箱间内设消防水箱，内存 18m³ 消防水量。

4. 消火栓系统管道联成环状，高区部分竖向成环，低区部分立体成环，分别在地下一层及四层设水平环网。

5. 消火栓布置满足两股水柱同时达到室内任何部位，消火栓栓口出流量不小于 5L/s，充实水柱不小于 10m，间距不大于 30m（裙房部分不大于 50m）。栓箱内均设消防卷盘。

6. 系统高低压区在室外各设两套消防水泵接合器。

（二）自动喷水灭火系统

1. 本建筑中除卫生间、设备机房及其他不宜用水消防的部位外，均设自动喷水灭火系统保护。

2. 本建筑中车库为中危险等级 II 级，其余为中危险等级 I 级。喷洒系统用水量为 21.4L/s，火灾延续时间为 1h。

3. 由于已建外科住院大楼，设有自动喷水灭火系统且危险等级与本建筑相同，故可利用原有消防水池及喷洒加压泵供给本建筑喷洒用水量，并根据本建筑的水压要求调整喷洒泵扬程，以满足本建筑最不利点处喷头的出水水头。

在地下一层车库内设报警阀室 B，内设六套湿式报警阀，负责门诊及医技部分的喷洒系统，在中心供应室一侧设报警阀室 A，内设五套湿式报警阀，负责高层部分的喷洒系统。在屋顶水箱间设喷洒稳压装置一套，以保证系统压力。

4. 系统组件包括：湿式报警阀、水流指示器、安全信号阀、闭式喷头，末端试验装置等，每个报警阀控制喷头数不超过 800 个。

5. 系统设两套室外消防水泵接合器。

（三）建筑灭火器配置

1. 本建筑全方位设置手提式灭火器保护，车库部分灭火等级为 4B/具，其余部分为 5A/具，灭火剂为磷酸铵盐干粉。

2. 灭火器置于专用灭火箱内。

（四）水喷雾灭火系统。

1. 本建筑柴油发电机房内设置水喷雾灭火系统，设计喷雾强度为 $20L/(min \cdot m^2)$，持续喷雾时间 0.5h，系统用水量为 19L/s。

2. 水喷雾灭火系统与自动喷洒为同一系统，在报警阀室内设雨淋阀一套，负责控制水雾喷头。

3. 在雨淋阀前根据喷头压力要求设置减压孔板。

4. 系统组件包括：雨淋阀、过滤器、水雾喷头、感应探头、控制箱等。

三、设计及施工体会

本工程为一家三甲医院的综合大楼，包括了门诊、医技、病房等各项主要功能。由于功能不同而对建筑内不同区域给排水系统的要求也不尽相同。因此根据不同功能的用水特点，有针对性地进行给排水系统设计是十分必要的。并且在医院建筑中系统的可靠性非常关键，应采取各种措施使系统更加安全，故障检修时影响的范围尽可能小。基于以上考虑，本设计中给排水各系统均由若干相对独立的子系统结合而成，运行时互不干扰，也便于安装调试维修等工作。经过一段时间的实际运行，效果较为理想。

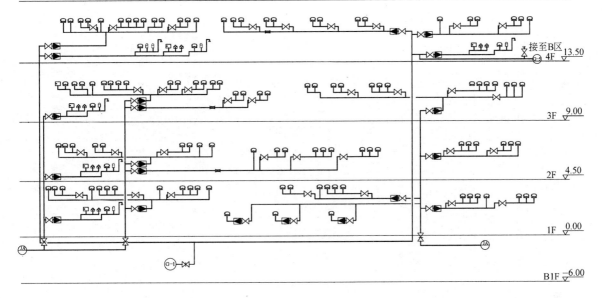

A段给水系统图

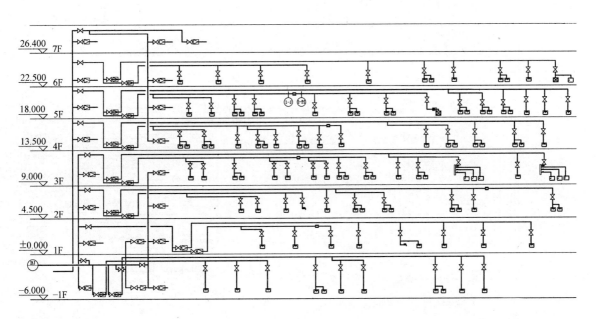

B段给水系统图

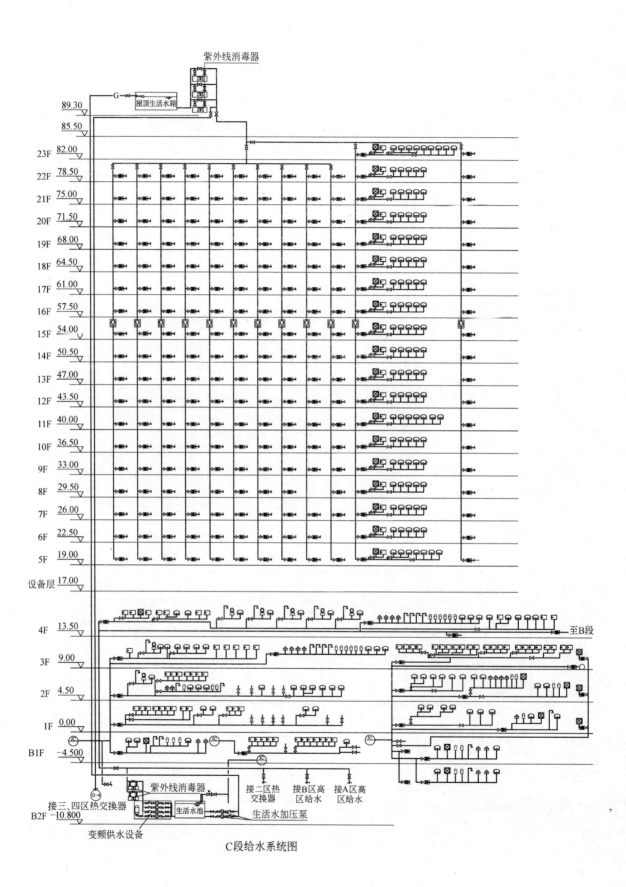

C段给水系统图

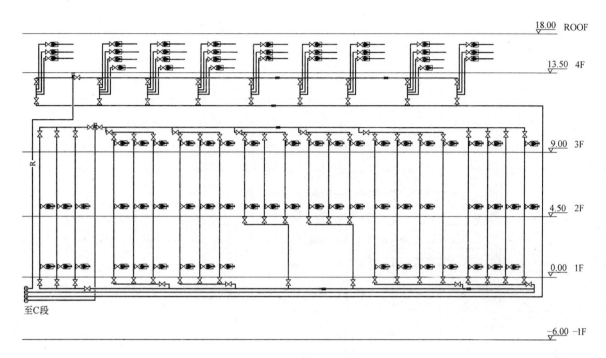

A段热水系统图

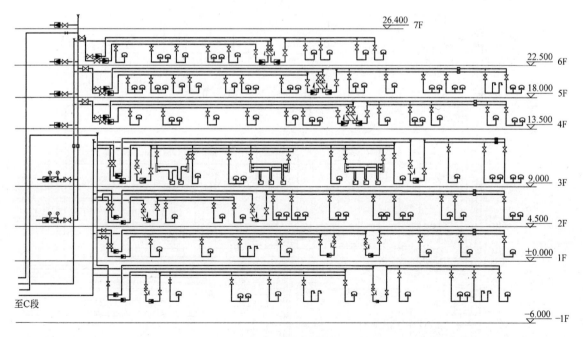

B段热水系统图

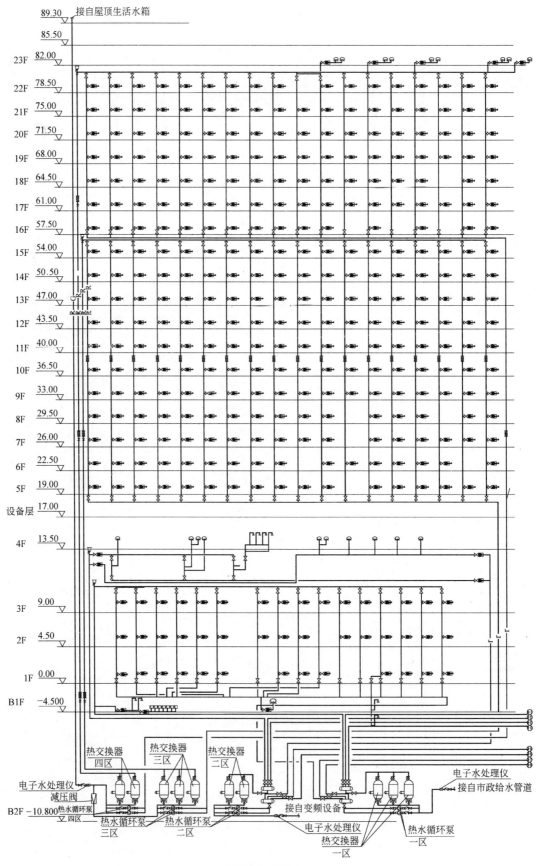

接自屋顶生活水箱

	89.30
	85.50
23F	82.00
22F	78.50
21F	75.00
20F	71.50
19F	68.00
18F	64.50
17F	61.00
16F	57.50
15F	54.00
14F	50.50
13F	47.00
12F	43.50
11F	40.00
10F	36.50
9F	33.00
8F	29.50
7F	26.00
6F	22.50
5F	19.00
设备层	17.00
4F	13.50
3F	9.00
2F	4.50
1F	0.00
B1F	−4.500

热交换器 四区
热交换器 三区
热交换器 二区
电子水处理仪
减压阀
接自变频设备
接自市政给水管道
电子水处理仪
热交换器 一区
电子水处理仪

B2F −10.800 热水循环泵 四区
热水循环泵 三区
热水循环泵 二区
热水循环泵 一区

C段热水系统图

362

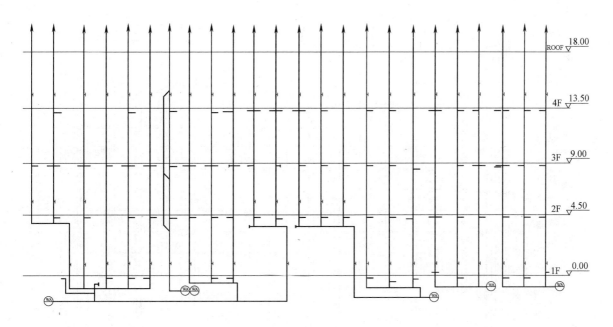

A 段排水系统图

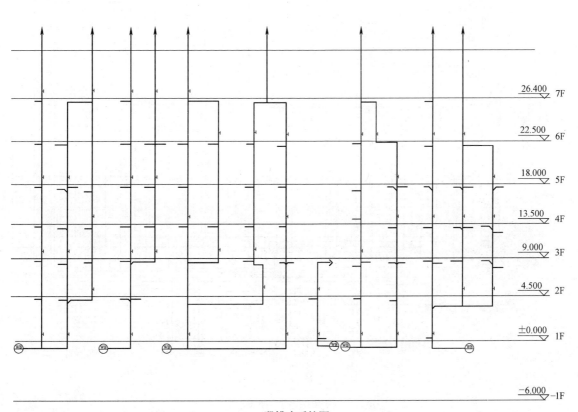

B 段排水系统图

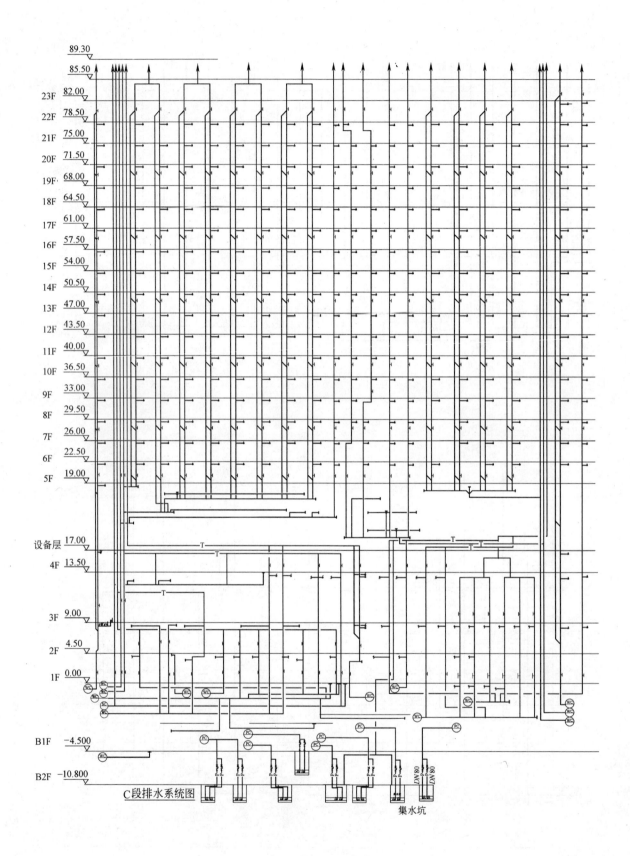

C段排水系统图

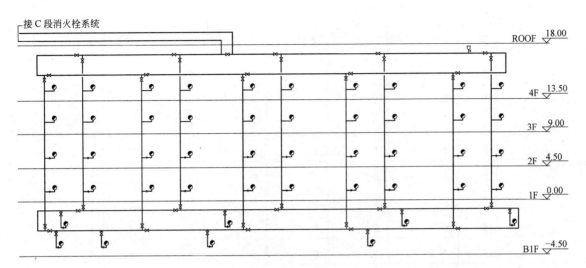

接 C 段消火栓系统

ROOF ▽18.00
4F ▽13.50
3F ▽9.00
2F ▽4.50
1F ▽0.00
B1F ▽−4.50

A 段消火栓系统图

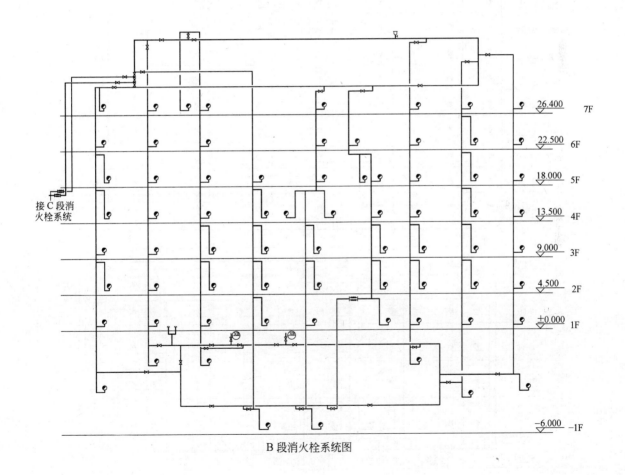

接 C 段消
火栓系统

26.400 7F
22.500 6F
18.000 5F
13.500 4F
9.000 3F
4.500 2F
±0.000 1F
−6.000 −1F

B 段消火栓系统图

89.30

85.50

屋顶消防水箱

23F	82.00
22F	78.50
21F	75.00
20F	71.50
19F	68.00
18F	64.50
17F	61.00
16F	57.50
15F	54.00
14F	50.50
13F	47.00
12F	43.50
11F	40.00
10F	36.50
9F	33.00
8F	29.50
7F	26.00
6F	22.50
5F	19.00

17.00

接B段消火栓系统

4F	13.50
3F	9.00
2F	4.50

接A段消火栓系统

1F	0.00
B1F	-4.500
B2F	-10.800

C 段消火栓系统图

366

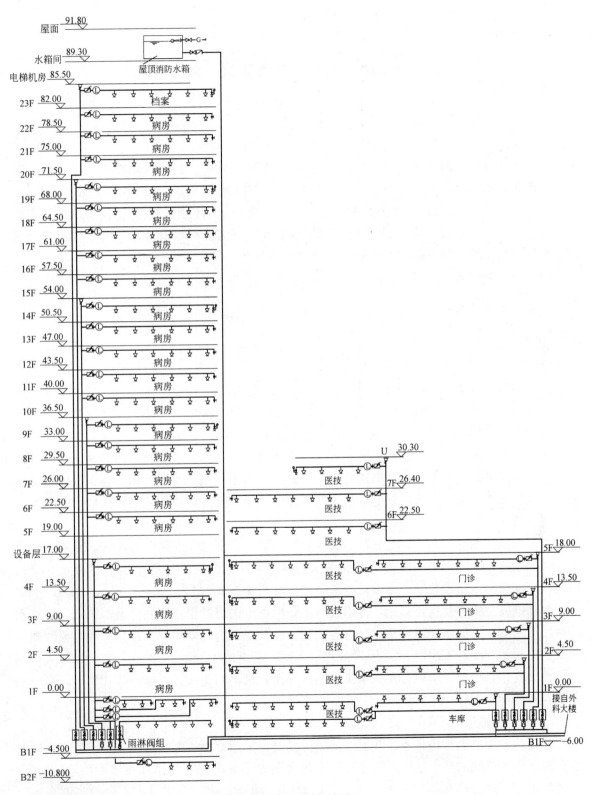

自动喷水灭火系统、水喷雾系统图

海淀区商业综合楼

赵世明　秦　君

此工程的地点在海淀区经济开发区，建筑面积共 8 万多 m²，建筑功能含有：办公、图书馆、商业、餐饮、车库、人防等。地下有 3 层，底面标高－11.40m。B1 层为大型超市，并与一个近 4km² 的下沉广场相连。B2 层为车库，B3 层为物资库、人防和设备机房，人防平时做车库用。地上共 15 层，高度约 60m。四层及以下为裙房，有商场、电子市场、图书馆、餐饮、办公等。四层以上为标准层办公楼，呈两个塔楼形状。

设计完成时间为 2002 年 2 月。

一、给水排水系统

1. 给水系统

给水竖向分了三个区，三层及以下由市政自来水直接供给，市政水压 0.17MPa。九层及以下为中区，以上为高区。高、中区由一组供水装置供水，中区供水干管上设减压阀。加压系统各区最低处龙头的最大静水压在 0.3MPa 以内，最不利处（蹲便器）高水箱的水压保持在 0.02MPa 以上。

保护水质、防止二次污染的措施主要有三点：第一，取消高位水箱，因为全国性的调查表明，高位水箱是主要的二次污染途径之一。第二，水池采用不锈钢材料，容积根据计算确定，不轻意放大。第三，选用新型管材，为内涂敷钢管。此外涂敷钢管的承压能力高，可避免漏水现象。

节能措施有两点：第一，充分利用市政水压；第二，稳定最不利点的水压，而不是水泵出水口的水压。此项目采用高置气压罐供水装置，最不利龙头的运行水压最高为 0.1MPa，如果采用变频恒压供水装置，则该点的最高水压会升至 0.16MPa。

节水措施主要有三点：第一，各层设水表，以便不同层的租户单独计量。第二，各给水器件用节水型。比如小便器冲洗用延时自闭阀，脸盆龙头为陶瓷片、节水龙头等。大便器为蹲式，高水箱冲洗，不超过 9L，因是公共卫生间，不考虑 6L 冲洗。第三，控制各龙头的压力不要太高，且稳定。本项目龙头水压控制范围是：最不利龙头：0.02~0.10MPa，最有利龙头在 0.30MPa 以内。

2. 热水系统

此项目的用热水部位是各公共卫生间的洗脸盆。采用容积式电热水器，置于各卫生间脸盆台面底下，就地加热。这样，就没有了冷热水压力不平衡问题和循环效果不均匀的问题。之所以采用了这种热水供应方案，主要原因有以下两点。第一，用热水点分散，即在 8 万 m² 范围，哪儿有卫生间，哪儿就有用水点。第二，用热水量较小。按最大时流量计算的耗热量只有 100kW，相对于大楼的总耗电量比例很小。在此项目中这种供热方式比集中供热有三个优点：第一，投资少，经济。省掉了几十平方米的机房面积，四个热交换罐，热水供水、回水干管和两组热水循环泵。所用的60余台电热水器的价格，远远低于省下来的额度。第二，消除了发生在管路上的热损耗。第三，节水，因为就地加热，龙头开启很快出热水，减少了集中式供热因循环不匀产生的放冷水时间。

3. 中水系统

中水原水为脸盆废水，可回用中水的部位有车库地面冲洗和公共卫生间冲厕。由于中水量少，只能选一部分场所回用。选择的是靠近中水机房的右侧塔楼冲厕。中水系统的覆盖范围根据中水产量确定，该系统的最高日用水量大于中水最高日产水量，比例系数约是1.2，不足部分由自来水补给。中水系统这样处理有三个优点：第一，选中水冲厕而不冲洗车库地面可保证中水有稳定的、连续的用水点，避免了中水的溢流浪费。第二，回用部位选在靠近中水机房可减少管道长度和中水泵扬程，节省能量。第三，中水回用范围稍微放大些会避免因水量计算与实际用水的误差所引起的中水溢流浪费。

中水系统的设计中还采取了两点措施：第一，处理设备到中水池的出水管上设了计量水表，以记录中水设施的运转情况。第二，自来水补水管上装设水表和电磁阀，前者记录补水量，后者根据中水池中的补水、闭水水位控制自来水补水，避免了浮球阀控制补水造成的中水常常溢流浪费现象（当时还没有国标规范）。

4. 排水系统

污废水分流设置，废水进入中水机房调节池。污废水系统均设立管通气。

二、消防系统

1. 自动喷水系统

自动喷水设置部位有：办公室、商场、超市、图书馆各房间、车库、餐饮各房间、公共走道、车库汽车坡道等。本工程因业主修改方案共设计了两次，第一次未正式出图，自动喷水按老规范设计。第二次新规范实行，地下二层车库喷头怎么布置都违反规范（8.1米柱距，十字梁）。最后经过和结构专业协调，把十字梁改为井字梁，解决了问题。解决车库喷头布置困难争取结构专业的配合，需要尽早入手，在结构的方案定型之前。

根据新规范，裙房及地下层每层的水流指示器大大增加，有的多达六、七个/每层。为简化管路并减少交叉，沿防火分区交界走一干管，各水流指示器从干管上引出。在系统图上反映出各层水流指示器的个数。

2. 消火栓系统常规布置。

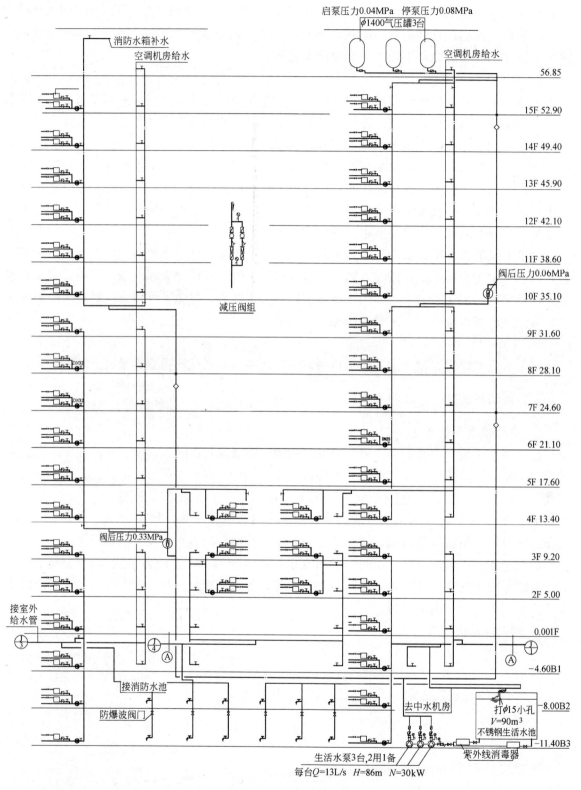

启泵压力0.04MPa　停泵压力0.08MPa

φ1400气压罐3台

消防水箱补水

空调机房给水

空调机房给水

56.85

15F 52.90

14F 49.40

13F 45.90

12F 42.10

11F 38.60

阀后压力0.06MPa

10F 35.10

减压阀组

9F 31.60

DN32

8F 28.10

DN32

7F 24.60

6F 21.10

DN25

5F 17.60

4F 13.40

阀后压力0.33MPa

3F 9.20

2F 5.00

接室外
给水管

0.001F

A

A

−4.60B1

接消防水池

去中水机房

打φ15小孔
V=90m³
不锈钢生活水池

−8.00B2

防爆波阀门

紫外线消毒器

−11.40B3

生活水泵3台,2用1备

每台Q=13L/s　H=86m　N=30kW

生活给水及热水系统图

370

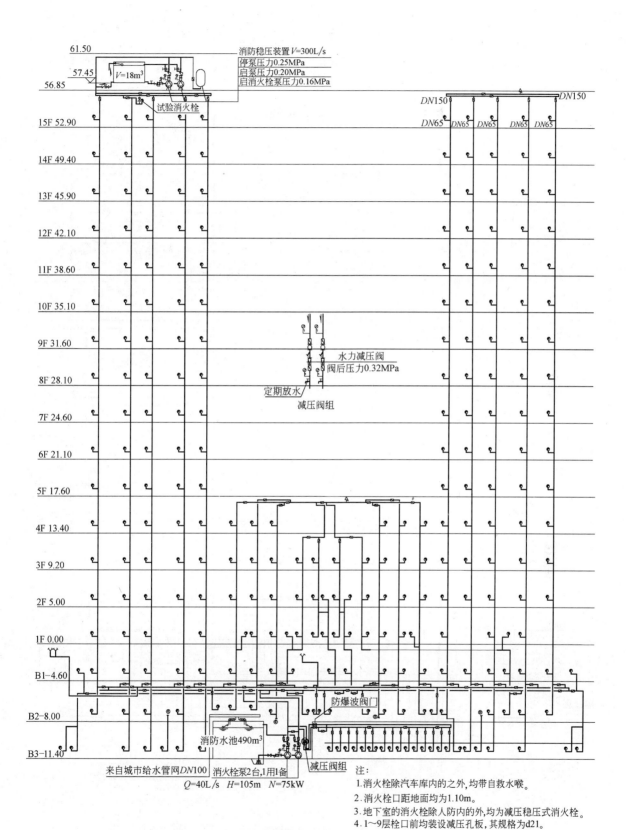

消火栓系统图

注:
1.消火栓除汽车库内的之外,均带自救水喉。
2.消火栓口距地面均为1.10m。
3.地下室的消火栓除人防内的外,均为减压稳压式消火栓。
4.1~9层栓口前均装设减压孔板,其规格为d21。

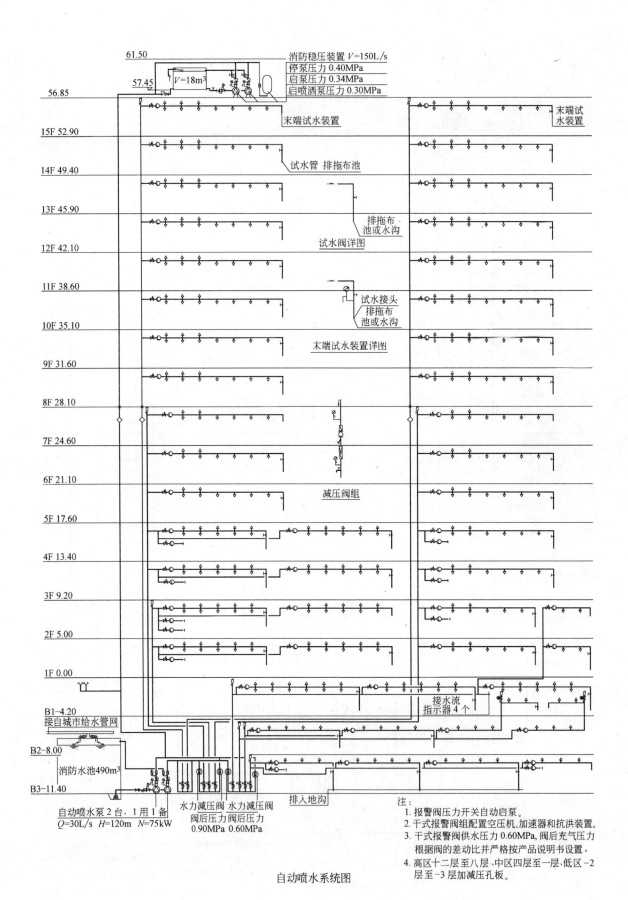

消防稳压装置 $V=150L/s$
停泵压力 0.40MPa
启泵压力 0.34MPa
启喷洒泵压力 0.30MPa

61.50
57.45
56.85

末端试水装置

末端试水装置

15F 52.90

14F 49.40

试水管 排拖布池

13F 45.90

排拖布池或水沟
试水阀详图

12F 42.10

11F 38.60

试水接头
排拖布
池或水沟

10F 35.10

末端试水装置详图

9F 31.60

8F 28.10

7F 24.60

6F 21.10

减压阀组

5F 17.60

4F 13.40

3F 9.20

2F 5.00

1F 0.00

接水流
指示器 4 个

B1-4.20

接自城市给水管网

B2-8.00

消防水池 490m³

排入地沟

B3-11.40

自动喷水泵 2 台，1 用 1 备
$Q=30L/s$ $H=120m$ $N=75kW$

水力减压阀
阀后压力
0.90MPa

水力减压阀
阀后压力
0.60MPa

注：
1. 报警阀压力开关自动启泵。
2. 干式报警阀组配置空压机，加速器和抗洪装置。
3. 干式报警阀供水压力 0.60MPa，阀后充气压力根据阀的差动比并严格按产品说明书设置。
4. 高区十二层至八层、中区四层至一层、低区 -2 层至 -3 层加减压孔板。

自动喷水系统图

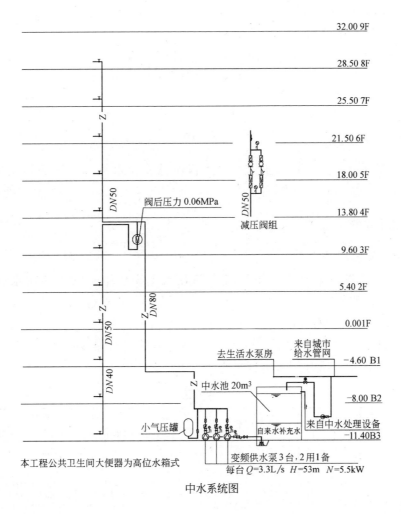

中水系统图

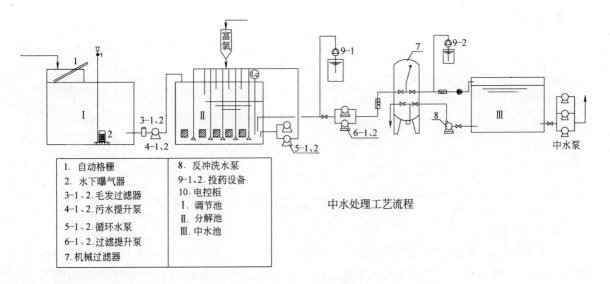

中水处理工艺流程

1．自动格栅	8．反冲洗水泵
2．水下曝气器	9-1、2．投药设备
3-1、2．毛发过滤器	10．电控柜
4-1、2．污水提升泵	Ⅰ．调节池
5-1、2．循环水泵	Ⅱ．分解池
6-1、2．过滤提升泵	Ⅲ．中水池
7．机械过滤器	

深圳游泳跳水馆

周 蔚 马 明

本工程位于深圳市，为游泳跳水馆，可进行游泳、跳水训练、比赛和戏水。占地面积 5.4hm²，建筑面积 42557m²，建筑高度 19m。本工程已于 2002 年 10 月正式投入使用。

一、给水排水系统

（一）给水系统

1. 本工程采用城市自来水作为游泳跳水馆和水上娱乐中心的生活用水和池水补充水水源。

2. 用水量标准和用水量：

本工程最高日生活用水量 1145.9m³，最大小时生活用水量 124.2m³，平均小时用水量 87.6m³，主要项目用水标准和用水量详见表1。

冷水用水量表　　表1

序号	用水项目	使用人数	用水量标准	小时变化系数	使用时间(h)	平均小时用水量(m³)	最大小时用水量(m³)	最高日用水量(m³)	备注
1	游泳者淋浴	4950 人/d	60L/(人·场)	2.0	12	24.8	49.5	297	
2	工作人员	200 人/d	50L/(人·d)	2.0	10	1.0	2.0	10.0	
3	餐饮	1000 人/d	15L/(人·d)	2.0	12	1.3	2.6	15.0	
4	泳池补水								
	室内比赛跳水池	8292.5m³	池容积的4%	1.0	16	20.7	20.7	331.7	
	室内娱乐池	660m³	池容积的4%	1.0	16	1.7	7	26.4	
	室外娱乐池	800m³	池容积的4%	1.0	16	1.0	2.0	32.0	
	室外游泳池	2100m³	池容积的4%	1.0	16	5.3	5.3	84.0	
5	冷却塔补水	850m³/h	1.5%循环水量	1.0	12	12.8	12.8	153.6	
6	锅炉补水			1.0	16	4.0	4.0	64.0	
7	浇洒绿地	14000m²	2L/m²	1.0	4	7.0	7.0	28.0	
8	不可预见水量	按10%计				8.0	11.2	104.2	
9	合计					87.6	124.2	1145.9	

注：室内比赛跳水池含游泳池跳水馆内跳水池、比赛池、训练池。

3. 给水系统：

（1）室外给水系统：本工程由笋岗西路上的 DN1000 的城市自来水管上、位于游泳跳水馆东侧处接一根 DN200 给水引入管至红线内，经过水表井后在红线内与本工程的室外环状管网相接。该环状管网在西北侧与现有体育场、体育馆的室外环状管网相连接，构成双向供水。

（2）游泳跳水馆、水上娱乐中心、室外游泳池、室内训练馆（改造）的生活用水及池水补水均直接由室外给水管供水。

（3）室外给水系统为生活消防合用管道系统。

4. 室内给水系统：

（1）生活用水系统与消防给水系统、池水循环净化系统的管道分开设置。

（2）城市自来水水压能满足本工程生活用水要求，故采用城市自来水直接供水方式。

5. 管材：室内采用聚丙烯（PP-R）塑料管；室外采用内壁衬水泥砂浆球墨铸铁给水管，橡胶圈接口。

（二）生活热水系统

1. 生活热水供应部位：游泳跳水馆和水上娱乐中心的淋浴。

2. 冷水计算温度 10℃，生活热水供应温度 60℃。

3. 本工程最高日生活热水量（60℃）137.7m³/d，最大小时生活热水量（60℃）22.9 m³/h，耗热量 1300kW。主要项目用热水标准和用水量详见表2。

生活热水用水量表（60℃）　　　　　　　　　　　　　表 2

序号	用水项目	使用人数	用水量标准	小时变化系数	使用时间	平均小时用水量（m³）	最大小时用水量（m³）	最高日用水量（m³）	备注
1	游泳者淋浴	4950 人/d	27L/（人·场）	2.0	12	11.1	22.3	133.7	
2	餐饮	1000 人/d	4L/（人·餐）	2.0	10	0.3	0.6	4.0	
3	合计					11.4	22.9	137.7	

4. 热源由本工程锅炉房提供 0.8MPa 蒸汽经减压阀减压至 0.4MPa 后使用。

5. 热水系统冷水补水由城市自来水直供。

6. 游泳跳水馆设两台 $V=1.2m^3$ 立式半容积式汽水换热器，设于馆内地下一层热交换间，供游泳跳水馆淋浴。

水上娱乐中心设两台 $V=2.0m^3$ 立式半容积式汽水换热器，设于水上娱乐中心地下一层热交换间，供水上娱乐中心淋浴。

汽水换热器均设自动温度调节装置及安全装置。

7. 热水系统采用机械循环，每个系统设二台热水循环泵，一用一备，互为备用，当系统水温低于 50℃时，热水循环泵自动开启，系统水温达 55℃时，热水循环泵自动关闭，如此往复。

8. 管材：热水管采用聚丙烯（PP-R）塑料热水管。

（三）排水系统

1. 室外污水、雨水采用分流管道系统。红线内污水设两个总排出管，分别接至笋岗西路的城市污水管。

2. 室内污水与洗涤废水采用合流管道系统。

（1）生活污水最大小时排水量 54m³/h，最高日排水量 290m³/d。

（2）室内±0.000 地坪以上污废水采用重力自流排出。地下室污废水由潜水排污泵提升分别排入室外污水管道或雨水管道，每一集水坑设两台潜水排污泵，轮换工作，互为备用，潜水排污泵由集水坑水位自动控制。

3. 厨房为独立排水管道系统，污水经隔油器处理后排入室外污水管道；锅炉房排水经降温池处理，使水温不超过 40℃再排入室外污水管道；生活污水经化粪池处理后排入污水管道。

4. 管材：室内污水、通气管均采用 UPVC 塑料排水管；室外污水管采用钢筋混凝土管，钢丝网水泥砂浆抹带接口。

（四）雨水系统

1. 暴雨强度公式：

$$q=\frac{167A}{(t+b)^n}$$

屋面设计重现期 $P=5$ 年，地面设计重现期 $P=1$ 年；屋面集水时间 $t=5min$，地面集水时间 $t=10min$。

2. 建筑屋面雨水采用内、外排水相结合的排水方式，雨水经雨水斗、雨水立管排至室外雨水管道。屋面雨水采用压力流（虹吸式）排水系统，雨水口采用虹吸式雨水斗。屋面天沟设有排超重现期雨水的溢流口。

地下车库出入口处设雨水截水沟和集水坑，截流至集水坑内的雨水由潜水排污泵提升后排入室外雨水管道。

3. 红线内室外地面雨水经室外雨水口、雨水管分二路排至笋岗西路城市雨水沟（管）内。

4. 管材：室内雨水管采用高密度聚乙烯管；室外雨水管采用钢筋混凝土管，钢丝网水泥砂浆抹带接口。

（五）冷却循环水系统

1. 设计参数：湿球温度 28℃；冷却塔进水温度 37℃，出水温度 32℃。循环水量 850m³/h，补水量 12.8m³/h，循环利用率为 98.5％。

2. 冷却塔及补水：逆流式超低噪声玻璃钢冷却塔两台，与冷冻机对应配套使用。冷却塔设于锅炉房屋面上。冷却塔补水由城市自来水直接供给。

（六）游泳池及娱乐池池水循环净化

1. 基本设计参数：

（1）游泳池及娱乐池平面尺寸及水深：

1）游泳跳水馆比赛池：51.5m×25m×2.2m～3.0m；

2）游泳跳水馆训练池：25m×21m×2.5m；

3）游泳跳水馆跳水池：25m×25m×5.5m；

4）室外游泳池：50m×21m×2m；

5）水上娱乐中心室内造浪池：30m×12m～25m×0～2m（梯扇形）；

6）水上娱乐中心室内外嬉水休闲池：不规则狭长形；

7）水上娱乐中心室外漂流河：170m×2.2m～3m×1.0m（弯曲形状）；

8）水上娱乐中心室内外滑道池（2个）：$\phi6.5m×1.2m$；

9）水上娱乐中心室内儿童池：$\phi4m×0～0.3m$；

10）水上娱乐中心室内按摩池（高温）：$\phi2.9m×0.8m$、$\phi2.6m×0.8m$；

11）水上娱乐中心室内按摩池（常温）：$\phi2.8m×0.8m$。

（2）池水循环周期：

1）游泳跳水馆比赛池：4.5h；

2）游泳跳水馆训练池：4h；

3）游泳跳水馆跳水池：8h；

4）水上娱乐中心室内外娱乐池：3h；

5）水上娱乐中心室内按摩池、儿童池：0.5h。

（3）池水温度：

1）游泳跳水馆比赛池、训练池、跳水池：26±1℃；

2）水上娱乐中心室内娱乐池，28℃（冬季），夏季开放时随气温；

3）水上娱乐中心室内高温按摩池：37℃；

4）水上娱乐中心室内常温按摩池、儿童池：28℃（冬季），夏季开放时随气温。

（4）过滤速度：

1）过滤器均采用石英砂压力过滤器。

2）游泳跳水馆比赛池、训练池过滤速度不超过25mm/s。

3）游泳跳水馆跳水池、室外游泳池、水上娱乐中心等不超过30mm/s。

2. 池水循环方式及系统划分：

（1）池水循环方式：

1）游泳跳水馆比赛池、跳水池、训练池采用逆流式循环。

2）室外游泳池、造浪池、滑道池、嬉水休闲池、漂流河、儿童池、按摩池等采用顺流式循环。

（2）系统划分：

1）游泳跳水馆比赛池、训练池、跳水池、室外游泳池等各自独立设置池水循环净化系统。

2）水上娱乐中心室内滑道池、嬉水休闲池、造浪池、儿童池、室内常温按摩池合设一组池水循环净化系统。

3）水上娱乐中心室外滑道池、嬉水休闲池、漂流河合设一组池水循环净化系统。

4）水上娱乐中心室内高温按摩池独立设置二组池水循环净化系统。

5）水上娱乐中心室内、室外滑道池各自设置润滑水循环给水系统（润滑水泵要求双路电源）。

6）水上娱乐中心漂流河设两处推流加压泵站（工艺提供）。

7）水上娱乐中心室内、室外嬉水休闲池的水景（水伞、水帘、水蘑菇等）分别各自合设循环给水系统。

3. 循环水泵：

（1）游泳跳水馆内的跳水池、比赛池、训练池的循环水泵采用进口水泵，泵体为铸钢，叶轮为不锈钢材质或无锌铜。

（2）水上娱乐中心的造浪池、室内外嬉水休闲池、漂流河、滑道池等的循环水泵采用国产水泵，泵体为铸钢，叶轮为不锈钢材质或无锌铜。

4. 初次充水和补充水：

（1）游泳池及娱乐池初次充水、正常使用中的补充水水源为城市自来水。

（2）游泳跳水馆比赛池和跳水池、训练池采用均衡水池间接式补水。

（3）室外游泳池、水上娱乐中心娱乐水池和室内训练池（改造）采用设置平衡水箱间接式补水。

（4）补水管道上均装设倒流防止器和水表计量补水量。

5. 均衡池、平衡水箱：

（1）游泳跳水馆比赛池设 135m³ 的均衡池一座，设于本馆地下一层机房。

（2）游泳跳水馆训练池设 60m³ 的均衡水池一座，设于本馆地下一层机房。

（3）游泳跳水馆跳水池设 80m³ 的均衡池一座，设于本馆地下一层机房。

（4）室外游泳池设 3～5m³ 平衡水箱一座，设于其看台下面。

（5）水上娱乐中心室内造浪池、滑道池、嬉水休闲池、儿童池合用一座平衡水箱，设于商店端部的房间内。

（6）水上娱乐中心室外滑道池、嬉水休闲池、漂流河合用一座平衡水箱，设于商店端部的房间内。

6. 池水过滤净化：

（1）池水过滤均采用石英砂压力过滤器。

（2）过滤器的反冲洗采用气、水组合冲洗方式。

7. 池水加药：

（1）为保证过滤效果，向池水中投加混凝剂，混凝剂采用碱式氯化铝或精制硫酸铝，投加量按 5mg/L 进行设计。采用湿式投加。

（2）pH 值调整剂采用碳酸钠或纯碱，投加量按 3mg/L。采用湿式投加。

（3）为保证池水不产生藻类，应定期（当池水出现绿颜色时，或夏季阴雨闷热季节）向池水中投加除藻剂。除藻剂采用硫酸铜，投加量按 1mg/L 设计，用湿式投加。

（4）加药方式采用全自动（自动投加、自动调剂）控制和手动控制两种形式，并与循环水泵连锁。

8. 池水消毒：

（1）池水消毒剂采用臭氧（O_3），投加量按 0.8～1.0mg/L 设计。

（2）消毒方式采用循环水全部进行消毒的全流量臭氧消毒。

（3）臭氧与水在反应罐充分混合、接触反应，接触反应时间≥2min。

（4）长效消毒剂采用成品次氯酸钠溶液，投加量按有效氯为 0.6mg/L 设计。

（5）投加系统的划分与循环水系统的划分相一致。

（6）投加方式采用全自动控制和手动控制两种形式，并与循环水泵连锁。

9. 池水加热：

（1）室内各类泳池及娱乐池采用间接式加热方式。

（2）热源为锅炉房提供的 0.8MPa 蒸汽，经减压阀减压至 0.4MPa 后使用。

（3）加热设备采用汽—水板式换热器，数量按初次池水加热时间，游泳、跳水馆不超过 72h，室内水上娱乐中心不超过 48h 确定。池水初次加热耗热量为 2500kW，平时循环耗热量为 990kW。

（4）采用分流量加热方式时，增设被加热水与未加热水充分均匀混合装置。

（5）被加热水的出水温度采用 35～40℃。换热器均设置自动温度调节装置，并与循环水泵连锁。

（6）各类泳池及娱乐池正常使用中的池水保温换热器，采用轮换运行，有利设备的保养维修。

10. 循环水净化系统的控制：

（1）游泳池和娱乐池均采用全自动化控制系统（不包括过滤器的反冲洗）。

（2）循环水净化系统的控制：

1）连续监测池水的 pH 值、余氯、氧化还原电位、水温等运行参数，并能显示数值。

2）根据 pH 值、余氯、水温等数据，自动调节药剂的投加量和加热器的控制。

11.跳水池即时安全气垫及制波系统：

（1）跳水池 3m 及 3m 以上的跳板和跳台下设即时安全气垫系统。池底设空气起泡制波系统制波；水面以上在 3m 及 3m 以上的跳板和跳台处设置喷水造波喷嘴制波。

（2）即时安全气垫喷气时间应≥7s。

12.设备材料：

（1）管材及附配件采用 ABS 塑料或铜制品，工作压力不小于 0.6MPa。

（2）室内比赛池、跳水池及训练池加药设备、消毒设备、循环水泵、加热器及自动化控制设备和仪表建议采用成套进口产品。水上娱乐池可以以国产设备为主，关键性的自动化控制设备和仪表建议采用进口设备。

二、消防系统

（一）消防用水量

1.水量见表 3。

消防用水量表 表3

序号	系统名称	用水量标准（L/s）	火灾持续时间	一次灭火用水量（m³）
1	室外消火栓	30	2h	216
2	室内消火栓	20	2h	144
3	自动喷水灭火	30	1	108

2.消防灭火系统：本工程设室外消火栓系统、室内消火栓系统、自动喷水灭火系统、气体灭火系统。

（二）消火栓系统

1.室外消火栓系统：

（1）采用低压消防给水系统，并且生活与消防合用给水管道系统。

（2）由笋岗西路城市自来水管和体育场、体育馆室外给水管网上各接 DN200 引入管至红线内，与红线内环网相接，直接供给消火栓用水。

（3）本工程室外共设 11 套地上式室外消火栓。

2.室内消火栓系统：

（1）除变配电间、柴油发电机房、通信机房等不能用水灭火的房间外，均设有消火栓保护。

（2）采用游泳跳水馆内的训练池池水作为主水源；比赛池池水作为备用水源。

（3）室内消火栓给水管道为独立管道系统。

（4）游泳跳水馆上部无条件设置高位水箱，为保证消火栓管网内水压，室内消火栓给水系统采用微机控制自动巡检消防气压给水设备进行加压供水。此设备包括二台主泵和二台副泵（均为一用一备，互为各用）、一台气压罐、微机控制器、PLC 可编程器等配套设备及仪表。

（5）微机控制自动巡检消防气压给水设备设于游泳跳水馆的地下消防水泵房内。火灾时，该设备因管网压力下降自动启动主泵。也可由消火栓处的启泵按钮及消防控制中心直接启动主泵，消防水泵房设手动控制启停。平时则由副泵和气压罐维持管网压力。

(6) 微机控制自动巡检消防气压给水设备的巡检功能：给出正常的巡检指示和泵的故障指示；远程遥控开启巡检功能并显示消防干管给水压力值；每周对消防主泵进行运转巡检一次。

(7) 室内消火栓箱内配 $DN65mm$、$L=25m$ 麻质衬胶水带一条，$DN65mm$ 消火栓一个，$65mm×19mm$ 直流水枪一支；消防卷盘一套；启泵按钮和指示灯各一个（地下车库消火栓箱内不设消防卷盘）。

3. 室外设二套地上式消防水泵接合器，供消防车向系统供水。

4. 管材：采用热浸镀锌钢管、丝扣和沟槽卡箍机械连接。

(三) 自动喷水灭火系统

1. 除设备机房、变配电间、通信机房、空间高度超过 8m 的场所和金属网架屋面、卫生间、淋浴间等场所外，其余部位均设有自动喷水灭火喷头。

2. 自动喷水灭火系统按中危险 II 级要求设计，喷水强度 $8L/(min·m^2)$，作用面积 $160m^2$，灭火用水量 30L/s，与室内消火栓系统相同，训练池池水为消防土水源，比赛池池水作为备用水源。

3. 为保证自动喷水管网水压，与消火栓消防给水系统相同，设置微机控制自动巡检消防气压给水设备进行加压供水。设二台主泵、二台副泵（均为一用一备，互为备用）、一个气压罐、微机控制器、PLC 可编程器等。火灾时，喷头动作，管网压力下降到一定值时，主泵自动启动，向管网供水。平时由副泵维持管网压力。

4. 本系统每层和每个防火分区均设水流指示器和电触点信号阀，以便喷头动作后能立即向消防中心报警。

5. 除厨房高温作业区采用 93℃级玻璃球喷头，库房、车库采用 72℃级易熔元件喷头，其余房间和部位均采用 68℃级玻璃球喷头。

6. 室外设两套地上式消防水泵接合器，供消防车向系统供水。

7. 管材：采用热镀锌钢管、丝扣及沟槽式卡箍机械连接。

(四) 气体灭火系统

1. 低压二氧化碳灭火系统：

(1) 燃气锅炉房设置低压二氧化碳全淹没灭火系统。

(2) 基本设计参数：

设计浓度：37%

气体喷放时间：≤1min

(3) 二氧化碳灭火系统设自动控制、手动控制和机械应急操作三种启动方式。

2. 七氟丙烷灭火系统：

(1) 柴油发电机房设置七氟丙烷全淹没灭火系统。

(2) 基本设计参数：

设计浓度：8.3%

气体喷放时间≤10s

(3) 七氟丙烷灭火系统设自动控制、手动控制和机械应急操作三种启动方式。

3. 移动式磷酸铵盐灭火器：

(1) 变配电间、汽车库出入口设置 25kg 装推车式磷酸铵盐灭火器。

（2）厨房、通信机房及汽车库内设置 4kg 装手提磷酸铵盐灭火器。

（3）观众休息厅及其他部位根据《建筑灭火器配置设计规范》要求设置 2kg 装手提磷酸铵盐灭火器。

（4）屋顶网架内沿照明光带通行马道外侧设置 2kg 装手提磷酸铵盐灭火器。

三、设计及施工体会

本工程属较大型、复杂的体育建筑，在设计中由于和国家体育总局及有设计经验的游泳池专业公司配合，按提出工艺要求与各专业配合设计，使得本工程施工较为顺利。

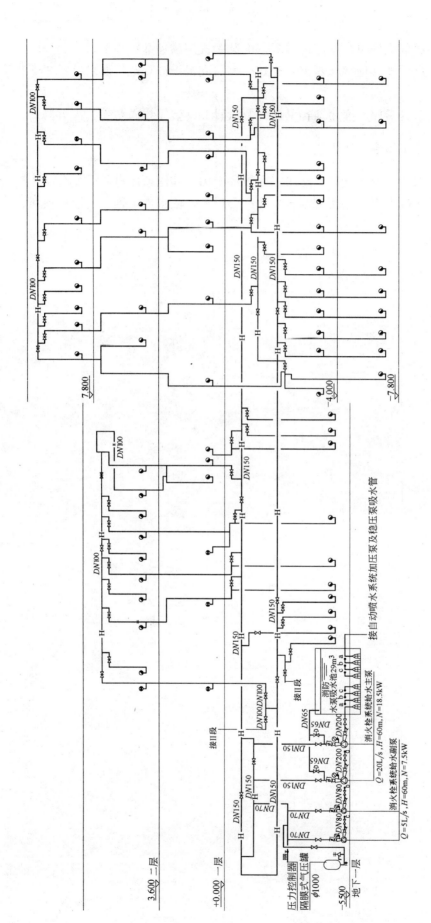

I段消火栓给水系统图

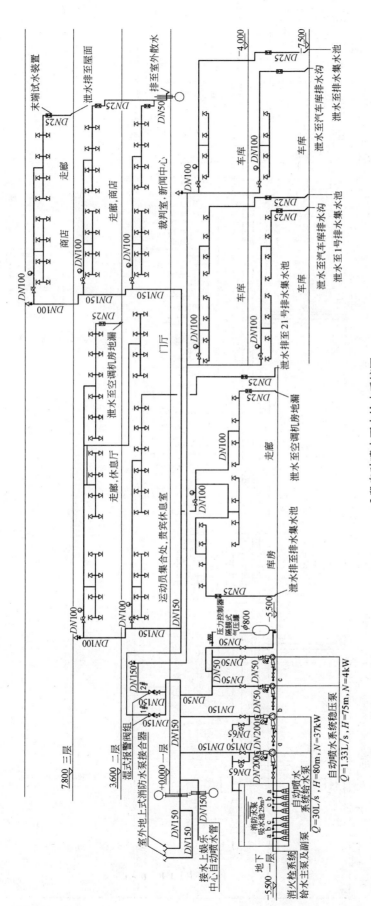

I段自动喷水灭火给水系统图

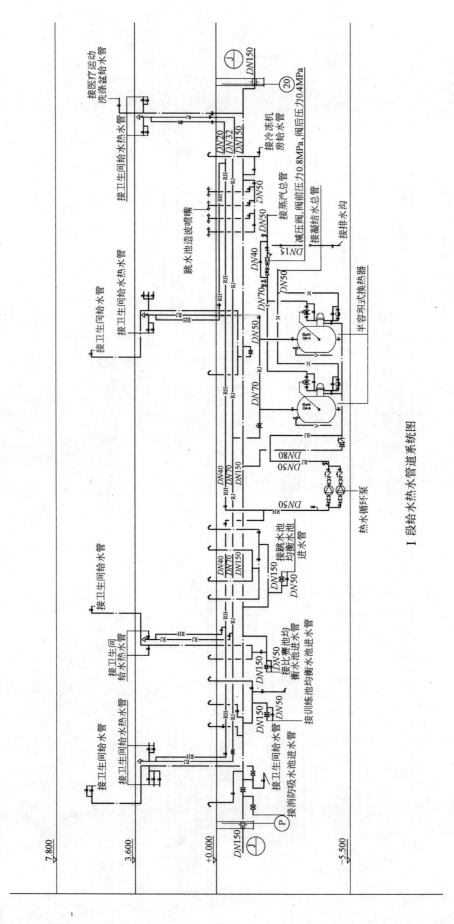

I 段给水热水管道系统图

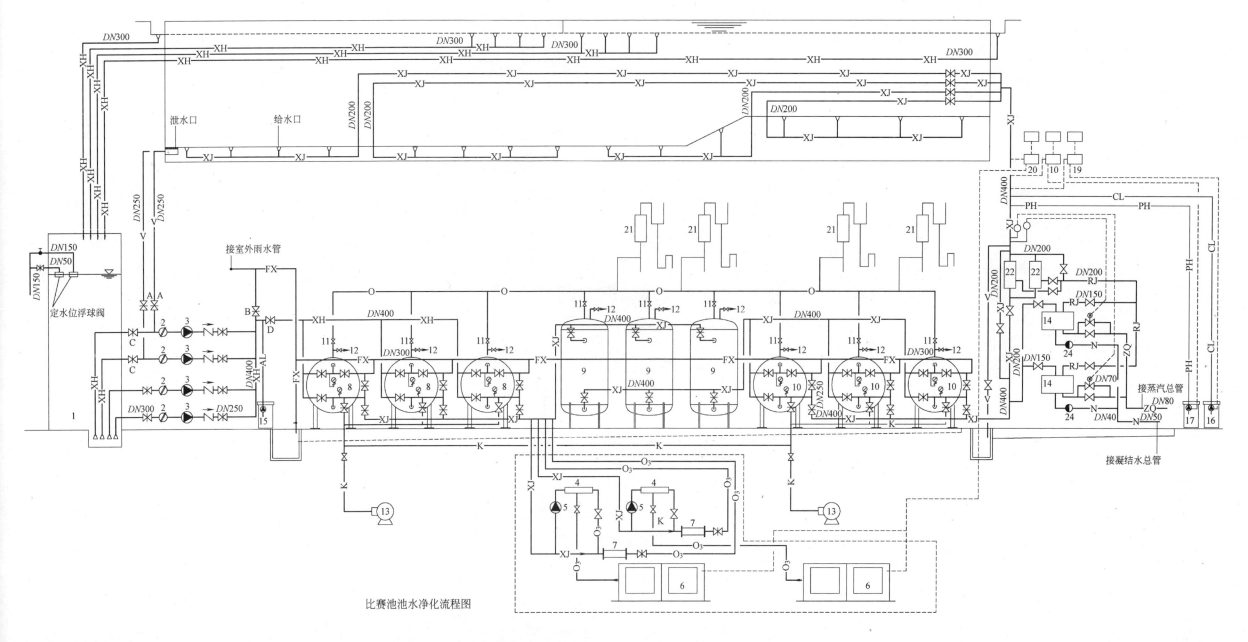

比赛池池水净化流程图

设备编号名称对照表

编号	名　　　　称	单位	数量	编号	名　　　称	单位	数量	编号	名　　　称	单位	数量	编号	名　　　称	单位	数量
1	均衡池	座	1	7	臭氧混合器	个	2	13	无油鼓风机	组	2	19	pH值调节测控仪表	套	1
2	毛发过滤器	个	4	8	砂过滤罐	台	3	14	板式换热器及水/汽控制系统	组	2	20	O₃测控仪表	套	1
3	循环水泵	台	4	9	臭氧反应罐	台	3	15	絮凝剂投加系统	套	1	21	残余臭氧消除器	台	4
4	臭氧射流器	台	2	10	活性炭吸附罐	台	3	16	长效消毒系统	套	1	22	管道混合器	台	2
5	臭氧增压泵	套	2	11	自动排气阀	台	9	17	pH值调整系统	套	1	23	排水提升泵	台	4
6	臭氧发生器	组	2	12	手动排气阀	台	9	18	余氯测控仪表	套	1	24	疏水器	个	2

说明：1.游泳池泄空排水时，关闭CD阀门，开启AB两个阀门，平时正常循环时，AB两阀关闭，CD阀门开启。
　　　2.平时循环时，一部分循环水加热至30℃，与未加热的循环水混合，使水温达到26℃；初次加热池水时，一部分冷水加热与另一部分未加热的冷水混合，使池水水温在72h内达到26℃。
　　　3.工艺设备公司确定后，本流程图将按订货设备情况进行必要调整。

图　例	名称	图　例	名称	图　例	名称
——／——	循环给水管	——N——	凝结水管	⋈	蝶阀
——∥——	循环回水管	——O——	残余臭氧排气管	⋈	闸阀
——FX——	反冲洗管	——O₃——	臭氧输出管	⋈	截止阀(DN>50)
——V——	泄水管	——CL——	长效消毒剂管	⊥	截止阀(DN≤50)
——F——→	压力排水管	——AL——	絮凝剂管	⋈	电动阀
——Z——	蒸汽罐	——PH——	pH值调整管		

国家体育场

郭汝艳　刘　鹏　赵　昕　朱跃云　张燕平　吴连荣

该工程位于北京市奥林匹克体育中心。是 2008 年奥运会的主会场。规划建设用地面积 204155m²，总建筑面积 258000m²（赛时），绿化面积 48266m²（不包括足球场），建筑高度（屋面结构最高点）69.21m（相对标高）。固定座椅 80000 个，奥运会时增加临时座椅 11000 个。

工程性质为大型综合性体育建筑。其中地上各层为看台、观众集散平台及为观众服务的特许经营商店、卫生间、医疗站；三层为观众餐厅，四层为 VIP 包箱。赛后根据运营方的需要，一、二层可用作展览，四层 VIP 包箱可用作办公，三层可用作对外餐厅，南侧三至五层改造为俱乐部配套用房。零层为运动员休息、生活用房；赛时转播、工艺、器材配套用房；车库；设备机房；环行车道；商业用房等。2005 年 6 月完成设计，现正在施工中。

一、给水排水系统

（一）给水系统

1. 生活用水量见表 1、表 2。

赛时主要项目用水量标准和用水量　　　　　　　　　　　　表 1

序号	用水项目	使用数量	用水量标准	使用时间(h)	小时变化系数	用水量(m³)		
						最高日	最大时	平均时
1	观众	260000 人·次/d	3L/(人·次)	10	1.5	780.00	117.00	78.00
2	裁判、教练、运动员	2000 人次/d	40×90% L/(人·次)	10	2.5	72.00	18.00	7.20
3	工作人员	1000 人/d	100×40% L/(人·d)	10	1.5	40.00	6.00	4.00
4	餐饮	5000×2 人次/d	20L /(人·次)	8	2.0	200.00	50.00	25.00
5	1~4 合计					1092.00	191.00	114.20
6	不可预见	1~4 项总和的 10%				109.20	19.10	11.42
	合计					1201.20	210.10	125.40

注：1. 一天中观众最多人数依据可行性报告，每天 3 场，最大一场全满，其余两场按固定座椅计；

　　2. 用水量标准中的百分数是单指生活水量，其余部分为中水量（见中水量表）；

　　3. 餐饮部分按快餐厅考虑，同时就餐人数 5000 人，一天 2 餐，每餐翻台 1 次。

序号	用水项目	使用数量	用水量标准	使用时间(h)	小时变化系数	用水量(m³)		
						最高日	最大时	平均时
1	餐饮	4000×2 人次/d	23L/(人·次)	8	2.0	184.00	46.00	23.00
2	展览参观人	2000 人次/d	5L/(人·次)	8	1.5	10.00	1.88	1.26
3	商场员工及顾客	40000m²	8×35% L/(m²·d)	12	1.5	112.00	14.00	9.33
4	办公	700 人/d	50 L/(人·d)	8	1.5	35.00	6.58	4.38
5	俱乐部	1000 人次/d	50×40% L/(人·d)	10	1.5	20.00	3.00	2.00
6	客房	130 人/d	300×85% L/(人·d)	24	2.5	33.15	3.45	1.38
7	1~6 合计					394.15	74.91	41.35
8	不可预见	1~6 项总和的 10%				39.42	7.49	4.14
	合计					433.57	82.40	45.49

注：1. 展览参观人按 10m² 展览面积/人，展览面积 20000m²；

　　2. 用水量标准中的百分数是单指生活水量，其余部分为中水量（见中水量表）；

　　3. 餐饮部分按快餐厅考虑，同时就餐人数 4000 人（赛后按 80% 使用率），一天 2 餐，每餐翻台 1 次。

比较赛时和赛后，赛时用水量大，以此作为设计负荷（见表 3）。

设计负荷　　　　　　　　　　　　　　　　　　　　表 3

赛　时		赛　后	
最高日(m³/d)	最大时(m³/h)	最高日(m³/d)	最大时(m³/h)
1201.20	210.10	433.57	82.40

2. 水源：体育场供水水源为城市自来水。根据规划的奥体中心和国家体育场外部市政条件，沿体育场东南的北辰东路、沿用地西侧的景观路和沿北侧的中一路均规划有市政给水管道，管径分别为 DN800、DN600 和 DN600。市政供水压力 0.20MPa。从用地范围的东南侧和西侧接入体育场红线内两路 DN250 的供水管，构成环状供水管网。

3. 系统分区及供水方式：

（1）一层（6.80m）及一层以下，利用市政自来水压力直接供水，二层（11.60m）及二层以上为内部加压供水系统，采用水箱——变频调速泵组供水方式。最不利点的出水压力不小于 0.1MPa。为使各支管的静水压不大于"奥运工程设计大纲"所规定的 0.25MPa 的要求，二、三层设支管减压阀。

（2）为了赛后运营独立使用的灵活性，全场设置四个独立的加压供水泵房。分别服务东、南、西、北四个区域。每个泵房内设 35m³ 或 70m³ 不锈钢生活水箱一座，恒压变频供水设备一套。为了便于赛后改造的北侧俱乐部客房和南侧博物馆部分的独立管理，另独立设置二套无吸程加压供水装置（南、北各一套）为赛后改造的俱乐部客房和博物馆供水。

（3）恒压变频供水设备的组成和控制：每区域变频供水设备包括二台或三台全型泵（全流量供水，其中一台备用），二台半型泵（每台半型泵提供与一台全型泵大致相同的压力，流量大致为全型泵的一半，其工作状态为变频工作），一台小型隔膜气压罐及变频控制柜，流量、压力传感器等仪表。小流量用水时，由半型泵和气压罐供水；大流量用水时，启动全型泵，根据用水量的变化自动进入变频或工频工作。生活水池水位至最低时，供水装置停止；水位升高恢复正常工作，其自动控制由厂家负责编程调试。

（4）生活水箱设外置式水箱自洁消毒器，不仅对水体消毒，而且对水箱本体有灭菌灭藻作用。

（5）餐饮厨房用水、包厢用水、冷却塔补水等均单设水表计量。赛后改造的俱乐部客房单独设水表计量。

4. 管材：室内给水管采用铜管，钎焊连接。

（二）热水系统

1. 热水用水量见表4、表5。

赛时主要项目热水量标准和热水量表 表4

序号	用水项目	使用数量	热水量标准	使用时间(h)	小时变化系数	热水量(m³)		
						最高日	最大时	平均时
1	裁判、教练、运动员	2000 人次/d	30L/(人·次)	10	2.5	60.00	15.00	6.00
2	VIP包厢	5600 人次/d	0.8 L/(人·次)	10	1.5	4.48	0.67	0.45
3	餐饮	5000×2 人次/d	10L/(人·次)	8	2.0	100.00	25.00	12.50
4	1～3合计					164.48	40.67	18.95
5	不可预见	1～3项总和的10%				16.45	4.07	1.90
	合计					180.93	44.74	20.85

赛后主要项目热水量标准和热水量表 表5

序号	用水项目	使用数量	热水量标准	使用时间(h)	小时变化系数	热水量(m³)		
						最高日	最大时	平均时
1	俱乐部	1000 人次/d	25L/(人·次)	10	2.5	25.00	6.25	2.50
2	VIP包厢（赛后办公）	1000 人/天	5L/(人·d)	8	1.5	5.00	0.95	0.63
3	餐饮	4000×2 人次/d	10L/(人·次)	8	2.0	80.00	20.00	10.00
4	客房	130 人/d	150 L/(人·d)	24	7.0	19.50	5.69	0.81
4	1～4合计					129.50	32.89	13.94
5	不可预见	1～4项总和的10%				12.95	3.29	1.39
	合计					142.45	36.18	15.33

比较赛时和赛后，赛时热水用量大，以此作为设计负荷：

最高日热水量：180.93m³/d 最大时热水量：44.74m³/h。

2. **热水供应部位：** 奥运会期间为零层运动员、裁判员淋浴间，饮食中心厨房，媒体、志愿者、员工餐厅厨房，三层餐饮厨房，四层VIP包厢集中供应生活热水；奥运会后为赛事时的运动员、裁判员淋浴间，非赛事时的俱乐部淋浴间，餐饮厨房、俱乐部客房集中供应生活热水。热身场地运动员淋浴间，要员卫生间和部分赛事生活间分散设置电热水器局部供应热水。

3. 热源：沿体育场东南的东西向规划路规划新建一条 *DN*300 的热力管线为体育场提供热源。热网的供水温度在夏季为 70℃，回水温度为 40℃。热力检修期的备用热源仅考虑奥运会后商业运营的俱乐部客房生活热水的连续供热负荷。备用热源采用清洁能源之一的电能。在 1# 热交换站内设置一台电锅炉，提供 90℃的一次高温热水，由循环泵保证一次热水的循环。经换热器二次换热出水温度为 50℃，供应生活热水。

4. 各区热水量和耗热量见表 6：冷水计算温度取 10℃，集中热水系统换热器出水温度 50℃。

各区热水量和耗热量表   表6

换热站	分区及水源压力(MPa)	服务区域	水量(50℃)(m³/h)	耗热量(kW)
1号热交换站	低区(0.20MPa)	零层东区餐饮中心	7.50	349
	高区(0.50MPa)	北区 VIP 包厢、餐饮(1、12 号核心筒)(赛后俱乐部客房)	1.25 (9.4)	58.14 (436)
	高区(0.55MPa)	东区 VIP 包厢、餐饮(2～5 号核心筒)	8.80	407
2号热交换站	低区(0.20MPa)	零层西区运动员、裁判员淋浴，媒体餐厅厨房、南区志愿者、员工餐厅厨房	14.90	693
	高区(0.50MPa)	南区 VIP 包厢、餐饮(6、7 号核心筒)	1.25	58.14
	高区(0.55MPa)	西区 VIP 包厢、餐饮(8～11 号核心筒)	8.80	407

5. 系统竖向分区：热水系统竖向分区同给水系统。各区换热器由各区的变频泵组或市政管网供水。换热器选用大波节立式串容积式水加热器。

6. 生活热水为机械循环系统，各区均设独立的循环泵，循环泵设于热交换站内。

7. 餐饮厨房用热水、包厢用热水等均单设水表计量。

8. 管材：室内热水管采用铜管，钎焊连接。

（三）直饮水系统

1. 水源：直饮水的水源为城市自来水，市政水压不予利用，自来水进入直饮水机房的原水水箱。

2. 饮水量见表7。

3. 处理能力见表8。

饮水量标准和饮水量表   表7

序号	用水项目	使用数量	用水量标准	使用时间	小时变化系数	用水量(m³)		
						最高日	最大时	平均时
	观众	100000＋2×80000 人次/d	0.2L/(人·次)	10h	1.5	52.00	7.80	5.20

机房编号	1#	2#	3#	4#	5#	6#	7#	8#
服务区域	1区	2,3区	4,5区	6区	7区	8,9区	10,11区	12区
处理能力（m³/h）	1	3	3	1	1	3	3	1
设计秒流量（L/s）	0.65	1.76	1.76	0.65	0.65	1.65	1.52	0.65
变频供水装置的供水能力（L/s）	1.1	2.3	2.3	1.1	1.1	2.3	2.3	1.1

4. 供水系统：根据直饮水系统的阶段性使用的特点，采用小系统终端处理站，每一个或两个竖向核心筒设一个饮用净水处理站。自来水经过滤、纳滤膜及臭氧消毒处理后，由变频供水装置（供水压力 0.45MPa）通过专用饮水管道竖向供给各饮水龙头。

5. 循环系统：采用立管全循环系统。循环系统为开式。开式系统循环水回流到机房中的直饮水水箱。循环系统的启、停运行由循环流量控制装置自动控制。

6. 管材：采用食品级薄壁不锈钢管，卡压连接。

（四）中水回用水系统

1. 回用水系统的水源：体育场用地区域的可收集雨水；城市优质中水作为回用水系统补充水。

2. 回用水部位：雨水经处理达到国家体育场再生水水质标准后与市政优质中水联合，作为零层以下的卫生间冲厕、室内消火栓系统用水、冷却塔补水、主赛场和热身场的草坪喷灌、停车库冲洗、室外道路和绿化浇洒用水。赛后还供应俱乐部客房的卫生间冲厕用水。

3. 中水回用水量见表9～表13。

赛时主要项目用水量标准和回用水量表（南区）　　　　　　表9

序号	用水项目	使用数量	用水量标准	使用时间（h）	小时变化系数	用水量（m³）		
						最高日	最大时	平均时
1	裁判、教练、运动员	2000 人次/d	40×10%④ L/(人·次)	10	2.5	8.00	4.00	0.80
2	工作人员	1000 人/d	100×60% L/(人·d)	10	1.5	60.00	9.00	6.00
3	车库冲洗①	50000m²	2L/(m²·次)	6	1.0	100.00	16.67	16.67
4	跑道冲洗②	4952 +3000m²	10L/(m²·次)	2	1.0	79.52	39.76	39.76
5	比赛足球场喷灌③	7140m²	12L/(m²·次)	2	1.0	85.68	42.84	42.84
6	绿化	14978m²	1L/(m²·d)	4	1.0	14.98	3.75	3.75
7	道路冲洗	86831m²	2L/(m²·d)	4	1.0	173.66	43.42	43.42
8	冷却塔补水	冷却水量 4000m³/h 1.5%的冷却水量		10	1.0	600.00	60.00	60.00
9	1～2 合计					68.00	13.00	6.80
10	不可预见	1～2 项总和的 10%				6.80	1.30	0.68
	合计(1+2+6+7+8+10)					863.44	121.47	

注：①②. 每周2d，每天分一次完成；

③. 每天分一次完成；根据季节变化，每周1～2次；

④. 用水量标准中的百分数是单指中水水量，其余部分为给水量（见表1）；

赛后主要项目用水量标准和回用水量表（南区）：　　表 10

序号	用水项目	使用数量	用水量标准	使用时间(h)	小时变化系数	用水量（m³）		
						最高日	最大时	平均时
1	商场员工及顾客	40000m²	8×65%L/(m²·d)	12	1.5	208.00	26.00	17.33
2	俱乐部	1000人次/d	50×60%L/(人·次)	10	1.5	30.00	4.50	3.00
3	客房	130人/d	300×15%L/(人·d)	24	2.5	5.85	0.61	0.24
4	车库冲洗	50000m²	2L/(m²·次)	6	1.0	100.00	16.67	16.67
5	跑道冲洗	4952m²+3000m²	10L/(m²·次)	2	1.0	79.52	39.76	39.76
6	比赛足球场喷灌	7140m²	12L/(m²·次)	2	1.0	85.68	42.84	42.84
7	绿化	14978m²	1L/(m²·d)	4	1.0	14.98	3.75	3.75
8	道路冲洗	86831m²	2L/(m²·d)	4	1.0	173.66	43.42	43.42
9	冷却塔补水	冷却水量 4000m³/h 1.5%的冷却水量		16	1.0	960.00	60.00	60.00
10	1~3 合计					243.85	31.11	20.57
11	不可预见	1~3 项总和的 10%				24.39	3.11	2.06
	合计(1+2+3+7+8+9+11)					1416.88	141.39	

赛时、赛后主要项目用水量标准和回用水量表（北区）　　表 11

序号	用水项目	使用数量	用水量标准	使用时间(h)	小时变化系数	用水量（m³）		
						最高日	最大时	平均时
1	跑道冲洗	4952m²	10L/(m²·次)	2	1.0	49.52	24.76	24.76
2	热身足球场喷灌	7140m²	12L/(m²·次)	2	1.0	85.68	42.84	42.84
3	绿化	33288m²	1L/(m²·d)	4	1.0	33.29	8.32	8.32
4	道路冲洗	7147m²	2L/(m²·d)	4	1.0	14.29	3.57	3.57
5	1~4 合计					182.79	79.49	79.49
6	不可预见	1~4 项总和的 10%				18.28	7.95	
	合计(1+2+6)					153.48	75.55	

比较赛时和赛后，赛后回用水量大，以此作为设计负荷（见表12）。

设计负荷　　表 12

用水项目	赛　时		赛　后	
	最高日（m³/d）	最大时（m³/h）	最高日（m³/d）	最大时（m³/h）
回用水量	1016.92	197.02	1210.36	216.94
冷却塔补水量	600	60	960	60

4. 管道系统及供水方式：系统竖向不分区，在零层环道与室外构成环状回用水供水管道系统。当有雨水可用时，采用一套变频加压供水设备抽取回用水和消防合用水池的水，向环状管网供水。无雨水时，由市政优质中水直接向回用水环状管网供水。草坪喷灌系统为独立的加压供水系统。

回用水变频供水装置包括四台工作泵（互为变频、工频）及变频控制柜，流量、压力、液位传感器。根据用水量变化变频或工频工作。变频泵组的运行由系统上的远传压力表和流量计控制。水池水位至消防水位时供水装置停止工作，水位升高后恢复正常工作，泵组的全套设备和控制部分均由厂商配套提供。

5. 水处理工艺流程图

A区域雨水贮水池 → 砂滤 → 超滤 → 纳滤 → 消防、回用水合用水池

6. 管材：采用内筋嵌入式衬塑钢管（内衬聚丙烯，外热浸镀锌），快装专用连接件连接。工作压力≥1.0MPa。

（五）排水系统

1. 排水量见表13。

赛时、赛后排水量　　　　　　　　　　　　　表13

赛时排水量	最高日(m³/d)	最大时(m³/h)	赛后排水量	最高日(m³/d)	最大时(m³/h)
	1126.40	194.48		611.38	99.88

2. 排水系统的形式：室内污水、废水为合流制排水系统，一层（6.80m）以上污水自流排出室外，经三座100m³化粪池处理后分东、南二路排至市政污水管道。零层及以下污水汇集至污水集水泵坑，用潜水泵提升排入室外污水管道。零层及以下废水汇集至废水集水泵坑，用潜水泵提升至室外雨水蓄水池以后的雨水管道。除车库内和环行车道集水泵坑为单泵配置，其余各集水泵坑中均设带自动耦合装置的潜污泵两台，一用一备，互为备用。潜水泵由集水坑水位自动控制。

3. 透气管的设置方式：观众卫生间排水管设置专用通气立管和环形通气管。通气管口伸出顶层核心筒屋面，因其位于看台下的观众集散平台，为防通气管口受阻影响观众集散平台的环境，通气管口沿看台下斜梁尽量高空排放。由于观众卫生间瞬时排水量大且横支管长，排水横支管以环形通气为主，辅助设吸气阀以缓解支管内的气压波动，保护水封不被破坏。在立管底部设正压调节器（PA.PA），消除立管底部的正压波动。卫生间污水和厨房污水集水泵坑人孔盖采用密闭防臭井盖，其通气管接入通气系统。

4. 局部污水处理设施：厨房污水采用明沟收集，明沟设在楼板上的垫层内，污水进集水坑之前设隔油器初步隔油处理，以防潜污泵被油污堵塞。排至市政污水管道以前，经室外隔油池二次处理；污水经室外化粪池处理后排至市政污水管道；医疗站洗盆排水采用一体式医疗污水消毒机，消毒剂采用次氯酸钠，出水水质满足医疗污水排放标准。

5. 管材：卫生间内污、废水排水横支管及地下室垫层内的排水管采用高密度聚乙烯管（HDPE），热熔连接；其余部位的通气管、污水立管及排出干管采用抗震柔性接口机制排水铸铁管及管件，承插式柔性法兰接口。钢结构内的通气管采用薄壁不锈钢管，焊接连接。

（六）屋面雨水系统

1. 采用的暴雨重现期

重力排水系统：　　　　　$P \geqslant 100$ 年

虹吸式排水系统：　　　　$P = 50$ 年

集水槽溢流：　　　　　　$P = 100$ 年

2. 雨水系统形式

体育场屋面雨水排水系统设计为重力排水系统与虹吸式排水系统的组合系统，重力和虹吸两种系统通过集水槽进行转换和连接。屋面雨水排水共分为42个系统。

1个典型的雨水排水系统由以下部分组成：在屋面排水天沟中设置重力雨水斗，约500m²范围内的膜单元及其围护结构内的雨水以重力排水方式接入悬吊在屋面主围护结构梁下的一个水平的集水槽中，集水槽内设置虹吸式雨水斗。2个或3个相近标高的集水槽内的虹吸式雨水斗由一条虹吸排水悬吊管和立管连接，立管沿建筑外围框架的指定位置的钢制立柱下降到楼板以下，沿顶板敷设出户至第一个检查井，并排入建筑物周围的雨水管道系统。

降落在屋面 ETFE 膜结构上表面和降落在屋面围护结构表面的雨水通过排水天沟和膜材本身汇集，由重力雨水斗、重力排水管道将雨水输送到集水槽的部分为重力雨水系统。经集水槽内的虹吸雨水斗、虹吸排水悬吊管、立管、水平干管直至室外第一个检查井的部分为虹吸雨水系统。

3. 管材：敷设在屋顶膜结构以下的重力雨水、虹吸雨水系统管道及敷设在指定位置的钢制立柱内的雨水立管采用不锈钢管及配件，连接方式为氩弧焊接，个别必要部位采用法兰连接；敷设在楼板以下室内部分的横管采用高密度聚乙烯（HDPE）管，热熔连接。不锈钢管与高密度聚乙烯管的连接采用承插法兰连接。雨水排水用不锈钢管材质为：304 不锈钢（0Cr18Ni9）。

（七）足球场给水排水系统

1. 足球场给水系统

在地下一层南区雨洪利用机房、消防泵房内设置比赛场草坪喷灌专用加压泵，取自消防、回用水合用水池（水池内贮存一次喷灌用水量 80m³）的水对草坪进行喷灌养护。在热身场通道处的北区回用水机房内设置热身场草坪喷灌专用加压泵，取自机房内回用水水池的水对草坪进行喷灌养护。比赛场和热身场草坪的养护采用自动升降节水喷灌器，场地内采用24个升降式体育场草坪专用喷灌喷头矩形布置。射程 20～24m，流量 6.36m³/h，压力 0.62MPa。

从室内环路回用水干管上接至比赛场 8 个快速取水器，对跑道进行冲洗。

障碍水池的给水从零层的环状回用水管道引入。

2. 足球场排水系统：

足球场排水系统为渗、排结合的方式，一部分经草坪级配层入渗到排水盲管，再汇流到雨水蓄水池；一部分草坪雨水和跑道雨水径流到沿跑道内圈设置的内环沟，再通过初期弃流池后进入雨水蓄水池。

在地下一层南区雨洪利用机房、消防泵房内设置两台水环式真空泵，与比赛场草坪盲管相连，可在大雨、暴雨时强制抽吸降落在比赛场草坪的雨水。

3. 管材：喷灌给水管采用 UPVC 给水塑料管，专用胶粘接连接；草坪下渗水管采用无纺布包裹的软式透水管，绑扎连接；强制排水干管和跳远砂坑、投掷圈等比赛设施的排水管及所有电井的排水管采用 UPVC 排水管，粘接连接。

二、消防系统

（一）消火栓系统

1. 用水量见表14。

表 14

	用水量标准(L/s)	火灾延续时间(h)	一次灭火用水量(m³)
室外消火栓系统	30	3	324
室内消火栓系统	40	3	432

2. 系统说明

(1) 室内消火栓系统采用稳高压制系统。在地下一层南侧雨洪利用机房、消防泵房内设902m³ 消防和回用水合用水池一座(其中室内消火栓用水量 432m³，自动喷洒用水量110m³)。泵房内设两台消火栓加压泵($Q=0\sim50$L/s，$H=80$m，$N=75$kW)。七层西侧设18m³ 的消防水箱一座、增压稳压设备一套。管网系统竖向不分区。全场为一个系统，平时消火栓管网由屋顶水箱和消火栓系统增压稳压设备($Q=0.67\sim0.83$L/s，$H=31.2\sim30$m，$N=1.5$kW 稳压泵二台，$V=300$L 气压罐一台)保证初期灭火时系统最不利消火栓的压力要求，系统最大静压不大于 0.8MPa，消火栓最大动压不大于 0.5MPa。

(2) 室内消火栓系统共设三套地下式消防水泵接合器，分设在南北两处，并在其附近设室外消火栓，供消防车向室内消火栓系统补水用。

3. 保护部位：除电梯机房、水箱间、电气用房外，其它各层各部位的封闭空间及零层环行车道均设消火栓保护。

4. 管材：采用无缝钢管，焊接连接。管材和接口要求承压 1.6MPa。

(二) 自动喷水灭火系统

1. 设置部位：体育场内除设备机房、水箱间、卫生间、楼梯间、无可燃物的管道层、观众集散平台及不能用水扑救的场所外，其余有封闭围护结构的空间均设有自动喷洒头保护。

2. 自动喷洒系统分类：

湿式系统：用于零层除环行车道、停车库以外的所有可以用水灭火的有封闭围护结构的空间；一层以上的特许经营商店、小卖部、医疗站、餐厅、厨房、包厢及走道；

预作用系统：用于环行车道、停车库。

3. 用水量见表 15。

自动喷水灭火系统用水量 表 15

部 位	火灾危险等级	喷水强度 L/(min·m²) 作用面积(m²)	用水量(L/s)	火灾延续时间(h)	一次灭火用水量(m³)
车库、地下商业、环行车道	中Ⅱ级	8 160	28	1	100.8
其它部位	中Ⅰ级	6 160	21	1	74.88

自动喷水灭火系统设计流量按上表中各部位的最大值确定。

4. 系统说明：

(1) 在地下一层南侧雨洪利用机房、消防泵房中心机房内设两台自动喷洒加压泵(一用一备，$Q=0\sim40$L/s，$H=80$m，$N=75$kW)，屋顶水箱间设一套增压稳压设备($Q=0.67\sim0.83$L/s，$H=41.6\sim40$m，$N=1.5$kW 稳压泵两台，$V=150$L 气压罐一台)。最高层与最低层喷头高差约 50m，按照各报警阀前的设计水压不大于 1.2MPa 要求，全场竖向为一个供水区，平时自动喷洒管网由屋顶水箱和稳压设备保证系统压力。消防时，由加压泵加压供水。

（2）全场共设湿式报警阀 20 套，预作用报警阀 16 套（分散设置在 12 个核心筒附近的报警阀间内），每套报警阀负担的喷头数不超过 800 个（不计吊顶内喷头）。水力警铃设于报警阀间的通道墙上。报警阀前的管道布置成环状。

（3）在每层每个防火分区均设水流指示器和电触点信号阀，每个报警阀所带的最不利喷头处，设末端试水装置，其它每个水流指示器所带的最不利喷头处，均设 DN25 的试水阀。

（4）本系统共设两套地下式消防水泵接合器，分设在南北两处，并在其附近设室外消火栓，供消防车向室内自动喷洒系统补水用。

5. 喷头选用：车库内采用 74℃ 温级的易熔合金直立型喷头（$K=80$），环形车道采用易熔合金干式下垂型喷头（$RTI \leqslant 200$（m·s）$^{0.5}$，$K=80$），大于 8m 的准备区采用快速响应喷头，自动扶梯下和有特殊装修要求的部位采用装饰隐蔽型喷头（$K=80$），其它均采用快速反应玻璃球标准喷头（$K=80$），吊顶下为装饰型，无吊顶的房间为直立型。温级：厨房内灶台上 93℃，厨房内其它地方 79℃，其余均为 68℃。车库内风管下加设的喷头采用干式下垂型喷头。每种喷头的备用量不小于同类型喷头总数的 1%，且不应少于 10 个。

6. 管材：采用热浸镀锌钢管，立管采用厚壁镀锌钢管。$DN < 100mm$ 者丝扣连接，$DN \geqslant 100mm$ 以上者沟槽连接。管材和接口要求承压 1.6MPa。

（三）水喷雾灭火系统

1. 设置部位：柴油发电机房。

2. 设计基本参数：设计喷雾强度 20L/（min·m²），持续喷雾时间 0.5h，响应时间 45s，喷头工作压力 0.35MPa。

3. 供水系统：消防泵房内设专用水喷雾灭火系统加压泵两台（一用一备），雨淋阀组分别就近设于两处发电机房内。水喷雾管道按体积保护法均匀布置（待发电机房和消防设备定货后由消防厂家配合二次设计），平时雨淋阀前的管道压力由屋顶消防水箱保证。灭火时，加压泵启动供水。

4. 喷头选用：选用适合于闪点大于 60℃ 的可燃液体的高速水雾喷头，雾化角度 120°，工作压力 0.35～0.5MPa。型号及流量系数待发电机定货后，根据喷头布置数量而定。

5. 水喷雾系统设三套地下式消防水泵接合器。分设在南、北两侧。

6. 系统控制：系统设自动控制，手动控制，应急操作三种控制方式。

自动控制：着火部位的双路火灾探测器接到火灾信号后，自动打开相对应的雨淋阀上的电磁阀（常闭状态）。阀前压力水进入管网，雨淋阀上的压力开关报警，并启动水喷雾系统加压泵。

手动控制：消防中心同时接到着火部位的双路火灾探测器信号，并确认火灾无误后由值班人员在消防中心手动打开相对应的电磁阀并启动水喷雾系统加压泵。

应急操作：值班人员发现火灾后，在现场手动打开雨淋阀上的放水阀，使雨淋阀迅速打开，同时雨淋阀处的压力开关动作，启动水喷雾系统加压泵或值班人员在泵房内直接启动水喷雾加压泵。

7. 管材：水喷雾管采用热浸镀锌钢管。$DN < 100mm$ 者丝扣连接，$DN \geqslant 100mm$ 以上者沟槽连接。

（四）气体灭火系统

1. 设置部位：中控室、供电主变分电室、通讯设备间、数据网络主机房、CATV 控制

生活给水系统图

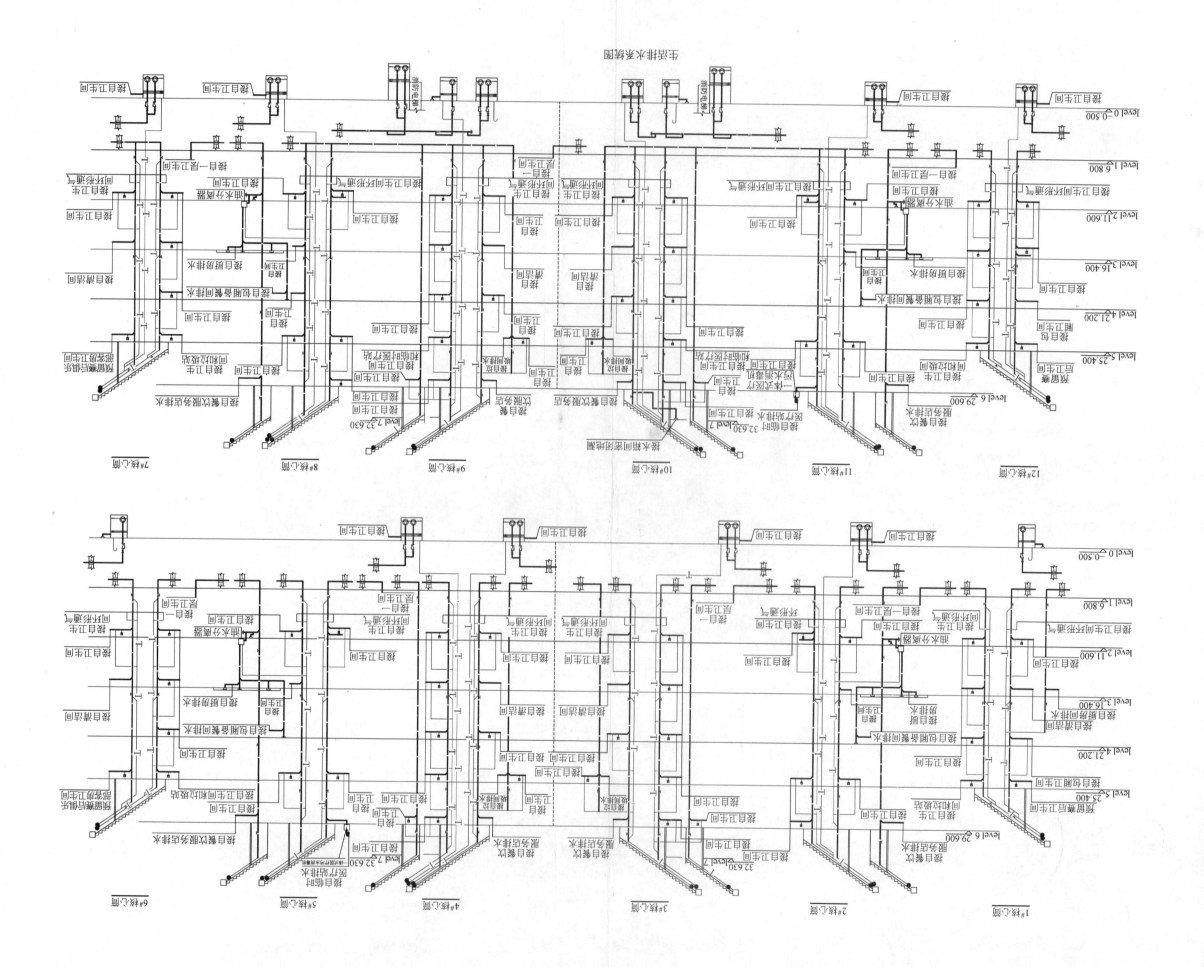

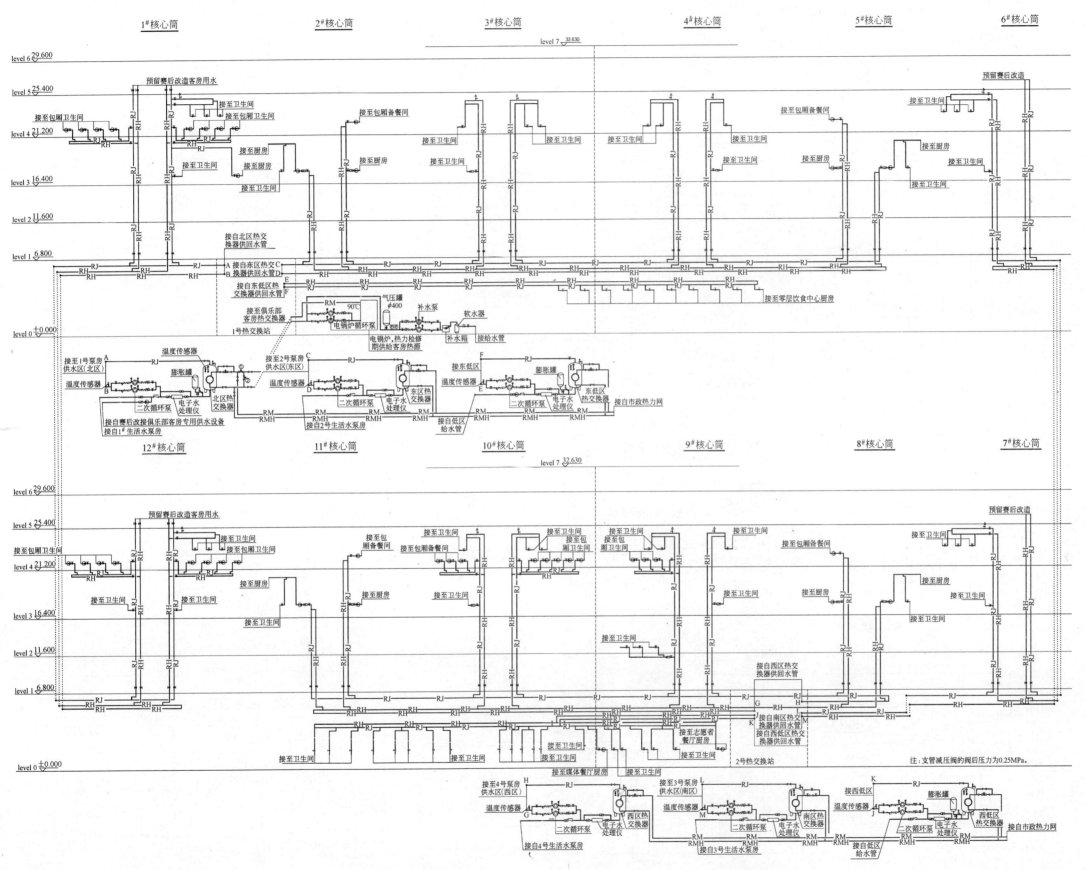

生活热水系统图

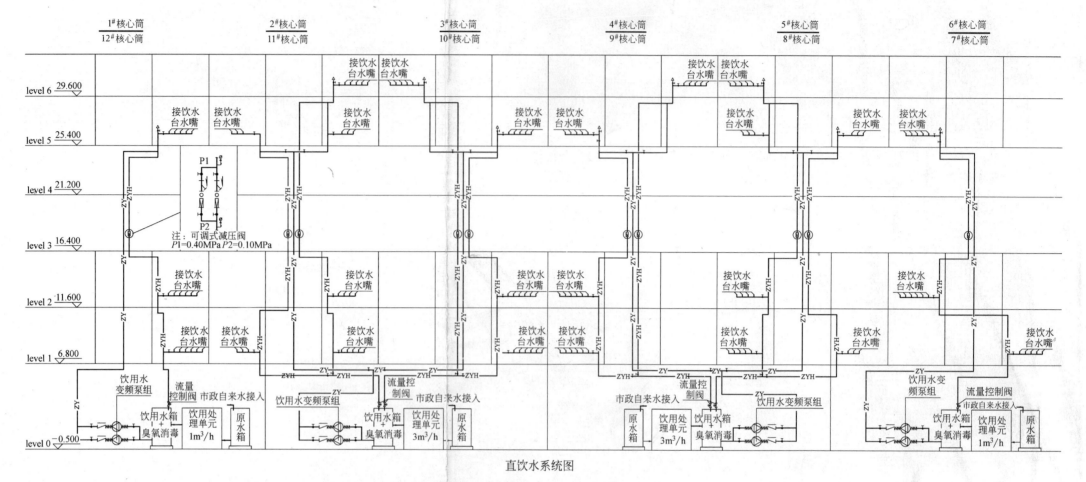

直饮水系统图

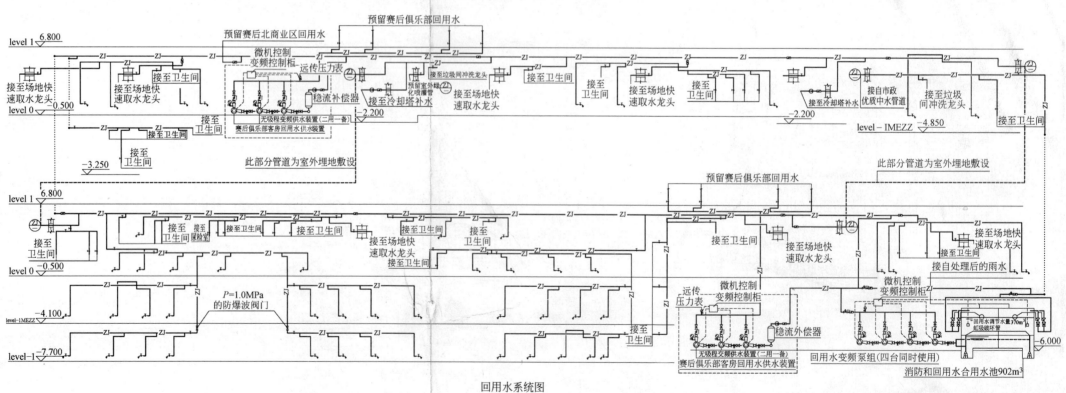

回用水系统图

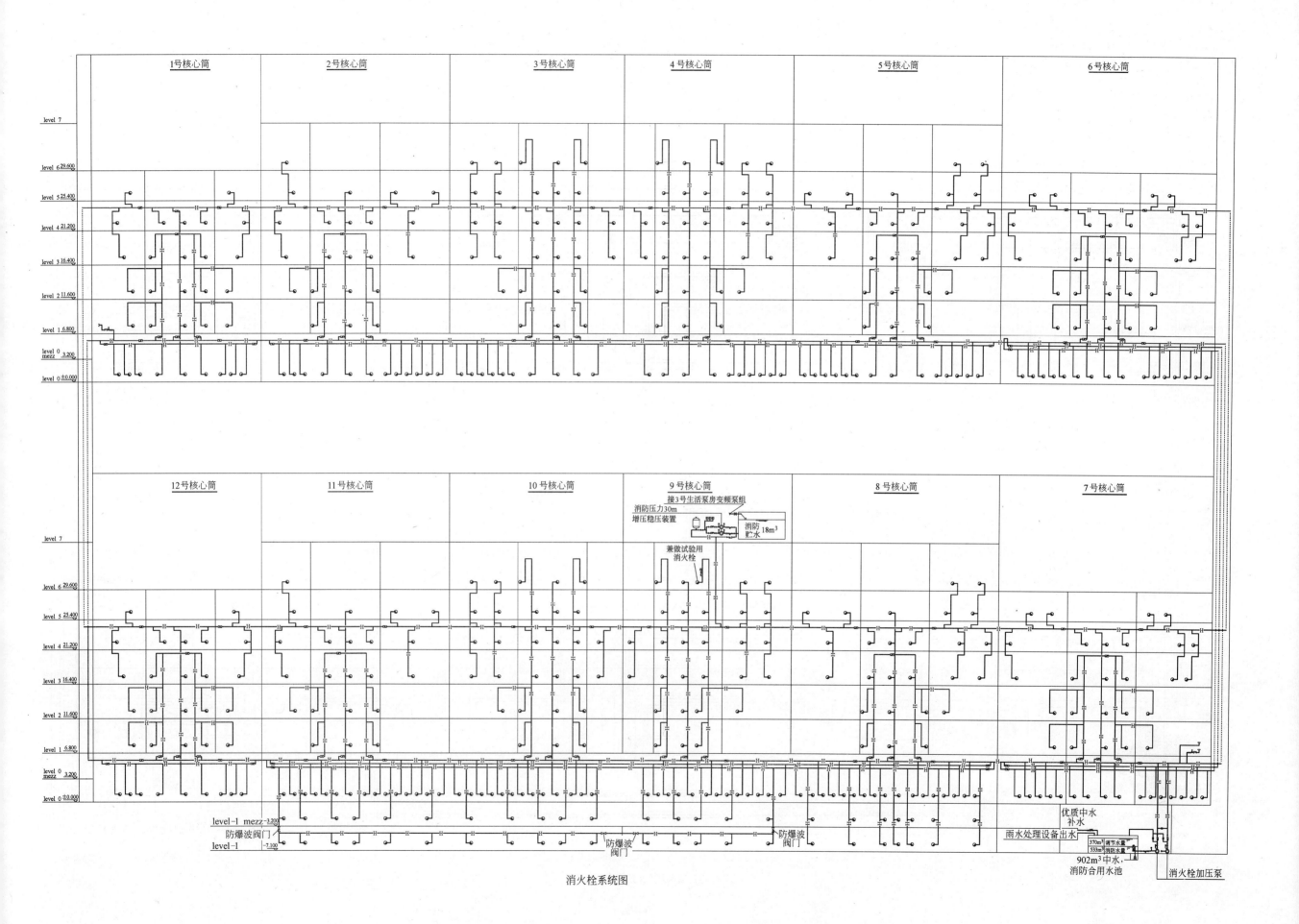

消火栓系统图

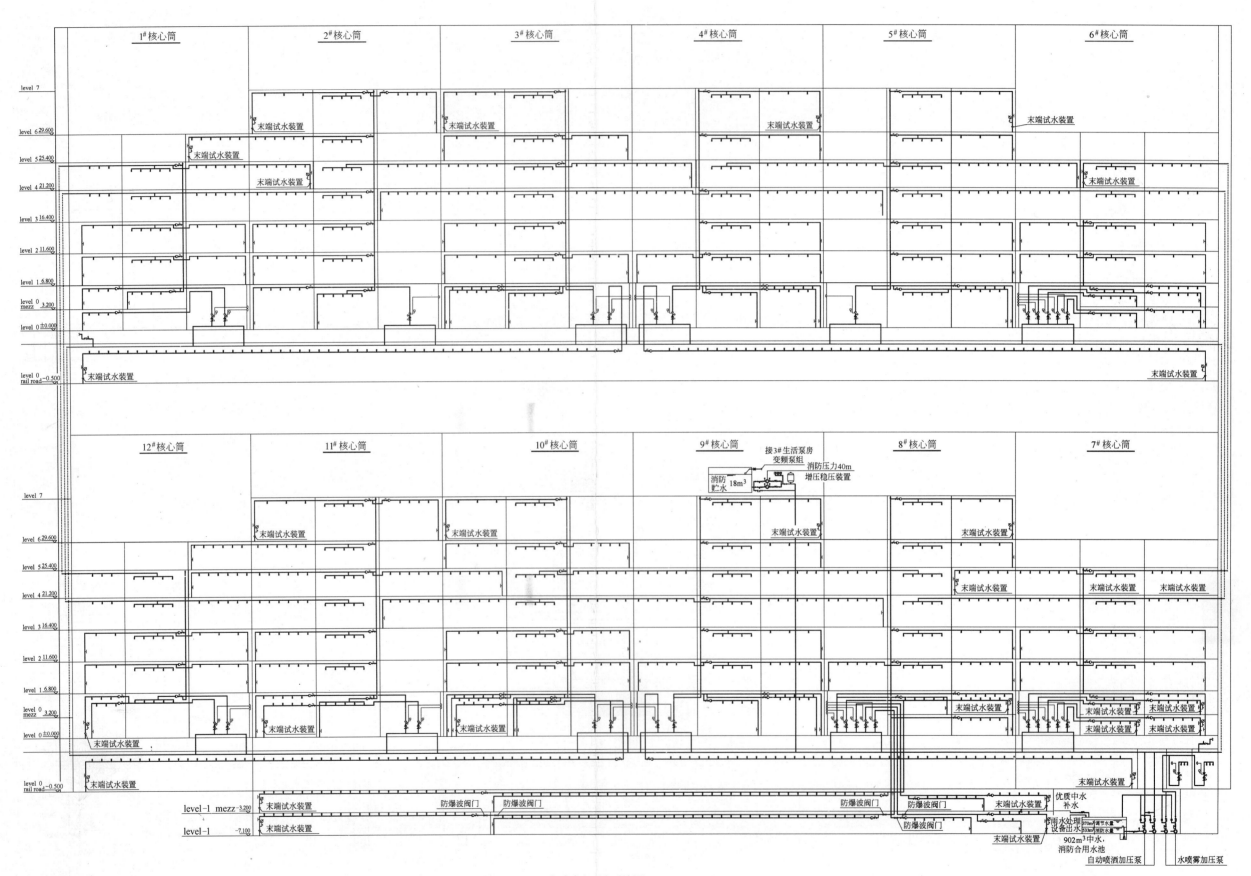

自动喷水灭火系统图

室、电视转播机房等不宜用水灭火的房间，设气体灭火系统。

2. 采用符合环保要求的洁净气体作为气体消防的介质。系统为烟烙尽或备压式FM200组合分配系统，分别设置两个瓶站。

3. 灭火浓度及其它参数根据所采用的气体种类而定。气体灭火系统待厂家确定后，由承包厂家负责设计。

4. 系统控制：气体灭火系统设自动控制、手动控制、应急操作三种控制方式。有人工作或值班时，采用电气手动控制，无人值班的情况下，采用自动控制方式。自动、手动控制方式的转换，可在灭火控制器上实现（在防护区的门外设置手动控制盒，手动控制盒内设有紧急停止和紧急启动按钮）。

三、设计体会

1. 大型体育建筑在赛时和赛后的利用和功能会有很大区别。在设计中，如何既要满足奥运会的要求，又要考虑赛后利用的要求，是设计思路上的一大突破。要充分了解业主对体育场在赛后运营方面的设想，做必要的可行性调查，才能较合理的计算出赛后的用水量，使供水设备在赛时和赛后运行时均能高效供水，避免在赛后小流量用水时出现大马拉小车的现象。

2. 现有的消防规范无法涵盖体育场建筑的特殊部位，如看台、屋顶、观众集散平台等。对于这些特殊的部位要根据防火性能化设计报告的结论进行消防系统的设计。

株洲体育中心一期工程

周连祥　孙路军　郭丽莉　蔡力扬

　　株洲体育中心坐落在湖南省株洲市河西区的繁华地带，为 2006 年湖南省省运会比赛用场馆，总占地面积约 57.4hm²，其中一期工程总建筑面积 107995m²，包括体育场、体育馆、游泳馆、动力站及室外训练场、停车场等相关配套设施。三个主要场馆：体育场、体育馆、游泳馆巧妙地利用自然地势来组织场馆及其他建筑的布局，在顶棚上也连贯为一体，与周围自然的山丘相结合，形成"山舞银龙"的鸟瞰效果，整体布局连贯、和谐、富于韵律。株洲体育中心一期工程按甲级体育建筑标准设计。

　　体育场设计总观众座位 41000 个，体育场建筑面积 34300m²，商场面积 7970m²，建筑挑棚高度约 53m。场地中间为标准足球场和八跑道田径比赛场，周边为露天看台，看台下共有三层为：观众厅、贵宾厅、包厢、裁判休息室、运动员和教练员休息室、商场、健身房、广播音响、计时计分和比赛管理附属用房、设备机房等。

　　体育馆设计总观众座位 7017 个，体育馆建筑面积 19044m²，建筑高度约 27.20m。场地中间为 40m×70m 比赛场地，可满足篮球、排球、羽毛球、乒乓球、体操搭台、手球、艺术体操等比赛要求。设有观众厅、中途训练馆、健身中心、贵宾厅、包厢、运动员休息室、比赛管理附属用房、生活消防水泵房、设备机房等。

　　游泳馆设计总观众座位 2486 个，游泳馆建筑面积 17403m²，建筑高度约 24.18m。场地中间为 50m×25m 标准池，25m×25m 跳水池和 25m×13.5m 练习池。看台下为：观众厅、贵宾厅、包厢、运动员休息室、传媒用房、比赛管理附属用房等。地下层为水下摄影走廊和泳池池水处理机房、设备机房等。

　　本工程正在施工之中，目前已完成主体结构的施工。

　　本工程给水排水专业设计包括：给水排水、消防、空调循环水、特殊给排水四大部分。

一、给水排水系统

（一）给水系统

1. 给水用水量

用水量标准及用水量计算见表 1。

2. 水源

供水水源为城市自来水，供水压力为 0.2MPa。根据甲方提供周围的给水管网现状，从用地南侧长江北路和东侧华山路的市政给水管各接出一根 DN250 给水管进入用地红线，经总水表后围绕各建筑形成室外给水环网，环管管径 DN250。各单体建筑的入户管从室外给水环管上接出。

3. 系统竖向分区

体育场、体育馆二层以下、游泳馆一层以下和其它附属建筑由市政管网直接供水；体育馆三层以上、游泳馆二层以上由生活变频调速泵组供水。

序号	用水部位		使用数量	用水量标准	日用水时间(h)	时变化系数	用水量(m³)			备注
							最高日	最大时	平均时	
1	观众	体育场	41000×3(人)	3L/(人·场)	12	1.2	369.00	36.90	30.75	每日 3 场,每场 4h
		体育馆	7017×3(人)	3L/(人·场)	12	1.2	63.15	6.32	5.26	
		游泳馆	2486×3(人)	3L/(人·场)	12	1.2	22.37	2.24	1.86	
2	运动员	体育场	300×3(人)	40L/(人·场)	12	2.0	36.00	6.00	3.00	每日 3 场,每场 4h
		体育馆	240×3(人)	40L/(人·场)	12	2.0	28.80	4.80	2.40	
		游泳馆	50×3(人)	40L/(人·场)	12	2.0	6.00	1.00	0.50	
3	工作人员		200(人)	100L/(人·d)	12	2.5	20.00	4.17	1.67	
4	商场用水		7970(m²)	8L/(m²·d)	12	1.2	63.76	6.38	5.31	
5	足球场浇洒		7140(m²)×2	12L/(m²·次)	1.5×2	1.0	171.36	57.12	57.12	每日2次
6	跑道浇洒		5000(m²)	8L/(m²·次)	1	1.0	40.00	40.00	40.00	每日1次
7	游泳馆泳池补水		7375(m³)	按5%计	24	1.0	368.75	15.36	15.36	
8	预留露天泳池补水		3000(m³)	按15%计	24	1.0	450.00	18.75	18.75	在二期工程内
9	空调冷却补水		1200(m³/h)	按1.5%计	18	1.0	324.00	18.00	18.00	
10	绿化浇洒		30000(m³)	1.5L/(m²·次)	1	1.0	45.00	45.00	45.00	每日1次
11	健身中心		150×6(人)	40L/(人·次)	12	1.4	36.00	4.20	3.00	每日 6 次,每次 2h
12	体育馆中途训练馆		240×3(人)	40L/(人·场)	12	2	28.80	4.80	2.40	每日 3场
13	上述总计						2073.00	271.04	250.38	
14	未预见水量		按上述总计的10%计				207.30	27.10	25.04	
15	设计总用水量						2280.30	298.14	275.42	

4. 供水方式及给水加压设备

变频调速泵组由三台大泵（两用一备）、一台小泵、小气压罐及变频器、控制部分组成，每台泵参数：大泵 $Q=6m^3/h$，$H=60m$，$N=5.5kW$；小泵 $Q=2m^3/h$，$H=60m$，$N=1.5kW$。晚间小流量时，由一台小泵带气压罐运行。变频泵组的运行由设在供水干管上的电接点压力开关控制。水泵房内设生活水箱一个，容积为 $30m^3$，材质为不锈钢，生活水箱出水管上安装紫外线消毒器进行二次消毒。变频泵组设在体育馆地下。

5. 管材

室内给水管道管径大于等于 DN50，采用衬塑钢管（内筋嵌入式），卡环连接；其余采用聚丙烯 PP-R 塑料管，热熔连接；机房内管道采用衬塑钢管。室外给水管道管径大于等于 DN80 采用球墨给水铸铁管，柔性橡胶圈接口；其余采用热镀锌钢管，丝扣接口。

（二）热水系统

1. 热水用水量表

本工程最高日热水用水量 $120.62m^3/d$，按各场馆卫生器具计算热水设计小时用水量 $58.81m^3/h$。主要项目用水量标准和用水量计算见表2。

热水用水量表 表 2

序号	用水部位		使用数量	用水量标准 (60℃)	日用时间 (h)	时变化系数	用水量（m³）			备注
							最高日	最大时	平均时	
1	运动员淋浴	体育场	300人×3	35L/(人·次)	3	2.0	31.5	21.00	10.50	每日3场
		体育馆	240人×3	35L/(人·次)	3	2.0	25.20	16.80	8.40	
		游泳馆	50人×3	35L/(人·次)	3	2.0	5.25	3.50	1.75	
2	健身中心		150×6	25L/(人·次)	12	1.2	22.50	3.76	1.88	每日6场
3	体育馆中途训练馆		240×3	35L/(人·场)	6	2.0	25.20	8.40	4.20	每日3场
4	上述总计						109.65	53.46	26.73	
5	未预见水量			按上述总计的10%计			10.97	5.35	2.67	
6	设计用水量						120.62	58.81	29.40	

2. 热源

集中热水系统的热源为动力站自备燃气锅炉供应的热媒，热媒为高温热水，热媒供、回温度分别为85℃、60℃。

3. 系统分区

热水供应部位：贵宾室卫生间、运动员裁判员卫生间、浴室等，热水用水点均分布在各场馆的低层，与给水系统低区为同区。故热水系统竖向不分区，利用市政冷水压力。

4. 热交换设备

集中热水系统换热站设在体育馆地下一层生活消防水泵房内。冷水经半容积式换热器加热后供给各用水点。冷水计算温度取5℃。集中热水系统换热器出水温度为60℃。

5. 冷热水压力平衡措施、热水温度的保证措施

为保证供水水温，集中热水系统采用干管机械循环方式，各场馆设热水循环泵保证热水系统循环，热水循环泵启停由回水管道上的电接点温度计控制，当温度低于50℃，循环泵开启，当温度上升至55℃，循环泵停止。

各场馆热水供回水管道均同程布置。热水供回水管道均采用橡塑保温。

6. 管材

室内给水管道管径大于等于DN50，采用热水用衬塑钢管（内筋嵌入式），卡环连接；其余采用热水用聚丙烯PP-R塑料管，热熔连接，机房内管道采用衬塑钢管。室外热水供回水管道采用氯化聚乙烯管（CPVC），专用胶粘接。

（三）排水系统

1. 排水系统形式

雨水、污水分流排放。污水、废水经管道汇集并经室外化粪池处理后排入市政污水管道。地面层以上排水重力流排入室外排水管网，地面层以下排水经潜污泵提升后排入室外排水管网。

2. 通气系统

为保证排水通畅，改善卫生条件，主要观众厅卫生间设专用通气管和环形通气管。

3. 管材

室内生活污水管采用消音降噪U-PVC排水塑料管，粘接接口。通气管采用焊接钢管，焊接接口。与潜污泵连接的管段均采用焊接钢管，法兰连接。室外污水管管径小于DN300采用承插式混凝土管，管径大于等于DN300采用承插式钢筋混凝土管，当管道敷设在未被

扰动的原状土地基上时，水泥接口；当管道敷设在被扰动的地基上、新老回填土层、沿管道纵向土质不均匀的地基上时，沥青油膏接口。

（四）雨水系统

株洲的暴雨强度在全国范围内也是比较大的，并且由于规划设计的要求，整个用地有近10m的地形高差，三个主要场馆坐落在三个不同标高的台阶上，雨水经管道汇集后集中排入场地东北方向陈埠港排渍站。

1. 采用暴雨重现期

雨水量按株洲市暴雨强度公式计算，根据业主方要求及工程具体情况，室外设计重现期取3年。

株洲市暴雨强度公式

$$q = 1108(1+0.95\lg P)/t^{0.623} \quad (\text{L/s} \cdot \text{hm}^2)$$

屋面设计重现期取10年，溢流口和雨水系统总排水能力按50年重现期设计。

足球比赛场地和训练场地雨水设计重现期取5年。

2. 雨水系统形式

室外道路上设雨水口收集地面雨水；路面坡度过大处，设截留雨水明沟，以最大限度收集雨水，减少积水可能。

体育场中足球比赛场地雨水和看台雨水重力流排入内、外环排水沟，汇成两条干线排入场外雨水系统；看台挑棚雨水自由排水至室外散水。

大面积屋面和挑棚采用虹吸式雨水排水系统。

3. 管材

场区内雨水管采用加筋U-PVC塑料管，承插接口，橡胶圈密封。排水盲管采用全透型排水管，粘接。室内虹吸式雨水管采用HDPE管，电熔连接；重力流雨水管采用消音降噪U-PVC排水塑料管，粘接接口。室外雨水管管材及接口同室外排水管。

二、消防系统

根据现行《建筑设计防火规范》要求，本工程消防系统分为消火栓系统、自动喷水灭火系统并配备灭火器。

本工程各场馆均按一个系统统一考虑，按最不利着火点设计消防用水量，消防用水量标准及用水量见表3。

消防用水量表　　　　　　　　　　　　　　表3

用水名称	用水量标准（L/s）	火灾延续时间（h）	一次灭火用水量（m³）
室外消火栓给水系统	30	2	216
室内消火栓给水系统	20	2	144
室内自动喷洒灭火系统	30	1	108

（一）消防水源

本工程消防水源为市政给水管网，室外消火栓用水由市政给水管网直接供给，室内消火栓系统和自动喷水灭火系统用水全部贮存在体育馆地下一层的消防水池内，消防贮水量为300m³。体育馆屋顶设贮水量18m³的高位消防水箱。

（二）室外消火栓给水系统

由市政给水管网引入两路 DN250 管道入红线，经水表后布置成环状，满足消防双向供水的要求，在室外给水环状管网上设室外消火栓提供室外消防用水。室外消火栓用水量 30L/s，火灾延续时间 2h。

（三）室内消火栓系统

本工程共用一个室内消火栓系统，室内消火栓用水量 20L/s，采用临时高压制供水。室内消火栓泵及其稳压泵组均设在体育馆地下一层消防泵房内，压力由稳压泵和气压罐保持。室内消火栓系统管道横向竖向均成环，超压部分采用减压稳压消火栓。

本系统竖向不分区，设一组消防泵供水。屋顶高位消防水箱处设增压泵组保证初期的消防用水。

室内消火栓给水系统平时压力由稳压泵维持，稳压泵由管网上压力控制器控制启停。当管网压力下降至 0.80MPa，稳压泵启动；达到 0.85MPa 时，稳压泵停泵。消防时，当压力持续下降至 0.78MPa 时，自动启动消火栓加压泵。消火栓加压泵及稳压泵均设两台，一用一备。当其中一台发生故障时，另一台自动投入使用。每个消火栓处均设直接启动消火栓泵的按钮，并用指示灯显示其运行情况。消火栓加压泵及稳压泵的运转情况均用声光信号显示于泵房和消防控制中心内的控制屏上。消防控制中心和水泵房均设直接启闭消火栓加压泵及稳压泵的按钮。

室内消火栓加压泵参数为：$Q=20L/s$，$H=70m$，$N=22kW$；稳压泵参数为：$Q=5L/s$，$H=95m$，$N=7.5kW$。

室内消火栓系统共设 2 个 SQX 型地下式消防水泵接合器，供消防车向室内消火栓系统补水用。

室内消火栓管道采用热镀锌钢管，沟槽或丝扣连接，阀门及需拆卸部位采用法兰连接。敷设于室外的室内消火栓采用球墨给水铸铁管，橡胶圈接口。

（四）自动喷水灭火系统

本工程自动喷水灭火系统竖向不分区，按中危险级 II 级设计，用水量 30L/s，火灾延续时间 1h，与室内消火栓系统共用消防水池和高位水箱。自动喷水灭火系统采用临时高压供水系统，自动喷洒泵及其稳压泵组均设在体育馆地下一层消防泵房内，自动喷洒泵及稳压泵均设两台，一用一备。当其中一台发生故障时，另一台自动投入使用。

自动控制：自动喷洒泵、稳压泵均由压力开关控制。平时管网中压力由稳压泵及小气压罐保持，当管网压力下降为 1.06MPa 时，稳压泵启动；达到 1.09MPa 时，稳压泵停泵。消防时，当管网压力继续下降至 1.04MPa 时，启动自动喷洒泵，稳压泵停泵，消防结束后手动停喷洒泵。手动控制：消防控制中心和水泵房内均设直接启闭自动喷洒泵及稳压泵的按钮。

采用湿式自动喷水灭火系统。每个防火分区（或每层）的配水管上均设信号阀与水流指示器，每个报警阀组控制的最不利点喷头处，设末端试水装置，其它防火分区、楼层的最不利点喷头处，均设 DN25 的试水阀。每个报警阀控制喷头数小于 800 个。

采用玻璃球喷头，喷头温级为 68℃，无吊顶处采用直立型喷头，有吊顶处采用吊顶喷头。

自动喷水加压泵参数为：$Q=30L/s$，$H=102m$，$N=55kW$；稳压泵参数为：$Q=1L/s$，$H=110m$，$N=3kW$。

自动喷水系统共设三个 SQX 型地下式消防水泵接合器。

室内喷洒管道采用热镀锌钢管，沟槽或丝扣连接，阀门及需拆卸部位采用法兰连接。敷设于室外的喷洒管道采用球墨给水铸铁管，橡胶圈接口。

（五）灭火器

按中危险级并结合消火栓的位置配置干粉灭火器，动力站、变配电室等处设推车式磷酸铵盐干粉灭火器。

三、空调循环水系统

根据空调专业提供的冷却水量，选用四台 $500 \mathrm{m}^3 / \mathrm{h}$ 的方型冷却塔与冷冻机对应，每台冷却塔进水管上均装有电动阀门，冷却塔及循环管道均设有泄水阀，在停用时应将冷却塔及管道泄空。采用电子水处理仪处理循环冷却水。循环水系统回水温度 37℃，供水温度 32℃。

四、特殊给水排水系统

1. 跑道和足球场地浇洒系统

足球场草皮由设在场内的自动升降式喷头喷水养护。喷头由设在体育场西侧一层的洒水泵房供水。足球比赛场和训练场共用一个 $200 \mathrm{m}^3$ 洒水箱和两台洒水泵。每个喷灌系统分两组，一组为场地中心全圆（360°）喷头，一组为边线（180°）喷头和角球区（90°）喷头。喷头为地埋式自动升降喷头，设在场地内的喷头表面盖板直径小于 50mm。

体育场跑道采用人工浇洒方式，跑道周围均匀设置埋地式洒水栓，其间距小于 60m。

2. 比赛场地排水

足球场草坪排水采用排渗结合排水方式，草坪下设渗水层，等间距布置 DN150 排水盲管，鱼背式坡向内环排水沟。可满足国际足联对足球场地的比赛要求。

田径场地沙坑、障碍跑水池、铁饼链球场地等均设排水管道，就近排入内环排水沟。

3. 游泳馆池水处理

为满足国际游泳协会（FINA）对竞赛用游泳池的池水水质要求，比赛池、跳水池、训练池分别设置各自独立的池水循环净化系统。池水均采用逆流循环方式，全流量臭氧消毒并辅以氯消毒。池水设计温度为 26℃，循环周期：比赛池、训练池均采用 6h，跳水池采用 8h。池水加热采用专用板式换热器加热，热源为动力站提供的高温热水。

跳水池预留制波系统和安全气垫系统，在由浴室进入泳池的通道上设置浸脚消毒池和强制淋浴。

池水处理流程示意如下：

池水→均衡水池→加药装置→毛发聚集器→循环水泵→砂过滤罐→臭氧消毒装置→反应罐→活性炭吸附罐→热交换器→泳池。

五、设计及施工体会

1. 管材选择

本工程室内给水、热水供回水管道管径不小于 DN50 采用衬塑钢管是考虑到场馆面积较大，如采用塑料类管道则刚性差、支吊架过多，同时塑料类管道对温度敏感性高，膨胀量大。但施工时发现，因场馆均为椭圆或圆形，干管为近圆折线，给管道连接施工增加了难度。同时热水供回水管采用衬塑钢管要注意内衬塑料材质和设计温度下的压力级别。

据甲方介绍株洲地区酸雨现象比较严重，故在室外管材选择上充分考虑其耐腐蚀性。室外给水和消防类管道采用球墨铸铁管；热水供回水管道采用氯化聚乙烯管（CPVC），专用胶粘接。

2. 游泳池工艺

跳水池预留制波系统和安全气垫系统，均应采用无油空压机。强制淋浴采用光电感应方式自动控制，须与电气专业配合。

3. 体育工艺

体育场地体育工艺要求田径场地和足球场地均要有良好的透水性，排水迅速顺畅，以便雨后能尽快恢复使用，因此场地排水设计尤为重要。内、外环沟设计除应考虑场地内雨水量外，还应考虑看台流入的雨水量。环沟应考虑排沙措施。

4. 总图设计

株洲体育中心一期工程占地面积约 $30hm^2$，地势南高北低，三个场馆在三个标高台阶上，地面落差十几米，道路成立交形式，部分场馆设计地坪标高低于周边市政道路标高。因结构形式复杂，室外结构地梁纵横交错，给室外雨、污水系统的设计带来了难度。因田径场地和足球场地的渗透系数较大，径流系数小，而路面部分径流系数较大，应分别计算。另地面径流时间不应都按 10min 计算，如地面坡度较大，可以取 5min 或更小。

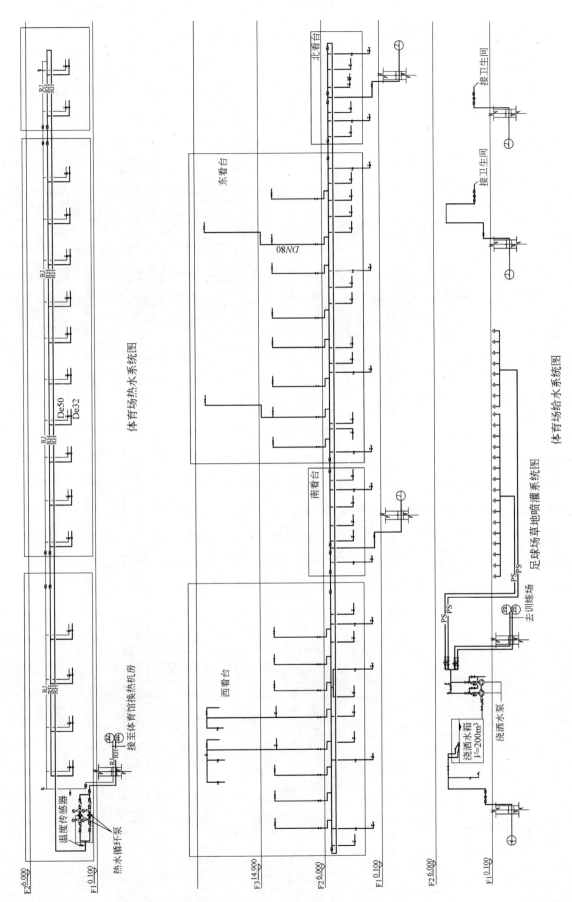

体育场热水系统图

体育场给水系统图

足球场草坪喷灌系统图

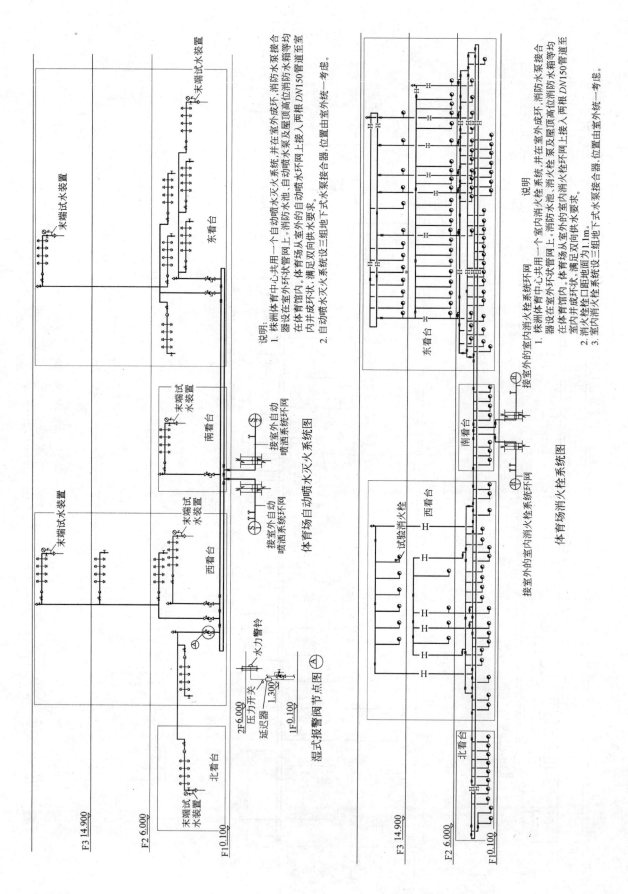

说明:
1. 株洲体育中心共用一个自动喷水灭火系统,并在室外成环,消防水泵接合器设在室外环状管网上。消防水池、自动喷水泵及屋顶高位消防水箱等均在体育馆内。体育场从室外的自动喷水灭火系统环状管网上接入两根 DN150 管道至室内并成环状,满足双向供水要求。
2. 自动喷水灭火系统设三组地下式水泵接合器,位置由室外统一考虑。

体育场自动喷水灭火系统图

说明:
1. 株洲体育中心共用一个室内消火栓系统,并在室外成环,消防水泵接合器设在室外环状管网上。消防水池、消火栓泵及屋顶高位消防水箱等均在体育馆内。体育场从室外的室内消火栓环状管网上接入两根 DN150 管道至室内并成环状,满足双向供水要求。
2. 消火栓栓口距地面为1.1m。
3. 室内消火栓系统设三组地下式水泵接合器,位置由室外统一考虑。

体育场消火栓系统图

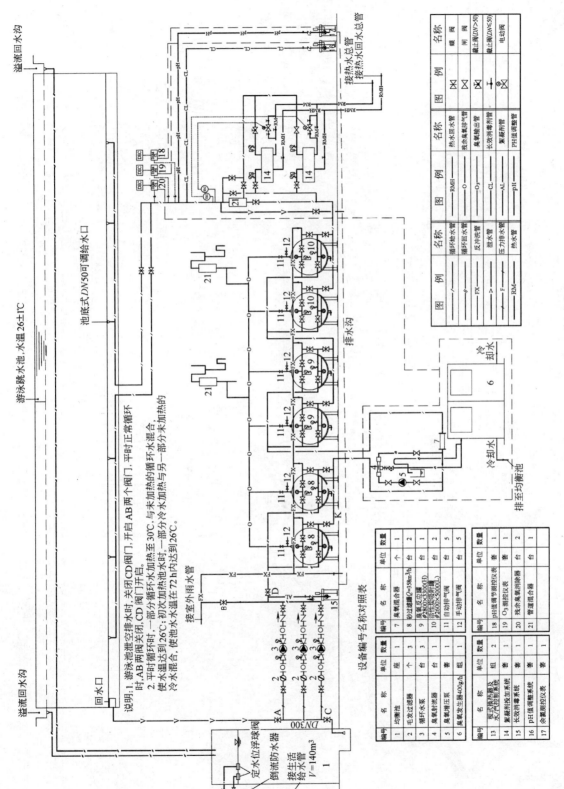

泳池循环水处理系统示意图

说明：1. 游泳池泄空排水时，关闭CD阀门，开启AB两个阀门。平时正常循环时，AB两阀关闭，CD阀门开启。平时循环时，一部分循环水加热至30℃，与未加热池水混合，使水温达到26℃；初次加热池水时，一部分冷水与另一部分未加热的冷水混合，使池水温在72h内达到26℃。

池底式DN50可调给水口

游泳跳水池.水温26±1℃

溢流回水沟

溢流回水沟

回水口

接室外雨水管

定水位浮球器
倒流防止器
DN300
接生活给水管
V=140m³

接热水回水总管
接热水总管

设备编号-名称对照表

编号	名 称	单位	数量
1	均衡池	座	1
2	毛发过滤器	个	3
3	循环水泵	台	3
4	臭氧射流器	台	1
5	臭氧增压泵	套	1
6	臭氧发生器400g/h	组	1

编号	名 称	单位	数量
7	臭氧混合器	个	1
8	砂缸过滤器Q=58m³/h	台	2
9	臭氧反应器 φ2800×33000(H)	台	1
10	活性炭吸附罐 φ2600×5000(L)	台	2
11	自动排气阀	台	5
12	手动排气阀	台	5

编号	名 称	单位	数量
13	配武消毒器及 水质在线监测系统	组	2
14	紫外线消毒系统	套	1
15	长效消毒系统	套	1
16	pH值调整系统	套	1
17	余氯测控仪表	套	1

编号	名 称	单位	数量
18	pH值调节加药控制仪表	组	2
19	O₃测控仪	套	1
20	残余臭氧消除器	台	2
21	管道混合器	台	1

图例

图 例	名 称
——	循环给水管
——✓—— FX	反冲洗管
——>——	泄水管
——F——	压力排水管
——RM——	热水管

图 例	名 称
——RMH——	热水回水管
——O——	残余臭氧排气管
——CL——	长效消毒剂管
——AL——	絮凝剂管
——pH——	PH值调整管

图 例	名 称
✕	蝶 阀
✕	闸 阀
✕	截止阀(DN>50)
—⌶—	截止阀(DN≤50)
✕	电动阀

排至均衡池

冷却水
冷却水

给排水管道总平面图

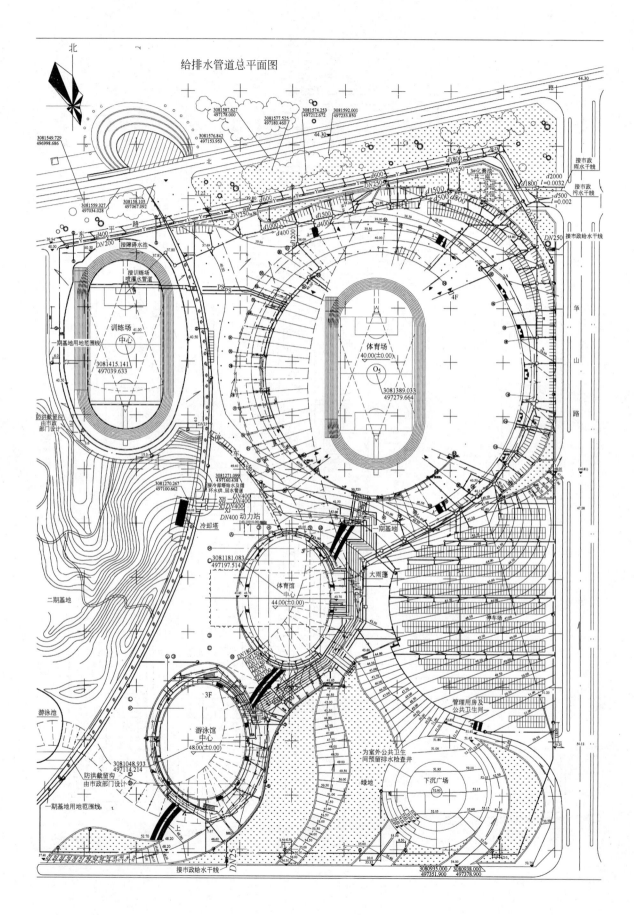

南开大学体育中心

周连祥　郭丽莉

南开大学体育中心坐落在南开大学校园内，是一座集体育教学、体育比赛、群体活动、大型集会、文艺演出等多功能的综合性建筑。南开大学体育中心整体平面形状呈椭圆形，西侧为综合体育馆，东侧为游泳馆。综合体育馆有 3000 固定座位、2000 活动座位。游泳馆有 50m×25m 标准的比赛池以及 25m×16m 练习池，固定座位 1000 座。总建筑面积 24182.5m²，建筑高度 23.7m，地上三层，结合天津地下水位高的特点，本设计尽量少做地下室，设备用房布置在一层局部地面降低的半地下室中，目前工程正在施工中。

一、给水排水系统

（一）给水系统

1. 冷水用水量表

本工程最高日用水量约 301.4m³，最大时用水量约 42.8m³。主要项目用水量标准和用水量计算见表1。

冷水用水量表　　　　表 1

序号	用水项目	使用数量	单　位	用水量标准(L)	小时变化系数	使用时间(h)	用水量(m³)			备注
							最高日	最大时	平均时	
1	观众用水	10000 人次	L/(人·d)	3	2.0	6	30.0	10.0	5.0	
2	淋浴用水	500 人次	L/(人·d)	50	2.0	5	25.0	10.0	5.0	
3	工作人员	100 人	L/(人·d)	40	2.0	8	4.0	1.0	0.5	
4	游泳池补水	4300m³	按池容积的 5% 补水		1.0	12	215.0	17.9	17.9	
5	未预见水量	按上述用水量的 10% 计								
5	总　计						301.4	42.8	31.24	

注：1. 上述给水用水量标准中不含相应的热水用水量。
　　2. 热水由地下温泉水供给。

2. 给水水源

本工程给水水源为校园内市政给水管网，从院内的给水管网上引两根 DN150 的管道至红线内，经总水表后沿建筑物布置成环状，以满足消防双向供水的要求。

3. 给水系统竖向分区及供水方式

给水系统竖向为一个区，由室外市政给水管道直接供水，市政给水压力为 0.25MPa。

4. 管材

室内给水干管采用衬塑钢管，沟槽连接；支管采用 PP-R 塑料管，热熔连接；室外给水管采用球墨给水铸铁管，橡胶圈柔性接口。

（二）热水系统

1. 热水用水量表

本工程最高日热水用水量约 19.25m³，最大时热水用水量约 7.7m³。主要项目用水量标准和用水量计算见表 2：

热水用水量表　　　　表 2

序号	用水项目	使用人数（人）	单位	用水量标准(L)	小时变化系数	使用时间(h)	用水量(m³)			备注
							最高日	平均时	最大时	
1	淋浴用水	500 人次	L/(人·d)	35	2.0	5	17.5	3.5	7.0	
2	未预见水量	按上述用水量的 10% 计								
3	总　计						19.25	3.85	7.70	

2. 热源

本工程淋浴热水采用校园内的地下温泉水，出水水温为 46℃。游泳池池水加热热源为水源热泵提供的热水。

3. 热水系统竖向分区

为保证冷、热水压力平衡，热水系统的竖向分区与给水系统保持一致，竖向采用一个系统，不再分区。

4. 热水系统设计

地下温泉水采用变频调速深井泵加压供给。为保证冷、热水压力平衡，热水供水设备的供水压力与冷水一致（即供水压力均为 0.25MPa）。

为保证热水的水温，在热水回水总管上设电磁阀，电磁阀由设在管道上的温度传感器控制开、关。每天供应生活热水之前，开启电磁阀，当温度升到 45℃ 时，关闭电磁阀，当温度降至 40℃，再次开启电磁阀，每天停止供应生活热水后，关闭电磁阀。排放的热水排至校园内中水处理站内的清水池，作为中水源水，重复利用。

游泳池加热采用水源热泵提供的热水进行换热，水温不低于 50℃，在游泳池水处理机房内设板式换热器，与游泳池循环水进行换热以保持游泳池水温。

5. 管材

热水及热水回水管均采用热水专用 PP-R 塑料管，热熔连接。

（三）排水系统

1. 排水系统的形式

本工程室内污水、废水合流排出，室内±0.000m 以上者，采用重力流排出；室内±0.000m 以下者，采用污水泵提升排出。污水泵均设二台，一用一备，交替运行，当一台不能排出突然的涌流时，备用泵自动启动并报警。

2. 透气管的设置方式

污水、废水排水立管均设伸顶透气管，主要卫生间排水管设主通气立管和环形通气管，以降低对水封的破坏和大气的污染。

3. 污水处理措施

室内污水、废水在室外经管道汇集，并经化粪池处理后，集中排入校园内的污水处理站进行处理，处理后的中水用于道路浇洒、校园绿化及冲厕。

4. 管材

室内排水管采用 PVC-U 排水塑料管，专用胶粘接；室外排水管采用承插式混凝土管，水泥接口。

（四）雨水系统

1. 暴雨重现期的确定

由于本工程屋顶网架比较复杂，屋面不允许大量积水，所以雨水设计重现期采用 10 年，并按 50 年校核，降雨历时采用 5min；室外地面设计重现期采用 3 年，降雨历时按 15min 计算。

2. 雨水系统的形式

从立面上看，南开大学体育中心屋顶网架呈雁形（中间低，两边高），采用传统重力流雨水系统，很难把屋面雨水排走。考虑到建筑美观要求，采用虹吸式雨水排放系统。椭圆形屋面短轴及外环设天沟，雨水选用 28 个排水能力为 40L/s 的虹吸式雨水斗，经多斗串联后分别汇入 4 根雨水立管，排至室外雨水检查井。

该系统由雨水斗、HDPE 管道、配件及固定装置组成，由专业厂商配合设计。

室外地面雨水由雨水口及管道汇集后，排入校园内的雨水管道。

3. 管材

室内雨水管采用 HDPE 管道，电熔连接。室外排水管采用承插式混凝土管，石棉水泥接口。

（五）游泳池循环水系统

作为全国大学生正式比赛场馆，游泳馆内标准池和练习池分别设置各自独立的池水循环净化给水系统。均采用逆流式循环方式，池水温度控制在 26℃。标准池循环周期 6h，循环次数为每天 4 次。练习池循环周期 4h，循环次数为每天 6 次。本工程采用循环水全部进行消毒的全流量臭氧消毒系统，并辅以氯消毒。非正式比赛时，可以采用氯消毒，以降低运行成本。

本系统由专业厂商负责设计、施工及调试。

二、消防系统

（一）消防系统的确定

根据《建筑设计防火规范》要求，本工程应设置下列消防系统：

1. 室外消火栓给水系统

2. 室内消火栓给水系统

3. 自动喷水灭火系统

4. 干粉灭火器配置。

（二）消防水源及用水量

1. 本工程消防水源为校园内市政给水管网。

2. 本工程消防用水量标准及一次灭火用水量见表 3。

消防用水量表　　　　　　　　　　　　　　　　　　　　表 3

用水名称	用水量标准(L/s)	火灾延续时间(h)	一次灭火用水量(m³)
室外消火栓给水系统	30	2	216
室内消火栓给水系统	20	2	144
自动喷水灭火系统	21	1	76

（三）室外消火栓给水系统

从校园内的环状给水管网上引两根 DN150 的给水管至红线内，经水表后布置成环状，满足消防双向供水的要求，在室外给水环状管网上设四个室外地下式消火栓提供室外消防用水。

（四）室内消火栓给水系统

1. 系统设计

室内消火栓给水系统由地下贮水池（220m³）、屋顶消防水箱（18m³）、消防加压泵及稳压泵、气压罐联合组成，平时由稳压泵、气压罐维持系统压力，稳压泵由管网上的压力开关控制启、停，当管网压力持续下降至一定值时，自动启动消火栓加压泵，在环状管网上设两个室外水泵接合器。消火栓加压泵及稳压泵均设两台，一用一备，当一台发生故障时，另一台自动投入。除不能用水灭火的房间外，均设消火栓保护，并保证任何一点均有两股水柱同时到达。每个消火栓箱内均配置 DN65mm 消火栓一个，DN65mm，l＝25m 的麻质衬胶水带一条，DN65×19mm 的直流水枪一支，自救式卷盘一套。每个消火栓箱内均设启泵按钮和指示灯各一个，启泵按钮可直接启动消防泵房内的消火栓加压泵，并用红色指示灯显示消火栓泵的运转情况，在消防控制中心和消防泵房内均能手动启、停消火栓加压泵及稳压泵，消火栓加压泵及稳压泵的运转情况用灯光讯号显示在消防中心和泵房内控制屏上。

2. 管材

室内消火栓管道采用焊接钢管，焊接或法兰连接。

（五）自动喷水灭火系统

1. 系统设计

根据规范要求，本工程自动喷水灭火系统按中危险级Ⅰ级考虑，喷水强度为 6L/(min·m²)，作用面积为 160m²，火灾延续时间为 1h，设计秒流量为 1.3×6.0×160/60＝21(L/s)，一次灭火用水量为 76m³。自动喷水灭火系统由消防水池、喷洒加压泵、稳压泵和屋顶水箱组成，屋顶水箱和室内消火栓系统共用同一个水箱，自动喷水灭火系统报警阀前管网布置成环状，在环状管网上设两个消防水泵接合器，以满足消防车向自动喷水灭火系统供水的需要。管网压力平时由地下泵房内的喷洒稳压泵和屋顶水箱维持，稳压泵由设在管网上的压力开关控制启、停，当管网压力持续下降超过一定值时，启动消防泵房内的喷洒加压泵，从消防水池抽水灭火。喷洒加压泵和稳压泵均设两台，一用一备，稳压泵交替使用，当其中一台泵发生故障时，另一台自动投入运行。加压泵和稳压泵均能在消防控制中心和泵房内手动启、停，其运转情况用灯光讯号反映在消防控制中心和泵房内控制屏上。

本工程共设两组湿式报警阀。报警阀所负担的喷头数均不超过 800 个，每层及每个防火分区均设水流指示器和带电讯号的阀门一个，当水流指示器动作时，向消防控制中心报警，并显示着火方位，当电讯号阀门关闭时，在消防中心控制屏上用灯光讯号显示出来。

喷头采用 68℃玻璃球喷头，吊顶处采用吊顶型，其余采用普通型。

2. 管材

室内自动喷水灭火系统管道采用内、外热镀锌钢管，丝扣或沟槽连接。

（六）干粉灭火器配置

配电室等不宜用水灭火的房间均配置推车式干粉灭火器灭火。本工程按中危险级要求配置手提式干粉灭火器。

三、设计及施工体会

本工程最大特点是雨水的排放形式。屋顶网架呈雁形（中间低，两边高），采用传统重力流雨水系统，很难把屋面雨水排走。经研究分析，本设计采用了虹吸式雨水排放系统，既解决了屋面雨水排水问题，又较好地解决了室内雨水管布置破坏建筑美观的问题。为了达到虹吸式雨水斗的虹吸要求，天沟局部做平，呈台阶状。

另外，考虑到天津地区地下水位比较高，本工程没设地下室。把泳池架空，局部设半地下室作为机房。泳池水处理机房直接设在泳池下方，节省了不少管材。为了避免漏水，泳池底做了500mm厚的垫层，给水循环管及排水管均布置在垫层内。

同时，考虑本工程游泳馆的使用特点（有正式比赛使用要求），本工程采用循环水全流量臭氧消毒系统，并辅以氯消毒。非正式比赛时，可以采用氯消毒，以降低运行成本，该消毒方式得到业主认可。

在施工过程中，由于分包商较多，所以各方应提前密切配合，尤其防水套管及管道的预留洞，应综合后配合土建现场预埋或预留。

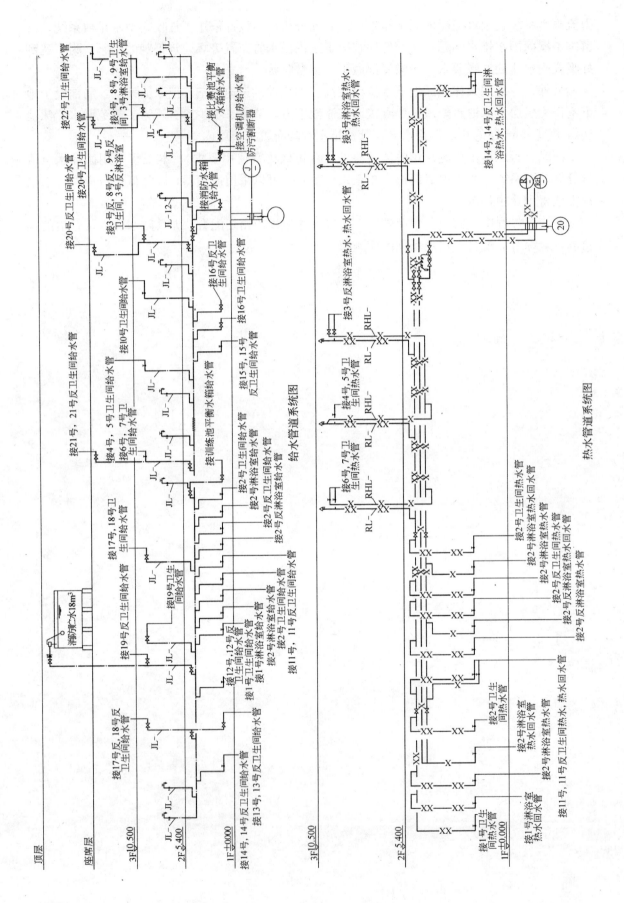

给水管道系统图

热水管道系统图

412

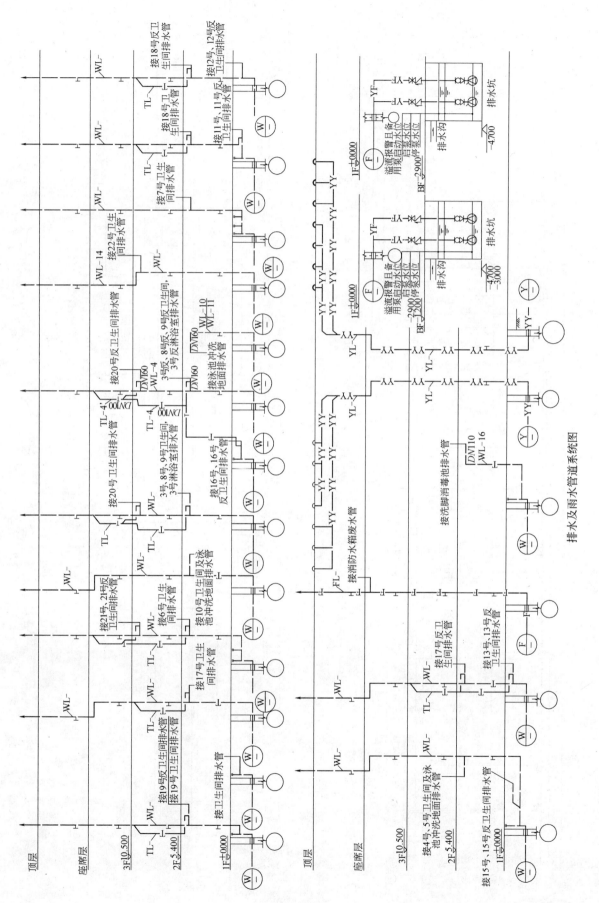

排水及雨水管道系统图

413

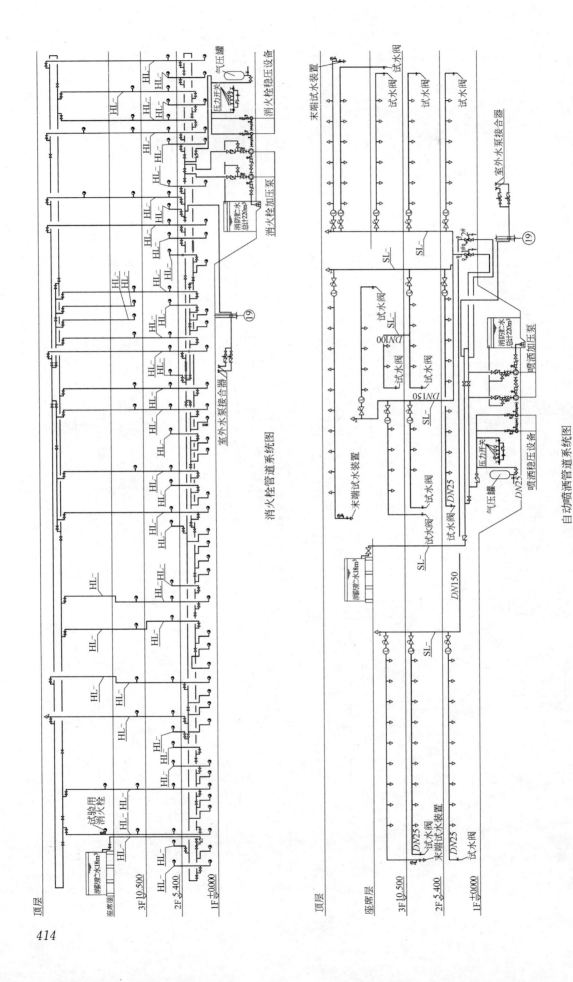

消火栓管道系统图

自动喷洒管道系统图

中国残疾人体育训练基地

安 岩

本工程位于北京市东北部的顺义区后沙峪镇新城内的温榆河畔，项目总占地面积为 23.8hm² （约占地 357 亩，其中预留 40 亩新建场馆发展用地），总建筑面积 64572m²，室外体育训练场地总面积 55450m²，建筑控制高度 30m。基地包括：科研公寓楼、田径及力量训练馆、门球馆、游泳馆、综合训练馆以及室外的田径场、射击场、自行车训练场和足球训练场（两块）。给水由距本地块 4km 的后沙峪自来水厂供水，所有排水经过处理达标后一部分回用于场地和道路浇洒，其余排放至南侧温榆河。

本设计包括红线内的室内给排水系统和消防系统。其中，有特殊工艺要求的房间，只预留总管道，具体设计由工艺配合；虹吸雨水系统、绿化灌溉（不包括足球场）、泳池、按摩池、景观水处理、污废水处理均由承包商配合进行二次设计，以上凡由承包厂商配合设计内容，需满足我院提供的技术参数和设计要求。

一、给水排水系统

（一）生活给水系统

1. 用水量：最大日 838.55m³/d，最大时 111.67m³/h。用水量表见表 1。

生活给水水量计算表 表1

序号	类别	项 目	数 量	用水定额	最大日生活用水量（m³/d）	用水时间（h）	平均时用水量（m³/h）	小时变化系数 K	最大时用水量（m³/h_max）	备 注
1	室内体育馆	田径及力量训练馆	119（人）	135L/（人·d）	16.07	6	2.68	3.0	8.03	用水量定额=150×90%
2-1		游泳馆	58（人）	135L/（人·d）	7.83	6	1.31	3.0	3.92	用水量定额=150×90%
2-2			3750（m³）	4%	150.00	16	9.38	1.0	9.38	泳池补水
3		综合训练馆	256（人）	135L/（人·d）	34.56	6	5.76	3.0	17.28	用水量定额=150×90%
4		门球馆	36（人）	135L/（人·d）	4.86	6	0.81	3.0	2.43	用水量定额=150×90%
5	体育场	田径场	0（人）	135L/（人·d）	0	6	0.00	3.0	0	用水量定额=150×90%
6		自行车场	41（人）	135L/（人·d）	5.54	6	0.92	3.0	2.77	用水量定额=150×90%
7		足球场	62（人）	135L/（人·d）	8.37	6	1.40	3.0	4.19	用水量定额=150×90%
8		射击场	34（人）	135L/（人·d）	4.59	6	0.77	3.0	2.30	用水量定额=150×90%

序号	类别	项目	数量	用水定额	最大日生活用水量 (m³/d)	用水时间 (h)	平均时用水量 (m³/h)	小时变化系数 K	最大时用水量 (m³/h max)	备注
9-1	科研公寓楼	运动员、教练员及项目管理人员	606(人)	170L/(人·d)	103.02	24	6.44	2.5	16.10	用水量定额 =200×85%
9-2		科研、工作人员	394(人)	45L/(人·d)	17.73	8	2.22	2.5	5.54	用水量定额 =50×90%
9-3		厨房、餐厅	2212(人)	23.5L/(人·次)	51.98	16	3.25	1.5	4.87	用水量定额 =25×94%
9-4		辅助治疗	91(人)	100L/(人·d)	9.10	8	1.14	2.0	2.28	用水量定额 =100×100%
9-5		洗衣房	940(kg)	60L/(人·kg)	56.40	16	3.53	1.2	4.23	用水量定额 =60×100%
10-1	场地浇洒	足球场场地浇灌	7140(m²)	12L/(m²·次)	85.68	2	42.84	1.0	42.84	用水量定额 =12×100%
10-2		田径场	7140(m²)	10L/(m²·次)	71.40	2	35.70	1.0	35.70	用水量定额 =10×100%
10-3		跑道冲洗	4952(m²)	10L/(m²·次)	49.52	2	24.76	1.0	24.76	用水量定额 =10×100%
		1~8+(9-3)+(9-5)a+(10-1)					72.62		101.52	
		未预见	10%		76.23				10.15	
		总水量			838.55				111.67	春夏秋
		1~8+[9-(2~5)]					33.14		67.20	
		未预见	10%		47.00				6.72	
		总水量			517.05				73.92	冬季

2. 水源：由后沙峪自来水公司为本基地专设的市政管道（管径 DN200，压力 0.18MPa）供给。

3. 系统分区：考虑市政条件和建筑物高度，生活供水分高、低两区。低区：整个训练基地内首层部分，该区最大时用水量为 95.57m³/h。高区：为整个训练基地二层至七层（科研公寓楼）。

4. 加压方式及设备：

（1）低区由市政直接供水。高区由 140m³ 的不锈钢调节水箱和加压泵联合加压供水。

（2）加压泵最大供水设计秒流量为 13.69L/s，所需扬程为 0.55MPa，保证最不利点的出水压力不小于 0.1MPa。供水设备采用变频恒压供水泵组。生活泵房内设置调节容积为 140m³ 不锈钢生活水箱。

（3）为保证足球场浇洒的特殊要求，在泵房内单设浇洒泵，最大时用水量为70m³/h，扬程54m。

5. 管材：室外管道采用内衬水泥球墨给水铸铁管，承插接口，橡胶圈密封。室内管道采用衬塑钢管，沟槽卡箍或丝扣连接。除机房内明装，其余部位均暗装，其中吊顶中管道做防结露保温。

（二）生活热水系统

热水供水范围方式：体育场馆与科研公寓楼设集中热水供应，其他场地边卫生间内的热水供应设电热水器。

1. 热水量及耗热量：

科研公寓楼和田径馆最大小时耗热量143.73万 kcal/h；其他体育场馆最大小时耗热量176.73万 kcal/h，耗热量表见表2、表3。

生活热水耗热量计算表（一）　　　　表2

序号	类别	项目	人数 (p)	热水定额 (L/人·d)	使用次数 (次)	热水定额温度 (℃)	最大日生活用水量 (m³/d)	用水时间 (h)	平均小时耗热量 (万 kcal/h)	小时变化系数 K	最大小时耗热量 (万 kcal/h)
1	室内体育馆	田径及力量训练馆	119	30	3	40	10.71	6	6.43	3.0	19.28
2	科研公寓	运动员、教练员及项目管理人员	606	120	1	60	72.72	24	25.45	4.67	118.95
3		科研、工作人员	394	10	1	60	3.94	8	2.76	2.5	6.90
4		厨房、餐厅	2212	10	1	60	22.12	16	7.74	1.5	11.61
5		辅助治疗	91	20	1	60	1.82	8	1.27	2.0	2.55
6		洗衣房	940	20	1	60	18.80	16	6.58	1.2	7.90
		(2)max+(1+3+4+5+6)a									143.73

生活热水耗热量计算表（二）　　　　表3

序号	类别	项目	洁具类型	洁具数量 (个)	洁具1小时用水量 (L/h)	热水定额温度(℃)	用水量 (m³/h)	耗热量 (万 kcal/h)	同时使用率	最大小时耗热量 (万 kcal/h)
1		游泳馆	淋浴器	26	300	40	7.80	28.08	100%	28.08
2		综合训练馆	淋浴器	72	300	40	21.60	77.76	100%	77.76
3		门球馆	淋浴器	8	300	40	2.40	8.64	100%	8.64
4		泳池补热								62.25
		合计								176.73

2. 热源及水温：

生活热水采用水源热泵提供的热水作为热媒进行加热，供水温度为 55℃，冷水温度 4℃。

3. 系统竖向分区：

根据热水使用特点和场地布置特点，热水供应系统分为两个，科研公寓楼和田径训练场为一个系统，其余训练场馆为一个系统，换热站分别设置在设于科研公寓楼、综合训练馆内的机房。生活热水与冷水的分区方式相同。

4. 热交换设备：

采用二级水加热器串联加热生活热水，二级水加热器分别以水源热泵的高低温热水为热媒。第一级换热为预热，以 50℃热泵热水为热媒，预热冷水出水温度为 40℃，热泵热水回水管上设循环泵，由被加热水温控制启停。第二级换热为加热，以 70℃热泵热水为热媒，被加热水出水温度为 55℃，热媒由自力式温度控制阀控制。

5. 管材及敷设：室内外采用热水型衬塑钢管，卡环或丝扣连接，采用橡塑海绵做保温。除机房内明装，其余部位均暗装。

（三）中水系统

1. 水源及中水回用部位

整个场地内排出的污废水，经过处理达到城镇杂用水水质控制指标后，作为中水水源回用于场地浇洒、道路浇洒及绿化用水（当有运动队训练时田径场和足球场的场地绿化用水不使用中水，当冬季等情况无人训练时，可通过阀门调节改为使用中水；达到节水目的）。用水量：最大日 212.92m³/d，最大时 37.04m³/h。

中水水源水量、回用水量以及水量平衡表分别见表 4、表 5 及表 6。

中水水源水量计算表　　　　　　　　　　　　　　表 4

序号	类别	项目	数量	用水定额	最大日生活用水量 (m³/d)	用水时间 (h)	平均时排水量 (m³/h)	小时变化系数 K	最大时用水量 (m³/h)	备注
1		田径及力量训练馆	119（人）	135L/（人·d）	16.07	6	2.68	3.0	8.03	用水量定额=150×90%
2-1	室内体育馆	游泳馆	58（人）	135L/（人·d）	7.83	6	1.31	3.0	3.92	用水量定额=150×90%
3			256（人）	135L/（人·d）	34.56	6	5.76	3.0	17.28	用水量定额=150×90%
4		门球馆	36（人）	135L/（人·d）	4.86	6	0.81	3.0	2.43	用水量定额=150×90%
5		田径场	0（人）	135L/（人·d）	0	6	0.00	3.0	0	用水量定额=150×90%
6		自行车场	41（人）	135L/（人·d）	5.54	6	0.92	3.0	2.77	用水量定额=150×90%
7	科研公寓楼	足球场	62（人）	135L/（人·d）	8.37	6	1.40	3.0	4.19	用水量定额=150×90%
8		射击场	34（人）	135L/（人·d）	4.59	6	0.77	3.0	2.30	用水量定额=150×90%
9-1		运动员、教练员及项目管理人员	606（人）	180L/（人·d）	109.08	16	6.82	2.5	17.04	用水量定额=200×15%

序号	类别	项目	数量	用水定额	最大日生活用水量 (m³/d)	用水时间 (h)	平均时排水量 (m³/h)	小时变化系数 K	最大时用水量 (m³/h)	备注
9-2		科研、工作人员	394(人)	45L/(人·d)	17.73	8	2.22	2.5	5.54	用水量定额 =50×90%
9-3		厨房、餐厅	2212(人)	22.5L/(人·次)	49.77	16	3.11	1.5	4.67	用水量定额 =25×90%
9-4		辅助治疗	91(人)	90L/(人·d)	8.19	8	1.02	2.0	2.05	用水量定额 =100×90%
9-5		洗衣房	940(kg)	54L/(人·kg)	50.76	16	3.17	1.2	3.81	用水量定额 =60×90%
9-6		车库地面浇洒	2000(m²)	1.8(L/m²·次)	3.60	6	0.60	1.0	0.60	用水量定额 =2×100%
	训练后	1～8＋[9 －(2～6)]					23.76		57.57	
		未预见	10%		32.09				5.76	
		总水量			353.03				63.32	
	训练后	1～8＋[9 －(2～5)]					23.16		56.97	
		未预见	10%		32.09				5.70	
		总水量			353.03				62.66	

中水回用水量表　表5

序号	类别	项目	数量	用水定额	最大日生活用水量 (m³/d)	用水时间 (h)	平均时用水量 (m³/h)	小时变化系数 K	最大时用水量 (m³/h)	备注
1		田径及力量训练馆	119(人)	15L/(人·d)	1.79	6	0.30	3.0	0.89	用水量定额 =150×10%
2-1	室内体育馆	游泳馆	58(人)	15L/(人·d)	0.87	6	0.15	3.0	0.44	用水量定额 =150×10%
3			256(人)	15L/(人·d)	3.84	6	0.64	3.0	1.92	用水量定额 =150×10%
4		门球馆	36(人)	15L/(人·d)	0.54	6	0.09	3.0	0.27	用水量定额 =150×10%
5		田径场	0(人)	15L/(人·d)	0	6	0.00	3.0	0	用水量定额 =150×10%

序号	类别	项目	数量	用水定额	最大日生活用水量 (m³/d)	用水时间 (h)	平均时排水量 (m³/h)	小时变化系数 K	最大时用水量 (m³/h)	备注
6		自行车场	41(人)	15L/(人·d)	0.62	6	0.10	3.0	0.31	用水量定额 =150×10%
7	科研公寓楼	足球场	62(人)	15L/(人·d)	0.93	6	0.16	3.0	0.47	用水量定额 =150×10%
8		射击场	34(人)	15L/(人·d)	0.51	6	0.09	3.0	0.26	用水量定额= 150×10%
9-1		运动员、教练员及项目管理人员	606(人)	30L/(人·d)	18.18	24	1.14	2.5	2.84	用水量定额 =200×15%
9-2	场地浇洒	科研、工作人员	394(人)	5L/(人·d)	1.97	8	0.25	2.5	0.62	用水量定额 =50×10%
9-3		厨房、餐厅	2212(人)	1.5L/(人·次)	3.32	16	0.21	1.5	0.31	用水量定额 =25×6%
9-6		车库地面浇洒	2000(m²)	2L/(m²·次)	4.00	6	0.67	1.0	0.67	用水量定额 =2×100%
10-1		足球场场地浇灌	7140(m²)	12L/(m²·次)	85.68	2	42.84	1.0	42.84	用水量定额 =12×100%
10-2	水景	田径场	7140(m²)	10L/(m²·次)	71.40	2	35.70	1.0	35.70	用水量定额 =10×100%
10-3		跑道冲洗	4952(m²)	10L/(m²·次)	49.52	2	24.76	1.0	24.76	用水量定额 =10×100%
10-4		景观水池补水	3531(m³)	5%	88.28	16	5.52	1.0	5.52	
11	绿化	场地绿化用水	54765(m²)	1L/(m²·次)	54.77	4	13.69	1.0	13.69	
12	道路	道路浇洒用水	47600(m²)	0.7L/(m²·次)	33.32	4	8.33	1.0	8.33	
		1~8+[9 -(2~6)] +(10-2) +(10-4) +11~12					30.17		33.68	
		未预见	10%		21.29				3.37	
		总水量			212.92				37.04	
		1~8+[9 -(2~6)] +[10-(1 ~3)]					105.94		109.44	2h浇完足球场
		未预见	10%		33.12				10.94	
		总水量			331.24				120.38	

平衡水量名称	给水		中水		排水	
用水时段	最大时用水量 (m³/h)	最大日用水量 (m³/d)	最大时用水量 (m³/h)	最大日用水量 (m³/d)	最大时用水量 (m³/h)	最大日排水量 (m³/d)
训练使用季节	111.67	838.55	37.04	212.92	63.32	353.03
无人训练季节	73.92	517.05	120.38	331.24	62.66	353.03

2. 系统竖向分区：考虑市政条件和建筑物高度情况，中水供水方式采用分区供水，分为高低两区。低区：整个训练基地内首层部分及浇洒场地道路用水。高区：为整个训练基地二层至七层（科研公寓楼）。

3. 供水方式及给水加压设备：

低区：由水处理站内的浇洒泵供水，该区最大时用水量为70m³/h。

高区：由水处理站内加压供水。最大供水设计秒流量为7.23L/s。

4. 水处理工艺流程图：

根据原水水质分析，为保证出水水质，其水处理工艺应为生化处理与物化处理相结合，生化处理降解有机物，物化处理将水与杂质进行分离。生化法采用膜生物反应器法（MBR），它是将污水中的生化处理与物化处理结合在一起的崭新处理工艺，生化处理有效降解有机物，再用孔隙率不大于 $0.4\mu m$ 级膜将净水与杂质彻底分离，使出水中 SS 值趋于零。绝大部分的细菌、微生物、热源、病毒随同它的载体一道被截留在污水中，后续消毒手段可作为杀菌的双重保险，保证出水水质。工艺流程如下图：

原水 → 细格栅 → 调节池 → 膜生物反应器 → 消毒 → 中水贮存池 → 回用

5. 管材：室外管道采用球墨给水铸铁管，承插接口，橡胶圈密封。室内管道采用热镀锌钢管，除机房内明装，其余部位均暗装，其中吊顶中管道，做防结露保温。

（四）污水系统

1. 排水系统的形式：±0.00m 以上的排水采用重力排水，±0.00m 以下采用污水泵提升排水。室外排水管道为污水、废水合流管道。统一排至处理站，经过处理后，部分回用，其余经过集中提升远距离排入城市排水管道。

2. 透气管的设置方式：卫生间采用设专用通气立管排水系统（部分器具设环形通气）。

3. 污水处理：

（1）粪便污水：经化粪池处理后，排入基地内排水管道。化粪池清掏周期为180d。

（2）厨房排水：采用明沟，污水进入地明沟前设隔油器初步隔油处理，排至室外，经埋地隔油池处理，排入基地内排水管道。

4. 管材及敷设：室外管道采用双壁波纹高密度聚乙烯管，承插接口，橡胶圈密封。室内重力管采用柔性抗震排水铸铁管及管件，平口对接，橡胶圈密封不锈钢卡箍连接。压力排水管采用给水铸铁管，承插连接。除机房内明装，其余部位均暗装，其中吊顶中管道，做防结露保温。

（五）雨水系统：

1. 暴雨强度公式：$q_s = 2001 \times (1 + 0.811 \lg P)/(T+8)^{0.711}$ (mm/min)。室内雨水管道设

计重现期 $P=10$ 年，室外雨水管道设计重现期 $P=0.5$ 年。

2. 所有场馆、体育场建筑屋面雨水采用压力（虹吸）流与重力流内排水相结合方式，科研公寓楼采用单斗排水系统，内排水方式，并在屋面设置安全溢流设施。

3. 场地内的雨水，通过绿地做浅沟并适当置换人工土壤、广场道路采用渗透地面、多孔混凝土地面或嵌草砖等方式加强场地内雨水的渗透。超出吸纳能力的雨水径流至道路雨水口或雨水沟经雨水泵提升，排至温榆河十三支道。

4. 管材及敷设：室外管道采用双壁波纹高密度聚乙烯管。室内重力雨水管采用焊接钢管。室外污水、废水和雨水管道采用双壁波纹高密聚乙烯管，室内重力管采用柔性抗震排水铸铁管及管件。压力雨水斗选用不锈钢材质，雨水管选用 HDPE 管，除机房内明装，其余部位均暗装。

二、消防系统

（一）本次设计内容包括：整个残奥综合体育训练基地内的室内外消防系统设计。按照相关规范规定，各个单体建筑中分别设有相应符合规范要求的消防系统（如表 7 所列）。

单体建筑采用的消防系统 表 7

序号	类别	项目名称	室外消火栓系统	室内消火栓系统	自动喷水灭火系统	灭火器配置	备注
1	室内体育馆	田径及力量训练馆	√	√		√	钢结构网架采用防火涂料喷涂，使其达到所需耐火等级
2		游泳馆	√	√		√	
3		综合训练馆	√	√		√	
4		门球馆	√	√	√	√	
5	体育场	田径场	√			√	看台下的房间内设灭火器保护
6		自行车场	√			√	
7		足球场					没有附属用房
8		射击场					没有附属用房
9	科研公寓楼	厨房、餐厅等	√	√	√	√	科研公寓楼在地面上为两栋单独建筑（科研楼 4 层、公寓楼 7 层），中间满足防火间距要求，在地下室相连接
		治疗等	√	√		√	
		地下车库	√	√	√	√	
		大堂等部位	√	√	√	√	
		办公部分	√	√		√	
		公寓部分	√	√	√	√	

（二）消防用水量

各个建筑物的消防设施设置标准如表 8 所列。

（三）消防水源

本工程游泳馆中有标准赛池（50m×25m×2m）、训练池（15m×25m×2m）及按摩池，考虑游泳馆满足选手训练和比赛的要求，泳池常年有水，即使是需要清洗、维护、检修，两个大池（标准赛池、训练池）可以轮换进行，因此把泳池作为整个训练基地的消防用水水源。按最不利情况考虑，训练池储存水 750m³，完全满足整个基地的消防用水量要求。

室内消火栓系统为临时高压系统...

单体建筑消防用水及消防设施标准　　　　表8

序号	类别	项目名称	室外消火栓系统		室内消火栓系统		自动喷水灭火系统			灭火器配置
			用水量标准(L/s)	火灾延续时间(h)	用水量标准(L/s)	火灾延续时间(h)	喷水强度/作用面积[L/(㎡·s)]	火灾延续时间(h)	用水量标准(L/s)	
1	室内体育馆	田径及力量训练馆	30	2	15	2				5A级
2		游泳馆	25	2	15	2				5A级
3		综合训练馆	30	2	15	2				5A级
4		门球馆	25	2	15	2	6/160	1	21	5A级
5	体育场	田径场	10	2						5A级
6		自行车场	10	2						5A级
7		足球场								
8		射击场								
9	科研公寓楼	厨房	20	2	20	2	8/160	1	28	厨房:4B级 餐厅:5A级
		餐厅、治疗等					6/160		21	5A级
		地下车库					8/160		28	4B级
		大堂等部位					6/160		21	5A级
		办公部分								5A级
		公寓部分					6/160	1	21	5A级

注：所有防火分区的卷帘均采用耐火极限为4h的双轨双帘无机复合特级防火卷帘。

（四）室外消火栓

由于只有一路市政供水入口，故室外消防系统的消防水需储存在消防水池。室外消防水量取30L/s，火灾延续时间2h，体积216m³。由集中设在消防泵房的室外消火栓加压泵加压至室外消防管网供水。室外消火栓系统管材选用普压给水铸铁管。

（五）室内消火栓

1. 如表7所示建筑内均设室内消火栓保护。

2. 室内消防水量取20L/s，火灾延续时间2h，消防水量为144m³。

3. 室内消火栓系统为临时高压系统，高位水箱（18m³）设在科研公寓楼屋顶水箱间内，消防水箱设增压稳压装置（与喷洒系统合用）。室内消火栓系统管道在室外单独成环。

4. 消火栓布置保证同层任何部位有两股水柱同时到达，每根立管最小流量10L/s，每只水枪出水量5L/s，充实水柱不小于10m，在公寓楼屋顶设检验用消火栓。二层及二层以下设减压孔板减压。

5. 室内消火栓系统共设室内消火栓加压泵两台（一用一备），工作泵事故时备用泵自动投入运行，平时自动巡检。消防时，由室内消火栓箱内破碎按钮启动，也可以接消防报警信号，经过控制室确认，手动启动，灭火后，手动停泵。消防泵房内设启停按钮，可就地启停水泵。

6. 室内消火栓系统管材室内部分选用钢管，焊接连接。阀门均为明杆闸阀。

7. 系统在室外设两套DN150地下式消防水泵接合器。

（六）自动喷水灭火系统

1. 设置范围：如表 7 所示。

2. 本建筑以中危险级 II 级为火灾危险等级分类进行设计，设计喷水强度为 8.0L/($min \cdot m^2$) 作用面积 $160m^2$，消防水量由设在游泳馆内的泳池兼作消防水池供给，储量按 1h 计，水量为 $100.8m^3$。

3. 喷头工作压力 9.8×10^4 Pa（最不利点处喷头压力不小于 4.9×10^4 Pa）。

4. 采用湿式自动喷水灭火系统。

5. 车库采用易熔合金喷头，其余均采用的红色玻璃泡喷头。喷头的动作温度为厨房高温作业区：93℃，其余各处：68℃。

6. 火灾时，喷头自动破碎喷水，水流指使器动作（动作流量为 0.5L/s），并向消防中心报警，湿式报警阀内水力警铃做机械报警，管网内压力下降，达到屋顶增压稳压装置启动的压力值，启动增压稳压装置的增压泵，随着出水量加大，管网内压力进一步下降，压力开关自动启动喷洒主泵，同时停增压泵。

7. 自动喷水灭火系统共设喷洒主泵两台（一用一备），工作泵事故时备用泵自动投入运行，消防时，接消防报警信号，确认后，启动喷洒主泵，也可由湿式报警阀内压力开关控制喷洒主泵的启动。消防泵房内设启停按钮，可就地启停水泵。

8. 整个系统设两套 DN150 地下式消防水泵接合器。

9. 自动喷水灭火系统管材室内部分选用热镀锌钢管，DN＜100mm 采用丝扣连接，DN≥100mm 采用卡箍或法兰连接。阀门均为明杆闸阀。

（七）移动灭火器

整个基地建筑内全方位布置灭火器，除变配电室按中危险级 B 类配置推车式 CO_2 灭火器外，地下车库、厨房按 4B 级，其余各处均按 5A 级配置磷酸铵盐干粉灭火器。

（八）消防排水

科研公寓楼中的消防电梯底坑旁设集水坑，潜污泵排水量不小于 10L/s。消防结束后，地下一层的潜水泵均可用作排除消防水。

（九）特别说明的问题

所有钢结构建筑构件均刷防火涂料保证耐火时间和耐火极限，不设喷洒保护。

三、设计体会

1. 此项目中涉及的内容比较繁杂，特别在用水特点上随季节、使用性质变化较大，计算中综合了多种情况，进行比较后确定最终的水量。

2. 系统由于采用的是非常规热源，在系统设计中要满足使用的要求，又要做到安全可靠、技术合理，经过仔细计算，确定现在的供水方案。

3. 系统中，利用游泳馆多个泳池的特点，采用泳池做消防水源，节约了项目投资。

4. 设计的多种工艺设计，都是建立在训练基地现有规模和使用特点上，尽可能做到因地制宜，本着结合现状、考虑发展、符合实际的原则确定。设计中只有真正从使用出发，认真研究其特殊性，才能使设计符合实际情况。

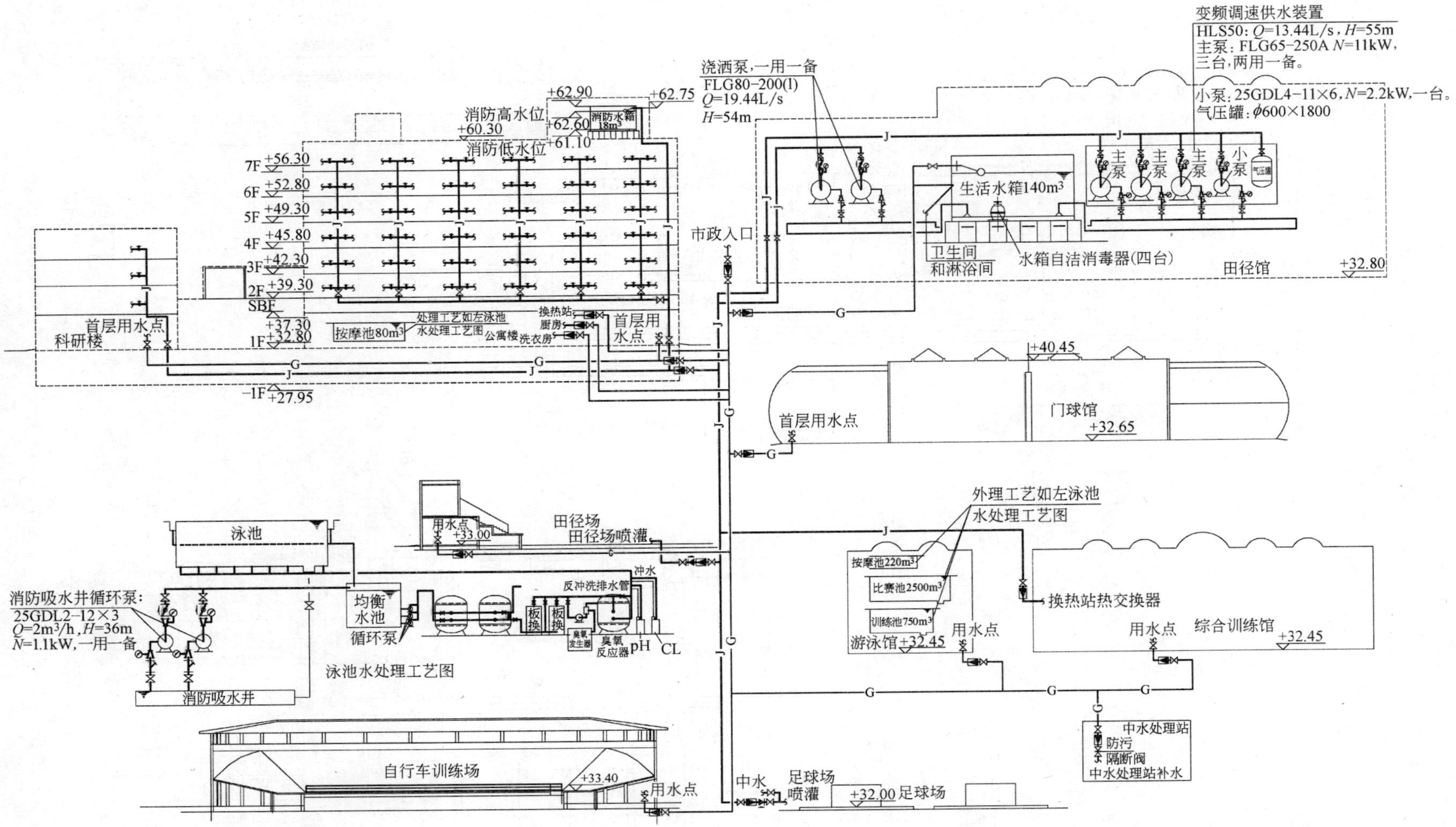

给水系统示意图

变频调速供水装置
HLS50：Q=13.44L/s，H=55m
主泵：FLG65-250A N=11kW，
三台：两用一备。
小泵：25GDL4-11×6，N=2.2kW，一台。
气压罐：φ600×1800

+32.80

田径馆

水箱自洁消毒器（四台）

生活水箱140m³

卫生间
和淋浴间

门球馆 +32.65

+40.45

首层用水点

换热站热交换器

综合训练馆 +32.45

用水点

比赛池2500m³
训练池750m³
游泳馆 +32.45

外理工艺如左泳池图

水处理工艺图

用水点

中水处理站
防污
隔断阀
中水处理站补水

中水
足球场喷灌

足球场 +32.00

浇洒泵 一用一备
FLG80-200(l)
Q=19.44L/s
H=54m

市政入口

消防高水位
消防底水位 +60.30
+62.90
+62.60
+61.10

+62.75

淋防水箱

换热站
厨房、洗衣房
公寓楼
处理工艺如左泳池
水处理工艺图

按摩池80m³

首层用水点

7F +56.30
6F +52.80
5F +49.30
4F +45.80
3F +42.30
2F +39.30
SBF
1F +32.80
+37.30
+32.80
-1F +27.95

田径场
田径场喷灌

换热站
甲水 +33.00
冲水
反冲洗排水管
均衡
水池
循环泵
板换
计量泵
臭氧反应器 pH CL

自行车训练场 +33.40

泳池

泳池水处理工艺图

消防吸水井

消防吸水井循环泵：
25GDL2-12×3
Q=2m³/h，H=36m
N=1.1kW，一用一备

科研用首层用水点

科研楼

说明：本图仅表示整个残奥训练基地给水系统的基本原理关系。
图中所注标高为各个单体的绝对标高。

425

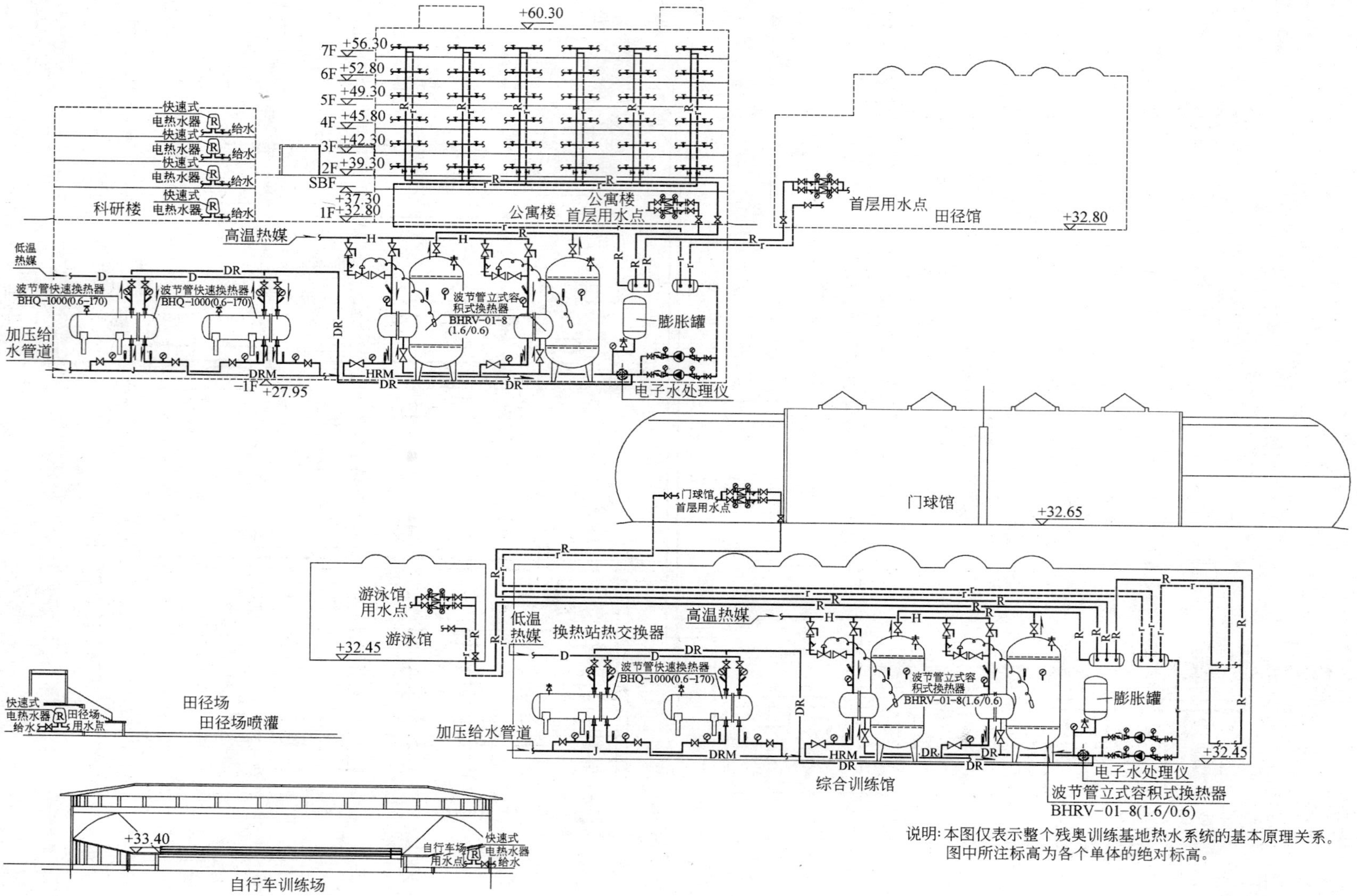

热水系统示意图

说明：本图仅表示整个残奥训练基地热水系统的基本原理关系。
图中所注标高为各个单体的绝对标高。

426

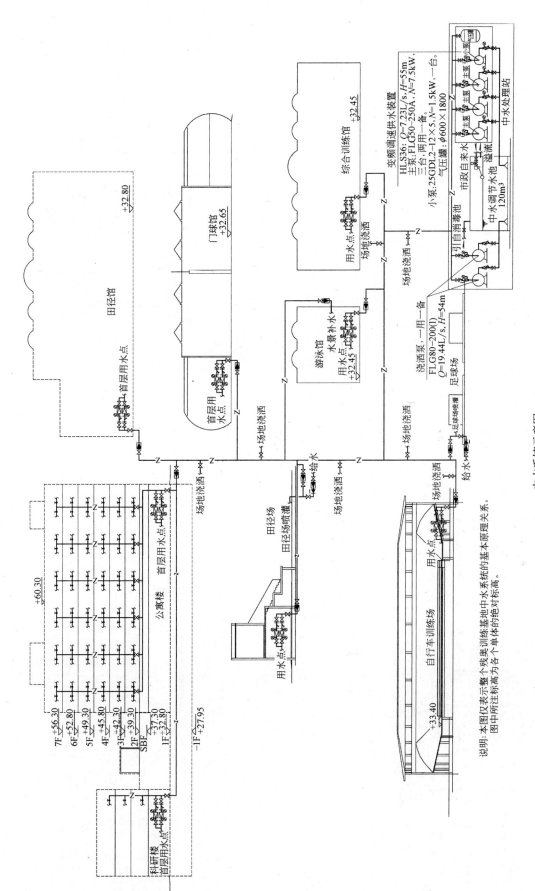

中水系统示意图

说明：本图仅表示整个残奥训练基地中水系统的基本原理关系。图中所注标高为各个单体的绝对标高。

427

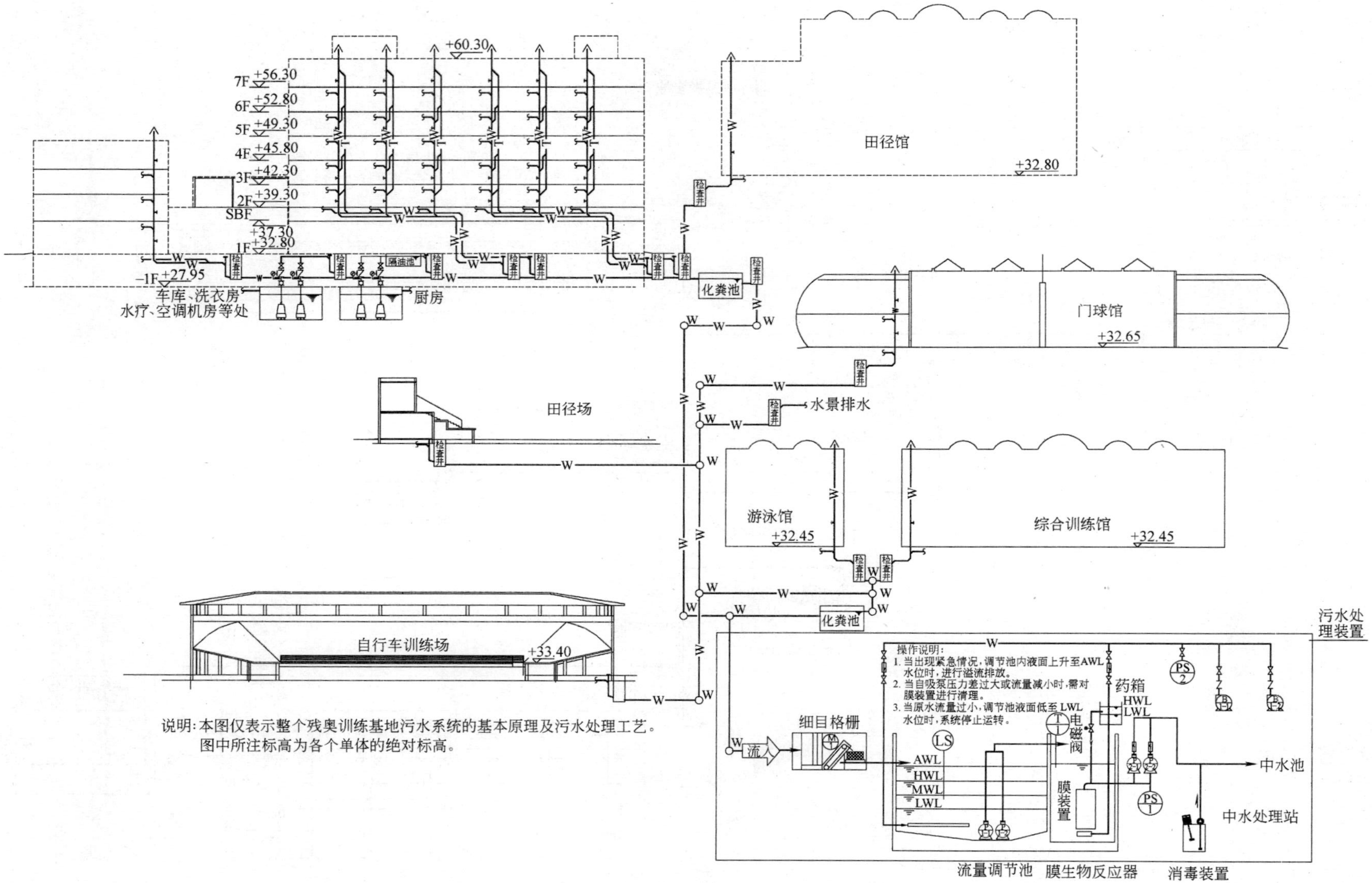

排水系统示意图

说明: 本图仅表示整个残奥训练基地污水系统的基本原理及污水处理工艺。图中所注标高为各个单体的绝对标高。

428

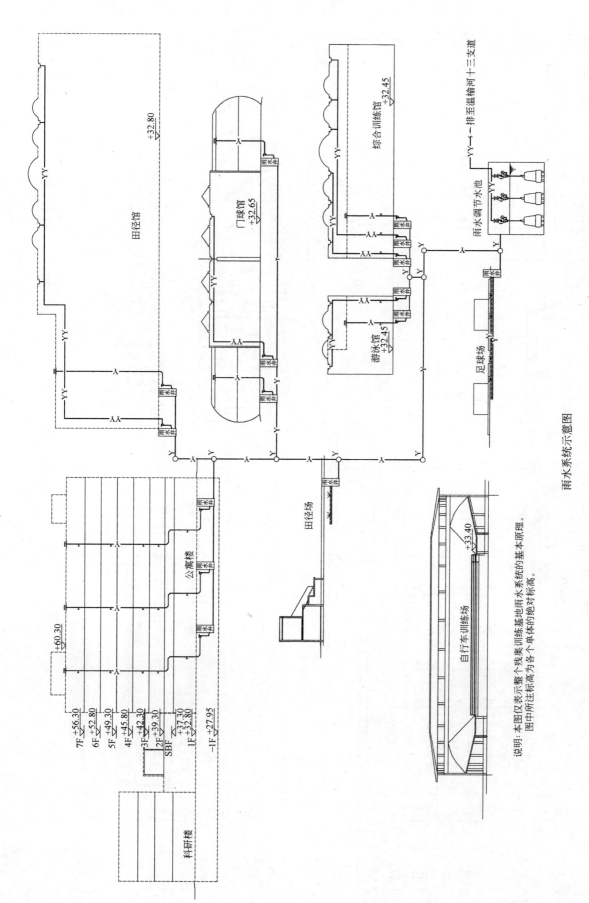

雨水系统示意图

说明: 本图表仅示意整个残奥训练基地雨水系统的基本原理。
图中所注标高均为各个单体的绝对标高。

田径馆 +32.80

门球馆 +32.65

综合训练馆 +32.45

游泳馆 +32.45

雨水调节水池

足球场

排至温榆河十三支道

田径场

公寓楼

科研楼

7F +56.30
6F +52.80
5F +49.30
4F +45.80
3F +42.30
2F +39.30
SBF
1F +37.30
+32.80
-1F +27.95

+60.30

自行车训练场 +33.40

429

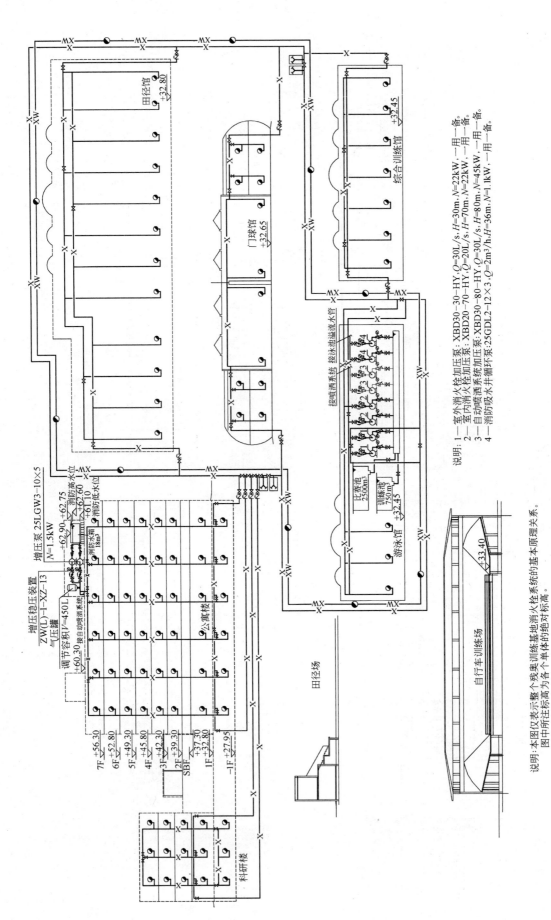

消火栓系统示意图

说明：1—室外消火栓加压泵：XBD30-30-HY，Q=30L/s，H=30m，N=22kW，一用一备。
2—室内消火栓加压泵：XBD20-70-HY，Q=20L/s，H=70m，N=22kW，一用一备。
3—室自动喷洒系统加压泵：XBD30-80-HY，Q=30L/s，H=80m，N=45kW，一用一备。
4—消防吸水井循环泵：25GDL2-12×3，Q=2m³/h，H=36m，N=1.1kW，一用一备。

说明：本图仅表示整个残奥训练基地消火栓系统的基本原理关系。
图中所注标高为各个单体的绝对标高。

430

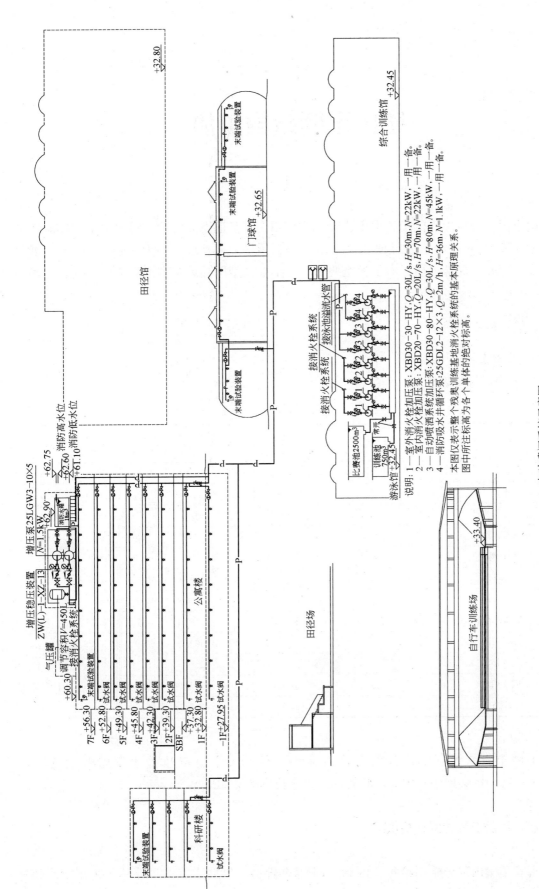

自动喷洒系统示意图

唐山国际会展中心

陈 宁

唐山市国际会展中心位于唐山市建设北路东侧、龙富道南北两侧，是唐山市的标志性建筑。占地面积 12.5 万 m²，建筑面积 3 万 m²，包括展厅，放映厅，动力中心，消防站。展厅建筑高度 22.0m，局部二层。本工程主要功能为举办大型国际展览和经贸洽谈活动。工程将于 2006 年初竣工。

一、给水排水系统

（一）给水系统

1. 冷水用水量见表 1

用水量表　　　　　　　　　　　　　　　　表 1

序号	名　称	单位	数量	用水标准	K 值	最大日 (m³)	平均时 (m³)	最大时 (m³)	备注
1	办公	人	100	50L/(人·d)	2.0	5.00	0.50	1.00	10(h/d)
2	观众	人	4000	3L/(人·次)	2.0	12.00	2.00	4.00	10(h/d)
3	展位工作人员	人	2000	30L/(人·d)	2.5	60.00	7.50	18.75	10(h/d)
4	展位预留给水		$De_{外径}=32mm$		1.0	87.6	14.6	14.6	10(h/d)
5	放映厅	人	100	5L/(人·次)	2.5	0.5	0.08	0.2	10(h/d)
6	空调补水				1.0	156.80	19.60	19.60	10(h/d)
7	小　计					321.4	44.28	58.15	
8	未预见水量			日用水量的 15%		48.21	6.64	8.73	
9	合　计					369.61	50.92	66.88	
10	室外								
11	绿化用水	m²	53586	2L/m²	1.0	107.17	53.59	53.59	1(次/d)
12	合　计					107.17	53.59	53.59	

2. 水源

采用城市自来水供给，分别由建设北路西侧、长宁道市政给水干管各引入一根 DN200mm 管，在会展中心内成环状管网，供水压力 0.2MPa。

3. 系统

给水系统由市政管网直接供给。

4. 管材

给水管道室内部分采用给水聚丙烯（PP-R）管道，热熔连接；室外部分采用给水铸铁管，承插接口橡胶圈密封。

432

（二）排水系统

1. 排水系统

采用污水、废水合流。

2. 透气管

采用专用透气管。

3. 管材

室内污水、废水管采用排水硬聚氯乙烯（PVC-U）管道，专用胶粘接。

（三）雨水系统

1. 采用的暴雨重现期

室内：重现期　10年

室外：重现期　2年

2. 雨水系统

展厅屋面雨水采用虹吸雨水系统，其他屋面雨水采用内落水雨水系统。

3. 管材

室内内落水雨水管采用给水硬聚氯乙烯（PVC-U）管道，橡胶圈承插接口。虹吸雨水采用高密度聚乙烯（HDPE）管道，热熔对焊连接。

二、消防系统

1. 消火栓系统

室外消火栓：设计流量30L/s，室内消火栓系统：设计流量20L/s。

整个会展中心为一个消防系统。室外消防用水由市政管网直接供给。

动力中心一层设有一座容积为385m³消防水池，供2h室内消火栓系统和1h自动喷水系统及1小时水炮系统用水。消火栓加压泵：$Q=20L/s$，$H=57m$，$N=22kW$，两台一用一备。消防稳压泵：$Q=5L/s$，$H=68m$，$N=5.5kW$，两台一用一备。设置4个$\phi1800$气压罐，容积12m³。

2. 自动喷水灭火系统

自动喷水系统用水量：设计流量27L/s，按中危险级Ⅰ级考虑。整个会展中心为一个消防系统。自动喷水加压泵$Q=30L/s$，$H=66m$，$N=37kW$，两台一用一备。自动喷水稳压泵：$Q=5L/s$，$H=68m$，$N=5.5kW$，两台一用一备。设置两个$\phi1600$气压罐。

喷头选用：喷头动作温度：68℃。报警阀按展厅分别设，共设置四套。自动喷水设置范围：办公、会议厅、层高8m以下展厅、放映厅等部位。

3. 消防水炮系统

消防水炮系统：设计流量40L/s。设置范围：展厅。共设置14台智能数控水炮保证每一点均有两股水柱同时到达。

消防水炮加压泵　$Q=40L/s$，$H=120m$，$N=75kW$，两台一用一备。消防水炮稳压泵：$Q=5L/s$，$H=68m$，$N=5.5kW$，两台一用一备。设置1个$\phi1000$气压罐。

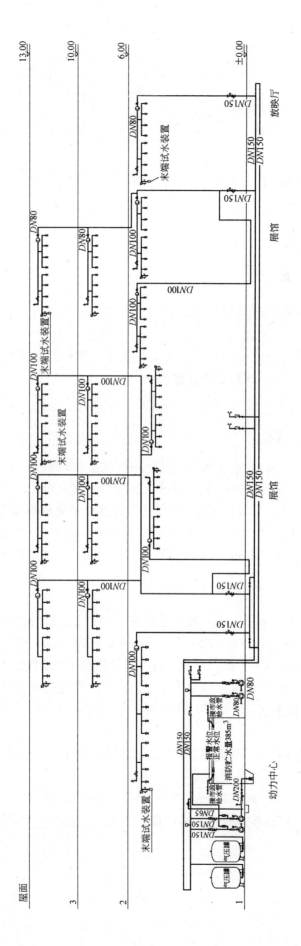

自动喷水管道系统图

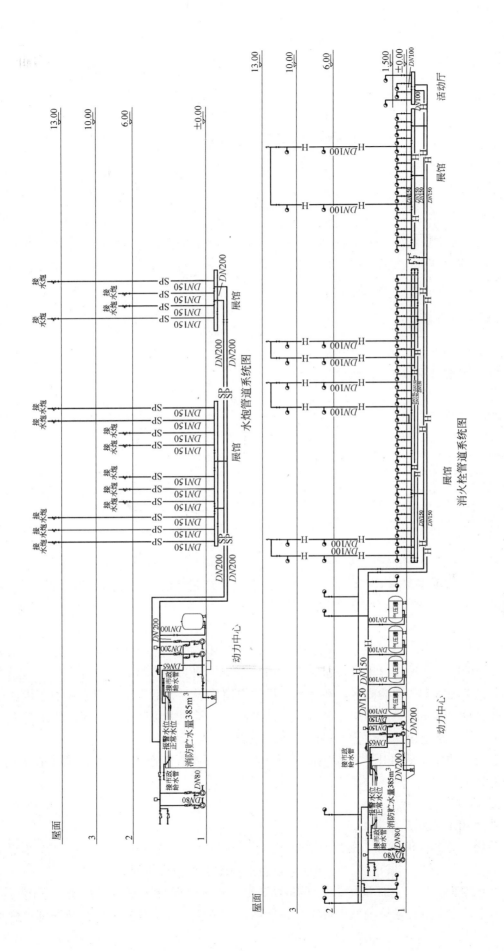

水炮管道系统图

消火栓管道系统图

北京科技会展中心

郑　毅

本项目为北京科技会展中心办公楼，位于北京市西三环联想桥东南角。占地面积 13594m²，建筑面积 90000m²，建筑高度 125.0m。地下 3 层，为设备机房及停车库；地上 32 层，为办公区。本工程已竣工。

一、给水排水系统

（一）给水系统

1. 冷水用水量见表 1

冷水用水量表 表 1

序号	用水部位	使用数量	用水量标准	日用水时间 (h)	时变化系数 (K)	用水量（m³）		
						最高日	最大时	平均时
1	办公	7000 人	50L/(人·d)	10	2.0	350.0	70.0	35.0
2	员工	500 人	50L/(人·d)	10	2.0	25.0	5.0	2.5
3	食堂	600 人次	20 升/(人·次)	10	1.5	12.0	1.8	1.2
4	冷却塔补水	冷却循环量 1718m³/h	2%	12	1.0	412.3	34.4	34.4
5	未预见水量		10%			80.0	11.1	7.3
6	总计					879.3	122.3	80.4

2. 水源：供水水源为城市自来水。从用地北侧、东侧市政给水管各接出一根 DN150 给水管，进入用地红线，经总水表及倒流防止器后围绕本建筑形成给水环网，环管管径 DN150。

3. 系统竖向分区：市政供水最低压力为 0.18MPa。管网竖向分为四个压力区。地下三层～二层为低区，由城市自来水直接供水；三层至十二层为中 1 区，十三至二十一层为中 2 区，二十二层～三十一层为高区，在地下三层水泵房中设置生活水箱，给水泵加压供水至屋顶水箱再由屋顶水箱重力流至中 1 区、中 2 区和高区，其中中 1 区、中 2 区供水干管上设减压阀减压。给水泵组由两台主泵（一用一备）组成。

4. 管材：供水干管采用内衬塑热浸镀锌钢管，卡环式管件连接；卫生间内支管采用 PP-R 管，热熔连接。

（二）热水系统

1. 热水用水量见表 2。

2. 热源：热源为城市热力管网，供水温度夏季为 70℃，冬季为 120℃；回水温度夏季为 55℃，冬季为 65℃。城市热力检修期由自备电热水锅炉供应热媒。

3. 系统竖向分区：为保证冷、热水压力平衡，系统竖向分区同给水系统。采用管网集中供应热水，在地下二层热力站中各区均设置两台波节管立式半容积式热交换器制备热水。

热水用水量   表 2

序号	用水部位	使用数量	用水量标准 （60℃）	日用时间 (h)	时变化系数 (K)	用水量（m³）		
						最高日	最大时	平均时
1	办公	7000人	10L/人	10	2.0	70.0	7.0	47.0
4	食堂	600人次	10L/人,次	10	1.5	6.0	0.9	0.6
7	总计					76.0	7.9	47.6

4. 集中热水供应系统采用全日制机械循环。为保证系统循环效果，供回水管道同程布置。循环系统保持配水管网温度在50℃以上。温控点设在热交换器回水入口处，热水循环泵设置两台；一用一备。当温度低于50℃，循环泵开启；当温度上升至55℃，循环泵停止。电热水锅炉出口处设置两台热媒水循环泵，一用一备，当任意一台热交换器的温度低于55℃时启泵，当两台热交换器的温度都达到60℃时停泵。

5. 管材：选用热水型内衬塑热浸镀锌钢管和热水型PP-R管

（三）中水系统

1. 中水用水量表见表3。

中水用水量   表 3

用水部位	使用数量	用水量标准	日用水时间 (h)	时变化系数 K	用水量（m³）			
					最高日	最大时	平均时	平均日
办公便器冲洗	7000人	50×60%	10	2.0	210.0	42.0	21.0	150
洗车	189×0.7次	15L/次	4	1.0	2.0	0.5	0.5	2.0
绿化	10550m²	2.0L/m²	4	1.0	21.1	5.3	5.3	21.1
总计					233.1	47.8	26.8	173.1

中水原水取自本楼旁边的公寓楼废水，并在本楼的地下二层中水处理房进行处理后供本楼使用。

2. 系统竖向分区：管网竖向分为四个压力区。地下三层至三层为低区；四层至十二层为中1区，十三层至二十一层为中2区，二十二层至三十一层为高区。在地下三层水泵房中设置中水水箱，中水泵加压供水至屋顶水箱再由屋顶水箱重力流至低区、中1区、中2区和高区，其中低区、中1区、中2区供水干管上设减压阀减压。中水泵组由两台主泵（一用一备）组成。

3. 中水处理工艺流程图：

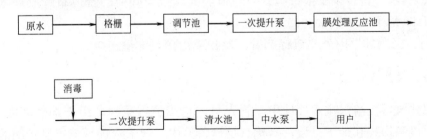

4. 管材：同冷水系统管材。

（四）排水系统

1. 本工程室内污废水分流排出，粪便污水排入室外化粪池，处理后排入室外污水管网。

厨房污水经室内隔油器处理后，再排入室外隔油池，处理后排入室外污水管网。

2. 卫生间污废水设通气立管，地下室污水泵坑内设通气立管通气。

3. 一层以上为重力流排水，其中三层以下单独排出，地下室污废水汇集至集水坑，经潜水泵提升后排出室外。

4. 管材：室内管道采用柔性接口的机制排水铸铁管，橡胶圈密封，不锈钢带卡箍接口。

（五）雨水系统

1. 屋面雨水利用重力排除，采用内排水方式，排至室外雨水管道。屋面雨水设计重现期为 5 年。地下车库坡道拦截的雨水，用管道收集到地下室集水坑，用潜污泵提升后排除，雨水量按 10 年重现期计。

2. 管材采用热浸镀锌钢管，焊接连接。

二、消防系统

（一）消火栓系统

1. 全楼均设消火栓保护，室内消火栓用水量为 40L/s。室内消防用水由地下三层消防水池供给，贮水量为 540m³，分为大小相等的两格。

2. 管网系统竖向分高区和低区。消防泵房设于地下三层，高区和低区各设两台消火栓水泵，一用一备。消火栓设计出口压力控制在 0.19～0.5MPa，地下三层至七层及十六层至二十三层栓口压力超过 0.5MPa，采用减压孔板减压。屋顶设消防水箱，贮存消防水量 18m³，采用消防专用稳压装置稳压。高低区各设 3 个 DN100 地下式水泵接合器。

3. 管材采用无缝钢管，焊接。

（二）自动喷水灭火系统

1. 设计参数：系统按中危险级 II 级要求设计。设计喷水强度 8L/(min·m²)。作用面积 160m²，地下车库按中危险 II 级设计，设计喷水强度 8L/(min·m²)，作用面积 160m²。系统最不利点喷头工作压力取 0.1MPa。系统设计流量约 30L/s。

2. 喷头：除各设备机房、变配电室、电话总机房、消防控制中心、电梯机房、水箱间等外，其余均设喷头保护。采用玻璃球喷头，吊顶下为吊顶型喷头，吊顶内喷头为直立型。公称动作温度：厨房高温区为 93℃级，其余均为 68℃级。

3. 管网竖向分两个区，高区及低区各设 2 台自动喷洒水泵，一用一备。屋顶水箱间设消防专用稳压装置稳压。报警阀组：共设 9 套报警阀组，设置在地下三层 5 组及十四层 4 组。各报警阀处的最大水压均不超过 1.2MPa，每个报警阀负担喷头数不超过 800 个（不计吊顶内喷头）。水力警铃设于报警阀处的通道墙上。报警阀前的管道布置成环状。高低区各设两个 DN100 地下式水泵接合器。

4. 管材：采用加厚内外热镀锌钢管，丝扣或沟槽式卡箍连接。

三、设计及施工体会

超高层建筑，在给水排水设计中干管管材的选用值得重视，由于本楼高度为 125m，将高区的供水设备均设在地下三层，其优点是设备集中，便于管理，节省设备用的空间。其不足是干管管道压力大，须选用加厚热镀锌钢管，管道承压过大，其阀门、管道故障率增大，维护管理增加，因此，在以后设计高层给排水时，特别 130m 以上的建筑，最好采用接力式供水方式。

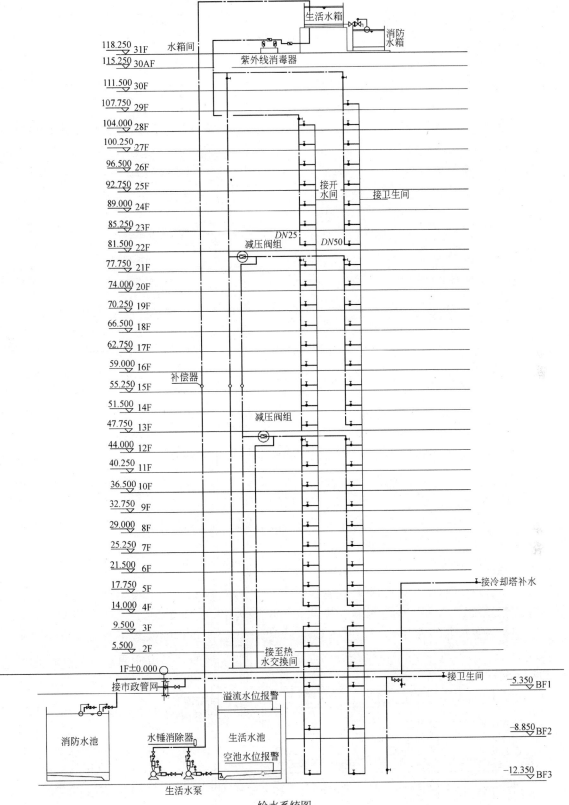

给水系统图

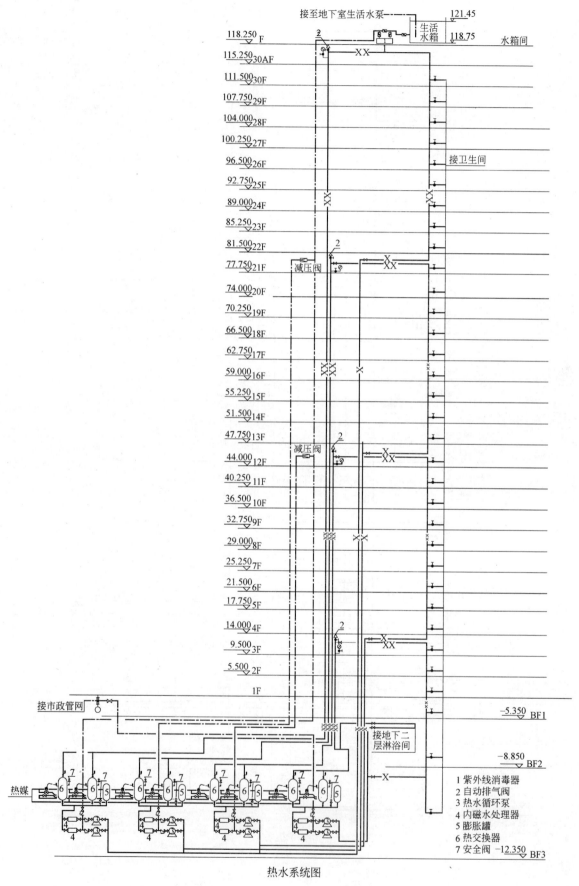

接至地下室生活水泵

121.45

生活
水箱

118.75　水箱间

118.250 F

2

XX

115.250 30AF

111.500 30F

107.750 29F

104.000 28F

100.250 27F

96.500 26F　接卫生间

92.750 25F

89.000 24F

85.250 23F

81.500 22F

2

减压阀　XX

77.750 21F

74.000 20F

70.250 19F

66.500 18F

62.750 17F

59.000 16F

55.250 15F

51.500 14F

47.750 13F

2

减压阀　XX

44.000 12F

40.250 11F

36.500 10F

32.750 9F

29.000 8F

25.250 7F

21.500 6F

17.750 5F

14.000 4F

2

XX

9.500 3F

5.500 2F

1F

接市政管网

−5.350 BF1

接地下二
层淋浴间

−8.850 BF2

热媒

1 紫外线消毒器
2 自动排气阀
3 热水循环泵
4 内磁水处理器
5 膨胀罐
6 热交换器
7 安全阀　−12.350 BF3

热水系统图

440

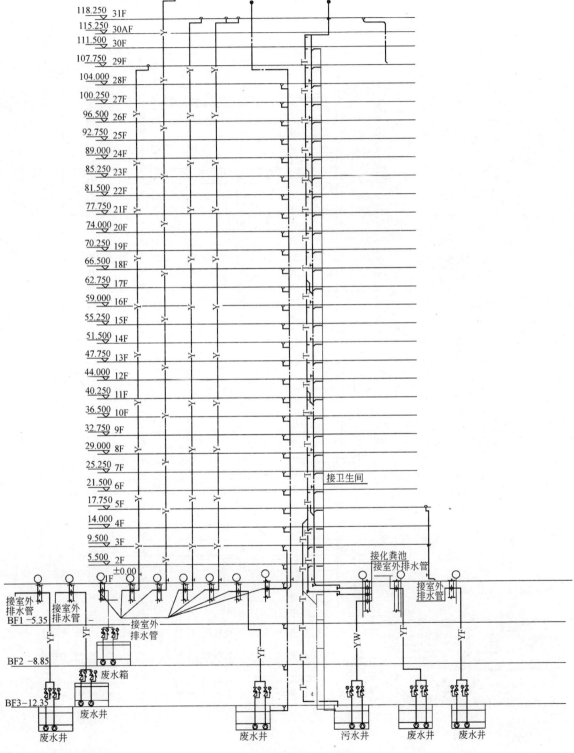

污水、废水、雨水系统图

441

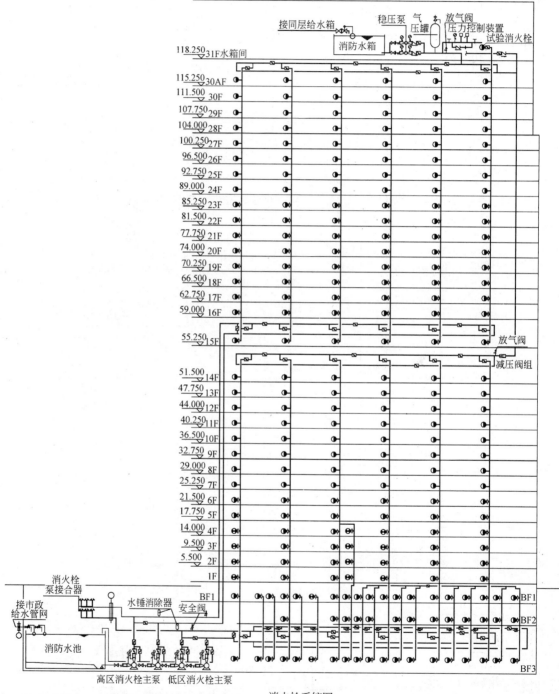

消火栓系统图

442

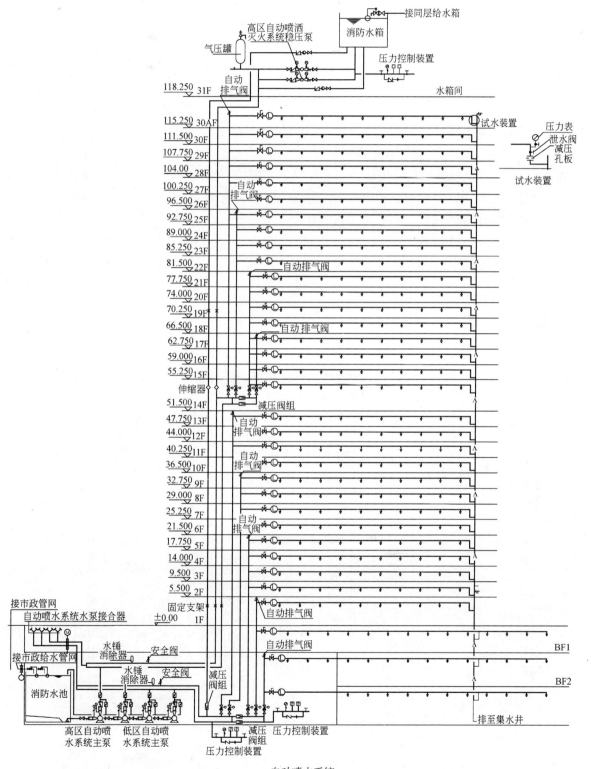

自动喷水系统

首 都 博 物 馆

郭汝艳　靳晓红

首都博物馆新馆位于北京市长安街上复兴门外大街与白云路交叉口西南角。规划建设用地面积 24133.7m²，总建筑面积 63390m²。建筑高度（檐口）36.4m，地上 5 层，地下 2 层，地下三层为 2.2m 层高的设备夹层。工程性质为大型综合性博物馆建筑。其中地上各层和地下一层南区为展陈、社教、科研、办公、保安、综合服务等功能区，由三大部分组成：椭圆斜筒展厅、矩形基本展厅、行政办公区。地下一、二层北区为地下车库，地下二层南区为藏品库、设备机房、人防等。

2002 年 11 月完成设计，2005 年 8 月竣工，2005 年 10 月投入使用。

一、给排水系统

（一）给水系统
1. 用水量见表 1。

主要项目用水量标准和用水量计算表　　　　　　　　　　　　　　　表 1

序号	用水项目	使用数量	用水量标准	使用时间 (h)	小时变化系数	用 水 量		
						最高日 (m³/d)	最大时 (m³/h)	平均时 (m³/h)
1	办公人员	300 人	50L/（人·d）	8	2.0	15.00	3.75	1.88
2	服务人员	300 人	25L/（人·d）	8	2.0	7.50	1.88	0.94
3	参观观众	6000 人次/d	3L/（人·次）	8	2.0	18.00	4.50	2.25
4	武警淋浴	80 人次	100L/（人·d）	4	1.5	8.00	3.00	2.00
5	内部厨房	900 人次/d	15L/（人·次）	8	2.0	13.50	3.38	1.69
6	对外厨房	1200 人次/d	20L/（人·次）	8	2.0	24.00	6.00	3.00
7	文物熏蒸、清洗	库区面积 9840m²	1L/（m²·d）	8	2.0	9.84	2.46	1.23
8	暗室	4 个龙头	250L/h 水嘴	8	1.5	8.00	1.50	1.00
9	武警宿舍	45 人	100L/（人·d）	24	2.5	4.50	0.47	0.19
10	锅炉补水			10	1.0	20.00	2.00	2.00
11	绿化、冲洗道路	5000m²＋3000m²	2L/（m²·d）	8	1.5	16.00	3.00	2.00
12	汽车库地面冲洗	5100m²	2L/（m²·d）	2	1.5	10.20	7.66	5.10
13	水景补水	池水容积 600m³	5%补水量	8	1.0	30.00	3.75	3.75
	1～10 合计					128.34	28.94	16.18
	不可预见　　1～10 项总和的 10%					12.8	2.89	1.62
	合计					197.34	31.83	17.80
	注：绿化、地面冲洗、水景补水水量不计入小时流量							
11	冷却塔补水	冷却水量 2020m³/h	1.5%补水量	8	1	242.40	30.30	30.30

444

本工程用水量

	生活水量	冷却补水量
最高日用水量：	197.34m³/d	242.40m³/d
最大时用水量：	31.83m³/h	30.30m³/h

此用水量包括中水回用水部分

2. 水源：本工程的供水水源为城市自来水，从用地北侧的 DN400 的给水管和用地南侧的规划路 DN400 的给水管上分别接出 DN200 的给水管，经总水表后接入用地红线，在红线内以 DN200 的管道构成环状供水管网。水压 0.18～0.2MPa。

3. 竖向分区和供水方式：给水系统竖向分为二个区：低区：地下二层至地上一层，利用市政自来水压力直接供水；高区：二层以上由恒压变频供水设备供水。

4. 给水加压设备：地下二层设 80m³ 生活水箱和一套恒压（恒压值 0.65MPa）变频供水设备（包括三台大泵，二用一备，每台 Q=5.5L/s，H=65m，一台小泵 Q=1.0L/s，H=65m，一台隔膜气压罐及变频控制柜，流量、压力传感器等仪表）。低峰用水时，由小泵和气压罐供水；高峰用水时，启动大泵，根据用水量的变化自动进入变频或工频工作。生活水箱水位至最低时，供水装置停止；水位升高恢复正常工作，其自动控制由厂家负责编程调试。

5. 管材：室内给水管采用铜管，铅焊连接。

（二）热水系统

1. 热水用水量

	水量	耗热量
	14.16m³/h（50℃）	609kW

2. 供应部位：武警淋浴间、厨房和陈列区、办公区卫生间洗手盆

3. 热源及生活热水的制备：热源为城市热力，城市热力检修期，由自备燃气锅炉供给 0.4MPa 的饱和蒸汽，经换热器二次换热（要求换热器适合于高温热水和蒸汽两种热媒），出水温度 55℃，供应生活热水。热交换站由甲方另委托热力公司设计。

4. 系统竖向分区：热水系统竖向不分区。热交换器由生活变频供水装置供水，水源压力为 0.65MPa。

5. 为了保证冷热水压力平衡，一层及以下用水点处装支管减压阀，阀后压力调整为同给水压力，浴室设自力式冷热水混水阀调节冷热水压力平衡。为节约用水，保证用水点随时出热水，卫生间热水立管靠近洗手盆，不循环部分的支管以最短距离接到用水点，热水立管采用机械循环方式，供回水管同程布置。循环泵由回水管路上的电接点温度计控制。

6. 管材：采用铜管，熔、焊连接。

（三）中水系统

1. 中水原水量见表 2、中水用水量见表 3。

2. 水量平衡：

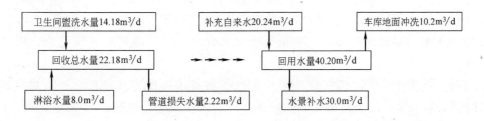

445

序号	用水项目	使用数量	用水量标准	使用时间 (h)	小时变化系数	用水量		
						最高日 (m³/d)	最大时 (m³/h)	平均时 (m³/h)
1	办公人员	300人	50L/(人·d)×35%	8	2.0	5.25	1.31	0.66
2	服务人员	300人	25L/(人·d)×35%	8	2.0	2.63	0.66	0.33
3	参观观众	6000人次/d	3L/(人·次)×35%	8	2.0	6.30	1.58	0.79
4	淋浴	80人次	100L/(人·d)	4	1.5	8.00	3.00	2.00
5	10%的损失量					2.22	0.66	0.38
合计(1项+2项+3项+4项－5项)						19.96	5.90	3.40

中水回用水量表   表3

序号	用水项目	使用数量	用水量标准	使用时间 (h)	小时变化系数	用水量		
						最高日 (m³/d)	最大时 (m³/h)	平均时 (m³/h)
1	汽车库地面冲洗	5100m²	2L/(m²·d)	2	1.5	10.20	7.66	5.10
2	水景补水	池水容积600m³	5%补水量	8	1.0	30.00	3.75	3.75
合计						40.20	7.58	6.30

3. 竖向分区及供水方式：按照北京市"三委"的第2号文"关于加强中水设施建设管理的通告"，本项目中水源水量小于50m³/d。只设中水管道系统，不设中水处理站。卫生间盥洗废水和武警淋浴废水与粪便污水分流，废水单独排至室外，由城市统一规划作为集中处理站的一部分源水。本馆的车库冲洗，水景补水及一层以下的冲厕用水（冬季使用）设独立的中水管道系统，由市政中水管网直接供水，要求最低水压0.2MPa。在城市中水管道未设置以前，近期由城市自来水管道供水，待接通中水管道后，与自来水管道的接口断开。

4. 管材：采用热浸镀锌钢管，丝扣连接。

（四）排水系统

1. 生活排水量：

最高日排水量：99.92m³/d

最大时排水量：20.17m³/h

2. 排水系统形式：室内污水、废水为分流制排水系统，±0.000m以上污水直接排出室外，经西侧的一座50m³的化粪池处理后排至市政污水管道。盥洗废水、淋浴废水和空调冷凝水为城市中水源系统，单独排至室外，作为将来城市集中中水处理站的源水，近期从超越管不经化粪池直接排至市政污水管道。±0.000m以下污废水汇集至集水坑，用潜水泵提升排出室外，每组潜水泵各设两台，互为备用，当一台泵来不及排水达到报警水位时，两台泵同时启动并报警。潜水泵由集水坑水位自动控制。

3. 为保证排水通畅，卫生间排水管设置专用通气立管。

4. 厨房污水经隔油池处理后，排至市政污水管道。锅炉排污经降温池后，提升至室外污水管道。

5. 管材：室内排水管、通气管均采用柔性抗震排水铸铁管及管件，平口对接，橡胶圈密封不锈钢卡箍卡紧；压力排水管采用焊接钢管，焊接或法兰连接。

（五）雨水系统

1. 暴雨强度公式：$q=2001\times(1+0.811\lg P)/(t+8)^{0.711}$L/(s·hm²)

雨水量 $Q=\psi qF$

重现期：屋面 $P=5$ 年，室外 $P=1$ 年。

室外雨水管道设计降雨历时 $T=10$min；屋面雨水管道设计降雨历时 $T=5$min

室外综合径流系数 $\psi=0.6$

2. 雨水系统型式：为满足大开间的需要，以减少雨水立管，降低悬吊管坡度，博物馆大屋面采用虹吸雨水内排水系统排至室外雨水管道。办公区屋面及椭圆体展厅屋面采用传统内排水系统。汽车库的坡道处设雨水沟截流，排至雨水泵坑，用潜水泵提升排至室外雨水管道。下沉竹林最低点设雨水沟截流后排至雨水泵坑，用潜水泵提升排至室外雨水管道。

3. 雨水泵设两台，一用一备，交替运行，当一台泵来不及排水达到报警水位时，两台泵同时启动并报警。

4. 室外道路雨水经雨水口收集至管道，排至市政雨水管道。

5. 管材：虹吸流雨水管采用高密度聚乙烯（HDPE）管，热熔连接；传统雨水管采用热浸镀锌钢管。大屋面雨水斗采用虹吸雨水斗。普通雨水斗采用87型。

二、消防系统

（一）消火栓系统

1. 用水量见表4：

消火栓系统用水量 表4

用水项目	用水量标准	火灾延续时间	一次灭火用水量
室外消火栓系统	30L/s	3h	324m³
室内消火栓系统	30L/s	3h	324m³

2. 系统分区及加压设备：在地下三层设700m³消防和冷却补水合用水池一座（按水喷雾、消火栓、自动喷水灭火系统同时作用计算，消防水量650m³，冷却补水量50m³）。泵房内设两台消火栓加压泵（$Q=30\sim35$L/s，$H=95\sim91$m，$N=45$kW）。椭圆筒顶层设18m³的消防水箱一座和自动喷水系统及消火栓系统增压稳压设备各一套。全馆为一个消火栓供水系统，平时消火栓管网由屋顶水箱和增压稳压设备保证系统最不利消火栓的压力，系统最大静压不大于0.8MPa。二层及以下各层消火栓采用减压稳压型消火栓，保证每个消火栓栓口的出水压力不大于0.5MPa。

3. 消火栓系统设两套墙壁式消防水泵接合器。供消防车向室内消火栓系统补水用。

4. 管材：采用无缝钢管，焊接连接。

（二）自动喷水灭火系统

1. 设置部位：地下车库、库房（不包括文物库房）、走道、办公室、文物商店、厨房、餐饮、部分展厅等公共部分。

2. 自动喷水系统分类为：

（1）湿式系统：用于办公、办公区走道、餐厅、厨房、商店、接待、宿舍、对外交流中心、文物考古中心、培训教室、多功能厅。

（2）预作用系统：用于展区、地下车库。

3. 用水量见表5。

自动喷水系统用水量

表5

部　　位	火灾危险等级	喷水强度 [L/(min·m²)] 作用面积(m²)	用水量(L/s)	火灾延续时间 (h)	一次灭火用水量 (m³)
车库	中Ⅱ级	8 / 160	28	1	100.8
办公和展厅	中Ⅰ级	6 / 160	27	1	97.2

注：展厅按网格吊顶考虑

4. 在地下三层泵房内设二台自动喷洒加压泵（一用一备，$Q=30L/s$，$H=114m$，$N=55kW$），屋顶水箱间设一套自动喷洒系统稳压设备（$Q=0.67\sim0.83L/s$，$H=52\sim50m$，$N=1.5kW$ 稳压泵两台，$V=150L$ 气压罐一台）。全馆为一个自动喷洒供水系统，平时自动喷洒管网由屋顶水箱和增压稳压设备保证系统压力。消防时，由加压泵加压供水。

5. 本建筑共设湿式报警阀3套，预作用报警阀5套（设在地下一层报警阀间内），每套报警阀负担的喷头数不超过800个。

6. 在每层每个防火分区均设水流指示器和安全信号阀，每个报警阀所带的最不利喷头处，设末端试水装置，其他每个水流指示器所带的最不利喷头处，均设 DN25 的试水阀。

7. 喷头选用：汽车库喷头采用74℃温级的易熔合金直立型喷头，机械停车位隔板下采用74℃温级的快速反应易熔合金边墙型喷头，其它均采用快速反应玻璃球喷头，吊顶下为装饰型，吊顶上为直立型，温级：厨房内灶台上部为93℃，厨房内其他地方为79℃，其余均为68℃。10m高展厅采用快速反应早期抑制喷头（$K>200$）。

8. 自动喷洒系统设两套墙壁式消防水泵接合器，供消防车向室内自动喷洒系统补水用。

9. 管材：采用热浸镀锌钢管，立管采用厚壁镀锌钢管。$DN<100mm$ 者丝扣连接，$DN\geq100$ 以上者沟槽连接。

（三）水喷雾灭火系统

1. 设置部位：地下一层锅炉房。

2. 设计基本参数：设计喷雾强度 9L/(min·m²)，持续喷雾时间 6h，响应时间 60s，喷头工作压力 0.20MPa。

3. 系统说明：泵房内设专用水喷雾灭火系统加压泵两台（一用一备），两组雨淋阀分别服务两台锅炉，水喷雾管道布置使水雾喷头直接喷向爆炸锅炉表面。管道系统的平时压力由屋顶消防水箱保证，灭火时，加压泵启动供水，水雾喷头均匀向锅炉表面喷射水雾。

4. 喷头选用：选用适合于可燃气体的 ZSTW/Ke 型中速水雾喷头，雾化角度125°，流量系数 $K=50$，工作压力 0.14～0.5MPa，锅炉的燃烧器和防爆膜处的喷头采用 ZSTW/Me 型中速水雾喷头，雾化角125°，流量系数 $K=80$。

5. 水喷雾系统设一套室外地下式消防水泵接合器。

6. 系统控制：水喷雾系统的控制设备具有下列功能：（a）选择控制方式；（b）重复显示保护对象状态；（c）监控水喷雾加压泵启停状态；（d）监控雨淋阀启停状态；（e）监控主、备用电源自动切换。系统设自动控制，手动控制，应急控制三种控制方式。

自动控制：着火部位的双路火灾探测器接到火灾信号后，自动打开相对应的雨淋阀上的电磁阀（常闭），雨淋阀上压力开关报警，启动水喷雾系统加压泵。

手动控制：接到着火部位的火灾探测信号后，可在现场和消防中心手动打开相对应的电磁阀并启动水喷雾加压泵。

应急操作：人为现场操作雨淋阀组和水喷雾加压泵。

（四）气体消防系统

1. 设置部位：地下二层文物库房，中央控制室，文物修复中心的个别房间，善本书库，碑帖书库，地下一层临时展厅，二、三层专题展厅，音像资料库等。

2. 系统形式：采用组合分配系统。

3. 气体种类：采用备压式七氟丙烷（FM200）气体灭火系统。

4. 系统控制：气体灭火系统设自动控制、手动控制、应急操作三种控制方式。有人工作或值班时，采用电气手动控制，无人值班的情况下，采用自动控制方式。自动、手动控制方式的转换，可在灭火控制器上实现（在防护区的门外设置手动控制盒，手动控制盒内设有紧急停止和紧急启动按钮）。

（五）水炮灭火系统

1. 设置部位：礼仪大厅。

2. 设计参数：水炮最大射程 55m，额定压力 0.8MPa，额定流量 20L/s。

3. 管道系统及系统的控制：在礼仪大厅顶部设 4 门固定式消防水炮（按同时作用 2 门计算水量）。在泵房内设水炮系统加压泵两台，一用一备。火灾时，消防炮附近的双波段火灾探测器将采集到的火灾信号和地址以彩色视频图像传送给消防中心的数控消防炮控制盘上的信息处理主机，消防中心自动或手动（有人值班时打在手动档）打开电动阀和水炮消防泵，并可根据火灾地点手动或自动旋转水炮的角度，向着火点加压供水，另外，还可根据火灾情况，数控启动两门或一门水炮。

三、设计及施工体会

1. 消防总水量的确定：博物馆内是展示和收藏中华民族的传统文化珍品瑰宝的地方，火灾危险性大，且一旦发生火灾，将造成不可估量的损失。所以其消防系统的设计是博物馆设计的重要内容，根据博物馆内不同的功能及重要程度，采用了不同的消防措施。但消防水池容积按所有水消防系统同时作用来计算，显然是不经济也是不可能的。消火栓系统和自动喷洒系统是全方位保护，任何一处着火，两个系统都要发挥作用。水喷雾系统为锅炉房服务，水炮系统为礼仪大厅服务，两系统都是局部保护。很明显，水喷雾系统和水炮系统不可能同时作用，但为锅炉房服务的水喷雾系统或为礼仪大厅服务的水炮系统是否会与自动喷洒系统同时作用呢？笔者认为，可从两方面来考虑，一是从一处着火考虑，锅炉房是一个独立的防火分区，内部只有水喷雾系统，一旦着火，水喷雾系统作用，锅炉房以外的消火栓协助灭火，这种情况，水喷雾系统不与自动喷洒系统和水炮系统同时作用；二是从安全角度出发，锅炉房着火，不排除波及邻近区域的可能性，邻近区域的自动喷洒系统将作用，所以，可以认为，水喷雾系统与自动喷洒系统和消火栓系统同时作用。礼仪大厅也同此考虑。针对首都博物馆的重要性，消防水量的确定还是要保守一些。所以，有两种同时作用的系统组合，一是水喷雾系统、自动喷洒系统、消火栓系统；另一种组合是水炮系统、自动喷洒系统、消火栓系统，消防水量按上述两种组合的较大值确定为 650m³。见表 6。

同时作用的消防系统用水量

表 6

第一种组合				第二种组合			
系统	水喷雾	自动喷洒	消火栓*	系统	水炮	自动喷洒	消火栓⑤
流量(L/s)	10①	28	30+0.24③	流量(L/s)	40	27	30+1.7④
时间(h)	6	1	3	时间(h)	1	1	3
消防时间内的水量(m³)	216	101	326.7	消防时间内的水量(m³)	144+8.83②	97.2	342
水量合计(m³)	643.7(取 650m³)			水量合计(m³)	592.03		

① 根据所保护的锅炉表面积计算所得；

② 水炮系统的管网容积；

③ 此部分的汽雾式防火卷帘的面积为 12m²；

④ 此部分同时作用的最大卷帘面积为 85m²；

⑤ 消火栓系统包括汽雾式钢制特级防火卷帘的冷却水量（不同的厂家，其冷却强度是不同的。本工程采用的汽雾式钢制特级防火卷帘的厂家提供的参数，其冷却强度为 0.02L/(s·m²)）。

　　根据以上分析，一项工程所采用的消防系统用水量不是简单的叠加，而是要通过分析其可能同时作用的消防系统来确定其总消防用水量。

　　2. 本工程建筑造型复杂，导致管道安装的困难。建筑设备是为建筑本身服务的，如果不考虑建筑造型而随心所欲的敷设管道，就是个蹩脚的设计师。在本工程的设计中充分考虑到弧形管道安装的可行性，在管道密集处，多采用独立吊架，避免成排管道吊杆所采用的型钢占据十分宝贵的吊顶空间。另外，成排密集管束对结构承载的影响也不容小视，精确的提出管道（水和管材自重）的荷载，是保证结构安全的关键所在。

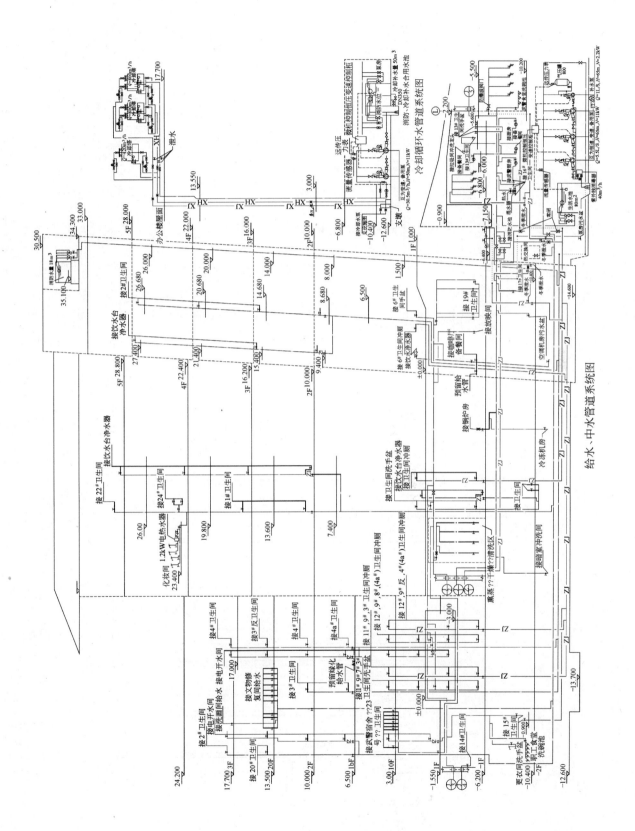

冷却循环补水管道系统图

消防·冷却补水合用水池

给水·中水管道系统图

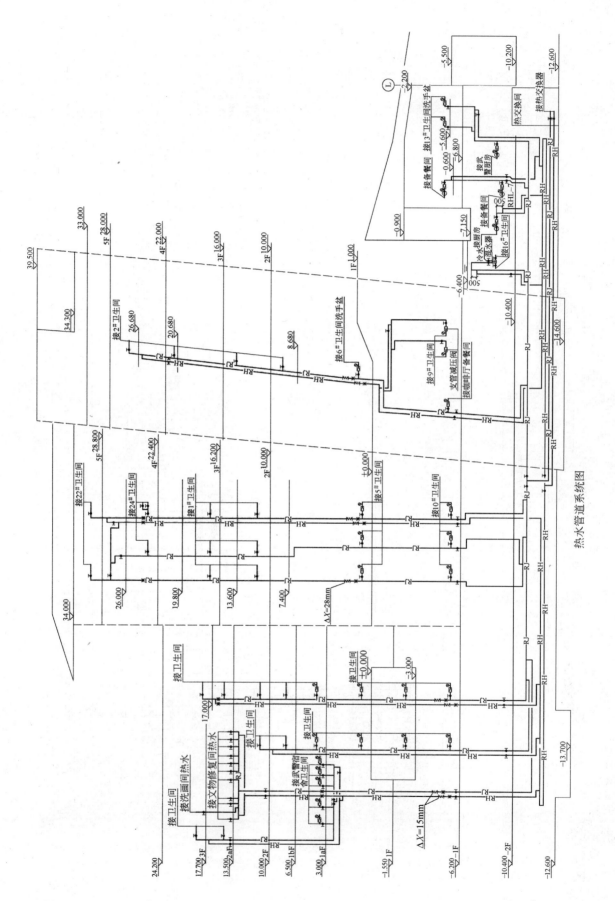

热水管道系统图

452

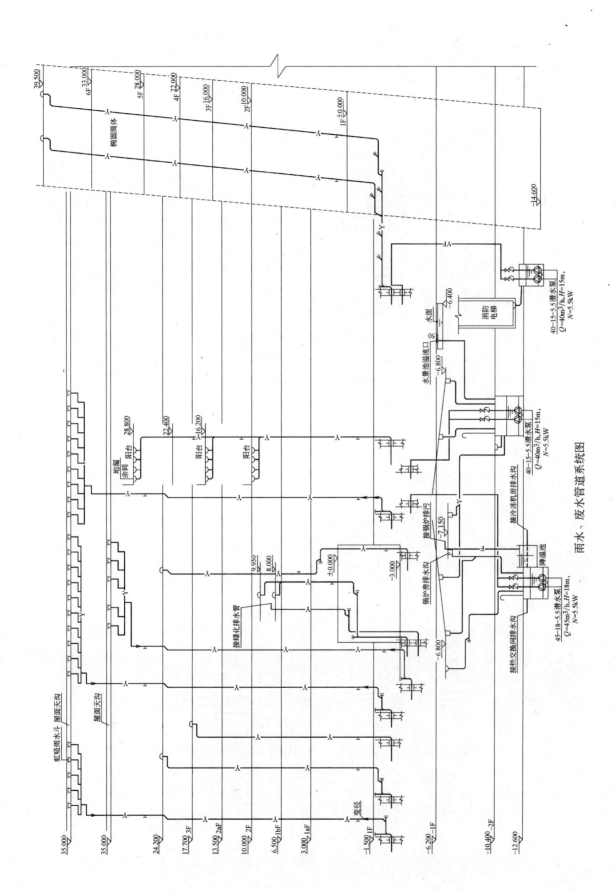

雨水、废水管道系统图

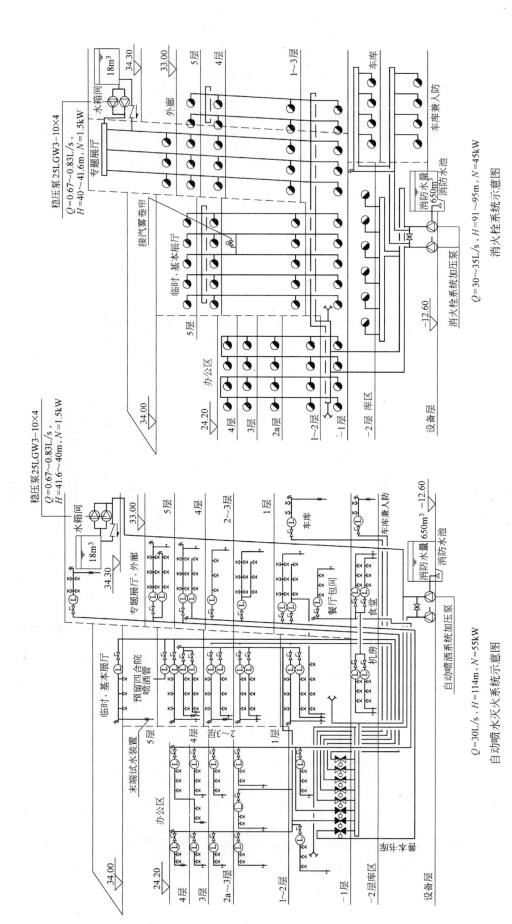

消火栓系统示意图

$Q = 30 \sim 35 \text{L/s}$, $H = 91 \sim 95 \text{m}$, $N = 45 \text{kW}$

稳压泵 25LGW3-10×4
$Q = 0.67 \sim 0.83 \text{L/s}$,
$H = 40 \sim 41.6 \text{m}$, $N = 1.5 \text{kW}$

消火栓系统加压泵

自动喷水灭火系统示意图

$Q = 30 \text{L/s}$, $H = 114 \text{m}$, $N = 55 \text{kW}$

稳压泵 25LGW3-10×4
$Q = 0.67 \sim 0.83 \text{L/s}$,
$H = 41.6 \sim 40 \text{m}$, $N = 1.5 \text{kW}$

自动喷洒系统加压泵

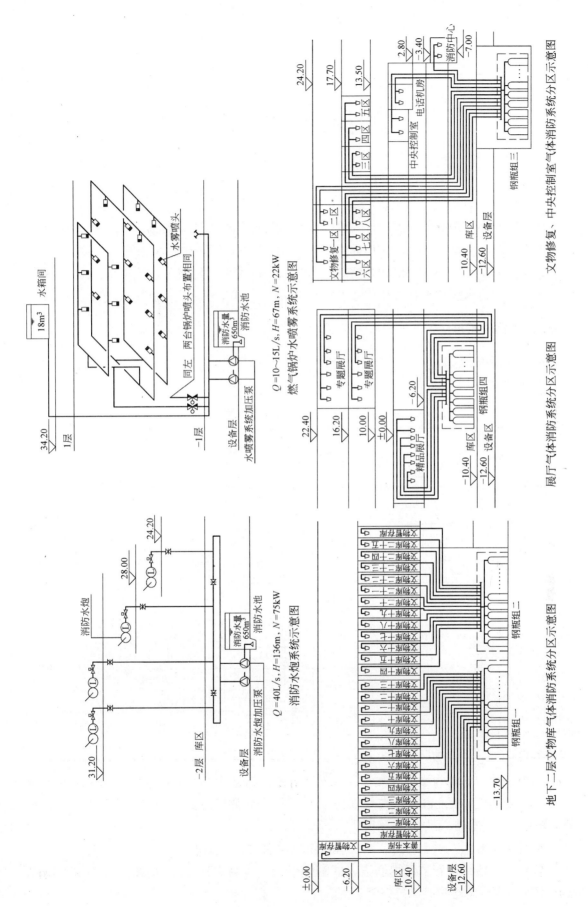

水喷雾系统示意图

$Q=10\sim15L/s,H=67m,N=22kW$
燃气锅炉水喷雾系统示意图

$Q=40L/s,H=136m,N=75kW$
消防水炮系统示意图

展厅气体消防系统分区示意图

文物修复、中央控制室气体消防系统分区示意图

地下二层文物库气体消防系统分区示意图

大 庆 大 剧 院

靳晓红

大庆市教育文化中心位于大庆开发区内，是大庆极具号召力的标志性的大型文化建筑。基地占地面积约 17hm²，总建筑面积 50750m²，由大剧院，博物馆，图书城三个项目共同组成。大剧院由一个 1500 座的甲级剧院和一个 3350m² 的美展厅组成，建筑高度 24m，主舞台高度为 36.5m，是大庆市教育文化中心的核心部分。2005 年 6 月完成施工图设计。

一、给水排水系统

（一）给水系统

1. 用水量见表 1。

主要项目用水量标准和用水量计算表 表 1

序号	用水项目名称	用水规模（人或 m²）	单位	用水量标准（L）	小时变化系数 K	使用时间（h）	用水量			备注
							最高日（m³/d）	最大时（m³/h）	平均时（m³/h）	
1	演职员生活用水	200	L/（人·场）	80	2.0	6	32.0	10.67	5.33	每日按 2 次演出计
2	剧院观众用水	1525	L/（人·场）	15	2.0	6	45.75	15.26	7.63	每日按 2 次演出计
3	美展厅观众用水	600	L/（人·场）	5.0	2.0	8	3.00	0.75	0.38	
4	剧院职工	120	L/（人·d）	50	2.0	8	6.00	1.50	0.75	
5	空调补水	690	m³/h	2%	1.0	10	138.00	13.80	13.80	
6	绿化浇洒用水	15000	L/（m²·次）	2	2	3	30.0	20.00	10.00	
7	小计						254.75	61.98	37.89	
9	未预见水量	按 10% 计					25.48	6.20	3.79	
10	合计						280.23	68.18	41.68	

最高日用水量：280.00m³/d；
最大时用水量：68.18m³/h；
平均时用水量 41.68m³/h

2. 水源：给水水源为城市自来水。从学府街路及石油大学分别接出 DN300mm 的给水管，经总水表后接入用地红线，在红线内以 DN300mm 的管道构成环状供水管网。市政供水条件较好，市政供水压力 0.40MPa。

3. 系统竖向分区及供水方式：本工程由市政给水管直接供水。

4. 管材：生活给水管采用内筋嵌入式衬塑钢管（内衬 PP-R；外热镀锌）。室外供水管采用内壁衬水泥砂浆球墨给水铸铁管。

（二）热水系统：淋浴间采用容积式电热水器供应热水，公共卫生间洗脸盆采用小容积式电热水器供应热水。

（三）排水系统

1. 生活排水量

最高日排水量：220.38m³/d

最大时用水量：62.02m³/h

2. 排水系统形式：本大厦采用污废水合流制，一层以上污废水自流排至室外，经化粪池排入市政管网。±0.00m以下污废水汇集至集水坑，用潜水泵提升排出。每一集水坑设两台潜水泵，一用一备，交替运行，潜水泵由集水坑水位传感器自动控制。

3. 卫生间排水管设专用通气立管，每隔二层设结合通气管与污水立管相连。

4. 管材：室内污、废水管，通气管采用柔性接口机制排水铸铁管及管件，法兰连接。

（四）雨水系统

1. 暴雨强度公式：$q=1820\times(1+0.91\lg P)/(T+8.3)^{0.77}$

雨水量 $Q=\psi qF$

重现期：屋面 $P=10$ 年，室外 $P=1$ 年。

屋面雨水设计降雨历时 $T=5\min$；室外雨水管道设计降雨历时 $T=10\min$。

室外综合径流系数 $\psi=0.6$

2. 为减少排水立管，避免雨水管道噪音对剧院的影响，屋面雨水采用虹吸式内排水系统。

3. 管材：雨水管采用高密度聚乙烯（HDPE）管材。

二、消防系统

本工程按多层民用建筑进行消防设计。消防水泵和消防水池容量按一次火灾一个着火点设计。消防用水量见表2。

消防用水量表　　　　　　　　　　　　　　　　　　　　　　　　表2

用水名称	用水标准(L/s)	一次灭火时间(h)	一次灭火用水量(m³)	备注
室外消火栓系统	25	3	270	
室内消火栓系统	30	3	324	
自动喷水灭火系统	30	1	108	
雨淋系统	106	1	382	
水幕系统	20	3	216	
ZSS-25型高空水炮灭火系统	15	1	54	

注：室内消防水池按同时开启消火栓、雨淋系统、水幕系统设计，容积700m³。
　　（考虑消防期间可连续补水250m³）

（一）消火栓系统

1. 消火栓系统采用稳高压系统，管网压力由屋顶水箱和稳压泵维持。一层消防水泵房设两台室内消火栓加压泵，一用一备。整栋楼为一个消火栓供水系统。一层及一层以下采用减压稳压消火栓，保证消火栓出口压力不大于0.5MPa。

2. 室外设两组地下式消火栓水泵接合器。供消防车向室内消火栓系统补水用。

3. 大剧院屋顶水箱存 18m³ 消防用水量。

4. 管材：采用热浸镀锌钢管，$DN<80$mm 者丝扣连接，$DN\geqslant80$ 以上者沟槽连接。

（二）自动喷水灭火系统

1. 用水量见表3。

自动喷水用水量

表3

部位	火灾危险等级	喷水强度 [L/(min·m²)] 作用面积(m²)	用水量(L/s)	火灾延续时间 (h)	一次灭火用水量 (m³)
主舞台上空	中Ⅱ级	8 160	28	1	100.8
办公等其它区域	中Ⅰ级	6 160	21	1	75.6

2. 设置范围：本工程按中危险Ⅱ级设置自动喷水灭火系统。除变配电室，台仓，耳光室，声控室等不宜用水灭火的部位及空间高度超过 8m 的观众厅和城市大厅外，其余部位均设闭式喷头保护。

3. 系统说明：一层消防泵房设两台自动喷水系统加压泵，一用一备，平时自动喷洒管网由屋顶水箱和稳压设备保证系统压力。

本大厦共设湿式报警阀三套，每套报警阀负担的喷头数不超过 800 个。报警阀组设在一层报警阀室，报警阀动作应向消防中心发出声光讯号。每个楼层、每个防火分区设水流指示器及信号阀，其动作均向消防中心发出声光讯号。

系统设两套室外地下式消防水泵接合器，供消防车向室内自动喷洒系统补水用。

4. 喷头形式：吊顶部位采用装饰隐蔽型快速反应玻璃球喷头，不吊顶部位采用直立型快速反应玻璃球喷头，动作温度均为 68℃。吊顶内布置的喷头采用标准直立型喷头，温级为 68℃。主舞台上空金属网架内喷头选用标准直立型玻璃球喷头，温级为 93℃。（$K=80$）

5. 管材：采用热浸镀锌钢管，$DN<80$mm 者丝扣连接，$DN\geqslant80$ 以上者沟槽连接。

（三）雨淋灭火系统

1. 设置范围：舞台（包括主舞台，侧舞台，后舞台）葡萄架下按严重危险Ⅱ级设雨淋自动喷水灭火系统。

2. 设计参数：设计喷水强度 16L/(m²·min)；作用面积 388m²；火灾延续时间 1h；喷头工作压力；0.16MPa。设计流量：106L/s。

3. 系统说明：一层消防泵房设三台雨淋灭火系统加压泵，二用一备，平时雨淋报警阀组前管网中的压力由屋顶水箱维持。发生火灾时，雨淋系统的控制方式：（1）在演出期间，由雨淋阀处的值班人员紧急开启雨淋阀处的手动快开阀，雨淋阀开启，压力开关动作自动启动雨淋喷水泵；（2）在非演出期间，由保护区内的空气探测采样装置探测到火灾后发出信号，打开雨淋阀处的电磁阀，雨淋阀开启，压力开关动作自动启动雨淋喷水泵；（3）消防控制中心可开启雨淋阀。

4. 喷头形式：喷头选用大口径开式喷头：$K=115$

5. 管材：采用热浸镀锌钢管，$DN<80$mm 者丝扣连接，$DN\geqslant80$ 以上者沟槽连接。

（四）冷却防护水幕系统

1. 设置范围：主舞台台口设有钢质防火幕。防火幕内侧设冷却防火水幕系统。

2. 设计参数：设计喷水强度 1L/(s·m)；作用长度 20m；火灾延续时间 3h；喷头工作压力 0.10MPa；设计流量 20L/s。

3. 系统说明：一层消防泵房设两台冷却防护水幕系统加压泵，一用一备，平时水幕雨淋报警阀组前管网中的压力由屋顶水箱和稳压装置维持。发生火灾时，水幕系统控制方式：(1) 当钢质防火幕手动下降时，水幕雨淋阀组处的值班人员紧急开启雨淋阀处的手动快开阀，雨淋阀开启，压力开关动作自动启动水幕喷水泵；(2) 在非演出期间，当自动下降钢质防火幕的同时，自动开启雨淋阀组处的电磁阀，雨淋阀启动，压力开关动作自动启动水幕喷水泵；(3) 消防中心可开启水幕雨淋阀。

水幕系统共设两套地下式消防水泵接合器，供消防车向室内自动喷洒系统补水用。

4. 喷头形式：采用水幕喷头，喷头流量系数 $K=48.6$。

5. 管材：采用热浸镀锌钢管，$DN<80mm$ 者丝扣连接，$DN\geqslant80$ 以上者沟槽连接。

（五）大空间智能型主动喷水灭火系统

1. 设置范围：城市大厅及空间高度超过 8m 的观众厅采用 ZSS-25 型高空水炮进行保护。

2. 设计参数：

工作电压 220V，　　　　　　　射水流量 5L/s

标准工作压力 0.6MPa，　　　　保护半径 20m

系统设计流量：系统中 ZSS-25 水炮最大同时开启个数为三个，设计流量 $Q=15L/s$，火灾延续时间 60min。

3. 系统说明：与自动喷水系统合用一套供水系统，并在自动喷水灭火系统湿式报警阀前将管道分开。水炮为探测器、水炮一体化设置。当水炮探测到火灾后发出指令联动打开相应的电磁阀，启动消防水泵进行灭火，驱动现场的声光报警器进行报警。并将火灾信号送到火灾报警控制器。扑灭火源后，装置再发出指令关闭电磁阀，停止水泵。若有新火源，则系统重复上述动作。演出期间观众厅应切换至手动控制

4. 管材：采用热浸镀锌钢管，$DN<80mm$ 者丝扣连接，$DN\geqslant80$ 以上者沟槽连接。

三、设计及施工体会

（一）消防水量的确定

按照《建筑设计防火规范》，室内消火栓用水量 20L/s，火灾延续时间 2h；室外消防水量 25L/s。但设计中考虑大剧院建筑体量较大，室外扑救灭火较困难的因素，并经消防专家论证会讨论确定，室内消防宜加强自救，消防给水参考《高层建筑防火设计规范》设计取值，室内消火栓用水由 20L/s 增加至 30L/s，火灾延续时间由 2h 增至 3h。

（二）雨淋灭火系统水泵接合器设置的探讨

根据《建筑设计防火规范》第 8.6.1 条第四款，室内消防管网应设消防水泵接合器，每个接合器的流量按 10～15L/s 计。水泵接合器的主要用途是当室内消防水泵发生故障或遇大火室内消防用水不足时，供消防车从室外消火栓取水，通过水泵接合器将水送到室内消防给水管网，供灭火使用。大剧院雨淋灭火系统设计流量：106L/s，需设八套消防水泵接合器，实际室外消防用水量小于雨淋系统用水量时，室外的供水条件达不到这个要求，消防水泵接合器的设置就形同虚设，即使考虑到由消防车远距离运水，不可能在短时间内有那么多消防车同时供水。所以笔者认为：雨淋灭火系统可不设水泵接合器。

（三）热水供水方式的比较

剧院的热水用水点分散，如采用集中热水系统，管线布置过长，对循环系统不利，而且剧院的热水使用是阶段性的，日常的维护运行的费用会很高。在设计过程中经过分析比较，采用分散的电热水器供应热水，可根据演出和平时的需要开启不同部位的热水器。一次投资费用和日常运行费也比集中热水系统低。

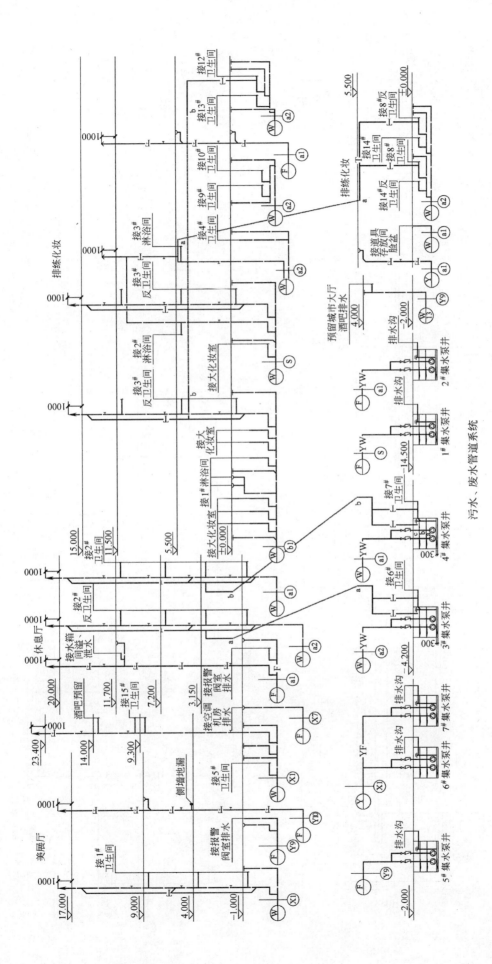

污水、废水管道系统

461

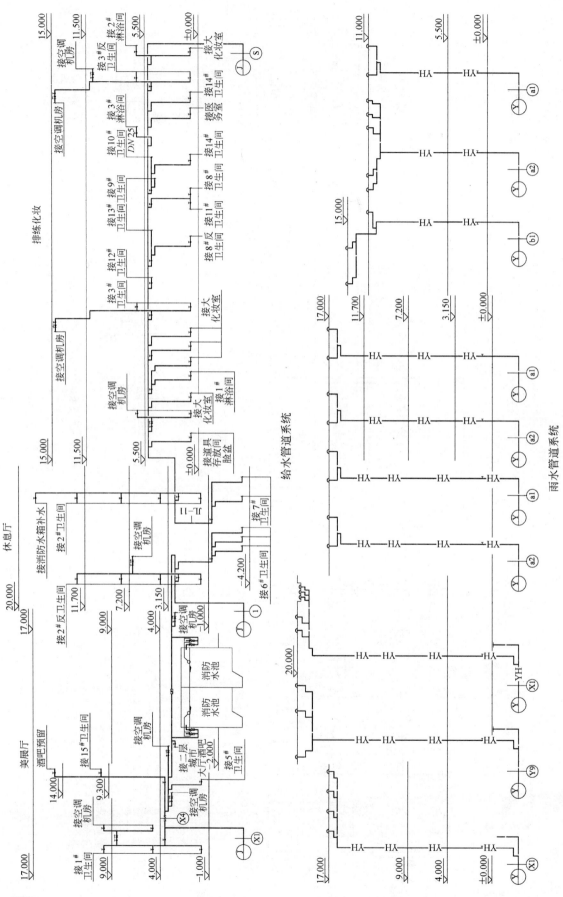

排练化妆

给水管道系统

雨水管道系统

462

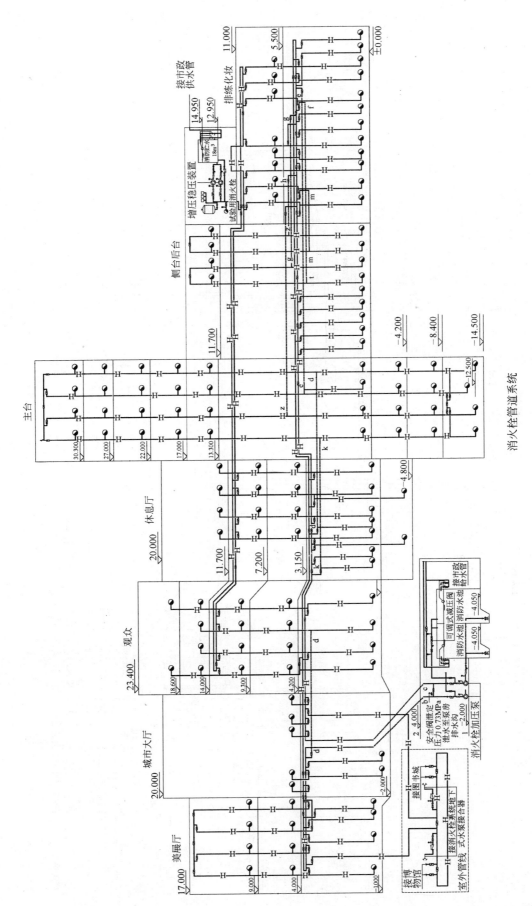

消火栓管道系统

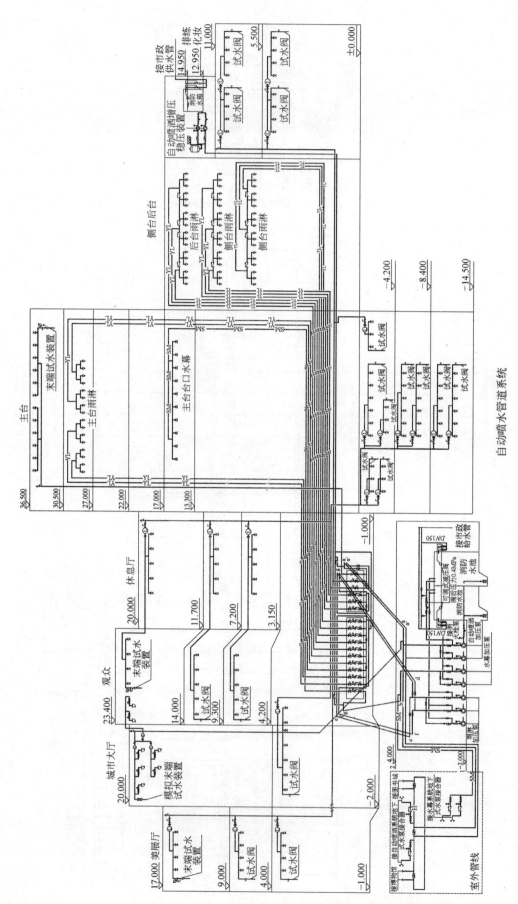

自动喷水管道系统

山东广播电视中心西院广电大楼

宋国清 申 静 高 峰

山东广播电视中心西院广电大楼位于山东省济南市经十路与青年路交会处。由广电主楼，裙房，地下室组成。本工程集广播电视节目制作、播出、传输于一体，属综合性建设项目。总建筑面积105986m²，建筑高度120m，属一类超高层建筑。地下室西部及西南部分为地下4层，其余部分为地下3层，地上28层。二十八层以上还有局部机房高出。设计使用年限：50年。建筑耐火等级：一级。本工程于2005年11月完成施工图设计。

一、给水排水系统

本工程设有给水系统、热水系统、中水系统、直饮水系统、排水系统、雨水系统。

（一）给水系统

1. 设计用水量：最高日：293.04m³/d，最大时：46.50m³/h。

2. 系统设计：根据建筑高度、建筑标准、水源条件、防二次污染、节能和供水安全原则，供水系统设计如下：系统采用分区并联供水方式。竖向分为三区：四层及四层以下为低区，由市政管网直接供水，市政水压0.25MPa；五层至二十二层为中区，由中区变频调速给水设备供水，为避免五至十三层供水压力过高，设减压阀减压；二十二层以上为高区，由高区变频调速给水设备供水。

原广电楼改造高区（三层以上）由西院广电大楼中区变频调速给水设备供水。

为使系统供水压力更平稳，节能效果更好，同时使噪声降至更低，变频调速给水设备采用配专用变频泵（每台水泵电机各配一个内置变频器）的成套进口设备（每套设备还配一个压力罐）。

3. 在生活水箱设水箱自洁消毒器，防止二次污染。

4. 在中水贮水池补水管、水景补水管上设倒流防止器。

（二）热水系统

1. 热水供应部位为化妆室洗脸盆、演员淋浴、带坐便器小卫生间洗脸盆和浴盆。

2. 系统设计：由于本工程热水供应部位分散，且热水用量较小，系统采用电热水器分散供应热水方式。采用带安全装置、功率与温度调节装置和一定贮热容积的电热水器。

（三）中水系统

1. 原水收集与回用部位：原水收集部位为主楼四层至二十八层公共卫生间洗手盆、地下一层淋浴室。中水回用部位为西院广电大楼公共卫生间便器冲洗。

2. 中水原水量及回用量：平均日实际可回收的中水原水量为51.55m³/d，回用量为43.82m³/d。中水回用系统的平均日用水量为99.40m³/d。中水不足部分由自来水补给，补水量为55.58m³/d。

3. 中水供应系统：根据建筑高度、建筑标准、节能和供水安全原则，供水系统设计如下：系统采用分区并联供水方式。系统竖向分为高、中、低三区：地下三层至五层为低区，六层至十九层为中区，十九层以上为高区。各区均由变频调速给水设备供水。为避免六层至九层供水压力过高，设减压阀减压。

为使系统供水压力更平稳，节能效果更好，同时使噪声降至更低，变频调速给水设备采用配专用变频泵（每台水泵电机各配一个内置变频器）的成套进口设备（每套设备还配一个压力罐）。

4. 中水处理机房：设备处理规模为 $5m^3/h$。

工艺流程：原水→格栅→预曝气调节池→生物接触氧化池→沉淀池→中间水池→过滤器→消毒接触及中水贮水池

（四）直饮水系统

为节省投资，西院广电大楼与原广电楼改造、媒体中心集中设一套直饮水处理设备。

1. 水源与直饮水水质：直饮水的水源为城市自来水。经净水设备处理后的直饮水水质，满足国家《饮用净水水质标准》（CJ 94—2005）和卫生部颁标准《生活饮用水水质卫生规范》的要求。

2. 用水量标准和用水量：最高日用水量 $9.67m^3/d$，最高时用水量 $4.06m^3/h$。

3. 直饮水机房：直饮水处理机组按日工作 12h 计，设备处理规模为 $3m^3/h$。

直饮水处理工艺流程为：自来水→原水水箱→增压泵→砂滤器→活性炭过滤器→软化器→膜单元→净水水箱→紫外线消毒器→变频供水设备→直饮水供水

└──紫外线消毒器←直饮水回水

4. 直饮水管网系统：西院广电大楼与原广电楼改造管网系统集中统一设计。原广电楼改造属于二期项目，施工图设计时在主楼预留接口。系统竖向分为高、中、低三区：地下二层至九层为低区，十层至二十层为中区，二十层以上为高区。采用并联供水方式，各区均由变频调速给水设备供水，并分区设循环回水管道。供水压力高于 0.35MPa 的用水点，设不锈钢减压阀减压。媒体中心管网系统单设。

（五）排水系统

1. 设计排水量：最高日：$191.03m^3/d$，最大时：$29.92m^3/h$

2. 系统设计：广电主楼四层至二十八层公共卫生间污、废水分流排除。其中洗手盆废水回收至中水处理机房，用做中水原水。其余部位卫生间及地下室污、废水合流排除。其中地下室污、废水汇集至地下室集水坑，由潜水泵提升排出室外。每个集水坑设潜水泵两台。潜水泵由集水坑水位自动控制。

（六）雨水系统

1. 设计参数：屋面雨水设计重现期 P 取 10 年，降雨历时 5min。溢流口排水能力按 50 年重现期设计。

2. 系统设计：主楼屋面采用 87 型斗雨水系统。裙房屋面除多功能厅和雨棚屋面雨水采用 87 型斗雨水系统外，均采用虹吸式雨水系统。

二、消防系统

本工程消防设计包括室内、外消火栓系统、自动喷水系统、雨淋系统、大空间主动喷水灭火系统、高压细水雾灭火系统、IG541 洁净气体灭火系统、防火卷帘自动喷水系统及灭火器配置。其中室外消火栓系统设计用水量 30L/s，由市政管网提供。室内消防水源由消防水泵房消防水池提供。消防水池总贮水量为 954m³。

（一）室内消火栓系统

1. 设计参数：室内消火栓用水量 40L/s，延续时间 3h，共计 432m³。

2. 系统设计：为节省面积，合理利用资源，西院广电大楼、原广电楼改造、媒体中心消火栓系统统一考虑，集中设置。系统采用分区并联供水方式，竖向分高、低两区：地下四层至九层为低区，九层以上为高区。高、低区各设两台消火栓泵，一用一备。由于消防水箱设置高度不能保证高区最不利消火栓静压要求，在消防水箱间设高区消火栓稳压装置。各区消火栓管网上、下均成环。为避免十层至二十二层消火栓压力过高，在该区域供水干管上设减压阀减压。

3. 系统控制：高、低区消火栓泵既可由消火栓箱处的启泵按钮启动，也可在消防中心和水泵房内手动启动。高区消火栓泵还可由高区消火栓稳压装置启动。水泵启动后，在消火栓处用红色讯号灯显示。高、低区消火栓泵设定期自动巡检装置。

4. 消火栓设备：消火栓设在明显和易于取用处，其间距保证同层相邻两个消火栓的充实水柱同时到达室内任何部位。消火栓采用旋转型单口单阀消火栓（旋转装置为不锈钢制品）。消火栓箱内设 SNZ65（SNJZ65）消火栓一个，DN65 麻质衬胶龙带一条，长 25m，DN19 直流水枪一支，带指示灯和两常开触点的启泵按钮一个，并配自救卷盘一套。

（二）自动喷水灭火系统

本工程自动喷水系统包括湿式自动喷水灭火系统、湿式自动喷水—泡沫联用灭火系统、预作用自动喷水灭火系统。

1. 湿式自动喷水灭火系统

（1）保护部位：除面积小于 5m² 的卫生间、人防非清洁区房间与走道、楼梯间、电梯机房、网络设备间、强电间等不宜用水灭火的部位及设有其它自动灭火系统保护的房间外，均设闭式自动喷水灭火系统。

（2）设计参数：除道具库按中危险级Ⅱ级设计外，其余均按中危险级Ⅰ级设计。

中危险Ⅰ级：

喷水强度：6L/min·m²

系统作用面积：160m²（260m²）

持续喷水时间：60min

系统设计用水量 22L/s（30L/s）

系统设计用水量取 30L/s，108m³

中危险Ⅱ级：

喷水强度：8L/min·m²

系统作用面积：160m²

持续喷水时间：60min

系统设计用水量 28L/s

（3）系统设计：为节省面积，合理利用资源，西院广电大楼、原广电楼改造、媒体中心自动喷水系统统一考虑，集中设置。系统采用分区并联供水方式，竖向分高、低两区：地下四层至十四层为低区，十四层以上为高区。高、低区各设二台自动喷水泵，一用一备。由于屋顶消防水箱设置高度不能保证高区最不利喷头水压要求，在消防水箱间设高区自动喷水稳压装置。为避免低区自动喷水系统静压过高，在消防水箱出水管与低区自动喷水系统相连处设减压阀减压。入口压力超过 0.4MPa 的配水管设减压孔板减压。

（4）系统控制：系统在喷头动作后，由设于报警阀组或稳压装置上的压力开关连锁，强制自动启动低区或高区自动喷水泵。高、低区自动喷水泵设定期自动巡检装置。

（5）喷头选用：采用标准口径玻璃球喷头。其中有吊顶的地方均采用吊顶型喷头，无吊顶的地方均采用直立式喷头。喷头温级：位于采光屋顶下为141℃，其余部位均为68℃。设于首层观众休息厅、多功能厅、大堂周边、28层空中酒廊、新闻发布厅、开放式景观演播室、自动扶梯下等美观要求高的场所的喷头，应根据景观设计要求，采用隐蔽下垂型快速响应喷头。68℃喷头配57℃护盖。

2. 湿式自动喷水—泡沫联用灭火系统

(1) 保护部位：为强化灭火效果，地下一、二、三、四层汽车库采用湿式自动喷水—泡沫联用灭火系统保护。

(2) 设计参数：中危险级Ⅱ级：

喷水强度：$8L/(min \cdot m^2)$

系统作用面积：$160m^2$

持续喷水时间：60min

系统设计用水量30L/s

YSP-A类泡沫灭火剂与水的混合比为3%或6%

泡沫比例混合装置贮罐容积为$1.0m^3$

持续喷泡沫时间不小于10min。

自动喷水至喷泡沫的转换时间，按4L/s流量计算，不大于3min。

泡沫比例混合器应在流量不小于4L/s时符合泡沫混合比。

(3) 系统设计：湿式自动喷水—泡沫联用灭火系统并联接入湿式自动喷水系统。泡沫灭火剂采用YSP-A类泡沫灭火剂。泡沫比例混合器采用ZPHY型大流量范围泡沫比例混合装置。

(4) 系统控制：系统在喷头动作后，由设于报警阀组上的压力开关连锁，强制自动启动低区自动喷水泵和打开泡沫比例混合器上的电磁阀。一定压力的消防水经泡沫比例混合器后，形成3%或6%的泡沫混合液，经喷头喷出灭火。

(5) 喷头选用：采用72℃易熔合金喷头。

3. 预作用自动喷水灭火系统

(1) 保护部位：工艺机房相对集中的以下部位：九层音响录制室、控制室、配音间、设备小室、复杂节目声音合成机房，二十五层直播室、控制室、新闻直播室、语录室、广播新闻中心，二十六层音频工作站中心机房、计算机与网站机房、直播室、控制室、语录室，二十七层调频发射机房、调频控制室、监测室、维修室、仪器室，二十九层专业录音棚、专业录音棚控制室、专业录音棚乐器库、网络管理系统控制室、线路控制室、辅助设备小室、仪器设备存放室、备用机房。

(2) 设计参数：中危险级Ⅰ级：

喷水强度：$6L/(min \cdot m^2)$

系统作用面积：$160m^2$

持续喷水时间：60min

系统设计用水量22L/s

配水管道充水时间不大于2min。

(3) 系统设计：预作用自动喷水灭火系统串联接入湿式自动喷水系统。预作用报警阀组设于保护区附近。

(4) 系统控制：预作用报警阀为双连锁控制，探测装置和系统喷头都动作时才允许水进入报警阀后的管道。预作用报警阀也可在消防控制中心和就地手动开启。水流指示器和报警阀组动作讯号将显示于消防控制中心。

（5）喷头选用：有吊顶的地方均采用干式下垂型喷头，无吊顶的地方均采用直立式喷头。喷头温级：68℃。

（三）雨淋系统

1. 保护部位：400m² 演播室、800m² 演播室。

2. 设计参数：系统按严重危险级设计。

喷水强度：16L/(min·m²)

系统作用面积：260m²

持续喷水时间：60min

系统设计用水量根据雨淋阀的保护面积以及同时开启的雨淋阀的数量确定。由于被保护区面积为 400m²、800m²，本工程雨淋阀的保护面积拟按 200m² 设计，同时开启雨淋阀数按两台考虑，系统设计用水量约 115L/s，水量 414m³。

3. 系统设计：在地下室消防水泵房内设雨淋泵四台（二用二备，每个消防水池两台），雨淋阀前管道压力由屋顶消防水箱经减压阀减压后稳压。在每个防护区附近设雨淋阀。每套雨淋阀控制的喷水面积为 200m²，每套雨淋阀后配水管道的容积不超过 3000L。系统采用开式喷头。

4. 系统控制：

（1）自动控制：每套雨淋阀配套设置火灾探测器。发生火灾时临近着火部位的探测器动作，打开一个或两个传动管网上的电磁阀，相关的一台或两台雨淋阀动作，启动一台或两台雨淋泵。

（2）消防中心手动远控。

（3）水泵房及现场应急操作。

（4）自动控制与手动控制可互相切换：平时自动控制，演出时手动控制。

（5）雨淋泵设定期自动巡检装置。

（四）大空间智能型主动喷水灭火系统

1. 保护部位：根据《高层民用建筑设计防火规范》（GB 50045—95）（2005 年版）要求应设自动喷水灭火系统，但由于空间高度超过 12m，采用自动喷水灭火系统难以有效探测、扑灭及控制火灾的大空间场所：办公大堂、候播大厅。

2. 设计参数：按中危险 I 级设计。

ZSS-25 水炮：工作电压 220V

射水流量≥5L/s

工作压力 0.60MPa

保护半径 20m

安装高度 6～20m（距保护地面）

系统的设计流量按 2 个水炮同时喷水计算为 15L/s。持续喷水时间为 60min，设计用水量 54m³。

3. 系统设计：在地下室消防水泵房内设大空间主动喷水泵两台（一用一备）。系统管道压力由屋顶消防水箱经减压阀减压后稳压。每层均设水流指示器和信号阀。系统管网末端最不利点处设模拟末端试水装置，其它层管网末端最不利点处设试水阀。每个水炮前设电磁阀。系统设一套 $DN100$ 消防水泵接合器。

4. 系统控制：采用集中控制系统。ZSS-25 水炮为探测器、水炮一体化设置。当水炮探测到火灾后，发出信号联动打开相应的电磁阀，启动大空间主动喷水泵灭火，并将火灾信号送到火灾报警控制器。扑灭火源后，装置再发出信号关闭电磁阀和水泵。若有新火源，系统重复上述动作。电磁阀除设自动控制外，还可在消防控制室手动强制控制并设有防误操作设施（自动与手动可互换）。

大空间主动喷水泵除设自动控制外，还可在消防控制室手动控制，并可在水泵房现场控制。大空间主动喷水泵设定期自动巡检装置。

（五）高压细水雾灭火系统

1. 保护部位：B2 层配电机房（两个防护单元）、高低压配电室（两个防护单元）、UPS 机房，B1 层电话主机房、配线间、综合布线机房、消防控制室，三层新闻主机房，六层总控室、总控播出机房、播出控制室、播出上载机房、硬盘播出机房、节目传送收录机房、播出周转带库、后期制作网络主机房，七层播出控制室（三个防护单元），八层 SDH 省干网传输机房（两个防护单元）、6000 门程控电话交换机房、数据网络机房、数字电视机房、播出监控机房。

2. 设计参数：喷头形式为爆碟玻璃泡闭式喷头，动作温度 57℃，喷头动作压力为 5MPa。

K 系数＝0.696

每个喷头流量：6.96L/min

细水雾雾滴体积中间直径 $Dv0.5 < 100\mu m$

最大一个防护区喷头数约 56 个

系统设计用水量 390L/min

系统工作压力：12MPa

系统响应时间不大于 45s

设计持续喷雾时间：30min。

3. 系统设计：由于本工程防护区较多，合计 27 个，从安全性和经济性考虑，采用具有相关国际认证的进口高压泵组式预作用全淹没多区保护系统。该系统由高压细水雾泵组、分区控制阀箱、玻璃泡爆碟式喷头、不锈钢管路及管件等组成，分别对 27 个区域实施多区保护。

高压细水雾泵组由不锈钢贮水箱、高压水泵、高压集流管、稳压泵、空压机和控制箱等组成。高压集流管上设有卸载阀、安全阀、压力传感器、消蜂器、测试装置、压力表等。分区控制阀箱内设预作用区域控制阀、应急操作阀及应急启泵按钮。每个保护区门外设置 1 个分区控制阀箱。

4. 系统控制：系统设三种控制方式：自动控制、手动控制和机械应急操作。

（六）IG541 洁净气体灭火系统

1. 保护部位：十八层档案室，二十层机要资料室，三十层微波机房控制室，三十一层微波机房。

2. 设计参数：IG-541 设计灭火浓度 37.5%～42.8%。气体喷射时间≤60s。系统最大管长＜150m。

3. 系统设计：采用 IG-541 全淹没组合分配系统。4 个防护区由 18 层钢瓶间保护。钢瓶数按最大防护区钢瓶数确定。

4. 系统控制：系统设三种控制方式：自动控制、手动控制和机械应急操作。

（七）防火卷帘自动喷水系统

1. 保护部位：地上三、四层中带门的钢制防火卷帘。

2. 设计参数：喷水强度 0.5L/(s·m)

保护宽度 24.55m，保护高度≤4m

持续喷水时间：180min

系统设计用水量 17L/s　　183.6m³。

3. 系统设计：

在地下室消防水泵房内设防火卷帘自动喷水泵两台（一用一备）。系统管道压力由屋顶消防水箱经减压阀减压后稳压。每层均设水流指示器和信号阀。系统管网末端最不利点处设末端试水装置，其它层设试水阀。系统设一套 DN100 消防水泵接合器。

4. 系统控制：

系统在喷头动作后，由设于报警阀组上的压力开关连锁，强制自动启动防火卷帘自动喷水泵。防火卷帘自动喷水泵设定期无压自动巡检功能。

5. 喷头选用：采用标准口径 68℃ 吊顶型玻璃球喷头。

（八）灭火器配置

1. 灭火器配置按严重危险级设计。

2. 在地上各消火栓箱内配置灭火级别为 3A 手提式磷酸铵盐干粉灭火器 2 具。在地下各消火栓箱内配置灭火级别为 3A 手提式磷酸铵盐干粉灭火器 3 具。在无自动灭火保护的房间配置灭火级别为 3A 手提式磷酸铵盐干粉灭火器 3 具。

三、管材及接口

1. 给水管、热水管、直饮水管采用薄壁不锈钢管，环压或卡压连接。

2. 中水给水管采用内筋嵌入式衬塑镀锌钢管，管件连接。

3. 低区消火栓管采用热浸镀锌钢管；高区消火栓管从水泵至高区环网的供水干管采用热浸镀锌无缝钢管，其余采用热浸镀锌钢管。DN<100mm 者，螺纹连接；DN≥100mm 者，沟槽式挠性管接头连接。阀门采用法兰连接。

4. 自动喷水管从水泵至报警阀的干管采用热浸镀锌无缝钢管，报警阀以后的管道采用热浸镀锌钢管。DN<100mm 者，螺纹连接；DN≥100mm 者，沟槽式挠性管接头连接。阀门采用法兰连接。

5. 雨淋管 DN>150 的管道采用热浸镀锌无缝钢管，DN≤150 的管道采用热浸镀锌钢管。DN<100mm 者，螺纹连接；DN≥100mm 者，沟槽式挠性管接头连接。

6. 大空间主动喷水管、防火卷帘自动喷水管采用热浸镀锌钢管，螺纹连接。阀门采用法兰连接。

7. 高压细水雾管采用 AISI316 不锈钢无缝管，壁厚应符合《DBJ 01-74—2003》表 4.2.6.1-1 的要求。焊接或卡接（按不同口径选用）。喷头连接方式为螺纹。

8. 气体灭火管道采用热浸镀锌无缝钢管，螺纹或法兰连接。钢瓶至选择阀之间的管道管材和接口要求承压 22.5MPa。选择阀至喷头之间的管道管材和接口要求承压 10.5MPa。

9. 排水管、通气管采用 RC 型柔性排水铸铁管，法兰连接。DN50 通气管可采用镀锌钢管，螺纹连接。与潜水泵连接的管道采用热浸镀锌钢管，螺纹连接，需拆卸处采用法兰连接。不锈钢水箱溢、泄水管采用薄壁不锈钢管，环压或卡压连接。消防水池、中水贮水池、水景水池、屋顶消防水箱溢、泄水管采用涂塑钢管，卡接。水箱、消防水池及中水贮水池溢水管排出口、通气管出口应装设防虫网。

10.87 型斗雨水系统雨水管采用热浸镀锌钢管，螺纹连接或沟槽式挠性管接头连接。$DN > 150mm$ 雨水管采用热浸镀锌无缝钢管，沟槽连接。虹吸式雨水系统雨水管采用不锈钢无缝钢管（304），焊接。

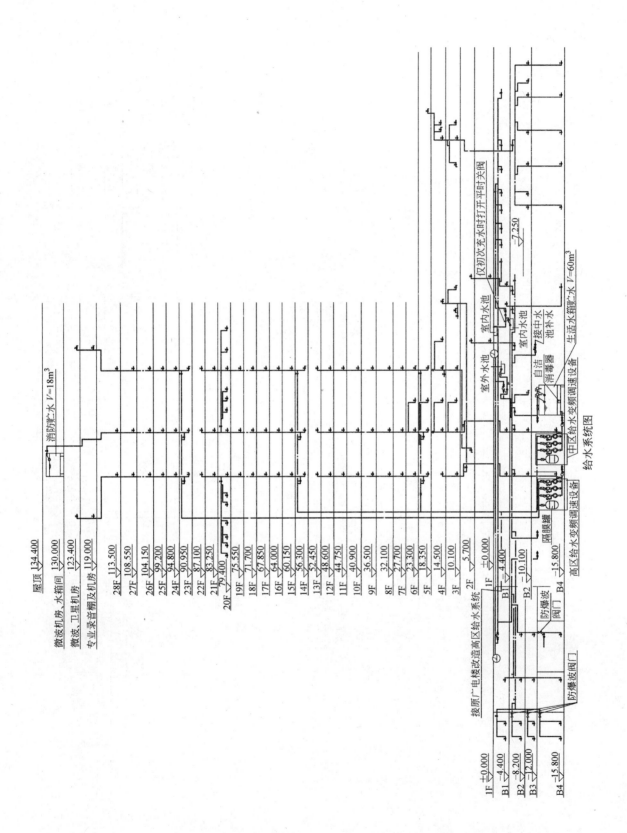

给水系统图

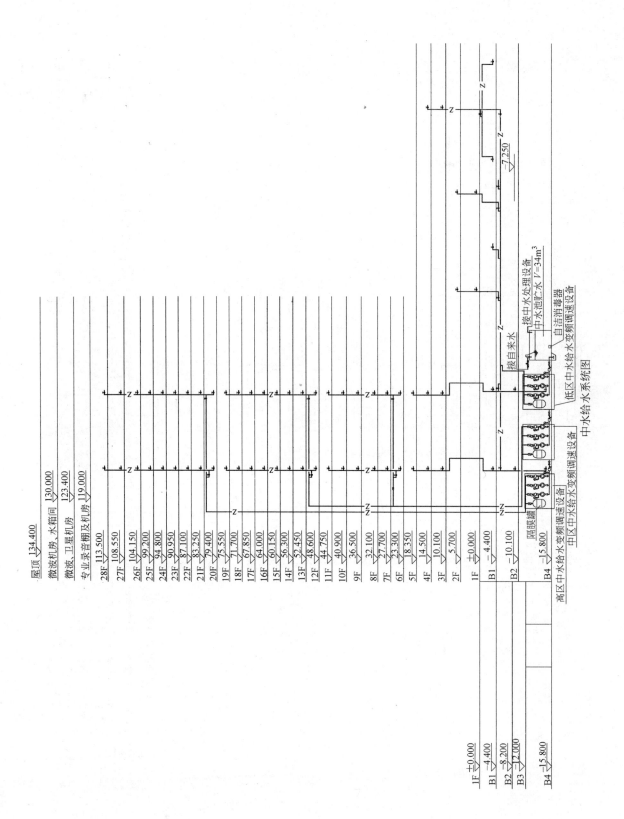

中水给水系统图

高区中水给水变频调速设备　　中区中水给水变频调速设备　　低区中水给水系统图

屋顶 134.400

微波机房 水箱间 130.000

微波 卫星机房 123.400

专业录音棚及机房 119.000

28F 113.500
27F 108.550
26F 104.150
25F 99.200
24F 94.800
23F 90.950
22F 87.100
21F 83.250
20F 79.400
19F 75.550
18F 71.700
17F 67.850
16F 64.000
15F 60.150
14F 56.300
13F 52.450
12F 48.600
11F 44.750
10F 40.900
9F 36.500
8F 32.100
7F 27.700
6F 23.300
5F 18.350
4F 14.500
3F 10.100
2F 5.700
1F ±0.000
B1 −4.400
B2 −10.100
B3 −15.800

接中水处理设备
中水池底水 V=34m³
自洁消毒器
隔膜罐
接自来水

1F ±0.000
B1 −4.400
B2 −8.200
B3 −12.000
B4 −15.800

474

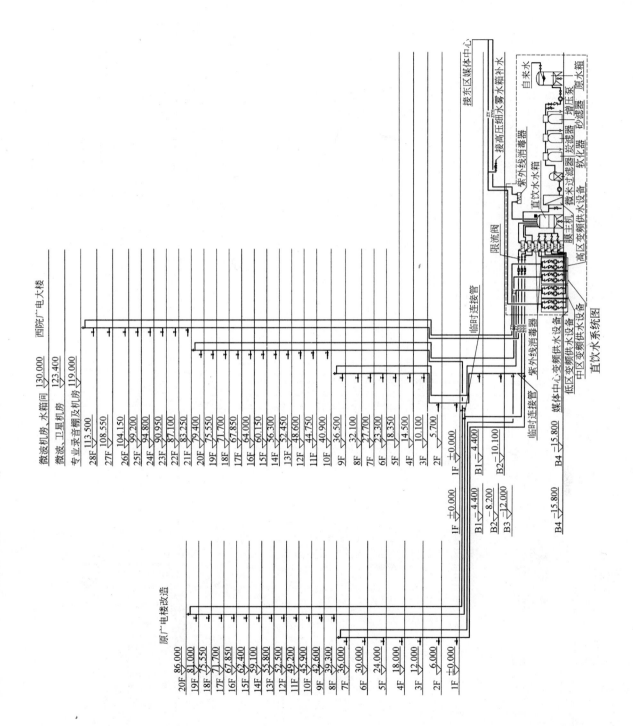

直饮水系统图

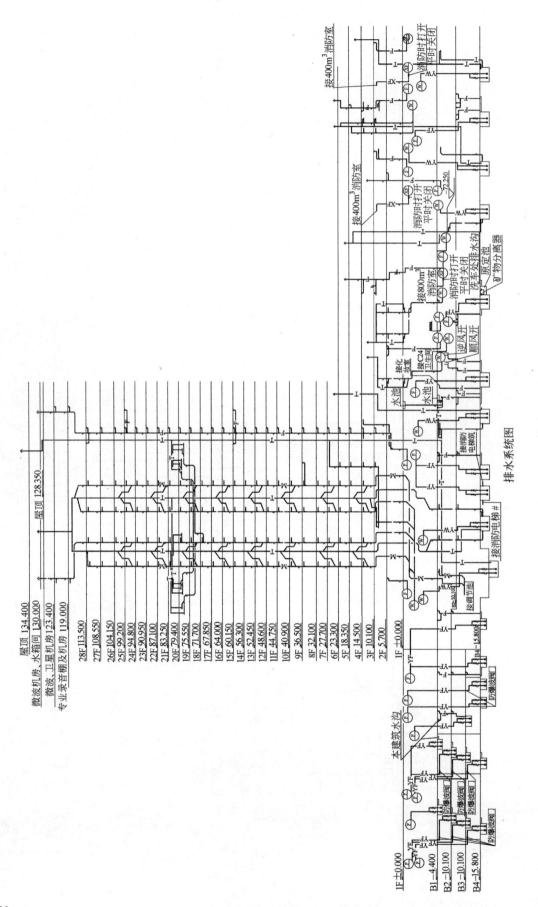

排水系统图

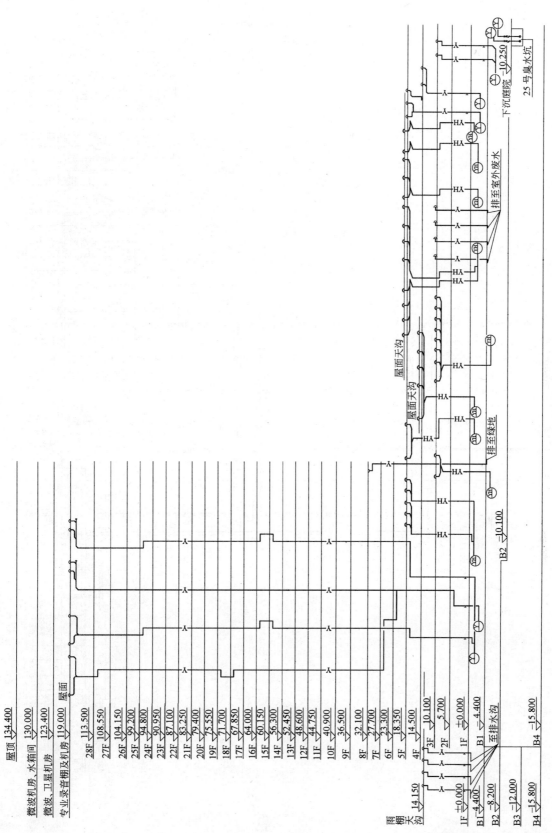

雨水系统图

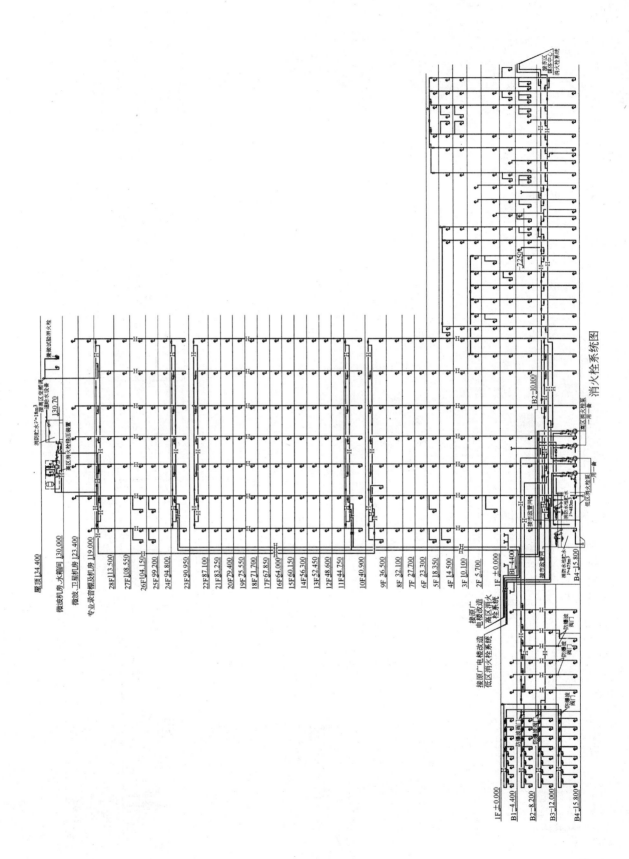

消火栓系统图

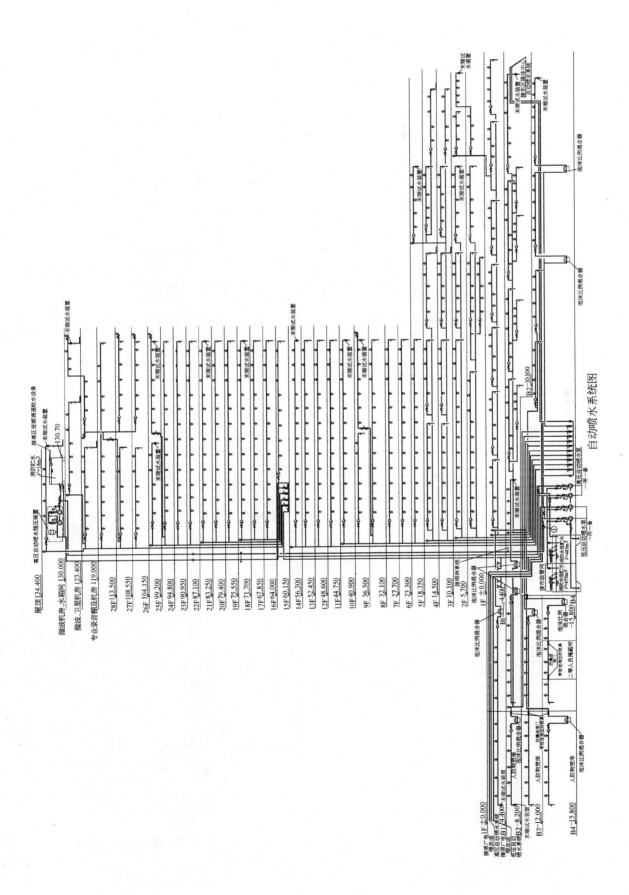

自动喷水系统图

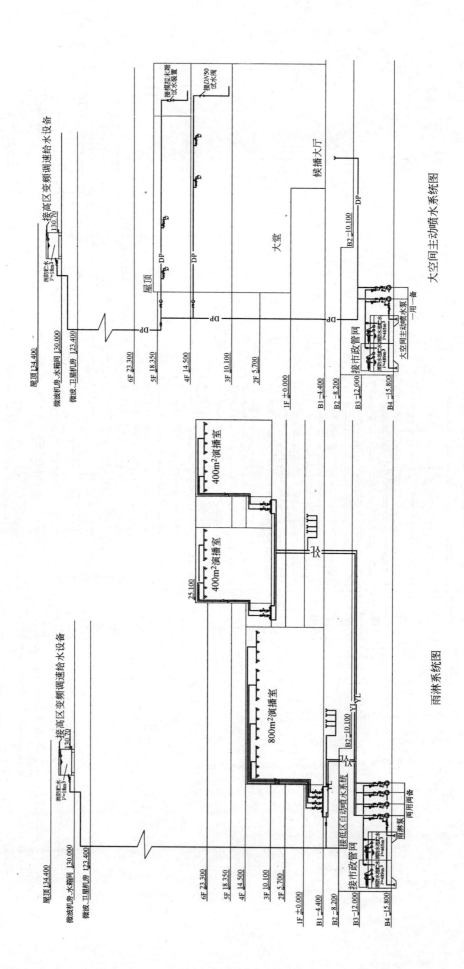

大空间主动喷水系统图

雨淋系统图

480

福建广播电视中心

宋国清 李万华 申 静

本工程位于福建省福州市。主要建筑群为电视中心区、广播中心区、演播中心区。本工程集广播电视节目制作、播出、传输于一体，属综合性建设项目。总用地面积 7.74hm²，总建筑面积 13.5 万 m²。建筑耐久年限为一级，设计使用年限 50 年。

电视中心区由电视节目摄录、后期制作、新闻中心、节目播出、节目传送、资料中心、外录转播、电视会议中心、编辑管理等办公用房、地下车库、冷冻机房、变配电室、人防地下室等用房组成。地下 1 层，地上 29 层（另加 1 层机房层）。建筑高度 119m。

广播中心区由广播节目录制、节目后期制作、节目播出、节目传送、资料中心、编辑管理等办公用房以及广播电视中心的警卫、单身宿舍、物业管理、水泵房、消防中心、弱电机房等用房组成。地下 1 层，地上 18 层（另加 1 层机房层）。建筑高度 81m。

演播中心区由公众参与较多的各类中、大型演播室、候播厅及与其配套的相关用房组成。另外还有职工餐厅、健身活动用房。地下 1 层，地上 4 层。建筑高度 24m。

本工程于 2002 年 12 月完成施工图设计。目前正在施工。

一、给水排水系统

（一）给水系统

1. 用水量（见表 1）

生活给水用水量   表 1

用水量	最高日(m³/d)	最大时(m³/h)
生活用水量	393.96	79.53
冷却补水量	800.82	54.43
绿化用水量	60.06	13.65

2. 水源：由城市自来水管网提供。从不同方向自来水干管上引两根 DN200 给水管在红线内成环布置。市政供水压力按 0.15MPa 计。

3. 系统设计：本工程建筑高度 119m，最大计算扬程在水泵的有效供水范围之内。为使供水安全可靠，系统采用分区并联供水方式。电视中心区竖向分为三区：地下一层至地上二层为低区；地上三层至十二层为中区，中区水箱设于十五层（避难层）；十三层至二十八层为高区，高区水箱设于三十层（机房层）。广播中心区竖向分为二区：地下一层至地上二层为低区，地上三层至十八层为高区，高区水箱设于屋顶机房层。演播中心区竖向分为二区：地下一层至地上二层为低区，地上三层、四层为高区。低区由市政管网直接供水。电视中心区中区、广播中心区与演播中心区高区由中区给水泵与电视中心区中区水箱、广播中心区高区水箱联合供水。为避免电视中心区三、四层与广播中心区三层至五层、演播中心区三、四层供水压力过高，设减压阀减压。电视中心区高区由高区给水泵与高区屋顶水箱联合供水。为避免十三层至二十一层供水压力过高，设减压阀减压。

4. 化妆室洗脸盆以及卫生间淋浴器热水由电热水器分散制备供给。

5. 开水采用全自动净化开水机分散制备供给。

6. 管材：给水管采用薄壁不锈钢管，卡压式管件连接。

（二）排水系统

1. 设计排水量：最高日：429.00m³/d。最大时：85.45m³/h。

2. 污、废水系统设计：污水、废水合流。室内±0.000m以上污、废水合流排出室外。室内±0.000m以下污水、废水汇集至地下室集水坑，由潜水泵提升排出室外。每个集水坑设潜水泵两台。潜水泵由集水坑水位自动控制。厨房污水经隔油后排出。污水经室外化粪池处理后排入市政污水管道。

3. 管材：采用离心浇铸排水铸铁管，不锈钢卡箍连接。

（三）雨水系统

1. 设计参数：电视中心区主楼屋面设计重现期 P 取 5 年。广播中心区、裙房与演播中心区屋面设计重现期 P 取 2 年。室外地面设计重现期 P 取 1 年。

2. 系统设计：屋面雨水除裙房局部采用外排水外，均采用内排水系统排至室外雨水管道。

3. 管材：雨水管采用热浸镀锌钢管，丝扣连接或沟槽式挠性管接头连接。

（四）循环冷却水系统

1. 设计参数：循环水量：2728m³/h。进水温度：36.5℃。出水温度：32℃。湿球温度：28℃。

2. 系统设计：空调用冷却水由冷却塔冷却后循环使用。根据使用场合的特点，本工程冷却塔分设开放式冷却塔、密闭式冷却塔。

开放式冷却塔采用横流式，为冷冻机提供冷却水。开放式冷却塔共设 6 台，其中三台800m³/h、一台250m³/h设于电视中心区裙房屋顶上，两台400m³/h设于广播中心区裙郡房屋顶上。冷却塔补水分别由电视中心区中区水箱、广播中心区屋顶水箱供给。

密闭式冷却塔为工艺机房专用冷凝器提供冷却水。密闭式冷却塔共设两台，设于电视中心区主楼屋面，其补水由屋顶水箱与冷却塔补水泵提供。

3. 管材：采用无缝钢管，焊接连接。阀门采用法兰连接。

二、消防系统

本工程包括以下消防系统：消火栓系统、自动喷水系统、雨淋系统、水幕系统、水喷雾系统、气体灭火系统。从本工程不同方向市政给水管上引两根 DN200 给水管在红线内成环状布置，并在环上设地上式消火栓。室外消防用水由该环网提供。本工程室内消防水由地下消防水池提供。考虑到在灭火时有可能同时启用的系统组合中，室内消火栓系统（432m³）、雨淋系统（414m³）及水幕系统（72m³）组合用水量最大，共计 918m³，故消防水池贮存该组合用水量。

（一）室内消火栓系统

1. 设计参数：室内消火栓用水量40L/s。延续时间3h。

2. 系统设计：系统采用分区并联供水方式。竖向分高、低两区：低区为地下一层至十层，高区为十一层至二十九层。火灾时，高、低区消火栓系统分别由设于广播中心区地下一层水泵房内的高、低区消火栓泵供水。为避免十一层至二十层消火栓压力过高，在高区消火栓泵供水管与该区域消火栓管网相连处设减压阀减压。平时及火灾初期，高、低区消火栓系统分别由设于二十九层消防水箱间的消防水箱（贮水量18m³）供水。为避免低区消火栓静压过高，在消防水箱出水管与低区消火栓系统相连处设减压阀减压。由于消防水箱设置高度不能保证高区最不利消火栓静压要求，在消防水箱间设高区消火栓稳压装置。

3. 系统控制：高、低区消火栓泵即可由消火栓箱处的启泵按钮启动，也可在消防中心和水泵房内手动启动。高区消火栓泵还可由高区消火栓稳压装置启动。水泵启动后，在消火栓处用红色讯号灯显示。低区消火栓系统平时压力由二十九层消防水箱与减压阀保证。高区消火栓系统平时压力由高区消火栓稳压装置保证：当稳压装置压力下降至一定值时，稳压装置启动；当稳压装置压力上升至一定值时，稳压装置停；当稳压装置压力继续下降至一定值时，高区消火栓泵启动，稳压装置停。高、低区消火栓泵设定期自动巡检装置。

4. 管材：低区消火栓系统采用热浸镀锌钢管，$DN<100$mm 者，螺纹连接；$DN\geqslant100$mm 者，沟槽式挠性管接头连接。高区消火栓系统管材采用热浸镀锌无缝钢管，$DN<100$mm 者，螺纹连接；$DN\geqslant100$mm 者，沟槽式挠性管接头连接。阀门采用法兰连接。

（二）自动喷水系统

1. 保护部位：除面积小于 $5.00m^2$ 的卫生间和不宜用水扑救的部位外，均设自动喷水头保护。布景库按严重危险级设计。车库按中危险级Ⅱ级设计。其余部位均按中危险级Ⅰ级设计。

2. 设计参数：中危险级设计参数见表2。

自动喷水系统设计参数

表2

中危险级Ⅰ级	中危险级Ⅱ级：	严重危险级设计参数
喷水强度：6L/min·m²	喷水强度8L/min·m²	喷水强度：16L/min·m²
系统作用面积：160m²	系统作用面积：160m²	系统作用面积：260m²
持续喷水时间：60min	持续喷水时间：60min	持续喷水时间：60min
系统设计用水量21L/s	系统设计用水量28L/s	系统设计用水量97.5L/s，351m³

中危险级系统设计用水量取 30L/s   108m³。

3. 系统设计：中危险级系统采用分区并联供水方式。竖向分高、低两区：低区为地下一层至十四层，高区为十五层至二十九层。火灾时，高、低区自动喷水系统分别由设于广播中心区地下一层水泵房内的高、低区自动喷水泵供水。火灾初期，高、低区自动喷水系统分别由设于二十九层消防水箱间的消防水箱（贮水量18m³）供水。为避免低区自动喷水系统静压过高，在消防水箱出水管与低区自动喷水系统相连处设减压阀减压。由于消防水箱设置高度不能保证高区最不利喷头水压要求，在消防水箱间设高区自动喷水稳压装置。电视中心区低区湿式报警阀设于电视楼首层，电视中心区高区湿式报警阀设于十五层。广播中心区湿式报警阀设于地下一层水泵房。演播中心区湿式报警阀设于演播中心区首层。每套湿式报警阀控制喷头数不超过 800 个。

严重危险级自动喷水系统与雨淋系统共用雨淋泵。系统平时压力由屋顶消防水箱经减压阀减压后稳压。系统单设湿式报警阀、水流指示器与安全信号阀。火灾时由雨淋泵供水。

4. 系统控制：中危险级系统在喷头动作后，由设于报警阀组或稳压装置上的压力开关连锁，强制自动启动低区或高区自动喷水泵。低区自动喷水系统平时压力由二十九层消防水箱保证。高区自动喷水系统平时压力由高区自动喷水稳压装置保证：当稳压装置压力下降至一定值时，稳压装置启动；当稳压装置压力上升至一定值时，稳压装置停；当稳压装置压力继续下降至一定值时，高区自动喷水泵启动，稳压装置停。高、低区自动喷水泵设定期自动巡检装置。

严重危险级系统在喷头动作后，由设于报警阀组上的压力开关连锁，强制自动启动两台雨淋泵。

5. 管材：采用热浸镀锌钢管，$DN<100$mm 者，螺纹连接；$DN\geqslant100$mm 者，沟槽式挠性管接头连接。阀门采用法兰连接。

（三）雨淋系统

1. 保护部位：舞台葡萄架下部及侧台、面积$\geqslant400$m^2 的演播室。

2. 设计参数：系统按严重危险级设计。

喷水强度：16L/(min·m^2)

系统作用面积：260m^2

持续喷水时间：60min

系统设计用水量 115L/s　　414m^3。

3. 系统设计：在地下水泵房内设雨淋泵三台（二用一备），雨淋阀前管道压力由屋顶消防水箱经减压阀减压后稳压。在每个防护区附近设雨淋阀组。每套雨淋阀控制的喷水面积不超过 260m^2，每套雨淋阀后配水管道的容积不超过 3000L。每套雨淋阀保护的区域配套设置火灾探测器。发生火灾时临近着火部位的探测器动作，打开一个或两个传动管网上的电磁阀，相关的一台或两台雨淋阀动作，启动一台或两台雨淋泵。系统采用开式喷头。

4. 系统控制：

（1）自动控制：每套雨淋阀配套设置火灾探测器。发生火灾时探测器动作，打开相应传动管网上的电磁阀，相关雨淋阀动作，启动雨淋泵。

（2）消防中心手动远控。

（3）水泵房及现场应急操作。

（4）自动控制与手动控制可互相切换：平时自动控制，演出时手动控制。

（5）雨淋泵设定期自动巡检装置。

5. 管材：采用热浸镀锌无缝钢管，$DN<100$mm 者，螺纹连接；$DN\geqslant100$mm 者，沟槽式挠性管接头连接。

（四）水幕系统

1. 保护部位：舞台口防火幕。

2. 设计参数：系统按防护冷却水幕设计。

舞台口高度：9m

舞台口宽度：20m

舞台口设计喷水强度：1.0L/(s·m)

持续喷水时间：60min

系统设计用水量 20L/s　　72m^3。

3. 系统设计：在地下水泵房内设水幕泵两台（一用一备），雨淋阀前管道压力由屋顶消防水箱经减压阀减压后稳压。水幕雨淋阀集中设于舞台雨淋阀室。雨淋阀后配水管道的容积不超过3000L。水幕系统与舞台口防火幕连锁控制：发生火灾时探测器动作，防火幕下落，同时打开传动管网上的电磁阀，雨淋阀动作，启动水幕泵。系统采用水幕喷头或开式喷头。

4. 系统控制：

（1）自动控制：发生火灾时探测器动作，打开传动管网上的电磁阀，雨淋阀动作，启动水幕泵。

（2）消防中心手动远控：火灾时，防火幕或防火卷帘完全下落，信号送至消防中心，由消防中心确认火灾后，启动水幕泵。

（3）水泵房及现场应急操作。

（4）水幕泵设定期自动巡检装置。

5. 管材：采用热浸镀锌钢管，$DN<100mm$ 者，螺纹连接；$DN\geqslant100mm$ 者，沟槽式挠性管接头连接。

（五）水喷雾灭火系统

1. 保护部位：柴油发电机房。

2. 设计参数：设计喷雾强度：20L/（min·m²）

持续喷雾时间：30min

保护面积：65m²

系统响应时间不大于45s。

系统设计用水量22L/s　　40m³。

3. 系统设计：在地下水泵房内设水喷雾泵两台（一用一备），雨淋阀前管道压力由屋顶消防水箱经减压阀减压后稳压。雨淋阀设于柴油发电机房附近。系统采用高速水雾喷头，其工作压力不小于0.35MPa。

4. 系统控制：系统设自动、手动控制，并可应急操作。

5. 管材：采用热浸镀锌钢管，$DN<100mm$ 者，螺纹连接；$DN\geqslant100mm$ 者，沟槽式挠性管接头连接。

（六）气体灭火系统（IG541）

1. 保护部位：面积$\geqslant120m²$ 的磁带库、硬盘及光盘库、文字资料室、特殊重要设备室。

2. 设计参数：设计灭火浓度：37.5%～52%

气体喷射时间：≤60s

喷头最小工作压力：2.2MPa，系统最小工作压力：15MPa

系统最大管长<150m

3. 系统设计：采用全淹没组合分配系统。电视中心区7个防护区设一个钢瓶间，广播中心区3个防护区设一个钢瓶间。每个钢瓶间按最大的一个防护区计算用量。电视中心区钢瓶间设48只钢瓶，广播中心区设29只钢瓶。每只钢瓶的重量为118kg。

4. 系统控制：系统设三种控制方式：自动控制、手动控制和机械应急操作。

5. 管材：采用热浸镀锌无缝钢管，螺纹或法兰连接。钢瓶至选择阀之间的管道管材和接口要求承压22.5MPa。选择阀至喷头之间的管道管材和接口要求承压10.5MPa。

三、设计及施工体会

1. 广播电视工艺用房的消防问题：由于广播电视工艺用房众多，需要与业主、工艺设计方协商确定哪些用房属于特殊重要设备室，应设气体灭火系统保护。对于分布较广，但又不特别重要的工艺用房，应尽可能设自动喷水保护，尽量减少不设自动灭火保护的房间的数量，以提高建筑物的消防安全度。

2. 本工程消防系统比较多，消防水池容积应按需要同时开启的灭火系统用水量之和计算确定。考虑到在灭火时有可能同时启用的系统组合中，室内消火栓系统（432m³）、雨淋系统（414m³）及水幕系统（72m³）组合用水量最大，共计 918m³，故消防水池贮存该组合用水量。

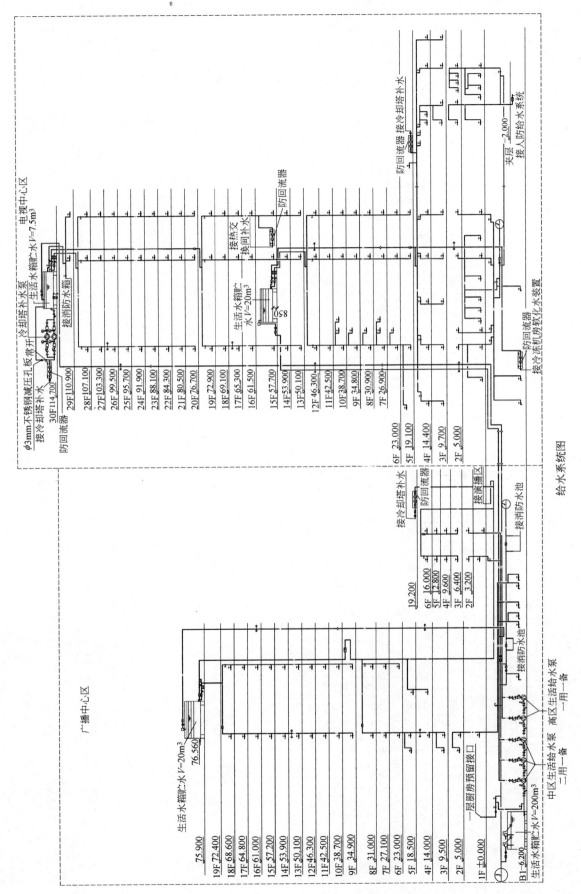

给水系统图

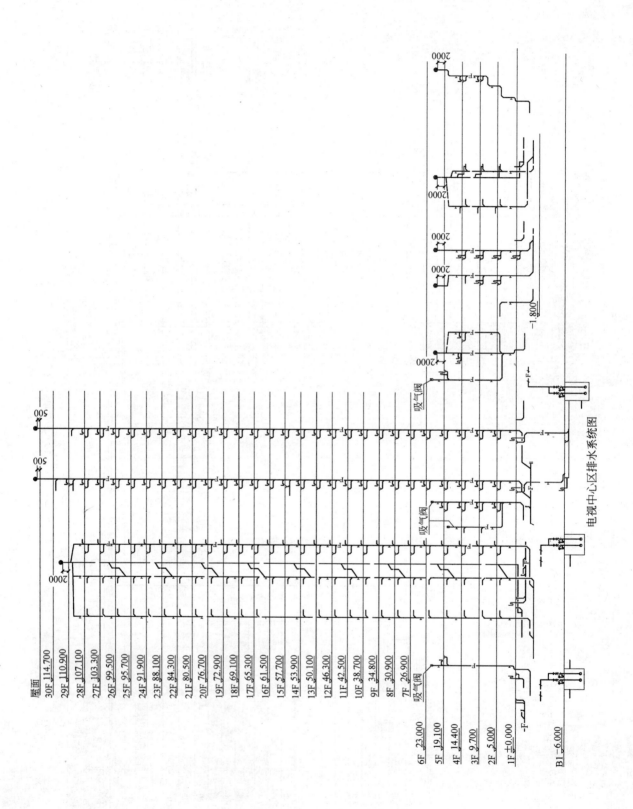

电视中心区排水系统图

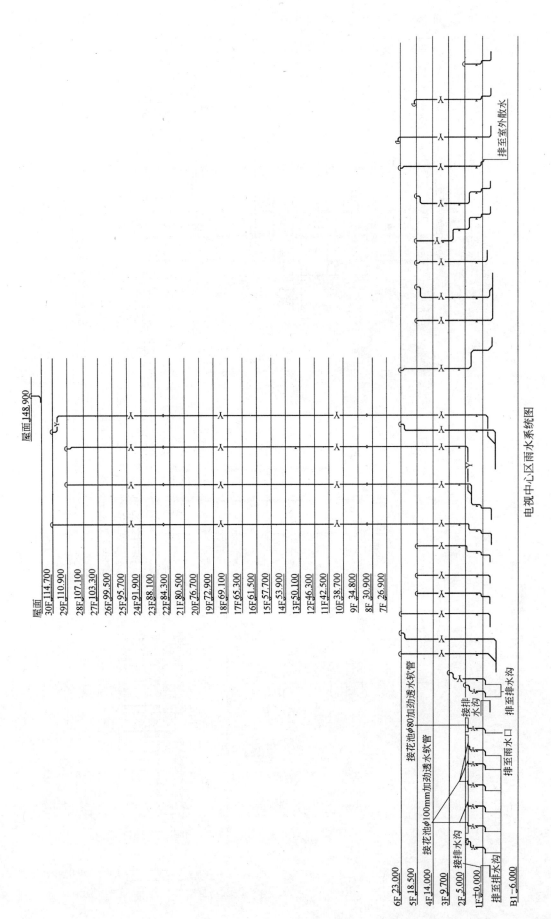

电视中心区雨水系统图

489

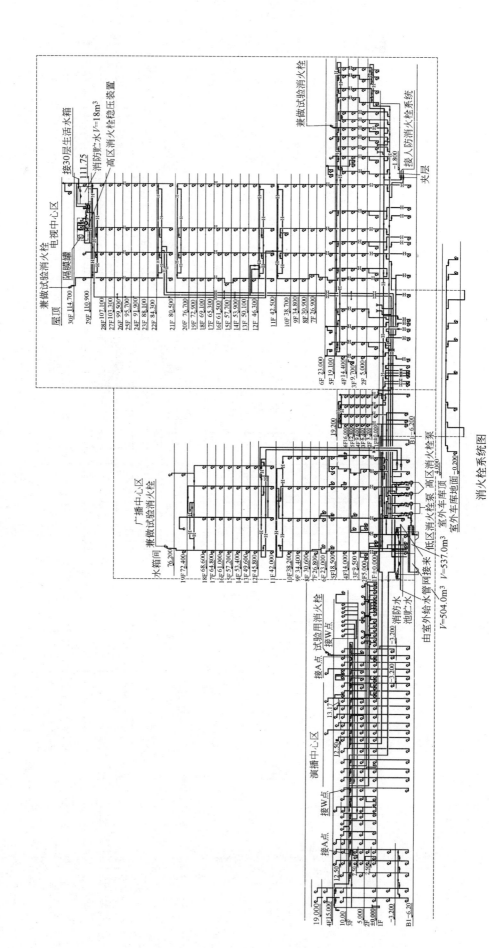

消火栓系统图

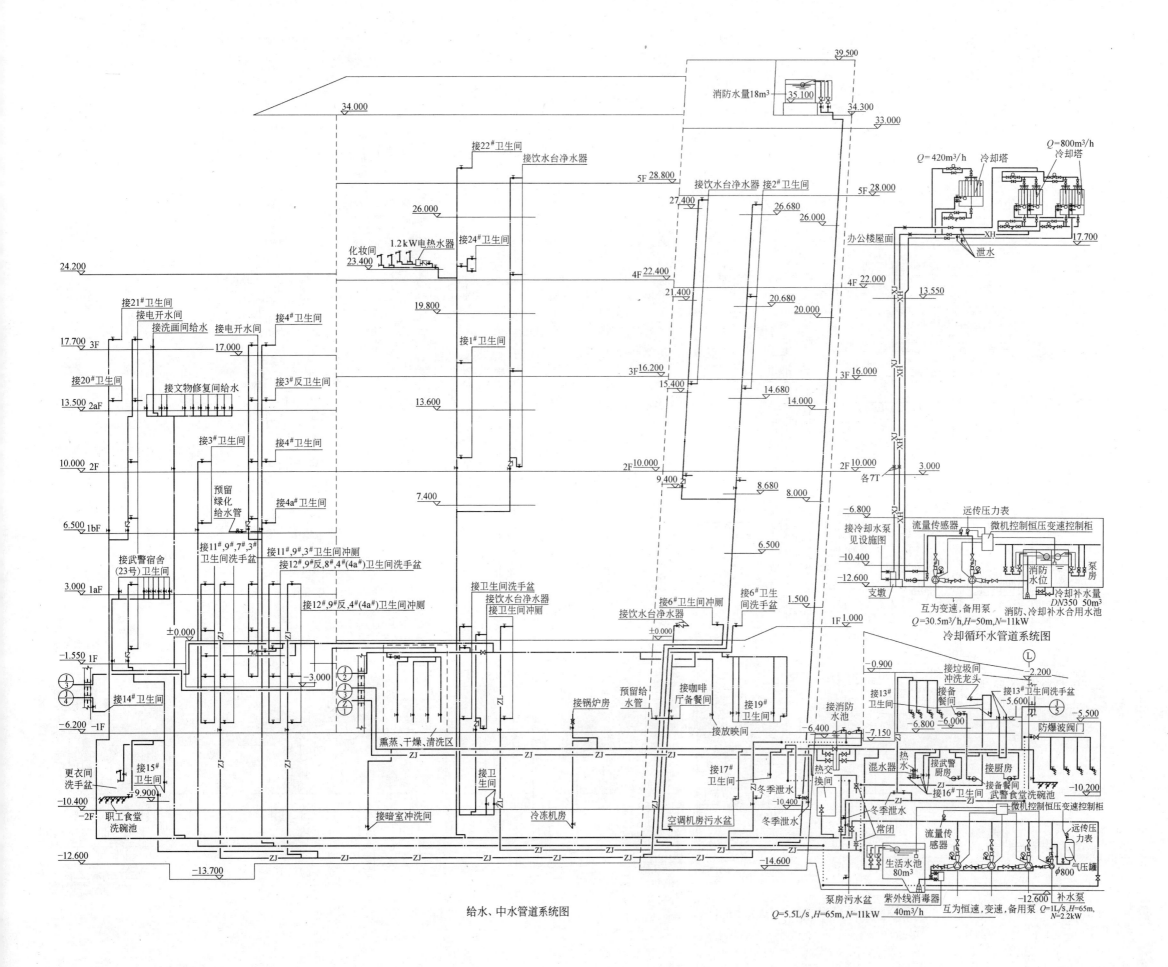

给水、中水管道系统图

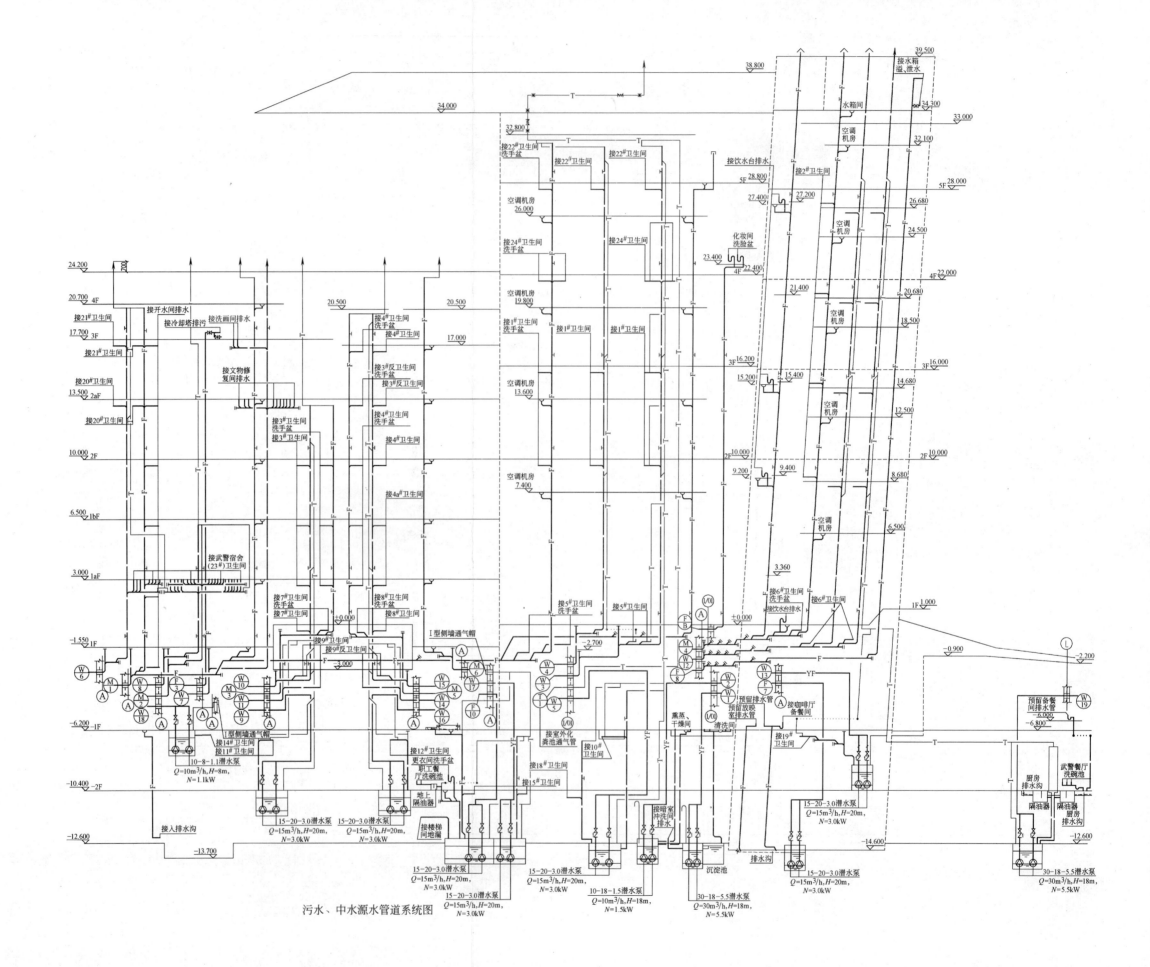

污水、中水源水管道系统图

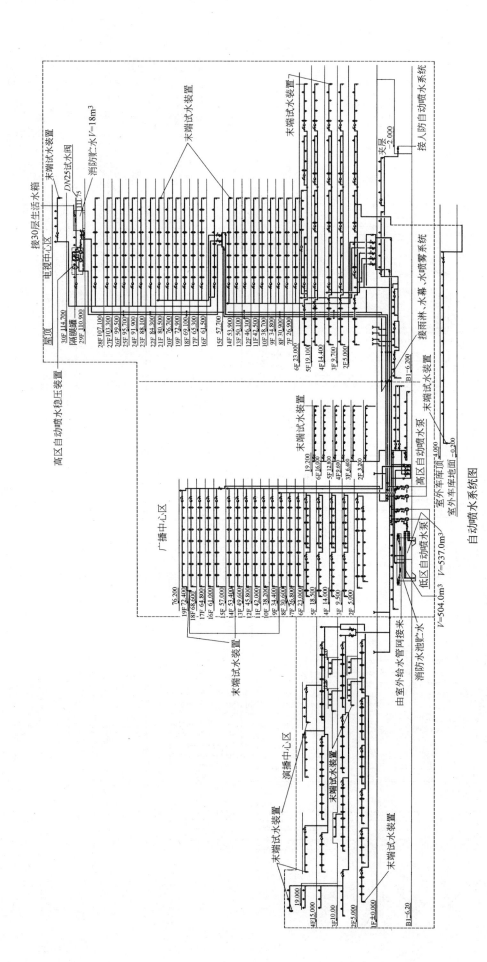

自动喷水系统图

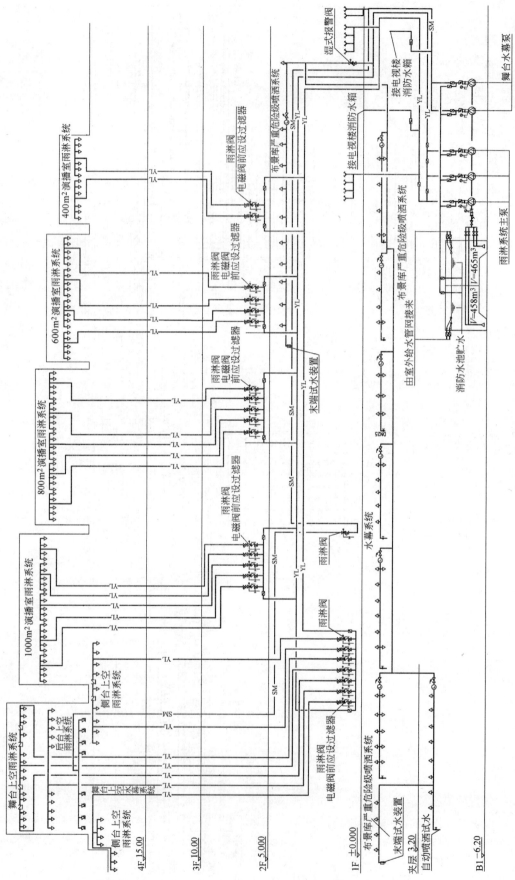

雨淋及水幕消防系统图

492

中国电信通信指挥楼/北京电信通信机房楼

宋国清 黎 松

中国电信通信指挥楼/北京电信通信机房楼位于北京市朝阳门立交桥西北侧。建筑定位为机房和办公用楼，是东四 D2 区联建项目三栋塔楼中的两栋，分属于两个使用单位。中国电信通信指挥楼、北京电信通信机房楼建筑面积分别为 39000m²、55000m²，建筑高度分别为 59.55m、79.8m。中国电信通信指挥楼地下四层、地上十四层。北京电信通信机房楼地下四层、地上十八层。地下部分为车库，设备及物业用房，地上部分为通信机房，办公及会议用房。建筑防火分类一类，防火等级为一级，耐久年限为一级。本工程于 2004 年 8 月完成施工图设计。目前正在施工。

一、给水排水系统

（一）给水系统

1. 水源：由城市自来水管网提供。从不同方向自来水干管上引两根 DN200 给水管在红线内成环状布置。各单体建筑的入户管从该环网上接出。市政供水压力按 0.18MPa 计。

2. 设计用水量：中国电信通信指挥楼最高日：205.62m³/d，最大时：24.56m³/h。北京电信通信机房楼最高日：244.98m³/d，最大时：25.70m³/h。

3. 系统设计：为便于管理，两楼给水系统各自独立。系统均采用分区供水方式：地下四层至地上二层为低区，由市政管网直接供水。地上三层以上为高区，由变频调速给水设备供水；供水压力超过 0.35MPa 的区域设减压阀减压。由于建筑物用水量变化大，变频调速给水设备采用三台主泵（二用一备）加一台小泵一台小气压罐组合供水方式。两楼给水进户管设水表计量。

4. 带浴盆卫生间及淋浴间热水由电热水器就地供给。

5. 开水：开水量标准 2L/（人·d）。开水采用全自动净化电开水器分散制备供给。

6. 管材：给水管采用内筋嵌入式衬塑镀锌钢管，管件连接。

（二）热水系统

本工程为机房办公楼，热水用水部位为公共区域卫生间洗手盆，办公室小卫生间浴盆、洗脸盆，职工厨房。

由于各部位热水用量较小，本工程热水系统采用局部热水供应方式：各用水点热水直接由电热水器分散制备供给。

电热水器采用带安全装置、功率与温度调节装置和一定贮热容积的电热水器。

（三）中水系统

由于中国电信通信指挥楼办公人数为 500 人，北京电信通信机房楼办公人数为 350 人，中水源水量二者共计仅 28.39m³/d，小于 50m³/d，根据北京市"三委"通告第 2 号《关于加强中水设施建设管理的通告》第三条"应配套建设中水设施的建设项目，如中水来源水量或中水回用水量过小（小于 50m³/d），必须设计安装中水管道系统。"的规定，本工程中水系统仅设中水给水管道系统，不设中水处理站和中水原水收集系统。中水用于卫生间便器冲洗和车库地面浇洒。

1. 中水设计用水量：中国电信通信指挥楼最高日：39.77m³/d，最大时：6.98m³/h。北京电信通信机房楼最高日：33.76m³/d，最大时：5.90m³/h。

2. 中水给水水源：中水水源现由城市自来水供给，未来由城市污水处理厂提供的市政中水供给。市政中水供水压力按 0.18MPa 计。

3. 系统设计：为便于管理，两楼中水给水系统各自独立。系统分区同给水系统。变频调速给水设备采用三台主泵（二用一备）加一台小泵一台小气压罐组合供水方式。两楼中水给水进户管设水表计量。

4. 洁具选择：卫生洁具均采用节水型产品：小便器冲洗阀采用感应式冲洗阀，坐便器采用 6L 水便器，蹲便器采用液压脚踏阀蹲式便器。

5. 计量与安全措施：下列部位设计量水表：中水水箱的中水进水管和自来水补水管。车库地面冲洗龙头加锁，龙头处注明非饮用水标识。

6. 管材：中水给水管采用内筋嵌入式衬塑镀锌钢管，管件连接。

（四）排水系统

1. 设计排水量：中国电信通信指挥楼最高日：63.96m³/d，最大时：12.02m³/h。北京电信通信机房楼最高日：45.36m³/d，最大时：8.54m³/h。

2. 系统设计：室内±0.000m 以上污水、废水合流排出室外。室内±0.000m 以下污水、废水汇集至地下室集水坑，由潜水泵提升排出室外。每个集水坑设潜水泵两台。潜水泵由集水坑水位自动控制。厨房污水经油脂分离器处理后排出。洗车处废水经矿油分离器处理后排出。污水经室外化粪池处理后排入市政污水管道。室内污水、废水管道除局部明装外，一般暗装。明装及暗装在吊顶内的污水、废水管做防结露保温。

3. 管材：采用离心浇铸柔性排水铸铁管，不锈钢卡箍连接。

（五）屋面雨水设计

1. 设计参数：主楼屋面设计重现期 P 取 5 年，裙房屋面设计重现期 P 取 2 年，降雨历时 5min。溢流口排水能力按 50 年重现期设计。

2. 系统设计：屋面雨水利用重力排除。

3. 管材：雨水管采用热浸镀锌钢管，丝扣连接或沟槽式挠性管接头连接。

（六）空调冷却水系统设计

1. 设计参数：循环水量：中国电信通信指挥楼 650m³/h，北京电信通信机房楼 940m³/h，进水温度：37℃，出水温度：32℃，湿球温度：26.4℃。

2. 系统设计：空调用冷却水由超节能超低噪声型冷却塔冷却后循环使用。本工程冷却塔设于主楼屋面。中国电信通信指挥楼设两台冷却塔，其中一台 LRCM-HL-150-C3、一台 LRCM-HL-100-C2。北京电信通信机房楼设三台冷却塔，其中两台 LRCM-HL-175-C2、一台 LRCM-HL-100-C2。每台冷却塔与一台冷冻机相对应。冷却塔补水分别由两楼的给水变频调速设备供给。

3. 管材：采用无缝钢管，焊接连接。阀门采用法兰连接。

二、消防系统

本工程包括以下消防系统：消火栓系统、自动喷水系统、水喷雾系统、气体灭火系统。从不同方向自来水干管上各引一根 $DN200$ 给水管在红线内成环状布置。环网管径为 $DN200$。环上设地下式消火栓。室外消防用水由该环网提供。室内消防用水主要由地下消防水池提供。考虑到在灭火时有可能同时启用的系统组合中，室内消火栓系统（$432m^3$）、自动喷水系统（$108m^3$）组合用水量最大，共计 $540m^3$，故消防水池贮存该组合用水量。

（一）室内消火栓系统

1. 设计参数：室内消火栓用水量 $40L/s$，延续时间 $3h$ $432m^3$。

2. 系统设计：为节省面积，合理利用资源，两楼共用消防水泵、稳压装置、消防水池、屋顶消防水箱和消防水泵接合器。由于屋顶消防水箱设置高度不能满足最不利消火栓 $7m$ 静压要求，在北京电信通信机房楼消防水箱间设稳压装置稳压。系统竖向分两区：地下四层至地上六层为低区，地上六层以上为高区。两区共用一组消火栓泵（二台，一用一备）。高区由消火栓泵直接供水，低区经可调式减压阀减压后供水。两楼消火栓管网上、下均成环。两楼共用三套 $DN150$ 消防水泵接合器。

消火栓设在明显和易于取用处，其间距保证同层相邻两个消火栓的充实水柱同时到达室内任何部位，并不大于 $30m$。每支水枪充实水柱 $13m$，流量不小于 $5L/s$。

3. 系统控制：消火栓泵既可由消火栓箱处的启泵按钮启动，也可在消防中心和水泵房内手动启动。消火栓泵还可由消火栓稳压装置启动。水泵启动后，在消火栓处用红色讯号灯显示。消火栓系统平时压力由消火栓稳压装置保证：当稳压装置压力下降至一定值时，稳压装置启动；当稳压装置压力上升至一定值时，稳压装置停；当稳压装置压力继续下降至一定值时，消火栓泵启动，稳压装置停。消火栓泵设定期自动巡检装置。

4. 消火栓设备：消火栓采用旋转型单口单阀消火栓。消火栓箱内设 SNZ65（SNJZ65）消火栓一个，$DN65mm$ 麻质衬胶龙带一条，长 $25m$，$DN19mm$ 直流水枪一支，带指示灯和两常开触点的启泵按钮一个，并配自救卷盘一套。

5. 管材：采用热浸镀锌无缝钢管，$DN<100mm$ 者，螺纹连接；$DN \geqslant 100mm$ 者，沟槽式挠性管接头连接。阀门采用法兰连接。管材和接口要求承压 $2.00MPa$。

（二）自动喷水灭火系统

1. 湿式自动喷水灭火系统

（1）保护部位：自行车库、办公室（区）、会议室、走道、发展机房（办公）、厨房、餐厅、物业用房、值班室、空调机房、冷冻机房、门厅、大堂、商务中心、咖啡厅、报告厅、准备室、多功能厅、健身房、更衣室、备餐室、操作间、前室、职工活动室、备用房、水泵房、报警阀室、开水间、清洁间、垃圾存放间、充气配气室、煤气表间、风机房。

除多功能厅按中危险级Ⅱ级设计外，均按中危险级Ⅰ级设计。

（2）设计参数：中危险级Ⅰ级：　　　　　　　　中危险级Ⅱ级：

　　　　　　喷水强度：$6L/(min \cdot m^2)$　　　　　喷水强度：$8L/(min \cdot m^2)$

　　　　　　系统作用面积：$160m^2$　　　　　　　系统作用面积：$160m^2$

　　　　　　持续喷水时间：$60min$　　　　　　　持续喷水时间：$60min$

　　　　　　系统设计用水量：$21L/s$　　　　　　系统设计用水量 $28L/s$

　　　　　　中危险级系统设计用水量取 $30L/s$，$108m^3$。

（3）系统设计：两楼除共用自动喷水泵、稳压装置、消防水池、屋顶消防水箱和消防水泵接合器外，其余均独立设置。系统竖向分高低两区。两区共用一组自动喷水泵（二台，一用一备）：高区由自动喷水泵直接供水，低区减压后供水。两楼共用二套DN150消防水泵接合器。由于消防水箱设置高度不能满足最不利喷头水压要求，在北京电信通信机房楼消防水箱间设自动喷水稳压装置。两楼湿式报警阀均设于首层。每套湿式报警阀控制喷头数不超过800个。每个防火分区、每层均设水流指示器，当喷头喷水，管网水流动时，水流指示器动作，向每层区域报警盘和消防中心报警，表明着火部位，水流指示器与湿式报警阀前的控制阀门采用安全信号阀，其开、关均有信号反馈到消防中心。

为了检验系统的可靠性，每个报警阀组控制的最不利点喷头处，设末端试水装置；其它防火分区、楼层的最不利喷头处，均设DN25mm的试水阀。

（4）系统控制：系统在喷头动作后，由设于报警阀组或稳压装置上的压力开关连锁，强制自动启动自动喷水泵。自动喷水系统平时压力由自动喷水稳压装置保证：当稳压装置压力下降至一定值时，稳压装置启动；当稳压装置压力上升至一定值时，稳压装置停；当稳压装置压力继续下降至一定值时，自动喷水泵启动，稳压装置停。自动喷水泵设定期自动巡检装置。

（5）喷头选用：除车库采用72℃易熔合金喷头外，均采用标准口径玻璃球喷头，其中有吊顶的地方均采用装饰型喷头，无吊顶的地方均采用直立式喷头。喷头温级：除厨房为93℃外，其余部位均为68℃。

（6）管材：从水泵至报警阀的干管采用热浸镀锌无缝钢管，沟槽式挠性管接头连接。阀门采用法兰连接。报警阀以后的管道采用热浸镀锌钢管，DN<100mm者，螺纹连接；DN≥100mm者，沟槽式挠性管接头连接。阀门采用法兰连接。管材和接口要求承压2.00MPa。

2. 湿式自动喷水—泡沫联用灭火系统

（1）保护部位：地下二、三、四层汽车库。

（2）设计参数：

中危险级Ⅱ级：喷水强度：8L/(min·m²)

系统作用面积：160m²

持续喷水时间：60min

系统设计用水量28L/s

YSP-A类泡沫灭火剂与水的混合比为3%或6%

泡沫比例混合装置贮罐容积为1.0m³

持续喷泡沫时间不小于10min

自动喷水至喷泡沫的转换时间，按4L/s流量计算，不大于3min

泡沫比例混合器应在流量≥4L/s时符合泡沫混合比。

（3）系统设计：地下二层湿式自动喷水—泡沫联用灭火系统串联接入湿式自动喷水系统。地下三、四层湿式自动喷水—泡沫联用灭火系统并联接入湿式自动喷水系统。泡沫灭火剂采用YSP-A类泡沫灭火剂。泡沫比例混合器采用ZPHY型大流量范围泡沫比例混合装置。

（4）系统控制：系统在喷头动作后，由设于报警阀组或稳压装置上的压力开关连锁，强制自动启动自动喷水泵和打开泡沫比例混合器上的电磁阀。一定压力的消防水经泡沫比例混合器后，形成3%或6%的泡沫混合液，经喷头喷出灭火。

（5）喷头选用：采用72℃易熔合金喷头。

（6）管材：从水泵至报警阀的干管采用热浸镀锌无缝钢管，沟槽式挠性管接头连接。阀门采用法兰连接。报警阀以后的管道采用热浸镀锌钢管，$DN<100mm$ 者，螺纹连接；$DN\geqslant100mm$ 者，沟槽式挠性管接头连接。阀门采用法兰连接。

（三）水喷雾灭火系统

1. 保护部位：柴油发电机房。

2. 设计参数：设计喷雾强度：$20L/(min \cdot m^2)$

　　　　　　　持续喷雾时间：30min

　　　　　　　保护面积：柴油发电机房内设三台表面积为 $93.8m^2$ 的柴油发电机，每台柴油发电机设一组雨淋阀保护，系统用水量按一台柴油发电机着火考虑，保护面积为 $93.8m^2$

　　　　　　　系统响应时间不大于45s

　　　　　　　系统设计用水量35L/s

3. 系统设计：在地下水泵房内设水喷雾泵两台（一用一备）。雨淋阀设四组，分别保护三台柴油发电机和一个油箱间。雨淋阀组设于柴油发电机房附近。雨淋阀前管网压力由屋顶消防水箱维持。系统采用水雾喷头，其工作压力不小于 0.35MPa。

4. 系统控制：系统设自动、手动控制，并可应急操作。

5. 管材：采用热浸镀锌钢管，$DN<100mm$ 者，螺纹连接；$DN\geqslant100mm$ 者，沟槽式挠性管接头连接。管材和接口要求承压 1.40MPa。

（四）IG-541洁净气体灭火系统

1. 保护部位：中国电信通信指挥楼：二、三层通信机房，地下一层高低压配电室。

北京电信通信机房楼：市话交换机房、长途交换机房、监控室、传输机房、数据机房、IDC机房、电力室、电池室、档案室、发展电力机房、电信机房、高低压配电室。

2. 设计参数：设计灭火浓度：37.5%～52%，经常有人停留的保护区的设计灭火浓度不应大于43%。

　　　　　　　气体喷射时间：$\leqslant60s$

　　　　　　　喷头最小工作压力：2.2MPa，系统最小工作压力：15MPa

　　　　　　　系统最大管长$<150m$

3. 系统设计：中国电信通信指挥楼钢瓶间位于四层，保护区5个，最大保护区钢瓶数105瓶。采用全淹没组合分配系统，设一组105只钢瓶保护。北京电信通信机房楼钢瓶间位于二层，保护区16个，最大保护区钢瓶数110瓶。采用全淹没组合分配系统，设两组钢瓶保护，每组110瓶，一组备用。对于体积超过 $2000m^3$ 的防护区，采用双管路喷放方式，以保证整个保护区的气体用量。每只钢瓶的重量为118kg。

4. 系统控制：系统设三种控制方式：自动控制、手动控制和机械应急操作。

5. 安全措施：每个防护区均设泄压装置。泄压口位于外墙上防护区净高的2/3以上。

6. 管材：采用热浸镀锌厚壁无缝钢管，螺纹或法兰连接。钢瓶至选择阀之间的管道管材和接口要求承压 22.5MPa。选择阀至喷头之间的管道管材和接口要求承压 10.5MPa。

（五）灭火器配置

本工程灭火器配置按中危险级设计。在各消火栓箱、楼梯间、值班室、不宜用水灭火的通信机房、消防中心和电梯机房均配置手提式磷酸铵盐干粉灭火器，便于一般人员救火之用。在变配电室、柴油发电机房、地下车库配置推车式磷酸铵盐干粉灭火器。

三、设计体会

1. 通信工艺机房的消防问题：根据《高层民用建筑设计防火规范》（2001 年版）和《邮电建筑防火设计标准》（YD 5002—94）的规定，本工程中明确要求设气体灭火保护的房间仅为市话交换机房、长途交换机房、监控室。其它多数通信工艺用房是否需要设气体灭火系统保护，应与业主、工艺设计方协商，视其是否属于特殊重要设备室来确定。至于《邮电建筑防火设计标准》（YD 5002—94）第 2.3.6 条"电信建筑内不应设置自动喷水系统"的规定，明显与《高层民用建筑设计防火规范》（2001 年版）的规定相矛盾。对此，不仅应按《高层民用建筑设计防火规范》（2001 年版）的规定设计，而且应将标准提高，在所有能用水灭火的房间，均应设自动喷水保护。对于此类性质重要的建筑，应尽量减少不设自动灭火保护的房间的数量，以提高建筑物的消防安全度。

2. 冷却塔设置位置的确定：由于裙房屋面东侧和北侧几乎完全被两主楼遮挡，夏季东南风时，易在裙房屋面东侧和北侧形成热风回流，对冷却塔冷却效果产生不利影响。而设于裙房屋面的多台为通信机房服务的机房空调室外机，它们运行所散发的热量，也将对冷却塔的冷却效果产生不利影响。另外，裙房屋面距通信机房、办公区较近，如在此设冷却塔，将使机房、办公区面临水雾、军团菌和噪声的潜在威胁。鉴于上述原因，本工程冷却塔设于主楼屋面。

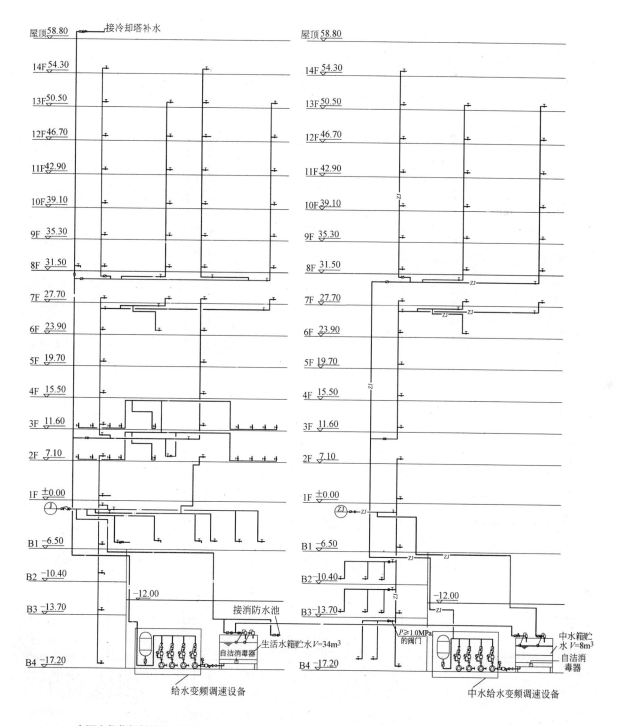

中国电信指挥楼给水系统图

中国电信指挥楼中水给水系统图

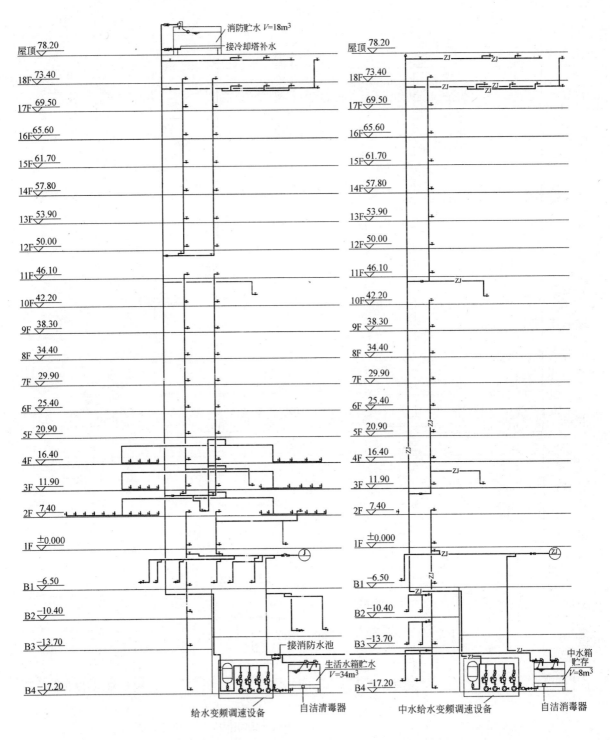

<table>
<tr><td>屋顶 78.20</td></tr>
<tr><td>18F 73.40</td></tr>
<tr><td>17F 69.50</td></tr>
<tr><td>16F 65.60</td></tr>
<tr><td>15F 61.70</td></tr>
<tr><td>14F 57.80</td></tr>
<tr><td>13F 53.90</td></tr>
<tr><td>12F 50.00</td></tr>
<tr><td>11F 46.10</td></tr>
<tr><td>10F 42.20</td></tr>
<tr><td>9F 38.30</td></tr>
<tr><td>8F 34.40</td></tr>
<tr><td>7F 29.90</td></tr>
<tr><td>6F 25.40</td></tr>
<tr><td>5F 20.90</td></tr>
<tr><td>4F 16.40</td></tr>
<tr><td>3F 11.90</td></tr>
<tr><td>2F 7.40</td></tr>
<tr><td>1F ±0.000</td></tr>
<tr><td>B1 −6.50</td></tr>
<tr><td>B2 −10.40</td></tr>
<tr><td>B3 −13.70</td></tr>
<tr><td>B4 −17.20</td></tr>
</table>

消防贮水 $V=18m^3$
接冷却塔补水

接消防水池
生活水箱贮水 $V=34m^3$
给水变频调速设备　　自洁清毒器

北京电信机房楼给水系统图

中水箱贮存 $V=8m^3$
中水给水变频调速设备　　自洁消毒器

北京电信机房楼中水给水系统图

500

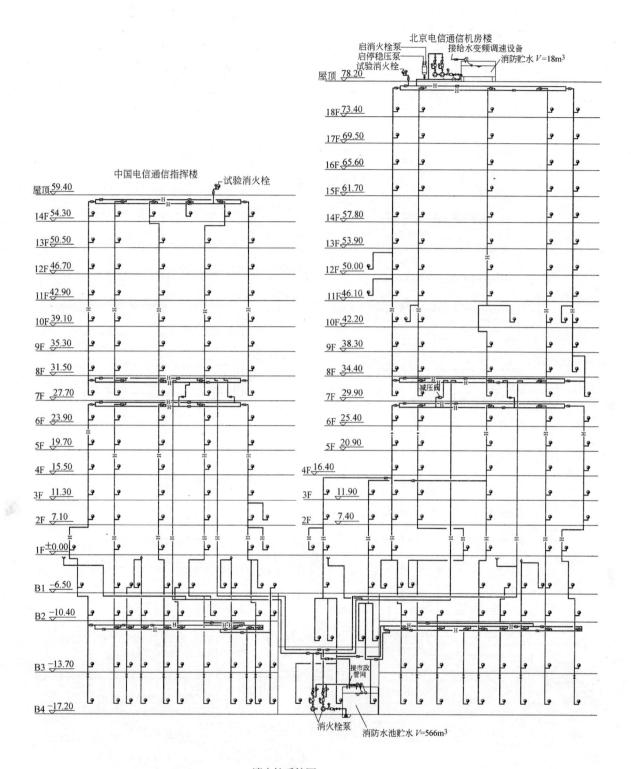

消火栓系统图

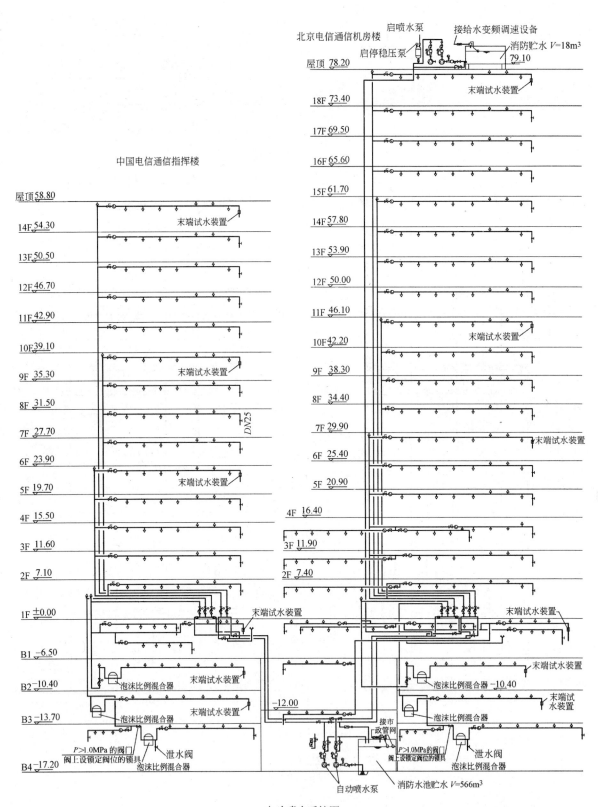

中国电信通信指挥楼

北京电信通信机房楼

启喷水泵　　接给水变频调速设备

启停稳压泵　　消防贮水 $V=18m^3$

屋顶 78.20　　　79.10

末端试水装置

18F 73.40

17F 69.50

16F 65.60

15F 61.70

14F 57.80

13F 53.90

12F 50.00

11F 46.10

10F 42.20　　末端试水装置

9F 38.30

8F 34.40

7F 29.90　　末端试水装置

6F 25.40

5F 20.90

4F 16.40

3F 11.90

2F 7.40

屋顶 58.80

14F 54.30　　末端试水装置

13F 50.50

12F 46.70

11F 42.90

10F 39.10

9F 35.30　　末端试水装置

8F 31.50

7F 27.70　　DN25

6F 23.90

5F 19.70　　末端试水装置

4F 15.50

3F 11.60

2F 7.10

1F ±0.00　　末端试水装置　　　　末端试水装置

B1 −6.50　　　　　　　　　　　　末端试水装置

B2 −10.40　　末端试水装置

泡沫比例混合器　　泡沫比例混合器 −10.40

末端试
水装置

B3 −13.70　　泡沫比例混合器　　末端试水装置

−12.00

接市
政管网

$P>1.0MPa$ 的阀门　　泄水阀　　　　　　$P>1.0MPa$ 的阀门　　泄水阀

B4 −17.20　　阀上设锁定阀位的锁具　　泡沫比例混合器　　阀上设锁定阀位的锁具　　泡沫比例混合器

自动喷水泵　　消防水池贮水 $V=566m^3$

自动喷水系统图

加蓬国家广播电视中心

周连祥 孙路军

加蓬国家广播电视中心位于加蓬首都利伯维尔市凯旋大道以北，是加蓬政治经济文化传播中心。加蓬国家广播电视中心总用地面积为 55524m²，有主楼和动力站两个建筑。主楼共 7 层，建筑高度 30.0m，设有大演播室、录音室、化妆室、微波机房等，主楼建筑面积 9515.63m²；动力站内设消防水池和水泵房、变电室、冷冻站、冷却塔等，为单层建筑，动力站建筑面积 898.56m²。

本工程设计依据为设计任务书和中华人民共和国现行的设计规范、规程。

本工程正在施工之中。

一、给水排水系统

（一）生活给水系统

1. 给水用水量

本工程最高日用水量 249.32m³，最大时用水量 38.62m³。主要项目用水量标准和用水量计算见表 1：

给水用水量表　　　　表 1

序号	用水部位	使用数量	用水量标准	日用水时间(h)	时变化系数	用水量(m³)			备注
						最高日	最大时	平均时	
1	观众	300 人×3	5L/(人·场)	9	1.2	4.5	0.6	0.5	每日三场
2	办公	250 人	50/(人·班)	8	1.2	12.5	1.88	1.56	
3	绿化用水	30000m²	1.5L/(m²·d)	2	1.0	45	22.5	22.5	
4	空调补水	循环水量 430m²/h	按 2%计	18	1.0	154.8	8.6	8.6	
5	未预见水量	按上述用水量的 15%计				32.52	5.04	4.97	
6	总用水量					249.32	38.62	38.13	

2. 水源

供水水源为城市自来水，供水压力为 0.15MPa。由于管道检修时该地区全部停水，所以只能按一路供水考虑。从南侧的胜利大道 DN300 的市政给水管道接出一根 DN150 给水管进入用地红线，经总水表后围绕建筑形成室外给水环网，环管管径 DN150。

3. 系统竖向分区

供水系统分为两区：一、二层为低区，由市政管网直接供给；三层以上为高区，由动力站水泵房生活变频调速泵组加压供给。

4. 供水方式及给水加压设备

高区变频调速泵组由三台泵（两用一备）、小气压罐及变频器、控制部分组成，每台泵参数：$Q=6m^3/h$，$H=48m$，$N=2.2kW$，晚间小流量时，由一台泵带气压罐运行。变频泵组的运行由设在供水干管上的电接点压力开关控制。水泵房内设生活水箱一个，容积为 $15m^3$，材质为不锈钢，生活水箱出水管上安装紫外线消毒器进行二次消毒。

5. 管材

室内给水支管采用 PP-R 塑料管，热熔连接，干管和立管采用衬塑钢管（内筋嵌入式），卡环连接；室外给水管采用球墨铸铁给水管，橡胶圈柔性接口。

（二）局部生活热水系统

因热水量小，在化妆室、新闻化妆室及动力站变电室淋浴间内设电热水器供给热水。管材采用热水专用 PP-R 管，热熔连接。热水管保温材料为橡塑。

（三）排水系统

1. 排水系统的形式

本工程室内污水、废水合流重力排出。利伯维尔市还未形成统一的排水管网，用地红线北侧有一天然排水沟，沟深 3m，该沟汇集西侧雨、污水最终排入大海。

2. 透气管的设置方式

污水、废水排水立管均设伸顶透气管，主要卫生间排水管设主通气立管和环形通气管，以降低对水封的破坏和大气的污染。

3. 污水处理措施

本工程生活污水经室外化粪池和地埋式污水处理设备处理达到当地污水排放水质标准后排入用地红线北侧天然排水沟。当市政排水管网形成后，再接入市政管道。

4. 管材与管道敷设

室内埋地管道采用机制排水铸铁管，其余管道采用消音降噪 PVC-U 排水塑料管。管径大于 90mm 者穿楼板和防火墙处均设阻火圈；室外排水管采用承插式混凝土管，石棉水泥接口。

（四）雨水系统

1. 降雨强度的确定

由于当地没有降雨强度的计算公式，所以只能根据当地有限的降雨记录（月降雨量和年降雨量），及当地类似规模建筑的雨水管设置情况，并参照国内月、年降雨量类似城市的暴雨强度公式进行雨水系统的设计。

2. 雨水系统的形式

屋面雨水采用内、外落水相结合的方式引至室外雨水检查井。室外地面雨水经雨水口和管道汇集后排入红线北侧的天然排水沟，当市政雨水管网形成后，再接入市政管线。

3. 管材

室内雨水管采用承压式 UPVC 排水塑料管，粘接连接。

（五）空调循环水系统

根据暖通专业提出的冷冻机冷却水量，选用两台 $Q=300m^3/h$ 冷却塔和一台 $Q=50m^3/h$ 冷却塔，与冷冻机相配套，每台冷却塔进水管上均装有电动阀门，冷却塔及循环管道均设有泄水阀，在停用时应将冷却塔及管道泄空。泄水排至附近屋面雨水斗。冷却塔设在动力站屋顶。

为保证循环冷却水的水质稳定采用电子水处理仪处理循环冷却水。

二、消防系统

根据规范要求，本工程需设置下列消防系统：

室内、外消火栓给水系统、室内自动喷洒灭水系统、气体灭火系统及配备灭火器。

（一）消防水源及消防用水量

1. 消防水源

该地区只能提供一路市政给水管网，不能保证消防安全用水的要求，因此所有消防用水均贮存在动力站内的消防水池内。

2. 本工程消防用水量标准及一次灭火用水量见表 2：

消防用水量标准 表 2

用 水 名 称	用水量标准(L/s)	火灾延续时间(h)	一次灭火用水量(m³)
室外消火栓给水系统	30	3	324
室内消火栓给水系统	30	3	324
室内自动喷洒灭火系统	21	1	76

（二）室外消火栓系统

室内外消火栓系统用水量全部储存在动力站的消防水池内，消防水池设有供消防车直接吸水的吸水口。同时由市政给水管道上接入一路 DN150 管至红线内，在室外布置成环状，并在环状管网上设地上式消火栓供给室外消防用水。

（三）室内消火栓系统

1. 系统设计

本工程室内消火栓系统采用临时高压供水系统，由动力站内的消防水池、消火栓加压泵、稳压泵及主楼的屋顶水箱联合组成，消火栓系统管道横向、竖向均成环，超压部分采用减压稳压消火栓，建筑物周围共设三个地上式消防水泵接合器。除不能用水灭火的房间外，均设消火栓保护，并保证任何一点均有两股水柱同时到达，每个消火栓箱处的按钮均可直接启动动力站内的消火栓加压泵，并用红色指示灯显示消火栓泵的运转情况，在消防控制中心和泵房内均能手动启、停消火栓加压泵及稳压泵，消火栓加压泵及稳压泵的运转情况用灯光讯号显示在消防中心和泵房内控制屏上。

消火栓加压泵及稳压泵均设两台，一用一备，且稳压泵交替运行，当一台发生故障时，另一台自动投入运行。

为保证与当地消防车接口配套，室内、外消火栓及水泵接合器均在当地采购，接口与当地消防车配套。

2. 消防水池、屋顶水箱及水泵参数

消防水池容积为 750m³，屋顶水箱容积为 18m³，加压泵参数为：$Q=30L/s$，$H=69m$，$N=30kW$，稳压泵参数为：$Q=5L/s$，$H=72m$，$N=5.5kW$。

3. 管材

室内消火栓管道采用热镀锌钢管，沟槽连接或丝扣接口，阀门及需拆卸部位采用法兰连接。敷设在室外地下的管道按加强防腐层防腐。

（四）自动喷水灭火系统

1. 系统设计

本工程自动喷水灭火系统按中危险 I 级设计，除卫生间、设备机房及广电机房等不能用水消防部位外，均设自动喷水灭火系统。喷水强度为 6L/(min·m²)，作用面积为 160m²，火灾延续时间为 1h，设计秒流量为 1.3×6.0×160/60＝21（L/s），一次灭火用水量为 76m³。喷水灭火系统采用临时高压供水系统，由动力站内的消防水池、喷洒加压泵、稳压泵和主楼屋顶水箱联合组成，并设两个地上式消防水泵接合器，以满足消防车向自动喷水灭火系统供水的需要。管网压力平时由泵房内的喷洒稳压泵和主楼的屋顶水箱维持，稳压泵由设在管网上的压力开关控制启、停，当管网压力持续下降超过一定值时，启动泵房内的喷洒加压泵，从消防水池抽水灭火，喷洒加压泵和稳压泵均设两台，一用一备，稳压泵且交替使用，当其中一台加压泵发生故障时，另一台自动投入运行，加压泵和稳压泵均能在消防控制中心和泵房内手动启、停，其运转情况用灯光讯号反映在消防控制中心和泵房内控制屏上。

报警阀所负担的喷头数不超过 800 个，每层及每个防火分区均设水流指示器和带电讯号的阀门一个，当水流指示器动作时，向消防控制中心报警，并显示着火方位。电讯号阀门开关状态亦在消防中心控制屏上显示。

本工程采用 68℃ 玻璃球喷头，吊顶处采用吊顶型，其余采用普通型。

2. 消防水池、屋顶水箱、报警阀及水泵参数

消防水池、屋顶水箱与消火栓系统合用，设一组湿式报警阀。加压泵参数为：$Q＝25L/s$，$H＝80m$，$N＝37kW$，稳压泵参数为：$Q＝1L/s$，$H＝84m$，$N＝3kW$。

3. 管材

室内自动喷水灭火系统管道采用内、外热镀锌钢管，沟槽连接或丝扣接口，阀门及需拆卸部位采用法兰连接，敷设在室外地下的管道按加强防腐层防腐。

（五）灭火器

按中危险级并结合消火栓的位置配置手提式磷酸铵盐干粉灭火器，工艺机房内设推车式 CO_2 灭火器，动力站设推车式磷酸铵盐干粉灭火器。

（六）气体灭火系统

传输机房（微波机房）、UPS室、配电室设七氟丙烷气体灭火系统。

基本参数：设计灭火浓度 7.5%，喷射时间 10s。

每一保护区门外明显位置，装一个绿色指示灯，采用手动时灯亮。并装一告示牌，注明"入内时关闭自动"。开启手动，此时绿灯亮。

施放灭火剂前防护区的通风机和通风管道上的防火阀自动关闭。火灾扑灭后，应开窗或打开排风机将残余有害气体排除。

气体消防管道采用加厚镀锌钢管，所有管道、阀门、管件及附件均由专业承包商供应。

三、设计及施工体会

1. 利伯维尔市当地分雨季和旱季两个季节，旱季温度较低，雨季温度较高。当地降雨量多，气温高，湿度大，雨季最大湿度在 95%～100%，最高温度在 30～32℃。因当地条件所限，气象资料缺乏，所以在冷却塔的选择及雨水系统的设计上留有一定余地。

2. 广播电视建筑的设计除满足一般常用规范要求外，还应遵守《广播电视建筑设计防火规范》GY 5067—2003 和广播电视工艺的特殊要求，如特殊房间的噪音要求以及工艺机房需设二氧化碳等气体灭火系统的要求等。

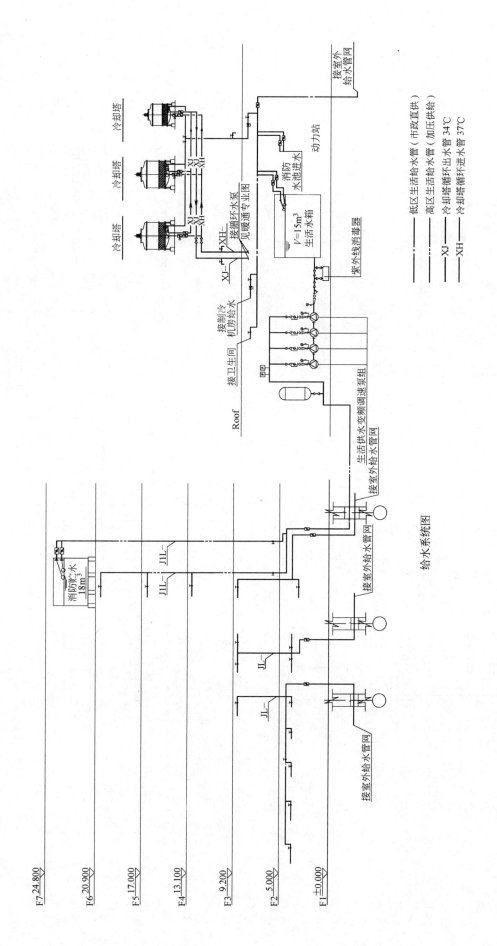

给水系统图

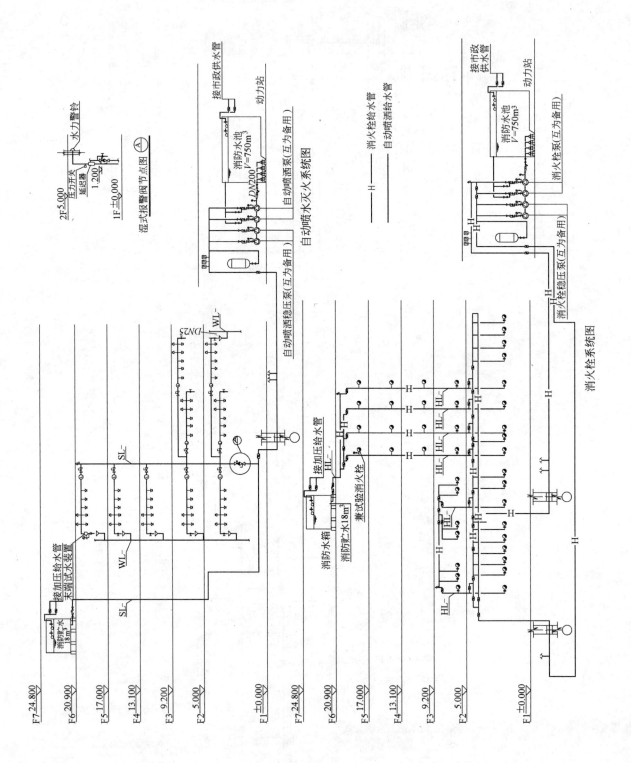

508

华为数据中心数据机房

宋国清

本工程是一个两层楼的数据机房建筑，以设备使用功能为主。建筑面积16450m²，最高处建筑标高为14.55m。一层由数据机房、指挥中心、高压配电室、低压配电室、UPS电池室及设备室、空调机房（冷冻机房及水泵房）、车库等组成。二层由网络操作实验室（今后使用将改建为数据机房）、行政简报室、IT办公室、呼叫中心等组成。建筑耐火等级为一级，抗震设防烈度7度，结构形式为钢筋混凝土框架结构。2001年完成施工图设计、2002年投入使用。

一、给水排水系统

本工程设有给水系统、排水系统、雨水系统、冷却循环水系统。

（一）给水系统

1. 用水量：

	最高日（m³/d）	最大时（m³/h）
生活用水量	23.40	1.46
冷却补水量	237.60	9.90
绿化用水量	18.83	4.70

2. 水源：由城市自来水管网提供。从不同方向自来水干管上引两根DN150给水管在红线内成环状布置。市政供水压力按0.18MPa计。

3. 系统设计：室内生活用水由市政管网直接供水。

（二）排水系统

卫生间污水、废水合流排出室外，经化粪池处理后排入市政污水管道。其余部位的废水就近排入室外雨水系统。数据机房内有一个标高为-1.00m的架空地板层，该部位可能存在的地面水需排出室外。为防止室外雨水倒灌，在数据机房附近设一集水坑，将架空地板内的水汇集至集水坑，由潜水泵提升排出室外。潜水泵设两台。潜水泵由集水坑水位自动控制。本工程最高日排水量：21.06m³/d。

（三）雨水系统

1. 屋面设计重现期 P 取2年，室外地面设计重现期 P 取1年，雨水量按当地暴雨强度公式计算。

2. 屋面雨水采用内排水系统排至室外雨水管道。

（四）冷却循环水系统

1. 空调用冷却水由低噪声横流式冷却塔冷却后循环使用。由于空调系统对于数据中心来讲极为重要，冷却塔设三台（两用一备）与冷冻机房四台冷冻机（两用二备）相配套。冷却塔设于一层屋顶。

2. 冷却塔补水平时由市政管网直接供给，当市政管网断水时，由冷却塔补水泵提供 8h 的水量。

冷却塔补水泵从消防水池取水，消防水池中储存 8h 的冷却塔补水量（79.2m³）。

二、消防系统

本工程消防设计包括室内、外消火栓系统、自动喷水系统。其中室外消火栓系统设计用水量 30L/s，由市政管网提供。室内消防水源由消防水泵房消防水池提供。消防水池总贮水量 208.8m³。

（一）室内消火栓系统

1. 设计参数：室内消火栓用水量 15L/s。延续时间 2h。

2. 系统设计：系统采用临时高压制。在水泵房内设两台消火栓泵（一用一备）。在屋顶设贮水量 9m³ 的消防水箱。消火栓管网在首层设成环状。消防水箱通过一根 $DN80$ 管道与环网相连。

3. 系统控制：消火栓泵既可由消火栓箱处的启泵按钮启动，也可在消防中心和水泵房内手动启动。消火栓泵设定期自动巡检装置。

（二）自动喷水灭火系统

本工程自动喷水系统包括湿式自动喷水灭火系统、重复启闭预作用自动喷水灭火系统。

1. 湿式自动喷水灭火系统

（1）保护部位：指挥中心、行政简报室、IT 办公室、呼叫中心、车库、大厅、走道、冷冻机房及水泵房、空调机房、卫生间、茶水间。

（2）设计参数：除车库按中危险级Ⅱ级设计外，其余均按中危险级Ⅰ级设计。

中危险Ⅰ级：	中危险Ⅱ级：
喷水强度：6L/(min·m²)	喷水强度：8L/(min·m²)
系统作用面积：160m²	系统作用面积：160m²
持续喷水时间：60min	持续喷水时间：60min
系统设计用水量：22L/s	系统设计用水量：28L/s

系统设计用水量取 28L/s，108m³。

（3）系统设计：系统采用临时高压制。在水泵房内设两台自动喷水泵（一用一备），两台稳压泵（一用一备）。由于喷头数不超过 800 个，在水泵房内设一组湿式报警阀，阀前管道与消防水箱相连。平时系统压力由稳压泵维持，消防时由自动喷水泵供水。

（4）系统控制：系统在喷头动作后，由设于报警阀组或稳压泵出水管上的压力开关连锁，强制自动启动自动喷水泵。自动喷水泵设定期自动巡检装置。

（5）喷头选用：采用标准口径玻璃球喷头。其中有吊顶的地方均采用吊顶型喷头，无吊顶的地方均采用直立式喷头。喷头温级：车库为 79℃，其余部位均为 68℃。

2. 重复启闭预作用自动喷水灭火系统

（1）保护部位：数据机房、高压配电室、低压配电室、UPS 电池室及设备室，网络操作实验室、网络设备间。

（2）设计参数：按中危险级Ⅰ级设计。

喷水强度：6L/(min·m²)

系统作用面积：160m²

持续喷水时间：60min

系统设计用水量：22L/s　79.2m³。

（3）系统设计：由于保护部位为三个独立的防火分区，与湿式自动喷水系统不可能同时启用，系统与湿式自动喷水系统共用水泵和稳压泵。为安全起见，每一个防火分区设一组重复启闭预作用阀。在每个阀组控制的配水管上设快速排气阀和电动阀，在最不利喷头处设末端试水装置。重复启闭预作用自动喷水系统平时在其阀后的配水管道内充以有压气体，气压由空压机维持。

（4）系统控制：

重复启闭预作用系统的核心部分是水流控制阀，阀后管网内的低压空气由空压机自动维持在 0.03～0.05MPa。当管网有泄漏，则气压不能维持，低于 0.03MPa 发出泄漏报警。水流控制阀的开启由专用可重复使用的循环式温感器控制：当循环式温感器感应到的火场温度超出 60℃时，控制器启动电磁阀，同时向消防控制室发出报警信号。水从水流控制阀的上方排出，阀瓣上方压力降低促使水流控制阀打开，阀上的压力开关动作启动自动喷水泵。与此同时，接到报警信号后消防控制室启动加速排气阀前的电动阀，将气排出，水充满喷水管网。电铃与水力警铃也同时发出警号。当喷头受热爆破后立即喷水灭火。

当火场温度下降到 60℃以下（某一设定值）时，循环式温感器便发出信号给控制器，透过控制器内的安全时间装置，在预设的缓冲时间后关闭电磁阀，使水流控制阀阀瓣上方重新加压，并关上该阀，停止喷水，同时返回信号至消防控制室。

若温度回升，系统会如上循环的工作，直至火灾完全扑灭为止。

水流控制阀也可在消防控制室和就地手动开启。水流控制阀组动作讯号将显示于消防控制室。

（5）喷头选用：采用标准口径玻璃球喷头。其中有吊顶的地方采用干式下垂型喷头，无吊顶的地方采用直立式喷头。喷头温级：均为 68℃。

（三）灭火器配置

按中危险级配置。灭火器灭火剂采用磷酸铵盐干粉。

三、管材及接口

1. 给水管采用 PE 管，热熔连接。

2. 消火栓管、自动喷水管采用热浸镀锌钢管；$DN < 100mm$ 者，螺纹连接；$DN \geqslant 100mm$ 者，沟槽式挠性管接头连接。阀门采用法兰连接。

3. 排水管、通气管采用机制排水铸铁管，不锈钢卡箍连接。埋地排水管采用离心铸造球墨铸铁管，T 形接口。与潜水泵连接的管道采用热浸镀锌钢管，螺纹连接，需拆卸处采用法兰连接。器具通气管可采用镀锌钢管，螺纹连接。

4. 雨水管采用热浸镀锌钢管，螺纹连接或沟槽式连接。埋地雨水管采用离心铸造球墨铸铁管，T 形接口。

5. 循环冷却水管采用无缝钢管，焊接，需拆卸处采用法兰连接。

四、设计及施工体会

1. 本工程消防设计从功能、经济和环保考虑，参考美国世界 500 强公司同类建筑消防设计理念，经业主同意，选择水作为主要灭火剂。本工程以自动灭火方式为主，除楼梯间外，均设自动喷水保护。其中在一切能用水灭火的部位设湿式自动喷水系统保护，在不宜用水灭火的重要部位如数据机房、网络操作实验室、高、低压变配电室等设重复启闭预作用系统，以便在灭火的同时，尽可能减少水的破坏力。重复启闭预作用阀根据保护部位防火分区设计，使各防火分区在灭火时互不影响，从而增加了系统的安全性。

2. 数据中心对空调系统的要求非常高，冷冻机和冷却塔均应考虑备用。为了确保冷却水系统正常运行，在消防水池内储有 8h 的冷却塔补水量，以备市政供水一旦停水时由冷却塔补水泵供水。如果市政停水超过 8h，冷却塔补水可由协商好的水车提供。为了保证这部分用水量的水质，在确保消防用水不被挪用的前提下，设计采取了定期循环、定期检测、定期加药等措施。

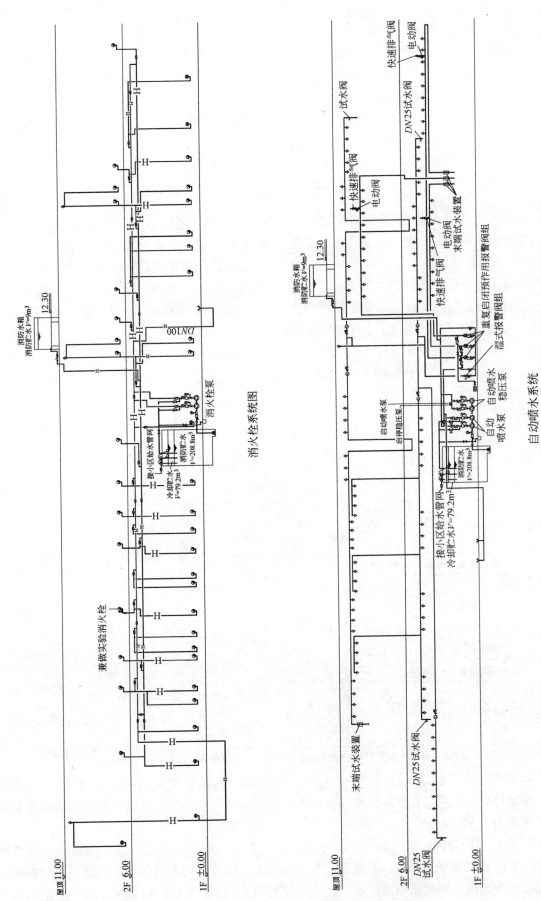

消火栓系统图

自动喷水系统

远 洋 中 心

周克晶 刘 晶 葛 培

深圳市远洋中心（现城市天地广场）位于深圳市罗湖区嘉宾路与宝安南路交口处，西北侧与华润万象城相对，是一座集餐饮、购物、居住于一体的超高层综合楼。总用地面积为8599.73m²。总建筑面积为220000m²。本工程最初设计是在1996年，按办公综合楼设计，地下室施工完成后停工。2002年在地下室已完工的基础上，重新设计地上部分，按超高层住宅综合楼设计。本工程地下3层，主要是地下停车库及各专业设备用房，地上一至五层为商场、商铺，六～八层为带卫生间的客房餐饮，九层为避难层，十层～四十一层为小户型住宅（其中二十五层为避难层），住宅分A、B座，每座各三栋，住宅总户数2144户。总建筑高度为141.00m。工程于2004年6月竣工验收完成。

一、给水排水系统

（一）给水系统

1. 生活用水量：最高日用水量为2528.3m³/d。（具体计算见表1）

用水量计算表 表1

序号	用水项目名称	用水规模（人或m²）	单位	用水量标准(L)	小时变化系数 K	使用时间(h)	用水量 最高日(m³/d)	用水量 最大时(m³/h)	用水量 平均时(m³/h)	备 注
1	住宅生活用水	6426	L/(人·d)	280	2.0	24	1799.3	149.9	75.0	每户按3人计
2	商场生活用水	23189	L(m²·d)	3	2.5	10	69.6	17.4	7.0	
3	办公生活用水	2150	L/(人·d)	50	2.5	8	107.5	33.6	13.4	
4	客房生活用水	376	L/(人·d)	400	2.0	24	150.4	12.5	6.3	
5	空调补水	450×2	m³/h			10	135.0	13.5	13.5	按循环补水的1.5%
6	车库冲洗用水	12250	L/(m²·d)	3	2.0	2	36.8	36.8	18.4	
7	小计						2298.5	263.7	133.5	
8	不可预见用水				2.0	24	229.8	26.4	13.4	按小计用水10%计
9	合计						2528.3	290.1	146.9	

注：用水定额等参数按《建筑给水排水设计规范》GBJ 15—88及《民用建筑给水排水设计技术措施》执行。

2. 水源：本工程的水源为市政给水，市政给水由两路管网分别引入两条DN200进水管，经室外总水表后，在室外用地红线内连成环状管网，与室外消火栓共用。市政给水管网的供水压力为0.3MPa。

3. 系统竖向分区：室内给水竖向分三个区，Ⅰ区：地下三层至一层，由市政管网直接供水；Ⅱ区：二层至九层，其中二层至五层由位于十层的中间水箱供水；六层至八层由地下三层水泵房内的变频泵组加压供水（建设单位要求）。Ⅲ区：十层至四十一层，采用地下水池、给水加压泵、屋顶水箱联合供水，屋顶水箱在 A、B 座各自独立供水。为保证供水的安全、稳定，住宅部分在三十一层～三十三层、二十五层、十七层均设有减压阀，使每层供水压力不超过 0.35MPa。生活给水住宅部分每户设远传水表计量，远传水表集中设在各层住宅电梯厅的水井内，公共部分用水按各自不同单位分别设水表计量。

4. 给水加压设备：本工程的给水加压泵房设在地下三层，泵房内设有 620m³ 生活水池一座，至十层生活水箱的给水加压泵一套，至 A、B 栋屋顶生活水箱的加压泵各一套，六层至九层变频泵组一套。

5. 管材：生活给水立管、干管采用涂塑钢管，沟槽管件连接，住宅部分水表后的给水管采用 PP-R 管，热熔连接；六层至八层的给水管采用铜管及管件，承插焊接。

（二）热水系统

本工程设有热水供应的部位为：六层至八层客房及十一层以上住宅部分。

1. 热水供应：住宅部分热水采用燃气热水器分户制备热水，热水器设在各户的厨房或生活阳台上。六层～八层公建部分要求有集中热水供应，采用燃气式中央热水机组制备，中央热水机组设在十层热水设备间内。集中供应的热水系统采用全日机械循环，循环泵设在热水设备间内，水泵循环采用自动控制。二至九层的卫生间内设有电开水器，供应开水。

2. 管材：住宅部分热水管采用 PP-R 管，热熔连接；六层至八层的热水管采用铜管及管件，承插焊接。

（三）排水系统

1. 本工程污、废水合流排放。住宅部分生活污水在九层汇集，十层单排，污水汇合后出户，裙房部分污水单独立管出户，地下室污水排至污水坑内，再由潜污泵提升后，排至室外污水管网。

2. 为保证排水通畅，改善卫生条件，住宅卫生间排水设专用通气立管。裙房卫生间设伸顶通气立管。

3. 因六层厨房没具体确定，设计中仅预留厨房废水管，且考虑隔油器的设置。所有污水在室外汇合后先经化粪池简单处理后，再排入市政污水管网。厨房部分的含油废水经隔油池后，排入市政污水管网内。

4. 管材：排水管材设计时室内污水、废水管均采用柔性接口的机制排水铸铁管，卡箍连接。但实际安装中，建设单位考虑成本太高，污水立管及支管采用 UPVC 排水塑料管，专用胶粘接，九层水平转换横干管为柔性接口的机制排水铸铁管，卡箍连接。

（四）雨水系统

1. 本工程雨、污水分流排放。

2. 屋面雨水采用内排水系统，由雨水斗收集后，经室内雨水管排至室外雨水管网。计算雨水量时，屋面设计重现期为 5 年，室外设计重现期为 3 年。

3. 管材：采用给水 UPVC 塑料管，专用胶粘接。该部分管道均按国家验收规范验收，作了注水与满水试验，效果很好。

二、消防系统

本工程消防系统设有室外消火栓系统、室内消火栓系统、自动喷水灭火系统、气体灭火系统和手提灭火器。水源为市政给水，消防水泵及消防水池设于地下三层泵房内。

（一）消火栓系统

1. 本工程为超高层建筑，其室内消火栓水量为 40L/s，室外消火栓水量为 30L/s。消防贮水时间为 3h。

2. 室外消火栓系统与室外给水共用室外环管。其水量、水压由市政给水管网保证，室外设 DN100 室外地上式消火栓。

3. 室内消火栓系统为二个区，地下三层至九层为低区，十层至四十一层为高区，高区分两个竖向环网，九层至二十四层为一个竖向环，二十五层至四十一层为一个竖向环，两环之间连接管上集中设减压阀组。各区消火栓系统管道水平、竖向均成环状设置。低区在十层、高区在屋顶各设有 18m³ 的消防水箱以保证前期消防用水，同时设有消火栓稳压增压设施。各层消火栓栓口动压大于 0.50MPa 者采用减压稳压消火栓，消火栓均采用带自救水喉的消火栓。在室外高、低区各设三套地上式消防水泵结合器，在地下三层水泵房内，高、低区各设有三台（二用一备）室内消火栓加压泵。

4. 管材：室内消火栓给水管低区采用内外热镀锌钢管，高区及干管采用加厚内外热镀锌钢管，丝扣或卡箍连接。

（二）自动喷水灭火系统

1. 自动喷水灭火系统按中危险 II 级设置，自动喷水灭火系统水量为 27.8L/s。

本工程除地下高、低压配电间，柴油发电机房、小于 5m² 的卫生间等不设自动喷水外，其它房间均设有自动喷水。系统设置地下车库按中危险 II 级布置喷头，其它部位按中危险 I 级布置喷头，裙房中吊顶高度超过 1.2m 时增设上喷喷头。

2. 自动喷水灭火系统采用临时高压制，其分区与室内消火栓系统分区相同。两个区的自动喷水系统各设加压泵二台（一用一备）、稳压泵二台（一用一备）、稳压罐一套于地下消防水泵房内。按每个水力报警阀负担喷头数不超过 800 个，系统设计了多套水力报警阀组，该阀组集中设在报警阀间。高、低区在室外分别设有地上式水泵结合器。

3. 管材：自动喷水灭火系统给水管，低区采用内外热镀锌钢管，高区及干管采用加厚内外热镀锌钢管，丝扣或卡箍连接。

（三）二氧化碳气体灭火系统

本工程的柴油发电机房采用二氧化碳灭火系统，其具体设计由专业设备厂家设计，设计上仅配合建筑预留钢瓶间。

（四）灭火器设置

本工程全楼各部分均设有手提式磷酸铵盐灭火器，变配电间、地下车库入口处设有移动式干粉灭火器。

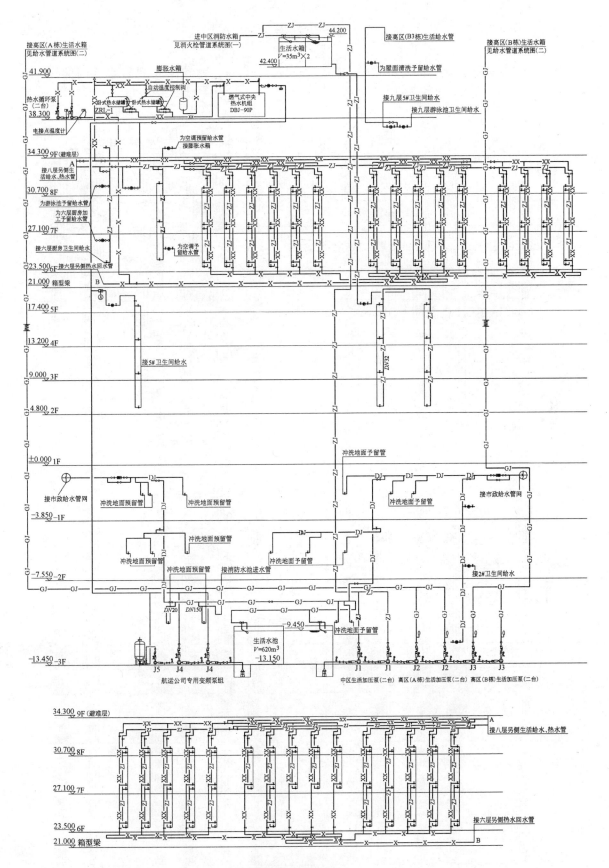

给水热水管道系统图(一)

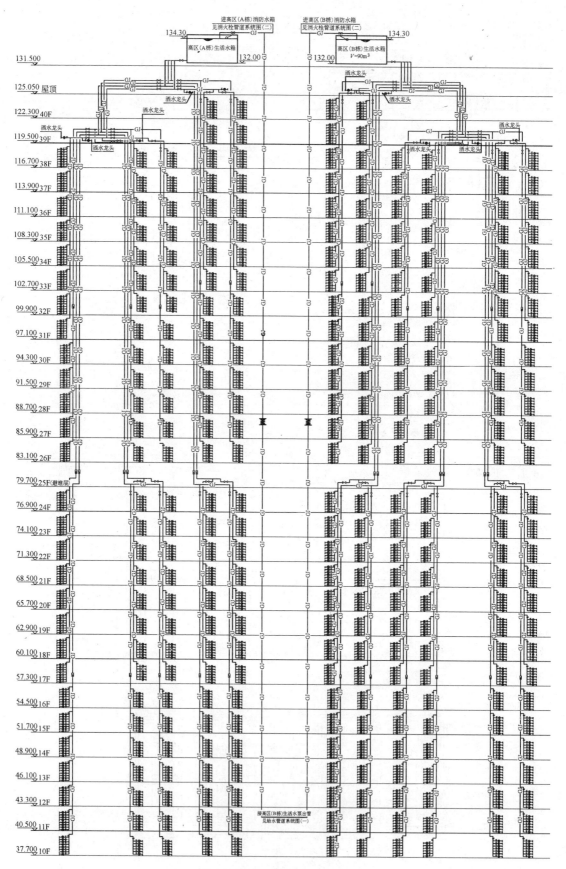

给水管道系统图(二)

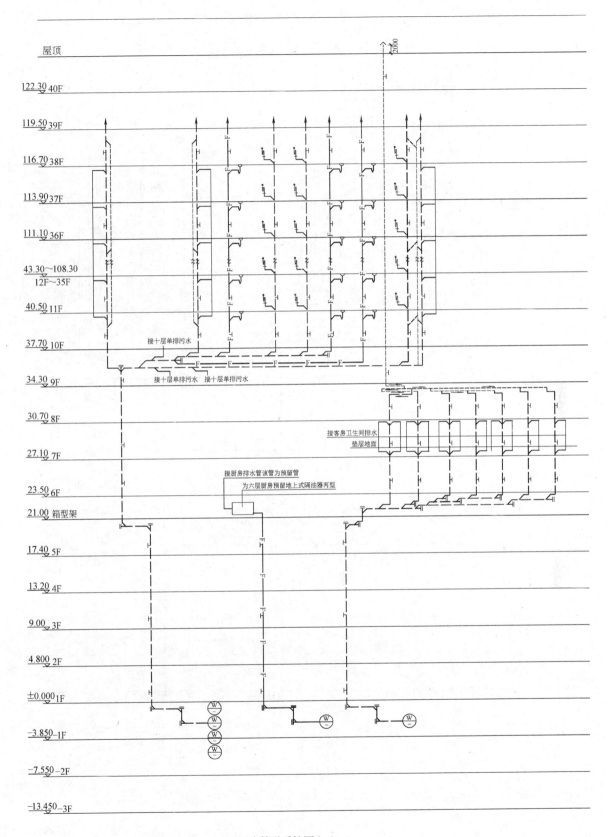

屋顶

122.30 40F

119.50 39F

116.70 38F

113.90 37F

111.10 36F

43.30~108.30
12F~35F

40.50 11F

37.70 10F

接十层单排污水

34.30 9F

接十层单排污水 接十层单排污水

30.70 8F

接客房卫生间排水
垫层地面

27.10 7F

接厨房排水管该管为预留管

23.50 6F

为六层厨房预留地上式隔油器丙型

21.00 箱型架

17.40 5F

13.20 4F

9.00 3F

4.800 2F

±0.000 1F

-3.850 -1F

-7.550 -2F

-13.450 -3F

污水管道系统图(一)

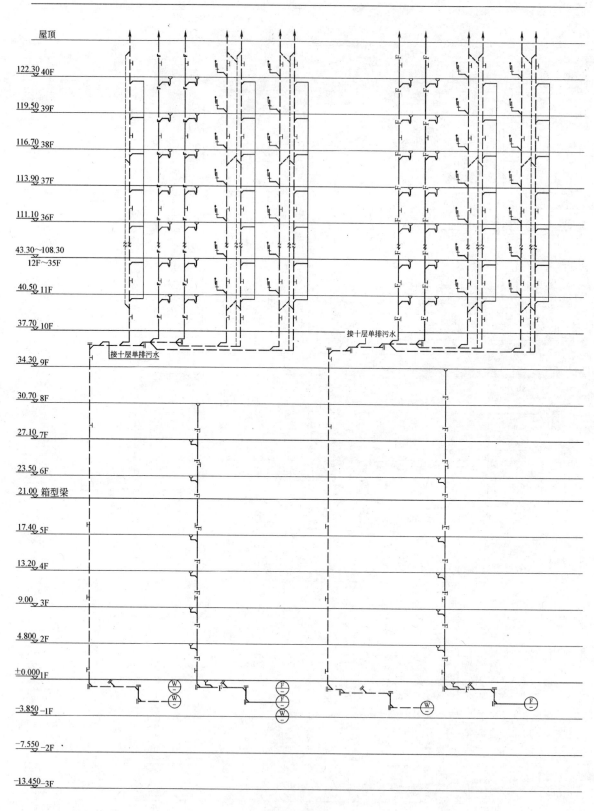

污水管道系统图(二)

520

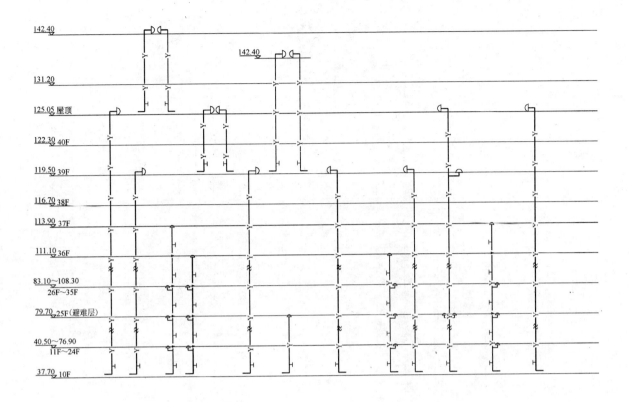

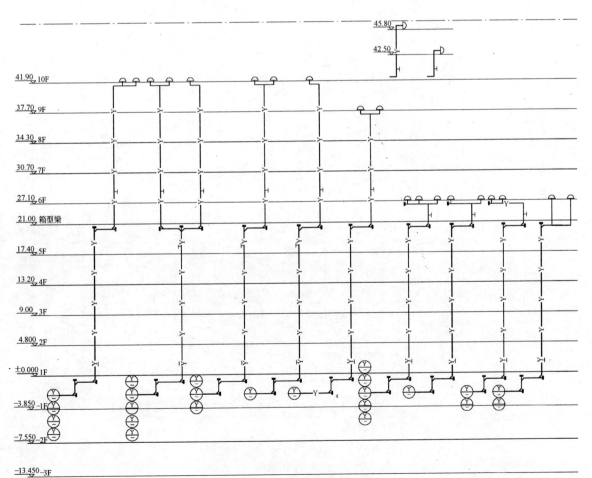

雨水管道系统图

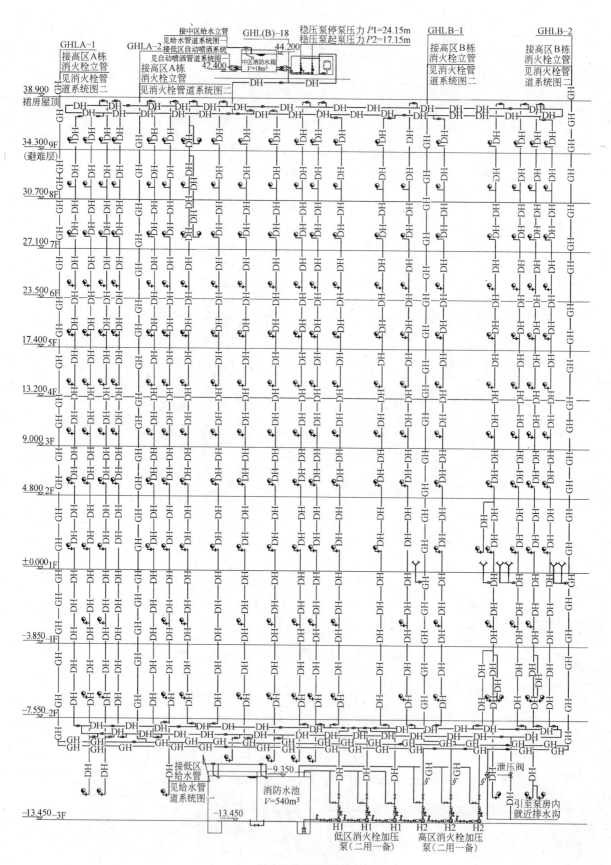

消火栓管道系统图(一)

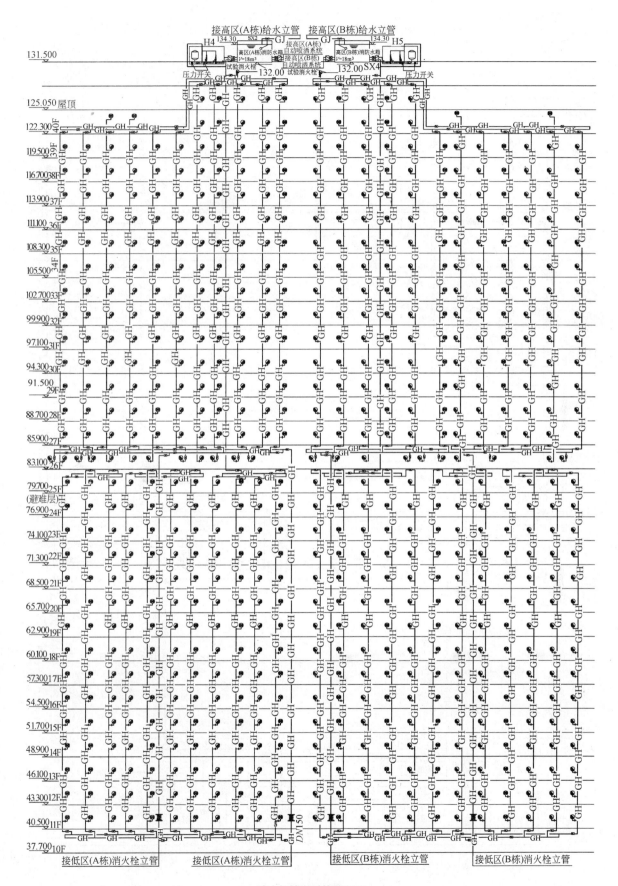

消火栓管道系统图(二)

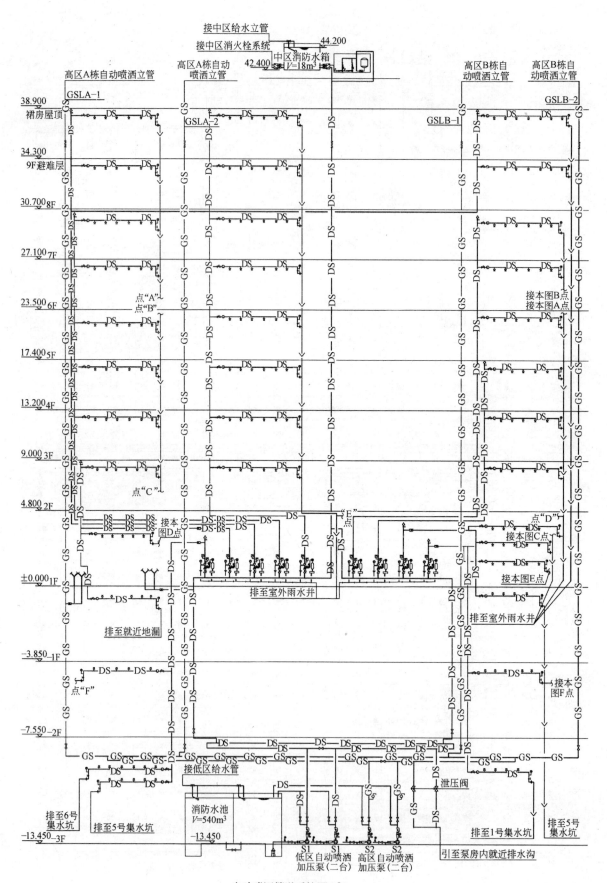

自动喷洒管道系统图(一)

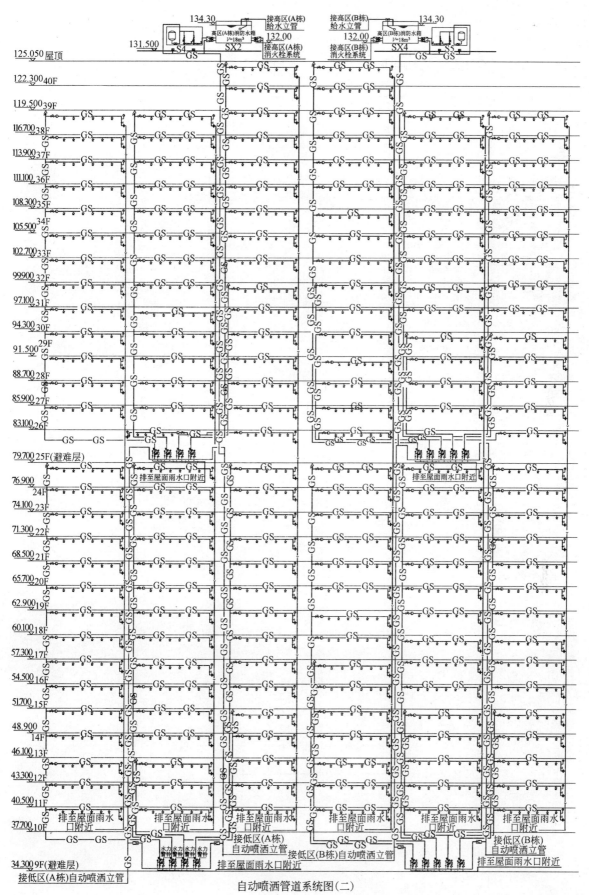

自动喷洒管道系统图(二)

● 住宅小区

● 公寓

深圳市熙园住宅小区

钟小林　姚冠钰

　　熙园住宅小区位于深圳市福田区香蜜湖路与侨香路交汇处。占地面积 11.47 万 m²，总建筑面积 20 万 m²，为深圳市近年落成的高尚住宅区。本项目包括 4 座地下室及其上的 11 栋高层（11～18 层）住宅、2 栋 7 层住宅、2 栋 5 层排屋和 53 户 Towmhouse，并附设 1 栋商场、1 所幼儿园、1 栋会所、1 座室内温水游泳池、2 座室外游泳池、2 个网球场、1 个篮球场。该项目于 2002 年设计、施工，2004 年竣工。

一、给水排水系统

（一）给水系统

　　1. 水源及水压：本工程从香蜜湖路、侨香路市政给水管各引入一条 DN200 进水管，与小区环状给水管网相连，供小区生活、消防用水。接管点供水压力为 0.25MPa。

　　2. 用水量：本工程最高日用水量为 1091m³，最大时用水量为 136m³。

　　3. 系统：本小区地势北高南低，最高处道路标高比香蜜湖路高 8m，为供水安全，住宅用水全部采用加压供给，其他项目用水则采用市政压力直接供水，在 5# 地下车库设有水泵房及 1 座分成两格容积为 225m³ 的生活专用水池。住宅给水竖向分两个区：以距离泵房最远且最高的 A2 栋为例，一层至八层为低区，九层至十八层为高区，其余各栋分区位置根据其与泵房的距离、标高差做相应调整。高、低区分别由变频恒压泵组供水。

（二）热水系统

　　Townhouse 每户采用一台容积式（$V=150L$）燃气热水器制备热水，干管及立管循环，其他住宅每户设即热式燃气热水器（10L/min）制备热水。

　　会所温水游泳池采用小型燃气热水机组加热。

（三）排水系统

　　雨、污水采用分流制。

　　1. 污水系统：生活污水经立管收集后排入小区室外污水管网，再经化粪池处理后分四路排入市政污水管。室外共设有 3 座 12#、4 座 13# 化粪池。本工程最大日污水量为 927m³。

　　2. 雨水系统：屋面雨水由雨水斗收集后，经立管排至小区室外雨水管网，再分五路排入市政雨水管。设计参数：屋面降水历时 5min，重现期两年；室外计算管段起点降水历时 $t_1=10min$，重现期两年。

二、消防系统

　　本工程最高建筑为高度 60.90m、地上 18 层的普通住宅，属于二类高层建筑。本工程共设有五个灭火系统：室外消火栓系统、室内消火栓系统、自动喷洒系统、CO_2 灭火系统、手提式灭火器。

（一）消火栓系统

1. 室外消火栓系统：用水量 20L/s，采用低压制消防给水系统。在小区环状给水管网上设有 11 个室外消火栓。

2. 室内消火栓系统：用水量 30L/s，采用临时高压给水系统。消防水箱设于 A2 栋的屋顶，消防水箱容积为 $V=18m^3$，消火栓泵设于地下车库水泵房，消防专用水池储存了 2h 的室内消火栓及 1h 的自动喷水用水量，共计 $241m^3$，系统设有四组共八个水泵接合器。

（二）自动喷水灭火系统

1. 地下车库按中危险Ⅱ级、商场及会所按中危险Ⅰ级设计，系统设计用水量 27L/s。初始十分钟用水由设于 A2 栋的屋顶消防水箱供给，喷水泵设于地下水泵房，由压力开关自动启动或消防控制中心自动/手动启动。

2. 5# 地下车库为Ⅰ类停车库，设置了闭式自动喷水—泡沫联用灭火系统，以加强灭火效果，共设有三套泡沫罐和泡沫比例混合器。自动喷水系统设有一组共三个水泵接合器。

（三）CO_2 灭火系统

柴油发电机房采用 CO_2 灭火系统，设计参数：浓度 34%，喷放时间 ≤1min，该系统由专业消防工程公司负责设计、安装、调试。设计预留钢瓶间。

（四）手提灭火器

本工程火灾类型为 A 类，地下车库及商场为中危险级，其它部门为轻危险级。在每个消火栓及机房出入口处设两具 2kg 装手提式磷酸氨盐干粉灭火器，在车库入口处设一具 25kg 装推车式磷酸氨盐干粉灭火器。

三、特殊给排水部分

1. 游泳池

室内外游泳池均采用顺流式循环过滤系统，由专业公司负责游泳池机房的设计、安装、调试。设计预留机房。

2. 水景工程

溪流及喷泉水采用循环处理方式，其他小型浅池则采用定期换水的方式保持水质干净。由于小区地势高，且车库顶的履土厚度达 1.2～2.2m，平均大于 1.5m，所以车库顶板上的覆土未做渗水排放处理。

四、管线布置及管材使用

（一）所有立管均配合建筑专业做隐蔽处理，住宅每层均设水表井，每户水表集中设于水表井内。

（二）本工程 1#～3# 车库相连接，5# 车库独立设置，生活、消防水泵共用一泵房，设于 5# 车库，报警阀室设在水泵房旁。室内消火栓主干管出 5# 车库后在室外敷设，一支进 1# 车库，另一支进 3# 车库，各车库室内消火栓管道连接成环，各环网再通过主干管连接成环。自动喷水管道从报警阀室上穿顶板后在室外敷设，再分别进 1#、3# 车库供各防火分区。住宅给水管从地下室顶板上的覆土层出户，小高层住宅一层为架空层，雨、污水管在此转换，立管经合并后从覆土层出户。这样布置尽可能地减少了地下车库管道数量，从而使车库净高达到 2.5m 以上。

（三）管材

1. 室外部分：市政压力环管及消防管采用球墨给水铸铁管；高、低区给水管采用孔网钢骨架塑料复合管；排水管采用钢筋混凝土管。

2. 室内部分：生活给水横干管、立管采用衬塑钢管，入户水表后的给水管、热水管采用 PP-R 管，但 Townhouse 冷热水管全部采用铜管；消防管采用热镀锌钢管；雨、污水管除架空层横干管及出户管采用离心排水铸铁管外，其余均采用加厚 UPVC 管。

五、设计及施工体会

1. 给排水管道敷设在住宅±0.00m 与地下室顶板之间的覆土层内，避免了上部给排水管道进入地下室，是一个较好的做法。

2. 室内消火栓系统采用大环套小环的做法减少了水头损失，系统更明晰。

3. 雨、污水分别设了 5 个、4 个总排出口与市政管网连接，使得排水更安全。

4. 孔网钢骨架塑料复合管既耐压又双面防腐，适合做室外生活给水管。

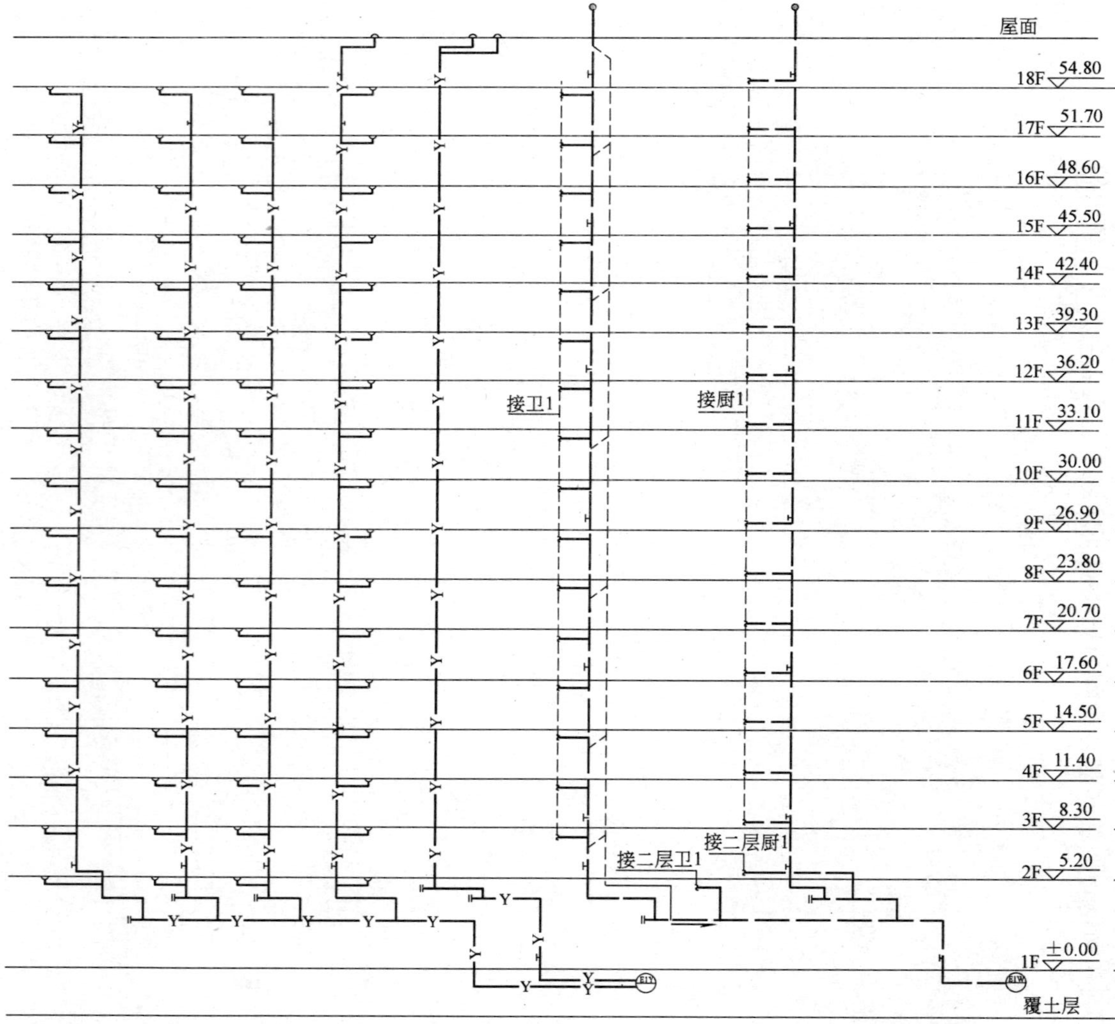

屋面

18F 55.60
17F 51.90
16F 48.80
15F 45.70
14F 42.60
13F 39.50
12F 36.40
11F 33.30
10F 30.20
9F 27.10
8F 24.00
7F 20.90
6F 17.80
5F 14.70
4F 11.60
3F 8.50
2F 5.40
1F ±0.00
覆土层

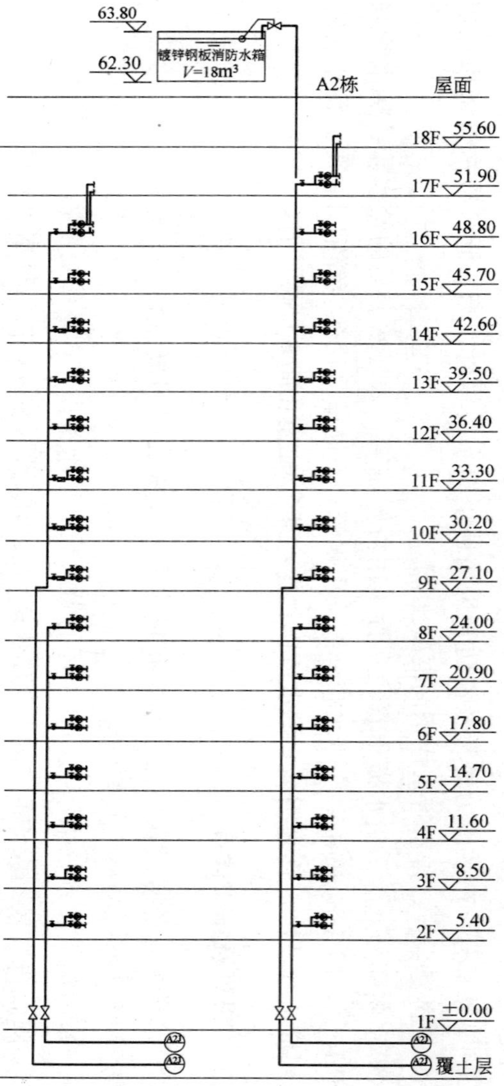

63.80
62.30

镀锌钢板消防水箱 V＝18m³

A2栋

A2栋给水系统示意图

屋面

18F 54.80
17F 51.70
16F 48.60
15F 45.50
14F 42.40
13F 39.30
12F 36.20
11F 33.10
10F 30.00
9F 26.90
8F 23.80
7F 20.70
6F 17.60
5F 14.50
4F 11.40
3F 8.30
2F 5.20
1F ±0.00
覆土层

接厨1

接卫1

接二层厨1

接二层卫1

E1、E2栋雨、污水系统示意图

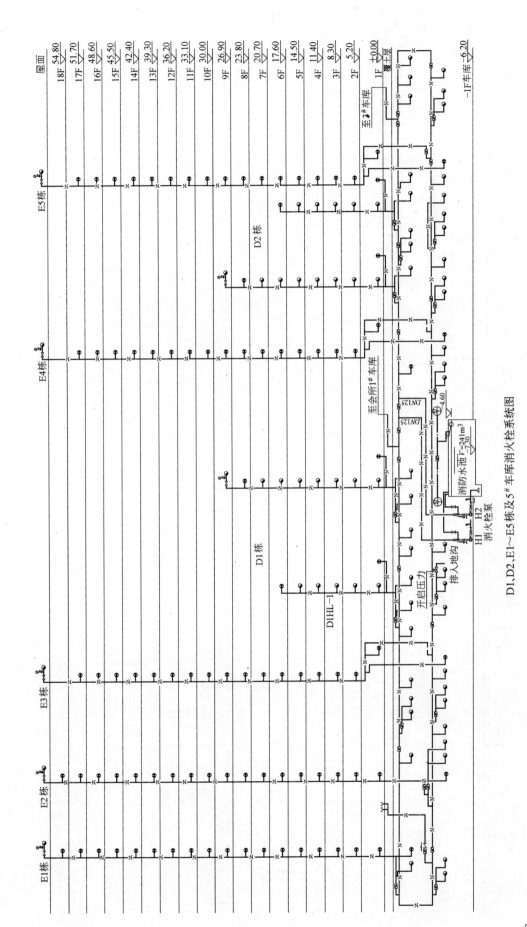

D1、D2、E1～E5栋及5#车库消火栓系统图

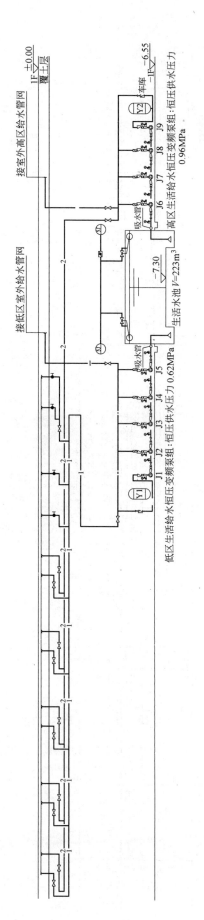

5#车库给水系统示意图

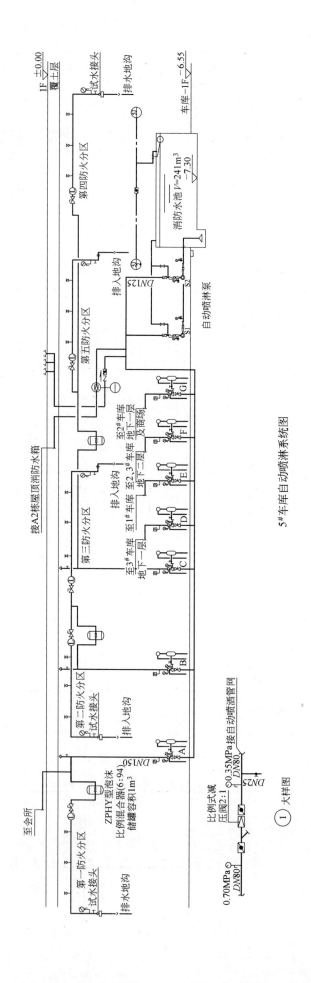

5#车库自动喷淋系统图

锦　缎　之　滨

姜慧媛　郑新民

深圳锦缎之滨是招商地产开发的"阳光带·海滨城"住宅项目第一期,坐落于深圳市高新技术产业园第五区。共有2栋31层,4栋30层,2栋24层,2栋21层,2栋18层和3栋多层公共建筑。建筑面积为174000m²,包括一层地下车库。小区环境优美,园林由境外公司设计。2004年投入使用。获深圳市优秀工程设计一等奖。

一、给水排水系统

(一) 生活给水系统

1. 生活用水量:最高日用水量为1330m³/d,最大时生活用水量137.7m³/d。

2. 水源为市政给水,分别从高新南十路及高新南十一路接入DN200给水管,供水压力为0.30MPa。住宅和公共建筑三层及以下由市政管网直接供水,四层以上用水由变频调速供水系统供给。地下室设生活水池一座。分户水表均集中设于各层电梯间内。

3. 热水由各户煤气热水器制备。按照建设单位的要求,每户厨房外生活阳台安装$Q>$10L/min的强排式煤气热水器,复式单元选用180L容积式燃气热水器,为保证能及时地得到热水,设置循环热水回水管,采用家庭智能热水系统,由循环水泵保证用水点的水温。该系统操作简单,只需在使用热水前打开循环控制阀门,启动循环泵,运行1至2min即可。循环泵的功率在0.12~0.2kW间,每次运行耗电约为0.007度。

4. 室内给水管及热水管采用新型聚丙烯塑料(PP-R)管,热熔连接;给水立管采用钢塑管,丝扣连接。室外给水管采用聚乙烯塑料管,对焊连接。

(二) 排水系统

1. 建筑物内采用卫生间污水与厨房废水分流管道系统,出墙后均经化粪池排至城市污水管网。

2. 雨水立管沿外墙设置,排入小区雨水管网,最终排到市政雨水管道。地下车库污废水经集水泵坑由潜水泵提升后排入室外雨污水管道。

3. 室内排水管采用厚壁阻燃型UPVC管,专用胶粘接。室外排水管采用钢筋混凝土管。

4. 立管根据条件设于管井内或立于外墙阴角。卫生间采用下沉式卫生间,为节约造价及方便下层住户装修,采用局部降板,每个卫生间降板高度不超过300mm。由于户型较多,有的无法做成下沉式卫生间。为了不影响下一层住户的装修及使用,设计中采取了以下措施:洁具沿外墙布置,使用后出水式坐便器,地漏采用侧壁式,使得下水管在外墙与立管相接。不能沿外墙设置卫生洁具者,卫生洁具呈一直线布置,地面上设置排水管,可在管道敷设完毕后沿墙设一道200mm×300mm的矮墙,将管线遮蔽。由于侧墙式地漏需另设存水弯,可在排水支管与立管连接前设置。

（三）游泳池设计

本工程共有两个游泳池，室内游泳池设于会所内，临近健身房。采用气源热泵作为游泳池池水的加热设施，气源热泵作为高效集热并转移热量的装置，可以把消耗的电力转变为3倍甚至更高的热能，经过实际运行，节电效果明显。室外游泳池位于小区中心。由专业厂家负责泳池的设计、安装、调试。

二、消防系统

1. 消防用水量：室内消火栓 20L/s，室外消火栓 20L/s，自动喷水 30L/s。本小区消防水池容积为 252m³。设置在地下室。

2. 消火栓系统设二组消火栓加压泵（一用一备）。系统分为高低 2 区，低区为 18 层及以下，高区为 19 层以上。最高处设消防水箱。

3. 自动喷水灭火系统按中危险级设计，设置地点：半地下室停车库内。系统设二组自动喷水加压泵（一用一备），四组湿式报警阀。喷头为 68℃级玻璃球喷头，喷头向上安装。

4. 柴油发电机房采用二氧化碳（CO_2）自动灭火系统。二氧化碳灭火剂的浓度采用 34%，灭火剂喷放时间不应大于 1min，系统采用自动控制、手动控制、应急操作三种控制方式。有人工作或值班时，打在自动档。自动、手动控制方式的转换，可在灭火控制器上实现。在防护区门外设置手动控制盒，盒内设有紧急启动按钮。

三、设计特点及体会

本工程为满布式地下车库，约为 4 万 m²，顶板作为绿化庭院。为避免植物根系被积水浸泡，采用建筑找坡和盲沟及渗排水管相结合的办法排除顶板积水，既节省投资，又为小区创造完美景观提供了有利条件。

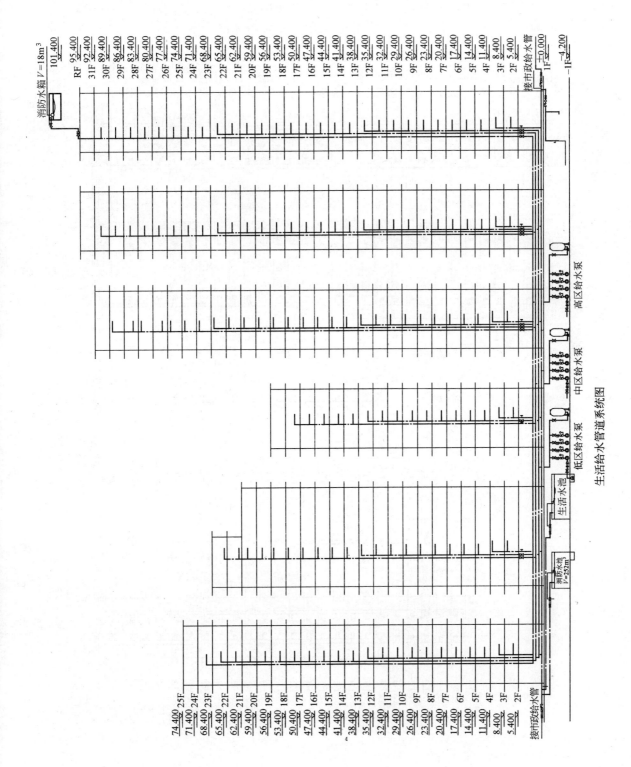

生活给水管道系统图

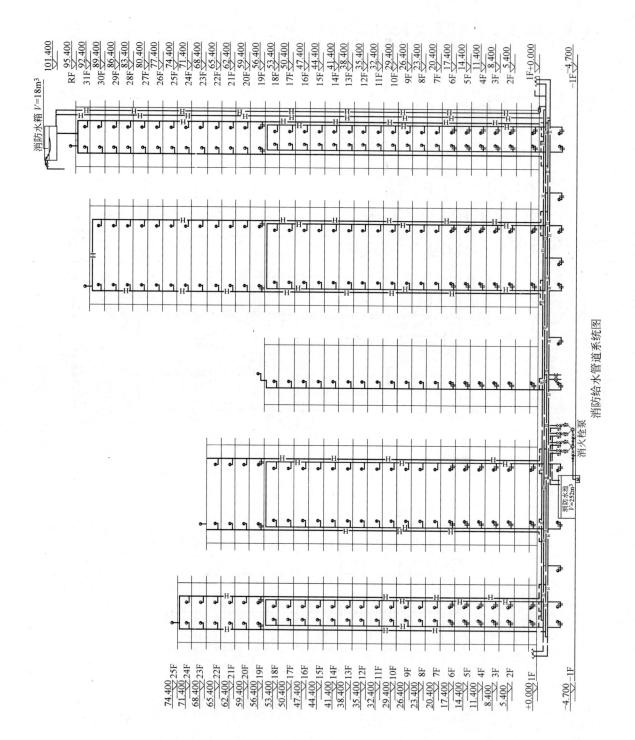

消防给水管道系统图

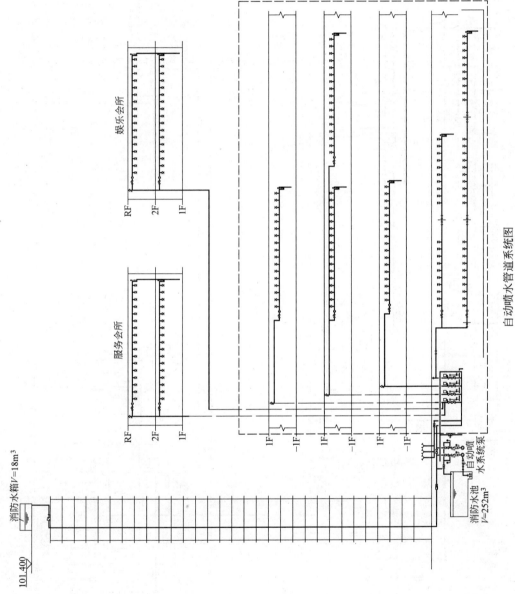

自动喷水管道系统图

消防水箱V=18m³

101.400

娱乐会所

服务会所

消防水池
V=252m³

自动喷
水系统泵

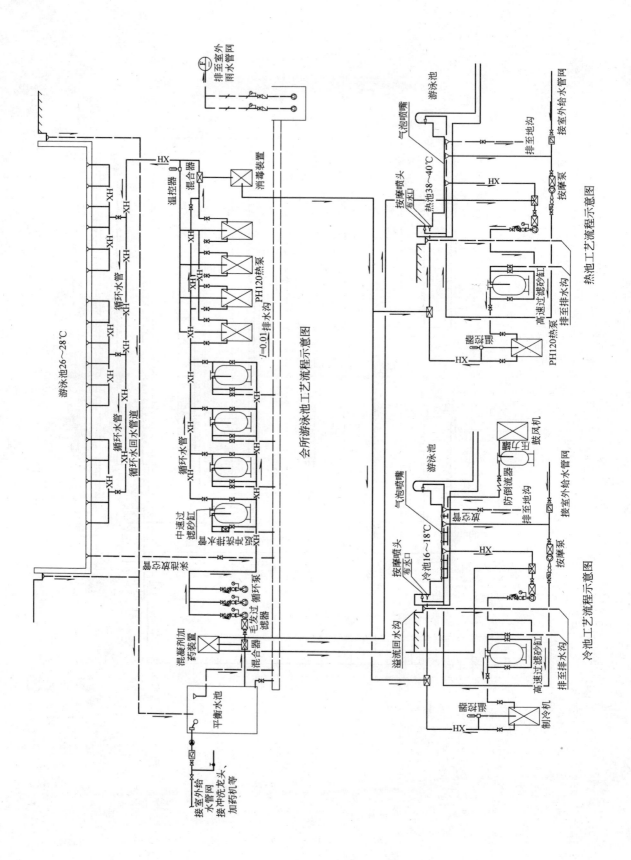

会所游泳池工艺流程示意图

冷池工艺流程示意图

热池工艺流程示意图

540

南京金鼎湾花园

史嵘梅

南京金鼎湾花园是位于建邺路上的高尚住宅区，是南京首个全精装修销售的楼盘。小区由两幢 28 层和两幢 12 层的住宅楼围合而成。底层为商铺和架空层，地下平时为机械停车库，战时为 6 级二等人员掩蔽部。中心为休闲广场，总建筑面积 10 万 m²，建筑高度 85.6m，2005 年投入使用。

一、给水排水系统

（一）给水系统

1. 冷水用水量见表 1。

冷水用水量表 表 1

用水项目 名称	使用人数 或单位	单位	用水量标准 [L/(人·d)]	小时变 化系数 K	每日平均作 用时间(h)	最高日 (m³/d)	平均时 (m³/h)	最大时 (m³/h)
住宅	1740	人	300	2.5	24	522	22	55
停车库地面冲洗	13000	m²	2L/(m²·次)	1.0	8	26	3.3	3.3
绿化浇洒	11000	m²	3L/(m²·次) （每日一次）		4	33	8.3	8.3
合计						581	34	67
未预见水量10%						58	3.4	6.7
总计						639	37	74

生活用水量：最高日用水量 639m³/d，最大时用水量 74m³/h。

2. 水源：本工程供水水源为市政给水，由西面红土桥路市政给水管引入一条 DN200 给水管，经水表井后在红线内形成环网。接管点供水压力为 0.30MPa。

3. 系统分区：给水系统竖向分三个区：低区为地下一层至五层，由市政水压直接供给；中区为六层至十八层；高区为十九层至二十八层。中高区分别采用恒压变频供水设备加压供水。在中高区下部设支管减压阀，使各用水点水压不超过 0.35MPa。

4. 给水加压设备：地下室设有 150m³ 专用生活贮水箱及两套生活给水变频调速泵组，分别为中高区用水点供水。高区供水流量 68m³/h，扬程 118m，中区供水流量 96m³/h，扬程 85m。

5. 管材：给水立管及干管采用内筋嵌入式衬塑镀锌钢管，卡环连接或沟槽管件连接，水表后的暗敷给水管道采用 PP-R 管，热熔连接。

6. 其它：住宅水表分层设于管井内，一层商铺，会所等公共用水分别设水表计量。每户设容积式燃气热水器供应热水，热水器设于厨房内。

（二）排水系统

1. 本工程采用废、污水分流制。生活污水经化粪池处理后排入市政污水管；废水直接排入市政雨水管。

2. 生活污水系统：本工程最大日污水量约为 470m³。卫生间设专用通立管保证排水通畅和透气效果。

3. 空调凝结水管在隐蔽的外墙角敷设，排入室外雨水管。

4. 管材：排水支管和立管采用承压型塑料排水管，承插连接，专用胶粘接，底部排水横管采用离心铸造排水铸铁管，卡箍连接。

（三）雨水系统

1. 小区雨水排水按暴雨重现期为 1 年，屋面雨水排水按暴雨设计重现期为 2 年进行设计。

2. 屋面雨水由设于屋顶的雨水斗收集后，经雨水立管直接排至室外雨水管网，庭院雨水由雨水口收集排入室外雨水管网，小区雨水统一排入红土桥路的市政雨水管。

二、消防系统

本工程设有消火栓系统，自动喷洒灭火系统，高压 CO_2 灭火系统，手提灭火器。

（一）消火栓系统

1. 消火栓系统的用水量：室外消火栓系统的用水量为 30L/s，室内消火栓系统的用水量为 40L/s，由于市政仅能提供一条供水管，消防水池需储存 2h 室内外消防用水量 650m³，供室内外消防用水。消防水池设 2 个室外消防取水井。

2. 室内消火栓系统分三个区，低区为一至十五层，高区为十六至二十八层，人防地下室单独成区。室内消火栓系统水平竖向均成环状。低区和地下一层由可调减压阀减压后供水。栓口压力大于 0.5MPa 时采用减压稳压型消火栓。

3. 系统为临时高压供水系统，平时管网压力由屋顶 18m³ 的消防水箱提供，保持最不利消火栓 $7mH_2O$ 的静水压力，灭火时由地下室消火栓泵供水，水泵流量为 144m³/h，扬程为130m，功率为 110kW，一用一备，在室外消火栓环网上设六组消防水泵接合器。

4. 管材：采用加厚热镀锌钢管，丝接或沟槽式管件连接。

（二）自动喷水灭火系统

1. 在地下室、商铺、会所设置自动喷水灭火系统，系统按中危险 II 级设计。设计灭火用水量 40L/s，1h 消防水量储存于地下室消防水池内。系统竖向为 1 个区。

2. 系统为临时高压供水系统，平时系统的压力由屋顶水箱维持，灭火时由三组湿式报警阀上的压力开关启动喷洒泵灭火。喷洒泵流量 144m³/h，扬程 58m，功率 55kW，一用一备。系统设四组消防水泵接合器。

3. 喷头：会所商铺采用玻璃球装饰型喷头，动作温度 68℃，车库采用易熔合金喷头，动作温度 72℃，机械停车二三层拖板处设扩展覆盖边墙型喷头，喷头上设集热板。

4. 管材：采用加厚内外壁热镀锌钢管，丝扣或沟槽式管件连接。

（三）CO_2 灭火系统

战时发电机房设高压 CO_2 灭火系统，设计浓度 34%。

（四）手提灭火器系统：本工程建筑火灾类型地上为 A 类，按中危险级配置，每个配置点的最大保护距离 20m，每个配置点配 2 瓶 2kg 磷酸铵盐的手提灭火器。地下车库为 B 类，按中危险级配置，每个配置点的最大保护距离为 12m。地下变配电室各设两瓶 4kg 的磷酸铵盐灭火器。

三、战时给排水设计

（一）给水系统

1. 水源：本工程以城市自来水作为人防给水水源。

2. 战时用水量见表2。

战时用水量表 表2

用 水 分 类	用水量标准	贮水天数(d)
饮用水	4L/(人·d)	15
生活用水	4L/(人·d)	10
局部洗消用水	400L	
口部洗消用水	8L/(m²·次)	

每个防护单元按800人计，合计贮水量70.4m³/防护单元。

3. 供水方式：战时人员生活用水由临战前设置的水箱供给，平时生活水箱转为战时使用，采用气压给水设备增压，供人防口部洗消和冲厕所用水；每个防护单元单独设饮用水箱。

（二）排水系统

1. 防空地下室战时主要出入口防护门外设置染毒集水井。防毒通道、密闭通道、简易洗消间、进排风竖井、扩散室及滤毒室设置防爆地漏，洗消废水汇集至染毒集水井，战后经防化专业队处理后由潜污泵排入市政雨水管。

2. 隔绝防护时间内，防空地下室不得向外部排水。

3. 防护措施：管道穿越人防构筑物时，必须安装密闭套管，且于人防内侧加设公称压力不小于1.0MPa的防爆波阀门。

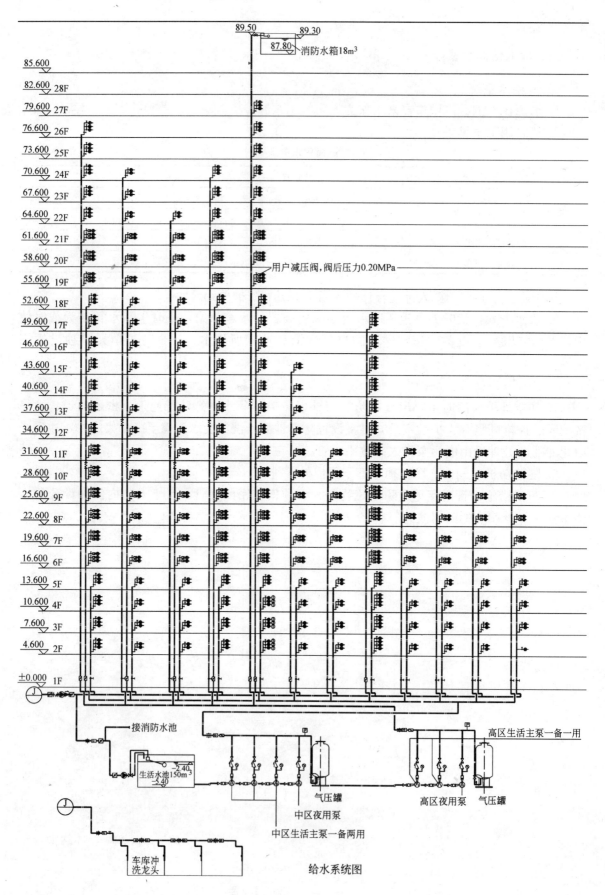

给水系统图

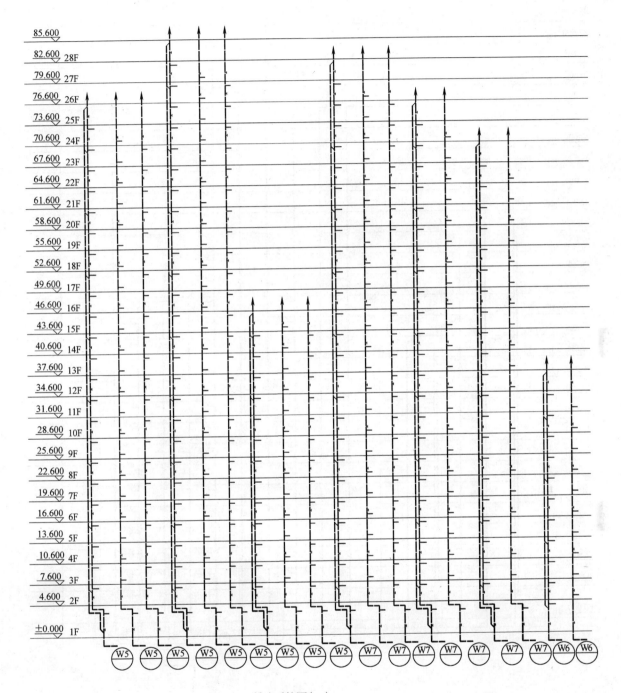

排水系统图(一)

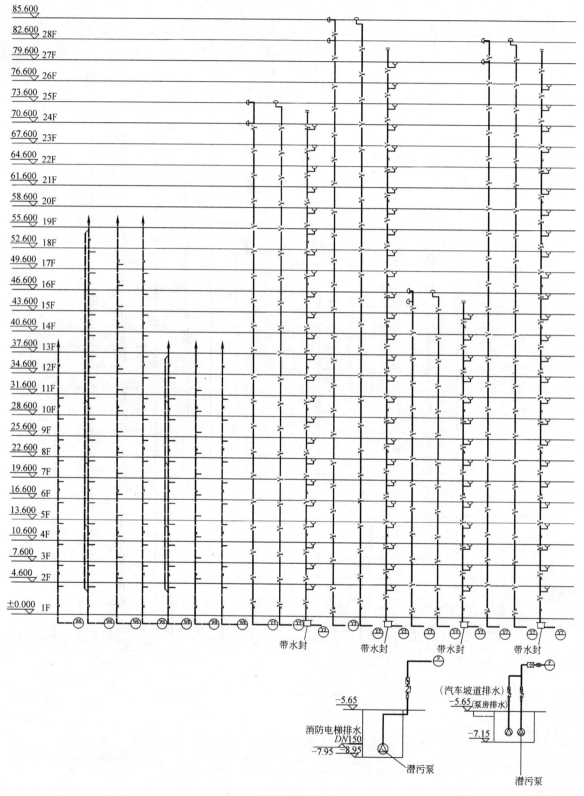

排水系统图(二)

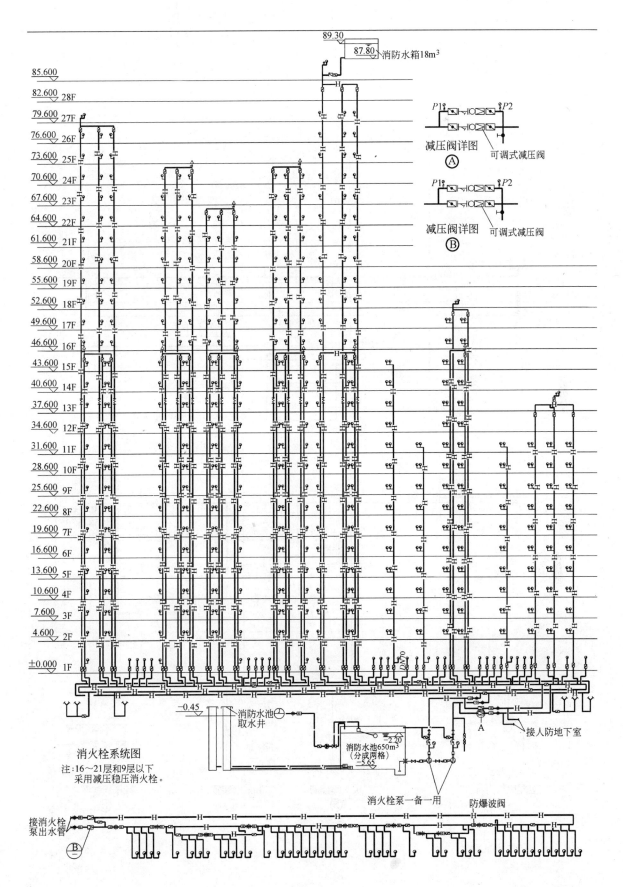

消火栓系统图

注:16～21层和9层以下
采用减压稳压消火栓。

减压阀详图 Ⓐ
可调式减压阀

减压阀详图 Ⓑ
可调式减压阀

89.30
87.80 消防水箱18m³

85.600
82.600 28F
79.600 27F
76.600 26F
73.600 25F
70.600 24F
67.600 23F
64.600 22F
61.600 21F
58.600 20F
55.600 19F
52.600 18F
49.600 17F
46.600 16F
43.600 15F
40.600 14F
37.600 13F
34.600 12F
31.600 11F
28.600 10F
25.600 9F
22.600 8F
19.600 7F
16.600 6F
13.600 5F
10.600 4F
7.600 3F
4.600 2F
±0.000 1F

DN70

-0.45
消防水池
取水井

-2.20
消防水池650m³
(分成两格)
-5.65

接人防地下室

A

消火栓泵一备一用
防爆波阀

接消火栓
泵出水管
Ⓑ

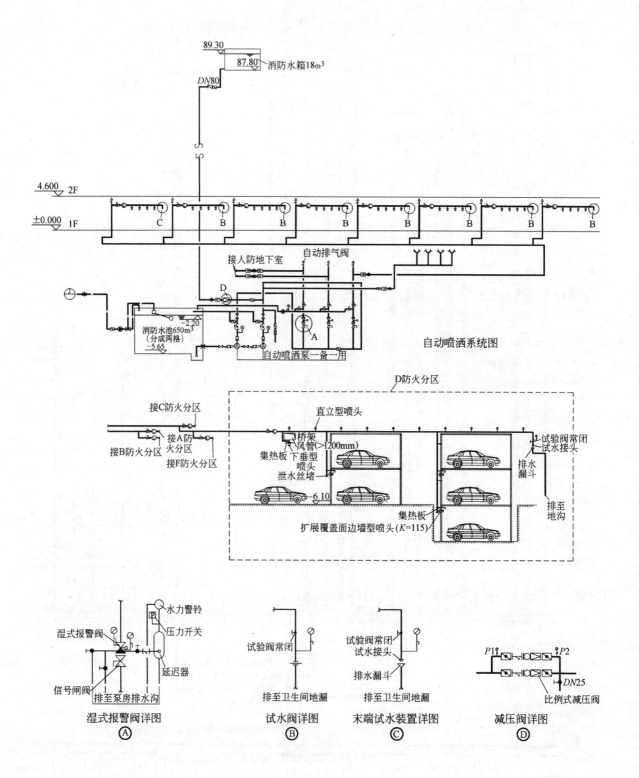

89.30
87.80 消防水箱18m³

DN80

4.600 2F
±0.000 1F

C B B B B B B B

接人防地下室 自动排气阀

D

-2.20
消防水池650m³
（分成两格）
-5.65

A

自动喷洒泵一备一用

自动喷洒系统图

D防火分区

接C防火分区 直立型喷头

桥架
风管(>1200mm) 试验阀常闭
集热板 下垂型 试水接头
喷头
泄水丝堵 排水
漏斗

接A防
火分区
接B防火分区

接F防火分区 6.10 排至
地沟

集热板
扩展覆盖面边墙型喷头(K=115)

水力警铃
P
湿式报警阀 压力开关

试验阀常闭 试验阀常闭
试水接头
延迟器

信号闸阀 排至泵房排水沟 排至卫生间地漏 排水漏斗

P1 P2

DN25
比例式减压阀

排至卫生间地漏

湿式报警阀详图 试水阀详图 末端试水装置详图 减压阀详图
A B C D

548

六里桥新村住宅小区（华凯花园）

夏树威　刘　海　王则慧

本工程位于北京市六里桥立交桥西北角，规划建设用地面积 6.93 万 m²，建筑高度 58.8m，总建筑面积约 26 万 m²。

本工程地下 3 层，地上 20 层，地下部分包括机动车停车场、娱乐、人防及设备机房等功能，裙房部分为娱乐、餐饮和百货购物中心等，地上建有一所幼儿园及六幢塔楼和八幢板楼的高档住宅，与塔楼及板楼相连的裙房部分为娱乐、餐饮和百货购物中心等，幼儿园 3 层，檐口高度 11.40m，塔楼分为 18 层和 20 层两种，檐口高度分别为 51.90m 和 59.85m，板楼均为 12 层，檐口高度 37.45m。

本工程于 2006 年 10 月竣工。

一、给水排水系统

（一）生活给水系统

1. 给水量见表 1。

给　水　量　表 表 1

房号	名　　称	使用数量	用水定额	时间(h)	K	用水量(m³)			备　注
						最高日	平均时	最高时	
1	塔楼住宅	2109 人	200L/(人·d)	24	2.5	421.80	17.58	43.95	
2	板楼住宅	1871 人	200L/(人·d)×79%	24	2.5	295.62	12.32	33.30	中水冲厕
3	商场(18#)	1100m²	5L/(m²·d)×25%	10	1.5	1.375	0.138	0.207	中水冲厕
	商场(14#)	2800m²	5L/(m²·d)×25%	10	1.5	3.500	0.350	0.525	中水冲厕
	商场(9#)	2800m²	5L/(m²·d)×25%	10	1.5	3.500	0.350	0.525	中水冲厕
	商场(5#)	1500m²	5L/(m²·d)×25%	10	1.5	1.875	0.188	0.282	中水冲厕
	商场(2#,3#)	5500m²	5L/(m²·d)×25%	10	1.5	6.875	0.688	1.032	中水冲厕
	餐厅(4#)	640 人	60L/(人·次)	12	1.2	38.40	3.2	3.84	
	公厕			24	3.0	25.92	1.08	3.24	
4	幼儿园(10#)	360 人	100L/(人·d)	24	2.0	36.00	1.50	3.00	250d/a
5	游泳池补水(7 子项Ⅱ区)	437.5m³	437.5m³×5%	10	1.0	21.88	2.19	2.19	
6	绿化及道路	45736m²	1.5L/(m²·次)	4	2.0	68.60	17.15	17.15	180d/a
7	冷却塔补水(2#)	175×2×2%×10		10	1.0	70	7	7	90d/a
8	车库	43169m²	3L/(m²·次)	8	1.0	129.51	16.19	16.19	回用中水
9	1~7 合计					995.35	63.734	116.24	
10	未预见水量	1~6 合计×10%				99.54	6.37	11.62	
11	合计	1~6 合计＋未预见水量				1094.87	70.10	127.86	

2. 本工程水源为市政给水管网供水，供水压力为 0.18MPa。

3. 本工程设计生活调节水池一个，容积为 200m³，材质为冲压不锈钢水箱。供水系统设两套变频供水设备，一套供小区幼儿园及四幢塔楼和四幢板楼用水，另一套供其它各楼用水。变频调速给水泵的总吸水管上安装紫外线消毒器，进行二次消毒。

4. 本工程采用分区供水的供水方式：系统共分为三个区，标高在 8.400m 以下的各楼层为低区，由市政给水管直接供水；标高在 8.400～33.600m 的各楼层为中区，由变频供水设备经减压后供水；标高在 33.600m 以上的各楼层为高区，由变频供水设备供水。

5. 本工程给水系统管材采用衬塑不锈钢管。

（二）热水系统

1. 热水用水量见表 2。

热水用水量表　　　　　　　　　　　　　　　　　　表 2

分　区	名称	人数	定额(60℃)	时间(h)	K	用水量(m³)			耗热量(kW)
						最高日	平均时	最高时	
1#换热站一区	住宅	734	80L/(人·d)	24	3.08	58.73	2.45	7.55	439.03
	幼儿园	360	40L/(人·d)	24	5.35	14.40	0.6	3.21	186.66
	未预见水量(计算水量×10%)					7.31	0.31	0.11	62.56
	合计					80.44	3.36	11.84	688.25
1#换热站二区	住宅	1127	80L/(人·d)	24	2.84	90.16	3.76	10.67	620.46
	未预见水量(计算水量×10%)					9.02	0.38	1.07	62.05
	合计					99.18	4.14	11.74	682.51
1#换热站三区	住宅	530	80L/(人·d)	24	3.25	42.40	1.77	5.74	357.14
	未预见水量(计算水量×10%)					4.24	0.18	0.57	35.71
	合计					46.64	1.95	6.31	392.85
总计						226.26	9.45	29.89	1763.35
1#换热站会所	会所	150×3	80L/(人·次)	12	4.97	36.00	3.00	14.91	867
	未预见水量(计算水量×10%)					3.60	0.30	1.49	86.7
	合计					39.60	3.30	16.40	953.72
2#换热站一区	住宅	224	80L/(人·次)	24	4.01	17.92	0.75	2.99	173.86
	未预见水量(计算水量×10%)					1.79	0.08	0.30	17.39
	合计					19.71	0.83	3.29	191.24
2#换热站二区	住宅	1054	80L/(人·次)	24	2.85	84.32	3.51	10.01	581.18
	未预见水量(计算水量×10%)					8.43	0.35	1.00	58.18
	合计					92.75	3.86	11.01	639.96
2#换热站三区	住宅	314	80L/(人·次)	24	3.67	25.12	1.05	3.84	223.30
	未预见水量(计算水量×10%)					2.51	0.11	0.38	22.33
	合计					27.63	1.16	4.22	245.63
总计						140.09	5.85	18.52	1076.83

2. 本工程热水系统供水分区同给水系统。

3. 热源及换热：热源由自备燃气锅炉提供，热媒水供水温度为 95℃。经换热后供小区用热水，本工程共设两个换热站，1#换热站设于小区东南角地下室，与生活及消防水泵房相邻，供小区幼儿园及四幢塔楼和四幢板楼用热水；2#换热站设于小区北部居中的地下室，供小区其他各楼用热水。热水供、回水管道同程布置。

4. 本系统热水供水温度为55℃，热媒由安装在水加热器热媒管道上的温度控制阀自动调节控制。系统全日供应热水，采用机械循环，热水循环泵的启停由回水总管上的温度传感器自动控制。水加热器采用高效导流浮动盘管换热器。

5. 本工程热水给水系统管材采用衬塑不锈钢管。

（三）中水系统

1. 中水给水量见表3、中水源水量见表4。

中水给水量表　　　　　　　　　　表3

房号	名　　称	使用人数	用水定额	时间(h)	K	用水量(m³)			备注
						最高日	平均时	最高时	
1	板楼住宅	1871人	200L/(人·d)×21%	24	2.5	78.54	3.27	8.18	
2	商场	13700人	1L/(人·次)×75%	10	1.5	10.28	1.03	1.55	
3	车库	43169m²	3L/(m²·次)	10	2.0	129.51	16.19	16.19	
4	1～3合计					218.33	20.49	25.92	
5	未预见水量	1～3合计×10%				21.83	2.05	2.59	
6	合计	1～3合计＋未预见水量				240.16	22.54	28.51	

中水源水量表　　　　　　　　　　表4

房号	名　　称	人数(人)	用水定额	时间(h)	K	用水量(m³)			备注
						最高日	平均时	最高时	
1	住宅	3980	200L/(人·d)×60%	24	2.5	447.60	18.65	46.63	
2	商场	13700	1L/(人·次)×25%	10	1.5	3.42	0.34	0.51	
3	幼儿园	360	100L/(人·d)×40%	24	2.0	14.40	0.60	1.20	250d/a
4	1～3合计					465.42	19.59	48.34	
5	可收集水量	1～3合计×80%				372.34	15.67	38.67	
6	平均日水量	最高日水量×75%				279.26	11.75	29.00	

2. 本系统以收集小区内所有洗浴废水为原水，经中水处理站处理为符合《建筑中水设计规范》中生活杂用水水质标准后供给小区内所有板楼、商场冲厕及车库冲洗地面用水。

3. 中水处理系统的设计流程为中水原水→曝气调节池→接触氧化→过滤→消毒→中水清水池→变频供水设备→回用。

4. 本系统采用分区供水的供水方式，系统分两个区供水，地下二层至二层车库、商场等公共部分及板楼住宅，标高在8.40m以下的楼层冲厕用水为低区，由变频供水设备经减压后供水；板楼住宅标高在8.400m以上的楼层为高区，由变频供水设备供水。

5. 本工程中水给水系统管材采用衬塑不锈钢管。

（四）循环水系统

1. 冷却循环水系统

根据暖通专业提出的冷冻机冷却水量，选用两台CEF-400型冷却塔及一台CEF-200型冷却塔与冷冻机相配套，每台冷却搭进水管上均装有电动阀门。冷却塔及循环管道均设有泄水阀，在停用时应将冷却塔及管道泄空。泄水排至附近雨水管道（或屋面雨水斗）。

为保证冷却循环水的水质稳定，本工程在冷却循环水泵的出水口上，设置了综合水处理器以达到防腐除垢、杀菌灭藻的目的。

2. 游泳池给水：游泳池容积 437.5m³，设计水温 28℃，循环周期 4h，循环水量 109.39m³/h，初次充水时间 48h，每天补水量 43.75m³/d。

（五）排水系统

1. 本工程排水系统采用污、废分流的排水方式，污水均排入市政污水管网。

2. 排水透气管采用专用透气、环形透气及伸顶透气相结合的形式。

3. 污水排水系统：首层以上排水均采用重力流排入室外检查井，首层以下污水排至污水集水坑经潜污泵提升排出室外，汇集后经化粪池处理排入市政污水管网，厨房污水经隔油器（池）后排入市政污水管网。

4. 废水排水系统：地下一层以上洗浴废水均采用重力流经汇集后排入中水处理站的曝气调节池，经生化处理后回用，地下部分废水经废水集水坑中潜污泵提升排入室外污水管网。

5. 排水系统管材采用柔性机制铸铁管。

（六）雨水系统

1. 屋面雨水设计重现期为 5 年，降雨历时 5min。溢流口排水能力按 50 年重现期设计。室外地面雨水设计重现期 p 取 3 年。基地排水面积 F 约 6.92 万 m²。降雨历时 t 估算 5min。降雨强度 $q_5 = 4.48L/(s \cdot 100m²)$。平均径流系数 Ψ 取 0.4。

2. 雨水排水系统：屋面雨水采用重力流排水的排水方式排至室外雨水检查井，汇集后排入雨水管网。

3. 雨水排水系统管材采用给水塑料管。

二、消防系统

（一）消火栓系统

1. 本工程消防用水水源为市政给水管网，消火栓消防用水流量为：室外消火栓 30L/s，室内消火栓 40L/s，火灾延续时间 3h。一次火灾设计总用水量（含室内消火栓系统、自动喷水灭火系统、水喷雾灭火系统消防水量）为 588m³。消防水池有效贮水容积 600m³。

2. 本系统竖向不分区，设一组消防泵供水，一用一备。屋顶设置试验消火栓。室外每栋塔楼设三套地下式水泵接合器。顶层设置有效贮水容积为 18m³ 的高位消防水箱、增压泵组保证灭火初期的消防用水。

3. 本系统采用单栓与双栓两种消火栓箱。单栓消火栓箱内设 $DN65$mm 消火栓（其中地下二层至十二层采用减压型消火栓）一个，$DN65$mm、$L = 25$m 麻质衬胶龙带一条，$DN19$mm 水枪一支，消防按钮和指示灯各一个。双栓消火栓箱内设 $DN65$mm 消火栓（其中地下二层至十二层采用减压型消火栓）两个，$DN65$mm、$L = 25$m 麻质衬胶龙带二条，$DN19$mm 水枪两支，消防按钮和指示灯各一个。

4. 消火栓系统控制：火灾时按动消火栓箱内的消防按钮，启动消防泵并向控制中心发出信号。当消防泵启动后，则指示灯亮，该防火分区内消火栓箱内的指示灯也亮。消防泵与增压泵由增压泵出水管上的压力开关自动控制，其具体控制方法与要求详见国标 98S176《消防增压稳压设备选用与安装》中有关控制部分。泵房内及消防控制中心可直接启闭消防泵。

（二）自动喷水灭火系统

1. 自动喷水湿式系统

（1）本工程按中危险级Ⅱ级设计，消防流量为 27.7L/s，火灾延续时间为 1h。除卫生间、洗浴用房、室内游泳馆、住宅部分，以及不宜用水扑救的消防控制中心、设备用房等处外，均有自动喷水湿式灭火系统保护。每个报警阀控制喷头数量不超过 800 个。供水动压＞0.4MPa 的配水管上水流指示器前加减压孔板，其前后管段长度不宜小于 5DN（管段直径）。每个防火分区（或每层）的水管上设信号阀与水流指示器，每个报警阀组控制的最不利点喷头处，设末端试水装置，其它防火分区、楼层的最不利点喷头处，均设 DN25 的试水阀。

（2）本系统竖向不分区，与消火栓系统共用高位水箱，保证火灾初期灭火用水，设一组消防泵保证正常供水，一用一备。室外每塔楼外设两套地下式水泵接合器。

湿式自动喷水系统控制：本系统管网压力平时由高位水箱保持。火灾时，喷头喷水，该区水流指示器动作，向火灾控制中心发出信号，同时报警阀动作，敲响水力警铃，报警阀上的压力开关动作，自动启动喷洒泵。消防结束后，手动停喷洒泵。消防控制中心及泵房内均可直接启动喷洒泵。

2. 自动喷水预作用—泡沫联用自动喷水系统

（1）地下车库设自动喷水预作用—泡沫联用系统，喷头选用洒水喷头。系统采用预作用报警阀，每个报警阀控制喷头数量不超过 800 个。配水管道末端设快速排气阀，充水时间不大于 2min。快速排气阀入口前设电动阀，此电动阀与自动喷洒泵联动。泡沫液选用水成膜泡沫液，供给强度 6.5L/(min·m²)，供给时间 10min，混合液浓度为 6%，作用面积 160m²。

（2）预作用—泡沫联用自动喷水系统控制：本系统平时报警阀后管网充满 0.05MPa 的压缩空气，阀前压力由屋顶水箱保证。阀后管道内气压由压力控制器和空气平衡器组成的连锁装置控制。当管网渗漏，气压降至 0.03MPa 时，供气管道上压力开关动作启动空压机，管网恢复压力后，空压机停机。火灾发生时，火灾探测器发出信号并通过电器控制部分开启预作用雨淋阀上的电磁阀放水，同时开启管网末端快速排气阀前的电动阀，迅速放气充水，空压机停机，系统转为湿式系统，着火处喷头爆破，报警阀处的压力开关动作，自动启动喷洒泵向系统供水灭火。雨淋阀处的电磁放水阀及手动放水阀可分别由消防控制中心手动和人员现场手动打开。喷洒泵可由消防控制中心和泵房内手动控制。

（三）水喷雾自动喷水灭火系统

1. 本工程地下燃气锅炉房内设水喷雾灭火系统，喷雾强度为 9L/(min·m²)，喷雾水流量为 40L/s，持续时间为 1h。本系统采用一套雨淋阀，单独设置一组消防供水泵，一用一备。室外设 3 套地下式水泵接合器。喷头采用水喷雾喷头，喷头沿锅炉间顶部均布，喷头的雾化角为 120°。水喷雾自动喷水系统控制。

2. 本系统响应时间为 60s，采用自动、手动与应急操作三种控制方式。自动控制：设在锅炉间内的温感、烟感探测头同时动作向消防中心发出信号，并通过电器控制部分开启雨淋阀，同时开启消防泵供水；手动控制：消防控制中心同时收到温、烟感探测头的火灾信号，并确认火灾无误后，由值班人员在消防控制中心启动消防水泵；应急操作：值班人员接到火灾报警信号，并确认火灾无误后，手动打开雨淋阀上的放水阀，使雨淋阀迅速打开，同时雨淋阀处压力开关动作，启动消防水泵或值班人员在泵房内直接启动消防泵。

（四）灭火器

本工程均设有手提式（推车式）磷酸铵盐干粉灭火器保护。

三、设计体会

1. 分期开发的住宅小区方案阶段总体设计非常重要，给水泵房、消防泵房、换热站等设备机房以及小区内的给排水、消防管线的布局均应在设计方案阶段仔细认真考虑，争取做到布局合理，并有一定的发展空间，为小区的进一步开发预留足够的条件。

2. 如果整个小区同一时间内的火灾次数为一次，即设置一处消防水池水泵房，则消防水泵房应设在先期开发的建筑单体内，且消防水池的容积应尽量满足小区后期开发的消防用水（车库的自动喷洒用水，锅炉房、柴油发电机房的水喷雾消防用水等）的要求，并在消防水泵房预留一定的空间，以避免小区分期开发中的重复建设。

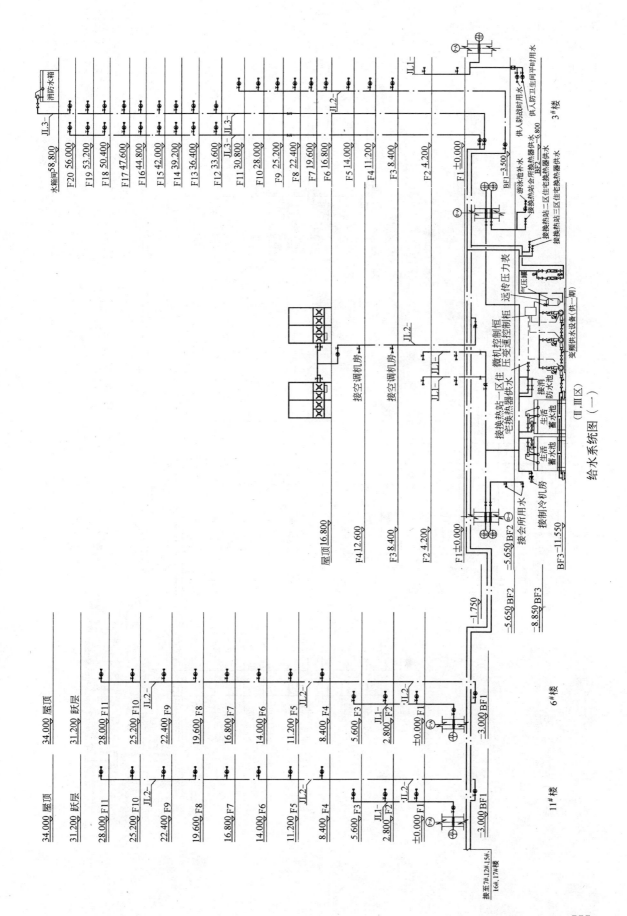

给水系统图（一）

(Ⅱ、Ⅲ区)

555

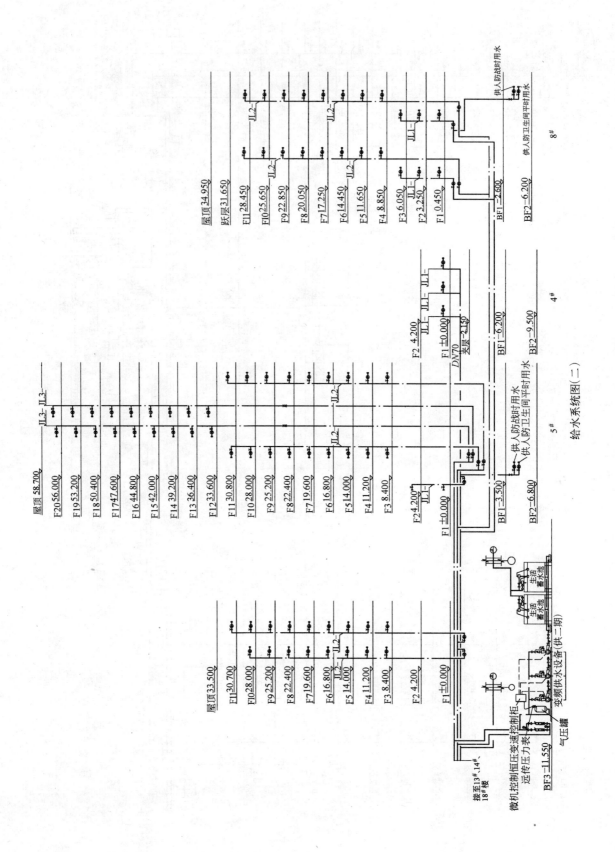

给水系统图(二)

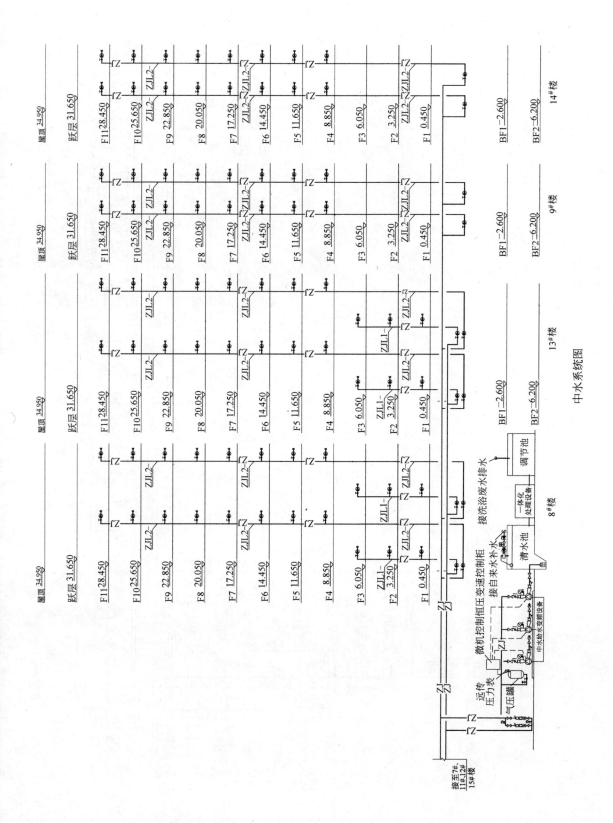

中水系统图

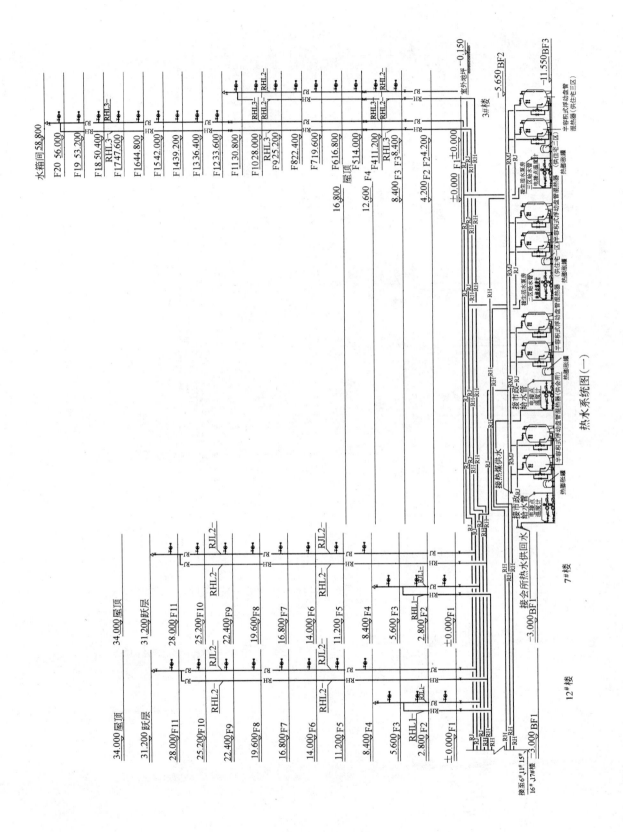

热水系统图(一)

558

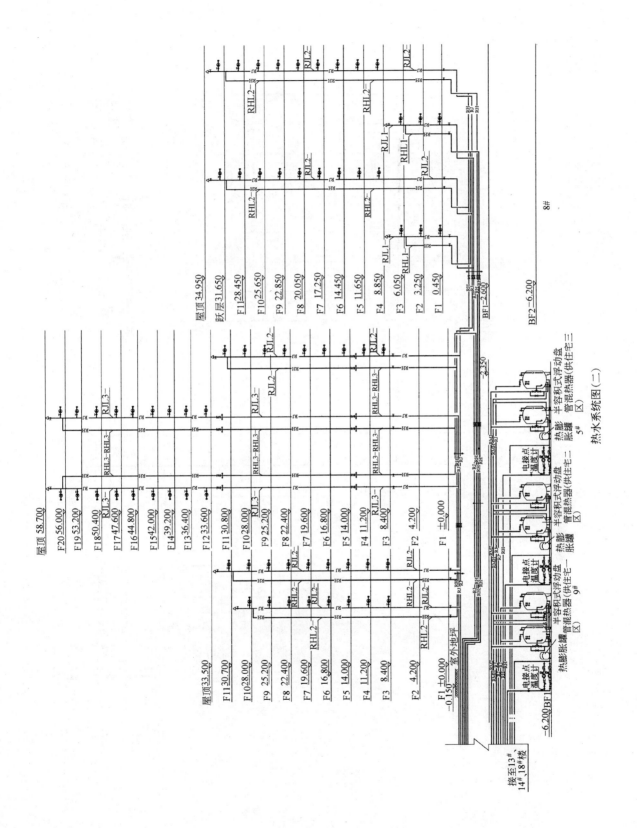

热水系统图(二)

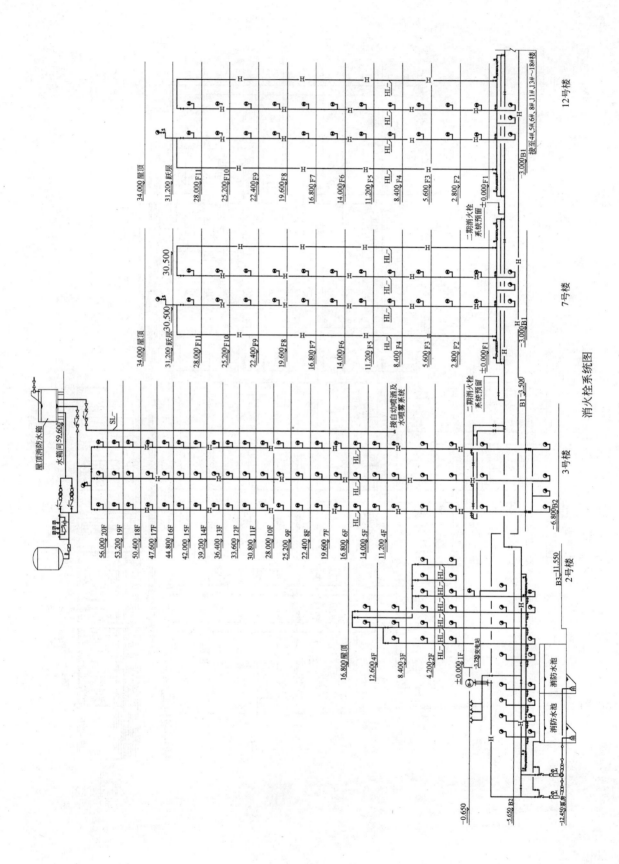

消火栓系统图

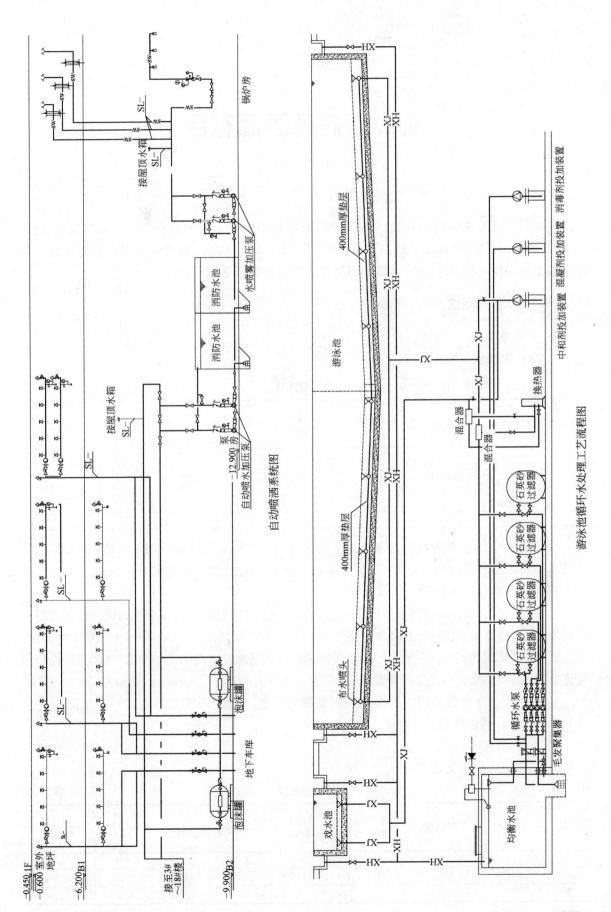

自动喷洒系统图

游泳池循环水处理工艺流程图

北京嘉润园国际社区

郑　毅　商　诚

本项目为北京嘉润园国际社区，位于东四环北路北侧，占地面积 22hm²，建筑面积 40 万 m²，（B 区为其中一部分）最高建筑高度 75.7m。地下 2 层，为设备机房、人防及地下车库；地上一二层为商场，三层至二十四层为住宅。目前已竣工。

一、给水排水系统

（一）给水系统

1. 冷水用水量见表 1。

冷水用量表　　　　　　　　　　　　　　　　　　　　　　表 1

序号	用水部位	使用数量	用水量标准	日用水时间(h)	时变化系数	用 水 量		
						最高日(m³/d)	最高时(m³/h)	平均时(m³/h)
1	住宅	78×3.5人	300L/(人·d)	24	2.5	81.9	8.5	3.4
2	办公	50人	50L/(人·班)	10	1.2	2.5	0.3	0.25
3	商场	5600m²	5L/m²	12	1.5	28.0	3.5	2.3
4	未预见水量		10%			11.2	1.2	0.6
5	总计					123.6	13.5	6.55

2. 水源：供水水源为城市自来水。从用地南侧市政给水管接出一根 DN150 给水管；从用地东侧市政给水管接出一根 DN150 给水管，进入用地红线，经总水表及倒流防止器后围绕本住宅小区形成给水环网，环管管径 DN150。

3. 系统竖向分区：市政供水最低压力为 0.18MPa。管网竖向分为四个压力区。地下二层～二层为低区，生活给水由城市自来水直接供水；三～十层为中 1 区，十一层～十八层为中 2 区，十九层～二十四层为高区，在地下一层水泵房中设置生活水箱，由中 1、中 2、高区各区设变频调速泵装置加压供水。每区变频调速泵组由三台主泵（两用一备）和一台小气压罐组成。

4. 管材：供水干管采用内筋嵌入式衬塑钢管，法兰或卡环式管件连接；卫生间内支管采用 PP-R 管，热熔连接。

（二）热水系统

1. 热水用水量，见表 2。

热水用量表　　　　　　　　　　　　　　　　　　　　　　表 2

序号	用水部位	使用数量	用水量标准(60℃)	日用水时间(h)	时变化系数	用 水 量		
						最高日(m³/d)	最高时(m³/h)	平均时(m³/h)
1	住宅	78×3.5人	100(L/人)	24	3.79	27.3	4.3	1.1
6	办公	50人	10(L/人·班)	12	1.2	0.5	0.05	0.04
7	总计					27.8	4.35	1.14

2. 热源：热源为城市热网水，供水温度夏季为 70℃，冬季为 90℃；回水温度夏季为 50℃，冬季为 60℃。城市热力检修期由自备电热水锅炉供应热媒。

3. 系统竖向分区：为保证冷、热水压力平衡，系统竖向分区同给水系统。采用管网集中供应热水，在地下一层热力站中各区分别设置两台波节管立式半容积式热交换器。

4. 集中热水供应系统采用干、立管全日制机械循环。为保证系统循环效果，供回水管道同程布置。循环系统保持配水管网温度在 50℃ 以上。温控点设在热交换器回水入口处，热水循环泵设置两台，一用一备。当温度低于 50℃，循环泵开启，当温度上升至 55℃，循环泵停止。

5. 管材：同冷水系统

（三）中水系统

1. 中水用水量，见表 3。

中水用量表 表 3

用水部位	使用数量	用水量标准	日用水时间(h)	时变化系数	用 水 量			
					最高日(m³/d)	最高时(m³/h)	平均时(m³/h)	平均日(m³/d)
大便器冲洗	156 人	300L/(人·次)×21%	24	2.5	63	6.6	2.6	45
车库地面冲洗	10000m²	2.0L/(m²·次)	4	1.0	20.0	3.3	3.3	16.0
绿地	2400m²	2.0L/(m²·次)	4	1.0	4.8	1.2	1.2	3.8
总计					87.8	11.1	7.1	64.8

2. 系统竖向分区：同给水系统。

3. 管材：供水干管采用内衬塑热浸镀锌钢管，法兰或卡环式管件连接；卫生间内支管采用热水型 PP-R 管，热熔连接。

（四）排水系统

1. 本工程室内污废水分流排出，粪便污水排入室外化粪池，处理后排入室外污水管网。

2. 卫生间污废水立管顶伸通气，地下室污水泵坑内设通气立管通气。

3. 一层以上为重力流排水，其中一层排水单独排出，地下室污、废水汇集至集水坑，经潜水泵提升后排出室外。

4. 客户卫生间卫生器具排水采用后排水方式，排水支管与排水立管在卫生间楼板上方连接。

5. 管材：室内管道采用柔性接口的机制排水铸铁管，橡胶圈密封，不锈钢带卡箍接口。

（五）雨水系统

1. 屋面雨水利用重力排除，采用内排水方式，排至室外雨水管道。屋面雨水设计重现期为 2 年。地下车库坡道拦截的雨水，用管道收集到地下室集水坑，用潜污泵提升后排除，雨水量按 10 年重现期计。

2. 管材采用热浸镀锌钢管，沟槽或焊接连接。

二、消防系统

（一）消火栓系统

1. 全楼均设消火栓保护，室内消火栓用水量为 40L/s。

2. 室内消防用水由地下一层消防水池供给，贮水量为 396m³。管网系统竖向分两区。

地下一层~十三层为低区，十四层~二十四层为高区，消防泵房设于地下一层，高、低区分设消火栓泵，消火栓水泵设2台，1用1备。

3. 消火栓设计出口压力控制在0.19~0.5MPa，地下一层~六层及十四层~十七层栓口压力超过0.5MPa，采用减压消火栓。

4. 屋顶设消防水箱，贮存消防水量18m³，采用消防专用稳压装置稳压。

5. 室外共设3个DN100地下式水泵接合器。管材采用内外热浸镀锌钢管，沟槽式卡箍连接。

（二）自动喷水灭火系统

1. 设计参数：系统按中危险级Ⅱ级要求设计。设计喷水强度8L/(min·m²)。作用面积160m²，系统最不利点喷头工作压力取0.1MPa。系统设计流量约30L/s。

2. 除各设备机房、卫生间、变配电室、电话总机房、消防控制中心、电梯机房、水箱间等部位外，其余均设喷头保护。地下车库采用易熔合金直立喷头。其余采用玻璃球喷头，吊顶下为吊顶型喷头，吊顶内喷头为直立型，走廊、办公室为下垂型。公称动作温度：地下车库72℃级，其余均为68℃级。

3. 按照各报警阀前的设计水压不大于1.2MPa要求，管网竖向不分区，自动喷洒水泵设2台，1用1备。屋顶水箱间设消防专用稳压装置稳压。

4. 报警阀组：共设2套报警阀组，设置在地下一层。各报警阀处的最大水压均不超过1.2MPa，负担喷头数不超过800个（不计吊顶内喷头）。水力警铃设于报警阀处的通道墙上。报警阀前的管道布置成环状。

5. 室外设2个DN100墙壁式水泵接合器。

6. 管材：采用加厚内外热浸镀锌钢管，丝扣和沟槽式卡箍连接。

（三）预作用自动灭火系统

1. 设计参数同湿式系统。系统充水时间不大于2min。

2. 喷头：设于地下汽车库，采用易熔合金直立喷头，公称动作温度：72℃级。

3. 供水系统：报警阀下游管网充有低压空气，监测管网的密闭性，空气压力0.03~0.05MPa。

3. 报警阀组：共设两套报警阀组，设置在地下二层。平时阀前最低静水压0.84MPa。各报警阀负担喷头数不超过800个。每套报警阀组配置有空气压缩机及控制装置。报警阀平时在阀前水压的作用下维持关闭状态。

4. 水泵与湿式系统共用。

三、设计及施工体会

1. 水压：各区给水系统分别设独立加压设备。其优点是节能且方便维修。其缺点是一次性投资大。

2. 热水：为了住宅用户使用热水时，开水嘴即出热水，热水系统采用支管循环。优点：（1）节约用水；（2）减少了物业与业主因热水收费而产生的矛盾。其缺点是在计量热水量时会有误差，且加大了一次性投资。

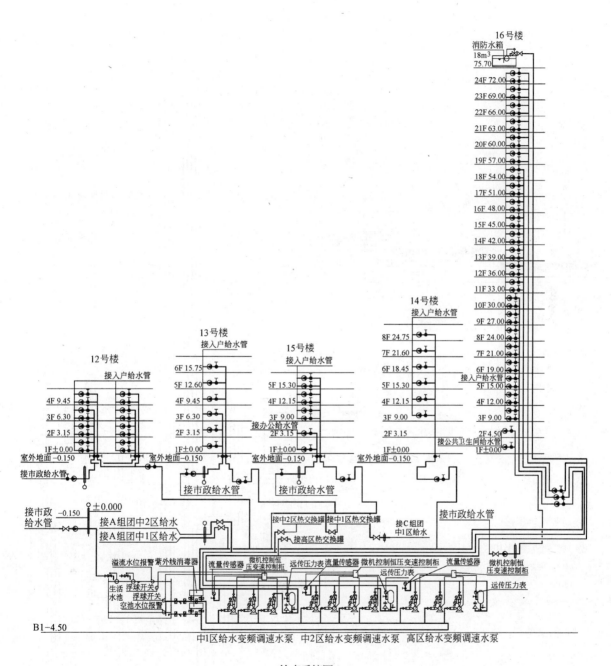

给水系统图

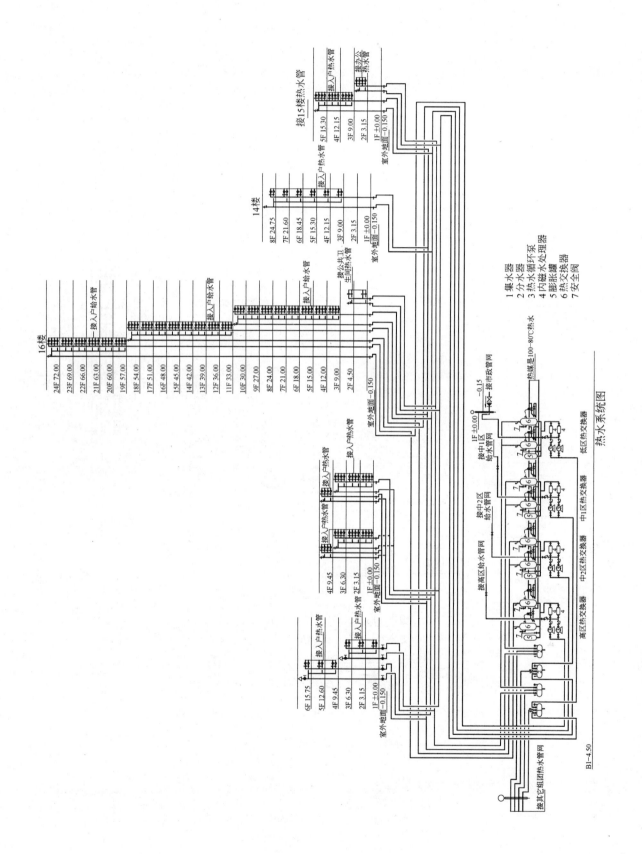

热水系统图

1 集水器
2 分水器
3 热水循环泵
4 闪频磁水处理器
5 膨胀罐
6 热交换器
7 安全阀

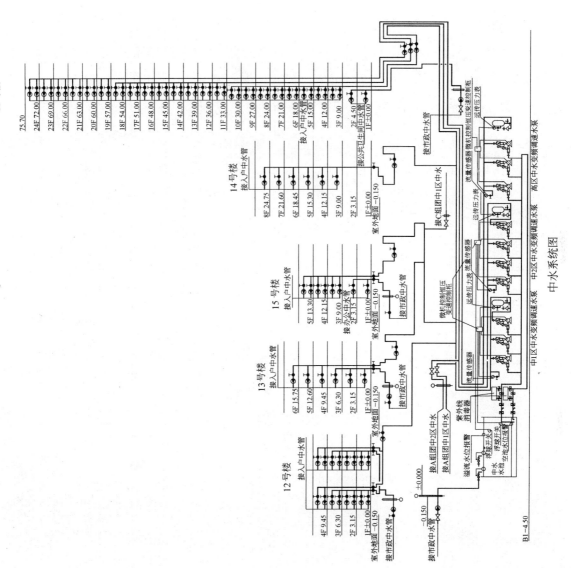

中水系统图

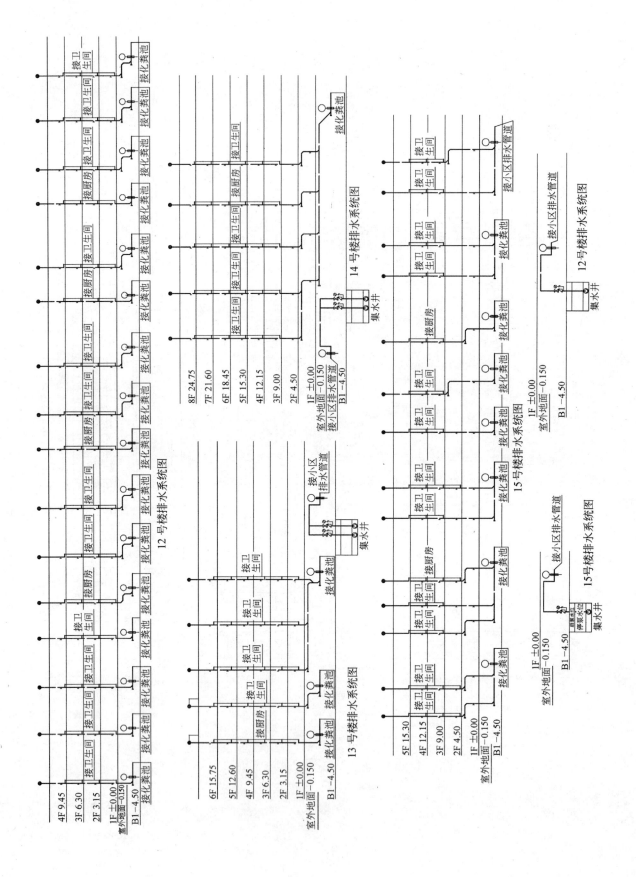

568

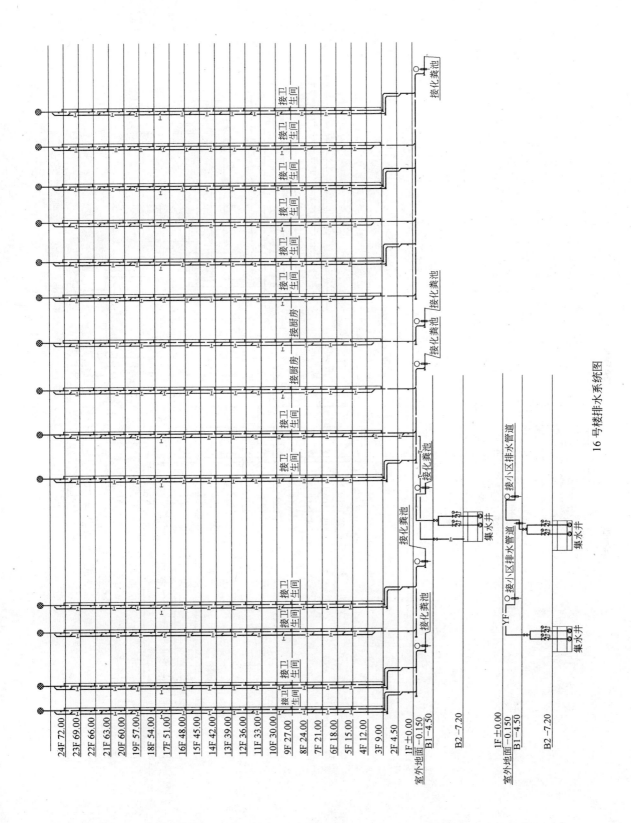

16 号楼排水系统图

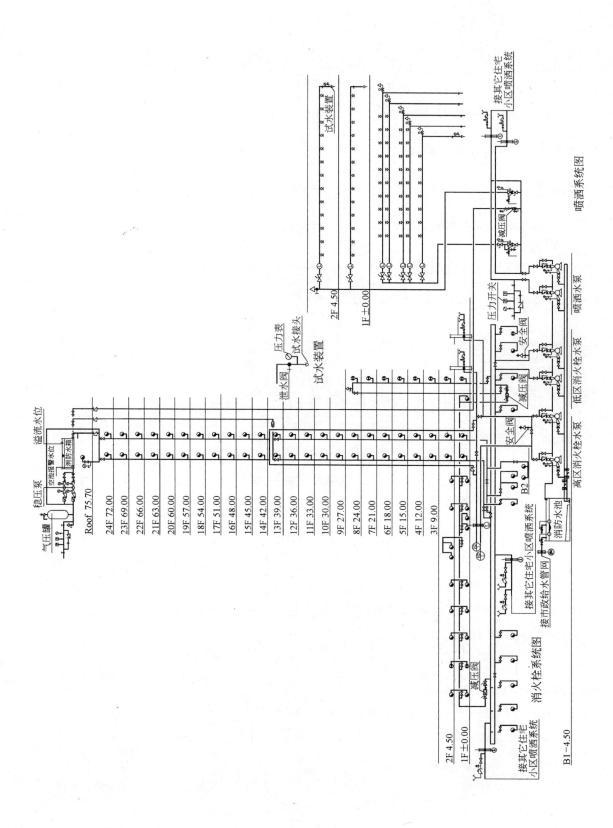

喷洒系统图

消火栓系统图

人 济 山 庄

马 明 王涤平 杨 澎

本工程位于北京西三环的东边，紧邻紫竹院公园处。该项目由 A、B、C、D 四栋 26 层塔式高层住宅及由 B、C、D 栋间连接起来的两层裙房组成。四栋楼的地下室连成一个大底盘，共有 3 层，地下二三层为汽车库，地下一层为楼座下与裙房相连的功能性的附属用房。裙房包括餐饮，办公用房，会所，游泳池等。本工程建筑面积约为 15 万 m²，最高的住宅建筑高度 74.6m。本工程已于 2003 年 5 月开始入住。

一、给水排水系统

（一）给水系统

1. 用水量：

4 栋住宅的最高日生活用水量 525m³，最大小时用水量 70.05m³。

2. 本工程中裙房及地下部分的生活给水由城市自来水水压直接供给。A、B、C、D 栋住宅地上部分的生活给水由设在 C 栋地下三层的生活水泵房中的变频给水泵组加压供给。竖向共分两个区：一区为地下夹层至十五层，供水压力 0.75MPa.；二区为十六层至二十六层，供水压力 1.05MPa。地下夹层至七层，十六层至二十层每户设支管减压阀减压，阀后压力为 0.15MPa。

3. 住宅中采用 IC 卡式水表。

（二）生活热水系统

1. 4 栋住宅楼 24 小时供应生活热水，由设在 A 楼旁的地下热交换站中换热器制备供给，热源为城市高温热水。

2. 热水系统分区与生活给水系统相同，阀后压力同给水系统。

3. 热水系统供水温度为 55℃，回水温度为 50℃。

4. 热水系统采用机诚循环方式，循环水泵设在热交换站内。

5. 4 栋楼最高日生活热水量约 450.4m³/d，最大小时生活热水量 53.37m³/h，耗热量 3500kW。

（三）污水系统

1. 本工程中 A、B 楼采用污、废水合流制，三层（或五层）以上卫生间污水和厨房污水为一个系统自流排至室外；一至二（或三至四）层污水为一个系统单独排出室外；C、D 楼采用生活污水与洗涤废水分流制，三层（或五层）以上卫生间污水和厨房污水为一个系统自流排至室外，洗浴废水为一个系统排至 D 栋地下三层的中水站，一二层及裙房污水为一个系统单独排出室外。

2. 地下室内的污、废水汇集至集水坑，由潜水泵提升后排至室外。

3. 厨房为独立排水管道系统，污水经隔油器处理后排入室外污水管道。

（四）雨水系统

1. 二十六层以上的屋面雨水为外排水，排至二十六层屋面，再采用内落水系统，经室内雨水管排至室外散水。

2. 地下车库出入口处设雨水截水沟和集水坑，截流至集水坑内的雨水由潜水排污泵提升后排入室外雨水管道。

二、消防系统

本小区共用一套消火栓给水及一套自动喷水灭火给水系统。设室外消火栓系统、室内消火栓系统、自动喷水灭火系统。

（一）消防用水量

消防用水量表

序　号	系　统　名　称	用水量标准(L/s)	火灾持续时间(h)	一次灭火用水量(m³)
1	室外消火栓	30	2	216
2	室内消火栓	40	2	432
3	自动喷水灭火	30	1	108

（二）消火栓系统

1. 室外消火栓系统

（1）采用由市政给水直接供给的低压消防给水系统，生活与消防合用室外给水管道。

（2）由人济山庄南面的紫竹院路上引入一 DN150 城市自来水管和由人济山庄一期的环管上引入的管道与小区内的环状管网相接，直接供给消火栓用水。

（3）本工程室外共设 8 套地上式室外消火栓。

2. 室内消火栓系统：

（1）除一些电器设备机房等不能用水灭火的房间外，均设有消火栓保护。

（2）消防给水由设在 C 栋地下三层的消防水池、消防水泵（二台，一用一备）供给，A 楼屋顶设有有效容积为 18m³ 的消防水箱。

（3）室内消火栓给水管道为独立管道系统。竖向分为高区和低区。

（4）低区：地下三层至十二层，水平干管与竖向立管构成环状，上干管设在住宅十二层，下干管设在地下三层车库中。由设在 C 栋地下三层的消火栓泵供水管经设在住宅十三层的可调式减压阀减压后与低区系统相连。

（5）高区：十三层至二十六层，该区水平干管与竖向立管构成环状，上干管设在住宅的二十六层，下干管设在十三层。

（6）A 栋屋顶水箱间设消火栓系统增压泵两台，一用一备，互为备用。平时由压力控制器控制其启停，压力下降至 0.22MPa 时，增压泵启动；压力上升至 0.27MPa 时，增压泵停止；如此往复，发生火灾时，压力继续下降至 0.20MPa 时，C 栋地下三层消防水泵房内的消火栓泵启动，增压泵停止。火灾时，按动消火栓箱内的消防按钮或消防中心水泵按钮，水泵房设有手动消防泵开关装置，直接启动 C 栋水泵房内的消防泵并报警，水泵启动后，信号反馈至消火栓处和消防控制中心。

（7）室内消火栓箱内配 DN65mm、L=25m 麻质衬胶水带一条，DN65mm 消火栓一个，65mm×19mm 直流水枪一支；消防卷盘一套；启泵按钮和指示灯各一个（地下车库消火箱内不设消防卷盘）。

3. 室外设高、低区各 3 套地下式消防水泵接合器，供消防车向系统供水。

4. 管材：采用无缝钢管，焊接接口。局部不易安装处采用沟槽连接，阀门及需拆卸部位采用法兰连接。地下室外墙以外的埋地管采用球墨给水铸铁管，要求承压 1.6MPa。

（三）自动喷水灭火系统

1. 系统设置：本工程中除设备机房和一些电器用房等不能用水灭火的房间、卫生间、淋浴间等场所外，其余部位均设有自动喷水灭火喷头。除地下车库采用预作用自动喷水灭火系统外，裙房、住宅等其他部位均采用湿式系统。

（1）住宅楼和裙房部分按中危险级 I 级设置自动喷水灭火系统。地下汽车库按中危险级 II 级要求设计，喷水强度 8L/(min·m²)，作用面积 160m²，灭火用水量 30L/s。

（2）本工程中自喷系统采用临时高压系统。住宅、裙房、地下车库共设一组自动喷水加压泵，共两台（互为备用），消防水池加压泵设在 C 栋地下消防水泵房内。

（3）A 栋屋顶水箱间设二台自喷系统稳压泵，一台隔膜气压罐。

（4）四栋住宅中，系统竖向分为两个区：高区、低区。高区由加压泵经高区报警阀后直接供给，低区由加压泵的出水管经设在 C 栋地下消防泵房内的减压阀减压后，与低区报警阀相连，然后供至低区管网。地下车库及裙房也是由加压泵的出水管经另一组减压阀减压后与裙房车库用报警阀连接后供给。每层和每个防火分区均设水流指示器和电触点信号阀，以便喷头动作后能立即向消防中心报警。

2. 控制

喷洒泵设自动、手动控制。

（1）湿式系统：喷洒泵、增压泵均由压力开关控制。平时管网中压力由增压泵及气压罐维持，当管网压力下降值为 0.069MPa 时，增压泵启动，恢复压力后停泵。当管网压力继续下降至比工作压力低 0.10MPa 时，喷洒泵启动，增压泵停泵，消防结束后手动停喷洒泵。

（2）火灾时喷头喷水，该区水流指示器动作，向火灾控制中心发出信号，同时报警伐动作，敲响水力警铃，报警阀上的压力开关动作自动启动喷洒泵。消防结束后，手动停喷洒泵。消防控制中心在收到火灾信号并确认火灾发生后，手动启动喷洒泵；也可在泵房内直接启动喷洒泵。

3. 厨房高湿作业区采用 93℃级玻璃球喷头，库房、车库采用 72℃级易熔元件喷头，住宅和裙房中均采用 68℃级玻璃球喷头。

4. 室外分别设住宅高区、低区及车库和裙房用 3 套地下式消防水泵接合器，供消防车向系统供水。

5. 管材：采用热镀锌钢管、丝扣及沟槽式卡箍机械连接

（四）预作用系统

1. 本工程仅在地下车库处设自动喷水预作用系统。

2. 系统平时报警阀后管网充满 0.05MPa 的压缩空气，当管网渗漏，气压降至 0.03MPa 时，供气管道上压力开关动作启动空压机，管网恢复压力后，空压机停机。

3. 火灾发生时，火灾探测器发出信号并通过电器控制部分开启预作用雨淋阀上的电磁阀放水，同时开启管网末端快速排气阀前的电动阀，迅速放气充水，着火处喷头破裂，报警阀处的压力开关动作自动启动喷洒泵向系统供水灭火。

4. 雨淋阀处的电磁放水阀及手动放水阀可分别由消防控制中心手动打开。喷洒泵也可由消防控制中心和泵房内手动控制。

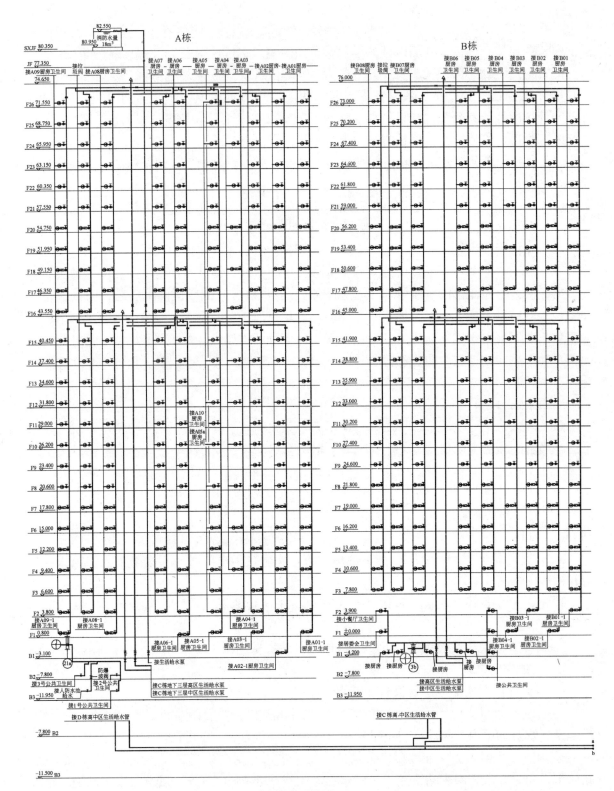

生活给水系统图

574

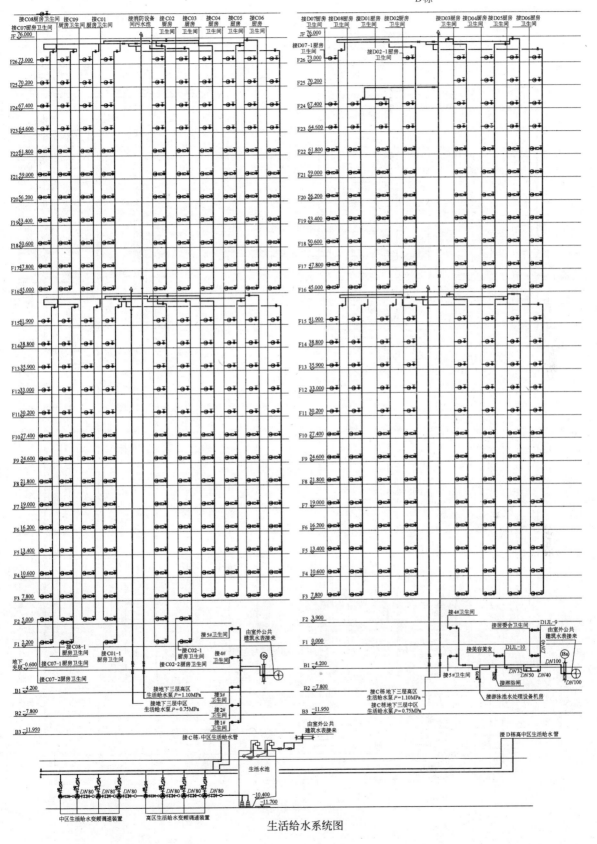

生活给水系统图

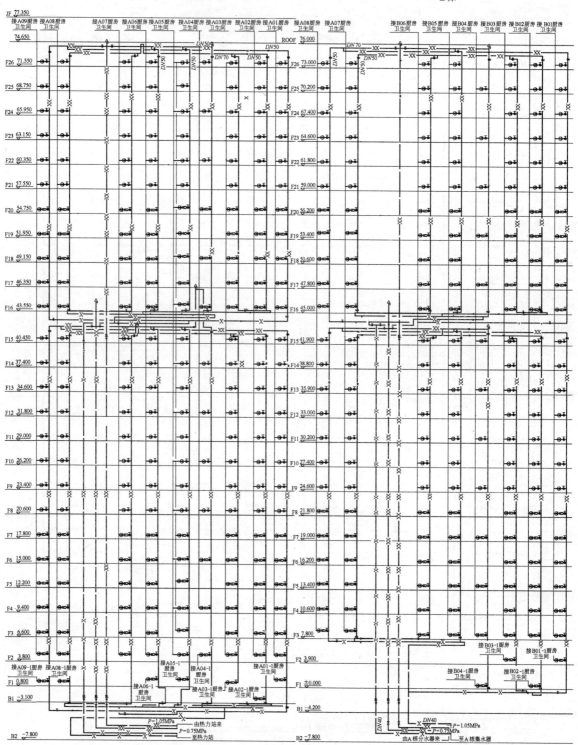

生活热水系统图

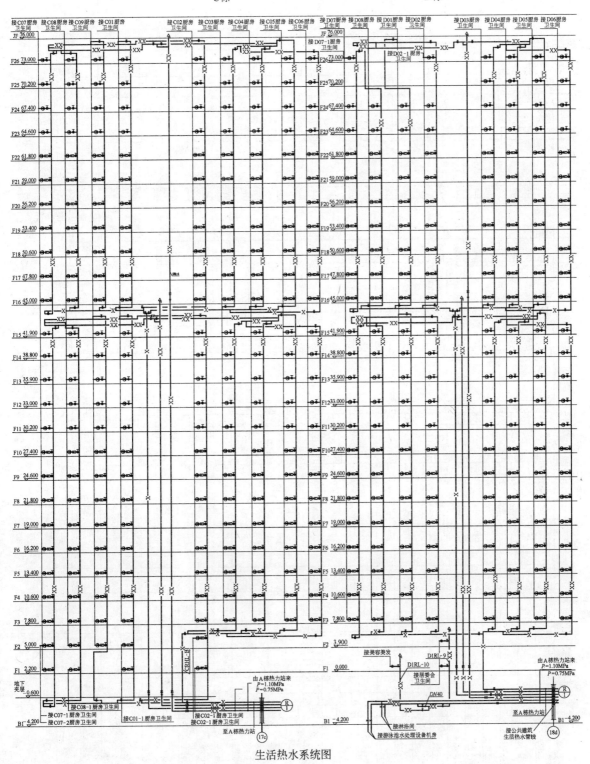

生活热水系统图

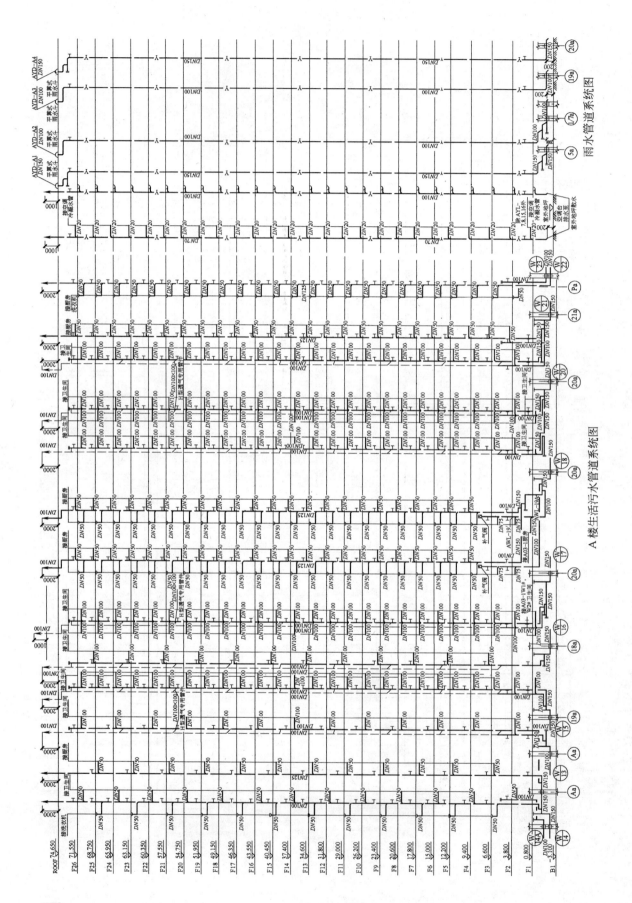

雨水管系统图

A楼生活污水管道系统图

578

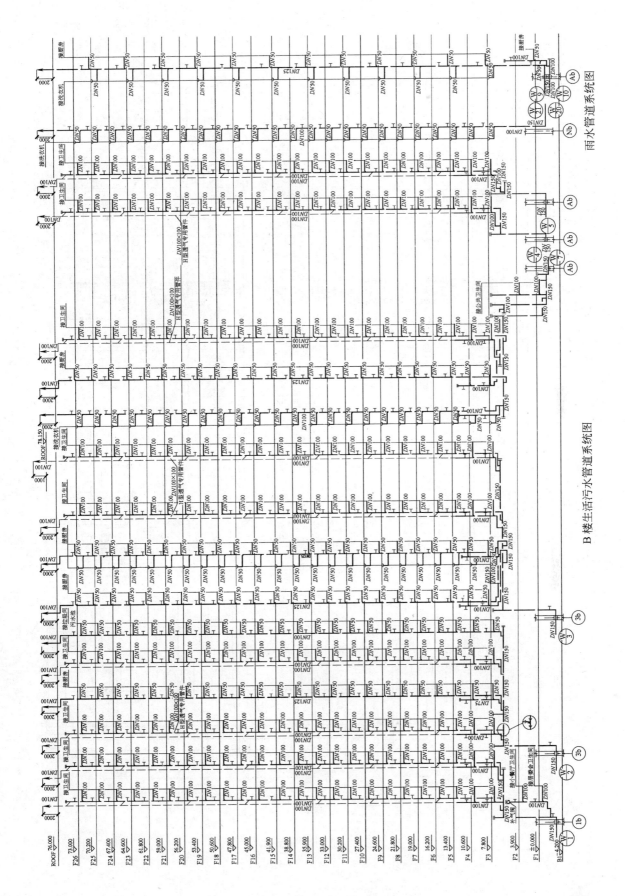

雨水管道系统图

B楼生活污水管道系统图

579

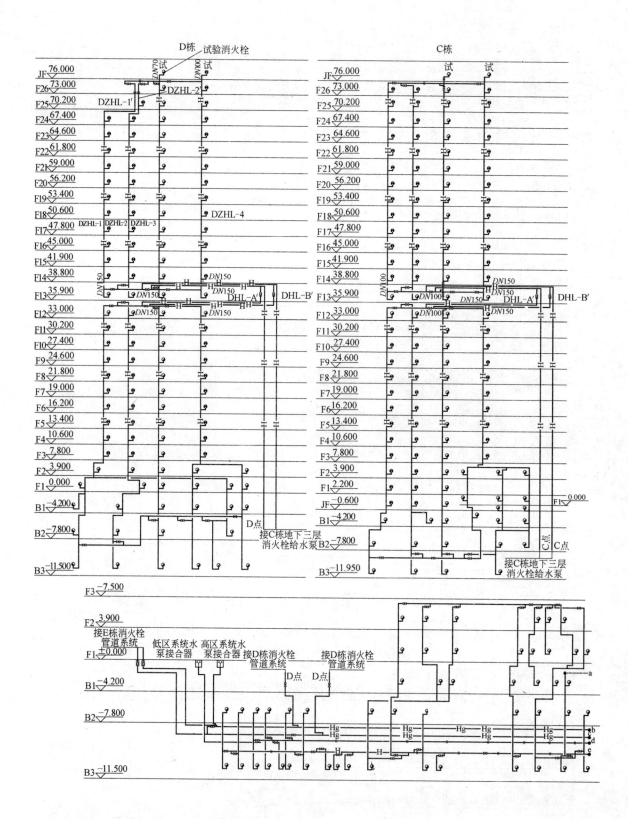

消火栓系统图

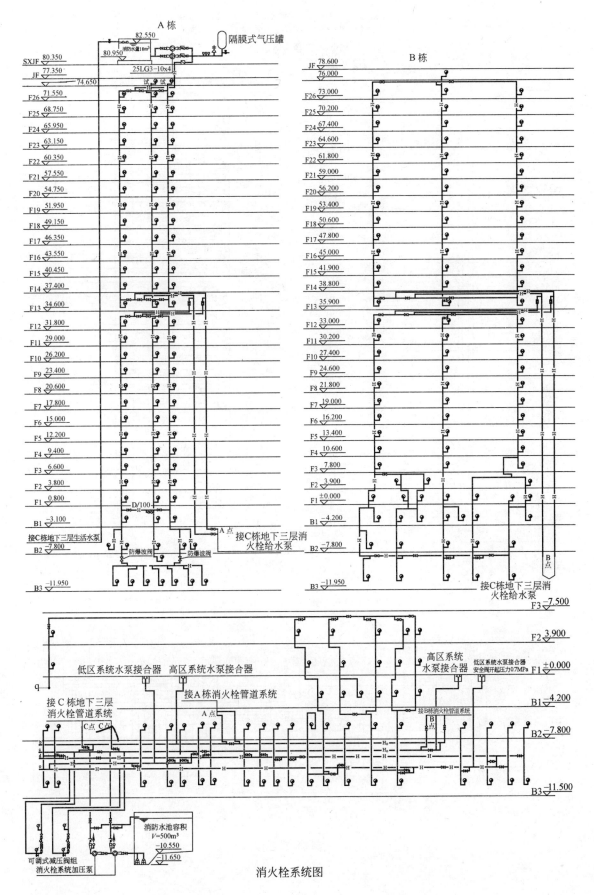

消火栓系统图

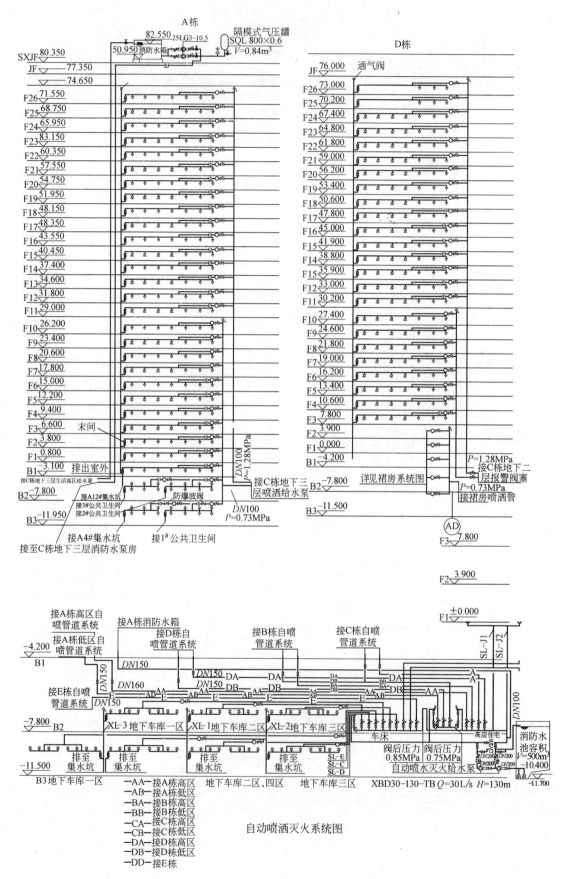

自动喷洒灭火系统图

—AA—接A栋高区
—AB—接A栋低区
—BA—接B栋高区
—BB—接B栋低区
—CA—接C栋高区
—CB—接C栋低区
—DA—接D栋高区
—DB—接D栋低区
—DD—接E栋

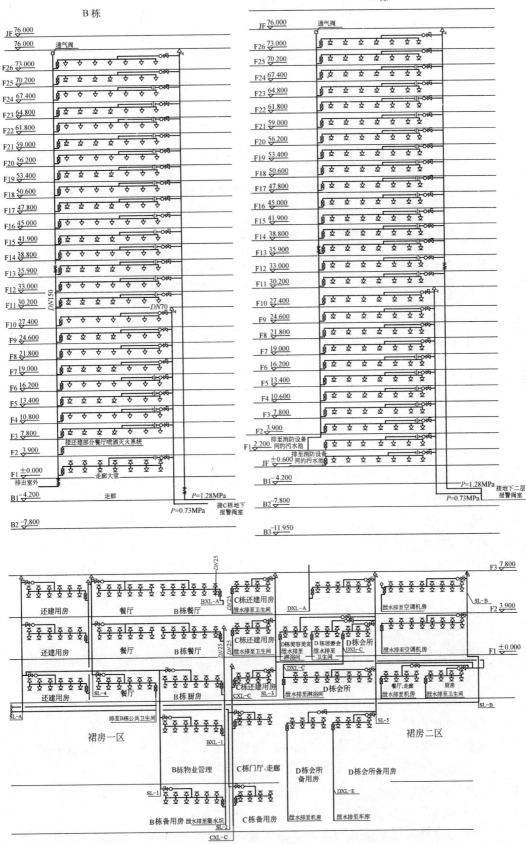

自动喷洒灭火系统图

倚 林 佳 园

袁乃荣

倚林家园由连排别墅、多层别墅、小高层住宅组成的综合居住区。位于北京市朝阳区洼里乡龙玉堂村。用地面积 10 万 m^2。建筑面积 18.810 万 m^2。1 区地上 5 层；2 区地下 1 层，地上 6.5 层；3 区地下 3 层，地上 10.5 层。

一、给水排水系统

（一）给水系统

1. 冷水用水量

见表 1。

2. 水源

采用城市自来水，分别从本工程南侧及西侧市政管道上各引入 $DN200mm$ 给水干管，在小区内连成环状管网。供水压力为 0.30MPa。

3. 生活给水系统

采用分区供水方式，1、2 区和 3 区的 1、2、3、4 号楼及 5 号楼的地下二层至地上二层由市政给水管直接供给。5 号楼三层及三层以上为由设在会所地下二层的生活调节水池及变频调速泵组组成的联合供水系统供水。

（二）热水供应

本工程设有燃气锅炉房和热交换站、24h 集中供应生活热水。热水系统采用末端支管机械循环，热水供回水干管同程布置。由于本小区面积较大，建筑物布置分散，室外热水管线较长。为保证热水供水温度，在 1、2 区和 3 区的 1~4 号楼的住宅单元内回水管上设置小循环水泵。

（三）中水系统

1. 中水处理站设于 3 区 5 号楼地下一层，日处理量为 10m^3/d，设计小时处理量为 2m^3/h。

2. 中水供水系统采用变频调速泵组供水。

3. 中水处理采用膜处理。

（四）游泳池水系统

会所设有游泳池，游泳池水采用净化循环处理，设有自动过滤消毒等设备系统，处理后的水符合游泳池设计规范中的水质要求。游泳池水加热采用快速换热器，热媒为燃气锅炉房提供的一次热水。

（五）污水废水及雨水系统

1. 卫生间污水管道接至室外污水管，污水经化粪池处理后排至市政污水管网。

2. 3 区-5 号楼卫生间废水排至中水处理站调节池作为中水源水。

给水用水量表

表 1

序号	用水名称	单位	数量	用水量标准	K值	最大日用水量(m³)	平均时用水量(m³)	最大时用水量(m³)	备注
	Ⅰ区								
1	Ⅰ区-1	人	77	400L/(人·d)	1.8	30.80	1.28	2.30	24h
2	Ⅰ区-2	人	77	400L/(人·d)	1.8	30.80	1.28	2.30	24h
3	Ⅰ区-3	人	77	400L/(人·d)	1.8	30.80	1.28	2.30	24h
4	Ⅰ区-4	人	70	400L/(人·d)	1.8	28.00	1.17	2.11	24h
5	Ⅰ区-5	人	70	400L/(人·d)	1.8	28.00	1.17	2.11	24h
6	Ⅰ区-6	人	70	400L/(人·d)	1.8	28.00	1.17	2.11	24h
7	Ⅰ区-7	人	70	400L/(人·d)	1.8	28.00	1.17	2.11	24h
8	Ⅰ区-8	人	70	400L/(人·d)	1.8	28.00	1.17	2.11	24h
9	Ⅰ区-9	人	70	400L/(人·d)	1.8	28.00	1.17	2.11	24h
10	Ⅰ区-10	人	70	400L/(人·d)	1.8	28.00	1.17	2.11	24h
11	Ⅰ区-11	人	70	400L/(人·d)	1.8	28.00	1.17	2.11	24h
12	Ⅰ区-12	人	70	400L/(人·d)	1.8	28.00	1.17	2.11	24h
13	Ⅰ区-13	人	84	400L/(人·d)	1.8	33.60	1.40	2.52	24h
14	Ⅰ区-14	人	70	400L/(人·d)	1.8	28.00	1.17	2.11	24h
15	Ⅰ区-15	人	70	400L/(人·d)	1.8	28.00	1.17	2.11	24h
16	Ⅰ区-16	人	98	400L/(人·d)	1.8	39.20	1.63	2.93	24h
17	Ⅰ区-17	人	70	400L/(人·d)	1.8	28.00	1.17	2.11	24h
18	Ⅰ区-18	人	70	400L/(人·d)	1.8	28.00	1.17	2.11	24h
19	小计					529.20	22.08	39.78	
	Ⅱ区								
1	Ⅱ区	人	182	400L/(人·d)	1.8	72.80	3.03	5.45	24h
2	商店顾客	人次	2000	3L/(人·次)	2.0	6.00	0.60	1.20	10h
3	商店服务员	人	100	60L/(人·d)	2.0	6.00	0.60	1.20	10h
4	冲洗车库地面	m²	4000.00	2L/(m²·次)	2.0	8.00	4.00	4.00	2h
5	小计					92.80	8.23	11.85	
	Ⅲ区								
1	幼儿园	人	30×6=180	100L/(人·d)	2.0	18.00	0.75	1.50	24h
	会所职工	人	200	60L/(人·d)	2.0	12.00	1.20	2.40	10h
	游客淋浴	人	50	60L/(人·d)	2.0	3.00	0.30	0.60	10h
	餐厅	人	600	20L/(人·次)	1.5	12.00	1.20	1.80	10h
2	游泳池补水		15×10×2=300m²	容积的10%		30.00	3.00	3.00	10h
3	锅炉房补水				2.0	150.00	15.00	15.00	10h
4	学校	人	45×12=540	50L/(人·次)	2.0	27.00	2.70	5.40	10h
5	Ⅱ区-1A	人	63×3.5=220.5	400L/(人·d)	1.8	88.20	3.68	6.62	24h
6	Ⅱ区-1B	人	63×3.5=220.5	400L/(人·d)	1.8	88.20	3.68	6.62	24h
7	Ⅱ区-1C	人	63×3.5=220.5	400L/(人·d)	1.8	88.20	3.68	6.62	24h
8	Ⅱ区-1D	人	57×3.5=199.5	400L/(人·d)	1.8	79.80	3.33	5.99	24h
9	Ⅱ区-2	人	66×3.5=231	400L/(人·d)	1.8	92.40	3.85	6.93	24h
10	Ⅱ区-3	人	66×3.5=231	400L/(人·d)	1.8	92.40	3.85	6.93	24h
11	Ⅱ区-4	人	66×3.5=231	400L/(人·d)	1.8	92.40	3.85	6.93	24h
12	商场顾客	人	7500	3L/(人·次)	2.0	22.50	2.25	4.50	10h
13	商场职工	人	500	60L/(人·d)	2.0	30.00	3.00	6.00	10h
	小计					926.10	55.32	86.84	
	合计					1548.01	85.63	138.47	
	未预计15%					232.20	12.85	20.77	
	总计					1780.21	98.48	159.24	
	室外								
1	绿化用水	m²	31604	2L/(m²·次)	2次	126.42	31.61	31.61	每次2h
2	浇洒道路用水	m²	37396	1L/(m²·次)	2次	74.80	18.70	18.70	每次2h
3	合计					201.22	50.31	50.31	
	室外+室内					1981.43	148.79	209.55	

3. 屋面雨水采用内落水雨水系统，室外采用雨水口汇集排至市政雨水管网。

二、消防设计

（一）消火栓系统

2区、3区-5号楼及会所设有室内消火栓系统。

1. 室外消火栓用水量：20L/s　　火灾延续时间：2h。

2. 室内消火栓用水量：20L/s　　火灾延续时间：2h。

3. 会所地下二层消防泵房内设有一座容积为260m³消防贮水池、贮存2h消火栓用水量及1小时自动喷水灭火用水量。消火栓加压泵二台［一备一用，轮流启动］，与设在3区-5号楼顶层18m³消防高位水箱及增压泵和气压罐组成消火栓供水系统，供小区室内消火栓灭火系统用水。消火栓泵设自动巡检装置。

4. 设有两个室外地下式消火栓水泵接合器。

5. 消火栓管道采用焊接钢管，焊接。

（二）自动喷水灭火系统

2区、3区-5号楼地下车库、3区-5号楼一～二层群房及会所设有自动喷水灭火系统。

1. 地下停车库自动喷水灭火系统按中危险级Ⅱ级考虑，设喷水强度8L/(min·m²)，作用面积160m²，设计灭火用水量为28L/s。

2. 会所自动喷水灭火系统按中危险级Ⅰ级考虑，设喷水强度6L/(min·m²)，作用面积160m²，设计灭火用水量为21L/s。火灾延续时间：1h。

3. 地下车库采用干式自动喷水灭火系统，会所采用湿式自动喷水灭火系统。

4. 会所地下二层消防泵房内设有两台自动喷水灭火加压泵轮换启动，互为备用，一台发生故障，另一台立即启动。

5. 自动喷水泵设自动巡检装置。

给水管道系统

587

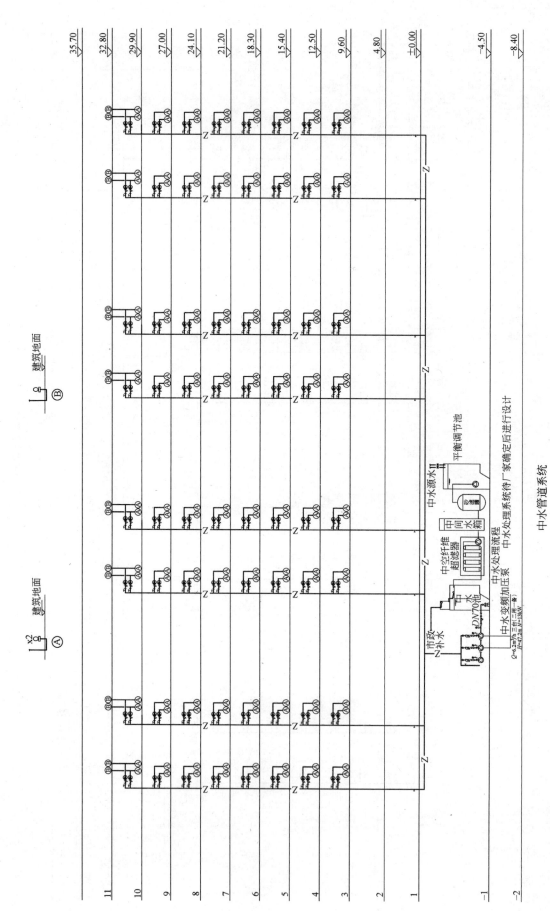

中水管道系统

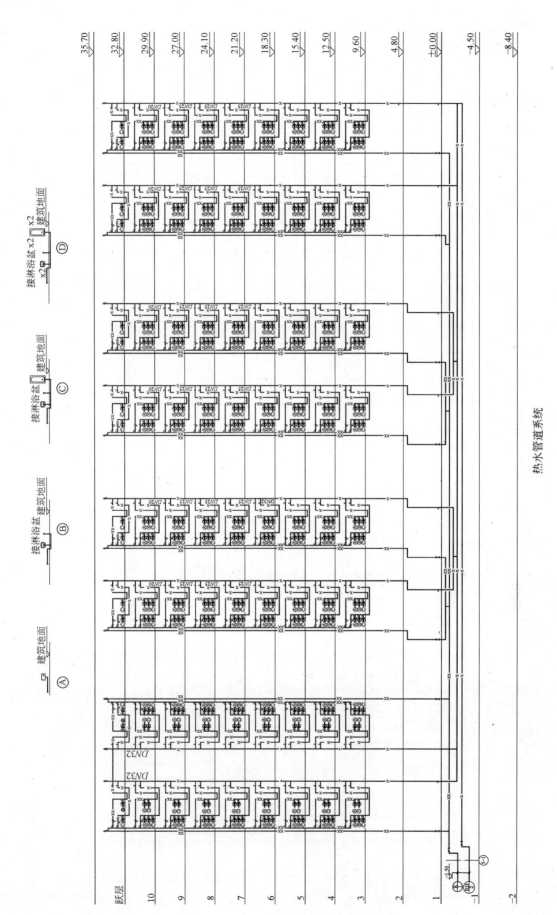

热水管道系统

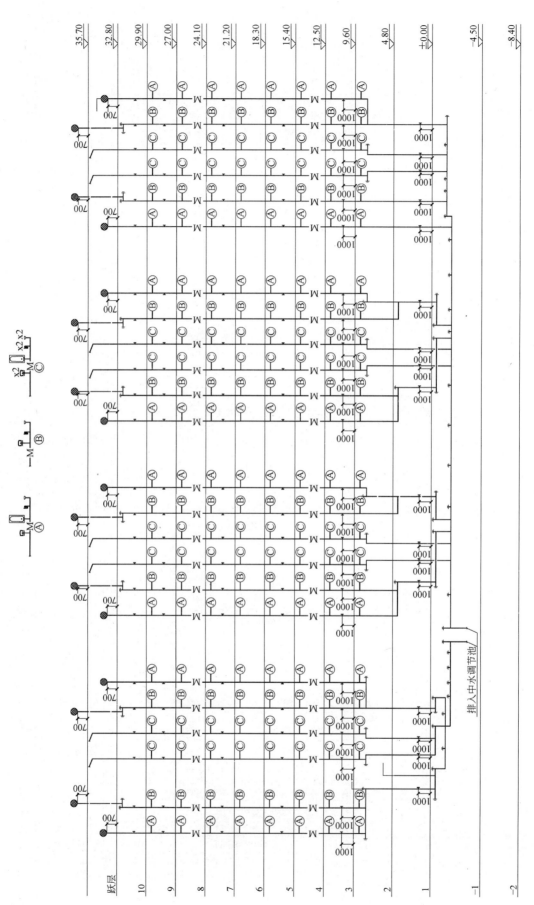

中水原水管道系统

排水立管检查口安装高度距地 1.1 m

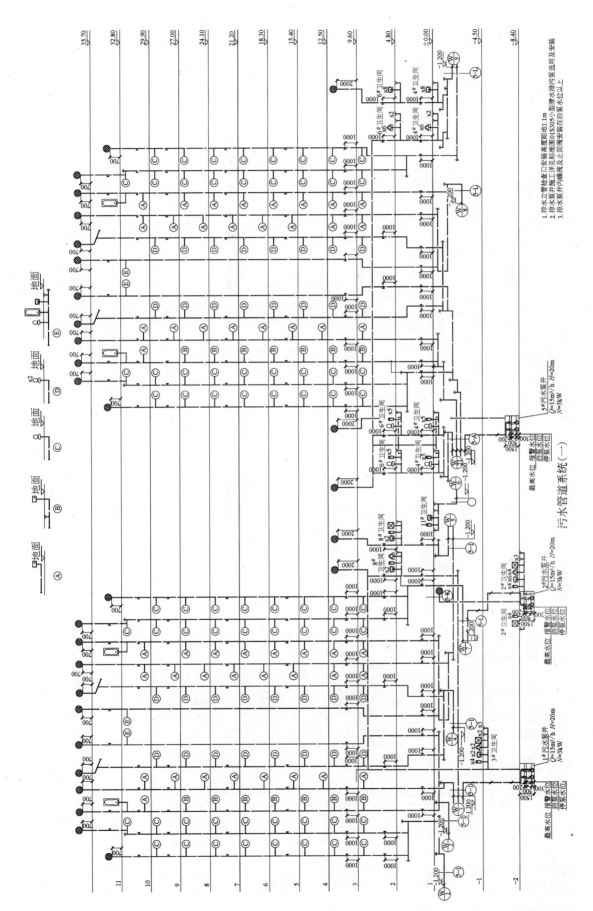

污水管道系统（一）

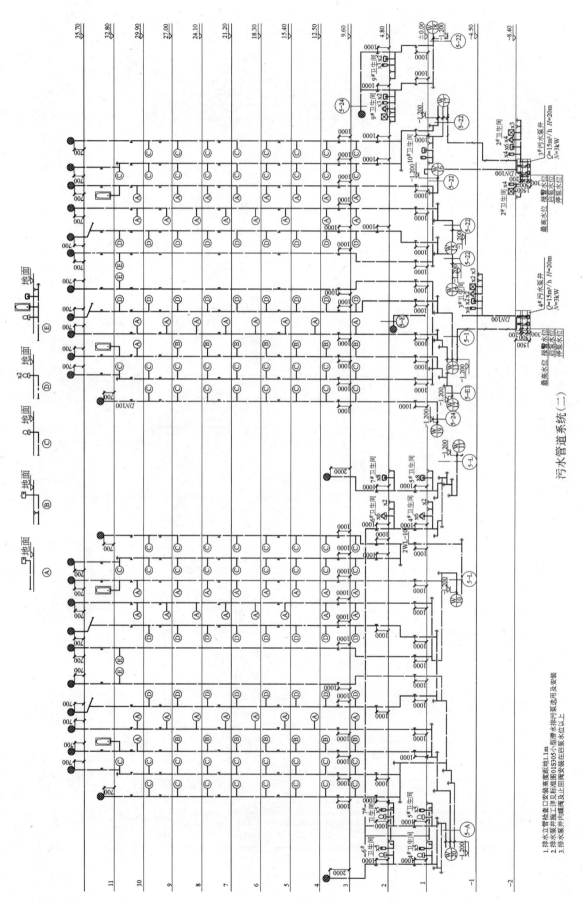

污水管道系统(二)

1.排水立管检查口安装高度距地1.1m
2.排水泵井施工详见标准图01S305小型潜水排污泵选用及安装
3.排水泵井内蝶阀及止回阀安装在启泵水位以上

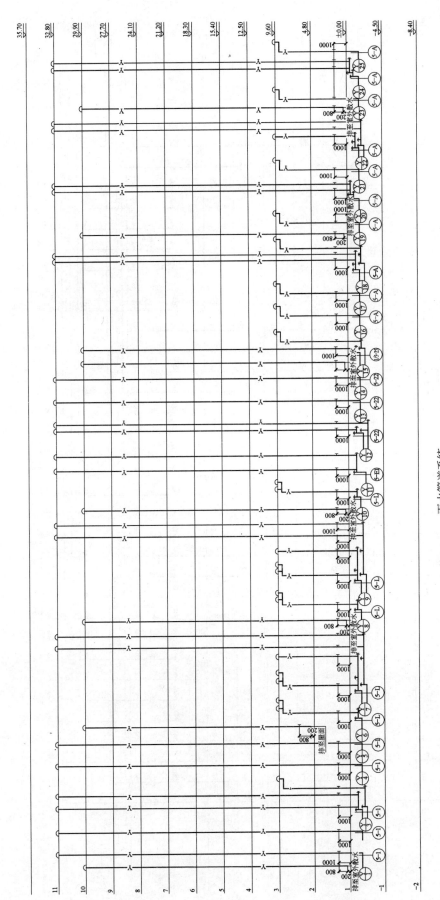

雨水管道系统

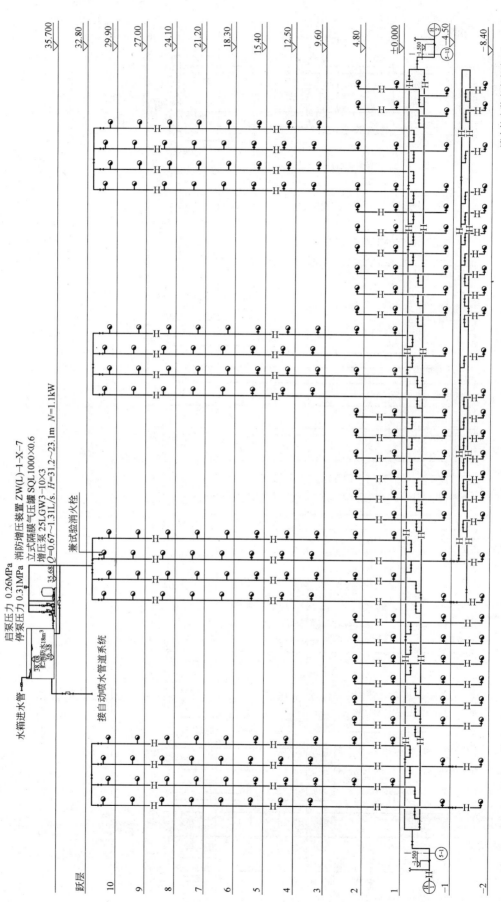

消火栓管道系统

消火栓安装高度离地 1.1m
六层以下采用减压稳压消火栓

水箱进水管

接自动喷水管道系统

启泵压力 0.26MPa
停泵压力 0.31MPa
消防增压装置 ZW(L)-1-X-7
立式隔膜气压罐 SQL1000×0.6
增压泵 25LGW3-10×3
Q=0.67~1.31L/s，H=31.2~23.1m N=1.1kW

兼试验消火栓

594

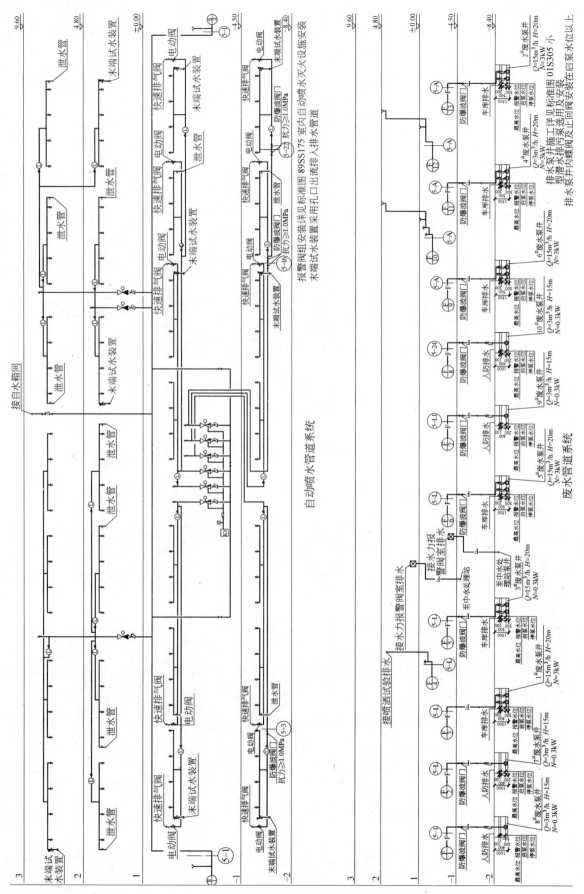

自动喷水管道系统

废水管道系统

595

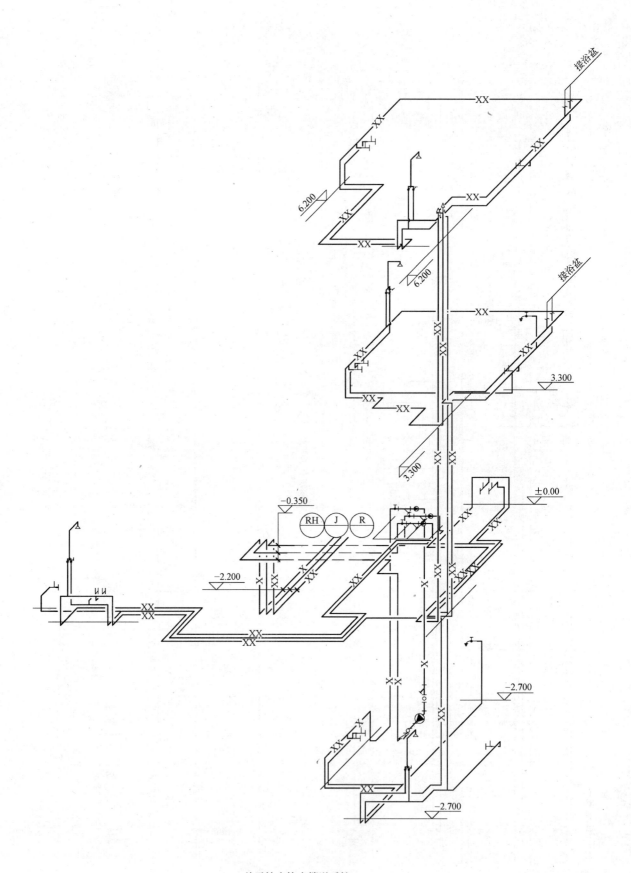

接冷盆

接冷盆

6.200

6.200

3.300

3.300

±0.00

−0.350

RH   J   R

−2.200

−2.700

−2.700

单元给水热水管道系统

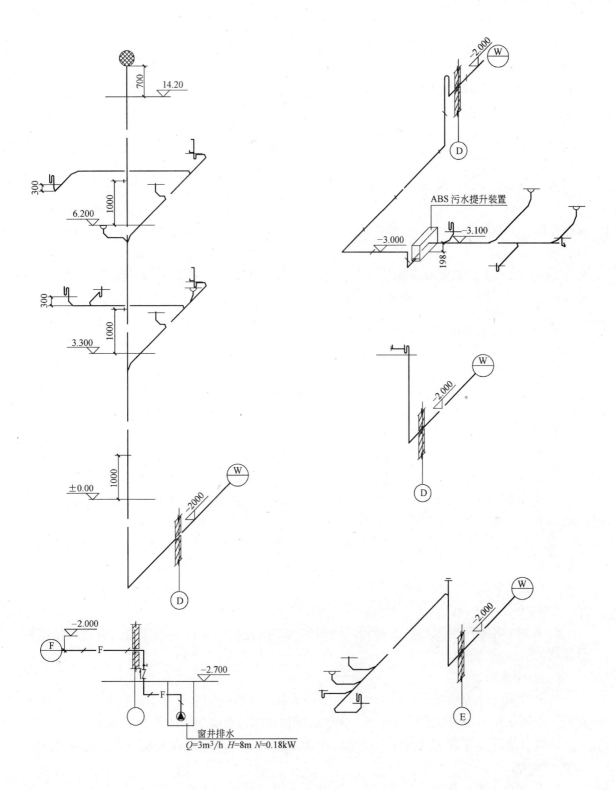

14.20

700

300

6.200

1000

300

3.300

1000

±0.00

1000

−2.000

D

W

−2.000

W

ABS 污水提升装置

−3.000

−3.100

198

D

−2.000

D

W

−2.000

F

F

−2.000

−2.700

F

窗井排水
$Q=3m^3/h$ $H=8m$ $N=0.18kW$

W

−2.000

E

单元排水管道系统

北京青年城小区二、三期工程

黎 松 匡 杰 李万华 朱新燕

本工程为北京青年城小区二三期工程，项目位于朝阳区来广营。二期工程包括 9 号、10 号、11 号、12 号、13 号、18 号、19 号、20 号、21 号、22 号住宅楼，14 号、15 号、16 号、17 号商住楼，2 号地下车库及小区设备用房（消防泵房、水泵房）；其中 9 号、10 号、11 号、13 号、18 号、19 号、20 号、21 号、22 号楼均为 6 层，12 号楼为地下 2 层、地上 10 层，14 号、15 号、16 号、17 号均为地下 2 层、地上 11 层。三期工程包括 23 号、24 号、25 号商住楼，均为地下 1 层、地上 12 层。二三期总建筑面积 13.45 万 m²，总户数 876 户。

一、给水排水系统

（一）给水系统

1. 本工程生活给水采用城市自来水作为供水水源，城市自来水供水压力为 0.28MPa。从市政管网分别引入一根 DN100mm 和一根 DN200mm 的管道，在小区内形成环状管网为小区供水，环状管网的管径为 DN200mm。

2. 生活用水量：住宅用水量标准 120L/（人·d），商业用水量标准 1.65L/（m²·d），二三期工程的总生活用水量 374.68m³/d。

3. 本系统竖向分两个区，六层及六层以下低区直接利用城市自来水压力供水；七层及七层以上，为高区由设于辅助用房内的生活给水变频泵组供水。

4. 汽车库、物业用房、商业用房用水与住宅用水分开计量。住宅用水除各户户表外，另设单元表，每块单元表负责 15~20 户的总用水量计量。低区单元表均设于建筑物外阀门井内，高区单元表设于建筑物内水表间。

5. 住宅各户在厨房设燃气热水器为户内提供生活热水。

6. 管材：给水干管采用衬塑钢管，丝扣和沟槽式连接，支管采用铝塑复合管，挤压夹紧连接。

（二）中水系统

1. 本工程中水系统采用市政中水作为中水水源。从市政中水干管引一根 DN150 的中水管进入小区，在小区内形成环状管网，为小区提供中水。市政供水压力为 0.30MPa。

2. 本工程中水系统主要为卫生间大、小便器冲洗、汽车库地面冲洗，小区道路浇洒以及小区绿化供水。

3. 中水用水量：住宅用水量标准 30L/（人·d），商业用水量标准 3.35L/（m²·d），汽车库用水量标准 2L/（m²·次）。二三期工程的总中水用水量 79.97m³/d。

4. 本系统竖向分两个区，六层及六层以下为低区直接利用城市中水水压力供水；七层及七层以上为高区由设于辅助用房内的中水给水变频泵组供水。

5. 汽车库、物业用房、商业用房用水与住宅用水分开计量。住宅用水各户设户表外，另设单元表，每块单元表负责 15～20 户的总用水量计量。低区单元表均设于建筑物外阀门井内，高区单元表设于建筑物内水表间。

6. 管材：中水干管采用衬塑钢管，丝扣和沟槽式连接，支管采用铝塑复合管，挤压夹紧连接。

（三）排水系统

1. 本工程污废水排放系统采用合流排放方式。小区污废水经管道收集排至化粪池，经化粪池初步处理后排至市政污水管道。

2. 本工程地上部分污废水为重力流排放；地下部分污废水经管道收集重力流排至集水坑后再由潜水排污泵提升排放。

3. 本工程排水系统均采用单立管伸顶通气，首层单排的排水系统。

4. 住宅户内卫生间排水采用沉箱式排水方式，卫生间内降板 350mm，本层排水管道均敷设于建筑垫层内；卫生间地漏采用多通道防反溢地漏。住宅厨房洗涤盆排水均设于本层地面以上，厨房内不设地漏。

5. 管材：排水管道均采用 UPVC 排水塑料管，粘结连接。

二、消防系统

本工程以城市自来水作为消防用水水源。在小区室外环状管网上设地下式室外消火栓。

（一）消火栓给水系统

1. 本工程七层及七层以下住宅楼不设消火栓给水系统，超过七层的住宅楼和超过六层的商住楼均设消火栓给水系统。

2. 室内消防水量 20L/s，室外消防水量 20L/s；火灾延续时间 2h。

3. 消火栓给水系统采用临时高压给水系统，在小区设备用房内设消防贮水池（有效容积 252m³，与自动喷水灭火系统合用）、消火栓给水系统加压泵为消火栓给水系统供水。在小区最高建筑物 23 号楼设高位水箱（有效容积 18m³，与自动喷水灭火系统合用），在小区设备用房设消火栓给水系统增压稳压设备，以满足火灾初期用水。

4. 消火栓给水系统在小区室外消火栓管道上设水泵接合器。

5. 消火栓给水系统管道采用内外热浸镀锌钢管，丝扣和沟槽连接。

（二）自动喷水灭火系统

1. 本工程汽车库、商住楼的商业用房、住宅楼地下室的人员掩蔽用房内设自动喷水灭火系统。

2. 汽车库按中危险级 Ⅱ 级设计，商业用房和人员掩蔽用房按中危险级 Ⅰ 级设计。自动喷水灭火系统用水量 30L/s，火灾延续时间 1h。

3. 自动喷水灭火系统采用临时高压给水系统，在小区设备用房内设消防贮水池（有效容积 252m³，与消火栓系统合用）、自动喷水灭火系统加压泵为自动喷水灭火系统供水。在小区最高建筑物 23 号楼设高位水箱（有效容积 18m³，与消火栓系统合用）以满足火灾初期用水。

4. 汽车库内采用干式自动喷水灭火系统，其它部位均采用湿式自动喷水灭火系统。

5. 自动喷水灭火系统在小区室外自动喷水灭火系统道上设水泵接合器。

6. 自动喷水灭火系统管道采用内外热浸镀锌钢管，丝扣和沟槽连接。

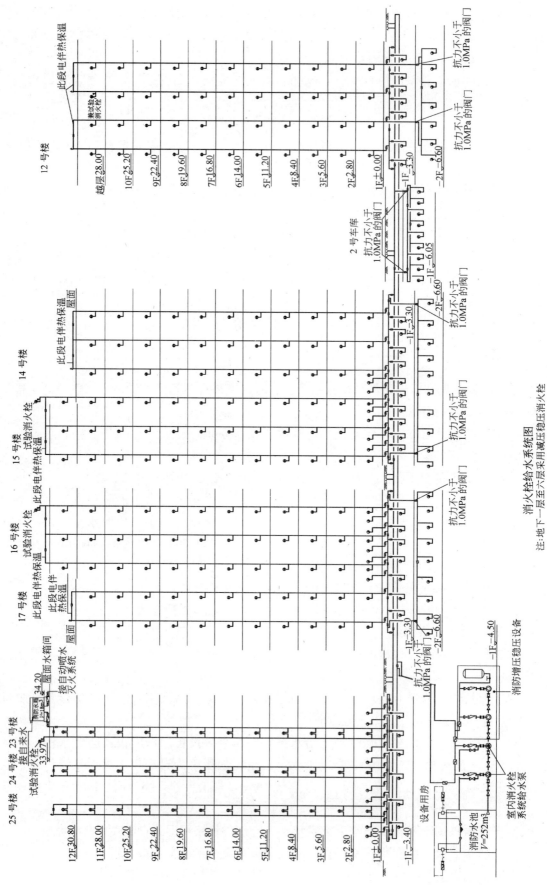

消火栓给水系统图

注:地下一层至六层采用减压稳压消火栓

600

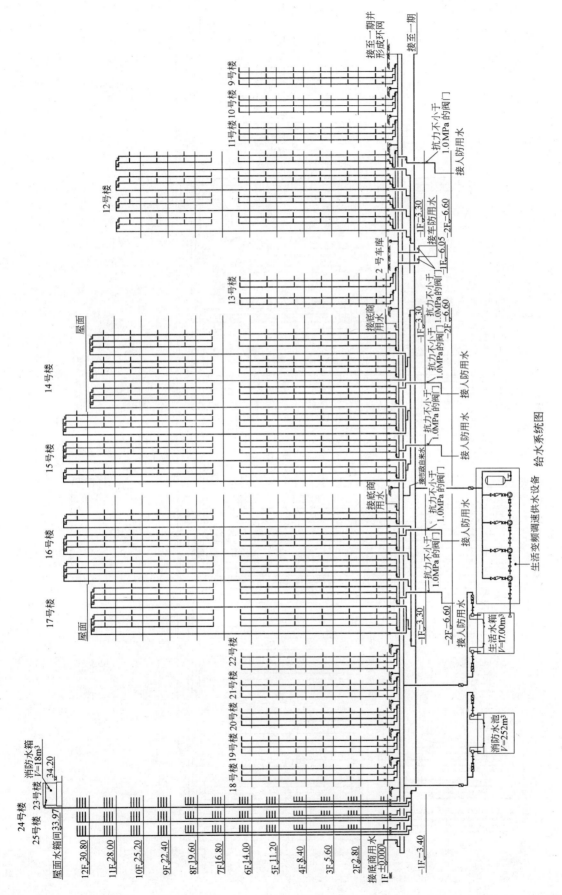

给水系统图

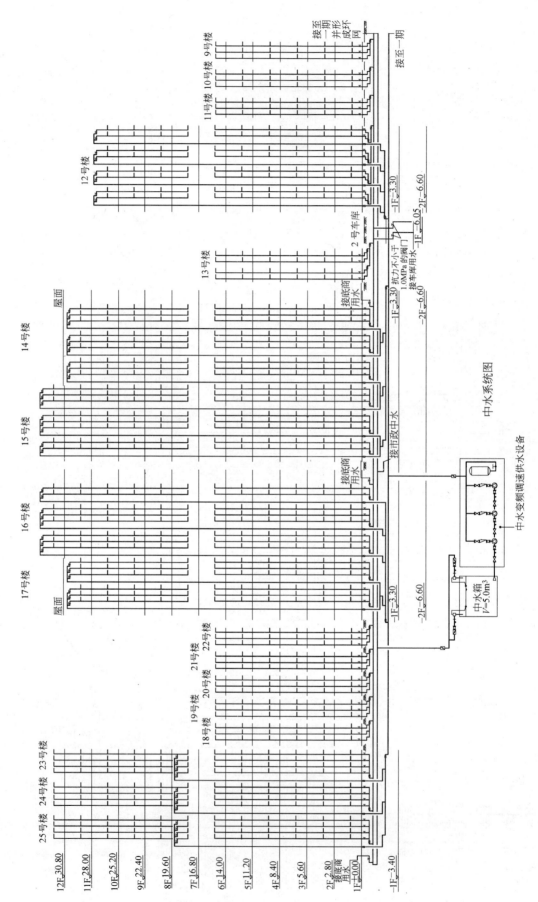

中水系统图

602

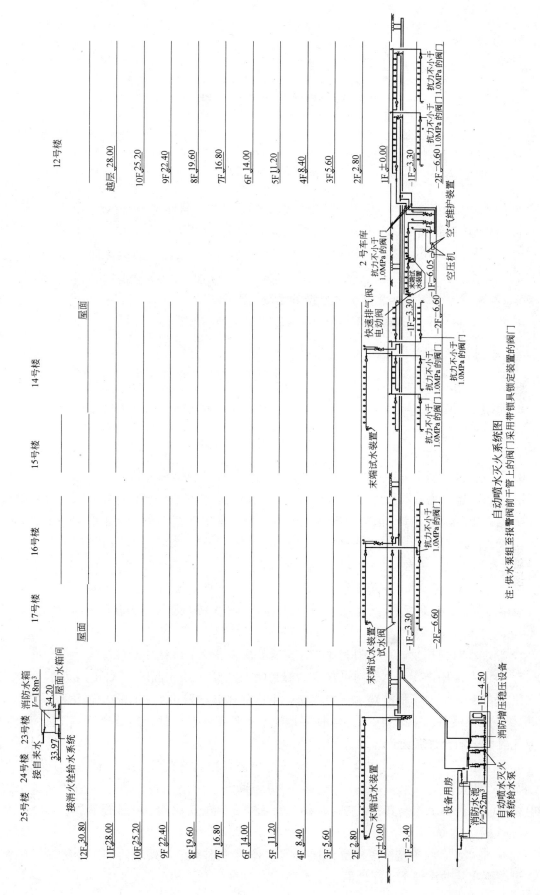

自动喷水灭火系统图

注：供水泵组至报警阀前干管上的阀门采用带锁具锁定装置的阀门

北京中海凯旋

梁万军　师前进

本项目位于北京市西城区，为一"现代法式"风格的居住建筑小区。工程总占地面积 2.17hm²，总建筑面积 10.17 万 m²。住宅建筑层数 8.5 层，地上 8.5 层，地下 3 层。小区分为 1#楼、2#楼、3#楼、4#楼、5#楼及地下车库（车库地下三层为六级人防），共 6 个子项。1 号楼建筑面积：15480.7m²；建筑层数：地下 3 层，地上 8 层，顶层跃层，建筑高度 24.0m。本文主要介绍小区总体及 1 号楼的系统设计。

本小区 2002 年 10 月完成设计，2004 年初竣工，业主已入住。

一、给水排水系统

（一）生活给水系统

1. 水源：本小区供水水源为市政自来水，由不同方向市政给水管引入两根 DN150 的给水管道作为本工程给水水源，并在室外形成环状管网。

2. 生活用水量表：详见附表 1。

3. 系统分区：竖向分高、低两区。均采用下行上给式的供水方式供水。低区：三层及其以下层，全部由市政压力供水。高区：四层～八层跃层，全部由变频调速恒压供水设备供水。

4. 给水加压设备：本小区集中在地下汽车库内设置生活调节水箱及水泵房，生活调节水箱容积为 110.0m³，采用玻璃钢材质。高区变频调速恒压供水设备 YLD-BP-S-50/70-0.3-4L 加压泵组由四台主泵，一台小泵（型号 40DL6-12X5），一台小气压罐、变频器及控制部分组成。四台主泵为三用一备（型号 65DL30-16X3），一台变频、两台工频运行。晚间小流量时由小泵带气压罐运行；变频泵组的运行由设在供水干管上的压力传感器及压力开关控制。

（二）生活热水系统

1. 热水小时耗热量，详见附表 4"生活热水系统设计小时耗热量计算"。

2. 热源：采用城市热力管网供应的高温热水为热媒，供水温度 95℃，回水温度 70℃。

3. 系统分区：为了使冷热水压力均衡，生活热水分区及供水方式同生活给水系统。

4. 热交换设备：小区集中在 1#住宅楼地下室设置热交换站。热交换站的设计由甲方另行委托热力公司设计院设计。

5. 热水系统采用 24h 机械全循环系统，本小区各单体建筑高区、低区及会所低区各设置一组热水循环水泵（型号 SLR15-80 型），每组两台，一用一备，由设在循环泵进水管上的电接点温度计自动控制其开、停。单体及小区热水系统均采用同程式设置。

（三）中水系统

1. 中水水源：收集洗浴废水等优质杂排水作为中水水源，处理后回用于冲厕、浇洒绿化、道路洒水及冲洗地下车库地面。中水回用水量表、水量平衡详见附表 3。

生活用水量表

区号	序号	用水部位	用水量标准（L/(人·d)）	使用数量		小时变化系数	用水时间(h)	用水量(m³)			备注
				户数(m²)	人数			最高日	平均时	最高时	
高区	1	1#住宅	200	55	192.5	2.19	24	38.50	1.60	3.52	4层~8.5层
	2	2#住宅	200	30	105	2.19	24	21.00	0.88	1.92	
	3	3#住宅	200	40	140	2.19	24	28.00	1.17	2.56	
	4	4#住宅	200	80	280	2.19	24	56.00	2.33	5.12	
	5	5#住宅	200	40	140	2.19	24	28.00	1.17	2.56	
	6	写字楼	16	21780.0	2178	2.17	8	34.85	4.36	9.44	4层以上
		高区小计						206.35	11.50	25.10	
低区	1	1#住宅	200	28	98	2.19	24	19.60	0.82	1.79	3B层~3层
	2	2#住宅	200	17	59.5	2.19	24	11.90	0.50	1.09	
	3	3#住宅	200	21	73.5	2.19	24	14.70	0.61	1.34	
	4	4#住宅	200	34	119	2.19	24	23.80	0.99	2.17	
	5	5#住宅	200	21	73.5	2.19	24	14.70	0.61	1.34	
	6	写字楼	16	6600.0	660	2.33	8	10.56	1.32	3.08	
		总量						301.61	16.35	35.92	
		未预见水量	总量×10%					30.16	1.64	3.59	
		冷却塔补水	2%	720m³/h			10	144.00	14.40	14.40	
		合计						475.77	32.39	53.91	
	1	室外消火栓	20L/s				2	144.00	72.00	72.00	
	2	室内消火栓	20L/s				2	144.00	72.00	72.00	二期写字楼
	3	自动喷洒	30L/s				1	108.00	108.00	108.00	
	4	生活供水时						475.77	32.39	53.91	
	5	消防供水时						871.77	284.39	305.91	

污水排水量表

区号	序号	用水部位	用水量标准[L/(人·d)]	使用数量		小时变化系数	用水时间(h)	用水量(m³)			备注
				户数(m²)	人数			最高日	平均时	最高时	
高区	1	住宅	130	343	1201	2.19	24	156.07	6.50	14.26	2层以上
	2	住宅	250	37	129.5	2.19	24	32.38	1.35	2.96	首层
	3	写字楼	40	2200	220	2.33	8	8.80	1.10	2.57	3B层~首层
	4	写字楼	24	24200	2420	2.33	8	58.08	7.26	16.94	2层以上
	5	用水量合计						255.32	16.21	36.72	
			排水量标准					排水量(m³)			备注
								最高日	平均时	最高时	
	6	排水量合计	95%					242.55	15.40	34.88	3B层以上

1. 废水排水量表

区号	序号	用水部位	用水量标准 [L/(人·d)]	使用数量		小时变化系数	用水时间(h)	用水量(m³)			备注
				户数(m²)	人数			最高日	平均时	最高时	
	1	住宅	120	343	1200.5	2.19	24	144.06	6.00	13.16	2层以上
	2	写字楼	16	24200	2420	2.33	8	38.72	4.84	11.29	2层以上

区号	序号	排水部位	排水量标准	户数	人数	小时变化系数	用水时间(h)	收集废水量(m³)			备注
								最高日	平均时	最高时	
	1	住宅	90%					129.65	5.40	11.84	2层以上
	2	写字楼	90%					34.85	4.36	10.16	2层以上
		实际废水总量						164.50	9.76	22.01	

2. 中水用水量表

区号	序号	用水部位	用水量标准 [L/(人·d)]	使用数量		小时变化系数	用水时间(h)	用水量(m³)			备注
				户数(m²)	人数			最高日	平均时	最高时	
高区	1	1#住宅	50	55	192.5	2.19	24	9.63	0.40	0.88	
	2	2#住宅	50	30	105	2.19	24	5.25	0.22	0.48	
	3	3#住宅	50	40	140	2.19	24	7.00	0.29	0.64	4层~8.5层
	4	4#住宅	50	80	280	2.19	24	14.00	0.58	1.28	
	5	5#住宅	50	40	140	2.19	24	7.00	0.29	0.64	
	6	写字楼	24	21780	2178	2.33	8	52.27	6.53	15.25	4层以上
低区	1	1#住宅	50	28	98	2.19	24	4.90	0.20	0.45	
	2	2#住宅	50	17	59.5	2.19	24	2.98	0.12	0.27	
	3	3#住宅	50	21	73.5	2.19	24	3.68	0.15	0.34	3B层~3层
	4	4#住宅	50	34	119	2.19	24	5.95	0.25	0.54	
	5	5#住宅	50	21	73.5	2.19	24	3.68	0.15	0.34	
	6	写字楼	24	6600	660	2.33	8	15.84	1.98	4.62	
其他	1	绿化	1.5	7400			4	22.2	5.55	5.55	
	2	道路及车库	0.5	53000			2	26.5	13.25	13.25	
平衡	1	中水用量合计						180.86	29.98	44.52	
	2	中水产水量						148.05			
	3	所需差额						32.81			自来水补充

2. 系统分区：竖向共分高、低两区。均采用下行上给式的供水方式供水。低区：三层及其以下各层。高区：四层至八层跃层。

3. 中水加压设备：高低区共设一套变频调速恒压供水设备供水；小区中水加压管道入楼后分出一路设置减压阀，减压后供低区中水。

4. 中水处理工艺流程

中水原水→自动格栅→预曝气调节池（混凝剂）→毛发过滤器→废水提升泵→生物接触氧化（水下曝气）→沉淀池→中间水池（混凝剂）→提升泵→砂过滤器→管道混合器→中水贮水池（消毒剂）→中水供水加压泵→中水回用水

（四）排水系统

住宅编号	分区	户数	人数	K_h	日用热水量 (L/d)	平均时热水量 (L/h)	设计小时热水量 (L/h)	小时耗热量 (kW)
1#	高区(4-8)	55	193	4.18	15400	641.67	2685	160
	低区(1-3)	28	98	5.12	7840	326.67	1673	100
2#	高区(4-8)	30	105	5.06	8400	350.00	1770	105
	低区(1-3)	17	60	5.12	4760	198.33	1015	60
3#	高区(4-8)	40	140	4.62	11200	466.67	2154	128
	低区(1-3)	21	74	5.12	5880	245.00	1254	75
4#	高区(4-8)	80	280	3.77	22400	933.33	3521	209
	低区(1-3)	34	119	4.88	9520	396.67	1936	115
5#	高区(4-8)	40	140	4.62	11200	466.67	2154	128
	低区(1-3)	21	74	5.12	5880	245.00	1254	75
小计	高区	245	858	2.98	68600	2858.33	8517	507
	低区	121	424	3.44	33880	1411.67	4857	289

注：生活热水给水温度55℃，冷水计算温度：4℃。

采用污、废分流，首层排水单独排放，单立管伸顶通气。排水量计算详见附表2。

（五）雨水系统

1. 暴雨强度设计重现期：小区室外场地 $P=2a$，屋面雨水 $P=3a$

2. 屋面雨水采用外排水系统，雨水由建筑专业统一设置管道，经收集后散流至室外地面，雨水一部分通过绿地渗水补充地下水，一部分由管道组织排放。

二、消防系统

（一）消火栓系统

1. 本小区住宅楼室内消火栓用水量15L/s，室外消火栓用水量为20L/s，火灾延续时间按2h计。

2. 室内消火栓系统竖向不分区，采用微机控制消防专用供水设备供水，设XBD20-70型加压水泵两台，一用一备。为使消火栓栓口压力不大于500kPa且使各层出水量接近均衡，地下一层至四层所有消火栓均采用带减压稳压装置的消火栓。

3. 小区集中在地下车库设置消防贮水池及水泵房。消防贮水池有效容积252m³，其中储存室内消火栓系统用水144m³，自动喷水灭火系统用水108m³。1#住宅楼屋顶设置18m³的消防专用水箱。

4. 在室外设两套SQX100-A型地下式消防水泵接合器。

（二）自动喷水灭火系统

1. 本小区会所以及地下汽车库中除配电室、设备用房以及卫生间外均设自动喷水灭火系统保护。采暖区采用湿式自动喷水灭火系统（会所），非采暖区采用自动喷水灭火预作用系统（地下汽车库）。

2. 本系统按地下汽车库中危险级Ⅱ级设计，系统设计秒流量26.6L/s；设计火灾延续时间1h，消防水池储存本系统用水量108m³。

3. 本系统竖向不作分区，与消火栓系统共用高位水箱。

4. 本系统采用微机控制消防专用供水设备，设 XBD30-90 型加压水泵两台，一用一备，设一套气压给水稳压设备（考虑二期公建需要）保持管网工作压力及初期用水量，其中包括 LDW3.6-8X14 型增压水泵两台，一用一备。ϕ1200mm 气压罐一台。

5. 喷头选用：喷头除地下停车库、非采暖区及无吊顶的走廊采用易熔合金直立型喷头外，其余采用下垂型玻璃球喷头。装修标准高的房间及走道等用吊顶型喷头。喷头温级为：预作用系统喷头 72℃，其余部位 68℃。

6. 报警阀设置于 3# 楼地下一层，预作用系统设置 4 组报警阀，湿式系统设置 1 组报警阀。

7. 本系统在室外设两套地下式消防水泵接合器供系统补水用。

三、管材选用

1. 给水、中水系统：立管及其干管采用衬塑复合钢管，给水支管采用 PP-R 聚丙烯管。

2. 热水系统：热水、回水立管及其干管采用热水用衬塑复合钢管，热水支管采用热水用 PP-R 聚丙烯管。

3. 消火栓系统管道采用焊接钢管；自动喷水灭火系统采用热浸镀锌钢管。

4. 污水、废水排水系统：排水立管、出户管均采用机制柔性接口的排水铸铁管，污水、废水排水横支管采用排水 UPVC 塑料管，通气支管采用排水 UPVC 塑料管。

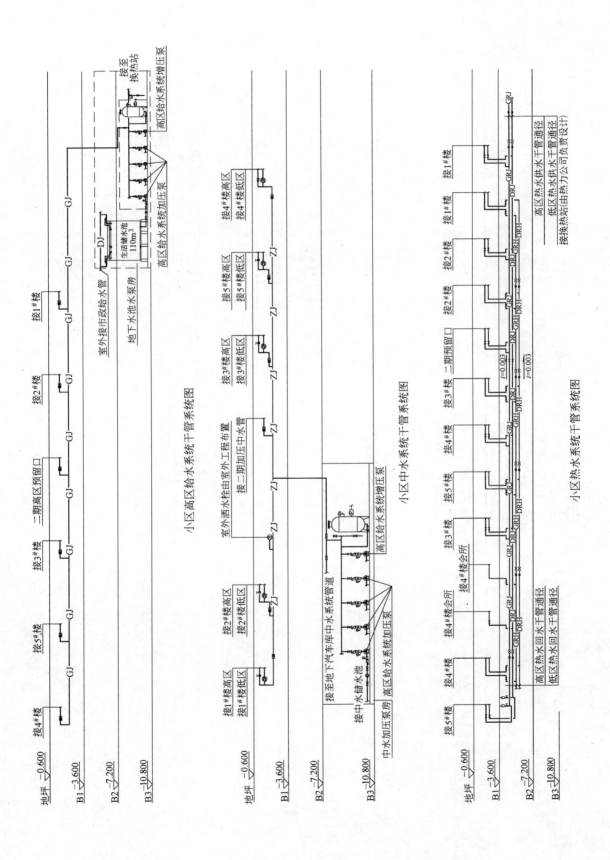

小区高区给水系统干管系统图

小区中水系统干管系统图

小区热水系统干管系统图

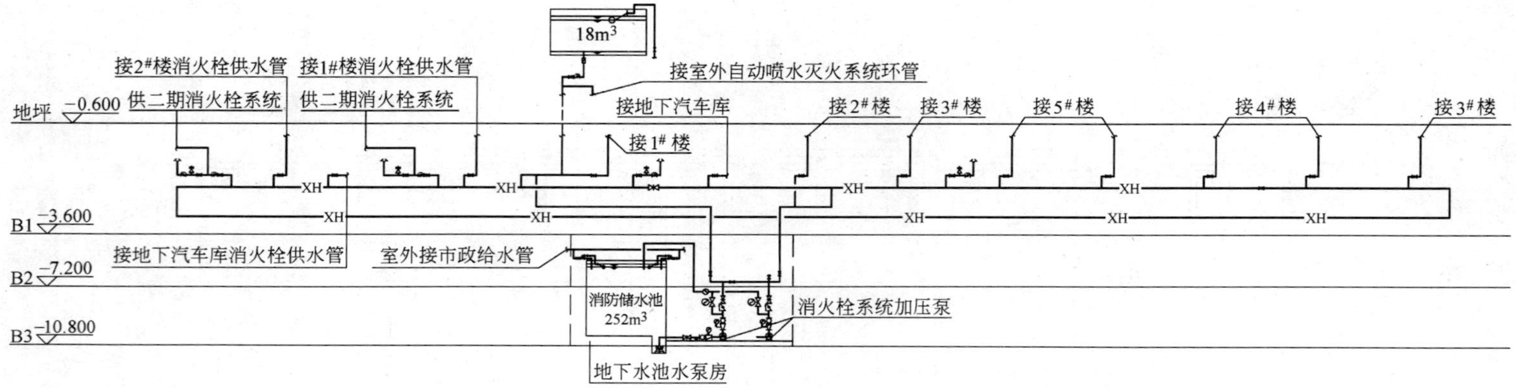

小区消火栓系统干管系统图

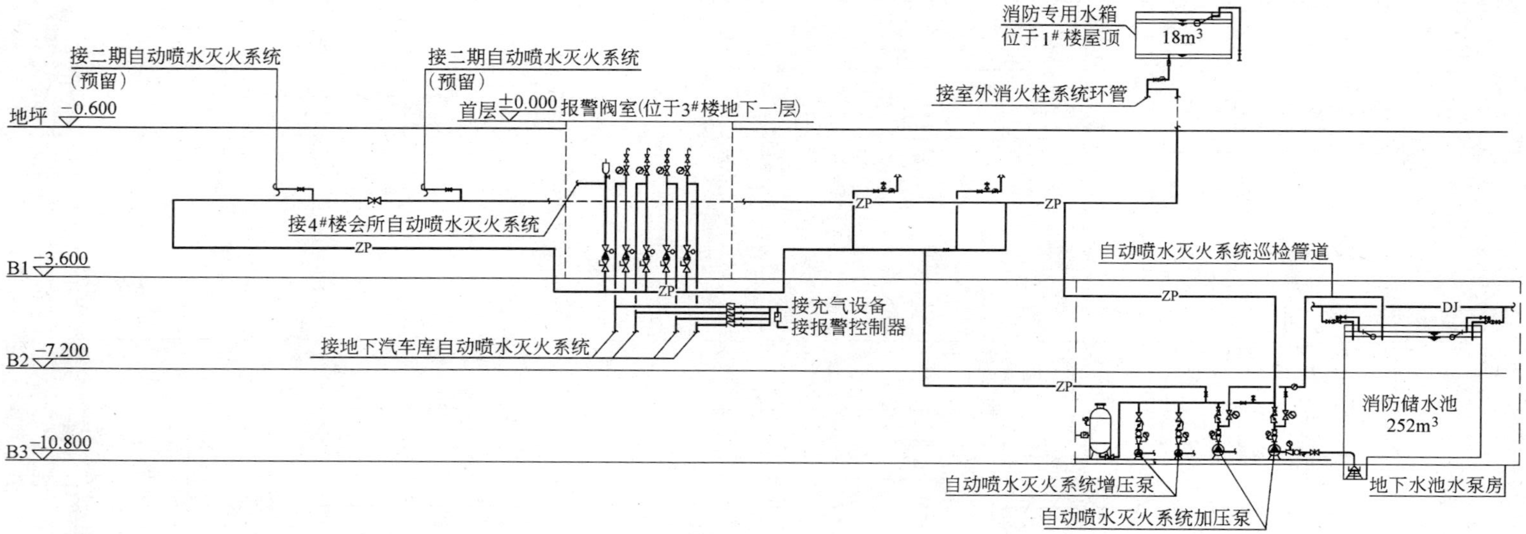

小区自动喷水灭火系统干管系统图

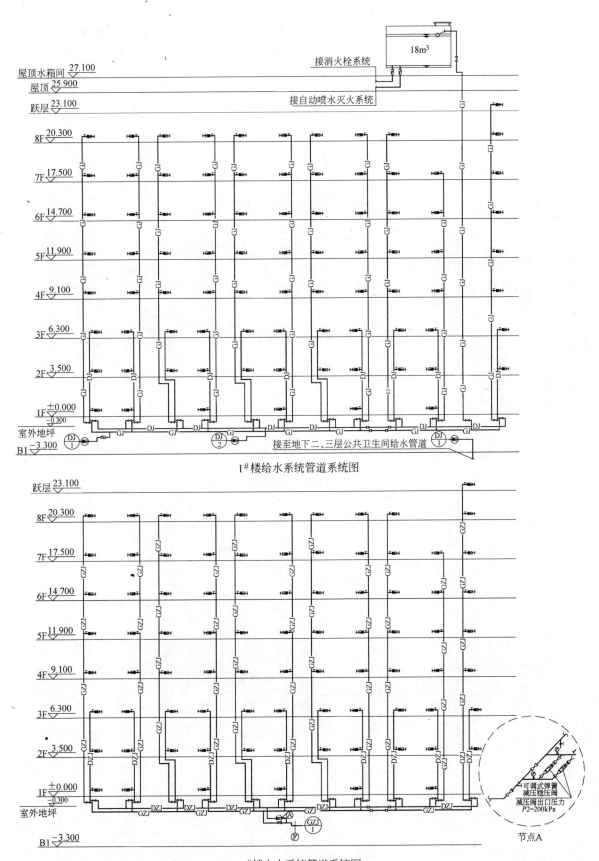

接消火栓系统

18m³

接自动喷水灭火系统

屋顶水箱间 27.100

屋顶 25.900

跃层 23.100

8F 20.300

7F 17.500

6F 14.700

5F 11.900

4F 9.100

3F 6.300

2F 3.500

1F ±0.000
－0.300

室外地坪

B1 －3.300

DJ/1　DJ/2　接至地下二、三层公共卫生间给水管道　DJ/1

1#楼给水系统管道系统图

跃层 23.100

8F 20.300

7F 17.500

6F 14.700

5F 11.900

4F 9.100

3F 6.300

2F 3.500

1F ±0.000
－0.300

室外地坪

B1 －3.300

GZJ/1

可调式弹簧
减压稳压阀

减压阀出口压力
P2=200kPa

节点A

1#楼中水系统管道系统图

611

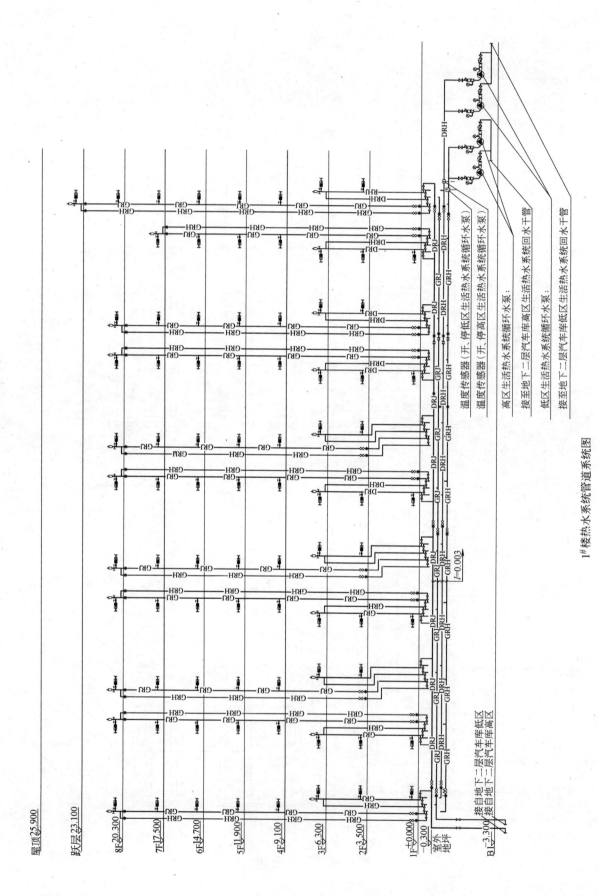

1#楼热水系统管道系统图

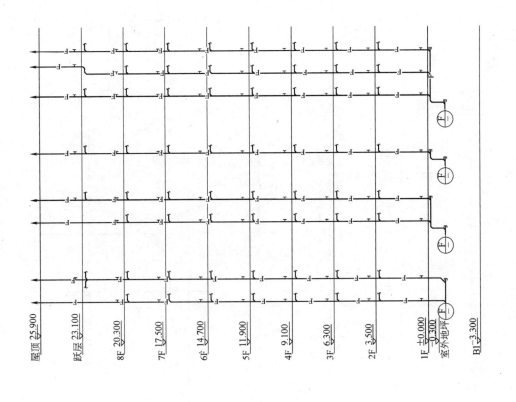

1#楼废水系统管道系统图

屋顶 25.900
跃层 23.100
8F 20.300
7F 17.500
6F 14.700
5F 11.900
4F 9.100
3F 6.300
2F 3.500
1F ±0.000
室外地坪 -0.300
B1 -3.300

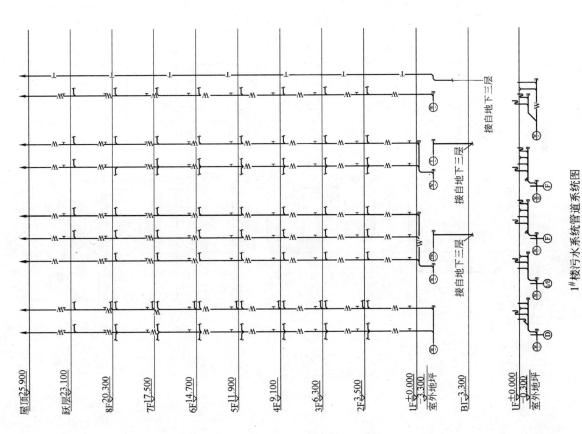

1#楼污水系统管道系统图

接自地下三层
接自地下三层
接自地下三层
接自地下三层

屋顶 25.900
跃层 23.100
8F 20.300
7F 17.500
6F 14.700
5F 11.900
4F 9.100
3F 6.300
2F 3.500
1F ±0.000
室外地坪 -0.300
B1 -3.300

1F ±0.000
室外地坪 -0.300

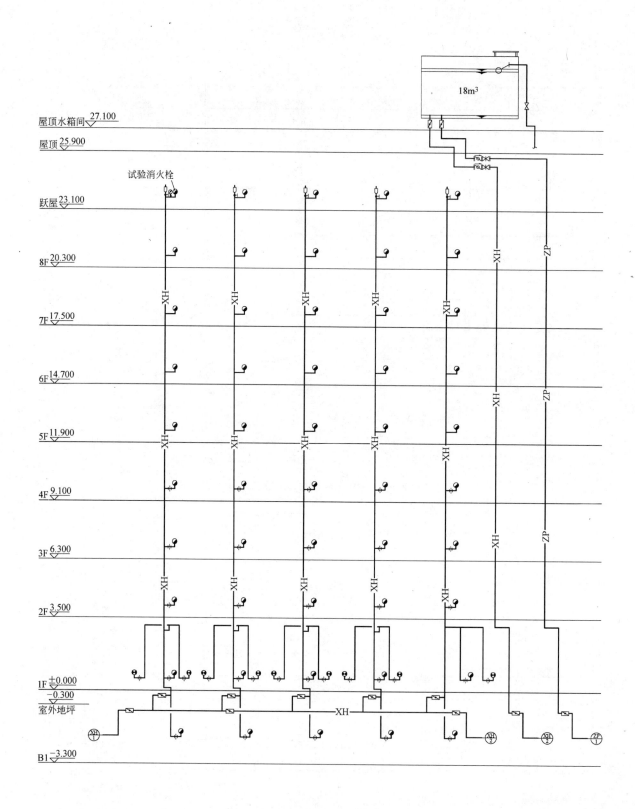

1#楼消火栓系统管道系统图

北京都禾世家

吴连荣

本工程位于北京市首体南路与增光路交界处西北角，规划建设用地面积 9425m²，建筑高度 59.50m，总建筑面积约 58830m²。

本工程为三栋通过地下车库相连通的联体建筑物，地下共 3 层均为车库，其中地下三层为战时物资库，六级人防。地下车库总停车数量为 261 辆。首层为商业用房，二层至二十层为普通住宅。设备机房设在地下三层非人防区，消防高位水箱间设在 2# 楼屋顶。1# 楼地上部分为十层，2# 楼地上部分为 20 层，3# 楼地上部分为 12 层。配电间及弱电机房分设在地下二层、地下一层，地下一层局部设有自行车库。

本工程已于 2005 年 8 月投入使用。

一、给水排水系统

（一）给水系统

1. 给水用水量见表 1。

给水量表 表1

序号	用水部位	使用数量	用水量标准	日用水时间(h)	时变化系数	用水量		
						最高日(m³/d)	最高时(m³/h)	平均时(m³/h)
1	住宅	1180 人	230L/(人·d)	24	2.3	271.4	26.01	11.31
2	商业（职工）	200 人	30L/(人·d)	12	2.0	6.00	1.00	0.50
3	商业（顾客）	2300 人	3L/(人·d)	12	2.0	6.90	1.16	0.58
4	绿化	3057m²	3.0L/(m²·次)	2	1.0	9.17	4.59	4.59
5	浇洒道路	1817m²	1.0L/(m²·次)	2	1.0	1.82	0.91	0.91
6	冲洗车库地面	14000m²	3.0L/(m²·d)	4	1.0	42.00	10.50	10.50
7	小计					339.29	44.17	28.18
8	未预见水量	小计×10%				33.93	4.42	2.82
9	总用水量					373.22	48.59	31.00

2. 本工程水源为市政给水管网供水，供水压力为 0.18MPa。从用地东侧首体南路和南侧增光路各接出一根 DN200mm 给水管进入用地红线，经总水表后围绕本楼形成室外给水环网，环管管径 DN200mm。单体建筑的入户管从室外给水环管上接出。每个进入红线的给水引入管上设倒流防止器。

3. 室内管网系统

本工程采用市政给水管网与无负压管网增压稳流供水设备加压相结合的供水方式。供水系统设计如下：

1）管网系统竖向分区的压力控制参数为：各区最不利点的出水压力不小于0.1MPa，最底层用水点最大静水压力不大于0.45MPa。

管网竖向分为三个压力区：低区：地下三层至首层，由城市自来水管网直接供水；中区：二层至十二层，由中区无负压管网增压稳流供水设备供水；高区：十三层至二十层，由高区无负压管网增压稳流供水设备供水。给水点处压力大于0.35MPa时，给水支管设可调式减压阀，阀后压力0.15MPa。

2）无负压管网增压稳流供水设备设于地下三层，与市政给水管连接处设有倒流防止器。各组水泵均设三台，二用一备。中区变频泵组最大小时供水量为82.0m³，设计恒压值为0.6MPa。高区变频泵组最大小时供水量为50.0m³，设计恒压值为0.9MPa，变频泵组的运行由设在干管上的电节点压力开关控制，水箱为不锈钢材质。

3）住宅分户水表采用远传水表。

4. 管材选用

生活给水管：户内支管采用PB管（$S=5$）热熔连接，横干管、立管采用公称压力不低于1.0MPa的冷水型内筋嵌入式衬塑钢管，卡环式连接。

（二）热水系统

1. 热水用水量：见表1。

热水用水量表 表1

序号	用水部位	使用数量	用水量标准	日用水时间(h)	时变化系数	用水量		
						最高日(m³/d)	最高时(m³/h)	平均时(m³/h)
1	住宅	1180人	100L/(人·d)	24	2.7	118.0	13.28	4.91
2	小计					118.0	13.28	4.91
3	未预见水量	小计×10%				11.80	1.33	0.49
4	总用水量					129.80	14.61	5.40

设计最大小时耗热量951.6kW。

2. 热水供应范围和热源：

1）热水供应部位：住宅卫生间、厨房。

2）集中热水系统的热源为城市热网，热媒为高温热水，供、回温度分别为95℃、60℃。城市热力检修期不考虑自备热水机组。

3）冷水计算温度取4℃。集中热水系统换热器出水温度60℃。

3. 集中热水供应系统竖向供水分区同给水系统中高区。

1）加热设备设置在地下三层热交换站内，由热力公司设计。

2）集中热水系统采用全日制机械循环。热水循环泵的启、闭由设在热水回水管上的电接点温度继电器自动控制：启泵温度45℃，停泵温度50℃。为保证系统循环效果，节水节能，采取的措施为：供回水管道同程布置。每座楼热水循环泵按分区分别设置，每组2台，一用一备，设于地下一层设备间内。住宅分户水表采用IC卡热水表。

4. 管材：户内支管采用 PB 管（$S＝5$）热熔连接，横干管、立管采用公称压力不低于 1.6MPa 的热水型内筋嵌入式衬塑钢管，卡环式连接。

（三）中水系统

1. 中水原水量及回用量详见表 2、表 3。

中水原水量计算表　　　　　　　　　　　　　　表 2

序号	用水部位	使用数量	洗浴用水量标准	日变化系数	排水量系数	原水量（m³）		备注
						最高日	平均日	
1	二～二十层卫生间	1180 人	130L/(人·d)	1.5	0.9	138.1	92.4	α 取 0.67

中水回用水量计算表　　　　　　　　　　　　　　表 3

序号	用水部位	使用数量	用水量标准 L/(人·d(次))	日用水时间	时变化系数	用水量（m³）			
						最高日	最高时	平均时	平均日
1	住宅	1180 人	230×21%	24	2.3	57.00	5.46	2.38	38.0
2	商业（职工）	200 人	30×60%	12	2.0	3.60	0.60	0.30	2.40
3	商业（顾客）	2300 人	3×60%	12	2.0	4.14	0.70	0.35	2.76
4	绿化	3057 m²	3.0L/(m²·次)	2	1.0	9.17	4.59	4.59	6.11
5	浇洒道路	1817m²	1.0L/(m²·次)	2	1.0	1.82	0.91	0.91	1.21
6	冲洗车库地面	14000m²	3.0L/(m²·次)	4	1.0	42.00	10.50	10.50	28.00
7	合计					117.73			78.48

中水原水量为 138.1m³/d，回用量为 117.73m³/d。中水回用系统的平均日用水量为 78.48m³/d。

2. 原水收集与回用部位

本系统以收集住宅洗浴废水为原水，经中水处理站处理为符合《建筑中水设计规范》中生活杂用水水质标准后供给住宅、商业冲厕、室外绿化、浇洒道路及车库冲洗地面用水。

3. 水量平衡

中水原水平均日回收量为 92.4m³，中水回用系统平均日用水量为 78.48m³/d，原水量为回用水量的 1.1 倍，两水量平衡。

4. 中水供应系统

本系统采用变频供水方式，分三区供水，地上二至十二层为中区，由中区变频调速供水装置供水；地下三层至一层为低区，由中区干管减压后供给；十三至二十层为高区，由高区变频调速供水装置供水；最不利点供水压力 0.10MPa。给水点处压力大于 0.35MPa 时，给水支管设可调式减压阀，阀后压力 0.15MPa。中高区变频调速供水装置及减压阀均设在中水处理站内。住宅分户水表及公共卫生间水表采用 IC 卡水表。

5. 中水处理站

1）处理水量：中水原水平均日收集水量 92.4m³/d，中水设备日处理时间取 24h/d，平均时处理水量为 3.85m³/h。取设备处理规模为 5.0m³/h。

2）中水水质标准：采用城市杂用水水质标准（GB/T 18920—2002），其中浊度、溶解性总固体、BOD_5、氨氮按标准上限取值。

3）工艺流程：

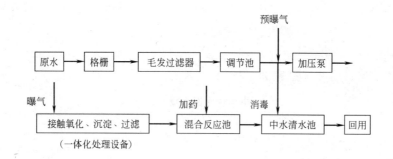

（一体化处理设备）

4）调节池容积 40m³，为日中水处理量的 43%。中水池容积 30m³，为中水供应系统最高日用水量的 32%。

（四）排水系统

1. 本工程排水系统采用污、废分流的排水方式，污水均排入市政污水管网。

2. 排水透气管采用专用透气、环形透气及伸顶透气相结合的形式。

3. 污水排水系统：首层以上排水均采用重力流排入室外检查井，首层以下污水排至污水集水坑经潜污泵提升排出室外，汇集后经化粪池处理排入市政污水管网。

4. 废水排水系统：住宅洗浴废水均采用重力流经汇集后排入中水处理站的曝气调节池，经生化处理后回用，地下部分废水经废水集水坑中潜污泵提升排入室外污水管网。

5. 排水系统管材采用柔性接口机制排水铸铁管。

（五）雨水系统

1. 屋面雨水设计重现期为 5 年，降雨历时 5min。溢流口排水能力按 10 年重现期设计。室外地面雨水设计重现期 P 取 3 年。基地排水面积 F 约 8075m²。降雨历时 t 取 5min。降雨强度 $q_5=4.48\text{L}/(\text{s}\cdot100\text{m}^2)$。平均径流系数 ψ 取 0.8。

2. 雨水排水系统：屋面雨水采用 87 型斗雨水系统，排至室外散水面或室外雨水系统。超设计重现期雨水通过溢流口排除。

3. 室内雨水管采用内外壁热镀锌钢管，丝扣或法兰连接，焊口处作防锈漆防锈处理。

二、消防系统

本工程设有消火栓系统、自动喷洒系统，推车式及手提式灭火器。

室外消防灭火系统用水由市政供水管以两路 DN200 管引入，并在室外成环。室内消防灭火系统用水由地下三层 420m³ 消防水池供给，满足 1h 自动喷水用水和 2h 室内消火栓用水。

（一）消火栓系统：

1. 本工程室内消防用水量标准为 40L/s，室外消防用水量标准为 30L/s。火灾延续时间 2h。

2. 室内消火栓系统为临时高压制。消火栓布置使室内任一着火点有 2 股充实水柱到达，各消防电梯前室均设消火栓。

3. 室内消火栓系统不分区，设一组消火栓泵供水。屋顶消防水箱贮存消防水量 18m³，水箱底与最不利消火栓几何高差小于 7m，灭火初期 10min 的消防用水由高位消防水箱及增压稳压装置保证。消火栓栓口压力超过 0.50MPa 时，采用减压稳压消火栓，地下三层至十二层采用减压稳压消火栓。

4. 消火栓泵设 2 台，互为备用（每台泵流量 0～40L/s，扬程 100m）。室外设地下式消防水泵接合器三套，供消防车向室内系统加压补水。

5. 火灾时按动消火栓箱内的消防按钮，启动消防泵并向控制中心发出信号。消火栓泵在消防控制中心和消防泵房内可手动启、停。水泵启动后，不能自动停止，消防结束后，手动停泵。

6. 管材：采用内外壁热镀锌钢管，丝扣或沟槽连接，管道工作压力为 1.6MPa。机房内管道及阀门相接的管段采用法兰连接。

（二）自动喷水灭火系统

1. 本工程除地下车库按中危险级 Ⅱ 级设计，其余均按中危险级 Ⅰ 级设计。消防水量为 35L/s，火灾延续时间为 1h。

2. 除住宅部分、自行车库、公共卫生间以及不宜用水扑救的消防控制中心、设备用房等处外均有自动喷水灭火系统保护。

3. 地下一层车库采用预作用自动喷水灭火系统，其余部位采用湿式自动喷水灭火系统。

4. 本系统不分区，设 2 台自动喷水泵，互为备用（每台泵流量 0～40L/s，扬程 60m）。平时系统压力由屋顶水箱维持。室外设地下式消防水泵接合器三套，供消防车向室内系统加压补水。

5. 每个防火分区及每层均设水流指示器及信号阀，其动作均向消防中心发出声光讯号。并在靠近管网末端设试水装置。

6. 每个报警阀控制喷头数量不超过 800 个。供水动压大于 0.4MPa 的配水管上水流指示器前加减压孔板，其前后管段长度不宜小于 5DN（管段直径）。每个防火分区（或每层）的供水管上设信号阀与水流指示器，每个报警阀组控制的最不利点喷头处，设末端试水装置，其它防火分区、楼层的最不利点喷头处，均设 DN25 的试水阀。

7. 水力警铃设于报警阀处的通道墙上。报警阀前的管道布置成环状。

8. 地下车库采用易熔合金直立喷头。其余采用玻璃球喷头，吊顶下为吊顶型喷头，吊顶内喷头为直立型。公称动作温度：地下车库 72℃级，其余均为 68℃级。

9. 报警阀组的压力开关均可自动启动喷洒水泵。水泵也可在控制中心和泵房内手动启、停。喷洒泵开启后只能手动停泵。

10. 管材：采用内外热浸镀锌钢管或镀锌无缝钢管，DN≤80，丝扣连接。DN≥100，沟槽连接。机房内管道及与阀门相接的管段采用法兰连接。喷头与管道采用锥形管螺纹连接。管道工作压力为 1.6MPa。

（三）灭火器配置

变配电室等处按中危险级 B 类火灾设置，设推车式干粉（磷酸铵盐）灭火器，其余部位按中危险级 A 类火灾设置，设手提式干粉（磷酸铵盐）灭火器。

（四）消防排水

消防电梯底坑设集水坑，有效容积 2m³，设流量不小于 10L/s 的潜水泵排水。

三、设计及施工体会

1. 由于本工程建设用地狭小，在施工图设计前，各专业提前进行室外管线综合的初步设计，避免了各专业设计方案的反复，同时为各专业室内管线的走向确定了方向，为后续的施工图设计做好充分的准备。在此类建设用地狭小的工程，方案阶段就应该加强各专业的配合工作，争取为建设方提供最优化的综合设计方案。

2. 对于此类底层设置商业用房的住宅楼，最好能在商业用房与底层住宅之间设置管道夹层，这样不但可以将住宅部分的给排水管道集中，避免住宅部分的给排水管对商业用房的影响，又便于物业公司对住宅部分的给排水管的维护管理，同时又可避免因产权不清引起的邻里纠纷。

3. 施工过程中，建设方采用无负压水箱供水设备（即将无负压供水设备与传统变频供水设备相组合的一种新型供水设备）。此设备在用水高峰时，切换到传统变频供水状态，避免了设备对市政给水管网压力的影响，同时也使水箱内的存水得到更新；此设备在居民用水较少时，切换到无负压供水状态，达到了节能的目的。

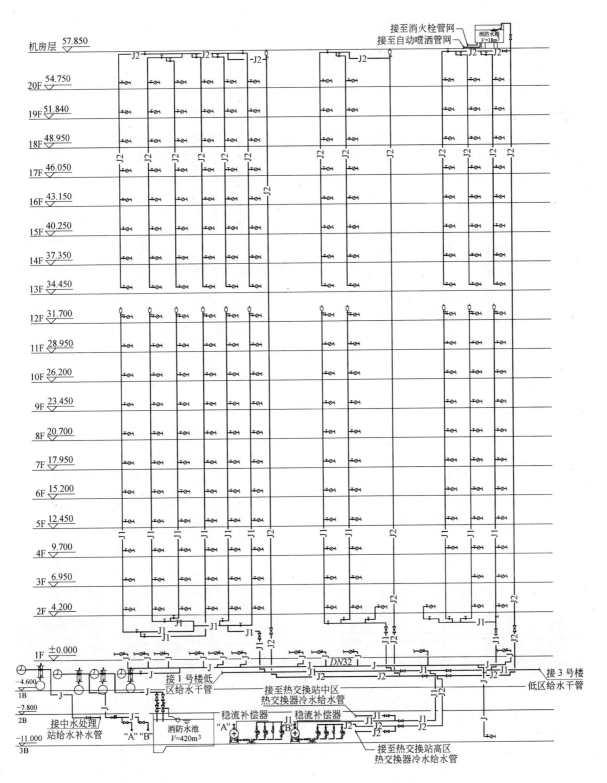

接至消火栓管网
接至自动喷洒管网
消防水箱 V=18m³

机房层 57.850

20F 54.750
19F 51.840
18F 48.950
17F 46.050
16F 43.150
15F 40.250
14F 37.350
13F 34.450
12F 31.700
11F 28.950
10F 26.200
9F 23.450
8F 20.700
7F 17.950
6F 15.200
5F 12.450
4F 9.700
3F 6.950
2F 4.200
1F ±0.000

-4.600
1B

-7.800
2B

-11.000
3B

接中水处理
站给水补水管

接1号楼低
区给水干管

消防水池
V=420m³

稳流补偿器
稳流补偿器

接至热交换站中区
热交换器冷水给水管

"A" "B"

"A"

接至热交换站高区
热交换器冷水给水管

接3号楼
低区给水干管

DN32

给水系统图

621

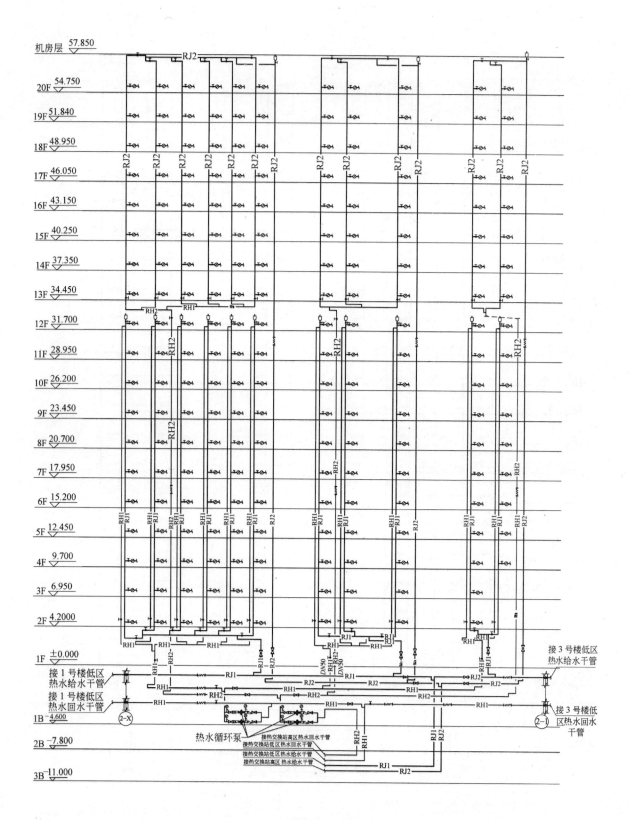

热水系统图

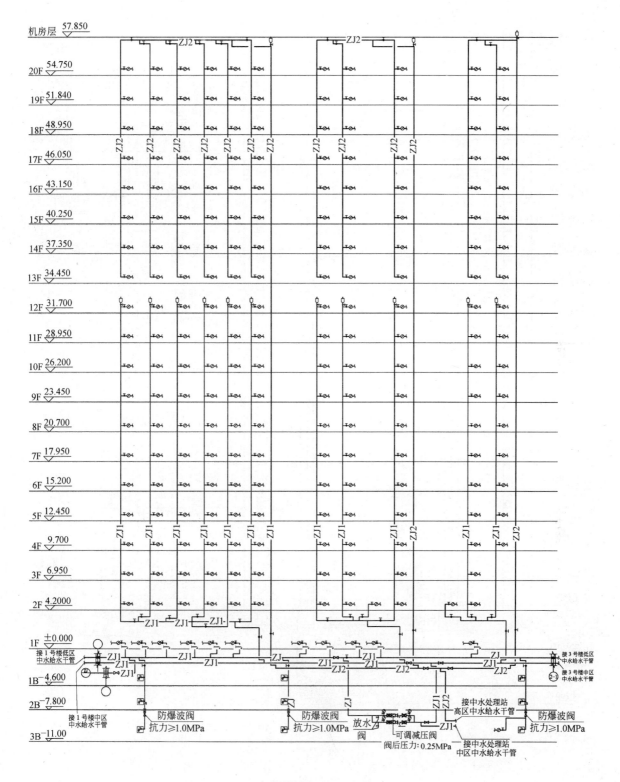

中水系统图

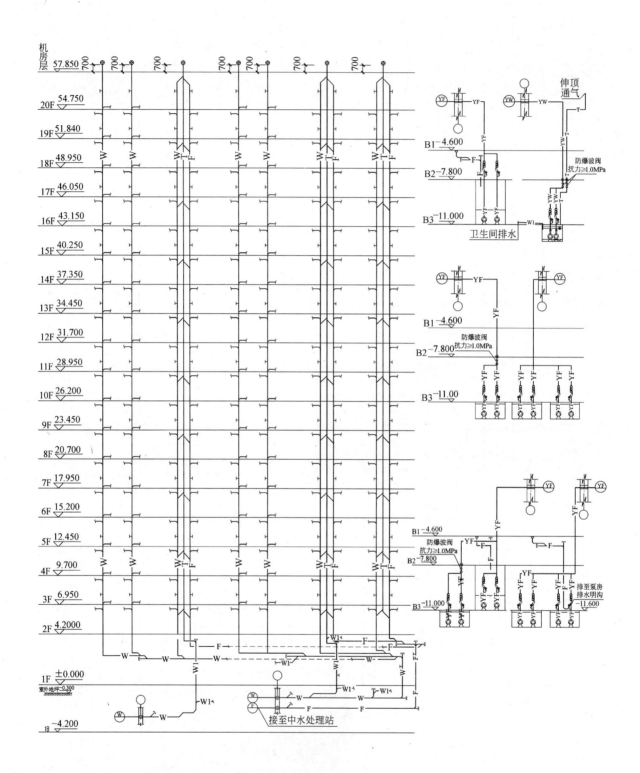

排水系统图(一)

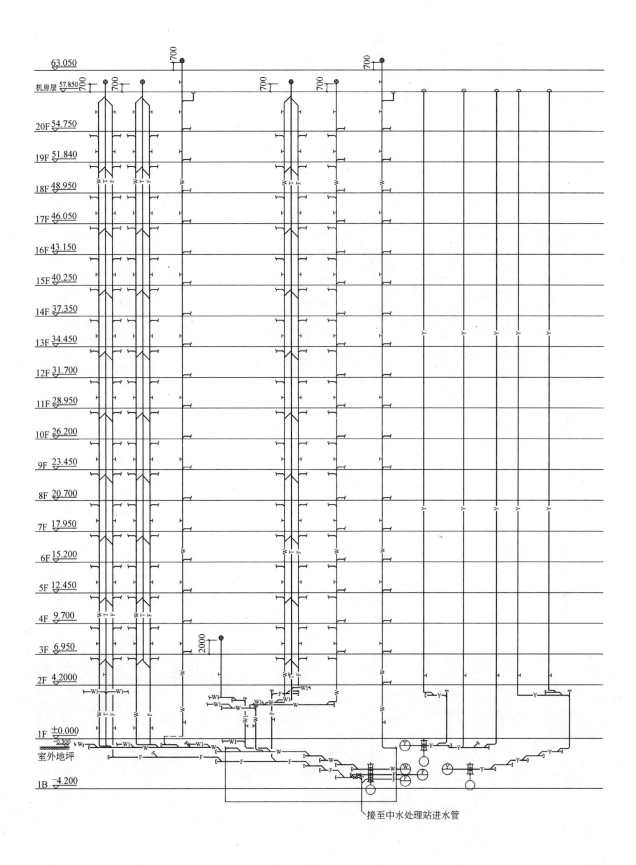

排水系统图(二)

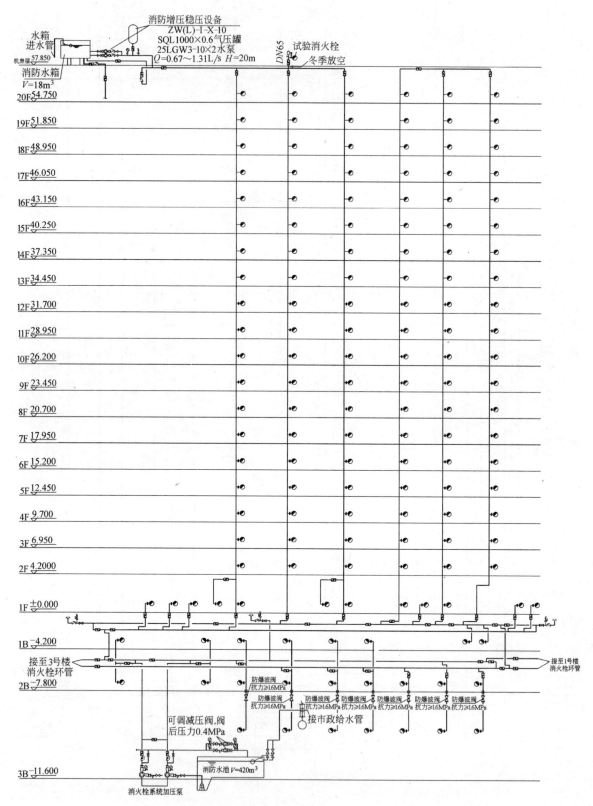

消火栓系统图

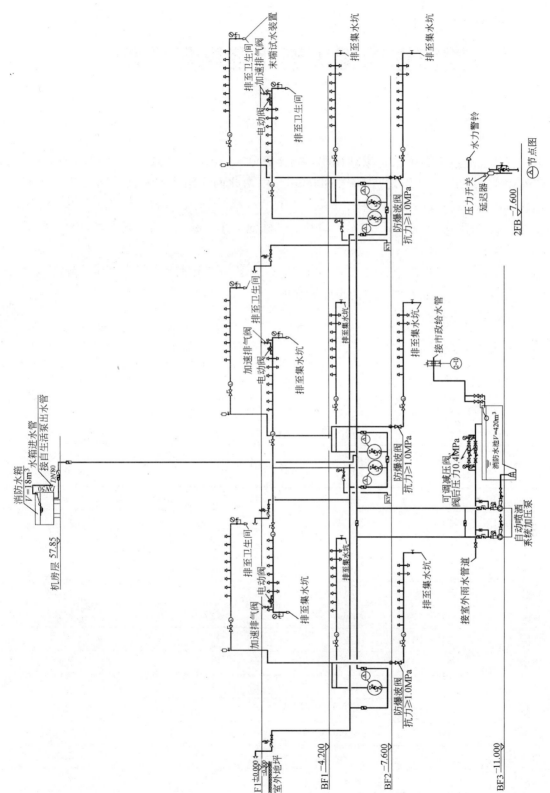

自动喷水系统图

花家地西里·五组团南区工程

耿欣平　董　昕

本工程位于北京市朝阳区花家地西里，占地面积 33400m²，总建筑面积 178900m²，地上建筑面积 119900m²，地下建筑面积 59000m²。由南北两区组成：南区建筑由 7 栋住宅楼拼接而成（A 栋、B 栋、C 栋、D 栋、E 栋、F 栋、G 栋），其中 A 栋、C 栋、E 栋、G 栋地上为 32 层，檐口高度为 99.2m。B 栋、D 栋、F 栋地上 18 层，檐口高度为 56.6m。地下为 3 层。

本建筑的功能：三层以上（含三层）为住宅；地下一层至地上二层为公建部分，包含公寓大堂、商业用房等；地下二三层为车库和仓库。

本工程现已完工投入使用。

一、给水排水系统

（一）给水系统

1. 用水量表：见表 1。

用　水　量　表　　　　　表 1

用水部位	用水标准 L/(人·d)	使用单位 （人）	使用时数(h)	K 值	最大日用水量 （m³/d）
A 栋	207	420	24	2.5	86.94
B 栋	207	40	24	2.5	8.28
C 栋	207	470	24	2.5	97.29
D 栋	207	70	24	2.5	14.49
E 栋	207	470	24	2.5	97.29
F 栋	207	40	24	2.5	8.28
G 栋	207	470	24	2.5	97.29
商场	0.8	2700	10	1.5	2.16
办公	20	400	10	1.5	8.0
空调补水	250(m³/h)×2%		10	1.0	50
洗车	250L/辆·日	280 辆	8	1.0	79.8
绿地	2L/m²·次	11000m²	4	1.0	22.0
道路	1.5L/m²·次	5300m²	4	1.0	7.95
未预见水量	10%				57.98
总计					637.75

2. 本工程的水源为市政给水，两路供水，市政供水压力为 0.18MPa。

3. 给水系统分为五个区。1区：地下三层至地上二层，由市政管网直接供水。2区：地上三层至地上九层，由1、2区变频调速供水设备通过减压阀减压后供水。3区：十层至十七层，由1、2区变频调速供水设备直接供水。4区：十八层至二十四层，由4、5区变频调速供水设备通过减压阀减压后供水。5区：二十五层至三十一层：由4、5区变频调速供水设备直接供水。

4. 给水管道住宅每户水表后的给水管道采用PP-R（共聚聚丙烯）管，热熔连接。其余均采用给水衬塑钢管，专用管件连接。

（二）热水系统

1. 热水用水量表：见表2。

热水用水量　　　　表2

用水部位		用水标准	使用单位	使用时数 (h)	K值	最大日用水量 (m³/d)	设计小时用水量 (m³/h)
高区	A栋	130L/(人·d)	175人	24	3.0	22.75	2.85
	C栋	130L/(人·d)	180人	24	3.0	23.4	2.94
	E栋	130L/(人·d)	180人	24	3.0	23.4	2.94
	G栋	130L/(人·d)	180人	24	3.0	23.4	2.94
高区总计						92.95	11.67
低区	A栋	130L/(人·d)	245人	24	2.8	31.85	4.91
	B栋	130L/(人·d)	40人	24	2.8	5.2	0.62
	C栋	130L/(人·d)	290人	24	2.8	37.7	4.40
	D栋	130L/(人·d)	70人	24	2.8	9.1	1.06
	E栋	130L/(人·d)	290人	24	2.8	37.7	4.40
	F栋	130L/(人·d)	40人	24	2.8	5.2	0.62
	G栋	130L/(人·d)	290人	24	2.8	37.7	4.40
低区总计						164.45	19.22
总计						257.4	30.89

2. 本工程的热源：以自备锅炉房热水为热媒，热媒温度为：供水95℃，回水70℃，经换热器交换后供给本工程的公建部分以及住宅部分。

3. 热水系统的分区同给水系统。

4. 热水供水系统采用全日制机械循环，供回水管采用同程布置方式。

5. 热水管道住宅每户水表后的给水管道采用PP-R（共聚聚丙烯）管，热熔连接。其余采用热水用氯化聚氯乙烯（CPVC）热水管，粘接。

（三）温泉水系统

1. 温泉水用水量见表3。

2. 本工程补热热源：以自备锅炉房热水为热媒，热媒温度为：供水95℃，回水70℃，经换热器补热后供给本工程的公建部分以及住宅部分。

3. 温泉水系统的分区同给水系统。

4. 为了保证温泉水的供水温度，温泉水系统设置了补热设备，补热设备的设置同给水系统。

温泉水用水量表　　　　　　　　　　　　　　　　　　　表3

用水部位		用水标准	使用单位	使用时数 (h)	K 值	最大日用水量 (m³/d)	设计小时用水量 (m³/h)
高区	A栋	93L/(人·d)	175人	24	3.0	16.28	1.8
	C栋	93L/(人·d)	180人	24	3.0	16.74	2.1
	E栋	93L/(人·d)	180人	24	3.0	16.74	2.1
	G栋	93L/(人·d)	180人	24	3.0	16.74	2.1
高区总计						66.5	8.1
低区	A栋	93L/(人·d)	245人	24	2.8	22.79	4.91
	B栋	93L/(人·d)	40人	24	2.8	3.72	0.6
	C栋	93L/(人·d)	290人	24	2.8	26.97	4.40
	D栋	93L/(人·d)	70人	24	2.8	6.5	1.06
	E栋	93L/(人·d)	290人	24	2.8	26.97	4.40
	F栋	93L/(人·d)	40人	24	2.8	3.72	0.62
	G栋	93L/(人·d)	290人	24	2.8	26.97	4.40
低区总计						117.65	13.74
总计						184.15	21.84

5. 温泉水供水系统采用全日制机械循环，供回水管采用同流程布置方式。

6. 温泉水管道住宅每户水表后的给水管道采用 PP-R（共聚聚丙烯）管，热熔连接。其余采用热水用氯化聚氯乙烯（CPVC）热水管，粘接。

（四）中水系统

1. 中水源水量见表4。

中水源水量　　　　　　　　　　　　　　　　　　　　表4

用水部位		排水标准	使用单位数	最大日排水量(m³/d)
南区	南区住宅	138L/(人·d)	1980人	273.24
	商场	0.8L/(人·次)	2700人	2.16
	办公	20L/(人·d)	400人	8.0
北区住宅		138L/(人·d)	320人	44.16
未预见水量		10%		32.76
总计				360.32

2. 中水用水量见表5。

中水用水量　　　　　　　　　　　　　　　　　　　　表5

用水部位	用水标准	使用单位数	最大日用水量(m³/d)
南区住宅	93L/(人·d)	1980人	184.14
商场	1.2L/(人·次)	2700人	3.24
办公	30L/(人·d)	400人	12.0
浇洒绿地	2L/(m²·次)	11000m²	22.0
浇洒道路	1.5L/(m²·次)	5300m²	7.95
未预见水量	10%		22.93
总计			252.26

3. 中水平衡：

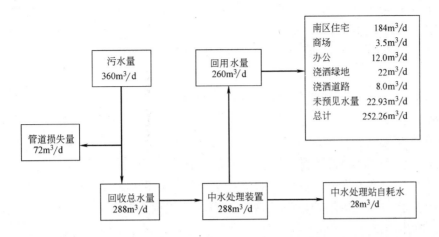

4. 中水给水系统分为四个区。1区：地上三层至地上九层：由1、2区变频调速供水设备通过减压阀减压后供水。2区：十层至十七层：由1、2区变频调速供水设备直接供水。3区：十八层至二十四层：由3、4区变频调速供水设备通过减压阀减压后供水。4区：二十五层至三十一层：由3、4区变频调速供水设备直接供水。

5. 中水管道住宅每户水表后的给水管道采用PP-R（共聚聚丙烯）管，热熔连接。其余采用热镀镀锌钢管，丝扣连接。

（五）污、废水系统

1. 本工程污水与废水采用分流排放。地下一层以上盥洗废水及淋浴废水作为中水水源汇集至中水处理站，经处理后回用。一层以上生活污水自流排至室外，经化粪池处理后排入市政污水管网。

2. 地下一层以下生活污水及地下二层以下生活废水排入地下二、地下三层的污、废水泵井，经潜水排水泵提升排至市政污水管道。

3. 洁净废水采用自流式或用潜污水泵提升后排至室外雨水管道。

4. 住宅卫生间排水管道设置专用通气立管，每隔两层设结合通气管与污水立管及中水源水立管相连，厨房排水立管采用放大立管管径及伸顶透气的方式。

5. 污水、废水、透气管道采用柔性接口机制排水铸铁管，橡胶圈密封不锈钢管箍卡紧。压力污、废水管道采用焊接钢管，焊接接口。

（六）雨水、空调冷凝水系统

1. 屋面雨水采用内排水的形式，雨水经管道汇集后排至室外雨水管道。

2. 空调冷凝水在室内自成排水系统，经管道汇集后排至室外雨水管道。

3. 汽车坡道雨水汇集至地下二层及地下三层的雨水泵井、经潜水排水泵提升排至市政雨水管道。

4. 雨水管道采用热镀锌钢管，沟槽连接或焊接，焊接时焊口处内外表面做防锈处理。空调冷凝水管道采用热镀锌钢管，丝扣连接。压力雨水管道采用焊接钢管，焊接接口。

（七）消火栓灭火系统

1. 灭火标准：室外消火栓用水量：30L/s　火灾延续时间2h

　　　　　　室内消火栓用水量：40L/s　火灾延续时间2h

一次火灾设计总用水量（含室内、室外消火栓系统、自动喷水灭火系统的消防水量）

为 612m³。

2. 整个小区消火栓系统为一个系统，系统分为两个区：地下三层至十八层为低区（1区），十九层至三十二层为高区（2区）。

3. 两个区分设消防泵组供水，每个区各设两台消火栓加压泵。两台加压泵一用一备，轮换启动。

4. 消防水池设于地下三层的消防泵房内，水池容积为 400m³（含 2 小时室内消火栓及 1 小时自动喷洒水量）。

5. 屋顶消防水池设于 C 栋屋顶水箱间内，容积为 18m³。水箱底标高为 100.3m，最不利点消火栓标高为 90.8m，满足规范中静水压力不小于 7m 的水头要求。

6. 消火栓系统设置 6 套水泵接合器，其中高区 3 套，低区 3 套。

7. 消火栓管道采用焊接钢管，焊接接口。由高区消火栓加压泵至高区环管的供水管采用无缝钢管，焊接接口。

（八）自动喷洒灭火系统

1. 灭火标准：自动喷洒用水量：26L/s，火灾延续时间 1h。

2. 由于地下车库有采暖系统，所以本工程均采用湿式系统。

3. 整个小区自动喷洒系统为一个系统，系统分为两个区：地下三层至十八层为低区（1区），十九层至三十二层为高区（2区）。

4. 两个区分设消防泵组供水，每个区各设两台自动喷洒加压泵。两台加压泵一用一备，轮换启动。

5. 在屋顶消防水箱间内设置一套自动喷洒系统的稳压装置，管网平时的压力由消防水箱及稳压装置保持。

6. 喷头采用普通玻璃球式喷头，吊顶下为装饰型，吊顶上为直立型。

7. 报警阀均设于地下一层报警阀室内，共设有 6 套湿式报警阀。

8. 自动喷洒系统设置 4 套水泵接合器，其中高区 2 套，低区 2 套。

9. 自动喷洒管道采用热镀锌钢管，$DN \leqslant 100mm$ 采用丝扣连接，$DN > 100mm$ 采用沟槽连接。

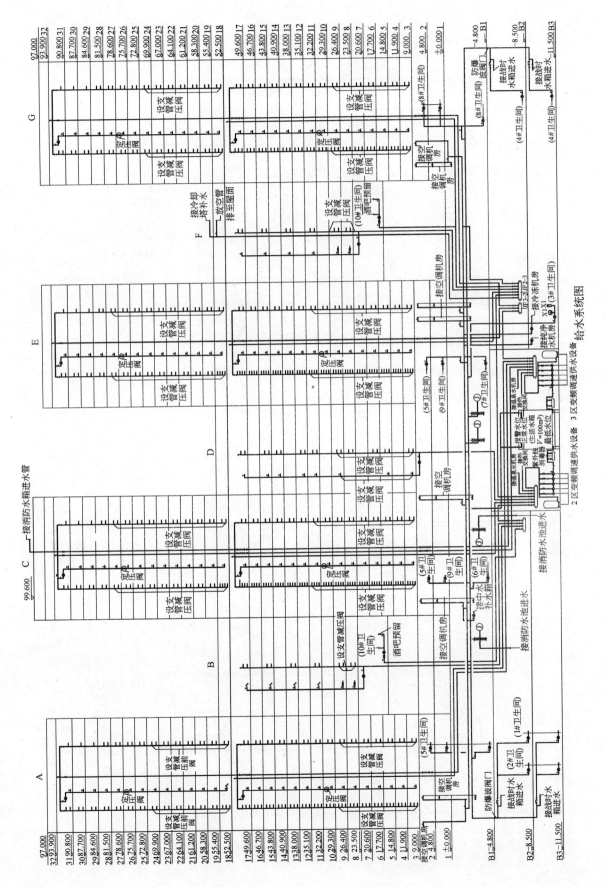

给水系统图

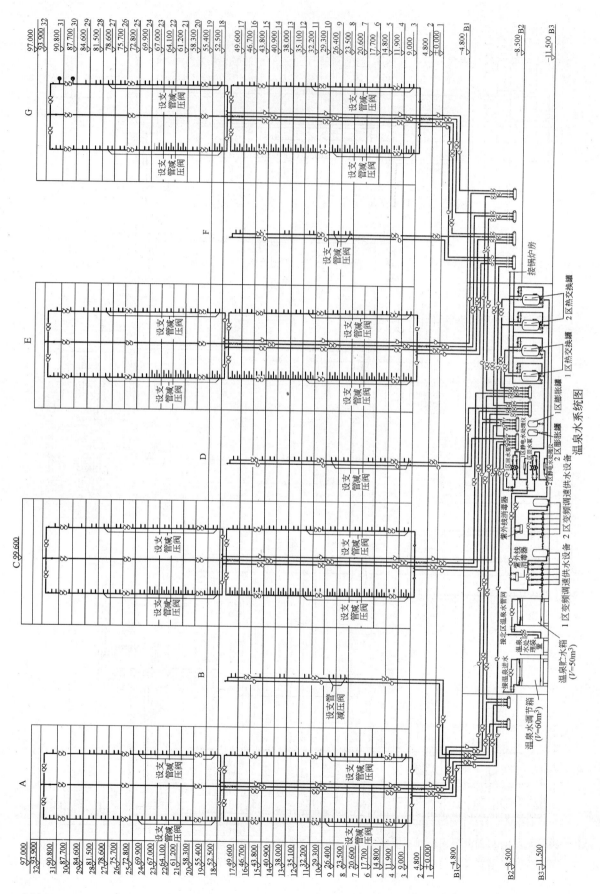

温泉水系统图

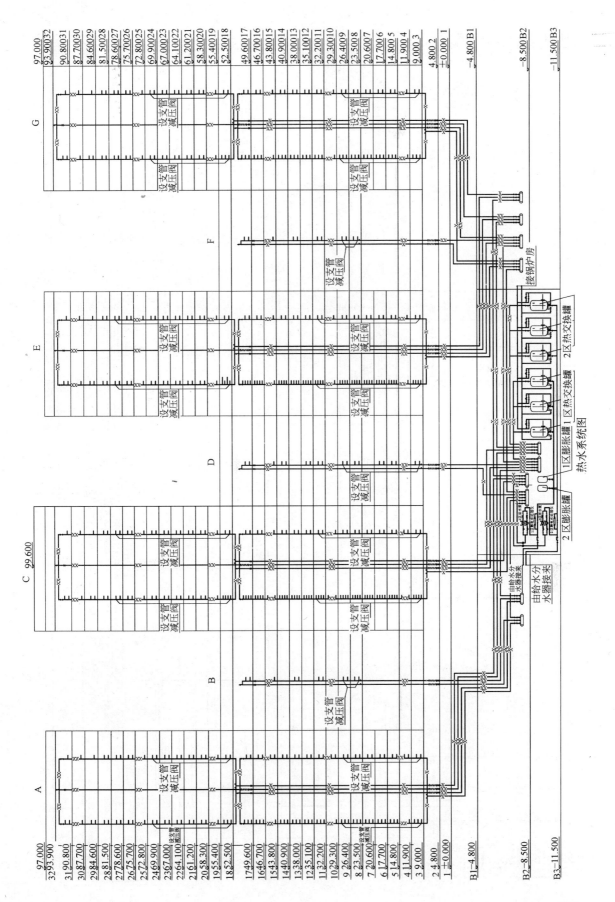

热水系统图

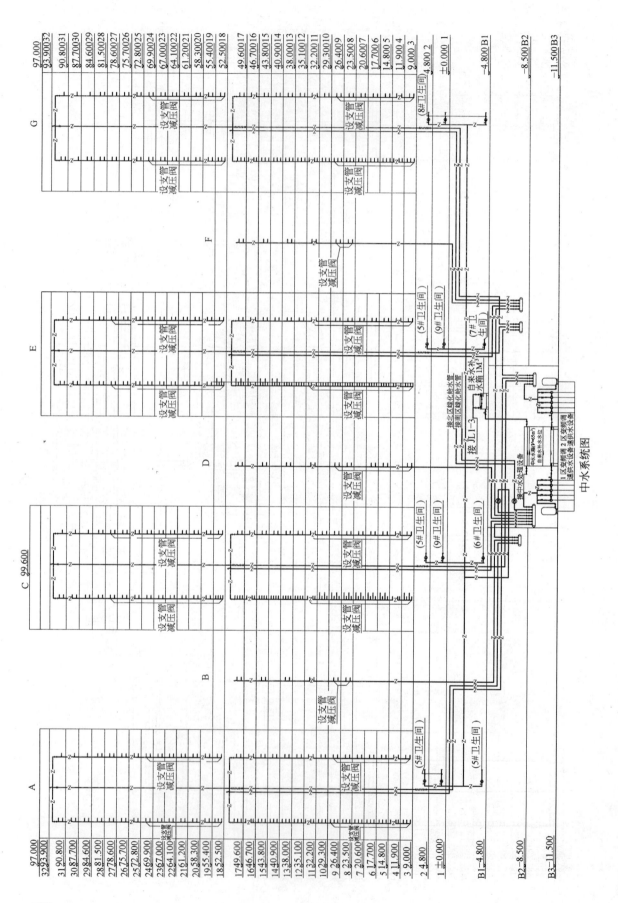

中水系统图

636

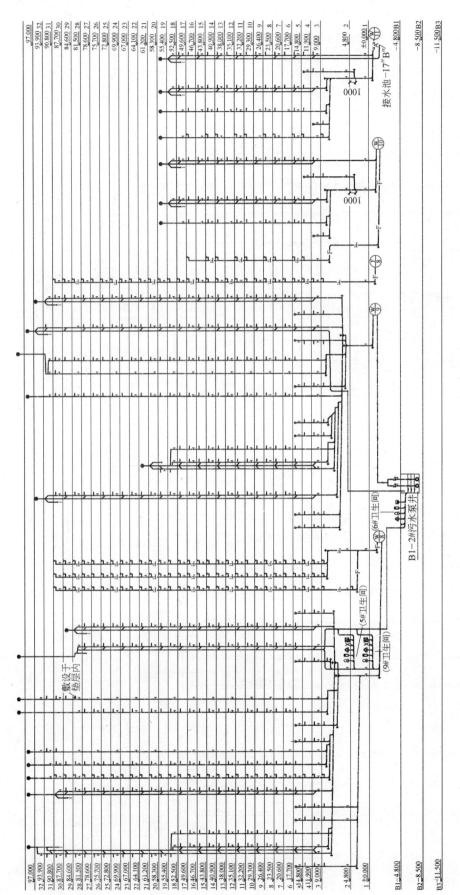

污水系统图

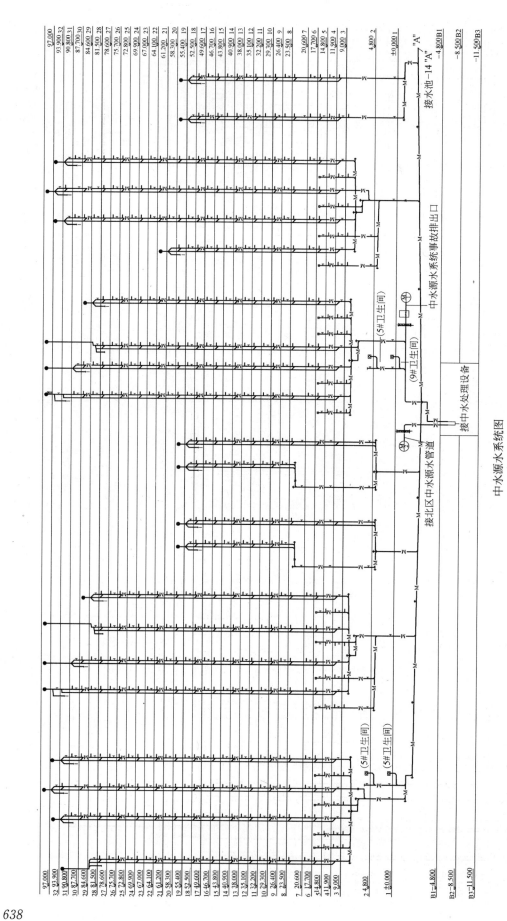

中水源水系统图

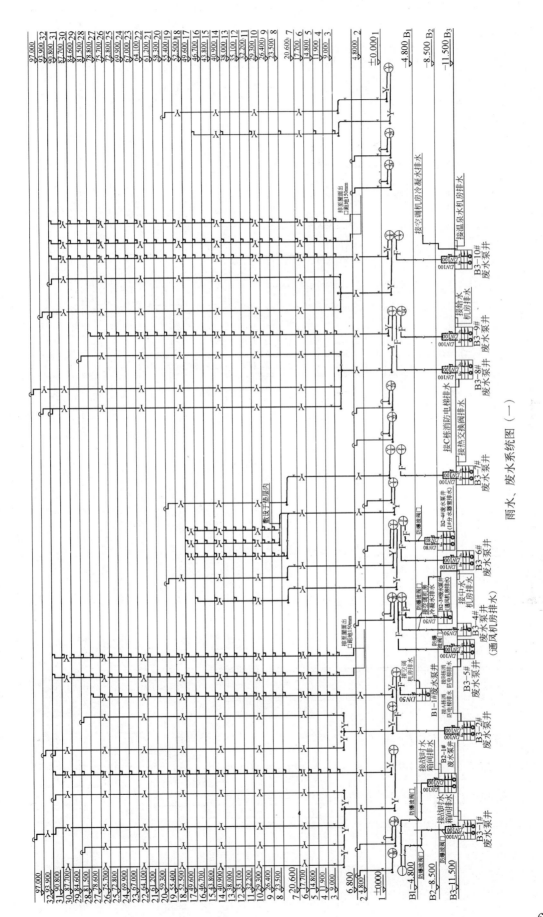

雨水、废水系统图（一）

639

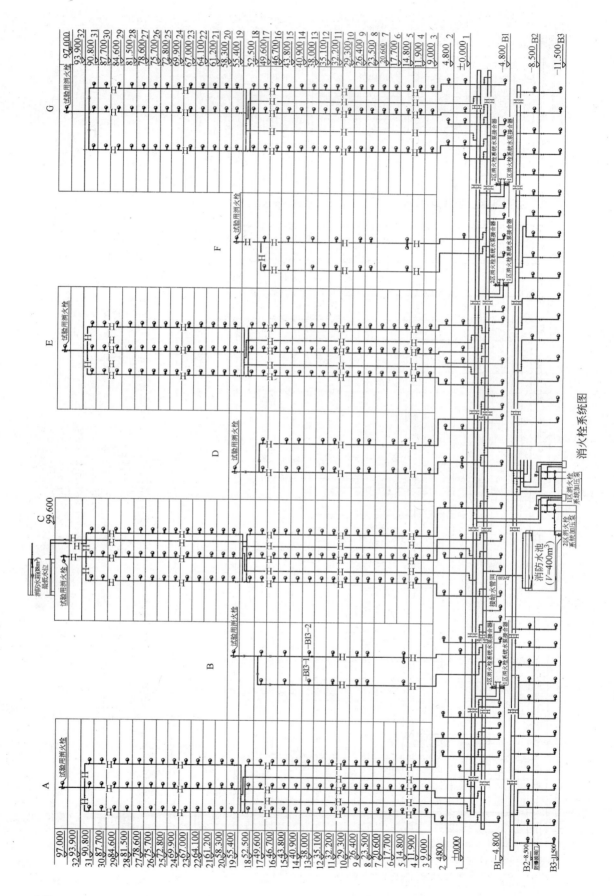

消火栓系统图

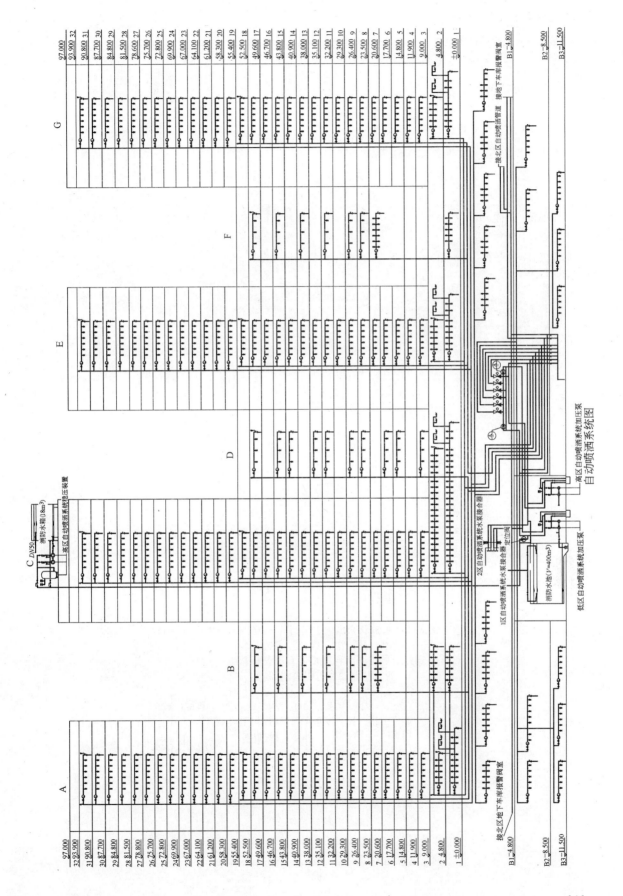

自动喷洒系统图

图书在版编目（CIP）数据

建筑给水排水工程设计实例 3/中国建筑设计研究院编著；刘振印，赵锂主编. —北京：中国建筑工业出版社，2006

ISBN 7-112-08522-5

Ⅰ. 建… Ⅱ. ①中…②刘…③赵… Ⅲ. ①建筑-给水工程-工程设计②建筑-排水工程-工程设计 Ⅳ. TU82

中国版本图书馆 CIP 数据核字（2006）第 104175 号

责任编辑：刘爱灵
责任设计：董建平
责任校对：张景秋 张 虹

建筑给水排水工程设计实例
3
中国建筑设计研究院 编著
刘振印 赵 锂 主编
*
中国建筑工业出版社出版、发行（北京西郊百万庄）
新 华 书 店 经 销
霸州市顺浩图文科技发展有限公司制版
北京蓝海印刷有限公司印刷
*
开本：850×1168 毫米 1/16 印张：40½ 插页：9 字数：986 千字
2006 年 11 月第一版 2006 年 11 月第一次印刷
印数：1—4000 册 定价：**90.00** 元
ISBN 7-112-08522-5
（15186）

（邮政编码 100037）
本社网址：http://www.cabp.com.cn
网上书店：http://www.china-building.com.cn